AutoCAD 2020（中文版）
项目化教程

主　审　顾　晔

主　编　黄琳莲　郭建华

副主编　曾卫红　吴海燕　苏　芸

北京理工大学出版社

BEIJING INSTITUTE OF TECHNOLOGY PRESS

内容简介

本书以AutoCAD 2020版本为编写平台，将AutoCAD命令的介绍与绘图技巧的讲解和项目设计相结合，分别介绍了AutoCAD绘图环境的设置、平面图形的绘制与编辑、三视图的绘制与编辑、剖视图的绘制与编辑、文字书写、图块、外部参照与设计中心、传动轴零件图的绘制、圆柱齿轮零件图的绘制、箱体零件图的绘制、装配图的CAD设计、三维绘图、复杂组合体三维建模、图纸布局与打印输出。本书有配套的习题集和微课小视频，并配备相应的二维码，便于学生随时随地扫描学习，将所学知识融会贯通、快速巩固。同时制作了配套的多媒体课件，可供读者参考。

本书内容丰富、结构新颖、通俗易懂、图文并茂、步骤清晰，项目的选择具有代表性，且均涵盖对应的课程思政内容，并将机械设计融入AutoCAD的绘图技巧中，通过交互演示和上机实操，使学生掌握计算机绘图的基本技能，具备应用AutoCAD软件绘制工程图样的能力，实现了教、学、做一体化，实用性较强。本书可作为中、高职学校、高等院校的机械类或近机械类专业使用，也可供相关技术人员参考。

图书在版编目（CIP）数据

AutoCAD2020(中文版)项目化教程 / 黄琳莲，郭建华主编. -- 北京：北京理工大学出版社，2021.11

ISBN 978-7-5763-0738-2

Ⅰ. ①A… Ⅱ. ①黄… ②郭… Ⅲ. ①AutoCAD软件 Ⅳ. ①TP391.72

中国版本图书馆CIP数据核字(2021)第255147号

出版发行 / 北京理工大学出版社有限责任公司
社　　址 / 北京市海淀区中关村南大街5号
邮　　编 / 100081
电　　话 / (010) 68914775（总编室）
　　　　　 (010) 82562903（教材售后服务热线）
　　　　　 (010) 68944723（其他图书服务热线）
网　　址 / http://www.bitpress.com.cn
经　　销 / 全国各地新华书店
印　　刷 / 三河市天利华印刷装订有限公司
开　　本 / 787毫米×1092毫米　1/16
印　　张 / 22
字　　数 / 478千字
版　　次 / 2021年11月第1版　2021年11月第1次印刷
定　　价 / 89.00元

责任编辑 / 多海鹏
文案编辑 / 多海鹏
责任校对 / 周瑞红
责任印制 / 李志强

图书出现印装质量问题，请拨打售后服务热线，本社负责调换

前　　言

AutoCAD是由美国Autodesk公司研制开发的计算机辅助设计软件，它以其强大的功能和简便易学的界面得到广大工程技术人员的普遍欢迎。目前，AutoCAD已广泛应用于机械、电子、建筑、服装及船舶等工程设计领域，极大地提高了设计人员的工作效率。

本教程是根据教育部《高职高专专门课程基本要求》和《高职高专专业人才培养目标及规格》从高等职业技术教育的教学特点出发，同时按照制图员职业资格认证考试对计算机绘图技能的要求，并结合编者多年来对AutoCAD教学实践的经验和体会而编写的。

本教程具有以下一些特点：

（1）本教程各个项目中均涵盖对应的课程思政目标。在课堂教学中，通过学习和贯彻AutoCAD国家标准的基本规定，使学生树立遵章守法的观念，养成认真负责的工作态度；通过对学生学习方法的引导，培养其良好的学习能力、自我发展能力和耐心细致、一丝不苟的工匠精神；通过对知识点的学习，培养其良好的质量观和工程意识；通过分组上机操作和装配图CAD设计的小组学习等方式，培养学生自主学习、分析问题、解决问题、语言表达、互动交流沟通及团队协作的能力。

（2）本教程以AutoCAD 2020为软件平台，打破了传统的AutoCAD教材按功能编写的顺序，结合实际教学需要，以项目为导向、任务为驱动，通过具体的绘图实例，介绍AutoCAD的常用功能及使用方法，典型实例由易到难。本教程重点讲解AutoCAD二维平面图形的实用性操作方法和技巧，注重常用命令和多用命令的使用，实例均从简单的二维平面图形入手，逐步过渡到零件图及装配图，操作性强，易学易懂。

（3）本教程的编写具有条理清晰、内容全面、实践性强的主要特色。各个项目案例均从基础知识出发，案例所运用的命令针对性强，可使用户花费最短的时间，学到真正有效的绘图方法与技巧，从而轻松、高效、循序渐进地巩固所学知识点，迅速、正确地绘制出各种机械图样。

（4）为了提高学习效果，充分发挥读者的学习主观能动性和创造力，本教程在每一个项目后面都精心设计了一些课后练习，教师对上机实践作出主要步骤提示，达到边学边练、即学即用的学习效果。

（5）为便于教学和读者自学，本教程编写了配套的习题集和微课小视频，并配备相应的二维码，便于读者随时随地扫描学习，将所学知识融会贯通、快速巩固。同时制作了配套的多媒体课件，可供读者参考。

本书由江西机电职业技术学院黄琳莲、郭建华任主编，曾卫红、吴海燕和苏芸任副主编，顾晔任主审。其中黄琳莲编写项目一、项目三、项目四、项目五、项目十一、项目十二、项目十三、项目十四和项目十五，郭建华编写项目二和项目六，曾卫红编写项目九和项目十，苏芸编写项目七，吴海燕编写项目八。全书由黄琳莲、郭建华修改、统稿和定稿。在教材的编写过程中，参考了部分同学科的教材及相关文献，还得到了江西机电职业技术学院教务处、机械分院的领导及老师们的大力支持与帮助，在此一并表示衷心的感谢!

由于编者水平所限，书中难免有疏漏和欠妥之处，敬请各教学单位和广大读者提出宝贵意见或建议，以便修订时改进。

编　者

目　　录

学习笔记

项目一　AutoCAD 2020 基础知识、绘制平面图形（一）

一、项目目标

（一）知识目标

（1）掌握 AutoCAD 的启动、新建、退出及保存图形文件等操作方法；
（2）掌握“极轴”“对象捕捉”和“对象追踪”精确绘图辅助工具的使用；
（3）掌握设置图层、点的坐标输入和鼠标使用的方法；
（4）掌握“直线”绘图命令和“删除”编辑命令的操作方法。

（二）能力目标

（1）能够启动 AutoCAD 绘图软件，认识 AutoCAD 用户操作界面，能够灵活运用精确绘图辅助工具绘制图形；
（2）能够正确设置 AutoCAD 的绘图环境
（3）能够掌握图层的设置、管理及使用方法；
（4）能够熟练应用 AutoCAD“直线”绘图命令绘制简单平面图形。

（三）思政目标

（1）通过对计算机绘图基本知识与技能的学习，培养学生的计算机应用能力；
（2）通过对图层的设置、管理及使用方法的学习，贯彻 AutoCAD 国家标准的基本规定，使学生树立遵章守法的观念，养成认真负责的工作态度。

二、项目导入

AutoCAD 2020
新功能 – PDF 导入

用 1∶1 的比例绘制如图 1 – 1 所示平面图形，要求：选择恰当的线型，不标注尺寸，不绘制图框与标题栏。

三、项目知识

AutoCAD 2020
启动与操作界面

（一）AutoCAD 2020 的启动方法和操作界面

1. AutoCAD 2020 的启动方法

（1）图标式：双击桌面上 AutoCAD 2020 的快捷方式图标。

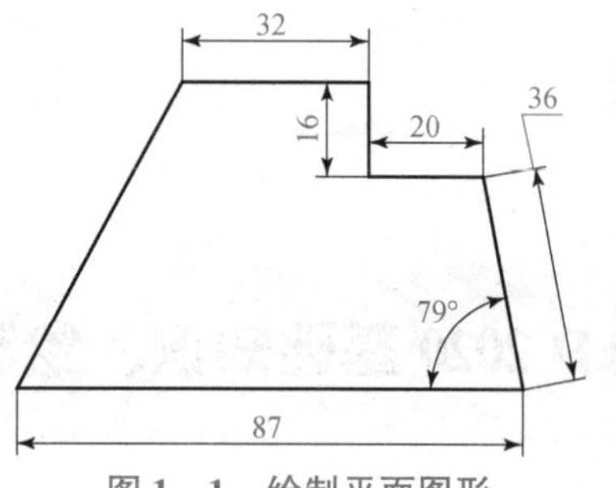

图 1-1　绘制平面图形

（2）菜单式：单击桌面左下角任务栏上的“开始”菜单→“所有程序”→“Autodesk”→“AutoCAD 2020 Simplified Chinese”→“AutoCAD 2020”命令。

（3）图形文件式：双击已经存盘的任意一个 AutoCAD 图形文件（后缀为 *. dwg 的文件）。

2. AutoCAD 2020 的操作界面

启动 AutoCAD 2020 后，默认情况将打开如图 1-2 所示界面，该界面上包括“了解”和“创建”两个选项卡。

（1）“了解”选项卡：用户可以看到 AutoCAD 2020 新特性、快速入门视频、学习提示以及联机资源，如图 1-2 所示。

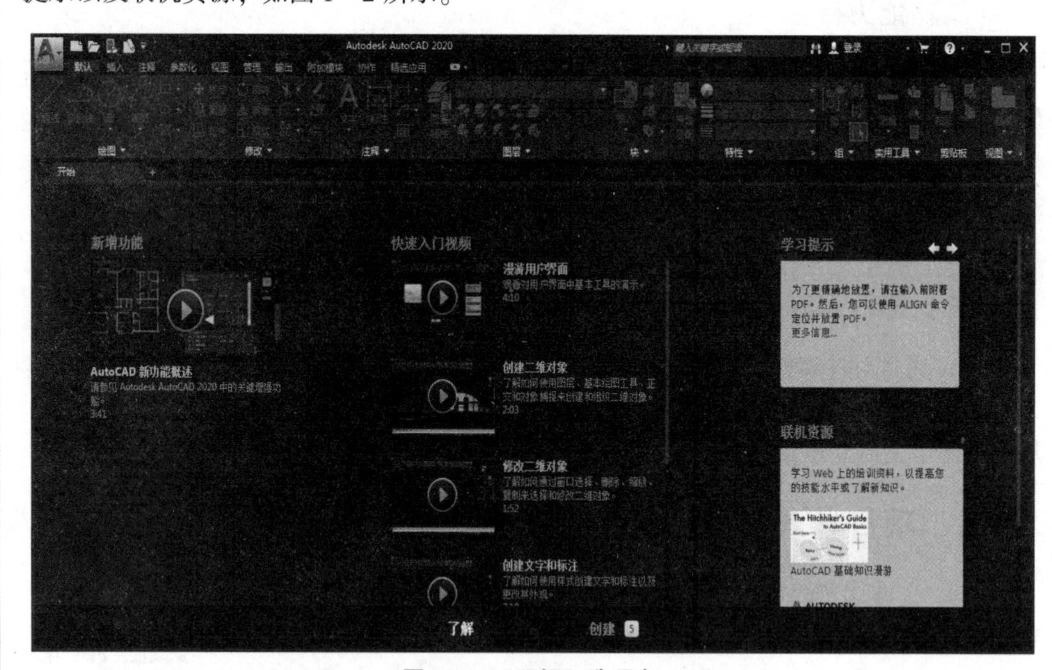

图 1-2　“了解”选项卡

（2）“创建”选项卡：用户可以了解样例图形、打开文件、最近使用的文档、产品更新以及发送反馈等。单击“快速入门”下方的“开始绘制”大图标，可以从默认样板开始新图形的绘制；单击“样板”按钮，可以从下拉列表中选择合适的样板文件。在“最近使用的文档”下方清楚地展示了最近使用的文档预览、文档名称及上次打开的具体时间，可以方便用户查看和打开最近使用的图形，如图 1-3 所示。

学习笔记

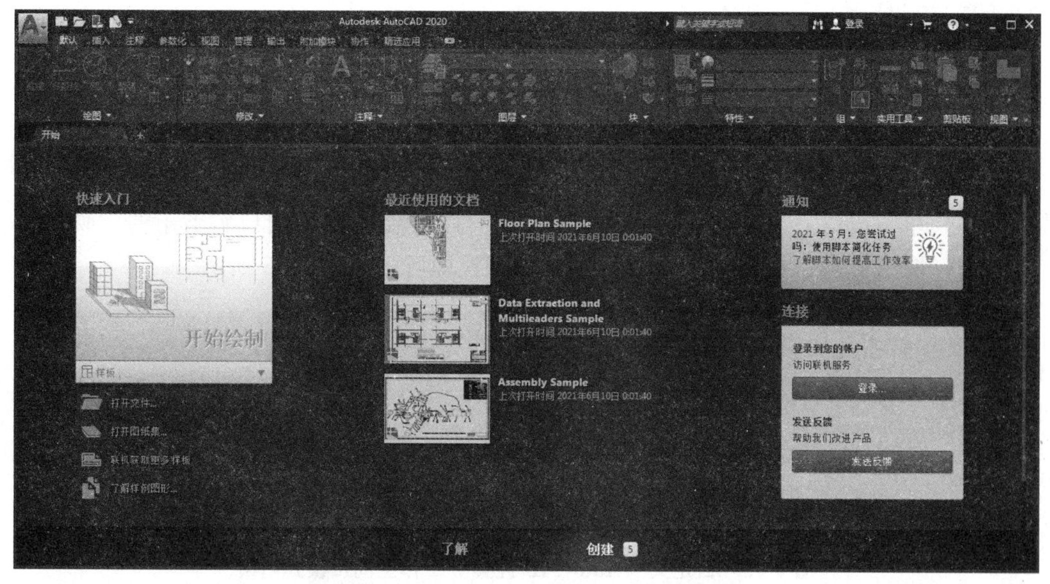

图 1－3 “创建”选项卡

单击“开始绘制”大图标进入绘制界面，用户可自行设定工作空间。切换方法是：单击窗口右下方的“切换工作空间”按钮，在弹出的菜单中选择所需的工作空间，也可以重新自定义工作空间，如图 1－4 所示。

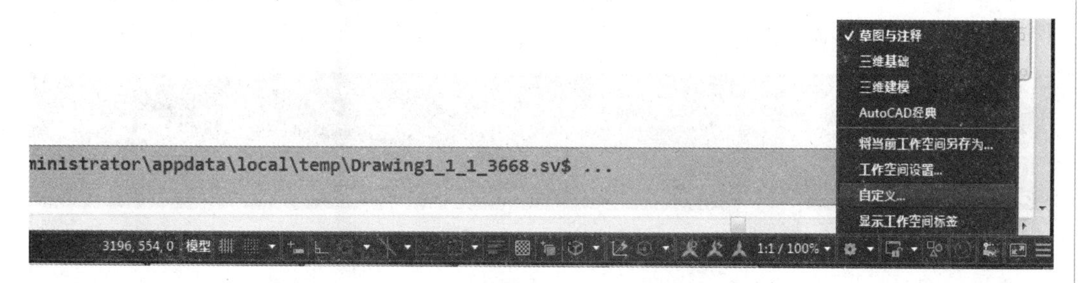

图 1－4 “切换工作空间”各菜单选项

（二）AutoCAD 2020 的工作空间

AutoCAD 2020 经典工作空间的定制方法

AutoCAD 2020 为用户提供了“草图与注释”“三维基础”和“三维建模”三种工作空间模式。

经常关注“AutoCAD”版本更新的使用者基本都知道，从“AutoCAD 2015”及其以后版本，工作空间的“AutoCAD 经典”模式被取消了。而作为 AutoCAD 老用户，早已习惯了在“AutoCAD 经典”模式中绘图，总想把它找回来使用。下面简单介绍“AutoCAD 经典”模式的定制方法。

1. AutoCAD 2020 定制“经典模式”的方法与步骤

（1）单击 AutoCAD 2020 快捷图标进入 AutoCAD，将工作空间切换至“草图与注释”，然后选择“快速访问工具栏”下拉菜单中的“显示菜单栏”选项。

（2）在“工具”菜单栏的“选项板”中找到“功能区”的空白区域右击，选择

"关闭"按钮。

(3) 打开"工具"后依次选择"工具栏""AutoCAD",然后依次选中"标准""样式""图层""特性""绘图"和"修改"。

(4) 在当前页面下方找到齿轮状图标并单击,选择"将当前工作空间另存为..."选项,然后将当前工作空间另存为"AutoCAD 经典"。

(5) 单击窗口上方"快速访问工具栏"的"工作空间"或窗口右下角的"切换工作空间"按钮 ,单击"AutoCAD 经典"切换即可。如图 1-5 所示。

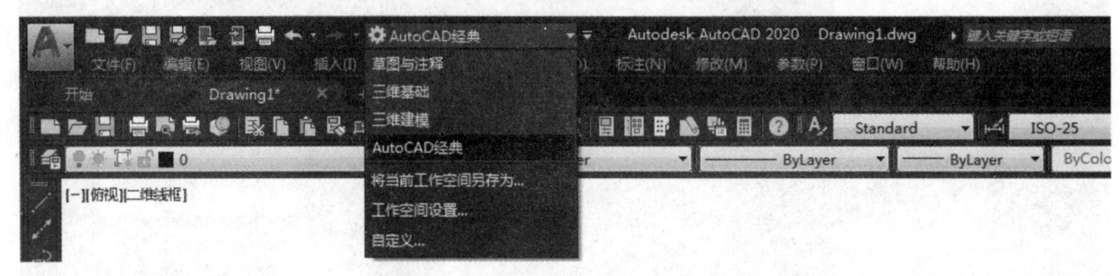

图 1-5 自定义"AutoCAD 经典"工作空间及模式切换

2. 四种工作空间模式界面

(1)"草图与注释"工作空间界面。

"草图与注释"空间是 AutoCAD 启动后的默认空间,如图 1-6 所示。在该空间中,可以使用"绘图""修改""图层""注释""块""文字"和"特性"等功能区面板方便地绘制和标注二维图形。

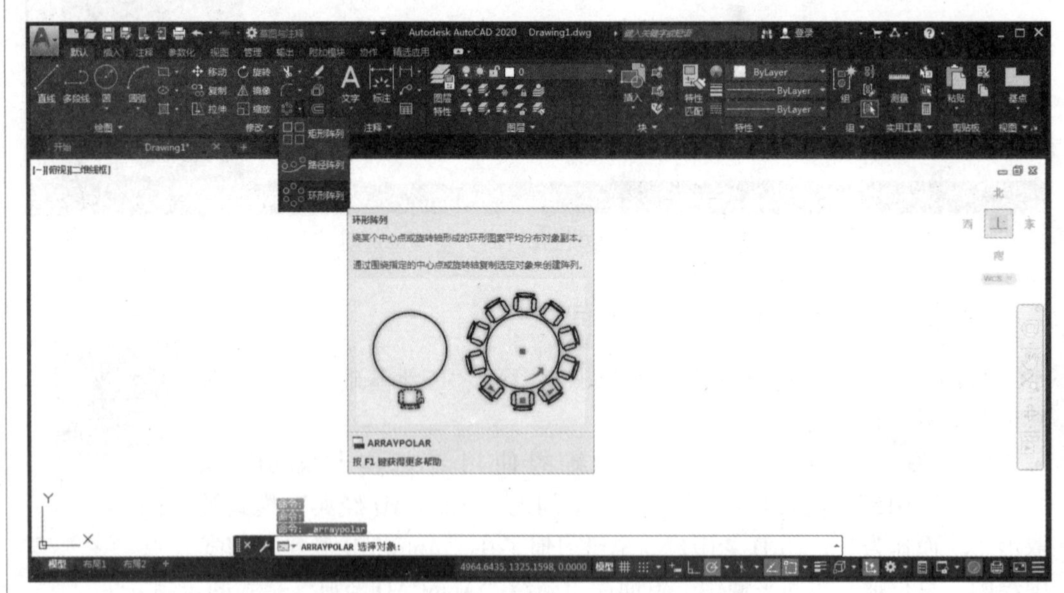

图 1-6 "草图与注释"工作空间界面

(2)"三维基础"工作空间界面。

在"三维基础"空间可以更加方便地绘制三维图形。在"工具"选项板中集成了"创建""编辑""绘图"与"修改"等选项面板,从而为绘制与编辑三维图形等操作提供了非常便利的环境。"三维基础"工作空间如图 1-7 所示。

学习笔记

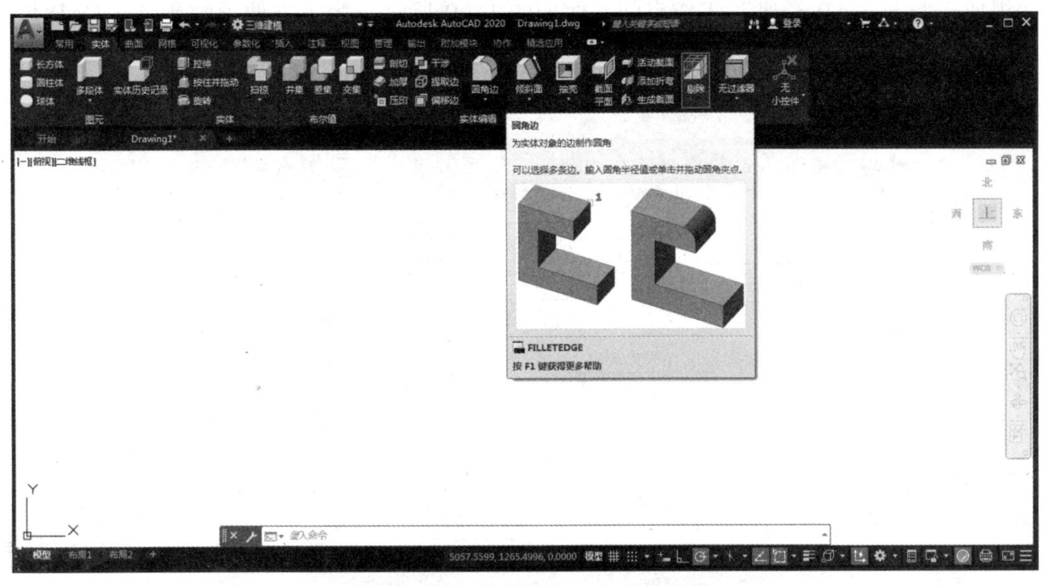

图 1-7 “三维基础”工作空间界面

（3）“三维建模”工作空间界面。

在“三维建模”空间可以更加方便地在三维空间中绘制图形。在“工具”选项板中集成了“建模”“绘图”“实体编辑”与“视图”等选项面板，从而为绘制三维图形、观察图形等操作提供了非常便利的环境。“三维建模”工作空间如图 1-8 所示。

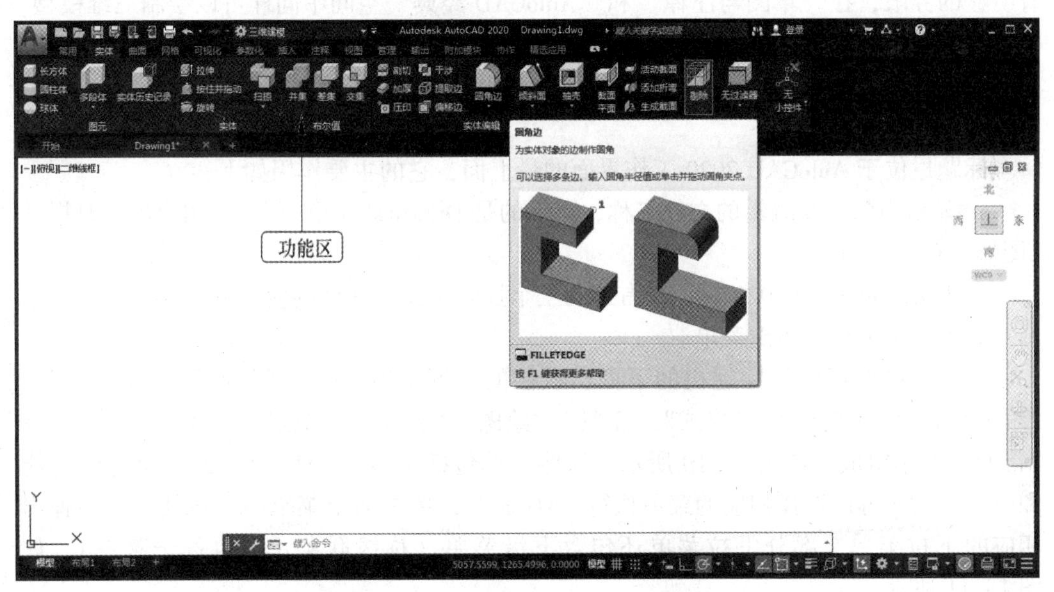

图 1-8 “三维建模”工作空间界面

（4）“AutoCAD 经典”工作空间界面。

使用“AutoCAD 经典”工作空间是对于习惯 AutoCAD 传统界面的用户来说的，AutoCAD 的经典工作空间由标题栏、菜单栏、工具栏、绘图区、光标、坐标系图标、模型/布局选项卡、命令区、状态栏以及滚动条

经典风格界面介绍

学习笔记

等组成。“AutoCAD 经典”工作空间界面如图 1－9 所示。为了方便习惯于 AutoCAD 传统界面的用户，本教程二维绘图界面为“AutoCAD 经典”工作空间界面。

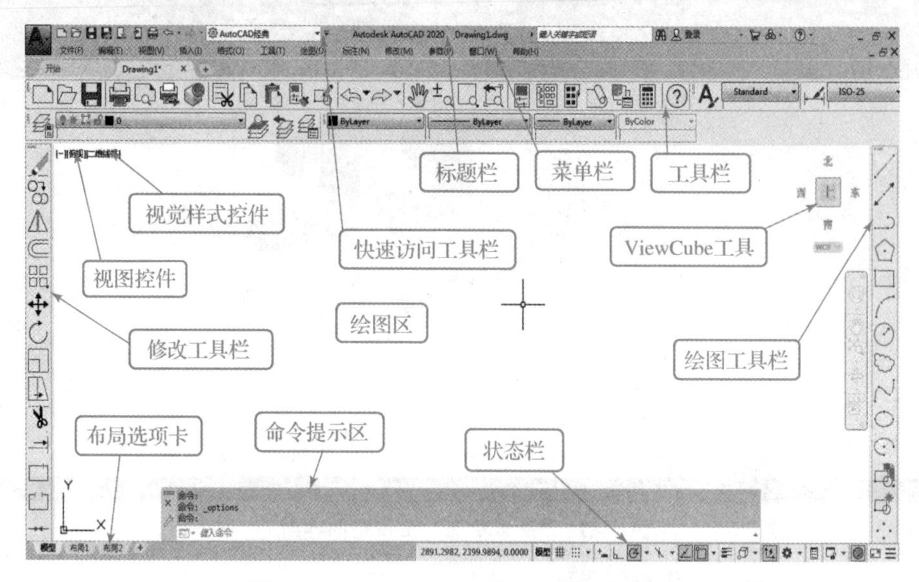

图 1－9 “AutoCAD 经典”工作空间界面

不同的工作空间提供的快捷工具栏有所不同，背景显示也不一样，其目的是适应使用需要，让用户使用更加方便，提高绘图速度。同时需要注意这 4 个工作空间并没有明显的界限，在“草图与注释”和“AutoCAD 经典”空间中同样可以绘制三维模型。

进入“AutoCAD 经典”工作空间后，即进入其工作界面，它主要由绘图区、标题栏、菜单栏、工具栏、状态栏、命令提示区、坐标系图标及滚动条等组成。

①标题栏。

标题栏位于 AutoCAD 2020 工作界面的最上面，它的主要作用如下：

a. 显示当前正在编辑的文件名称，默认的是 Drawing1（第一个），用户保存时提示“图形另存为”窗口；

b. 显示 AutoCAD 2020 标记，右边的三个控制按钮与其他的应用程序是一样的。

②下拉菜单栏与快捷菜单。

下拉菜单栏：位于标题栏的下面，默认的情况下有 12 个菜单项目，由“文件”“编辑”“视图”“插入”“格式”“工具”“绘图”“标注”“修改”“参数”“窗口”及“帮助”菜单组成，如图 1－10 所示。这些菜单包括了 AutoCAD 2020 几乎全部的功能和命令，用户可以选择相应的菜单执行 CAD 命令，单击某个菜单项，在其下方会弹出相应的下拉菜单，部分下拉菜单还包含下级菜单（称级联菜单，也称子菜单），如图 1－11 所示。

文件(F)　编辑(E)　视图(V)　插入(I)　格式(O)　工具(T)　绘图(D)　标注(N)　修改(M)　参数(P)　窗口(W)　帮助(H)

图 1－10 下拉菜单栏

在使用菜单栏中的命令时应注意以下几点：

a. 命令后有黑三角符号，表示该命令有下一级子命令。

学习笔记

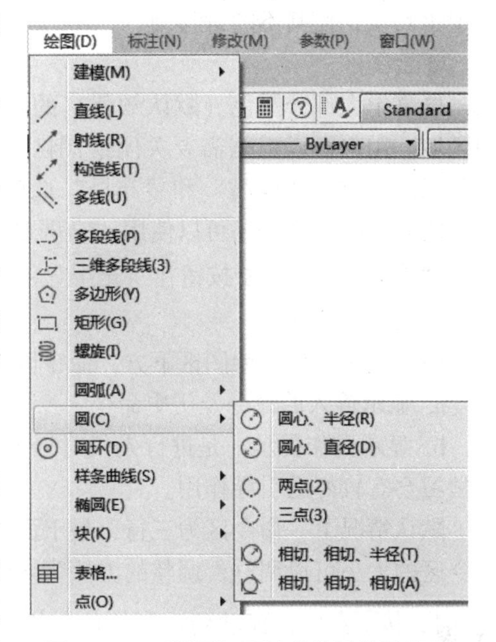

图1－11 “绘图”下拉菜单及其子菜单

b. 命令后有组合键，表示按下该组合键即可执行该命令。

c. 命令后有省略号，表示执行该命令后会有相应的对话框弹出。

d. 命令或编辑框呈灰色显示，表示该命令在当前状态下不可用。

快捷菜单又称为上下文相关菜单，用户在绘图区中单击鼠标右键，即可弹出当前绘图环境下的快捷菜单。利用快捷菜单中的命令，用户可以快速、高效地完成绘图操作。

③工具栏。

工具栏是 AutoCAD 2020 提供的一种调用命令的方式，它包含多个由图标表示的命令按钮，单击这些图标按钮就可以调用相应的 AutoCAD 2020 命令。系统提供了 30 多种工具栏，在默认的情况下系统打开“工作空间”“标准”“图层与特性”“绘图”和“修改”等工具栏，并将其固定在绘图区周围即为固定工具栏，工具栏可以是浮动的，也可以是固定的。鼠标左键按下（或快速双击）工具栏前方双短线条（固定工具栏）或上部蓝条（浮动工具栏）位置不放，移动鼠标即可移动工具条，使其位于绘图区，即浮动工具栏，如图 1－12 所示。

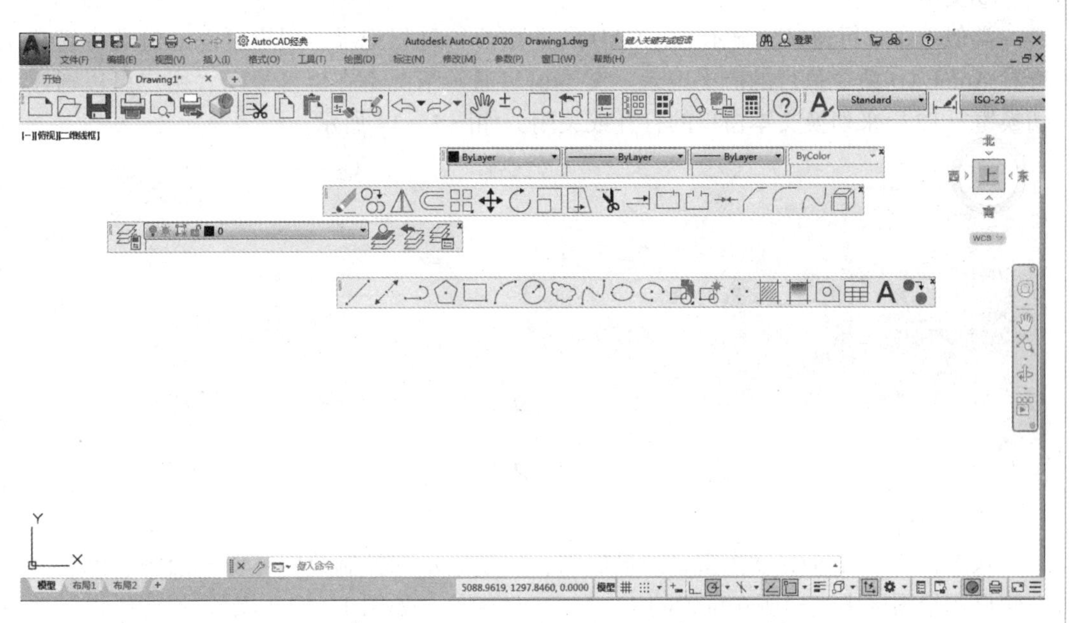

图1－12 “AutoCAD 经典”工作空间常用工具栏

弹出工具栏的方法：在任意工具栏的任意按钮上单击右键，从弹出的快捷菜单中选择，也可以通过工作空间来操作。单击屏幕右下角状态栏上的锁定按钮 ，可以

学习笔记

锁定工具条，使其不随意移动。

④绘图区。

屏幕中大部分黑色（默认颜色）的区域即为绘图区，它是绘制、编辑和显示图形的区域。用户可以根据需要关闭绘图区周围的工具栏和选项板，以便扩大绘图区域。绘图区的下方有“模型”和“布局”选项卡，用户可通过单击它们在模型空间或图纸空间之间来回切换，还可以使用“全屏显示”组合键［Ctrl］+［0］或单击状态栏最右边的“全屏显示”按钮在“全屏显示”和“非全屏显示”之间进行切换。

⑤命令提示区。

命令提示区位于绘图区下方，命令区有两项功能：

a. 显示输入的命令及历史命令；

b. 显示操作提示，是进行人机对话的窗口。初学者一定要注意命令区的提示，对于学习会有较好的引导作用。

默认情况下，命令区为三行，最下面一行显示当前命令，其余各行显示历史命令。命令区的大小可以调整，调整的方法为：将光标置于命令行窗口上方，当光标形状变为时，按下左键，拖动到适当的位置松开，命令行行数即可增多或减少，如图 1 – 13 所示。

图 1 – 13　命令提示区

⑥文本窗口。

类似于命令行窗口，显示 AutoCAD 的命令执行过程记录，用户可以通过文本窗口查看 AutoCAD 命令执行的历史记录。文本窗口通常情况不在屏幕显示，用户可以通过切换键［F2］来切换文本窗口的打开或关闭，如图 1 – 14 所示。

CIRCLE
指定圆的圆心或 [三点(3P)/两点(2P)/切点、切点、半径(T)]:
需要点或选项关键字。
指定圆的圆心或 [三点(3P)/两点(2P)/切点、切点、半径(T)]:
指定圆的半径或 [直径(D)]:
命令: 指定对角点或 [栏选(F)/圈围(WP)/圈交(CP)]:
命令: CIRCLE
指定圆的圆心或 [三点(3P)/两点(2P)/切点、切点、半径(T)]:
指定圆的半径或 [直径(D)] <331.6321>:
命令: 指定对角点或 [栏选(F)/圈围(WP)/圈交(CP)]:
命令: 指定对角点或 [栏选(F)/圈围(WP)/圈交(CP)]:
键入命令

图 1 – 14　文本窗口

⑦状态栏。

状态栏位于 AutoCAD 主窗口的最底部，用于显示和控制绘图环境及绘图状态，其左侧显示绘图区中光标所在位置的 X、Y、Z 坐标值，如图 1 – 15 所示。状态栏由一些控制图标按钮组成，用鼠标左键单击各按钮，可以打开或关闭控制状态，按钮呈现凹下去状态为开（图标亮显为开）、呈现凸起来状态为关（图标灰色显示为关）；如用鼠标右键单击各按钮，则可对各项参数进行设置等。

学习笔记

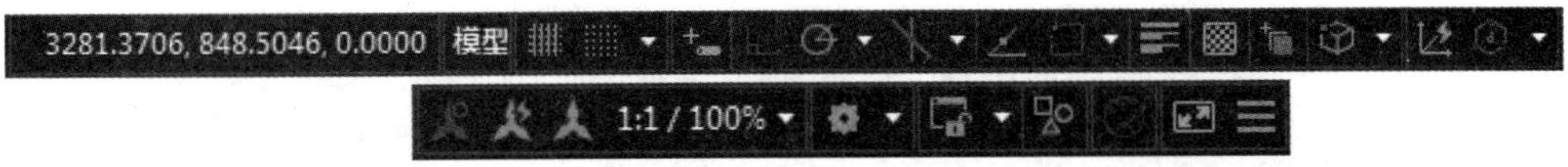

图 1－15　状态栏左侧与右侧图标

a. “捕捉”：捕捉栅格点，光标只能落在栅格点上，不能落在任意位置。

b. “栅格”：绘图窗口显示栅格。

c. “正交”：绘制直线型图形时，光标轨迹只能水平或竖直移动。

d. “极轴”：图绘时出现极轴引导线。

e. “对象捕捉”：捕捉线条特殊点，如端点、中点、交点、圆心等。

f. “对象追踪”：追踪捕捉线条特殊点。

g. “线宽”：显示线宽，只有打开此按钮，绘图空间中的线宽区别才能显示出来。

h. “模型/图纸”：显示当前绘图状态为模型还是图纸状态，单击该按钮可进行图纸空间与模型空间的转换，展开后方的两个黑色三角符号，可以选择不同的布局。模型与图纸选项卡可以在选项中操作。

右键单击状态栏的任意一个控制图标按钮，将出现右键菜单，如图 1－16 所示。

图 1－16　状态栏的图标按钮右键菜单

（三）文件操作

文件的操作主要指文件的创建、打开、关闭和保存等操作。

1. 新建图形文件

在 AutoCAD 2020 中新建图形文件的 4 种方法：

（1）菜单式：单击下拉菜单中的“文件”／“新建”子菜单。

（2）按钮式：单击“标准”工具栏上的“新建”图标按钮。

（3）命令式：在命令行中输入“NEW”，按［Enter］键或空格键确认。

（4）组合键式：按下［Ctrl］+［N］组合键。

2. 打开图形文件。

在 AutoCAD 2020 中打开图形文件的 4 种方法：

（1）菜单式：单击下拉菜单中的“文件”／“打开”子菜单。

（2）按钮式：单击“标准”工具栏中的“打开”图标按钮。

（3）命令式：在命令行中输入“open”，按［Enter］键或空格键确认。

（4）组合键式：按下［Ctrl］+［O］组合键。

执行打开图形文件命令后，系统弹出“选择文件”对话框，如图 1－17 所示。在该对话框中选择需要打开的图形文件，单击“打开”按钮即可打开用户所选中的图形文件。

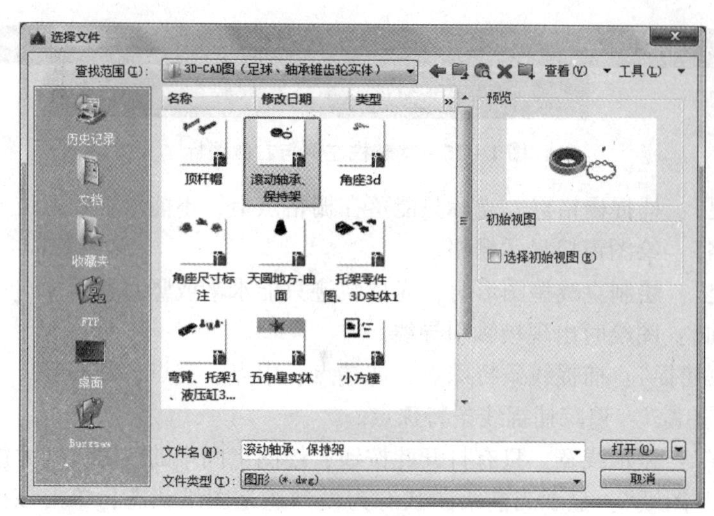

图 1-17 “选择文件”对话框

3. 保存图形文件

在 AutoCAD 2020 中保存图形文件的 4 种方法：

（1）菜单式：单击下拉菜单中的“文件”/“保存”或“另存为”子菜单。

（2）按钮式：单击“标准”工具栏中的“保存”图标按钮 。

（3）命令式：在命令行中输入“qsave”，按［Enter］键或空格键确认。

（4）组合键式：按下［Ctrl］+［S］或［Ctrl］+［Shift］+［S］组合键。

启动该命令，弹出“图形另存为”对话框，如图 1-18 所示。首次保存文件时，系统会有一个默认的文件名，用户可以在“文件名”文本框中输入文件名称。单击“保存”按钮即可对用户的图形文件进行保存。

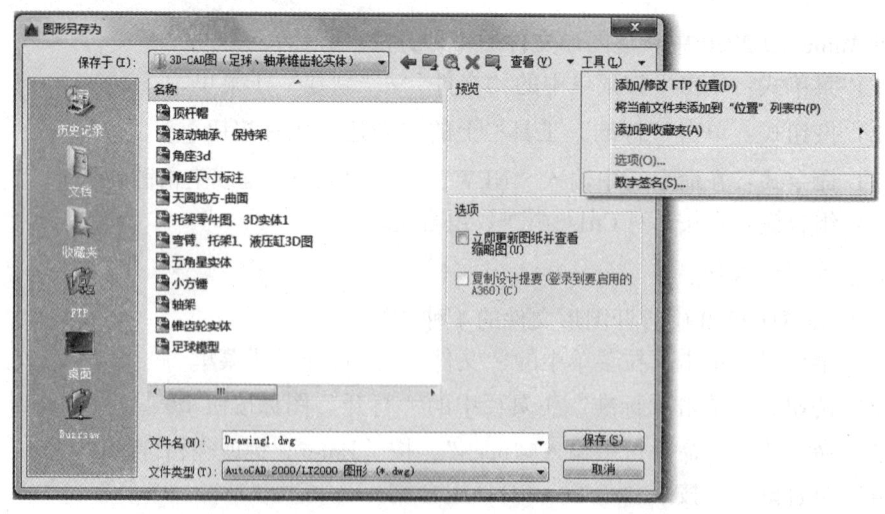

图 1-18 “图形另存为”对话框

4. 图形文件的密码保护

为加强文件的安全保护，在 AutoCAD 2020 中，用户在保存图形文件时可以对图形文件进行加密，加密的图形文件只有知道正确口令的用户才能打开。对图形文件进行加密的具体操作方法如下：

学习笔记

单击下拉菜单中的“文件”/“另存为”子菜单，弹出“图形另存为”对话框，如图1-15所示。在该对话框中的“工具”下拉列表中选择“数字签名”选项，弹出“数字签名”对话框，如图1-19所示。

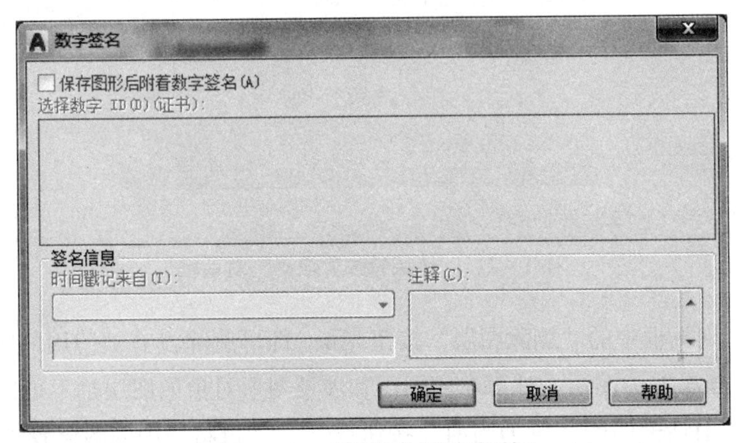

图1-19 “数字签名”对话框

（四）图层设置

在一张图样中，使用“图层”可以将图形元素设定为不同的颜色、线型和线宽等操作，具有相同颜色、线型、线宽和状态的图形元素放在同一“图层”中，不仅使图形的各种信息清晰、有序、便于观察，而且会给图形的绘制、编辑和输出带来很大的方便。在AutoCAD 2020中，用户可以在“图层特性管理器”对话框中对图层进行设置，打开该对话框的方法有以下3种：

图层

（1）菜单式：单击下拉菜单中的“格式”/“图层…”子菜单。

（2）按钮式：单击“图层”工具栏（见图1-20）中的“图层特性管理器”按钮；

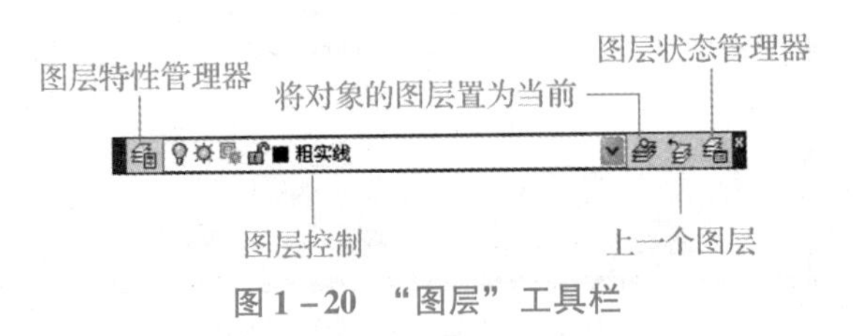

图1-20 “图层”工具栏

（3）命令式：在命令行中输入“layer”或“LA”，按［Enter］键或空格键确认。

执行该命令后，弹出“图层特性管理器”对话框，如图1-21所示，用户可以在该对话框中对图层进行各种操作。

（1）单击对话框的“新建图层”按钮，即可创建一个新的图层，默认情况下系统提供一个图层名为“0”的图层，颜色为白色，线型为连续实线，线宽为默认值。

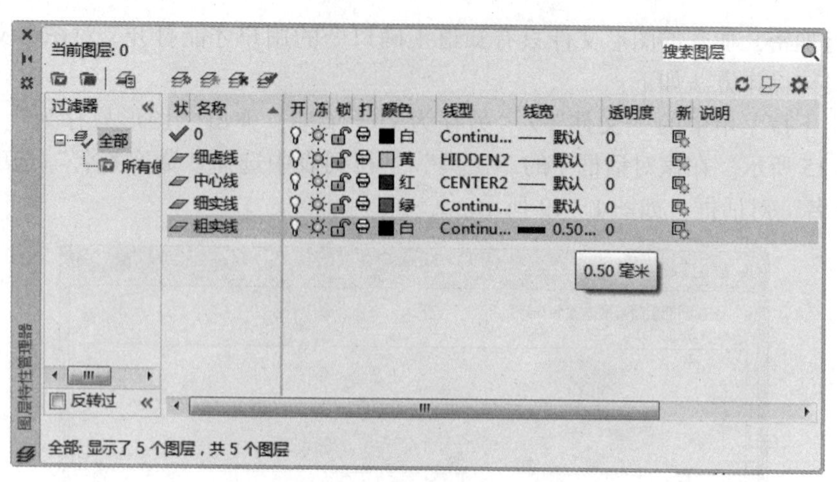

图 1－21 “图层特性管理器”对话框

（2）单击对话框中的“删除图层”按钮 ，即可删除没有被使用的图层，而 0 图层、当前层、Defpoints 图层、外部参照图层和涉及图形对象的图层是不可以删除的。

（3）单击对话框中的“置为当前”按钮 ，即可将选中的图层置为当前。

（4）图层的线型设置。

线型用于区分图形中不同元素，例如点画线、虚线等。默认情况下，图层的线型为 Continuous（连续线型）。

要改变线型，也可在图层列表中单击相应的线型名，如“Continuous”，系统打开“选择线型”对话框，如图 1－22 所示。如果“已加载的线型”列表中没有满意的线型，则可单击“加载(L)...”按钮，打开“加载或重载线型”对话框，如图 1－23 所示。从当前线型库中选中要选择的线型，如中心线（CENTER2）、虚线（HIDDEN2）等，单击“确定”按钮，该线型即被添加到“选择线型”对话框中，再进行选择。

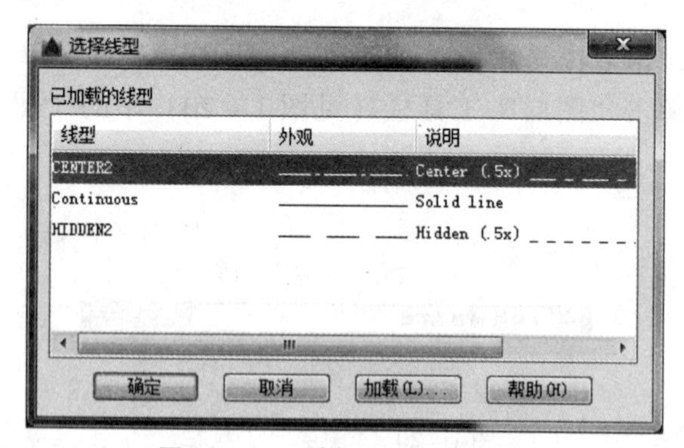

图 1－22 “选择线型”对话框

（5）图层的颜色设置。

为便于区分图形中的元素，要为新建图层设置颜色。为此，可直接在“图层特性管理器”对话框中单击“图层”列表中该图层所在行的颜色块，此时系统将打开“选择颜色”对话框，如图 1－24 所示。单击所要选择的颜色，如“红色”后，单击“确定”按钮即可。

加载或重载线型

文件(F)... acadiso.lin

可用线型

线型	说明
CENTER	Center
CENTER2	Center (.5x)
CENTERX2	Center (2x)
DASHDOT	Dash dot
DASHDOT2	Dash dot (.5x)
DASHDOTX2	Dash dot (2x)

确定　取消　帮助(H)

图 1－23　“加载或重载线型”对话框

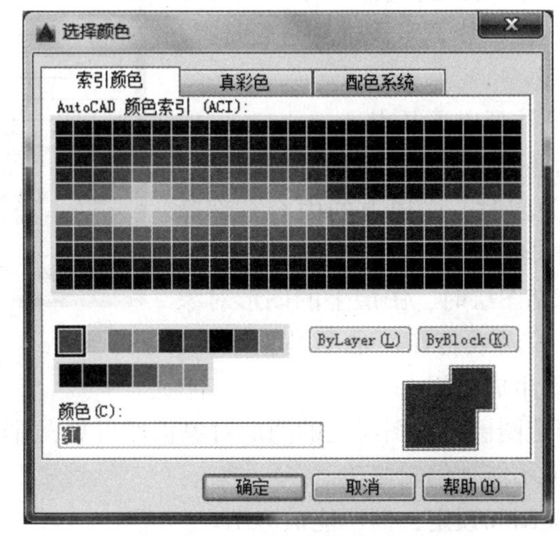

图 1－24　“选择颜色”对话框

学习笔记

屏幕上的图线一般应按表 1－1 中提供的颜色显示，并按要求相同类型的图线应采用同样的颜色。图层颜色设置见表 1－1。

表 1－1　图层颜色设置

图线类型		屏幕上的颜色
粗实线		白色
细实线		绿色
波浪线		
双折线		
细虚线		黄色
粗虚线		白色

续表

图线类型		屏幕上的颜色
细点画线	——·————·——	红色
粗点画线	——·————·——	棕色
细双点画线	——··————··——	洋红色

(6) 图层的线宽设置。

在工程图样中，不同的线型其宽度和含义都是不一样的，以此提高图形的表达能力和可识别性。设置或修改某一图层的线宽时，可在“图层”列表中单击“—默认”按钮，系统打开“线宽”对话框，如图1-25所示，在“线宽”列表中进行选择。

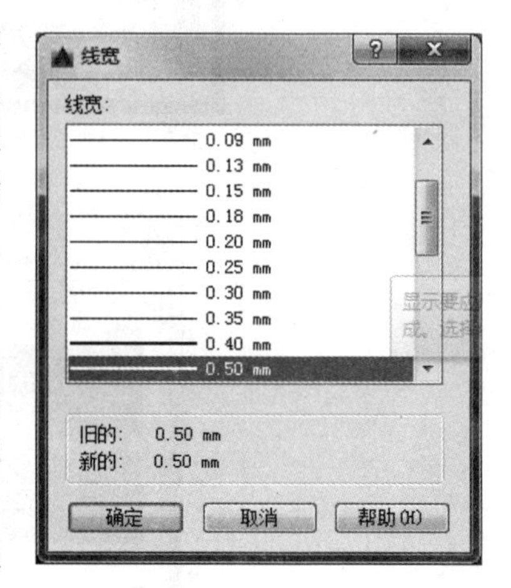

图1-25 “线宽”对话框

(7) 设置图层状态。

设置图层状态时应注意以下几点：

①打开/关闭：图层打开时，可显示和编辑图层上的图形对象；图层关闭时，图层上的内容全部隐藏，且不可被编辑或打印，但参加重生成图形。

②冻结/解冻：冻结图层时，图层上的图形对象全部隐藏，且不可被编辑或打印，也不被重生成，从而减少复杂图形的重生成时间。

③加锁/解锁：锁定图层时，图层上的图形对象仍然可见，并且能够捕捉或添加新对象，也能够打印，但不能被编辑修改。

④当前层可以被关闭和锁定，但不能被冻结。

(五) 精确绘图辅助工具的使用方法

精确绘图工具

(1) 单击“状态”栏中的“对象追踪”按钮（弹起为关闭，凹下去为打开），打开“极轴追踪”状态。在绘图区可以方便地绘制水平直线和竖直直线，再打开“极轴”按钮，用户在绘制三视图时可以很方便地满足“长对正、高平齐和宽相等”的尺寸对应关系。

在AutoCAD 2020中，右击状态栏中的“极轴追踪”按钮，弹出“草图设置”对话框，如图1-26所示，可以方便地进行“极轴追踪”模式设置。

(2) 单击“状态”栏中的“对象捕捉”按钮（弹起为关闭，凹下去为打开），执行“对象捕捉”功能，在绘图区用户可以从一个特殊点到另一个特殊点准确画线。

(3) 单击“状态”栏中的“线宽”按钮，用户可以控制图形是否显示预设的线型宽度，从而保证图样中的图线粗细分明。在状态栏的“线宽”按钮上右击，选择右键菜单中的“线宽设置...”命令，弹出“线宽设置”对话框，如图1-27所示。在该对话框中，选择“毫米”或“英寸”单选框可以设置显示线宽的单位，移动“调整显示比例”滑动条可以修改线宽显示比例。

学习笔记

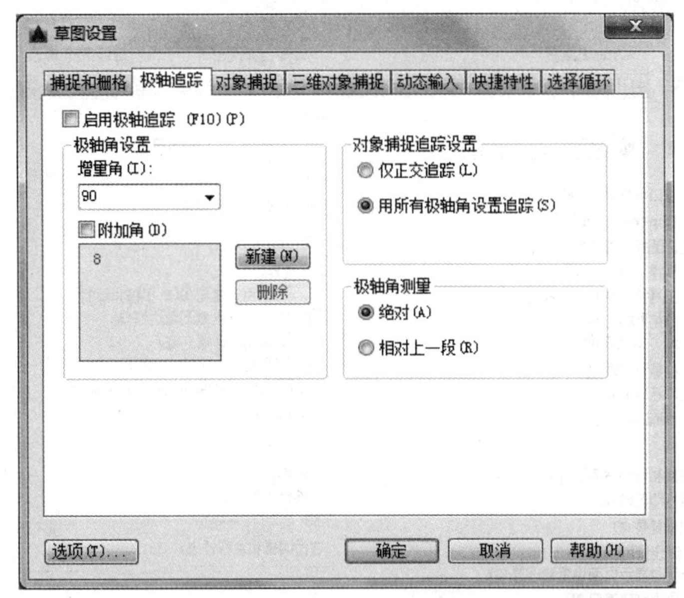

图 1－26 “草图设置” －“极轴追踪”对话框

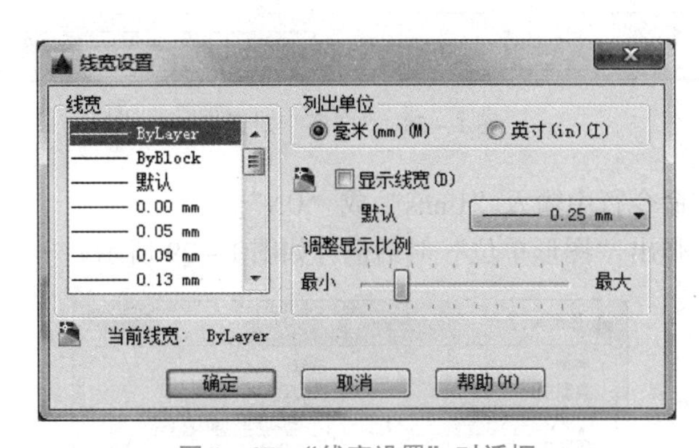

图 1－27 “线宽设置”对话框

(六) 绘图环境的设置

在使用 AutoCAD 绘图前，经常需要对绘图环境的某些参数进行设置。

(1) 设置参数“选项”。

单击下拉菜单中的“工具”/“选项 (N)...”子菜单，弹出“选项”对话框，如图 1－28 所示。在该对话框中包含“文件”“显示”“打开和保存”“打印和发布”“系统”“用户系统配置”“绘图”“三维建模”“选择集”“配置”和“联机”11 个选项卡。用户也可在绘图区右击，选择右键菜单中的“选项 (O)...”命令，在弹出的“选项”对话框中对系统环境进行设置。

(2) 设置图形“单位”。

在图形中绘制的所有对象都是根据单位进行测量的。绘图前首先应确定 AutoCAD 的度量单位。

①菜单式：单击下拉菜单中的“格式”/“单位”子菜单。

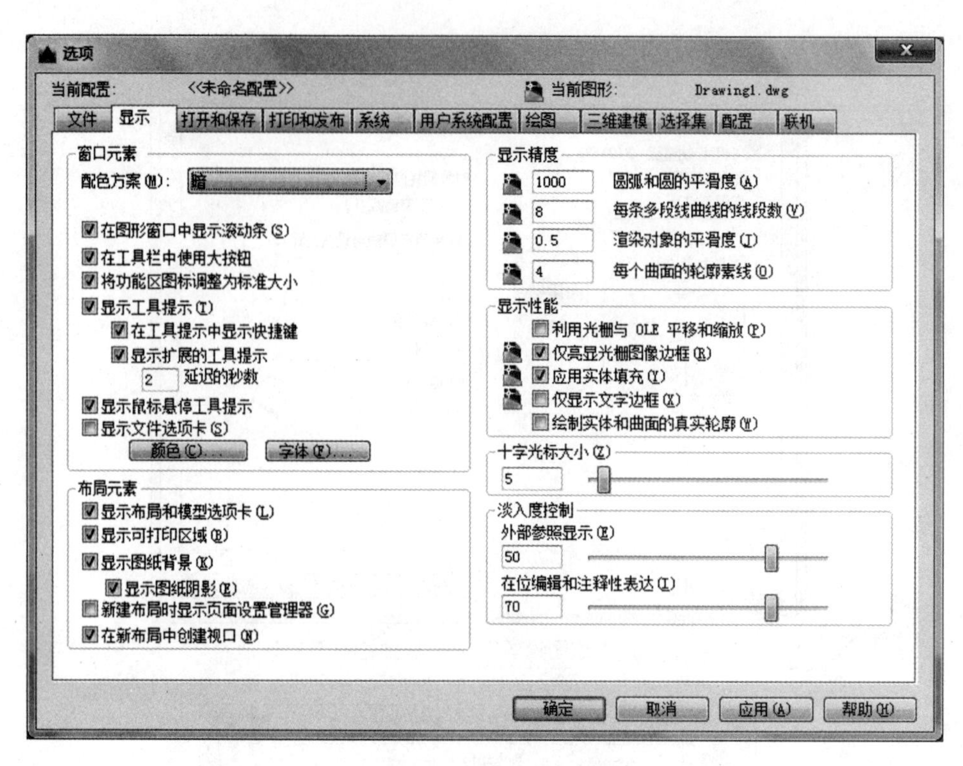

图 1－28 “选项”对话框

②命令式：在命令行中输入“Units”或“UN”。

执行命令后，弹出“图形单位”对话框，如图 1－29 所示。

图 1－29 “图形单位”对话框

a. “长度”：指定测量的当前单位及当前单位的精度。

b. “角度”：指定当前角度的格式和精度。

c. “方向”：单击该按钮，弹出“方向控制”对话框，该对话框用来确定角度的零度方向，如图1-30所示。

（3）设置“图形界限”。

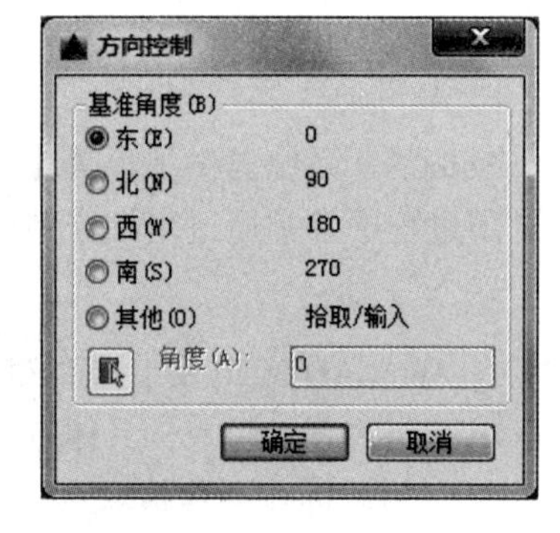

图1-30 “方向控制”对话框

绘图区中用户定义的矩形边界，确定绘图的工作区域和图纸的边界。当栅格打开时界限内部将被覆盖，又称作栅格界限。一般来说，对于建筑制图，长度以毫米（mm）为单位，角度以度（°）为单位。

①菜单式：单击下拉菜单中的“格式”/“图形界限”子菜单。

②命令式：在命令行中输入“LIMITS”。

命令：Limits↙

重新设置模型空间界限：

指定左下角点或［开（On）/关（Off）<0.0000，0.0000>］：↙（指定界限左下角坐标）

指定右上角点<420.0000，297.0000>：↙

a. 开（On）：打开界限检查。当界限检查打开时，AutoCAD将会拒绝输入图形界限外部的点。因为界限检查只检测输出入点，所以对象（例如圆）的某些部分可能会延伸出界限。

b. 关（Off）：关闭界限检查，所绘图形不受绘图范围的限制。

注意：执行以上操作后，需要在命令行中输入“Z（zoom）”命令，再选择“A（all）”选项，这样才会启用设置的绘图区域。

（七）直线绘图命令

直线和点的坐标

直线命令可在二维或三维空间中创建线段。发出命令后，用户通过鼠标光标指定线段的端点或利用键盘输入端点坐标，AutoCAD就将这些点连成线段。执行直线命令的方法有以下3种：

（1）菜单式：单击下拉菜单中的“绘图”/“直线”子菜单。

（2）按钮式：单击“绘图”工具栏（见图1-31）中的 ╱ 按钮。

（3）命令式：在命令行中输入命令“LINE”或“L”。

图1-31 “绘图”工具栏

命令：LINE↙

指定第一点：（鼠标在屏幕上任意单击一点或输入点坐标确定直线的起点）

指定下一点或［放弃（U）］：（在屏幕上指定第二点或输入点坐标）

指定下一点［放弃（U）］：（在屏幕上指定第三点或输入点坐标）

指定下一点或［闭合（C）/放弃（U）］：（在屏幕上指定第四点或输入第四点坐标。输入“U”表示放弃前一次操作；输入“C”表示将第一点和最后一端点连成闭合图形并终止当前“直线”命令）

（八）AutoCAD 的坐标表示法

1. AutoCAD 坐标系统

AutoCAD 系统提供了世界坐标系（WCS）和用户坐标系（UCS）两种坐标系统，在绘图过程中常常通过坐标来精确地拾取点的位置，从而准确地定位某个对象。

2. 点坐标的输入

在 AutoCAD 2020 中，点的确定方法主要有鼠标拾取和坐标输入两种。某个点的坐标可用不同的方式输入，具体点的确定方式有以下几种。

（1）用鼠标在屏幕拾取点。

（2）通过对象捕捉方式捕捉特殊点。

（3）用键盘输入点坐标。

①绝对直角坐标：输入格式为“*X*，*Y*，*Z*”，坐标值之间用逗号分隔，如：“8，2，3”表示该点相当于世界坐标系原点的 *X*，*Y*，*Z* 变化值。

②绝对极坐标：输入格式为“距离 < 角度”，如：“18 < 30”表示该点相当于世界坐标系原点的距离为 18，与原点连线相对于 *X* 轴正向的夹角为 30°。

③相对直角坐标：输入格式为“@ △*X*，△*Y*，△*Z*”，如：“@8，-2，3”表示该点相当于前一点的 *X*，*Y*，*Z* 变化值，其中“-2”表示当前点相对前一点 *Y* 坐标值减少 2，即往 *Y* 轴的反方向绘制点。

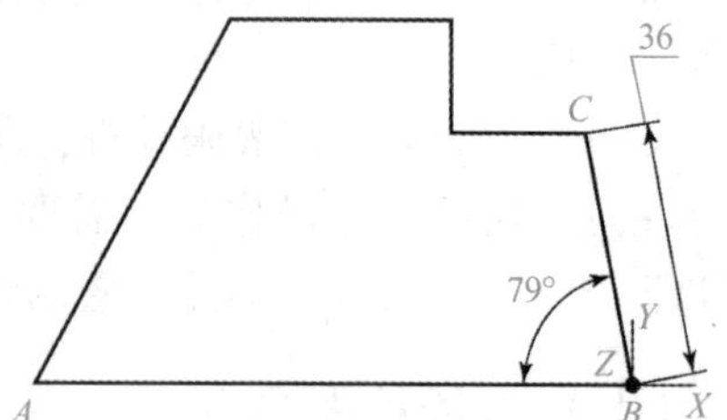

图 1-32　运用相对极坐标绘制 *BC* 线段

④相对极坐标：输入格式为“@ 距离 < 角度”，如图 1-32 所示点 *C*“@36 < 101”表示点 *C* 相当于前一点 *B* 的距离为 36，与前一点 *B* 连线相对于 *X* 轴正向的夹角为 101°，即始终将前一点作为新的坐标系原点，其中角度逆时针为正、顺时针为负。

（九）删除对象

删除

在绘制与编辑图形时，有时绘制的图形不符合要求，需要将其删除重新绘制，就可以使用“删除”命令了。在 AutoCAD 2020 中，执行“删除”命令的方法有以下 3 种：

（1）菜单式：单击下拉菜单中的“修改”/“删除”子菜单。

（2）按钮式：单击“修改”工具栏（见图 1-33）中的 按钮。

（3）命令式：在命令行中输入命令“ERASE”或“E”。

在空命令状态下，选择要删除的对象，此时该对象出现蓝色夹点，然后在绘图区域右击，从弹出的快捷菜单中选择“删除”菜单项或者出现夹点后按［Del］键即可删除选中的对象。

图 1-33　“修改”工具栏

学习笔记

四、项目实施

本任务将介绍用 AutoCAD 绘制图形的基本过程，并讲解常用的操作方法。

（一）新建文件

启动 AutoCAD 2020，进入“AutoCAD 经典”工作空间，即建立一新图形文件，此时文件名 drawing1. dwg 为默认文件名。

（二）设置绘图环境

（1）设置图形界限，设定绘图区域的大小为 297 mm × 210 mm，左下角点为坐标原点。

（2）“设置参数选项”和“设置图形单位”等参数设置选项采用默认值。

以上内容请用户参照“项目知识”有关内容自行完成操作。

（三）设置图层

新建粗实线图层，图层参数如表 1－2 所示。

表 1－2 图层设置参数

图层名	颜色	线型	线宽	用途
CSX	红色	Continuous	0. 50 mm	粗实线

（四）绘制图形

用 1 : 1 的比例绘制如图 1－1 所示平面图形，要求：选择恰当的线型，不标注尺寸，不绘制图框与标题栏。

步骤如下：

（1）调整屏幕显示大小，以方便绘图，可在屏幕上任画一长度为20 mm的线段，滚动滚轮使所画线段显示长度与视觉目测长度相差不多时为宜。

（2）打开“对象捕捉追踪”“对象捕捉”和“线宽”状态栏按钮，如图 1－34 所示。

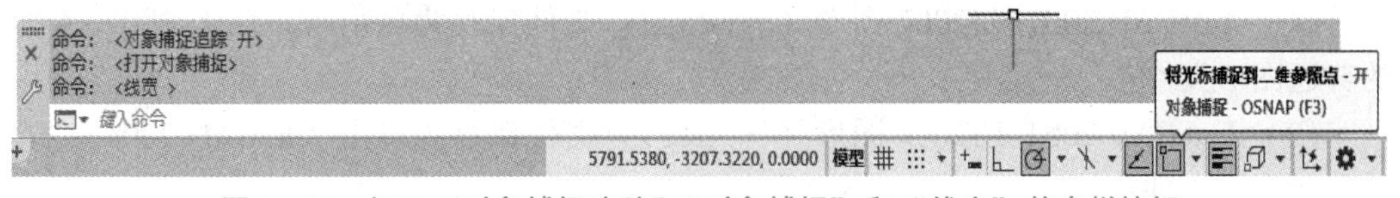

图 1－34 打开“对象捕捉追踪”“对象捕捉”和“线宽”状态栏按钮

（3）单击“绘图”工具栏中的“直线”按钮，执行绘制直线命令，命令行提示如下。

命令：LINE↙

指定第一点：(在绘图区左键任意单击一点↙，即拾取 *A* 点)

指定下一点或［放弃（U）］：@87，0
指定下一点或［放弃（U）］：@36<101
指定下一点或［闭合（C）/放弃（U）］：@ -20，0
指定下一点或［闭合（C）/放弃（U）］：@0，16
指定下一点或［闭合（C）/放弃（U）］：@32<180
指定下一点或［闭合（C）/放弃（U）］：C↙（结束命令，完成平面图形）
结果如图 1－32 所示。

（五）保存文件

使用 AutoCAD 绘制的图形在退出软件之前需要保存，保存的方法有直接保存和另存为两种。

1. 直接保存

输入命令的方法有菜单式、按钮式、命令式和快捷键方式（［Ctrl］+［S］组合键）。

前面已有详细解说过，这里不再赘述。

执行该命令后，如果该文件是第一次保存，则会弹出如图 1－18 所示的“图形另存为”对话框，在该对话框中指定文件的保存位置，并指定文件名称，再单击“保存”按钮即可完成保存。

如果该文件已经被保存过，或者是打开的已有的文件，则执行保存命令后不会出现如图 1－18 所示的对话框，而是直接保存当前图形并覆盖原有图形。

2. 另存为

输入命令的方法如下：

（1）菜单式：单击菜单栏中的“文件”/“另存为”子菜单。

（2）命令式：在命令行中输入“saveas”。

执行该命令后，不管该图形之前是否保存过，都会弹出如图 1－15 所示的“图形另存为”对话框，可重新指定保存位置和文件名，再单击“保存”按钮完成保存。

此外，在执行“另存为”命令时，弹出“图形另存为”对话框后，默认的文件类型是“AutoCAD 2010 图形（*.dwg）”，该格式代表可由 AutoCAD 2010 及 AutoCAD 2016 打开的普通图形文件。单击“文件类型”右侧的下拉箭头后，还可以选择将文件保存为其他格式，如图 1－35 所示。各选项的含义如下：

（1）AutoCAD 2007/LT2007 图形（*.dwg）：文件保存为可由 AutoCAD 2007 打开的普通图形文件；

（2）AutoCAD 2004/LT2004 图形（*.dwg）：文件保存为可由 AutoCAD 2004 打开的普通图形文件；

（3）AutoCAD 2000/LT2000 图形（*.dwg）：文件保存为可由 AutoCAD 2000 打开的普通图形文件；

（4）AutoCAD R14/LT98/LT97 图形（*.dwg）：文件保存为可由 AutoCADR14 及以前的 98、97 版本打开的普通图形文件；

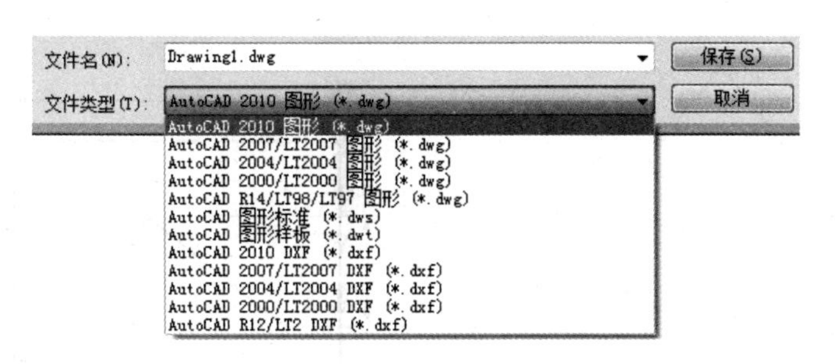

图 1－35 “文件类型”选项

(5) AutoCAD 图形标准 (＊.dws)：文件保存为 dws 格式，即保存为图形标准，可用该标准对其他图形进行核查，比如检查所画的图样的线形、图层、字体等相关属性是否符合 dws 文件中的要求。一般地，每个公司都应有自己的 dws 文件。

(6) AutoCAD 图形样板 (＊.dwt)：文件保存为图形样板。如果选择该选项，默认的保存目录将是软件的 Template 文件夹。用户可设置符合自己行业或者企业设计习惯的样板图，这其中可包括图层、文字样式、标注样式、表格样式等，再将它保存为样板文件，今后在新建文件时即可选择该样板，这样样板文件中的相关设置即可在新文件中使用，可减少工作量。关于图层、文字样式等内容将在后续章节中介绍。

(7) AutoCAD 2010 DXF (＊.dxf)：将文件保存为 2010 图形交换格式，可与其他软件进行数据交换。

其他选项也是保存为图形交换格式，只是使用程序版本不一样，这里不再赘述。

绘图注意的要点：

用户可分别采用绝对坐标输入、极坐标输入方式完成绘图，也可混合使用各种方法。但相比较而言以下方法最为简捷，即在极轴、追踪状态下，输入“直接距离方式”，向右移动鼠标，此时将出现一条水平“虚线”（极轴追踪线），直接用键盘输入“87”后按［Enter］键，便绘制出一条长度为 87 mm 的水平线段，即 *AB* 线段。同理将鼠标向上移动追踪，此时将出现一条竖直“虚线”，直接用键盘输入“16”后按［Enter］键，便绘制出一条长度为 16 mm 的铅垂线段。

五、课后练习

(1) 进行创建、打开、关闭、冻结、解冻、锁定与解锁图层的操作，如图 1－36 所示。

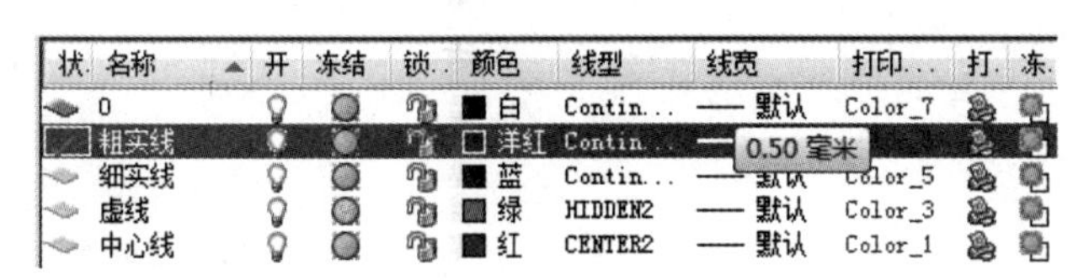

图 1－36 练习（一）

(2) 运用图层和直线命令，按 1∶1 的比例绘制如图 1－37 所示的平面图形，不标注尺寸。

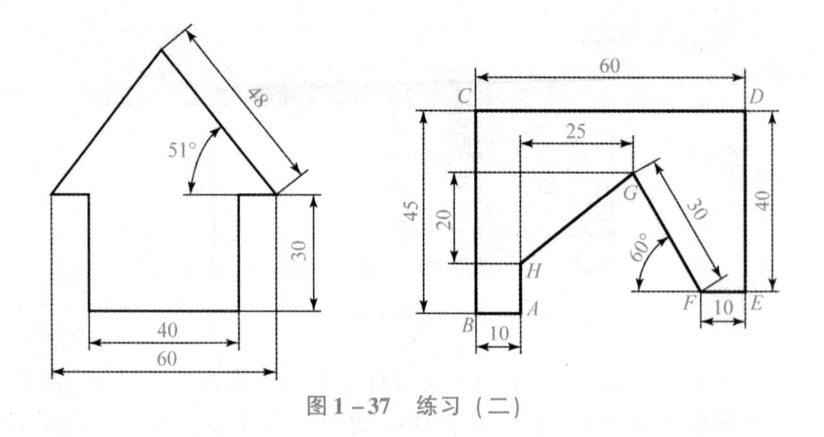

图 1-37　练习（二）

学习笔记

项目二　绘制平面图形（二）

一、项目目标

（一）知识目标

（1）掌握圆绘图命令和图形显示控制的操作方法；
（2）掌握常用的选择对象的方法及“放弃”和“重做”的运用；
（3）掌握“偏移”“修剪”“延伸”和“夹点编辑”的操作方法与技巧。

（二）能力目标

（1）能够灵活运用“偏移”“修剪”“延伸”和“夹点编辑”来修改图形；
（2）能够巧妙运用选择对象的方法选择所需的图形要素；
（3）能够综合应用“直线”“圆”绘图命令以及所学的编辑命令绘制编辑平面图形。

（三）思政目标

（1）通过对选择对象方法的学习，培养学生具体问题具体分析的能力；
（2）通过绘图和编辑命令操作方法的学习，培养学生良好的学习能力和耐心细致、一丝不苟的工匠精神；

二、项目导入

用 1 : 1 的比例绘制如图 2 - 1 所示平面图形，要求：选择恰当的线型，不标注尺寸，不绘制图框与标题栏。

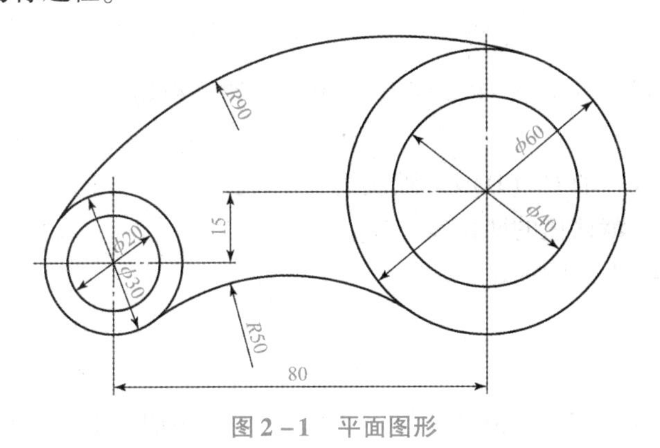

图 2 - 1　平面图形

三、项目知识

圆、偏移、复制、修剪

（一）“圆”绘图命令

在 AutoCAD 2020 中，单击“绘图”工具栏（见图 2－2）中的“圆”按钮，或单击下拉菜单中“绘图”/“圆”菜单的子菜单，或者输入［C］快捷键再按［Enter］键即可执行绘制圆命令，如图 2－3 所示。

图 2－2 “绘图”工具栏

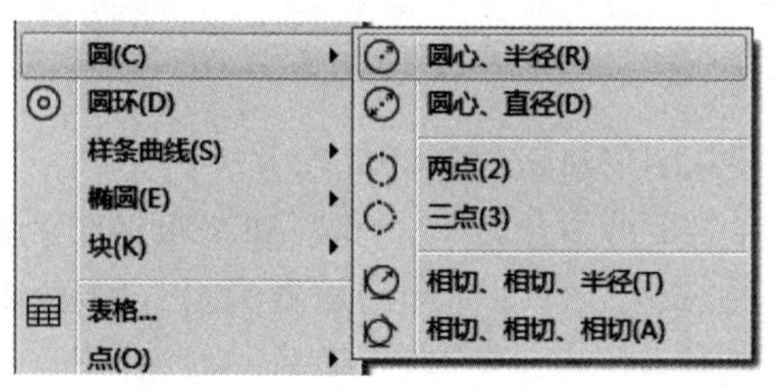

图 2－3 “圆”绘图命令子命令

AutoCAD 2020 提供了多种指定方式绘制圆的方法，下面分别介绍“圆”菜单的子命令。

命令：C↙

指定圆的圆心或［三点（3P）/两点（2P）/相切、相切、半径（T）］：（输入圆心点或输入一个选项）

1. 指定圆的圆心和半径画圆

命令：C↙

指定圆的圆心或［三点（3P）/两点（2P）/相切、相切、半径（T）］：（用鼠标或键盘输入圆心点）

指定圆的半径或［直径（D）］<默认值>：25↙

结果如图 2－4（a）所示。

注：< >中的数值为当前命令的默认值，可用空格、回车或鼠标右键确认该值。

2. 指定圆的圆心和直径画圆

命令：C↙

指定圆的圆心或［三点（3P）/两点（2P）/相切、相切、半径（T）］：（用鼠标或键盘输入圆心点）

指定圆的半径或［直径（D）］<默认值>：D↙

指定圆的直径<默认值的两倍>：50↙

结果如图 2－4（b）所示。

3. 通过直径的两个端点画圆

命令：C↙

指定圆的圆心或［三点（3P）/两点（2P）/相切、相切、半径（T）］：2P↙

指定圆直径的第一个端点：10，10↙
指定圆直径的第二个端点：60，10↙
结果如图2-4（c）所示。

4. 通过3个点画圆

命令：C↙
指定圆的圆心或［三点（3P）/两点（2P）/相切、相切、半径（T）］：3P↙
指定圆上的第一个点：（指定1点）
指定圆上的第二个点：（指定2点）
指定圆上的第三个点：（指定3点）
结果如图2-4（d）所示。

5. 已知两个相切物和半径画圆

命令：C↙
指定圆的圆心或［三点（3P）/两点（2P）/相切、相切、半径（T）］：T↙
指定对象与圆的第一个切点：（用鼠标单击第一个与圆相切的对象）
指定对象与圆的第二个切点：（用鼠标单击第二个与圆相切的对象）
指定圆的半径：输入半径值↙
结果如图2-4（e）所示。

6. 已知三个相切物画圆

命令：C↙
指定圆的圆心或［三点（3P）/两点（2P）/相切、相切、半径（T）］：3P↙
指定圆上的第一个点：tan↙到　（用鼠标单击第一个与圆相切的对象）
指定圆上的第二个点：tan↙到　（用鼠标单击第二个与圆相切的对象）
指定圆上的第三个点：tan↙到　（用鼠标单击第三个与圆相切的对象）
结果如图2-4（f）所示。

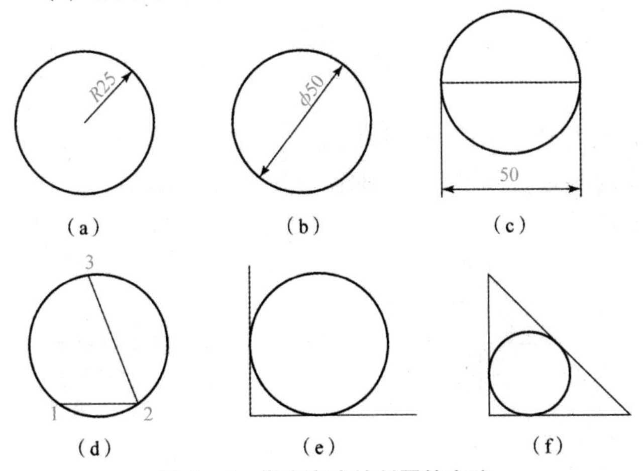

图2-4　指定方式绘制圆的方法

选择对象方式

（二）选择对象的方法

执行编辑对象命令后，系统通常会提示“选择对象”，这时光标会

学习笔记

学习笔记

变成小方块形状，叫作拾取框，用户必须选中图形对象，然后才能对其进行编辑。在AutoCAD中，选择对象的方法有很多种，用户可以选择单个对象进行编辑，也可以选择多个对象进行编辑。被选中的对象以虚线呈高亮显示。选择对象的方法有多种，常用的有以下几种。

1. 用鼠标拾取对象（Pick 方式）

执行编辑命令后，当命令行中出现“选择对象”提示时，绘图窗口中的十字光标就会变成一个小方框，这个小方框就是拾取框。移动鼠标，当拾取框停留在要选择的对象上时，单击鼠标左键即可选中该对象。

2. 用矩形拾取窗口选择

在多个对象中，用户可以用拾取框选择自己需要的对象，但如果需要同时选中多个对象，则使用该方法就会显得非常慢，此时用户可以使用矩形拾取窗口来选择这些对象。当命令行提示“选择对象”时，用户在需要选中的多个对象的附近单击鼠标左键，然后在对角处再次单击鼠标左键，此时形成一个矩形框，该矩形框就是拾取窗口，当要选中的多个对象被该矩形窗口框住或与之相交时，再次单击鼠标左键即可将其选中。根据矩形窗口形成的方式，可以将矩形窗口分为以下两种：

（1）拖动鼠标从左到右形成矩形拾取窗口，则矩形拾取窗口以实线显示，表示被选择的对象只有全部被框在矩形拾取框内时才会被选中（“W”窗口方式），如图2－5所示。

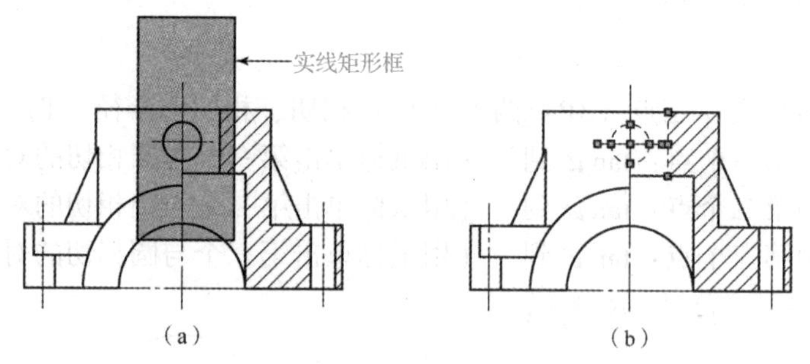

图2－5 “W”方式即窗口选择法

（a）选择窗口；（b）选择结果

（2）拖动鼠标从右到左形成矩形拾取窗口，则矩形拾取窗口以虚线显示，表示包含在矩形拾取窗口内的对象和与矩形拾取窗口相交的对象都会被选中（“C”交叉窗口方式），如图2－6所示。

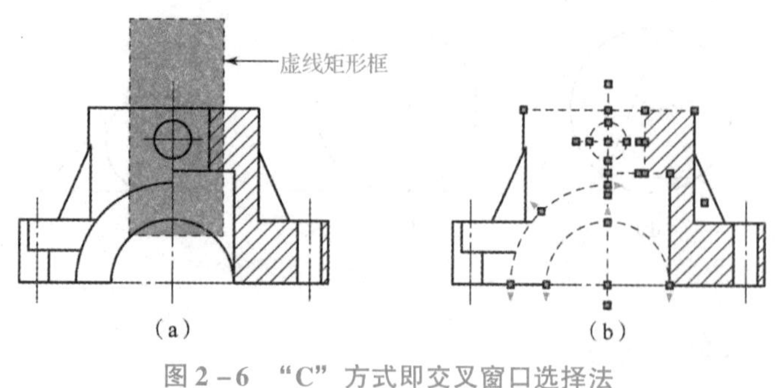

图2－6 “C”方式即交叉窗口选择法

（a）选择窗口；（b）选择结果

3. 框（BOX）方式

该方式实现的是窗口和交叉窗口两种方式的选择。在“选择对象”提示符下，输入“BOX”命令后回车，拾取框变换成十字光标，系统提示“指定第一个角点”，此时通过指定一个窗口的两个角点来框选物体，若拾取的对角点位于第一个角点的右方，则为窗口方式；若拾取的对角点位于第一个角点的左方，则为交叉窗口方式。

4. 全部（ALL）方式

在“选择对象”提示符下输入“ALL”命令后回车，即可选中该图形文件中所有的对象。

5. 栏选（F）方式

在“选择对象”提示符下输入“F”命令后回车，可以绘制一条折线来选择对象，凡是与折线相交的对象即被选中，如图2－7（a）所示。

6. 圈围（WP）方式

圈围方式即不规则窗口方式，又称为多边形窗口方式，通过指定圈围点，用一个多边形窗口来选择对象，其使用方法、功能与窗口方式相似，如图2－7（b）所示。

7. 圈交（CP）方式即不规则交叉窗口方式

圈交方式即不规则交叉窗口方式，又称为交叉多边形窗口方式，通过指定圈围点，用一个多边形窗口来选择对象，其使用方法、功能与交叉窗口方式相似，如图2－7（c）所示。

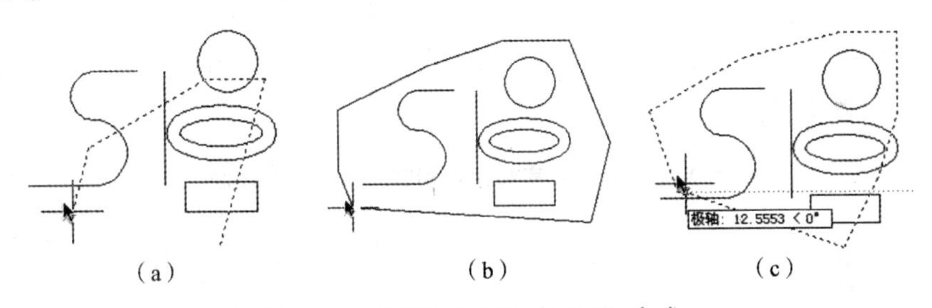

图2－7 “WP”“CP”和“F”方式

（a）“F”方式；（b）“WP”方式；（c）“CP”方式

8. 窗口（W）套索和窗交（C）套索方式

窗口（W）套索和窗交（C）套索方式选择对象的范围类似于圈围（WP）和圈交（CP）方式，不同的是窗口套索和窗交套索需要按住左键拖动，并且可以按空格键循环浏览选项，同时可以看到套索在虚线框和实线框之间变换，以方便用户选择需要的对象。

9. P（上一个）和L（最后一个）方式

（三）“偏移”修改命令

偏移复制对象是将图形对象按指定距离平行复制，如图2－8（a）所示；或通过指定点将图形对象平行复制，如图2－8（b）所示。在AutoCAD 2020中，执行偏移命令

学习笔记

的方法有以下 3 种：

（1）菜单式：单击下拉菜单中的“修改”/“偏移”子菜单。

（2）按钮式：单击“修改”工具栏中的“偏移”按钮 。

（3）命令式：在命令行中输入“OFFSET”或“O”。

执行“偏移”命令后，命令行提示如下：

命令行：OFFSET（或 O）↙

指定偏移距离：默认选项，当输入偏移距离后回车，系统提示：

选择要偏移的对象，或［退出（E）/放弃（U）］<退出>：（选取要偏移的对象）

指定要偏移的那一侧上的点，或［退出（E）/多个（M）/放弃（U）］<退出>：（指定偏移的方向）

选择要偏移的对象，或［退出（E）/放弃（U）］<退出>：↙（结束命令）

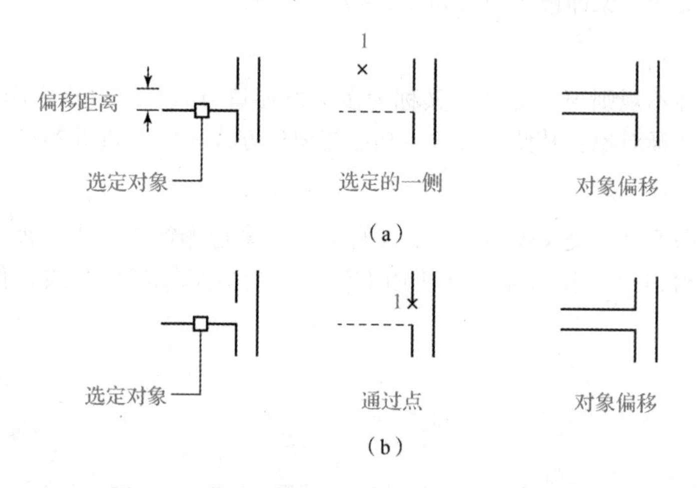

图 2-8　指定距离和通过指定点进行偏移复制

（四）“修剪”修改命令

将选中的对象修剪或延伸到指定的边界。在选择需要修剪或延伸的对象时，如果直接选择对象，则选中的对象将被修剪；如果按下［Shift］键不放，再选择对象，则选中的对象将被延伸。在 AutoCAD 中，可修剪的对象包括直线、多段线、矩形、圆、圆弧、椭圆、椭圆弧、构造线、样条曲线、块、图纸空间的布局视口等，甚至三维对象也可以进行修剪。执行修剪命令的方法有以下 3 种：

（1）按钮式：单击“修改”工具栏（见图 2-9）中的“修剪”按钮 。

（2）菜单式：选择下拉菜单中的“修改”/“修剪”子菜单。

（3）命令式：在命令行中输入命令“TRIM”或“TR”。

图 2-9　“修改”工具栏

学习笔记

执行修剪命令后，命令行提示如下：

命令：TRIM↙

当前设置：投影 = UCS，边 = 无

选择剪切边...

选择对象或 <全部选择>：　　（选择修剪边界）

选择对象：↙（结束选择边界）

选择要修剪的对象，或按住［Shift］键选择要延伸的对象，或［栏选（F）/窗交（C）/投影（P）/边（E）/删除（R）/放弃（U）］：（选择要修剪的对象）

选择要修剪的对象，或按住［Shift］键选择要延伸的对象，或［栏选（F）/窗交（C）/投影（P）/边（E）/删除（R）/放弃（U）］：↙（结束选择）

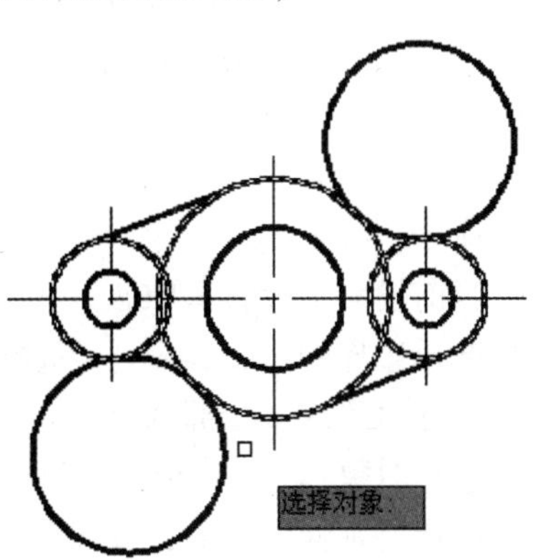

图 2－10　选择修剪边界

执行“修剪”命令操作步骤如下：

（1）执行“修剪”命令；

（2）单击鼠标左键选择修剪边界，可以指定一个或多个对象作为修剪边界，如图 2－10 所示，单击鼠标右键或回车，完成修剪边界的选择。

（3）单击鼠标左键选择要修剪的部分（即最外边的两个圆）完成部分修剪，如图 2－11 所示。

（4）重复步骤（1），单击鼠标左键选择修剪边界，如图 2－12 所示，单击鼠标右键或回车，完成修剪边界的选择。

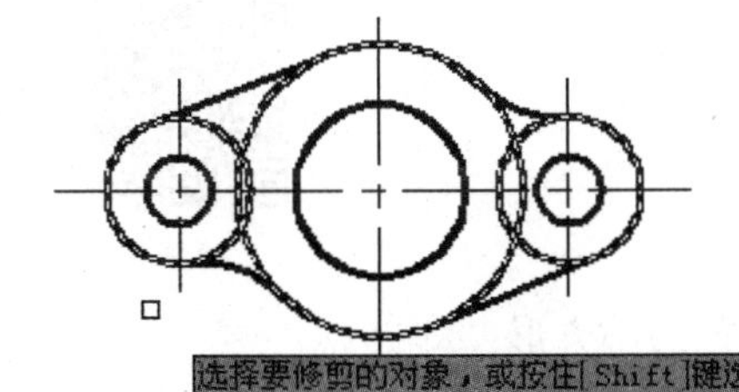

图 2－11　选择要修剪的部分

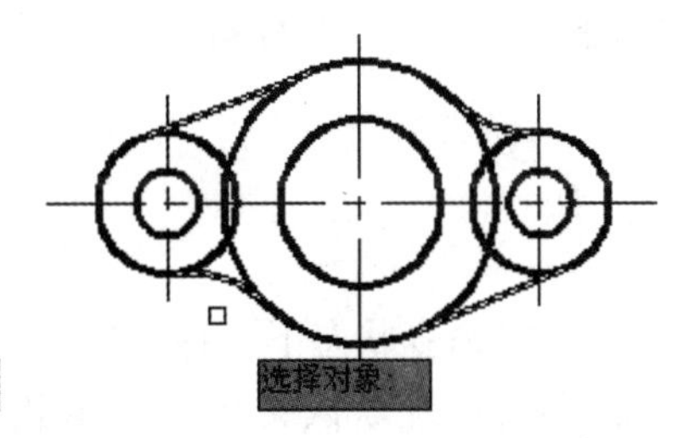

图 2－12　再次选择修剪边界

（5）单击鼠标左键选择要修剪的部分完成修剪，如图 2－13 所示。

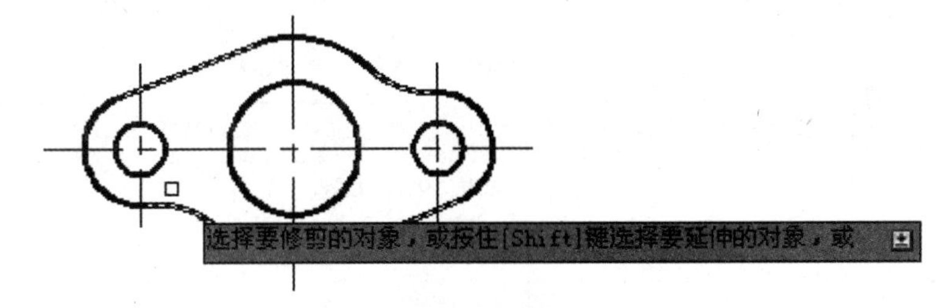

图 2－13　完成修剪

如果只进行简单修剪，则执行“修剪”命令，单击鼠标右键或按［Enter］键将图形中所有对象都作为修剪对象（即互为边界时），直接单击要修剪的对象即可。

（五）“延伸”修改命令

延伸

将选中的对象延伸或修剪到指定的边界。在选择需要延伸或修剪的对象时，如果直接选择对象，则选中的对象将被延伸；如果按下［Shift］键不放再选择对象，则选中的对象将被修剪。执行“延伸”命令的方法有以下 3 种：

（1）按钮式：单击“修改”工具栏中的“延伸”按钮 。

（2）菜单式：单击下拉菜单中的“修改”/“延伸”子菜单。

（3）命令式：在命令行中输入命令“extend”或 EX↙。

［例 2－1］ 已知图 2－14（a）所示，要用延伸、修剪命令延伸直线 l_1 至 l_2 的位置，如图 2－14（b）所示。

命令：extend↙

当前设置：投影＝UCS，边＝无

选择边界的边...　　（选择 l_2 作为边界）

选择对象或＜全部选择＞：　找到 1 个

选择对象：↙　（结束选择）

选择要延伸的对象，或按住［Shift］键选择要修剪的对象，或

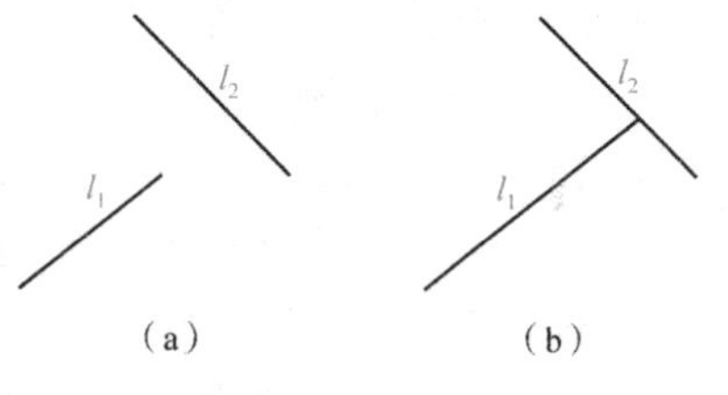

图 2－14　延伸直线

（a）延伸前；（b）延伸后

［栏选（F）/窗交（C）/投影（P）/边（E）/放弃（U）］：　（选择 l_1）

注：“TR”与“EX”命令的提示与操作是相同的，都是先选择边界再选择要被修剪的（被延伸的）对象。

（六）夹点编辑

夹点编辑

1. 夹点的特征

在空命令状态下选择对象时，该对象上会出现蓝色的小方形，即夹点。

通常系统默认夹点的显示状态，也可以通过“工具”菜单中“选项”对话框的“选择”选项卡，如图 1－22 所示，设置夹点的显示、大小、颜色等。不同的对象用来控制其特征的夹点的位置和数量也不相同。在 AutoCAD 系统中，常见对象的夹点特征见表 2－1。

表 2－1　AutoCAD 中常见对象的夹点特征

序号	对象类型	夹点特征
1	直线	起点、中点和端点
2	多线	控制线上的两个端点
3	多段线	直线段的端点、圆弧段的端点和中点
4	圆	圆心和四个象限点
5	圆弧	起点、中点和端点

续表

序号	对象类型	夹点特征
6	椭圆	中心点和四个象限点
7	椭圆弧	端点、中点、中心点
8	图案填充	中心点
9	单行文字	插入点和对正点
10	多行文字	对正点和区域的四个角点
11	属性	插入点
12	线性标注、对齐标注	尺寸线和尺寸界线端点、尺寸文字中心点
13	角度标注	尺寸界线端点、尺寸标注弧一点、尺寸文字中心点
14	半径标注、直径标注	半径、直径标注的端点，尺寸文字中心点
15	坐标标注	被标注点、引出线端点、尺寸文字中心点
16	引线标注	引线端点、文字对正点

学习笔记

2. 选择夹点和夹点编辑模式

夹点有3种，一种是未选中夹点，又叫作冷夹点，其默认颜色为蓝色；另一种是悬停夹点，即光标在它上面悬停的冷夹点，其默认颜色为绿色；还有一种是选中夹点，又叫作热夹点，其默认颜色为红色。

夹点编辑包括拉伸、移动、旋转、缩放和镜像五种模式。刚进入夹点编辑状态时，默认的夹点编辑模式是拉伸。

用户可以通过下面几种办法切换到所需的夹点编辑模式：

（1）在夹点编辑状态下按一次或多次回车键。

（2）在夹点编辑状态下按一次或多次空格键。

（3）在夹点编辑状态下于绘图区右击，从弹出的夹点编辑快捷菜单中选择所需的夹点编辑模式。

（4）在夹点编辑状态下输入 st（拉伸）、mo（移动）、ro（旋转）、sc（缩放）或 mi（镜像）。

AutoCAD 中常常用夹点编辑来拉伸或压缩直线、放大或缩小圆等，如图 2－15 所示。

（七）放弃和重做

1. 放弃“u”

放弃上一个命令操作。

在 AutoCAD 2020 中，执行放弃命令的方法有以下几种：

（1）菜单式：单击下拉菜单中的“编辑”/“放弃”子菜单；

（2）按钮式：单击“标准”工具栏上的图标 ↶。

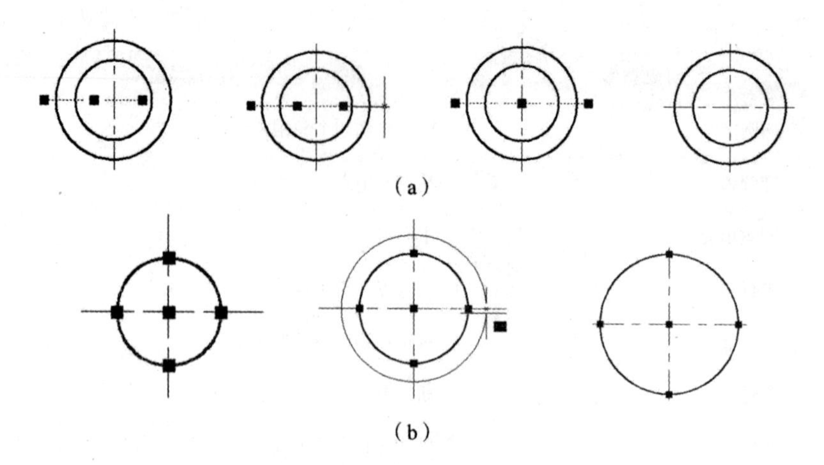

图 2-15　夹点编辑拉长线段和放大圆

(a) 夹点编辑拉长水平点划线；(b) 夹点编辑放大圆

(3) 按组合键［Ctrl］+［z］。

(4) 在没有命令运行、没有对象选定的情况下，在绘图区域右击，在弹出的快捷菜单中选择“放弃”选项

(5) 命令式：在命令行中输入“u”。

2. 放弃“undo”

放弃上一个或多个命令操作。执行“放弃”命令时，命令行会显示被放弃操作的命令或系统变量名。

执行放弃命令的方法有以下几种：

(1) 按钮式：在标准工具栏中，单击放弃下拉列表箭头图标，将列出从最近一次执行的操作开始所有可以放弃的先前的操作。拖动鼠标以选择要放弃的操作，同时，在该列表的下部会显示已经选中的将要放弃的操作数目。

(2) 命令式：在命令行中输入“undo”。

3. 重做“redo”

恢复单个“u”或“undo”命令放弃的操作。

执行“重做”命令的方法有以下几种：

(1) 菜单式：单击下拉菜单中的“编辑”/“重做”子菜单。

(2) 按钮式：单击“标准”工具栏中的图标。

(3) 按钮式：按组合键［Ctrl］+［y］。

(4) 在没有命令运行、没有对象选定的情况下，在绘图区域右击，在弹出的快捷菜单中选择“重做”选项。

(5) 命令式：在命令行中输入“redo”。

4. 重做“mredo”

恢复单个或连续使用的几个“undo”或“u”命令放弃的操作。

执行“重做”命令的方法有以下几种：

学习笔记

（1）按钮式：在标准工具栏中，单击“重做”下拉列表箭头图标，将列出所有可以恢复的操作。拖动鼠标以选择要恢复的操作，同时，在该列表的下部会显示已经选中的将要恢复的操作数目，这时单击即可恢复选中的操作。

（2）命令式：在命令行中输入“mredo”。

（八）图形显示控制

图形显示控制

用户在绘制和编辑图形时，有必要对所绘制和编辑的图形进行缩放或平移显示，以便在有限的视窗内按照用户期望的比例和范围显示图形，既能清楚地观察和处理图形的局部细节，又能总揽图形的布局和整体结构，达到理想的视觉效果，且不改变图形对象的实际大小和位置。

1. 视图缩放

对图形进行放大或缩小显示，而图形的实际尺寸和实际位置保持不变。

执行视图缩放的方法有以下几种：

（1）菜单式：在“视图”下拉菜单的“缩放”选项选择一个子菜单项，如图 2 – 16 所示。

（2）在没有选定对象的前提下，在绘图区域右击，再在弹出的快捷菜单中选择“缩放”选项。不过在不同的操作状态下，快捷菜单的其他内容有所不同。

（3）按钮式：单击“缩放”工具栏或“标准”工具栏中相应的图标，如图 2 – 17 所示。

（4）命令式：在命令行中输入“zoom”或“z”。

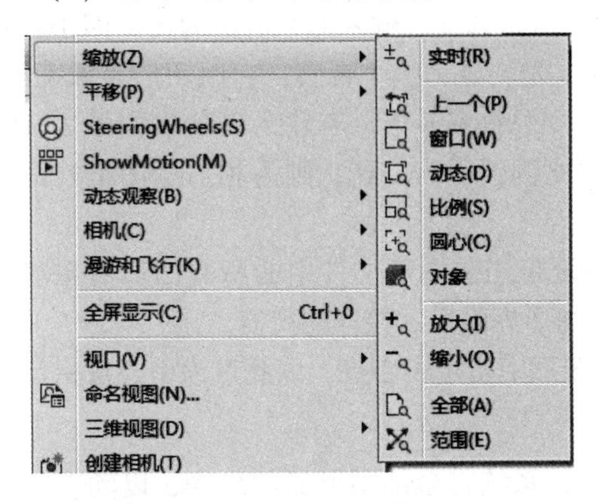

图 2 – 16 “缩放”子菜单图

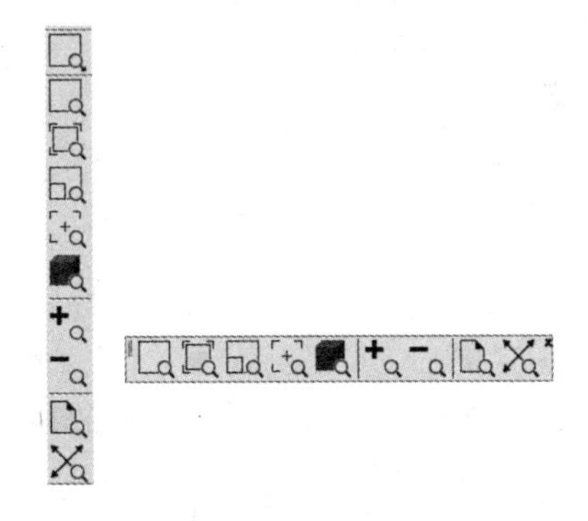

图 2 – 17 “缩放”工具图标按钮

实时缩放：单击“标准”工具栏上的“实时缩放”按钮，将鼠标移动到工作窗口后，按住左键，鼠标往上移动为放大、往下移动为缩小，此时缩放的中心点是绘图窗口的中心。

窗口缩放：使用实时缩放有时图形虽然放大了，但是需要观察、修改的部分可能已经超出了工作窗口的显示范围，不利于绘图，此时可使用窗口缩放解决该问题。其方法是单击“标准”工具栏上的“窗口缩放”按钮，再将鼠标移动到绘图窗口，

在需要缩放的部位单击鼠标左键，并拖动鼠标，形成矩形的缩放窗口，调整该窗口覆盖需要放大的部位，再次单击左键，则该矩形窗口放大至整个绘图窗口。

恢复缩放：使用了缩放命令后，有时需要恢复到之前的显示状态，这时可选择“缩放上一个”命令。其操作是直接单击“标准”工具栏上的“缩放上一个”按钮，图形显示恢复到执行上一个缩放命令之前的状态。如果之前执行过多次缩放操作，则还可继续单击该图标恢复以前的多次缩放。

全部缩放：按当前图形界限显示整个图形，如果图形超过了图形界限范围，则按当前图形的最大范围满屏幕显示。

范围缩放：按当图形的最大范围满屏幕显示。

命令：Z↙

指定窗口的角点，输入比例因子（*n*X 或 *n*XP），或者［全部（A）/中心（C）/动态（D）/范围（E）/上一个（P）/比例（S）/窗口（W）/对象（O）］<实时>：

各选项说明如下：

①“指定窗口的角点”：默认选项，指定一个矩形窗口，把窗口内的图形放大到全屏。可以用矩形框来选择想观看的图形区域，也可以输入“W”命令来执行窗口缩放命令，系统提示：

指定第一个角点：

指定对角点：

②“输入比例因子（*n*X 或 *n*XP）”：也是默认选项，输入的数值作为比例因子，它适用于整个图形界限内的区域。比例因子为 1 时，显示整个视图，它由图形界限确定；如果输入的比例因子小于 1，则系统以原图尺寸缩小 *n* 倍。若输入的比例因子为 *n*X，则系统将当前显示尺寸缩放 *n* 倍。若输入的比例因子为 *n*XP，则为相对于图纸空间缩放图形。该命令也可以通过输入“S”来执行。

③“全部（A）”：输入“A”命令，系统将当前图形文件中的所有图形对象显示在当前视窗，若图形未超出图形界限，则将图形界限显示在当前视窗。

④“中心（C）”：输入“C”命令，在图形中指定中心点，以此点为中心按指定的比例因子或指定的窗口高度来缩放视窗。

⑤“动态（D）”：输入“D”命令，系统将全部图形显示出来，以动态方式在屏幕上建立窗口。此时屏幕上会出现 3 个视图框，如图 2-18 所示。

a. 蓝色虚线框表示的是图形界限的大小；

b. 绿色虚线框表示的是当前屏幕区；

c. 黑色实线框表示是的选取窗口，它可以改变大小及位置，中心有“╳”标记。在操作时，实线框的位置与大小由“╳”和“→”来控制，键入回车或空格确定选择框。

⑥“范围（E）”：输入“E”命令，将当前图形文件中的所有图形充满整个视窗。

⑦“上一个（P）”：输入“P”命令，回到前一个视窗。

⑧“对象（O）”：输入“O”命令，可以将选取的对象充满整个视窗。

学习笔记

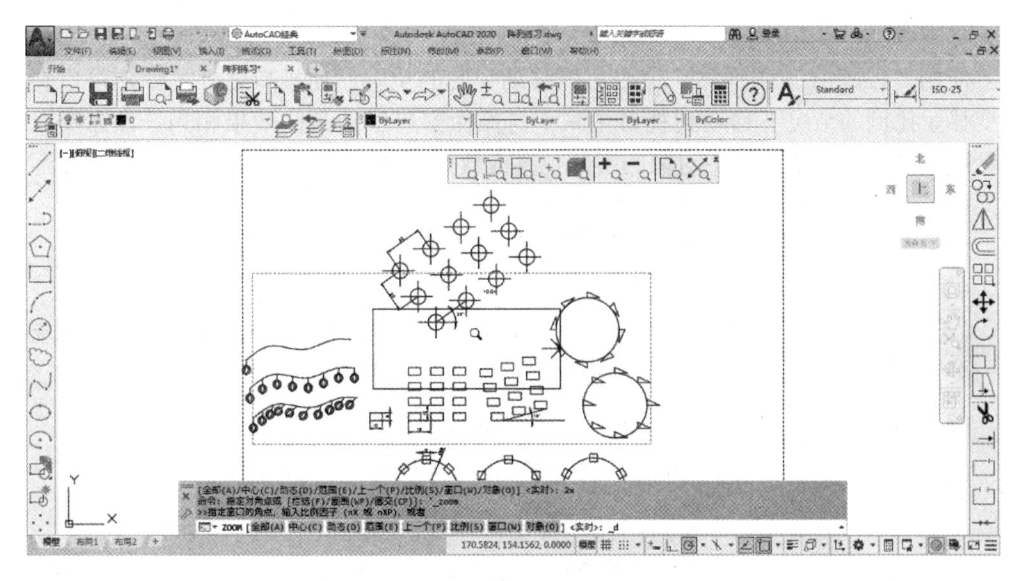

图 2－18　动态缩放示例

按回车键，执行实时缩放，此时在屏幕上按住鼠标左键，向上拖动则放大视图，向下拖动则缩小视图，按回车或［ESC］键退出缩放命令。实时缩放命令缩放到一定程度就不能再缩小，此时需要使用“重生成”命令，才能再次缩放视图。

在“视图”菜单的“缩放”子菜单中，还有“放大”和“缩小”两个选项。“放大”是将当前图形放大一倍，相当于输入比例因子 2×；“缩小”是将当前图形缩小一倍，相当于输入比例因子 0.5×。

在执行视图缩放命令时，在绘图区域内单击鼠标右键会弹出一快捷菜单，如图 2－19 所示。在该菜单中，可以选择视图缩放命令的各个选项完成视图的缩放。

在执行实时缩放命令时，在绘图区域内单击鼠标右键也会弹出一快捷菜单，如图 2－20 所示。在该菜单中，可单击退出命令或切换至其他命令。

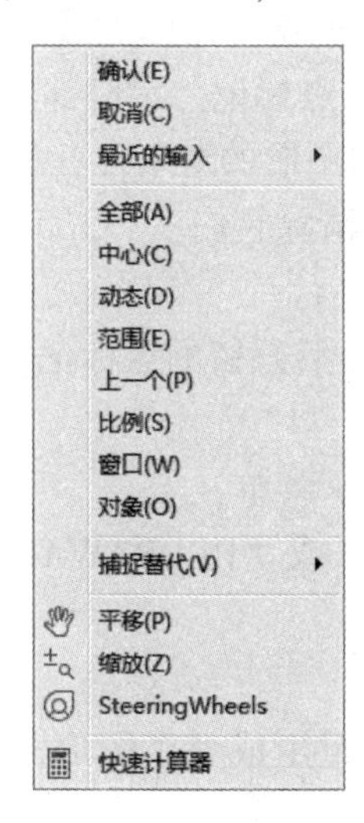

图 2－19　缩放快捷菜单

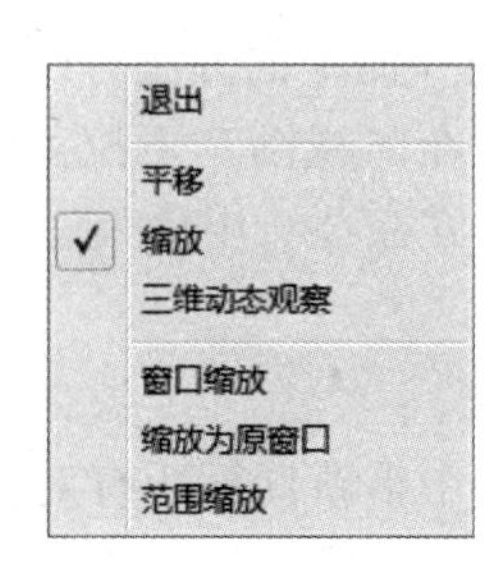

图 2－20　实时缩放快捷菜单

2. 视图平移

使用“Pan”（视图平移）命令可以移动视图的位置，使视口之外的图形可以在不改变显示比例的情况下移动到视口中来，与操作窗口滚动条的效果相当。该命令只改变显示效果，不改变图形中对象的实际位置或放大比例。

执行“视图平移”的方法有以下几种：

（1）菜单式：在“视图”下拉菜单中“平移”菜单中选择一个子菜单项，如图 2-21 所示。

（2）在没有选定对象的前提下，在绘图区域右击，再在弹出的快捷菜单中选择“平移”选项。

（3）按钮式：单击“标准”工具栏中的图标 。

（4）命令式：在命令行中输入“PAN”或“P”。

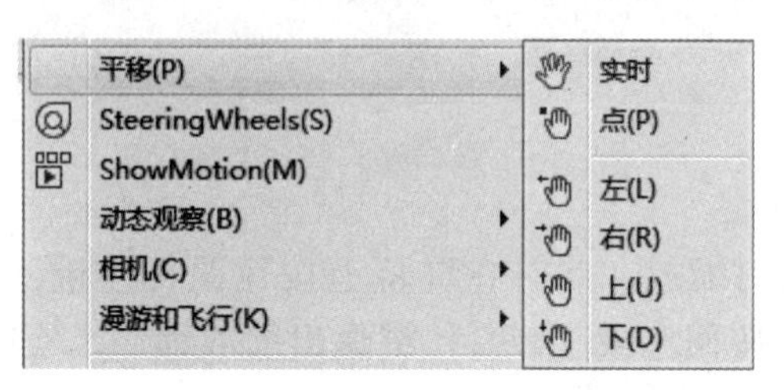

图 2-21 “平移”子菜单

命令：P↙。

调用“PAN”命令后，十字光标变换成小手图形，按住鼠标左键，则可上、下、左、右拖动鼠标，带动视图上、下、左、右移动，这是平移命令默认的实时平移。单击鼠标右键，在屏幕上弹出快捷菜单，选择“退出”或键入［ESC］或回车键，结束视图的平移操作。

3. 重画与重生成

频繁的绘图和编辑操作可能会在绘图区域留下一些残留光标点或图形的残迹，而且当“BLIPMODE”系统变量的值设置为 1 时，将显示点标记。它们都不是图形的组成部分，“删除”命令不能将其删除。它们的存在将影响图形的清晰性，妨碍用户对视图的观察与操作。使用“重画”与“重生成”命令可以清除它们。

（1）重画。

刷新当前视窗内的图形，删除屏幕上使用编辑命令后残留的点标记。

执行“重画”命令的方法有以下几种：

①菜单式：在“视图”下拉菜单中选择“重画”子菜单。

②命令式：在命令行中输入“REDRAW”或“R”或“REDRAWALL”（刷新全部视窗内的图形）。

（2）重生成。

在当前视口中重新计算所有对象的屏幕坐标并且重生成整个图形，还重新创建图形数据库索引，从而优化显示和对象选择的性能。

执行“重生成”的方法有以下几种：

①菜单式：在“视图”下拉菜单中选择“重生成”子菜单。

②命令式：在命令行中输入“REGEN”或“RE”或“REGENALL”（重新生成所有视窗内的图形）。

学习笔记

四、项目实施

（1）启动 AutoCAD 2020，进入“AutoCAD 经典”工作空间，建立一新无样板图形文件。

（2）设置绘图环境，设置图形界限，设定绘图区域的大小为 297 × 210，左下角点为坐标原点。

（3）设置图层，设置粗实线和中心线两图层，图层参数建议见表 2 – 2。

表 2 – 2　图层设置参数

图层名	颜色	线型	线宽	用途
CSX	白色	Continuous	0. 50 mm	粗实线
ZXX	红色	Center	0. 25 mm	细实线

（4）绘制图形，用 1∶1 的比例绘制图 2 – 1 所示平面图形。要求：选择合适的线型，不绘制图框与标题栏，不标注尺寸。

参考步骤如下：

（1）调整屏幕显示大小，以方便绘图，可在屏幕上任画一长度为 15 mm 的线段，滚动滚轮使所画线段显示长度与视觉目测长度相差不多时为宜。

（2）打开“极轴”“对象捕捉”“对象追踪”和“线宽”状态栏按钮，如图 2 – 22 所示。

图 2 – 22　打开“极轴”“对象捕捉”“对象追踪”和“线宽”状态栏按钮

（3）通过“图层”工具栏，将“CSX”层设置为当前层，单击“绘图”工具栏中的“圆”按钮，执行“圆”命令，完成如图 2 – 23 所示 ϕ40 圆。

命令：CIRCLE↙

指定圆的圆心或［三点（3P）/两点（2P）/相切、相切、半径（T）］：（鼠标绘图区任意单击拾取圆心点）

指定圆的半径或［直径（D）］：20↙（输入半径值）

（4）单击“修改”工具栏中的“偏移”按钮，执行“偏移”命令，命令行提示如下。

命令：OFFSET↙

当前设置：删除源 = 否　图层 = 源　OFFSETGAPTYPE = 0（系统提示）

指定偏移距离或［通过（T）/删除（E）/图层（L）］<0. 0000>：10↙（输入偏移距离）

学习笔记

选择要偏移的对象，或［退出（E）/放弃（U）］<退出>：（选择要偏移的对象，选择 ϕ40 的圆）

指定要偏移的那一侧上的点，或［退出（E）/多个（M）/放弃（U）］<退出>：（指定偏移的方向）

在 ϕ40 的圆外侧任意单击，即得偏移距离为 10 mm 的另一个 ϕ60 的圆，结果如图 2－24 所示。

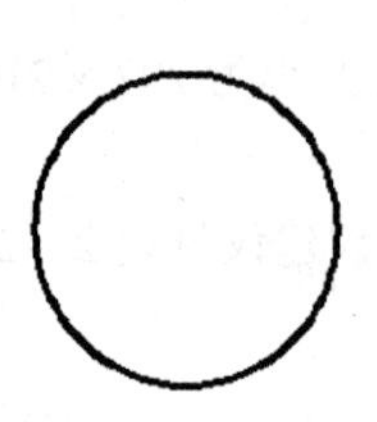

图 2－23　绘制 ϕ40 圆

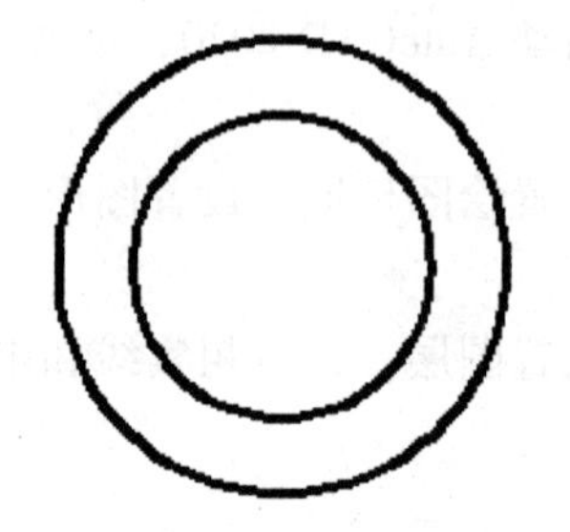

图 2－24　偏移 ϕ40 圆绘制 ϕ60 圆

（5）通过“图层”工具栏，将“ZXX”层设置为当前层，单击“绘图”工具栏中的“直线”按钮，执行“直线”命令，在状态栏的“对象捕捉”按钮上右击，选择“设置（s）...”右键菜单，将“对象捕捉模式”的“端点、交点、圆心、象限点和切点”的复选框打开，把鼠标放在圆的象限点处，出现“象限点”捕捉标记后向上移动鼠标垂直追踪 3～5 mm（因为点画线应该伸出图形外 3～5 mm），左键单击拾取一点，如图 2－25（a）所示，接着光标往正下方移动，在“虚线”（极轴）的指引下确定一合适点，完成如图 2－25（b）所示竖直中心线。用相同方法进行水平追踪绘制水平中心线，如图 2－25（c）所示。

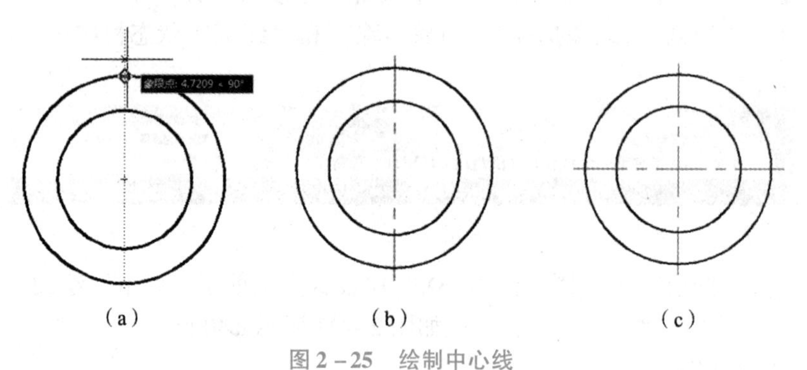

图 2－25　绘制中心线

（6）单击“修改”工具栏中的“偏移”按钮，执行“偏移”命令，命令行提示如下。

命令：OFFSET↙

当前设置：删除源＝否　图层＝源　OFFSETGAPTYPE＝0

指定偏移距离或［通过（T）/删除（E）/图层（L）］<通过>：　80↙

选择要偏移的对象，或［退出（E）/放弃（U）］<退出>：（单击竖直中心线）

指定要偏移的那一侧上的点，或［退出（E）/多个（M）/放弃（U）］<退出>：（在竖直中心线的左侧单击）

选择要偏移的对象，或［退出（E）/放弃（U）］<退出>：↙（结束选择）

效果如图 2－26（a）所示，用同样的方法将水平中心线向下偏移 15 mm 并复制，结果如图 2－26（b）所示。

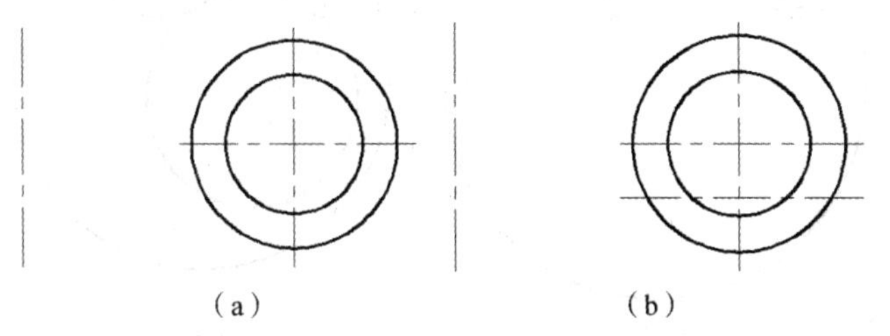

（a）　　（b）

图 2－26　将图中右侧两同心圆的中心线进行偏移

（7）由于偏移所得中心线没相交，故可利用夹点编辑将它们进行拉伸和压缩，如图 2－27 所示。

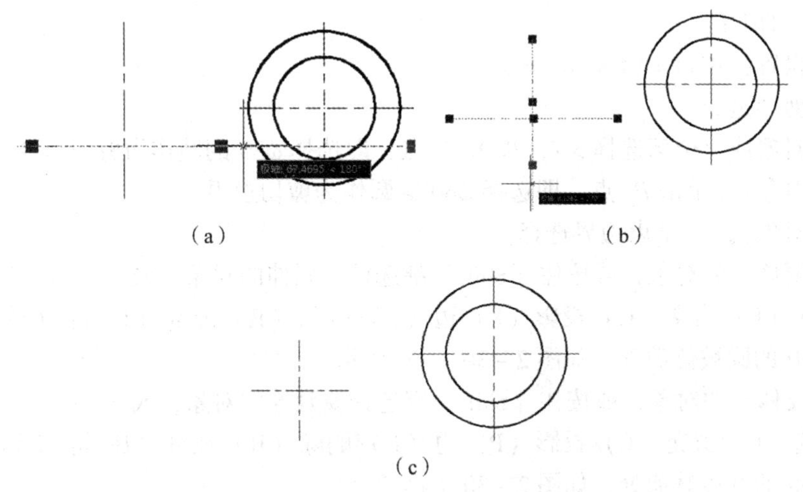

（a）　　（b）

（c）

图 2－27　夹点编辑图中左侧两同心圆的中心线

（8）用绘制 $\phi40$ 和 $\phi60$ 圆的方法绘制出 $\phi30$ 和 $\phi20$ 的圆，不同的是圆心要通过“对象捕捉”命令设置于交点 O 处，效果如图 2－28 所示。

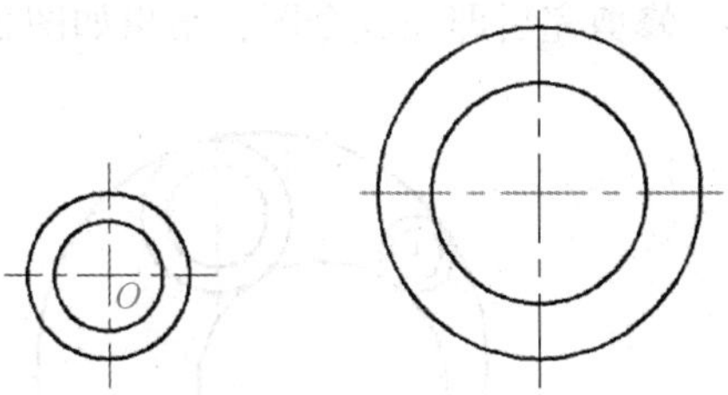

图 2－28　绘制图中左侧的两个同心圆

（9）单击“绘图”工具栏中的“圆”按钮，执行“圆”命令，绘制 $R90$ 和 $R50$ 的两个切圆。

命令：CIRCLE↙

指定圆的圆心或［三点（3P）/两点（2P）/相切、相切、半径（T）］：T↙

指定对象与圆的第一个切点：（光标移到 T_1 处，出现“切点”捕捉标记 ō ...，单击 T_1）

指定对象与圆的第二个切点：（光标移到 T_2 处，出现“切点”捕捉标记，单击 T_2）

指定圆的半径<20.0000>：90　↙（结束 $R90$ 切圆的绘制）

效果如图 2－29（a）所示。

用同样的方法捕捉切点 T_3 和 T_4，绘制 $R50$ 的切圆，如图 2－29（b）所示。

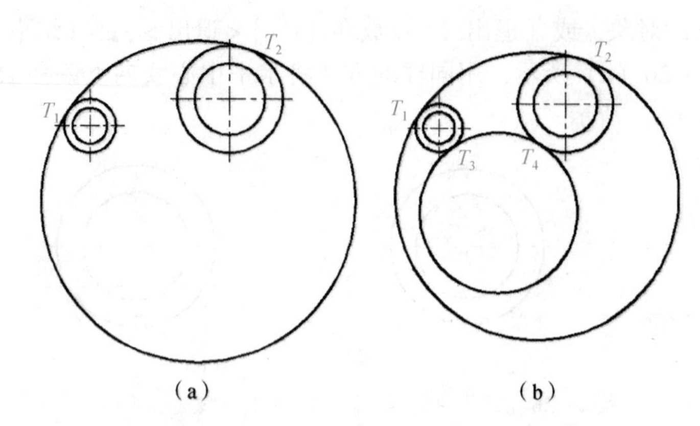

图 2-29　绘制 $R90$ 和 $R50$ 的两个切圆

(10) 单击“修改”工具栏中的“修剪”按钮，命令行提示如下。

命令：TRIM↙

当前设置：投影 = UCS，边 = 无

选择剪切边...

选择对象或 <全部选择>：(单击 P_1 点，即选择 $\phi30$ 的圆作为剪切边界)

选择对象：(单击 P_2 点，即选择 $\phi60$ 的圆作为剪切边界)

选择对象：↙（结束边界选择）

选择要修剪的对象，或按住 [Shift] 键选择要延伸的对象，或

[栏选（F）/窗交（C）/投影（P）/边（E）/删除（R）/放弃（U）]：(单击 P_3 点，即选择 $R50$ 的圆被修剪处，如图 2-30（a）所示)

选择要修剪的对象，或按住 [Shift] 键选择要延伸的对象，或

[栏选（F）/窗交（C）/投影（P）/边（E）/删除（R）/放弃（U）]：(单击 P_4 点，即选择 $R90$ 的圆被修剪处，如图 2-30（a）所示)

选择要修剪的对象，或按住 [Shift] 键选择要延伸的对象，或

[栏选（F）/窗交（C）/投影（P）/边（E）/删除（R）/放弃（U）]：↙（结束选择）。

修剪完后即完成全图，结果如图 2-30（b）所示。

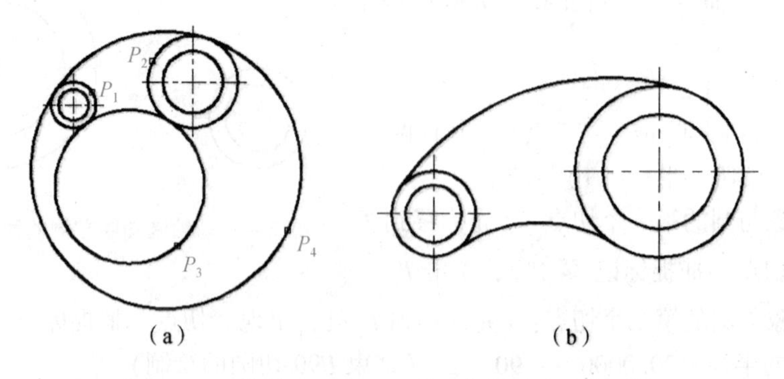

图 2-30　修剪 $R90$ 和 $R50$ 两个切圆中多余的弧线

5. 保存文件

五、课后练习

（1）正确设置图层、线型、线宽、颜色，按给定的尺寸绘制如图 2－31 所示的二维平面图形（不标注尺寸）。

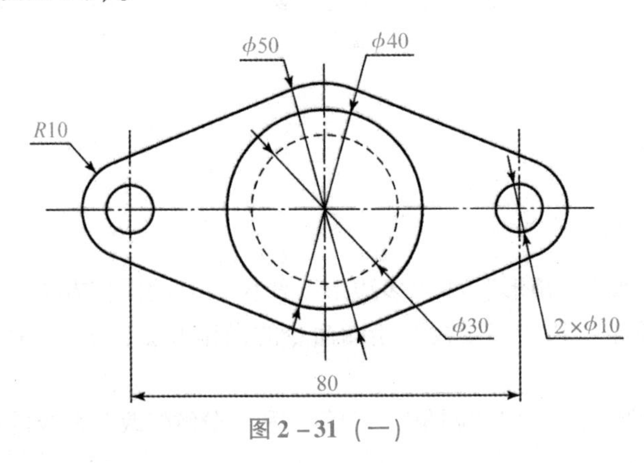

图 2－31（一）

（2）按 1∶1 的比例绘制如图 2－32 所示图形（不标注尺寸）。

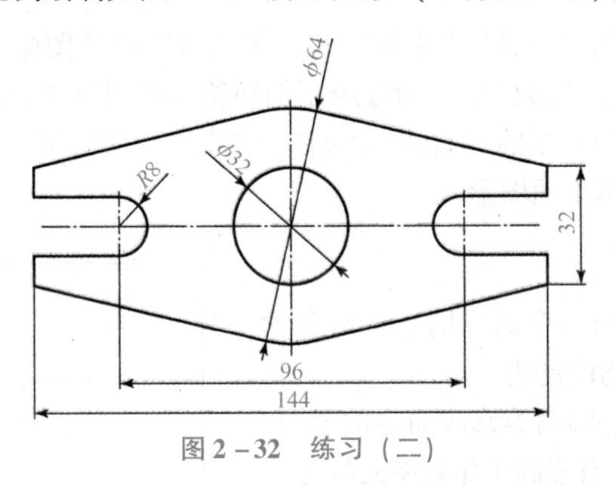

图 2－32　练习（二）

项目三　绘制平面图形（三）

一、项目目标

（一）知识目标

（1）掌握“圆弧”“矩形”和“多边形”绘图命令的操作方法与技巧；

（2）了解“圆环”和“多段线”绘图命令的操作方法，了解 CO 与 M 命令的相同和不同点；

（3）掌握“复制”“移动”“圆角”“倒角”和“分解修改”命令的操作方法与技巧。

（二）能力目标

（1）能够灵活运用“圆弧”“矩形”和“多边形”等绘图命令绘制图形；

（2）能够巧妙运用“多段线”命令绘制剖切符号等图形要素；

（3）能够综合应用所学的“直线”“圆”“矩形”“多边形”等绘图命令以及“编辑”命令来绘制、编辑平面图形。

（三）思政目标

（1）通过总结编辑命令的异同点，培养学生分析问题、观察事物的能力；

（2）通过对复制、圆角等修改命令的学习，培养学生做任何事情均有提高工作效率的技巧。

二、项目导入

用 1∶1 的比例绘制如图 3－1 所示平面图形，要求：选择恰当的线型，不标注尺寸，不绘制图框与标题栏。

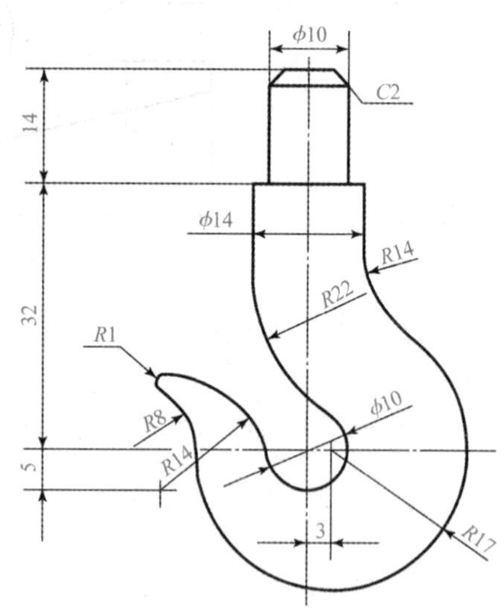

图 3－1　平面图形

三、项目知识

（一）“圆弧”绘图命令

在 AutoCAD 中，单击“绘图”工具栏中的“圆弧”按钮 ，或选

择“绘图”下拉菜单“圆弧”菜单中的子命令或“A”，即可执行绘制圆弧命令，系统提供了 11 种绘制圆弧的方法，下面以“圆弧”菜单中的子命令分别进行介绍，如图 3－2（a）和图 3－2（b）所示。

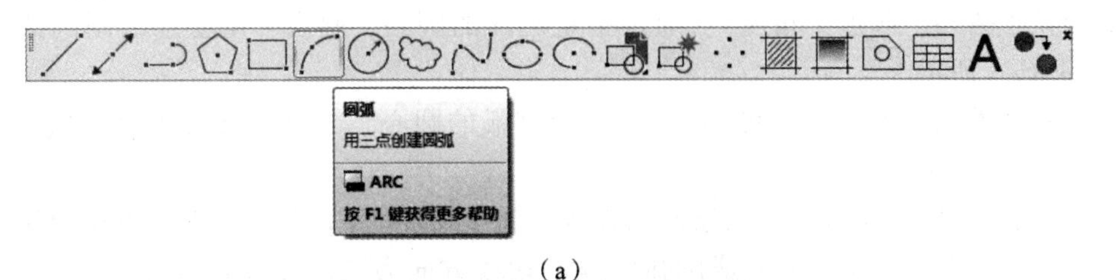

（a）

（b）

图 3－2 “圆弧”绘图命令

（a）圆弧工具按钮；（b）圆弧子菜单

命令提示如下：

命令：A↙

指定圆弧的起点或［圆心（C）］：（输入圆弧的起点或输入“C”，使用“圆心（C）”选项）。

十一种绘制圆弧的方法介绍：

（1）“三点”：默认方式，通过指定圆弧的起点、第二点、端点来绘制圆弧，如图 3－3（a）所示。

（2）“起点、圆心、端点”：通过指定圆弧的起点、圆心、终点来绘制圆弧，如图 3－3（b）所示。

（3）“起点、圆心、角度”：通过指定圆弧的起点、圆心、圆弧的圆心角来绘制圆弧，如图 3－3（c）所示。

（4）“起点、圆心、长度”：通过指定圆弧的起点、圆心、弧的弦长来绘制圆弧，如图 3－3（d）所示。

（5）“起点、端点、角度”：通过指定圆弧的起点、终点、圆弧的圆心角来绘制圆弧，如图 3－3（e）所示。

（6）“起点、端点、方向”：通过指定圆弧的起点、终点、起点的切线方向来绘制圆弧，如图 3－3（f）所示。

（7）“起点、端点、半径”：通过指定圆弧的起点、终点、半径来绘制圆弧，如

学习笔记

图3－3（g）所示。

（8）“圆心、起点、端点”：通过指定圆弧的圆心、起点、终点来绘制圆弧，如图3－3（h）所示。

（9）“圆心、起点、角度”：通过指定圆弧的圆心、起点、角度来绘制圆弧，如图3－3（i）所示。

（10）“圆心、起点、长度”：通过指定圆弧的圆心、起点、弦长来绘制圆弧，如图3－3（j）所示。

（11）“继续”：从最后一次绘制的直线、圆弧或多段线的最后一个端点作为新圆弧的起点，以最后所绘线段方向或圆弧终点的切线方向为新圆弧起始点处的切线方向，然后指定圆弧的端点来绘制圆弧，如图3－3（k）所示。

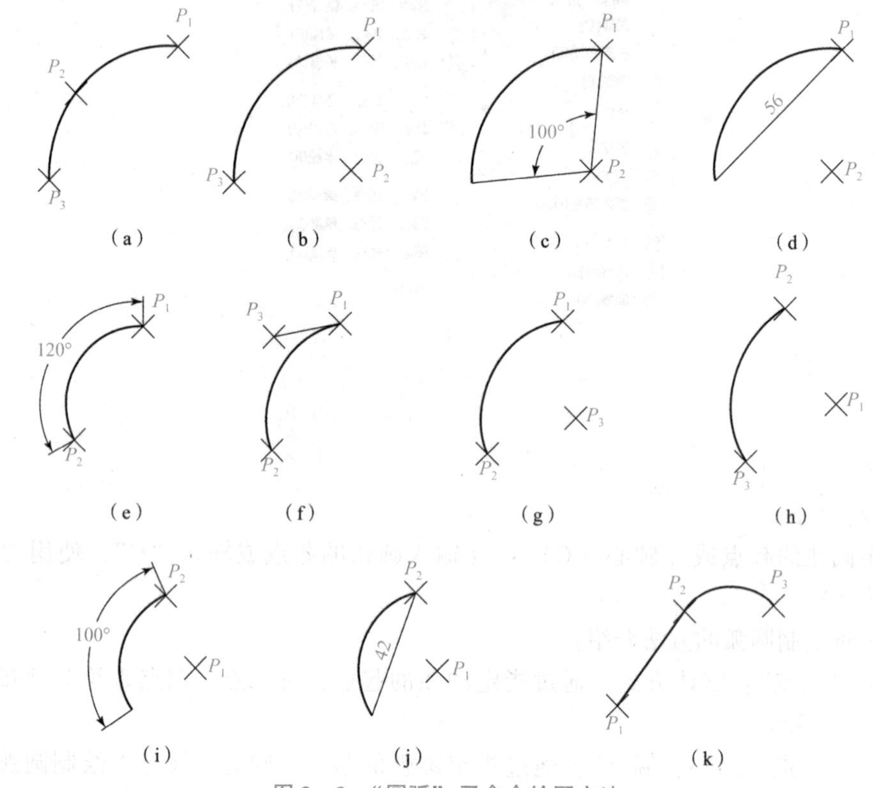

图3－3 “圆弧”子命令绘图方法

［例3－1］ 用“ARC”命令绘制如图3－4所示由圆弧所围成的平面图形。

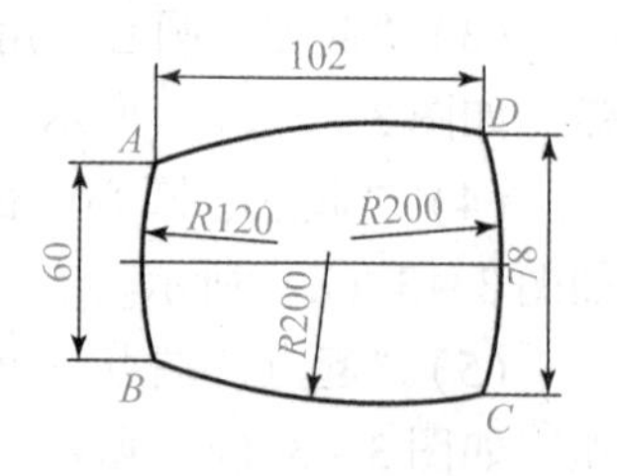

图3－4 圆弧围成的平面图形

操作步骤如下：

（1）画圆弧 *AB*：选择菜单中“绘图”／“圆弧”／“起点、端点、半径”选项→屏幕中任意拾取→@0，－60→120↙。

（2）画圆弧 CD：选择菜单中“绘图/圆弧/起点、端点、半径”选项→“fro”↙→拾取 *B* 点→@102，－9↙→@0，78↙→200↙。

(3) 用同样的方法完成圆弧 *AD* 与 *BC*。

(二) “圆环” 绘图命令

圆环可以认为是具有填充效果的环或实体填充的圆，即带有宽度的闭合多段线。执行绘制圆环命令的方法有以下两种：

(1) 菜单式：选择下拉菜单中 “绘图” / “圆弧” 子菜单。

(2) 命令式：在命令行中输入 “donut” 或 “DO”。

执行该命令后，命令行提示如下。

命令：donut↙

指定圆环的内径 <0.5000>：(输入圆环的内径)

指定圆环的外径 <1.0000>：(输入圆环的外径)

指定圆环的中心点或 <退出>：(指定圆环的中心点)

指定圆环的中心点或 <退出>：(按 [Enter] 键结束命令)

说明：

(1) 圆环的内径和外径指的是圆环内侧圆的直径和圆环外侧圆的直径。

(2) 当圆环的内径为零时，绘制的圆环是实心圆。

(3) 当系统变量 FILLMODE =0 时，生成空心圆环；当系统变量 FILLMODE =1 时，生成实心圆环。如图 3 –5 所示。

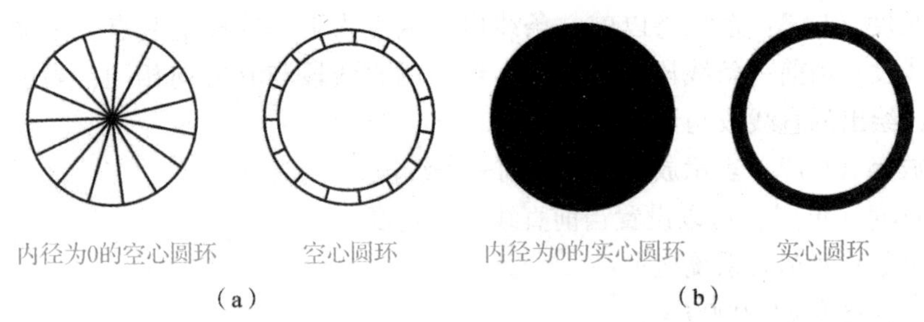

图 3 –5 圆环的绘制

(a) FILLMODE =0；(b) FILLMODE =1

(三) “多段线” 绘图命令

多段线是由直线和圆弧连接而成的独立的线性对象。组成多段线的直线和圆弧可以是任意多个，且被视为一个实体对象进行编辑，在二维图中常常用来绘制剖切符号和箭头等。

多段线

AutoCAD 2020 中，执行绘制多段线命令的方法有以下 3 种：

(1) 按钮式：单击 “绘图” 工具栏中的 “多段线” 按钮 。

(2) 菜单式：选择下拉菜单中的 “绘图” / “多段线” 子菜单。

(3) 命令式：在命令行中输入命令 “pline” 或 “PL”。

执行修剪命令后，命令行提示如下：

命令：pline↙

指定起点：(指定多段线的起点)

当前线宽为0.0000（系统提示）

指定下一点或［圆弧（A）/半宽（H）/长度（L）/放弃（U）/宽度（W）］：（指定多段线的下一个端点）

指定下一点或［圆弧（A）/闭合（C）/半宽（H）/长度（L）/放弃（U）/宽度（W）］：（按［Enter］键结束命令）

各选项说明如下：

（1）采用直线方式绘制多段线。

①“指定下一点”：输入多段线的另一端点，此时绘制的多段线为一条当前线宽和线型的直线段，系统再提示“指定下一个点或［圆弧（A）/闭合（C）/半宽（H）/长度（L）/放弃（U）/宽度（W）］:”，重复提示直到命令结束。

②“圆弧（A）”：表示多段线将从绘制直线段转换到绘制圆弧段。

③“闭合（C）”：“多段线”命令将用一条直线段将多段线的端点与起点相连，使多段线封闭。

④“半宽（H）”：可以设置当前直线段宽度的一半值。输入命令并回车后系统显示：

指定起点半宽 <0.0000>：

指定端点半宽 <0.0000>：

指定完半线宽后命令回到“指定下一点...”的提示继续往下执行。

注：当起点宽度与端点宽度不一样时，线段表示为箭头状。

⑤“长度（L）”：系统将以前一条线段的端点为下一线段的起点，按输入的长度值绘制直线段。当前一条线段为直线时，绘出的直线段与其方向相同；当前一条线段为圆弧时，绘出的直线段与该圆弧相切。

⑥“放弃（U）”：表示放弃绘制的前一条线段。

⑦“宽度（W）”：可以设置当前直线段的宽度。

输入命令并回车后系统显示：

指定起点宽度 <0.0000>：

指定端点宽度 <0.0000>：

指定完线宽后命令回到“指定下一点...”的提示继续往下执行。

（2）圆弧方式绘制多段线。

在直线方式绘制多段线的提示符下，输入“A”命令并回车即可切换到绘制圆弧段的方式，系统提示为：“指定圆弧的端点或［角度（A）/圆心（CE）/闭合（CL）/方向（D）/半宽（H）/直线（L）/半径（R）/第二个点（S）/放弃（U）/宽度（W）］:”。

圆弧模式下的各选项功能如下：

①“指定圆弧的端点”：用当前线宽和线型绘制圆弧段。

②“角度（A）”：指定圆弧的圆心角。如果角度为正值，则圆弧按逆时针绘制；如果为负值，则圆弧按顺时针绘制。

③“圆心（CE）”：指定圆弧的圆心。此时圆弧不一定与前一段线段相切。

④“闭合（CL）”：系统将用一圆弧将多段线的端点与起点相连，使多段线封闭。

⑤“方向（D）”：可以改变圆弧的起始方向。默认情况下，多段线命令所绘制的圆弧的起始方向为前一段直线或圆弧的切线方向。

学习笔记

⑥“半宽（H）”：设置圆弧线的半宽，该选项与直线方式的功能相同。

⑦“直线（L）”：系统将从绘圆弧段方式切换回绘直线段方式。

⑧“半径（R）”：设置所绘制圆弧的半径。

⑨“第二个点（S）”：用三点方式绘制圆弧段，第一点为上一线段的端点，输入第二点、第三点即完成圆弧段的绘制。

⑩“宽度（W）”：可以设置当前圆弧段的宽度，该选项与直线方式的功能相同。

注意：绘制多段线后，还可以利用多段线编辑命令对其进行编辑。选择“修改”/“对象”/“多段线”命令，或在命令行中输入命令“pedit”，按回车键。

[例3-2] 用PLINE命令绘制如图3-6所示剖切符号。

图3-6 多段线画剖切符号

操作步骤如下：

命令：pline↙

指定起点：(输入多段线起点)

指定下一个点或[圆弧（A)/半宽（H)/长度（L)/放弃（U)/宽度（W)]：W↙

指定起点宽度：1

指定终点宽度：1

指定下一个点或[圆弧（A)/半宽（H)/长度（L)/放弃（U)/宽度（W)]：@0，5↙

指定下一个点或[圆弧（A)/半宽（H)/长度（L)/放弃（U)/宽度（W)]：W↙

指定起点宽度：0↙

指定终点宽度：0↙

指定下一个点或[圆弧（A)/半宽（H)/长度（L)/放弃（U)/宽度（W)]：@5，0↙

指定下一个点或[圆弧（A)/半宽（H)/长度（L)/放弃（U)/宽度（W)]：W↙

指定起点宽度：1↙

指定终点宽度：0↙

指定下一个点或[圆弧（A)/半宽（H)/长度（L)/放弃（U)/宽度（W)]：@5，0↙

（四）“矩形”绘图命令

矩形

矩形是绘制平面图形时最常用的图形之一。在AutoCAD 2020中，执行绘制矩形命令的方法有以下3种：

（1）按钮式：单击“绘图”工具栏中的“矩形”按钮□。

（2）菜单式：选择“绘图”下拉菜单中的“矩形”子菜单。

（3）命令式：在命令行中输入命令“rectang”或“REC”。

执行绘制矩形命令后，命令行提示如下：

指定第一个角点或[倒角（C)/标高（E)/圆角（F)/厚度（T)/宽度（W)]：(指定矩形的第一个角点)

指定另一个角点或[面积（A)/尺寸（D)/旋转（R)]：(指定矩形的另一个角点)

各选项说明如下：

（1）“指定第一个角点”：默认选项，指定完第一个角点后，系统出现提示：

指定另一个角点或[面积（A)/尺寸（D)/旋转（R)]：

①“指定另一个角点”：此时再输入另一个角点的位置，矩形绘制完成。

②“面积（A）”：输入“A”命令并回车后，系统出现提示：

输入以当前单位计算的矩形面积<当前值>：（输入矩形面积）↙

计算矩形标注时依据［长度（L）/宽度（W）］<长度>：L或W↙

输入矩形长度（或宽度）<当前值>：（输入数值）↙

③“尺寸（D）”：输入“D”命令并回车后，系统出现提示：

指定矩形的长度<当前值>：（输入数值）↙

指定矩形的宽度<当前值>：（输入数值）↙

指定另一个角点或［面积（A）/尺寸（D）/旋转（R）］：（选择另一个角点方位以确定矩形的位置）

④“旋转（R）”：输入“R”命令并回车后，系统出现提示：

指定旋转角度或“拾取点（P）”<当前值>：（指定旋转角度或通过拾取某点确定旋转角度）

（2）“倒角（C）”：输入“C”命令，可以设置矩形倒角的倒角距离，绘制图形如图3－7（a）所示。

（3）“标高（E）”：输入“E”命令，可以设置矩形在三维空间中Z方向上的高度，即矩形离开XY平面的高度。

（4）“圆角（F）”：输入“F”命令，可以设置矩形圆角的半径，绘制图形如图3－7（b）所示。

（5）“厚度（T）”：输入“T”命令，可以设置矩形在Z方向上的厚度，绘制图形如图3－7（c）所示。

（6）“宽度（W）”：输入“W”命令，可以设置矩形的线宽，绘制图形如图3－7（d）所示。

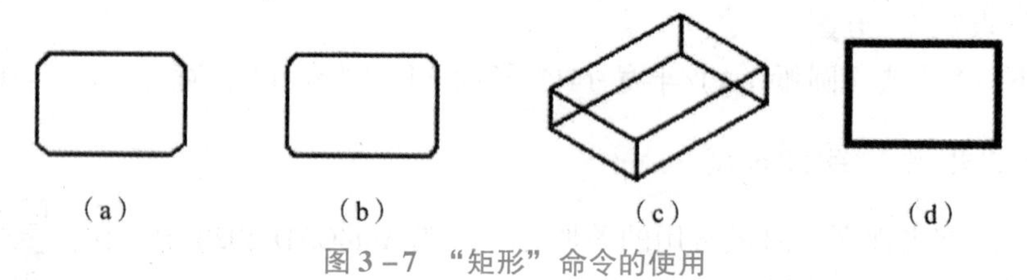

图3－7 “矩形”命令的使用

［例3－3］ 用“LINE、CIRCLE和REC”命令绘制如图3－8所示平面图形（不标注尺寸，不画正五边形）。

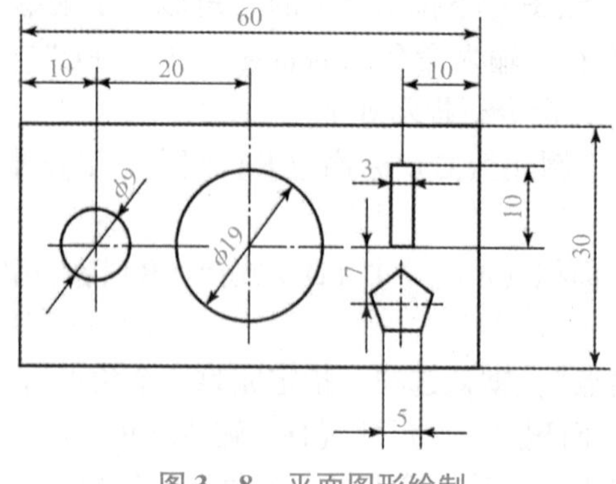

图3－8 平面图形绘制

学习笔记

操作步骤如下：

（将粗实线作为当前层）

（1）绘制 30×60 的矩形。

命令：RECTANG↙

指定第一个角点或［倒角（C）/标高（E）/圆角（F）/厚度（T）/宽度（W）］：（鼠标在绘图区任意单击一点，即拾取矩形的第一个角点 *A* 点）

指定另一个角点或［面积（A）/尺寸（D）/旋转（R）］：@60，30↙　（即拾取矩形的另一个角点 *B* 点，如图 3-9 所示）

（2）绘制 ϕ19 和 ϕ9 的圆。

命令：circle↙

指定圆的圆心或［三点（3P）/两点（2P）/相切、相切、半径（T）］：　（打开极轴、对象捕捉和对象追踪，从矩形两条垂直边的中点进行双向追踪，出现双向追踪线汇交点 *O*，即得 ϕ19 的圆心，如图 3-10 所示）

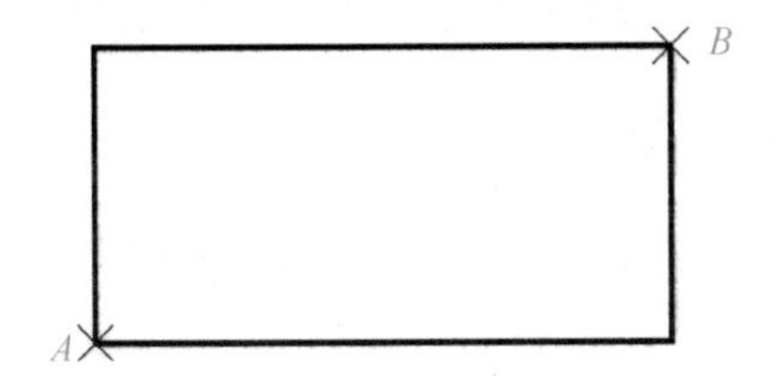

图 3-9　绘制 30×60 的矩形

图 3-10　双向追踪寻 ϕ19 的圆心 *O*

指定圆的圆心或［三点（3P）/两点（2P）/相切、相切、半径（T）］：

指定圆的半径或［直径（D）］：d↙

指定圆的直径：19↙　（如图 3-11 所示）

命令：CIRCLE↙

指定圆的圆心或［三点（3P）/两点（2P）/相切、相切、半径（T）］：10↙（光标从矩形左边竖直边的中点处，向右追踪，出现水平极轴线输入距离 10，即得 ϕ9 的圆心）

指定圆的半径或［直径（D）］<9.5000>：d↙

指定圆的直径 <19.0000>：9↙　（如图 3-12 所示）

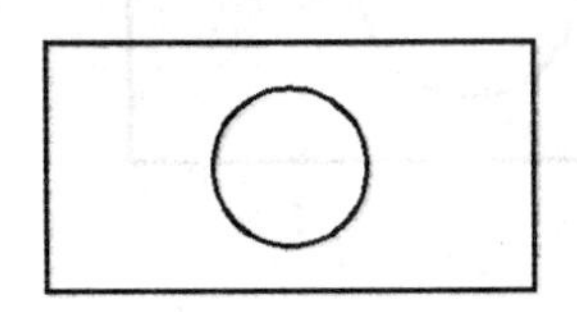

图 3-11　绘制 ϕ19 的圆

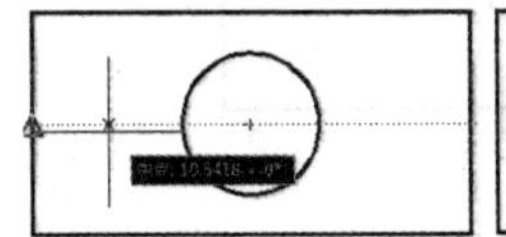

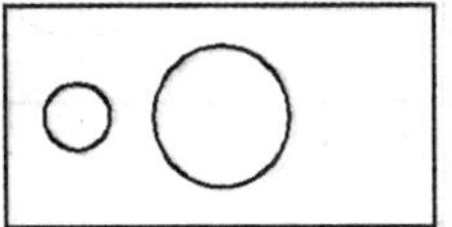

图 3-12　追踪 ϕ9 的圆心和完成 ϕ9 圆的绘制

（3）绘制 3×10 的矩形。

命令：RECTANG↙

指定第一个角点或［倒角（C）/标高（E）/圆角（F）/厚度（T）/宽度（W）］：11.5↙（光标从矩形右边竖直边的中点处向左追踪，出现水平极轴线输入距离 11.5，即得小矩形的左下角点，如图 3-13（a）所示）

指定另一个角点或［面积（A）/尺寸（D）/旋转（R）］：@3，10↙（如图 3-13

(b) 所示)

注：将中心线作为当前层。

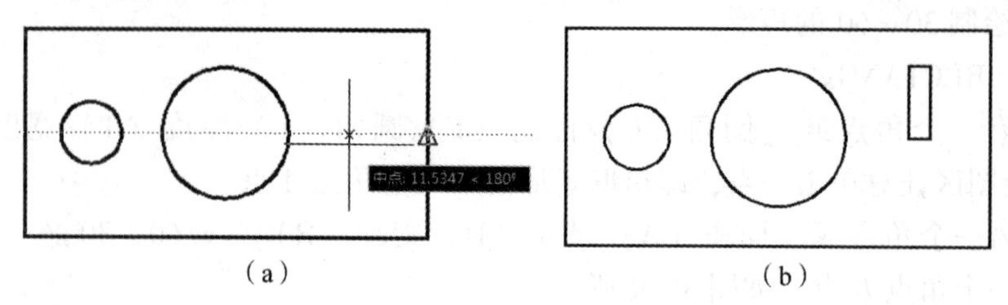

(a)　　(b)

图 3-13　绘制 3×10 的矩形

(4) 直线命令绘制水平和垂直的两条中心线。

命令：LINE↙

指定第一点：(光标从矩形上面水平边的中点处，向上追踪，出现垂直极轴线输入距离 3，即得竖直中心线的上端点，如图 3-14 (a) 所示)

指定下一点或［放弃 (U)］：(光标铅垂向下移动并单击，得到该中心线的下端点，如图 3-14 (b) 所示)

指定下一点或［放弃 (U)］：↙ (完成垂直中心线的绘制)。

用相同的方法绘制水平和 $\phi 9$ 的竖直中心线，如图 3-14 (c) 和图 3-14 (d) 所示，完成如图 3-8 所示平面图形的绘制。

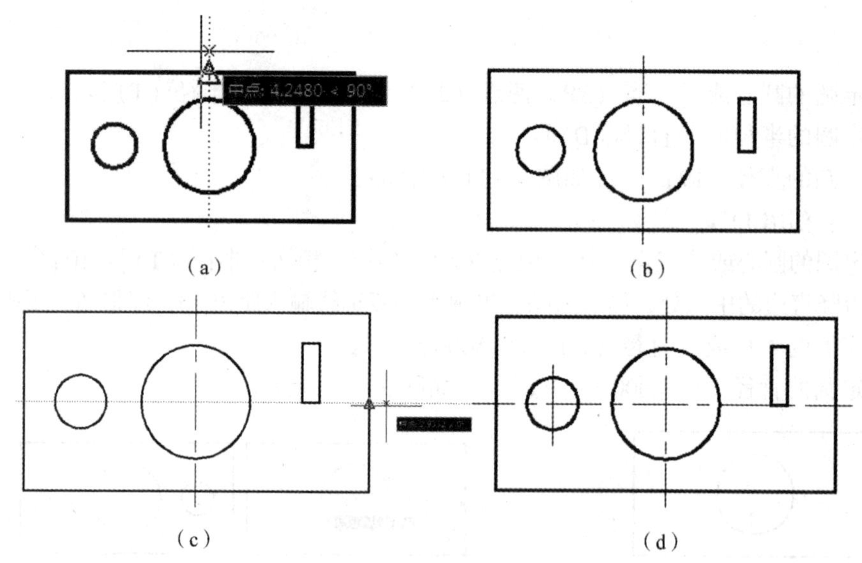

(a)　　(b)

(c)　　(d)

图 3-14　添加水平和竖直中心线

(五)“正多边形”绘图命令

多边形

使在绘制平面图形时也会经常用到正多边形，在 AutoCAD 2020 中，执行绘制正多边形命令的方法有以下 3 种：

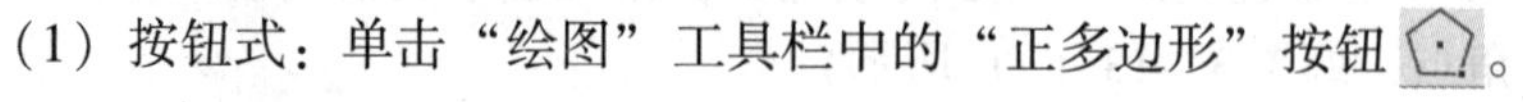

(1) 按钮式：单击“绘图”工具栏中的“正多边形”按钮 。

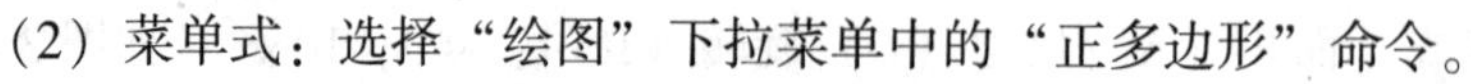

(2) 菜单式：选择“绘图”下拉菜单中的“正多边形”命令。

学习笔记

(3) 命令式：在命令行中输入命令“polygon”或“POL”。

执行此命令后，命令行提示如下：

命令：polygon↙

输入边的数目 <4>：(输入正多边形的边数或按［Enter］键)

指定正多边形的中心点或［边（E)］：(指定正多边形的中心点或选择其他命令选项)

输入选项［内接于圆（I)/外切于圆（C)］<I>：I↙（选择绘制正多边形的方式)

指定圆的半径：(输入圆的半径)

AutoCAD 提供了三种类型的正多边形的画法，如图 3－15 所示。

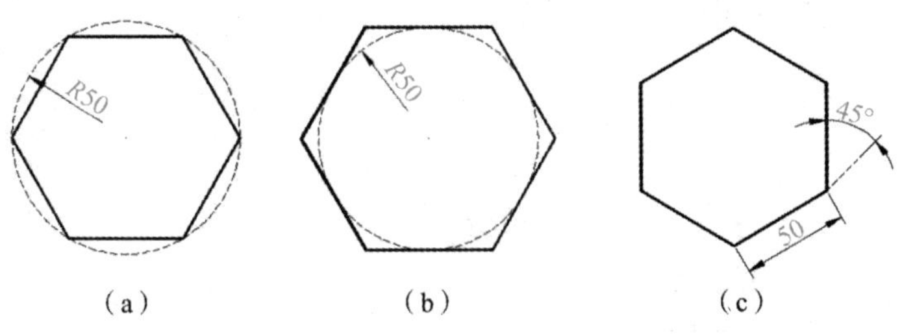

图 3－15　正多边形的绘制方法

(1) 内接于圆的正多边形画法。

操作方法：启动多边形的命令→给定多边形边数，按［Enter］键确认→指定正多边形的中心点→输入“I”选项，选择多边形内接于圆的画法→确定多边形外接圆的半径。

(2) 外切于圆的正多边形画法。

操作方法：启动多边形的命令→给定多边形边数，按［Enter］键确认→指定正多边形的中心点→输入“C”选项，选择多边形外切于圆的画法→确定多边形内切圆的半径。

(3) 已知边长绘制正多边形。

操作方法：启动多边形的命令→给定多边形边数，按［Enter］键确认→输入“E”选项，选择确定边的画法→任意拾取多边形一条边的一个顶点→拾取或输入另一个顶点。

(六)“复制”修改命令

在绘制与编辑图形时，经常需要绘制一些完全相同的图形，可以利用“复制”命令简化操作。在 AutoCAD 2020 中，执行“复制”命令的方法有以下 3 种：

(1) 按钮式：单击“修改”工具栏中的“复制”按钮 。

(2) 菜单式：选择“修改”下拉菜单中的“复制”命令。

(3) 命令式：在命令行中输入命令“copy”或“CO”。

执行复制命令后，命令行提示如下：

命令：copy↙

选择对象：(选择要复制的对象)

选择对象：(按［Enter］键结束对象选择)

指定基点或［位移（D)］<位移>：(指定基点或位移)

指定第二个点或 <使用第一个点作为位移>：(指定将对象复制到的位置)

指定第二个点或［退出（E）/放弃（U）］<退出>：（按［Enter］键结束命令）

［例 3－4］ 用“LINE、CIRCLE、COPY、O 和 TR”命令绘制如图 3－16 所示平面图形（不标注尺寸，不画正五边形）。

操作步骤如下：

（将中心线作为当前层）

（1）绘制左边两个同心圆的中心线，如图 3－17（a）所示。

（2）用圆和偏移命令绘制左边的两个同心圆，如图 3－17（b）所示。

（3）用“复制”命令绘制右边的两组同心圆；

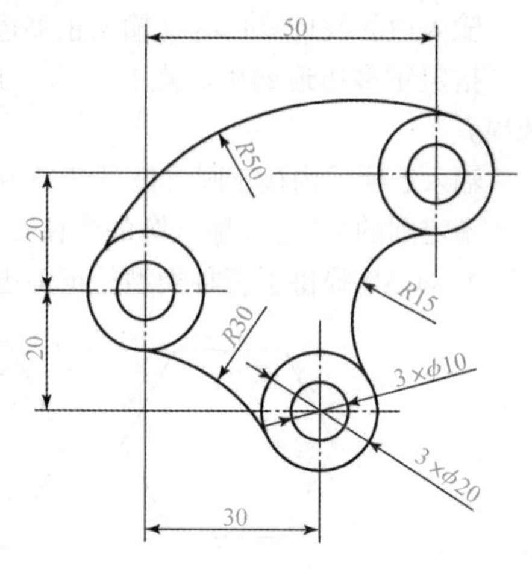

图 3－16　平面图形

命令：copy↙

选择对象：

指定对角点：找到 4 个（窗口式选择两个同心圆和两条中心线，共 4 各对象）

选择对象：↙（结束选择）

指定基点或［位移（D）/模式（O）］<位移>：（捕捉交点 O 作为基点）

指定第二个点或 <使用第一个点作为位移>：@50，20↙（右上方圆心点 A）

指定第二个点或［退出（E）/放弃（U）］<退出>：@30，－20↙（右下方圆心点 B）

指定第二个点或［退出（E）/放弃（U）］<退出>：↙（结束复制图形）

结果如图 3－17（c）所示。

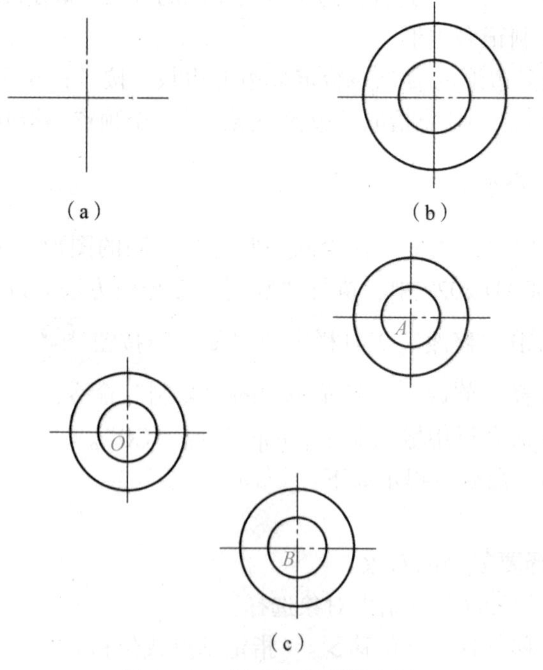

图 3－17　绘制和复制同心圆

（4）用圆命令绘制 $R50$、$R30$ 和 $R15$ 三个切圆（采用相切、相切、半径方法），如图 3－18（a）所示。

（5）用修剪命令编辑 $R50$、$R30$ 和 $R15$ 三个切圆，如图 3－18（b）所示，完成图形的绘制。

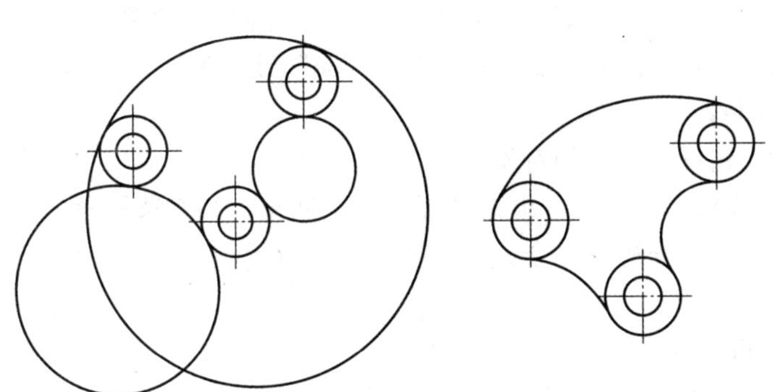

（a）　　（b）

图 3－18　绘制和编辑 $R50$、$R30$ 和 $R15$ 三个切圆

（七）“移动”修改命令

在绘制与编辑图形时，经常需要绘制一些完全相同的图形，可以利用“移动”命令简化操作。在 AutoCAD 2020 中，执行“移动”命令的方法有以下 3 种：

（1）按钮式：单击“修改”工具栏中的“移动”按钮 。

（2）菜单式：选择“修改”下拉菜单中的“移动”命令。

（3）命令式：在命令行中输入命令“move”或“M”。

移动

执行复制命令后，命令行提示如下：

命令：move↙

选择对象：(选择要移动的对象)

选择对象：(按［Enter］键结束对象选择)

指定基点或［位移（D）］<位移>：(指定基点或位移)

指定第二个点或<使用第一个点作为位移>：(指定将对象移动到新的位置即指定目标点)

注意：(1）移动对象与复制对象的提示和操作是相同的，不同的是复制要在新的位置上产生新的相同对象，且保留原位置的对象，而移动则只是移动了原有对象的位置，不产生新的对象。

（2）“移动”命令与“实时平移”的本质区别：“实时平移”只是视觉变化，图中各对象的相对位置以及它们的绝对坐标均不发生改变，而“移动”命令则是坐标和相对位置发生了改变。

（八）“分解”修改命令

绘制与编辑图形时，经常需要将多段线、标注、图案填充或块参照复合对象转变为单个的元素进行编辑，这时可利用“分解”命令进行操作，例如，分解多段线将其

学习笔记

分为简单的线段和圆弧，分解尺寸标注为直线和箭头。在 AutoCAD 2020 中，执行“分解”命令的方法有以下 3 种：

（1）按钮式：单击“修改”工具栏中的“分解”按钮。

（2）菜单式：选择“修改”下拉菜单中的“分解”子菜单。

（3）命令式：在命令行中输入命令“explode”或“X”。

命令：explode↙

选择对象：(选择要分解的对象)

选择对象：找到 1 个对象（继续选择对象，回车，结束选择命令）

[**例 3-5**] 用“分解”命令分解如图 3-19 所示正五边形。

操作如下：

命令：explode↙

选择对象：(选取正五边形)

选择对象：↙（结束选择且命令结束）

结果如图 3-19 所示。

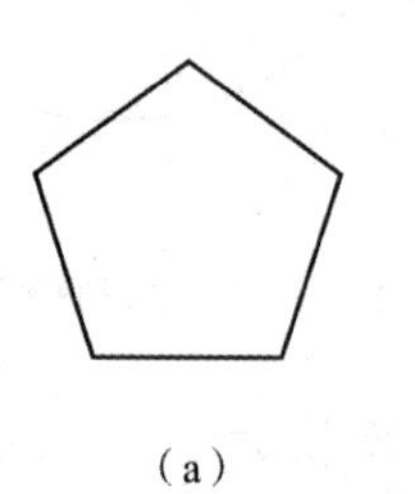

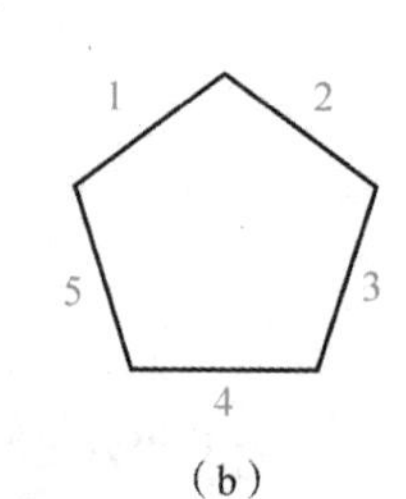

图 3-19 分解正五边形

(a) 分解前为 1 个对象；

(b) 分解后为 5 个对象

（九）“倒角”修改命令

倒角即使用成角的直线（或平面）连接两个相交（或它们的延长部分相交）对象，如图 3-20 所示，可以倒角的对象包括直线、多段线、构造线和三维实体等。执行“倒角”命令的方法有以下 3 种：

倒角

（1）菜单式：选择“修改”下拉菜单中“倒角”子菜单。

（2）按钮式：单击“修改”工具栏中的“倒角”按钮。

（3）命令式：在命令行中输入“CHAMFER”或“CHA”。

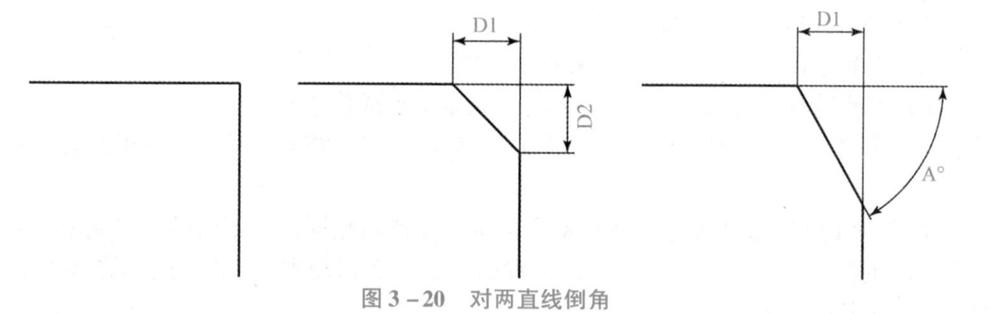

图 3-20 对两直线倒角

命令行：CHA↙

（“修剪”模式）当前倒角距离 1 = 0.0000，距离 2 = 0.0000

选择第一条直线或

[放弃（U）/多段线（P）/距离（D）/角度（A）/修剪（T）/方式（E）/多个（M）]：

选择第二条直线，或按住 [Shift] 键选择要应用角点的直线。

各选项说明如下：

（1）选择第一条直线：默认选项，要求选择进行倒角的两条直线，这两条直线不

学习笔记

能平行，然后按当前倒角距离对这两条直线倒棱角，选择的第一条直线用倒角距离 D1 倒角，第二条直线用倒角距离 D2 倒角。

（2）“放弃（U）”：可以取消上一次倒角操作。

（3）“多段线（P）”：可以对多段线中各直线段的交点倒角。

（4）“距离（D）”：可以设置倒角距离。

（5）“角度（A）”：可以根据第一个倒角距离和倒角的角度来设置倒角尺寸。

（6）“修剪（T）”：可以设置修剪模式。回车后系统提示：

输入修剪模式选项［修剪（T)/不修剪（N)］<修剪>：（输入“T”命令，此时作倒角的两条直线被修剪；输入“N”命令，作倒角的两条直线不被修剪而创建一根棱角的斜线段）

（7）“方式（E）”：可以选择倒角的方式。回车后系统提示：

输入修剪方式［距离（D)/角度（A)］<距离>：

（8）“多个（M）”：可以对多个对象倒角，而不用重复启动倒角命令。

（9）按住［Shift］键选择要应用角点的直线：可以快速创建零距离倒角。

（十）“圆角”修改命令

圆角即使用与对象相切并且具有指定半径的圆弧或曲面连接两个对象，可以进行圆角的对象包括圆、圆弧、椭圆、椭圆弧、直线、多段线、样条曲线、构造线等。执行“圆角”命令的方法有以下 3 种：

圆角

（1）菜单式：选择“修改”下拉菜单中的“圆角”子菜单。

（2）按钮式：单击“修改”工具栏中的“圆角”按钮。

（3）命令式：在命令行中输入“FILLET”或“F”。

各选项说明如下：

（1）“圆角”命令各选择项功能与操作基本与“倒角”命令相似。

（2）执行“倒角”或“圆角”命令时，如果修改了修剪方式，则“倒角”命令和“圆角”命令的修剪方式都会同时发生改变，这是由系统变量 TRIMMODE 控制的。TRIMMODE =1 时为“修剪”模式，TRIMMODE =0 时为“不修剪”模式。

如图 3 -21 所示，以修剪方式对原图 3 -21（a）所示正五边形倒圆角，效果如图 3 -21（b）所示。以不修剪方式对图 3 -21（a）所示正五边形倒圆角，效果如图 3 -21（c）所示。注意：在图 3 -21 中因为正五边形是多段线，所以可以选择多段线（P）对整个正五边形倒圆角。

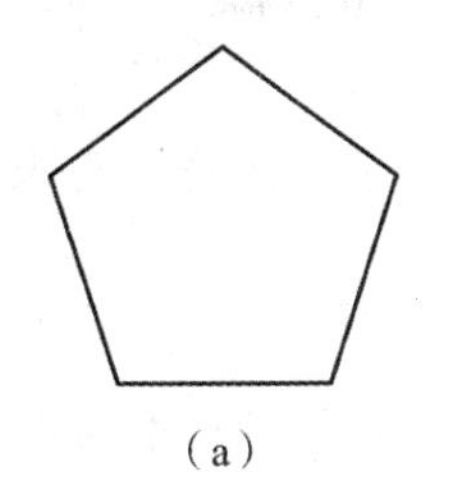

（a）

（b）

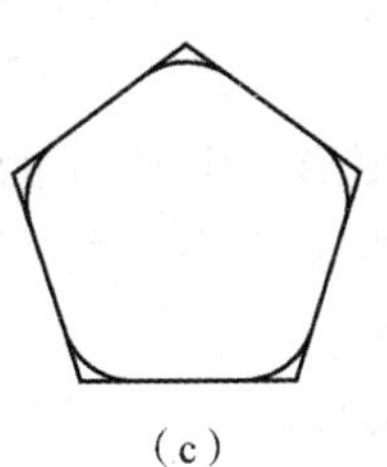

（c）

图 3 -21　对正五边形倒圆角

学习笔记

除了对直线和多段线倒圆角外，还可以对圆弧、圆、椭圆弧、射线、样条曲线或构造线添加圆角操作。如图 3－22 所示对圆和圆倒圆角，如图 3－23 所示对直线和圆倒圆角，在绘制机械图样时经常要接触到，即所谓的圆弧连接。

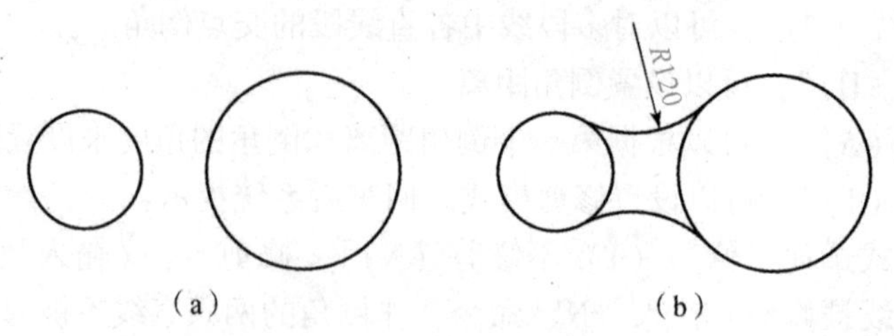

图 3－22　对圆和圆倒圆角

（a）原图；（b）完成倒圆角

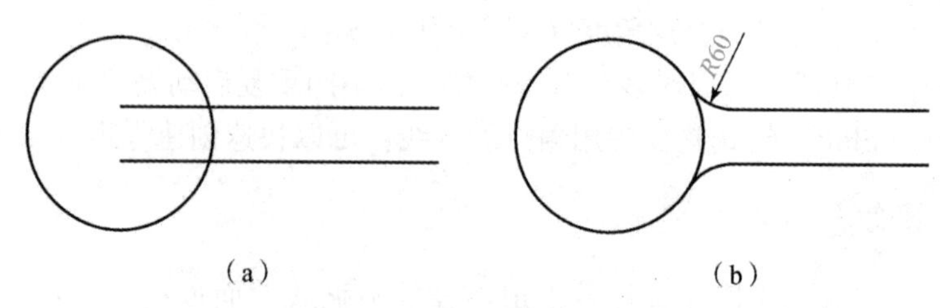

图 3－23　对直线和圆倒圆角

（a）原图；（b）完成倒圆角

四、项目实施

（1）进入“AutoCAD 经典”工作空间，建立一新无样板图形文件，保存此空白文件，文件名为“吊钩平面图”，注意在绘图过程中每隔一段时间保存一次。

（2）设置绘图环境，设置图形界限，设定绘图区域的大小为 297 × 210，左下角点为坐标原点（此步骤现可省略）。

（3）设置图层，设置粗实线和中心线两个图层，图层参数如表 3－1 所示。

表 3－1　图层设置参数

图层名	颜色	线型	线宽	用途
CSX	红色	Continuous	0. 50 mm	粗实线
ZXX	绿色	Center	0. 25 mm	中心线

（4）绘制图形，用 1∶1 的比例绘制如图 3－1 所示平面图形。要求：选择合适的线型，不绘制图框与标题栏，不标注尺寸。

参考步骤如下：

①调整屏幕显示大小，打开“显示/隐藏线宽”“极轴”“对象捕捉”和“对象追踪”状态按钮。

②将“CSX”层设置为当前层，单击“绘图”工具栏中的“矩形”按钮，执行

"矩形"命令，绘制 10×14 矩形。单击"倒角"按钮，将矩形上端两个直角进行倒角编辑，结果如图 3-24 所示。

命令：RECTANG↙

指定第一个角点或［倒角（C）/标高（E）/圆角（F）/厚度（T）/宽度（W）］：（任意单击一点）

指定另一个角点或［面积（A）/尺寸（D）/旋转（R）］：@10，14（图 3-24（a））

命令：CHAMFER↙

（"修剪"模式）当前倒角距离 1 = 0.0000，距离 2 = 0.0000

选择第一条直线或［放弃（U）/多段线（P）/距离（D）/角度（A）/修剪（T）/方式（E）/多个（M）］：d↙

指定第一个倒角距离 <0.0000>：2↙

指定第二个倒角距离 <2.0000>：↙

择第一条直线或［放弃（U）/多段线（P）/距离（D）/角度（A）/修剪（T）/方式（E）/多个（M）］：m↙

选择第一条直线或［放弃（U）/多段线（P）/距离（D）/角度（A）/修剪（T）/方式（E）/多个（M）］：

选择第二条直线，或按住［Shift］键选择要应用角点的直线：

选择第一条直线或［放弃（U）/多段线（P）/距离（D）/角度（A）/修剪（T）/方式（E）/多个（M）］：

选择第二条直线，或按住［Shift］键选择要应用角点的直线：

选择第一条直线或［放弃（U）/多段线（P）/距离（D）/角度（A）/修剪（T）/方式（E）/多个（M）］：↙（结束选择并结束该命令）

运用"L"命令将倒角处连线，结果如图 3-24（b）所示。再用"直线"命令在矩形下端两直角处各绘制两条任意长度竖直线段和两条 2 mm 长的水平直线段，如图 3-24（c）所示。

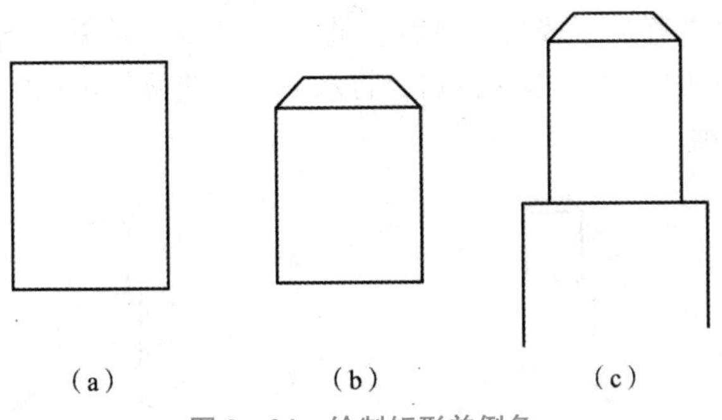

图 3-24　绘制矩形并倒角

③单击"绘图"工具栏中的"圆"按钮，执行"圆"命令，绘制 $\phi10$ 和 $R17$ 的圆。结果如图 3-25 所示。

命令：CIRCLE↙

指定圆的圆心或［三点（3P）/两点（2P）/相切、相切、半径（T）］：32（光标放在矩形边的中点处并向下移动追踪，出现"虚线"极轴线时输入距离 32，如图 3-25

学习笔记

(a) 所示)

指定圆的半径或［直径（D）］：5↙

完成 $\phi10$ 圆的绘制，结果如图 3-25（b）所示。

命令：CIRCLE↙

指定圆的圆心或［三点（3P）/两点（2P）/相切、相切、半径（T）］：3↙（同样方法，从 $\phi10$ 的圆心向右追踪，输入距离 3，如图 3-25（c）所示）

指定圆的半径或［直径（D）］<5.0000>：17↙

完成 *R*17 圆的绘制，结果如图 3-25（d）所示。

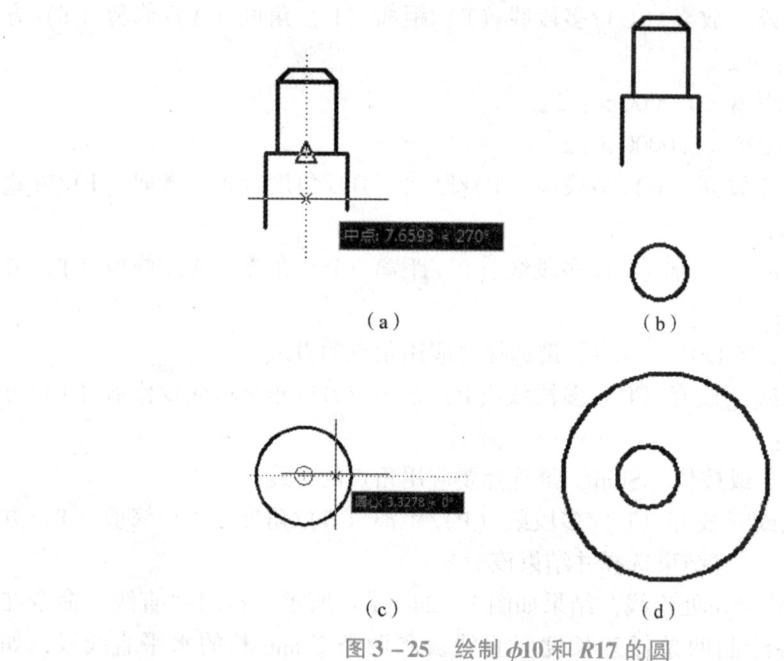

图 3-25　绘制 $\phi10$ 和 *R*17 的圆

④将“ZXX”层设置为当前层，添加中心线并向上偏移两条水平中心线。单击“绘图”工具栏中的“直线”按钮，执行“直线”命令，结果如图 3-26（a）所示。单击“修改”工具栏中的“偏移”按钮，将水平中心线偏移 8 和 9（14-5=9）。结果如图 3-26（b）所示。

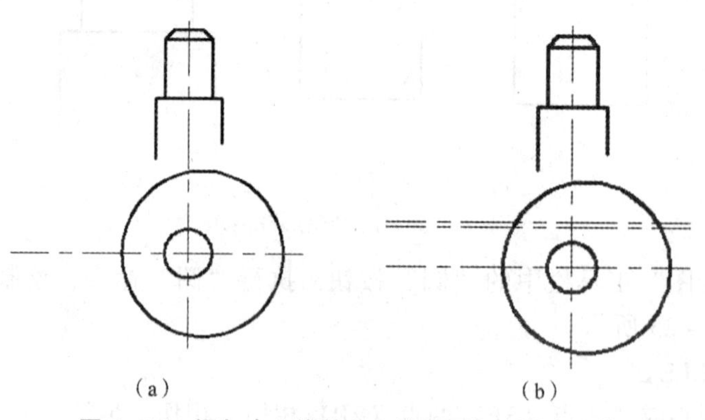

图 3-26　添加中心线并向上偏移两条水平中心线

⑤将偏移所得的中心线改为粗实线，如图 3－27（a）所示。单击“修改”工具栏中的“圆角”按钮，将偏移 8 的直线与 *R*17 的圆进行“圆角”编辑，圆角半径为 *R*8。同样方法将偏移 9 的直线与 ϕ10 的圆进行“圆角”编辑，圆角半径为 *R*14。结果如图 3－27（b）所示。

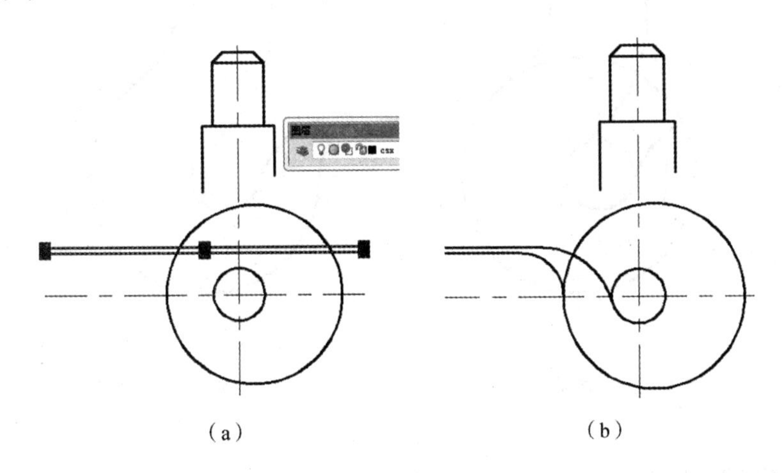

图 3－27　添加中心线并向上偏移两条水平中心线

⑥将如图 3－24（c）所示的两条任意长度的竖直线分别与 ϕ10 和 *R*17 的圆进行“圆角”编辑，圆角半径分别为 *R*22 和 *R*14，结果如图 3－28（a）所示。同样方法将 *R*8 的圆弧与 *R*14 的圆弧进行“圆角”编辑，圆角半径为 *R*1，结果如图 3－28（b）所示。

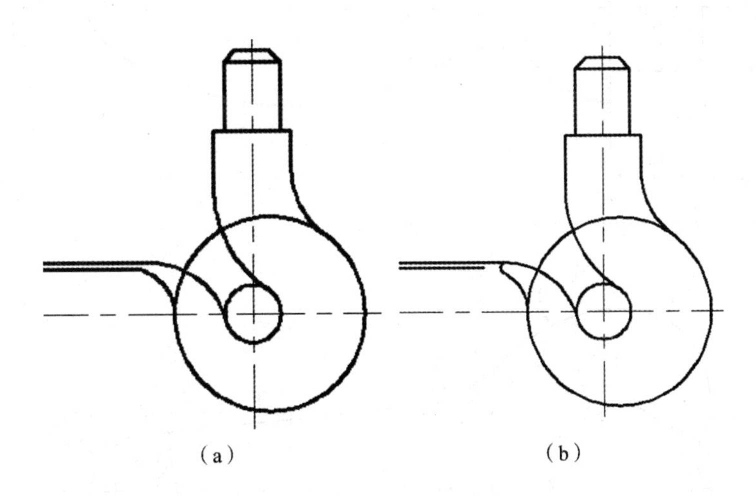

图 3－28　将圆角半径分别为 *R*22、*R*14 和 *R*1 进行圆角编辑

⑦删除多余直线并将水平中心线进行夹点编辑，添加 *R*17 圆弧竖直中心线，结果如图 3－29（a）所示。单击“修改”工具栏中的“修剪”按钮，修剪多余弧线，完成吊钩图形的绘制，结果如图 3－29（b）所示。

（5）保存文件。

学习笔记

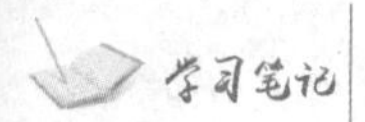

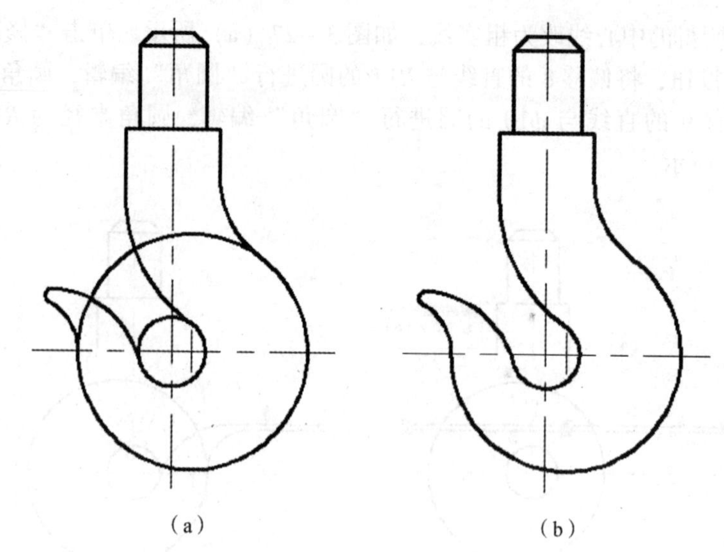

图 3-29　将圆角半径分别为 *R*22、*R*14 和 *R*1 进行圆角编辑

五、课后练习

按 1：1 的比例绘制图 3-30 所示图形，不标注尺寸。

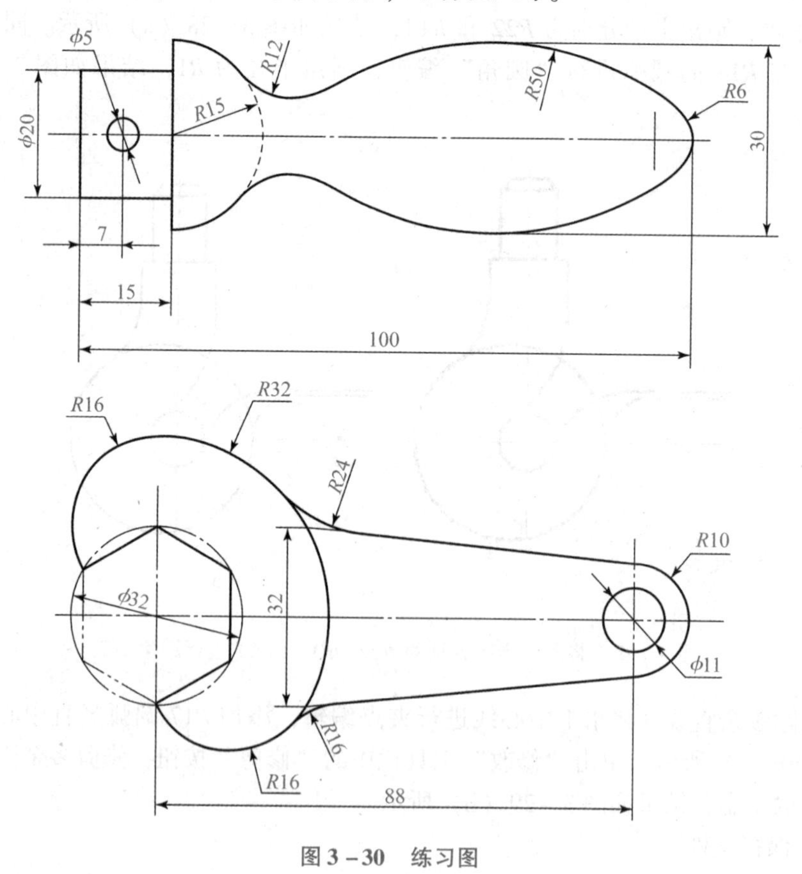

图 3-30　练习图

学习笔记

项目四　绘制平面图形（四）

一、项目目标

（一）知识目标

（1）掌握“镜像”“阵列”“旋转”“缩放”和“打断”修改命令的操作方法；
（2）掌握“构造线”“点”“椭圆”和“拉伸”命令的操作方法；
（3）了解“拉伸”命令的操作方法，掌握“打断”命令的使用方法与技巧。

（二）能力目标

（1）能够灵活运用“镜像”“阵列”“旋转”“缩放”和“打断”修改命令编辑图形；
（2）能够用“点”“椭圆”和“图案填充”绘图命令绘制图形；
（3）能够综合应用所学的“点”“直线”和“圆”等绘图命令以及“镜像”“阵列”“旋转”和“缩放”等编辑命令来绘制和编辑平面图形。

（三）思政目标

（1）在课堂教学中，通过对学生的学习方法的引导，培养其良好的学习能力和自我发展能力；
（2）通过对“镜像”“阵列”和“打断”等修改命令的学习，培养学生分析问题解决问题的能力。

二、项目导入

用 1 : 1 的比例绘制如图 4 - 1 所示对称图形，要求：选择恰当的线型，不标注尺寸，不绘制图框与标题栏。

三、项目知识

镜像

（一）“镜像”修改命令

使用“镜像”命令可以创建轴对称图形。有些图形非常复杂，但却具有对称性，

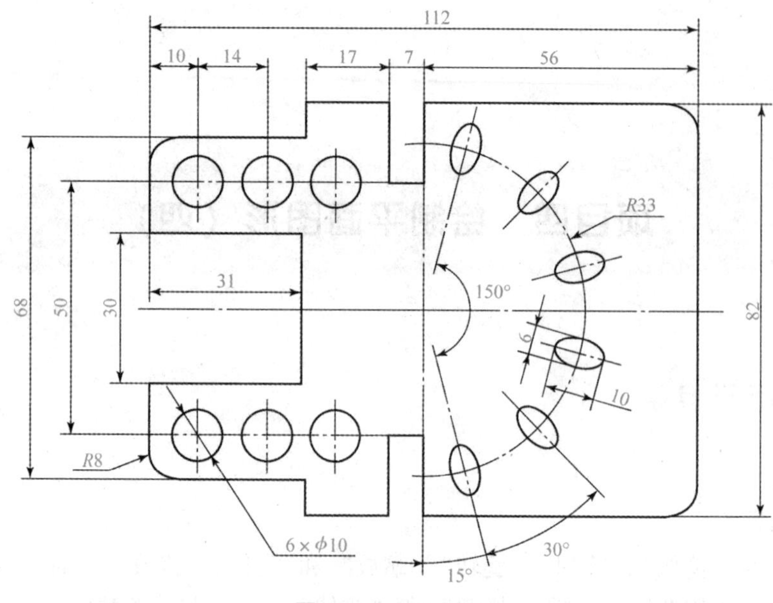

图 4-1　平面图形

绘制这些图形时，可以先绘制一半，然后用“镜像”命令绘制另一半。在 AutoCAD 中，执行“镜像”命令的方法有以下 3 种：

（1）按钮式：单击“修改”工具栏中的“镜像”按钮 。

（2）菜单式：选择“修改”下拉菜单中的“镜像”子菜单。

（3）命令式：在命令行中输入命令“mirror”或“MI”。

命令：MIRROR↙

选择对象：(选择要镜像的对象)

选择对象：(继续对象选择，按回车键结束对象选择)

指定镜像线的第一点：(指定镜像线的第一点)

指定镜像线的第二点：(指定镜像线的另一点)

要删除源对象吗？[是（Y）/否（N）] <N>：(选择是否保留源对象，按［Enter］键结束命令)

［例 4-1］ 运用“镜像”命令将如图 4-2（a）所示图形编辑成图 4-2（c）所示图形。

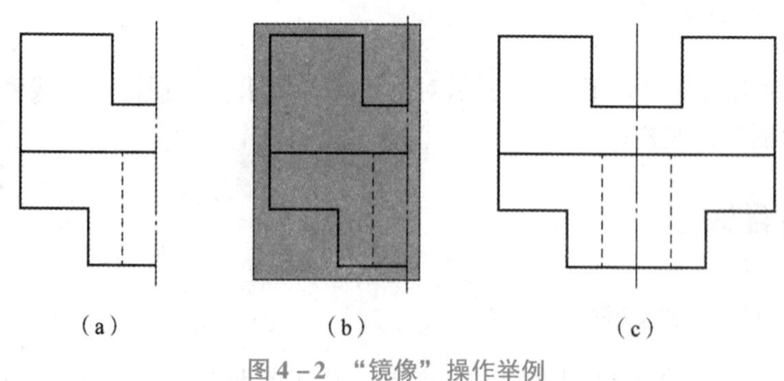

图 4-2　“镜像”操作举例

命令：MIRROR↙
选择对象：（“W”窗口式选择要镜像的对象，如图4-2（b）所示，找到9个）
选择对象：↙（结束对象选择）
指定镜像线的第一点：（捕捉中心线的上端点）
指定镜像线的第二点：（捕捉中心线的下端点）
要删除源对象吗？[是（Y）/否（N）]<N>：↙（结束“镜像”操作）
结果如图4-2（c）所示。

学习笔记

（二）“阵列”修改命令

阵列

阵列是指多重复制选择的对象并把这些副本按矩形或环形排列。在AutoCAD中，执行阵列命令的方法有以下3种：

（1）按钮式：单击“修改”工具栏中的“阵列”按钮。

（2）菜单式：选择“修改”下拉菜单中的“阵列”命令。

（3）命令式：在命令行中输入命令“array”或“AR”（或矩形阵列“arrayrect”、路径阵列“arraypath”、环形阵列“arraypolar”）。

如图4-3所示下拉菜单“阵列”的子菜单，阵列对象的方式有三种，即矩形阵列、路径阵列和环形阵列。如果在该子菜单中选中“矩形阵列”选项，则执行矩形阵列；如果选中“环形阵列”选项，则执行环形阵列。以下分别进行介绍。

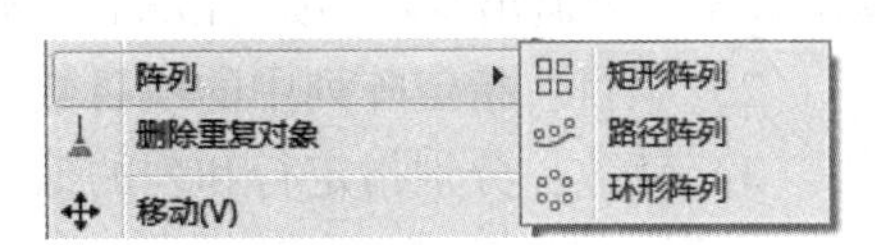

图4-3 “阵列”子菜单

1. 矩形阵列

执行“阵列”命令后，结果如图4-4所示。

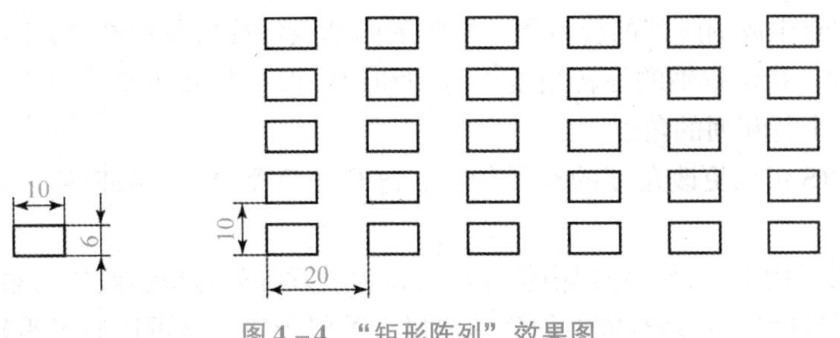

图4-4 “矩形阵列”效果图

矩形阵列操作的步骤如下：

命令：arrayrect（ARRAY）↙（或单击按钮）

选择对象：（选择10×6的小矩形平面图，如图4-4所示，回车）

选择对象：↙（结束选择）

类型=矩形　关联=否

选择夹点以编辑阵列或[关联（AS）/基点（B）/计数（COU）/间距（S）/列数（COL）/行数（R）/层数（L）/退出（X）]<退出>：COU ↙

学习笔记

输入列数或［表达式（E）］<4>：6 ↙

输入行数或［表达式（E）］<3>：5 ↙

选择夹点以编辑阵列或［关联（AS）/基点（B）/计数（COU）/间距（S）/列数（COL）/行数（R）/层数（L）/退出（X）］<退出>：S ↙

指定列之间的距离或［单位单元（U）］<15>：20 ↙

指定行之间的距离<9>：10 ↙

选择夹点以编辑阵列或［关联（AS）/基点（B）/计数（COU）/间距（S）/列数（COL）/行数（R）/层数（L）/退出（X）］<退出>： ↙（结束“矩形阵列”操作）

结果如图4－4所示。

创建选定对象的副本的行和列阵列。

提示列表将显示以下提示：

（1）选择对象：使用对象选择方法。

指定项目数的对角点或［基点（B）/角度（A）/计数（C）］<计数>：（输入选项或按［Enter］键）

按［Enter］键接受或［关联（AS）/基点（B）/行数（R）/列数（C）/层级（L）/退出（X）］<退出>：（按［Enter］键或选择选项）

（2）项目：指定阵列中的项目数。使用预览网格，以指定反映所需配置的点。

（3）计数：分别指定行和列的值。

- 表达式

间隔项目：指定行间距和列间距。使用预览网格，以指定反映所需配置的点。

间距：分别指定行间距和列间距。

- 表达式

（4）基点：指定阵列的基点。

（5）关键点：对于关联阵列，在源对象上指定有效的约束（或关键点），以用作基点。如果是编辑生成的阵列的源对象，则阵列的基点保持与源对象的关键点重合。

（6）角度：指定行轴的旋转角度。行轴和列轴保持相互正交。对于关联阵列，可以稍后编辑各个行和列的角度。

使用UNITS可以更改角度的测量约定，阵列角度受ANGBASE和ANGDIR系统变量影响。

（7）关联：指定是否在阵列中创建项目作为关联阵列对象，或作为独立对象。

- 是：包含单个阵列对象中的阵列项目，类似于块。这可以通过编辑阵列的特性和源对象，快速传递修改。
- 否：创建阵列项目作为独立对象。更改一个项目不影响其他项目。

（8）行数：编辑阵列中的行数和行间距，以及它们之间的增量标高。

表达式：使用数学公式或方程式获取值。

全部：设置第一行和最后一行之间的总距离。

（9）列数：编辑列数和列间距。

表达式

全部：指定第一列和最后一列之间的总距离。

层级：指定层数和层间距。

表达式

全部：指定第一层和最后一层之间的总距离。

退出：退出命令。

2. 路径阵列

在路径阵列中，项目将均匀地沿路径或部分路径分布。路径可以是直线、多段线、三维多段线、样条曲线、螺旋、圆弧、圆或椭圆。

路径阵列操作的步骤如下：

命令：arraypath ↙

选择对象：

指定对角点：找到 17 个↙（选择小灯笼平面图，如图 4－5 所示）

选择对象： ↙（结束选择）

类型＝路径 关联＝否

图 4－5 选择对象和选择路径

选择路径曲线：选择样条曲线↙（如图 4－5 所示）

选择夹点以编辑阵列或［关联（AS）/方法（M）/基点（B）/切向（T）/项目（I）/行（R）/层（L）/对齐项目（A）/Z 方向（Z）/退出（X）］<退出>：M ↙

输入路径方法［定数等分（D）/定距等分（M）］<定距等分>：D ↙

选择夹点以编辑阵列或［关联（AS）/方法（M）/基点（B）/切向（T）/项目（I）/行（R）/层（L）/对齐项目（A）/Z 方向（Z）/退出（X）］<退出>：I ↙

输入沿路径的项目数或［表达式（E）］<9>：8↙

选择夹点以编辑阵列或［关联（AS）/方法（M）/基点（B）/切向（T）/项目（I）/行（R）/层（L）/对齐项目（A）/Z 方向（Z）/退出（X）］ <退出>：A ↙

是否将阵列项目与路径对齐？［是（Y）/否（N）］ <是>：N ↙（如图 4－6（a）所示）

选择夹点以编辑阵列或［关联（AS）/方法（M）/基点（B）/切向（T）/项目（I）/行（R）/层（L）/对齐项目（A）/Z 方向（Z）/退出（X）］<退出>： ↙ （结束“路径阵列”操作）

结果如图 4－6 所示。

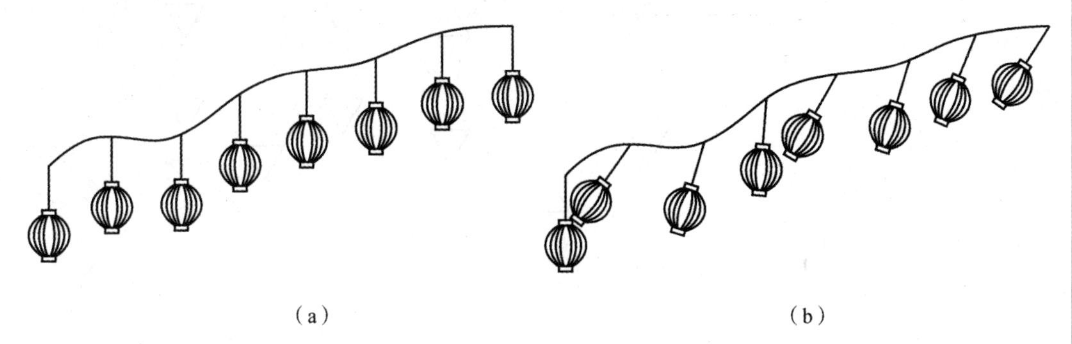

图 4－6 “路径阵列”效果图

（a）阵列项目与路径对齐（N－否）；（b）阵列项目与路径对齐（Y－是）

学习笔记

3. 环形阵列

环形阵列操作的步骤如下：

命令：arraypolar ↙

选择对象：找到1个↙（选择正四边形，如图4－7（a）所示）

选择对象：↙（结束选择）

类型＝极轴　关联＝否

指定阵列的中心点或［基点（B）/旋转轴（A）］：（捕捉细线圆的圆心，如图4－7（a）所示）

选择夹点以编辑阵列或［关联（AS）/基点（B）/项目（I）/项目间角度（A）/填充角度（F）/行（ROW）/层（L）/旋转项目（ROT）/退出（X）］<退出>：I↙

输入阵列中的项目数或［表达式（E）］<6>：8↙

选择夹点以编辑阵列或［关联（AS）/基点（B）/项目（I）/项目间角度（A）/填充角度（F）/行（ROW）/层（L）/旋转项目（ROT）/退出（X）］<退出>：A↙

指定项目间的角度或［表达式（EX）］<45>：↙

选择夹点以编辑阵列或［关联（AS）/基点（B）/项目（I）/项目间角度（A）/填充角度（F）/行（ROW）/层（L）/旋转项目（ROT）/退出（X）］<退出>：↙（结束"环形阵列"操作）

结果如图4－7（b）所示。

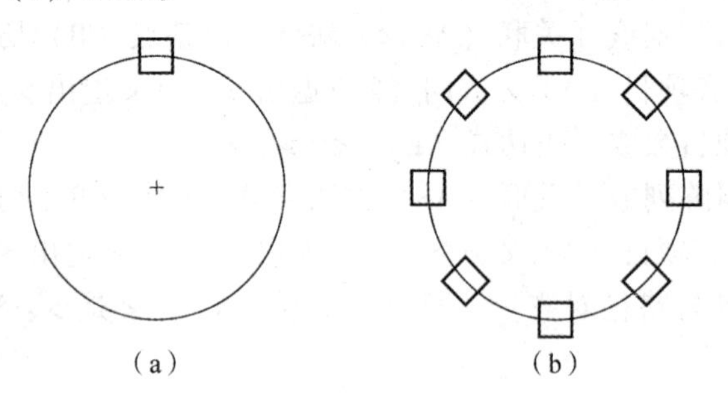

图4－7　选择对象和选择阵列的中心点

［例4－2］　在环形阵列中，复制时是否旋转的比较如图4－8所示。

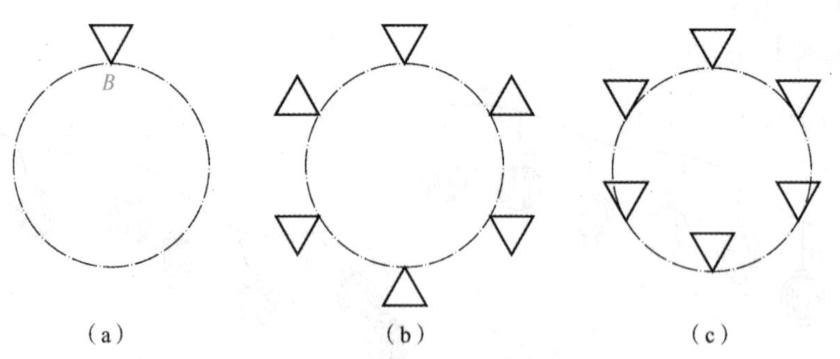

图4－8　复制时是否旋转阵列项目比较

（a）阵列前原图；（b）阵列时旋转效果图；（c）阵列时不旋转效果图

操作如下：

学习笔记

(1) 阵列时旋转。

命令：arraypolar ↙

选择对象：找到 1 个↙（选择正三角形，如图 4－8（a）所示）

选择对象： ↙

类型＝极轴　关联＝否

指定阵列的中心点或［基点（B）/旋转轴（A）］：（捕捉虚线圆的圆心，如图 4－8（a）所示）

选择夹点以编辑阵列或［关联（AS）/基点（B）/项目（I）/项目间角度（A）/填充角度（F）/行（ROW）/层（L）/旋转项目（ROT）/退出（X）］<退出>：I↙

输入阵列中的项目数或［表达式（E）］<6>： ↙

选择夹点以编辑阵列或［关联（AS）/基点（B）/项目（I）/项目间角度（A）/填充角度（F）/行（ROW）/层（L）/旋转项目（ROT）/退出（X）］<退出>：ROT↙

是否旋转阵列项目？［是（Y）/否（N）］ <是>：↙

选择夹点以编辑阵列或［关联（AS）/基点（B）/项目（I）/项目间角度（A）/填充角度（F）/行（ROW）/层（L）/旋转项目（ROT）/退出（X）］<退出>： ↙

结果如图 4－8（b）所示。

(2) 阵列时不旋转。

命令：ARRAYPOLAR ↙

选择对象：找到 1 个↙（选择正三角形，如图 4－8（a）所示）

选择对象： ↙

类型＝极轴　关联＝否

指定阵列的中心点或［基点（B）/旋转轴（A）］：（捕捉虚线圆的圆心，如图 4－8（a）所示）

选择夹点以编辑阵列或［关联（AS）/基点（B）/项目（I）/项目间角度（A）/填充角度（F）/行（ROW）/层（L）/旋转项目（ROT）/退出（X）］<退出>：B↙

指定基点或［关键点（K）］ <质心>：（捕捉正三角形的下顶点 B，如图 4－8（a）所示）

选择夹点以编辑阵列或［关联（AS）/基点（B）/项目（I）/项目间角度（A）/填充角度（F）/行（ROW）/层（L）/旋转项目（ROT）/退出（X）］<退出>：I↙

输入阵列中的项目数或［表达式（E）］<6>：↙

选择夹点以编辑阵列或［关联（AS）/基点（B）/项目（I）/项目间角度（A）/填充角度（F）/行（ROW）/层（L）/旋转项目（ROT）/退出（X）］<退出>：ROT↙

是否旋转阵列项目？［是（Y）/否（N）］<是>：N↙

选择夹点以编辑阵列或［关联（AS）/基点（B）/项目（I）/项目间角度（A）/填充角度（F）/行（ROW）/层（L）/旋转项目（ROT）/退出（X）］<退出>： ↙

结果如图 4－8（c）所示。

（三）“旋转”修改命令

拉伸、旋转

旋转对象是指把选择的对象在指定的方向上旋转指定的角度。旋转

角度是指相对角度或绝对角度。相对角度是基于当前的方位，围绕选定对象的基点进行旋转；绝对角度是指从当前角度开始旋转指定的角度。在 AutoCAD 2020 中，执行旋转命令的方法有以下 3 种：

（1）按钮式：单击“修改”工具栏中的“旋转”按钮。

（2）菜单式：选择“修改”下拉菜单中的“旋转”命令。

（3）命令式：在命令行中输入命令“rotate”或“RO”。

执行移动命令后，命令行提示如下：

命令：rotate↙

UCS 当前的正角方向：ANGDIR = 逆时针　ANGBASE = 0

选择对象：(选择要旋转的对象)

选择对象：↙（结束对象选择）

指定基点：(指定旋转中心点)

指定旋转角度，或［复制（C)/参照（R)］<90>：(输入旋转角度)

［例 4－3］　如图 4－9 所示，旋转实线图形，使之与中心线方向一致。

命令：rotate↙

选择对象：　　　（窗口选择粗实线部分）

选择对象：↙（结束对象选择）

选择基点：　　　（捕捉交点 *A*）

指定旋转角度［或参照（R)］：　R↙

指定参照角：(先捕捉 *A* 点，再捕捉圆心 *O*，如图 4－9（a）所示)

指定新角度：　　（捕捉端点 *B* 点）

结果如图 4－9（b）所示。

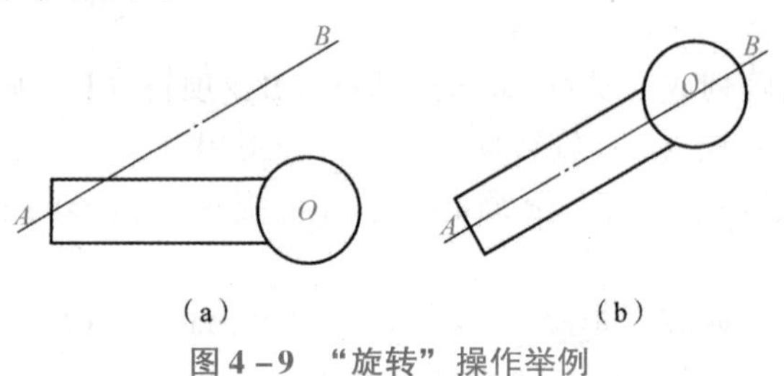

图 4－9　“旋转”操作举例

（四）“缩放”修改命令

缩放对象是指在基点固定的情况下，将对象按比例进行放大或缩小。在 AutoCAD 中，执行“缩放”命令的方法有以下 3 种：

比例缩放

（1）按钮式：单击“修改”工具栏中的“缩放”按钮。

（2）菜单式：选择“修改”下拉菜单中的“缩放”子菜单。

（3）命令式：在命令行中输入命令“scale”或“SC”。

执行移动命令后，命令行提示如下：

命令：SCALE↙

选择对象：(选择要缩放的对象)

选择对象：↙（结束对象选择）

指定基点：（指定缩放不动点即固定点）

指定比例因子或［复制（C）/参照（R）］<1.0000>：（输入缩放比例值）

进行比例缩放时，有时不知道具体比例值，只知道一些参照条件，我们也可以通过参照的方式来确定比例因子。

［例4－4］ 运用“SC”命令进行如图4－10所示的操作。

命令：SCALE↙

选择对象：（选择小正方形）

选择对象：↙（结束对象选择）

指定基点：（捕捉端点 *A*）

指定比例因子或［复制（C）/参照（R）］<1.0000>：R↙

指定参照长度<1.0000>：（捕捉端点 *A*）

指定第二点：（接着捕捉端点 *B*，如图4－7（a）所示）

指定新的长度或［点（P）］<1.0000>：（捕捉端点 *C*）

结果如图4－10（b）所示。

（a）　　（b）

图4－10　“缩放”操作举例

（五）“点”绘图命令

点

点是AutoCAD中最基本的图形对象之一，常用于捕捉和偏移对象的节点或参考点。在AutoCAD中，执行“点”命令的方法有以下3种：

（1）按钮式：单击“绘图”工具栏中的“点”按钮。

（2）菜单式：选择“绘图”下拉菜单中的“点”菜单子命令，如图4－11所示。

（3）命令式：在命令行中输入命令“point”或“PO”（单点或多点），“divide”（定数等分点）或“DIV”，“measure”（定距等分点）或“ME”。

在绘制点时，应先设置点样式。选择“格式”下拉菜单中的“点样式”命令，在弹出的“点样式”对话框中设置点的样式和大小，如图4－12所示。

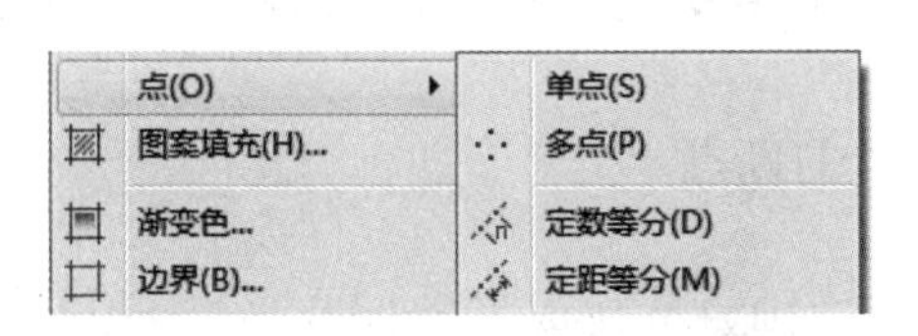

图4－11　“点”菜单子命令

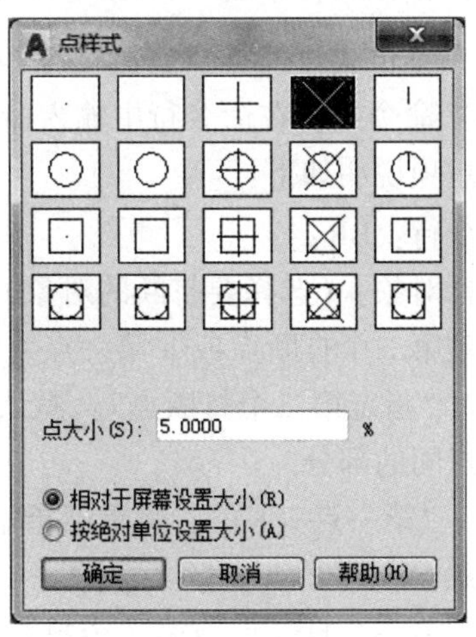

图4－12　“点样式”对话框

1. 绘制定数等分点

定数等分点是指沿选定对象的长度或周长按指定数据等分对象，并在等分点处插入点对象或块。在 AutoCAD 中，可定数等分的对象包括多段线、样条曲线、圆、圆弧、椭圆和椭圆弧等。执行定数等分点命令后，命令行提示如下：

命令：divide↙

选择要定数等分的对象：　（选择黑色粗实线）

输入线段数目或［块（B）］：6↙（输入等分数目）

结果如图 4－13 所示。

图 4－13　定数等分直线段

2. 绘制定距等分点

定距等分是指将点对象或块按指定的距离插入到选定的对象上。在 AutoCAD 2020 中，可定距等分的对象包括多段线、样条曲线、圆、圆弧、椭圆、椭圆弧等。执行定距等分命令后，命令行提示如下。

命令：measure↙

选择要定距等分的对象：（单击圆弧和线段）

指定线段长度或［块（B）］：30↙（输入等分的长度）

结果如图 4－14 所示。

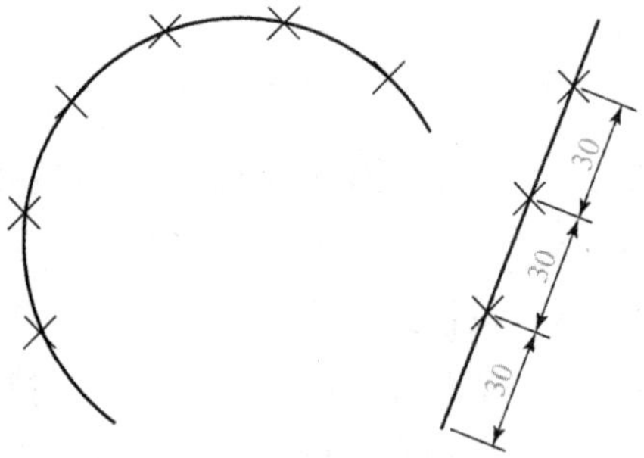

图 4－14　定距等分圆弧和线段

（六）“打断”修改命令

打断对象是指删除对象的一部分从而把对象拆分成两部分。在 AutoCAD 中，执行“打断”命令的方法有以下 3 种：

打断、分解

（1）按钮式：单击“修改”工具栏中的“打断”按钮。

（2）菜单式：选择“修改”下拉菜单中的“打断”子菜单。

（3）命令式：在命令行中输入命令“break”或“BR”。

各选项说明如下：

命令行：BR↙

选择对象：（选择要打断的对象，此时拾取对象的那点即为打断的第一点）

指定第二个打断点或［第一点（F）］：

（1）“指定第二个打断点”：默认选项，输入第二个打断点，系统将删除对象处于两打断点间的部分。

（2）“第一点（F）”：将重新指定第一个打断点。

注意：

①若第一个打断点与第二个打断点重合，则对象从该点一分为二，对应的命令是修改工具栏中的“打断于点”命令。此命令还可以用另一种方法来实现，在“指定第

学习笔记

二个打断点或［第一点（F）］”的提示下输入“@”回车，也可以完成“打断于点”的功能。

②打断命令还可以做修剪、缩短功能，指定第一个打断点后，第二个打断点指定在该对象端点以外即可把该物体第一断点一侧删除。

③对于圆的打断，其打断的部分是以输入的两打断点逆时针方向打断的。

［例 4－5］ 如图 4－15 所示，将直线 *AB* 超出矩形的那部分运用“打断”命令除去。

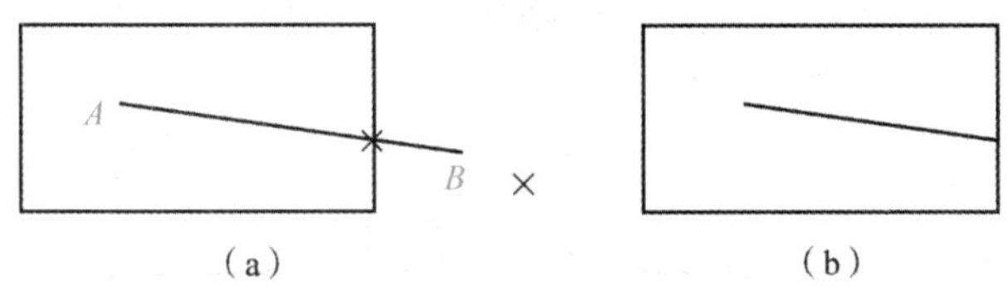

图 4－15 “打断”*AB* 线

操作步骤如下：

命令行：BR↙

选择对象：(选择直线 AB)

指定第二个打断点或［第一点（F）］：F↙

指定第一个打断点：(选择 *AB* 线与矩形的交点，如图 4－15（a）所示)

指定第二个打断点：(选择 *B* 端点以外的某点，如图 4－15（a）所示)

结果如图 4－15（b）所示。

［例 4－6］ 将如图 4－16 所示的圆的上半部分运用“打断”命令去除。

操作步骤如下：

命令行：BR↙

选择对象：(选择圆)

指定第二个打断点或［第一点（F）］：F↙

指定第一个打断点：(选择 *A* 点，如图 4－16（a）所示)

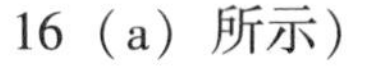

指定第二个打断点：(选择 *B* 点，如图 4－16（a）所示)

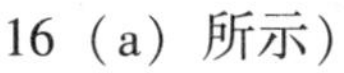

结果如图 4－16（b）所示。

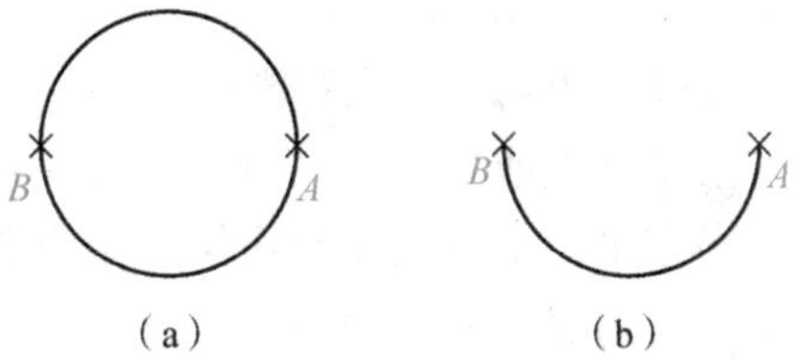

B A (a) B A (b)

图 4－16 “打断”*AB* 线

注：若先选择 *B* 点，再选择 *A* 点，则系统将圆的下半部分删去，所以在对圆作打断处理时，要注意指定的打断点的次序。

（七）“拉伸”修改命令

拉伸是指通过移动对象的端点、顶点或控制点来改变对象的局部形状。在 AutoCAD 2020 中，执行“拉伸”命令的方法有以下 3 种：

（1）按钮式：单击“修改”工具栏中的“拉伸”按钮 。

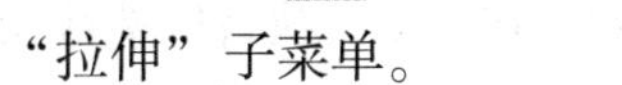

（2）菜单式：选择“修改”下拉菜单中的“拉伸”子菜单。

（3）命令式：在命令行中输入命令 stretch 或 S。

学习笔记

命令：stretch↙

以交叉窗口或交叉多边形选择要拉伸的对象...（系统提示）

选择对象：

指定对角点：(选择要拉伸的对象)

选择对象：(按［Enter］键结束对象选择)

指定基点或［位移（D）］<位移>：(指定拉伸对象的基点)

指定第二个点或<使用第一个点作为位移>：(指定位移点)

［例4-7］ 将如图4-17（a）所示图形运用“拉伸”命令编辑成如图4-17（b）所示图形。

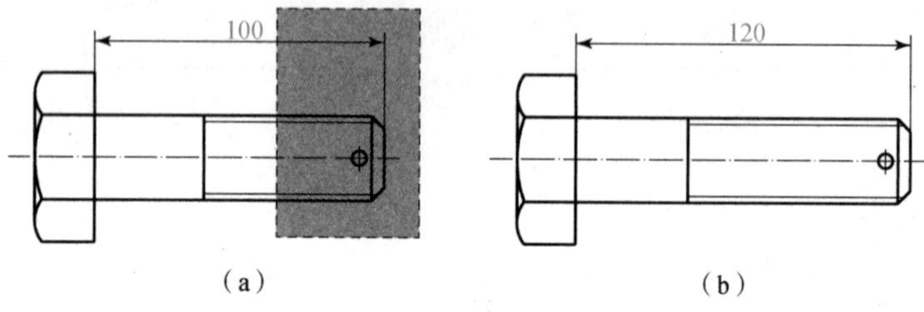

图4-17　拉伸螺栓

（a）原图长100；（b）拉伸后为120

操作步骤如下：

命令行：S↙

以交叉窗口或交叉多边形选择要拉伸的对象...

选择对象：(使用交叉选择方法指定一矩形窗口，此时系统将螺栓的右端选中，如图4-17（a）所示)

选择对象：↙（结束选择)

指定基点或［位移（D）］<位移>：(在图中上随意指定一点)

指定第二个点或<使用第一个点作为位移>：20↙（打开极轴，将光标向指定点的正右方追踪，输入距离)

结果如图4-17（b）所示。

注：拉伸对象时，只能选择对象中需要拉伸的部分，不能将对象全部选择，若全部选择，则成了移动对象，因此，需要采用窗交的选择方式。

拉伸操作如图4-18所示，若圆心被窗口框住，则只做移动并不会被拉伸成椭圆。

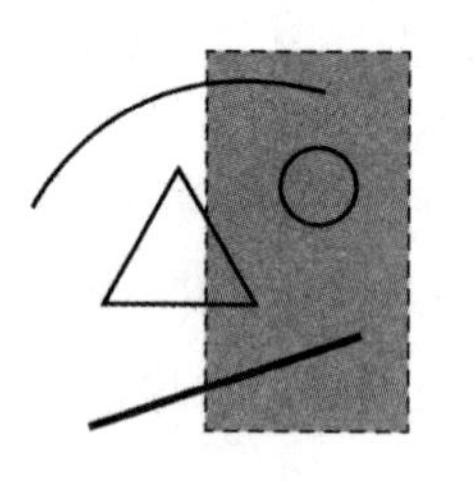
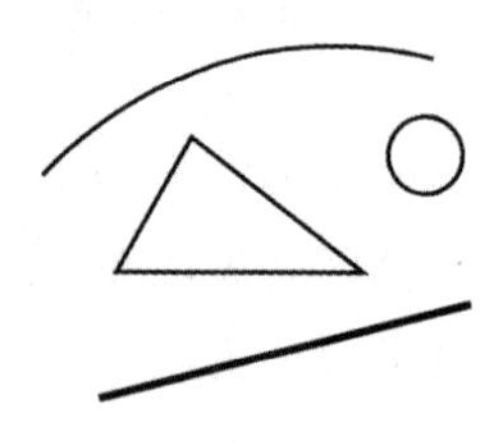

图4-18　拉伸任意图形

（八）“构造线”绘图命令

用于绘制双向无限长的直线，它常用于辅助作图。

在AutoCAD 2020中，执行构造线命令的方法有以下3种：

（1）菜单式：选择“绘图”下拉菜单中的“构造线”子菜单。

学习笔记

（2）按钮式：单击绘图工具栏中的“构造线”按钮。

（3）命令式：在命令行中输入“XLINE”或“XL”。

命令：XL↙

指定点或［水平（H）/垂直（V）/角度（A）/二等分（B）/偏移（O）］：（给出根点1）

指定通过点：（给定通过点2，绘制一条双向无限长的直线）

指定通过点：（继续给点，继续绘制线，回车结束）

（九）“椭圆”绘图命令

椭圆

用于绘制椭圆和椭圆弧。

执行椭圆命令的方法有以下3种：

（1）菜单式：在“绘图”下拉菜单的“椭圆”中选取一个子菜单项，如图4－19所示。

（2）按钮式：单击绘图工具栏中的图标。

（3）命令式：在命令行中输入“ELLIPSC”或“EL”。

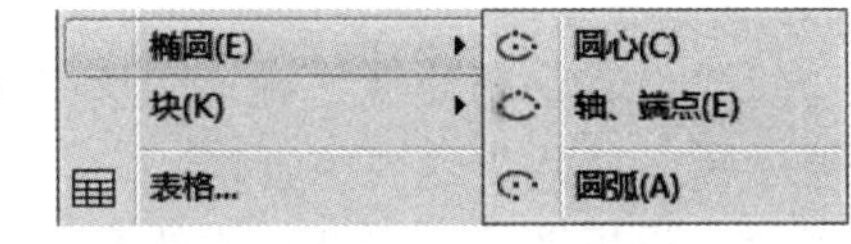

图4－19 “椭圆”子菜单

命令提示如下：

命令：EL↙

指定椭圆的轴端点或［圆弧（A）/中心点（C）］：（指定轴端点或中心点（C）画椭圆和椭圆弧）

各选项说明如下：

（1）“指定椭圆的轴端点”：此方法的默认方式，先用两个端点指定椭圆一个轴的长度，然后再指定另一半轴长度或用另一个点确定椭圆另一个半轴的长度，它到椭圆中心（也就是前两个端点连线的中点）的距离即为该轴的半轴长度。

（2）“中心点（C）”：先指定椭圆中心点，再指定一个轴的端点，然后再用另一个点确定椭圆另一个半轴的长度，它到椭圆中心的距离即为该轴的半轴长度，也可以用旋转方式绘制椭圆。

（3）“圆弧（A）”：单击“椭圆弧”图标按钮或选择“绘图”/“椭圆”/“圆弧”选项，开始的步骤与绘制椭圆相同，直到椭圆绘制完成后，开始椭圆弧的提示，如图4－20所示，操作步骤如下：

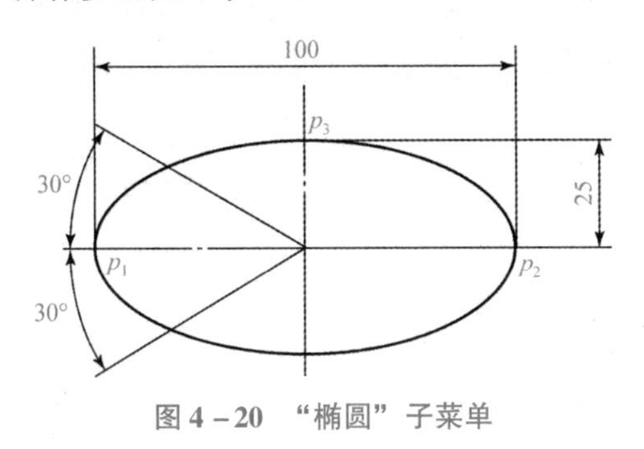

图4－20 “椭圆”子菜单

命令：（单击“椭圆弧”图标按钮）

指定椭圆的轴端点或［圆弧（A）/中心点（C）］：p_1↙

指定轴的另一个端点：p_2↙

指定另一条半轴长度或［旋转（R）］：p_3↙

指定起始角度或［参数（P）］：30°↙

指定终止角度或［参数（P）/包含角度（I）］：330°↙

注：系统将椭圆第一条轴的起点作为绘制椭圆弧时所有角度的测量基准点，并总是按逆时针方向绘制椭圆弧。

四、项目实施

（1）进入“AutoCAD 经典”工作空间，建立一新无样板图形文件，保存此空白文件，文件名为“镜像、阵列和旋转平面图”，注意在绘图过程中每隔一段时间保存一次。

（2）设置绘图环境，设置图形界限，设定绘图区域的大小为 297 ×210，左下角点为坐标原点（此步骤现可省略）。

（3）设置图层，设置粗实线和中心线两图层，图层参数如表 4 –1 所示。

表 4 –1　图层设置参数

图层名	颜色	线型	线宽	用途
CSX	红色	Continuous	0. 50 mm	粗实线
ZXX	绿色	Center	0. 25 mm	中心线

（4）绘制图形，用 1 : 1 的比例绘制如图 4 – 1 所示平面图形。要求：选择合适的线型，不绘制图框与标题栏，不标注尺寸。

参考步骤如下：

①调整屏幕显示大小，打开“显示/隐藏线宽”“极轴、对象捕捉”和“极轴追踪”状态按钮。

②将“ZXX”层设置为当前层，绘制一条长度为 82 的垂直中心线和一条长度为 112 的水平中心线；将水平中心线向上和向下偏移，偏移距离为 25，结果如图 4 –21 所示。

将“CSX”层设置为当前层，用“直线”命令，根据尺寸关系完成左上部分轮廓线，运用“圆角”命令进行 *R*8 圆角编辑，再用“夹点编辑”命令将中心线拉长，如图 4 –22 所示。

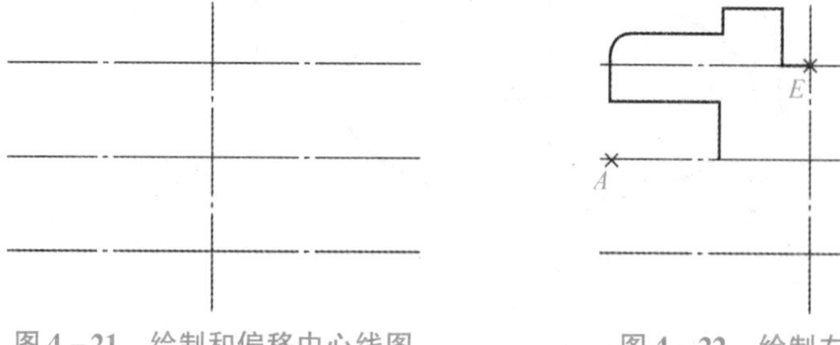

图 4 –21　绘制和偏移中心线图　　图 4 –22　绘制左上部分轮廓线

学习笔记

③执行“镜像”命令，按图 4－22 所示轮廓线分别捕捉 A、B 两点，即以 AB 为镜像线进行镜像复制，结果如图 4－23 所示。绘制一个 $\phi10$ 的圆，并添加其竖直中心线，如图 4－24 所示。

④执行“矩形阵列”命令，将 $\phi10$ 的圆进行矩形阵列复制，结果如图 4－25 所示。再运用“直线”命令从 E 点绘制图形的右上角外轮廓，并进行“圆角”编辑，如图 4－26 所示。

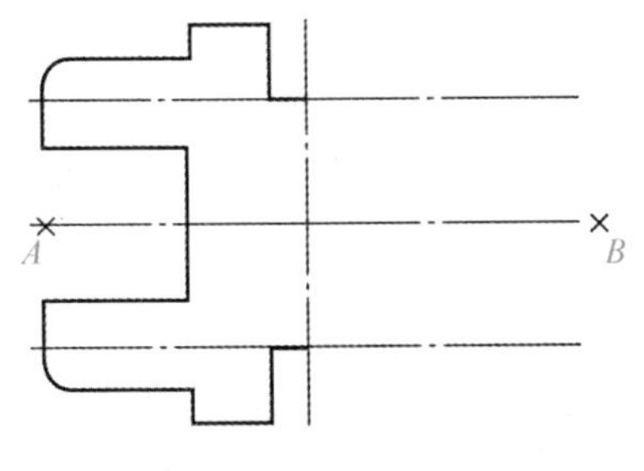

图 4－23　镜像复制

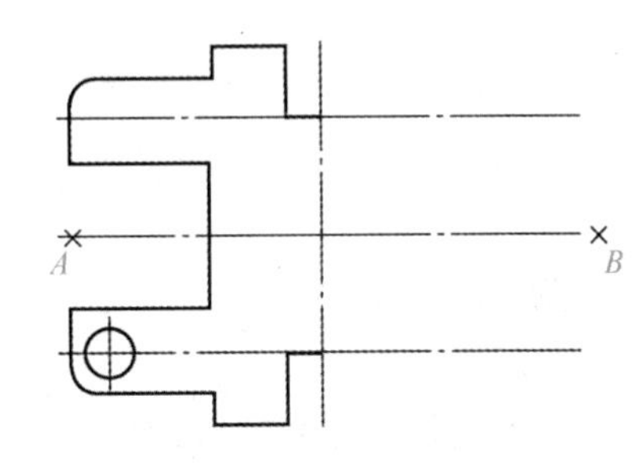

图 4－24　绘制 $\phi10$ 的圆并添加竖直中心线

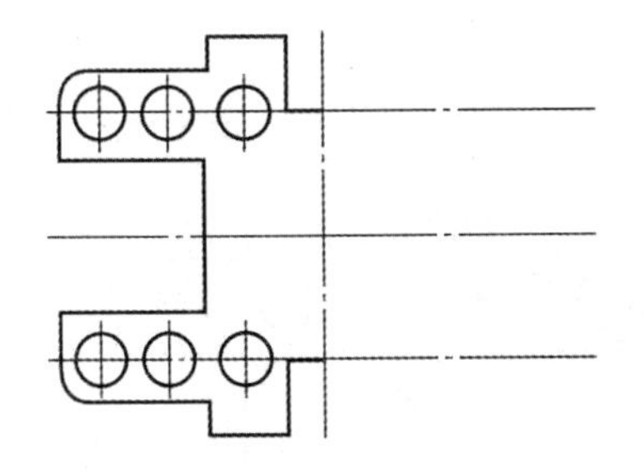

图 4－25　矩形阵列复制

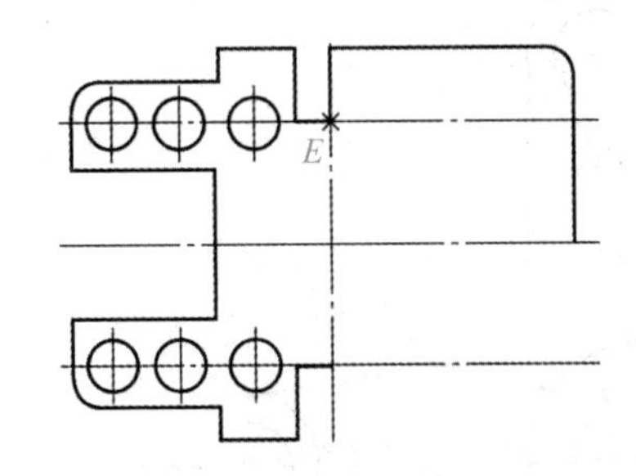

图 4－26　绘制、编辑右上角外轮廓

⑤将右上角外轮廓进行“镜像”复制，在竖直位置绘制一个以 F 点为圆心的椭圆，再绘制 6 个椭圆的定位圆，其半径为 $R33$，如图 4－27 所示。用“旋转”命令将 CD 中心线和椭圆旋转 15°进行复制，删除竖直椭圆并将 $R33$ 的粗实线定位圆改为中心线圆。结果如图 4－28 所示。

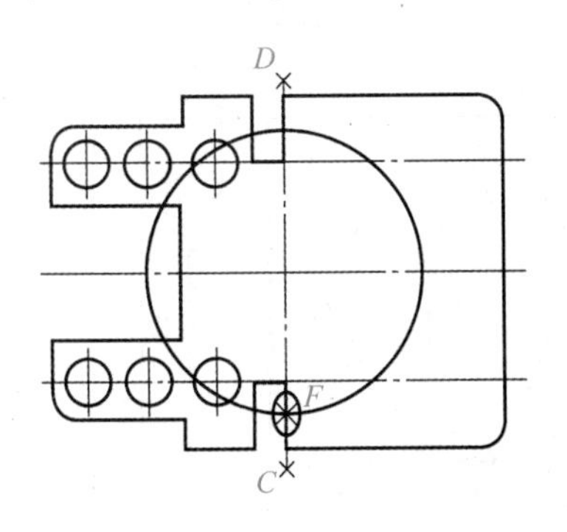

图 4－27　绘制椭圆和 $R33$ 定位圆

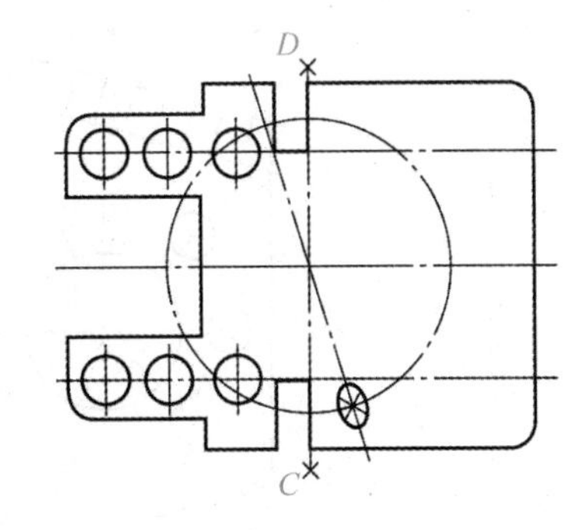

图 4－28　旋转复制椭圆和竖直中心线

⑥用“打断”命令修整旋转 CD 复制所得的中心线、椭圆定位圆和其他的中心线，再执行“环形阵列”修改命令。以 O 点为阵列中心点，将椭圆进行环形阵列复制，执行结果如图 4－29 所示。

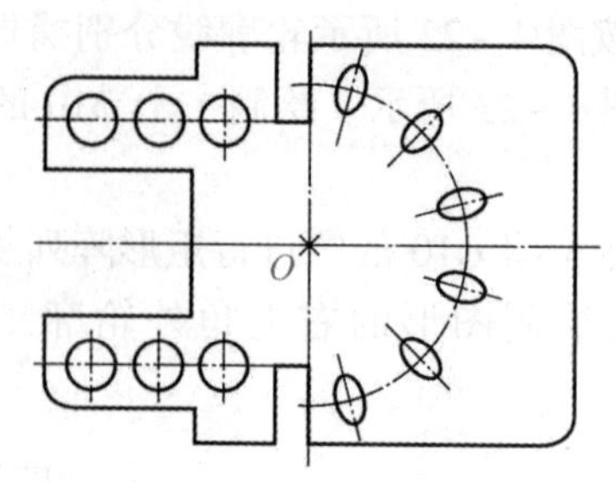

图 4-29　将椭圆和其中心线进行环形阵列复制

（5）保存文件。

五、课后练习

按 1∶1 比例绘制如图 4-30 所示的图形（不标注尺寸）。

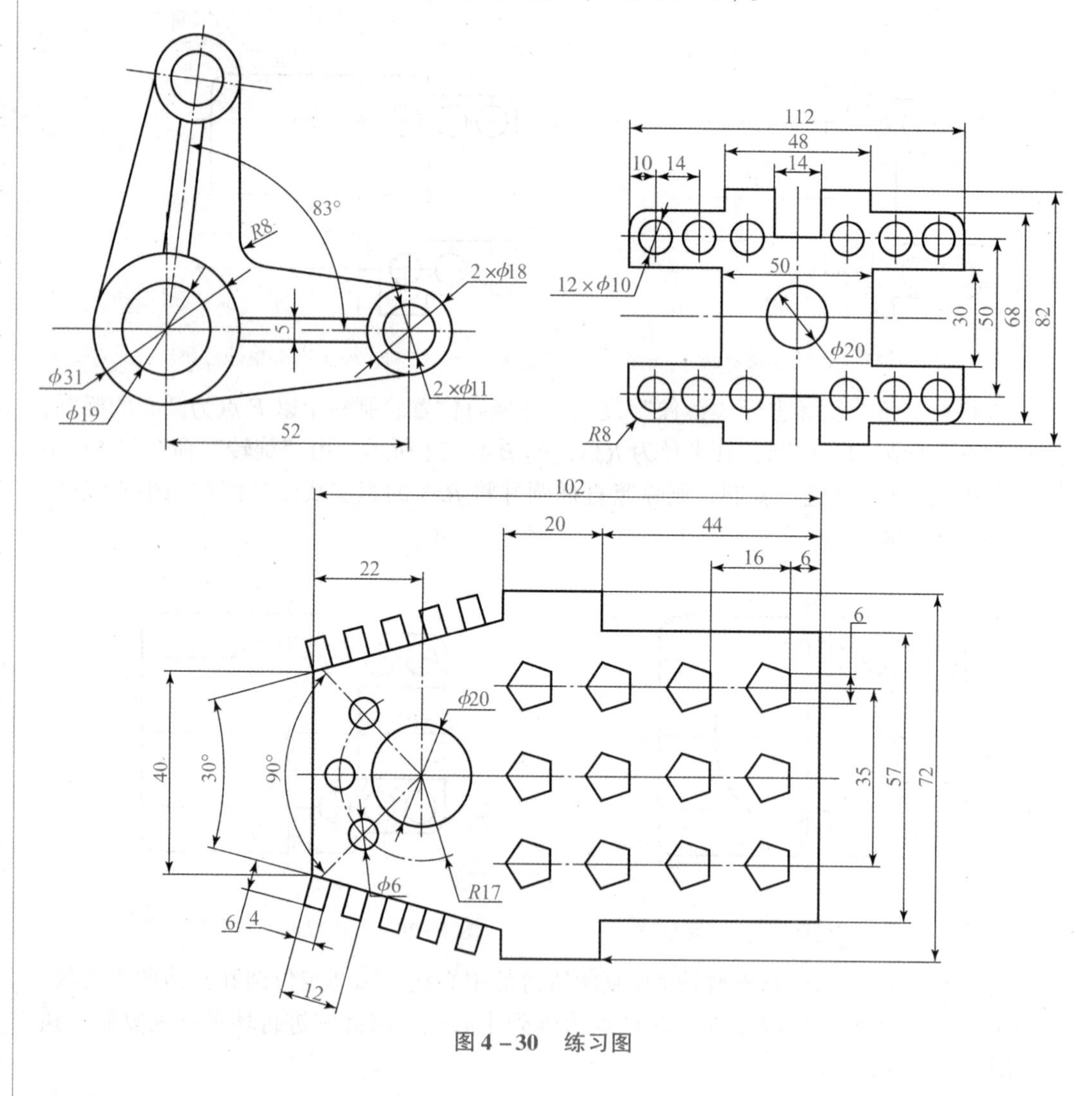

图 4-30　练习图

学习笔记

项目五　绘制三视图

一、项目目标

（一）知识目标

（1）掌握常用的精确绘图工具在三视图过程中的使用方法与技巧；
（2）掌握三视图的绘制方法和技巧及夹点编辑的操作技巧；
（3）掌握缩放、平移显示控制绘图工具的使用方法；
（4）掌握“复制”“旋转”“移动”修改命令在三视图中的巧妙运用。

（二）能力目标

（1）能够运用常用的精确绘图工具绘制和编辑图形；
（2）能够运用“拉长”“合并”“放弃”和“重做”命令编辑图形；
（3）能够综合应用所学的“圆”“直线”和“圆弧”等绘图命令以及“镜像”“复制”“旋转”“移动”等修改命令来绘制和编辑三视图。

（三）思政目标

（1）通过三视图绘制方法的学习，正确理解三视图的形成和对应关系，使其养成用全面的眼光对待现在和未来，处理问题切勿以偏概全，应多角度分析、思考、观察的习惯；
（2）通过学习精确绘图辅助工具及显示控制绘图工具的使用方法和技巧，培养学生创新意识，使其富有远见并整体地看待事情尤其具有重要的现实意义。

二、项目导入

用1:1的比例绘制如图5-1所示三视图，不标注尺寸，不绘制图框与标题栏。

三、项目知识

拉长

（一）“拉长”修改命令

用于改变非闭合对象的长度和圆弧对象的包含角。

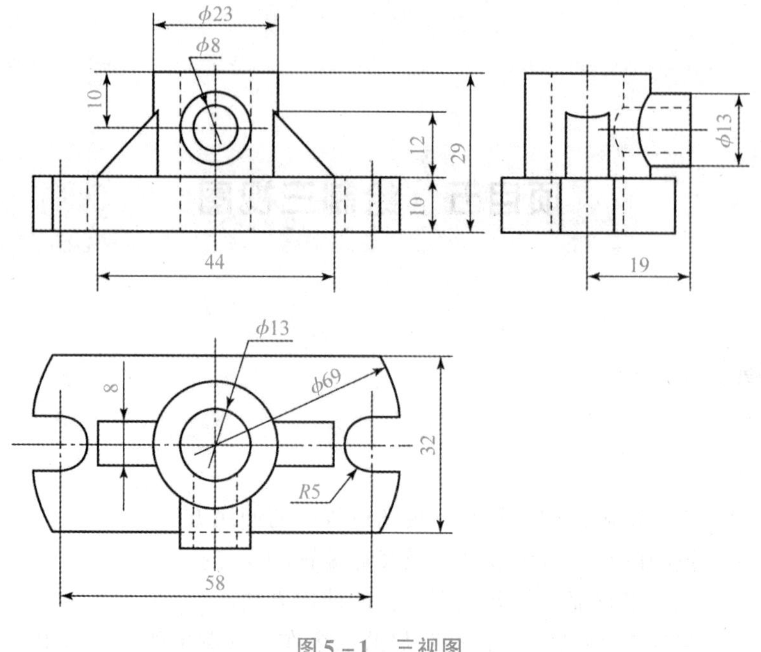

图 5-1　三视图

（1）菜单式：选择“修改”下拉菜单中的“拉长”子菜单。

（2）命令式：在命令行中输入命令“lengthen”或“len”。

执行“拉长”命令后，命令行提示如下：

命令行：LEN↙

选择对象或［增量（DE）/百分数（P）/全部（T）/动态（DY）］：

各选项说明如下：

（1）“选择对象”：默认选项，拾取要编辑的对象，此时系统显示该对象的长度和包含角等信息。

（2）“增量（DE）”：以增量的方式改变直线或圆弧的长度，回车后系统提示：

输入长度增量或［角度（A）］<0.0000>：

①输入长度值，若输入正值则可以增加线段的长度，输入负值则缩短线段的长度，若是编辑圆弧，则是修改圆弧的弧长。

②输入“A”命令，切换到角度方式，系统提示：

输入角度增量<0>：（输入圆弧圆心角的增量，正值增加圆弧的圆心角，负值减少圆心角）

输入增量值并回车后，系统出现提示：

选择要修改的对象或［放弃（U）］：（此时选择编辑圆弧的某一端，则系统加长或缩短某一端以增加或减少圆心角）

选择要修改的对象或［放弃（U）］：↙

（3）“百分数（P）”：将以要编辑对象总长的百分比值来改变对象的长度，新长度等于原长度与该百分比的乘积，回车后系统提示：

输入长度百分数<100.0000>：（输入百分数值回车）

选择要修改的对象或［放弃（U）］：（选择对象的某一端）

选择要修改的对象或［放弃（U）］：↙（此时若继续单击对象的某一端，系统将会以增长后对象的长度为原长度）

（4）“全部（T）”：通过指定对象新的总长度来替换对象原来的长度，回车后系统提示：

指定总长度或［角度（A）］<1.0000>：

①指定总长度，默认选项，输入直线的总长度值或圆弧的总弧长，回车后系统显示：

选择要修改的对象或［放弃（U）］：（选择对象的某一端）

选择要修改的对象或［放弃（U）］：↙（此时若继续单击对象的某一端，系统将会改变此端使对象的长度改变为新长度）

②输入“A”命令，切换到角度方式，系统提示：

指定总角度<当前值>：（输入圆弧的总圆心角值回车）

选择要修改的对象或［放弃（U）］：（选择圆弧的某一端）

选择要修改的对象或［放弃（U）］：↙

（5）“动态（DY）”：可以用光标拖动的方式改变对象的长度。回车后系统提示：

选择要修改的对象或［放弃（U）］：（选择对象的某一端，此时这端将可以改变，移动光标，该端点随之移动）

指定新端点：（确定对象新的端点）

选择要修改的对象或［放弃（U）］：↙

［例5-1］ 已知图5-2（a）所示图形，要将中心线分别拉长3 mm，如图5-2（b）所示。

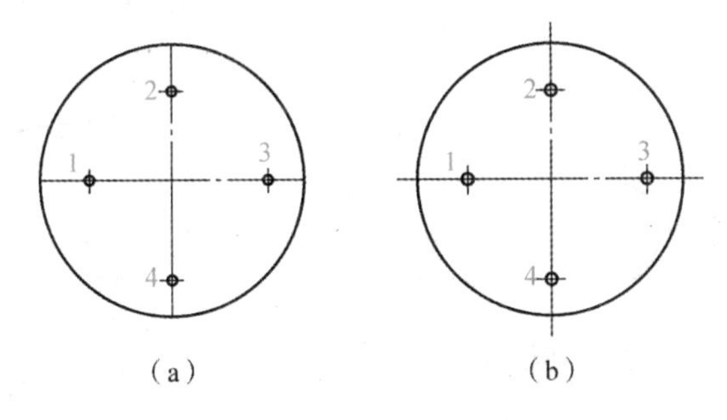

图5-2 拉长中心线

（a）拉长前；（b）拉长后

命令：LENGTHEN↙

选择对象或［增量（DE）/百分数（P）/全部（T）/动态（DY）］：DE↙

输入长度增量或［角度（A）］<20.0000>：3↙

选择要修改的对象或［放弃（U）］：（选取1点，如图5-2（a）所示）

选择要修改的对象或［放弃（U）］：（选取2点，如图5-2（a）所示）

选择要修改的对象或［放弃（U）］：（选取3点，如图5-2（a）所示）

选择要修改的对象或［放弃（U）］：（选取4点，如图5-2（a）所示）

选择要修改的对象或［放弃（U）］：↙

学习笔记

学习笔记

结果如图 5 –2（b）所示。

（二）精确绘图工具的使用方法

本书在项目一已经对绘图工具做过简单介绍，在此，将精确绘图工具的使用方法再作详细说明。

在绘图过程中，为使绘图和设计过程更简便易行，AutoCAD 2020 提供了栅格、捕捉、正交、对象捕捉及自动追踪等多个捕捉工具，捕捉工具用于精确捕捉屏幕上的栅格点，它可以约束鼠标光标只能停留在某一个节点上。这些绘图工具有助于在快速绘图的同时保证绘图的精度，从而精确地绘制图形。在 AutoCAD 2020 中，执行捕捉工具有两种形式。

1. “对象捕捉”工具按钮的使用方法

1）单点优先捕捉

单击对象捕捉：要求指定一个点时，在对象捕捉工具条拾取相应的对象捕捉模式来响应。各“对象捕捉”工具按钮如图 5 –3 所示，各工具按钮名称用户可通过将鼠标移动到图标上系统自动显示其名称来熟悉。值得一提的是，除“捕捉到切点”工具按钮在绘图过程中常用外，其他工具按钮很少使用（使用“运行中对象捕捉”功能），但在使用时点取一次，只能完成一次捕捉。

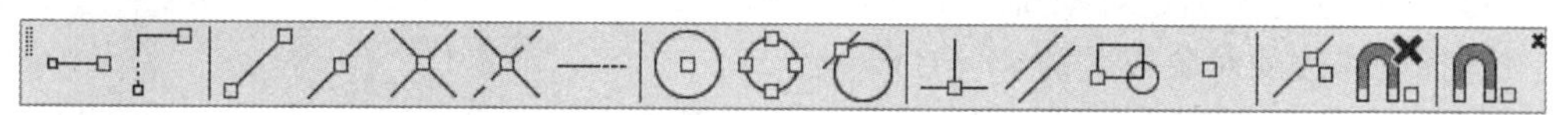

图 5 –3 “对象捕捉”工具栏

绘制如图 5 –4 所示两圆的外公切线 *AB* 和 *CD*，可运用“捕捉到切点”工具按钮，效果如图 5 –5 所示。

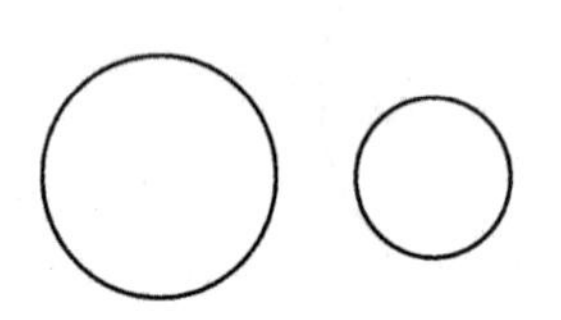

图 5 –4 求作两圆的外公切线

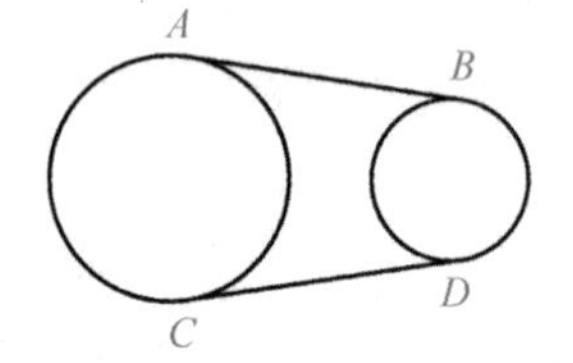

图 5 –5 效果图

2. “对象捕捉”工具按钮（固定目标捕捉方式）的执行

在使用“对象捕捉”功能前需进行“对象捕捉”设置，设置方法有以下三种。

（1）选择“工具”/“绘图设置（F）”命令或输入“SE”。

（2）右键单击如图 5 –6 所示状态栏中的“对象捕捉”按钮，在右键菜单中单击捕捉模式，或按住［Ctrl］键加右键。

（3）右键单击如图 5 –6 所示状态栏中的“对象捕捉”工具，选择“对象捕捉设置...”菜单。

执行命令后将弹出“草图设置”对话框，在弹出的“草图设置”对话框中打开“对象捕捉”选项卡，如图 5 –7 所示，在该选项卡中选中需要的对象捕捉模式，然后选中“启用对象捕捉”复选框即可启用“运行中对象捕捉”功能。

学习笔记

端点
中点
圆心
几何中心
节点
象限点
交点
范围
插入
垂足
切点
最近点
外观交点
平行
对象捕捉设置...
将光标捕捉到二维参照点 - 开
对象捕捉 - OSNAP (F3)

图 5-6　状态栏中“对象捕捉”右键菜单

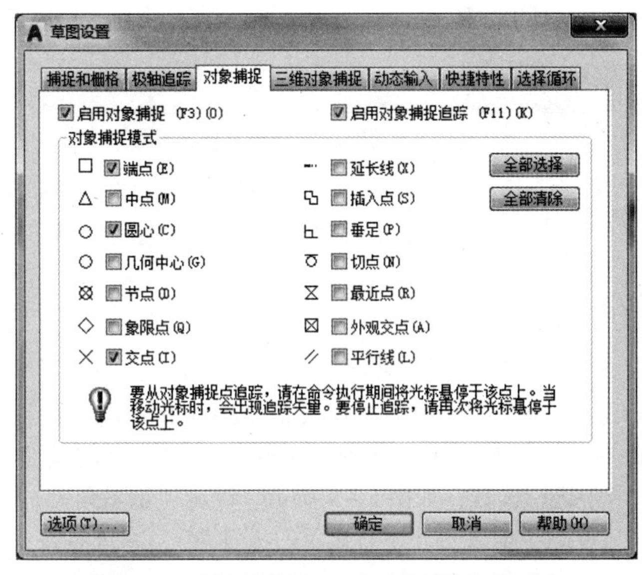

图 5-7　“草图设置”—“对象捕捉”选项卡

启用“对象捕捉”功能除在“草图设置”对话框中选中“启用对象捕捉”复选框方法外还有以下几种：

(1) 左键单击状态栏中的按钮（弹起为关闭，凹下去为打开），此方法为常用方法。

(2) 按功能键 [F3]。

开启“对象捕捉”按钮后，再进行绘图及图形编辑，当光标靠近某些特殊点时，会发现有些点加亮成蓝色亮点，此时只要按下“确定”按钮，则系统自动捕捉该点。

2. “栅格”工具按钮的使用方法

栅格是一些在绘图区域有着特定距离的点所组成的网格，类似于坐标纸。在弹出的如图 1 – 20 所示的“草图设置”对话框中打开“捕捉与栅格”选项卡，如图 5 – 8 所示，用户可对栅格间距的“栅格的 X 轴间距”和“栅格的 Y 轴间距”进行设置，并选中“启用栅格”复选框即可启用“栅格显示”功能。

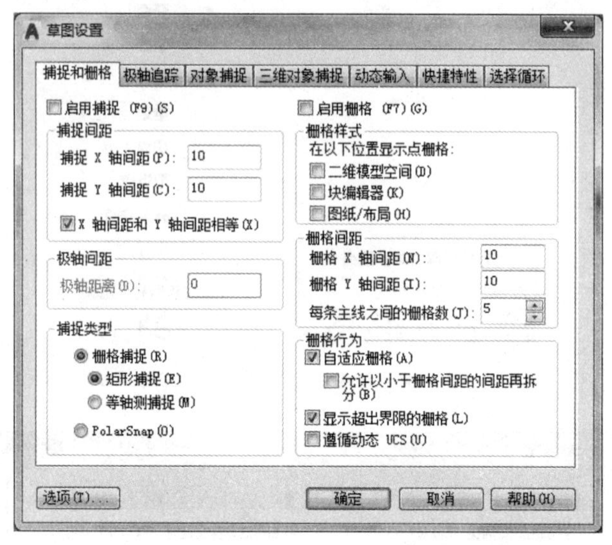

图 5 – 8 “草图设置”—“捕捉与栅格”选项卡

在 AutoCAD 2020 中，执行“栅格”工具命令的方法有以下 3 种。

（1）单击状态栏中的“栅格”按钮（弹起为关闭，凹下去为打开）。

（2）按功能键［F7］。

（3）在命令行中输入命令“grid”。

3. “极轴”工具按钮的使用方法

启用“极轴追踪”，绘图系统中会出现极轴角度线和角度值提示，可用于快速作图。极轴角度设置方法为：在弹出的如图 1 – 20 所示的“草图设置”对话框中选择“极轴追踪”选项卡中进行设置，如图 5 – 9 所示。设置“增量角”（如 90°、45°和 30°等）或“附加角”（指除了增量角外还需显示的极轴角），系统将按所设角度及该角度的倍数进行追踪。

启用“极轴追踪”工具的方法有以下两种：

（1）单击状态栏中的“对象追踪”按钮（灰色为关闭，亮显为打开）。

（2）按功能键［F10］。

4. “正交”工具按钮的使用方法

在绘图过程中经常需要绘制水平直线和垂直直线，在不使用“极轴”功能的前提下，凭直觉观察很难使绘制的直线达到要求，如果使用 AutoCAD 提供的正交功能绘制这些直线就比较方便了。但在正交模式下，只能绘制平行于 X 轴或 Y 轴的直线。

启用“正交”工具命令的方法有以下两种：

（1）单击状态栏中的“正交”按钮（灰色为关闭，亮显为打开）。

学习笔记

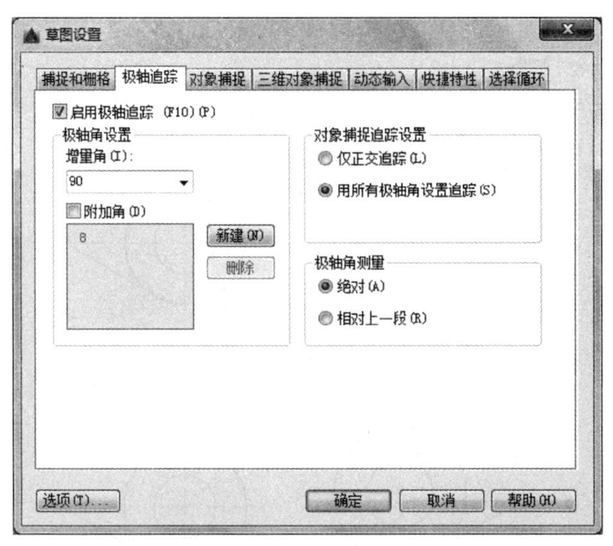

图 5－9 “草图设置”—“极轴追踪”选项卡

（2）按［F8］功能键可以启动正交功能。

5. “对象追踪”工具按钮的使用方法

“对象捕捉追踪”是指系统自动记忆同一命令操作过程中光标所经过的捕捉点，并可追踪到该点延长线上的任意点，用此功能可方便地用于捕捉“长对正、高平齐”的点。对象追踪的设置可选用“仅正交追踪”或“用所有极轴角设置追踪”形式，如图 5－9 示。对象追踪的启用方法为单击状态栏中的“对象追踪”按钮（灰色为关闭，亮显为打开）。

运用精确绘图辅助工具按钮，绘制与已知圆直径等长的 *BC* 直线，操作如图 5－10 和图 5－11 所示。

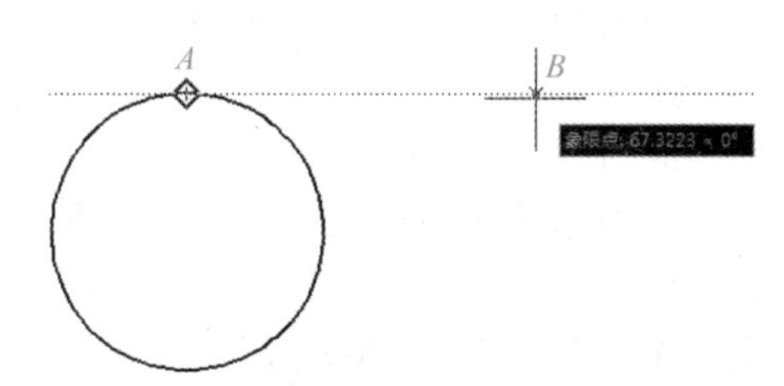

图 5－10 光标从 ***A*** 点向右追踪到 ***B*** 点单击

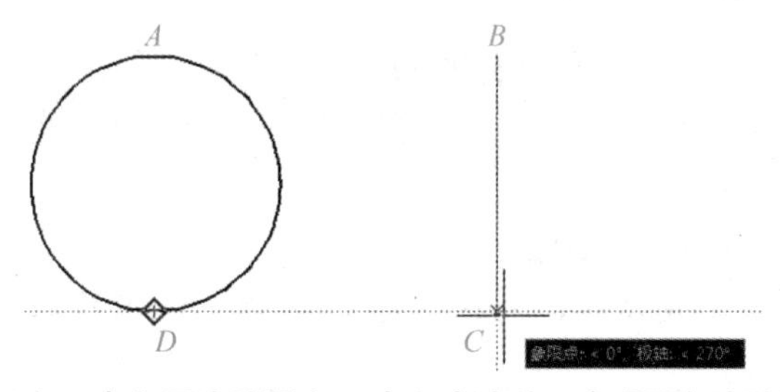

图 5－11 光标由 ***B*** 点向下追踪再由 ***D*** 点向右追踪，出现双向追踪汇交单击 ***C*** 点

［例 5－2］ 绘制如图 5－12（a）图所示夹角为 120°的两条斜线。

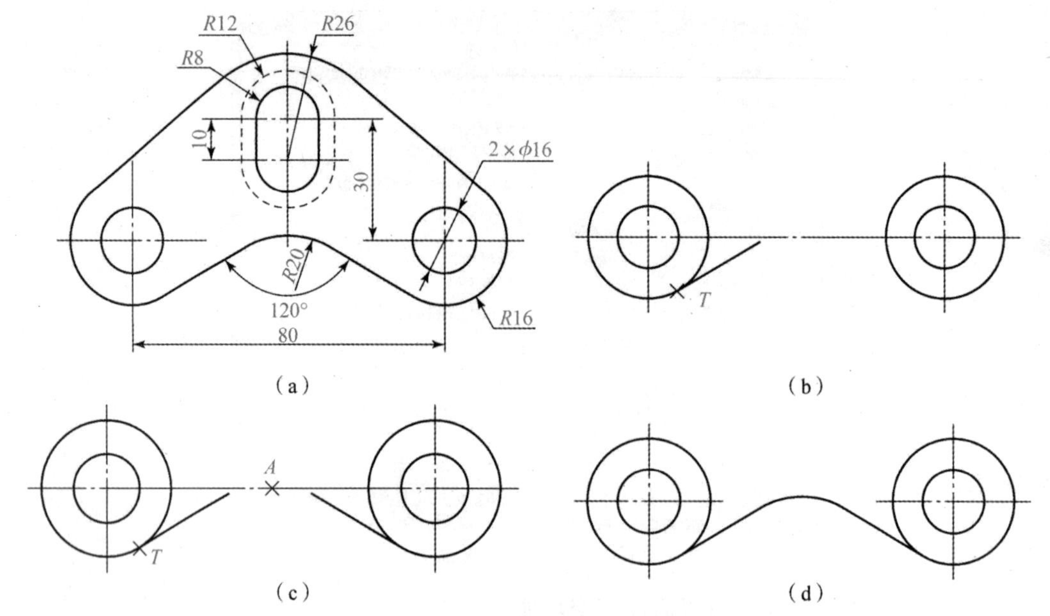

图 5-12　绘制夹角为 120°的两条斜线

操作步骤如下：

（1）命令：LINE↙

指定第一点：tan 到（对象捕捉于切点 *T*，如图 5-12（b）所示）

指定下一点或［放弃（U）］：@25<30↙

指定下一点或［放弃（U）］：↙

结果如图 5-12（b）所示。

（2）命令：MIRROR↙

选择对象：找到 1 个（选择刚绘制 25mm 长的斜线）

选择对象：↙　（结束选择）

指定镜像线的第一点：mid 于

指定镜像线的第二点：（捕捉水平中心线的中点 *A* 并拉垂直极轴线，即将过中点 *A* 的极轴线作为对称中心线）

要删除源对象吗？［是（Y）/否（N）］<N>：↙

结果如图 5-12（c）所示。

（3）命令：FILLET↙

当前设置：模式=修剪，半径=8.0000

选择第一个对象或［放弃（U）/多段线（P）/半径（R）/修剪（T）/多个（M）］：R ↙

指定圆角半径<8.0000>：20↙

选择第一个对象或［放弃（U）/多段线（P）/半径（R）/修剪（T）/多个（M）］：（单击选择左边斜线）

选择第二个对象，或按住［Shift］键选择要应用角点的对象：（单击选择右边斜线）

（4）运用“打断”命令和夹点编辑修改水平中心线，结果如图 5-12（d）所示。

6. “线宽”工具按钮的使用方法

“线宽”工具用于显示按图层设置的线宽的比例显示图形。当需要粗线的线宽时可启用“线宽”，启用“线宽”的方法为单击状态栏中的“线宽”按钮（弹起为关闭，凹下去为打开）。

7. “捕捉”工具按钮的使用方法

捕捉模式用于捕捉栅格点，“捕捉”按钮用于控制光标是否在栅格点上移动（配合“栅格”按钮）。打开“捕捉模式”时鼠标只能在栅格点上移动，由于“捕捉模式”工具按钮在绘图过程中很少用，故这里不再赘述。

（三）“合并”修改命令

可以将两个或多个相似对象合并为一个对象，还可以将圆弧或椭圆弧闭合成完整的圆或椭圆。可以合并的对象包括直线与直线、圆弧与圆弧、椭圆弧与椭圆弧、样条曲线与样条曲线、多段线与多段线、多段线与直线、多段线与圆弧。

（1）按钮式：单击“修改”工具栏中的按钮 。

（2）菜单式：选择“修改”下拉菜单中的“合并”子菜单。

（3）命令式：在命令行中输入命令“join”或“J”。

执行合并命令后，命令行提示如下：

命令行：J↙

选择源对象：(选择一条直线、多段线、圆弧、椭圆弧或样条曲线)

根据选定的源对象，系统显示以下提示之一：

（1）直线。

选择要合并到源的直线：(选择一条或多条直线回车)

注：直线对象必须共线（位于同一无限长的直线上），但是它们之间可以有间隙。

（2）多段线。

选择要合并到源的对象：(选择一个或多个对象回车)

注：对象可以是直线、多段线或圆弧。对象之间不能有间隙，并且必须位于与 UCS 的 *XY* 平面平行的同一平面上。

（3）圆弧。

选择圆弧，以合并到源或进行［闭合（L)］：(选择一个或多个圆弧回车，或输入“L”命令)

注：①圆弧对象必须位于同一假想的圆上，但是它们之间可以有间隙。

②“闭合”选项可将源圆弧转换成圆。

③合并两条或多条圆弧时，将从源对象开始按逆时针方向合并圆弧。

（4）椭圆弧。

选择椭圆弧，以合并到源或进行［闭合（L)］：(选择一个或多个椭圆弧回车，或输入“L”命令)

注：①椭圆弧必须位于同一椭圆上，但是它们之间可以有间隙。

②“闭合”选项可将源椭圆弧闭合成完整的椭圆。

学习笔记

③合并两条或多条椭圆弧时，将从源对象开始按逆时针方向合并椭圆弧。

(5) 样条曲线。

选择要合并到源的样条曲线：(选择一条或多条样条曲线回车)

注：样条曲线对象必须位于同一平面内，并且必须首尾相邻（端点到端点放置）。

[例 5-3] 已知如图 5-13（a）所示图形，要用合并命令完成如图 5-13（b）和图 5-13（c）所示图形。

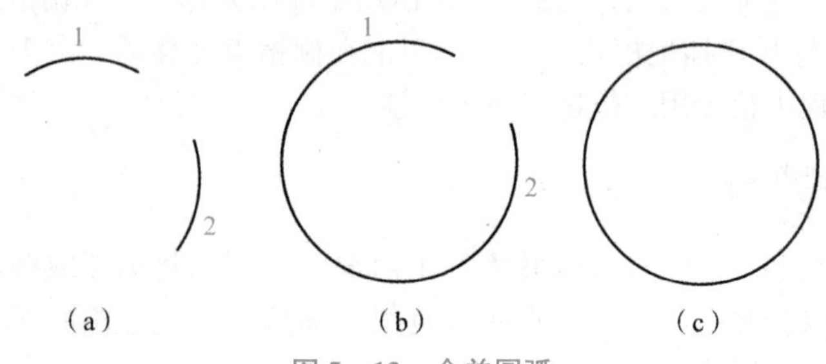

图 5-13 合并圆弧

命令：join↙

选择源对象：(选择圆弧 1)

选择圆弧，以合并到源或进行［闭合（L）］：(选择圆弧 2)

选择要合并到源的圆弧：找到 1 个↙

已将 1 个圆弧合并到源，可得到如图 5-13（b）所示的效果。

命令：join↙

选择源对象：(选择圆弧 1 或圆弧 2)

选择圆弧，以合并到源或进行［闭合（L）］： L↙

已将圆弧转换为圆，可得到如图 5-13（c）所示的效果。

注：若合并时选择圆弧 2 为源对象，再选择圆弧 1 进行合并，则会得到如图 5-14 所示效果。

图 5-14 “圆弧 2”为源对象的圆弧合并效果

四、项目实施

(1) 进入“AutoCAD 经典”工作空间，建立一新无样板图形文件，保存此空白文件，文件名为“5-1 三视图”，注意在绘图过程中每隔一段时间保存一次。

(2) 设置绘图环境，设置图形界限，设定绘图区域的大小为 297×210，左下角点为坐标原点（此步骤现可省略）。

(3) 设置图层，设置粗实线、中心线、虚线和细实线 4 个图层，见表 5-1。

表 5-1 图层设置

图层名	颜色	线型	线宽	用途
CSX	蓝色	Continuous	0.50 mm	粗实线
ZXX	红色	CENTER2	0.25 mm	中心线

续表

图层名	颜色	线型	线宽	用途
XX	绿色	HIDDEN2	0.25 mm	虚线
XSX	黑色	Continuous	0.25 mm	细实线

学习笔记

（4）绘制图形，用 1 : 1 的比例绘制如图 5－1 所示三视图。要求：选择合适的线型，不绘制图框与标题栏，不标注尺寸。

参考步骤如下：

①调整屏幕显示大小，打开“显示/隐藏线宽”，在“草图设置”对话框中选择“对象捕捉”选项卡，设置“交点”“端点”和“圆心”捕捉模式，并启用状态栏的“极轴”“对象捕捉”和“对象追踪”工具按钮。

②绘制俯视图。

将“ZXX”图层设为当前图层，调用“直线”命令绘制俯视图的中心线，如图 5－15 所示。

将“CSX”图层设为当前图层，运用“直线”“偏移“圆和修剪”命令绘制编辑俯视图中底板的左半部外轮廓，如图 5－16 所示。

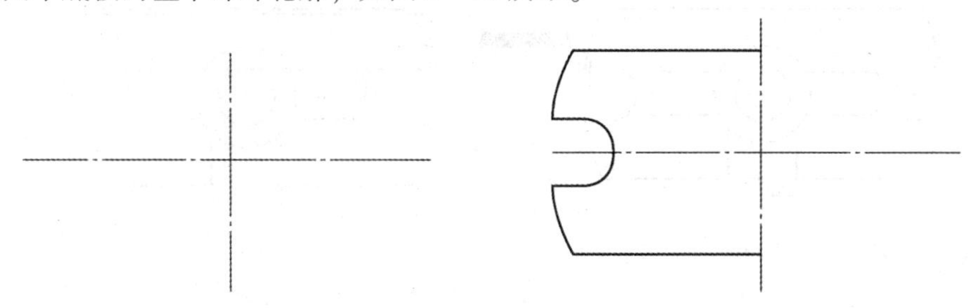

图 5－15　绘制俯视图的中心线　　图 5－16　绘制俯视图底板的左半部

运用“圆”命令绘制圆筒 ϕ13 和 ϕ23 的俯视图，如图 5－17 所示。

运用“直线”和“镜像”命令绘制和编辑俯视图中左边的三角肋板外轮廓，再用“直线”命令绘制小凸台左半部外轮廓、ϕ8 内孔的轮廓素线及 U 形槽的中心线，如图 5－18 所示。

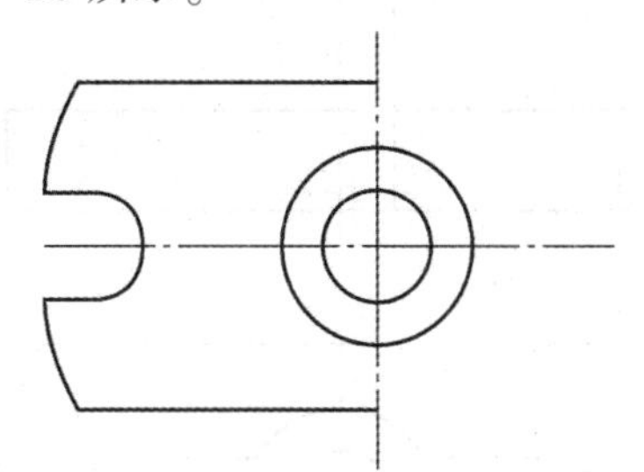

图 5－17　绘制圆筒的俯视图

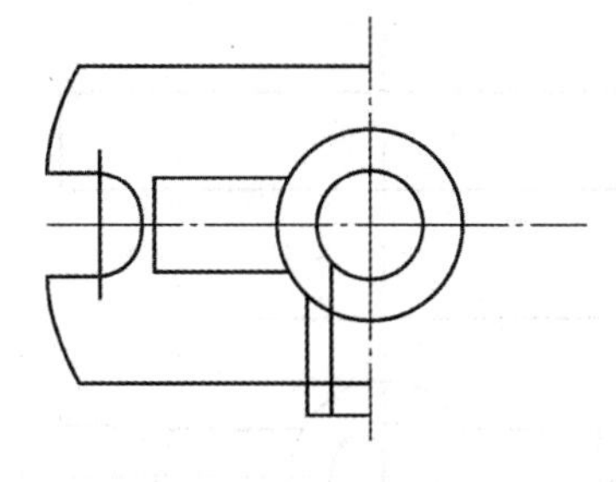

图 5－18　绘制左半部的肋板和凸台

运用“打断”命令，将 *AC* 直线在 *B* 点打断分割成 *AB* 和 *BC* 两段；将 *AB* 和 ϕ8 内孔的轮廓素线改为虚线，*EF* 改为中心线。如图 5－19 所示。

运用“镜像”命令进行镜像复制，完成俯视图，如图 5－20 所示。

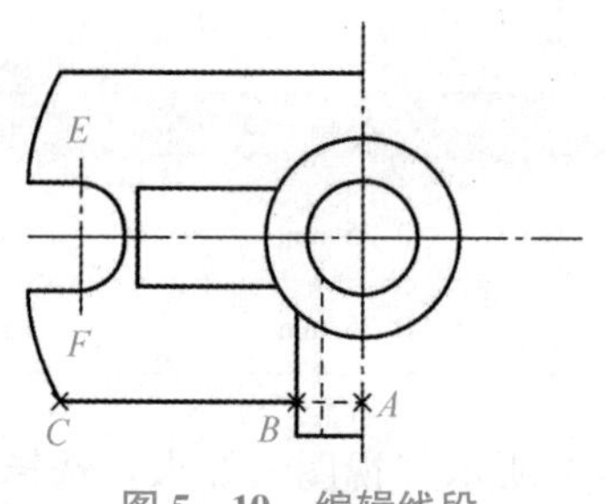

图 5-19　编辑线段

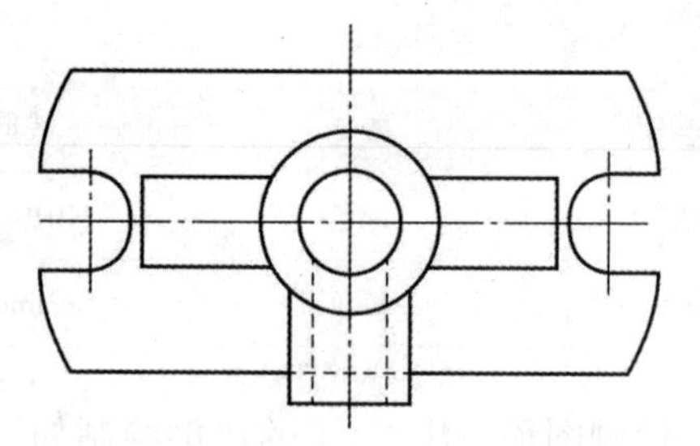

图 5-20　镜像复制完成俯视图

③绘制主视图。

运用“矩形”命令绘制厚度为 10 mm 的底板外轮廓主视图，如图 5-21 所示。

命令：RECTANG↙

指定第一个角点或［倒角（C）/标高（E）/圆角（F）/厚度（T）/宽度（W）］：（捕捉交点 A）

指定另一个角点或［面积（A）/尺寸（D）/旋转（R）］：10↙（将光标放在 B 点并向上追踪出现竖直极轴线时输入“10”，如图 5-21（a）所示。

结果如图 5-21（b）所示蓝色矩形。

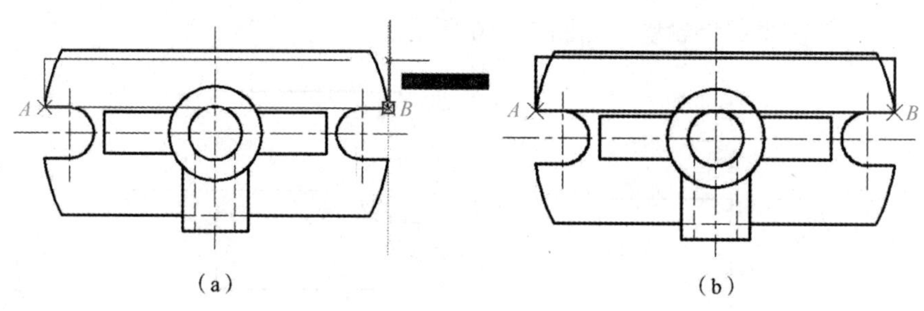

（a）　（b）

图 5-21　绘制底板主视图

运用“移动”命令移动矩形和夹点编辑拉长竖直中心线，如图 5-22 所示。

运用“直线”命令绘制主视图中左半圆筒和 U 形槽孔的轮廓素线，用“打断”命令编辑中心线，如图 5-23 所示。

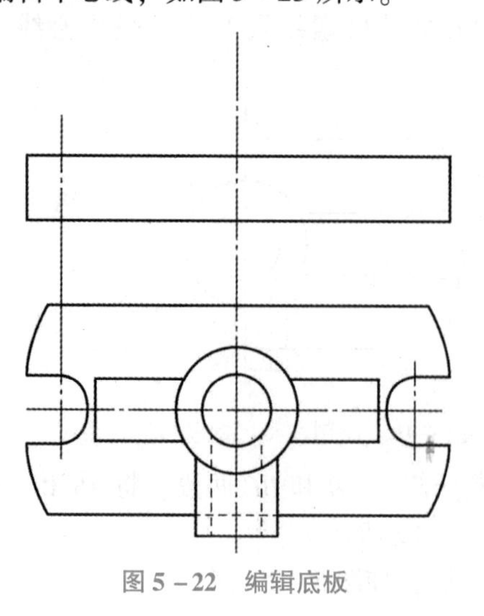

图 5-22　编辑底板

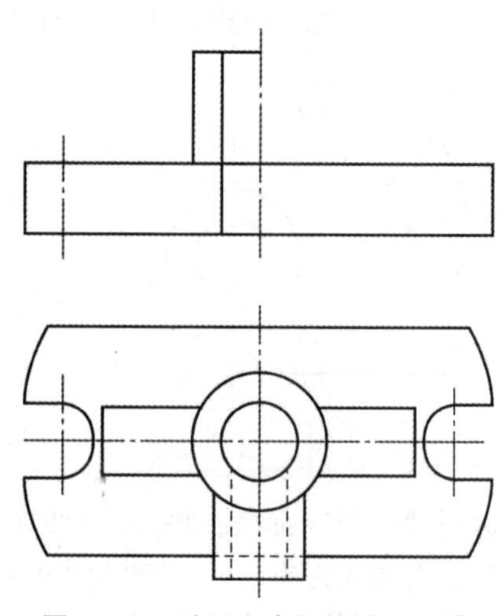

图 5-23　绘制左半圆筒和 U 形槽

运用“直线”命令，根据主俯长对正，绘制 EF 直线，补全底板截交线 AB 并将 $\phi13$ 内孔的轮廓素线和 U 形槽孔的轮廓素线改为虚线，如图 5－24 所示。

将 F 点进行夹点编辑，拉长 EF 直线。在空的命令状态下单击 EF 直线出现 3 个蓝色夹点，将 F 点激活（呈现红色夹点）并向上追踪输入 12 mm（三角肋板的高度），如图 5－25 所示。

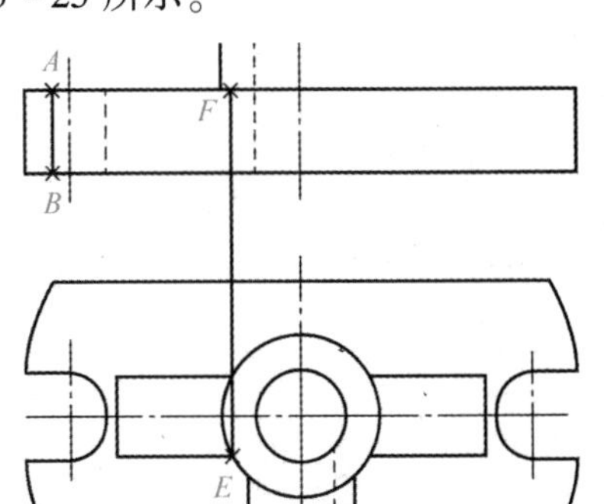

图 5－24　绘制 EF 直线

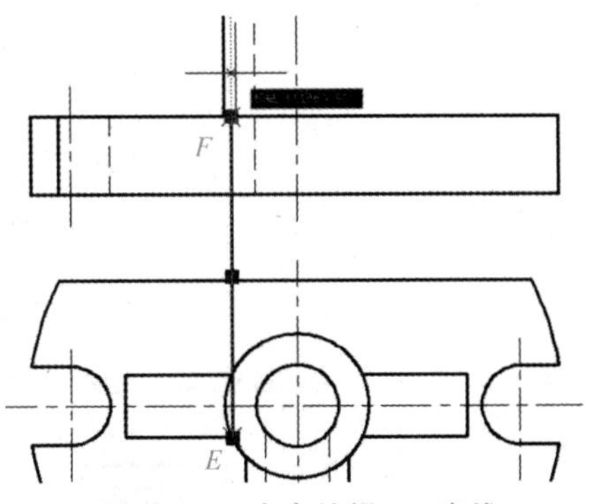

图 5－25　夹点编辑 EF 直线

运用“直线”命令与夹点编辑完成左边肋板和圆筒的绘制，如图 5－26 所示。

运用“镜像”命令进行镜像复制，结果如图 5－27 所示。

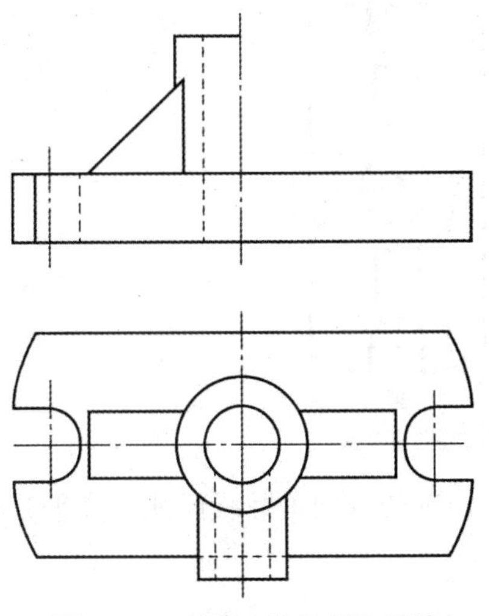

图 5－26　绘制左边肋板和圆筒

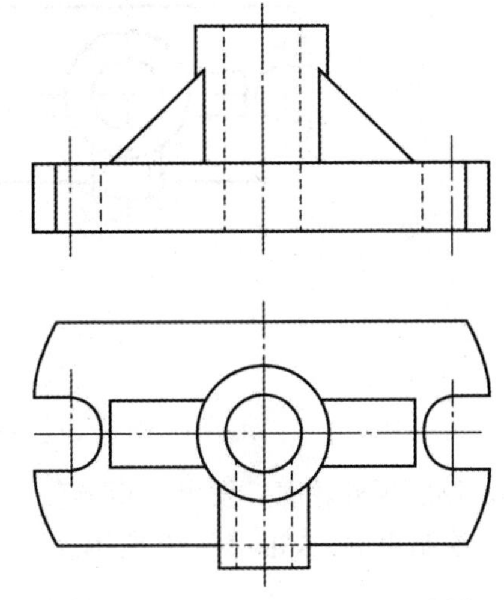

图 5－27　绘制左半圆筒和 U 形槽

绘制零件前端的小凸台。运用“偏移”命令将圆筒最上面的直线向下偏移 10，并将偏移所得粗实线改为中心线；再用“圆”命令绘制主视图的 $\phi13$ 和 $\phi8$ 两个同心圆，完成主视图，结果如图 5－28 所示。

④绘制左视图。

a. 编辑一个作图辅助图形。运用“复制”命令，将俯视图向右复制，再把复制后的图形用“旋转”命令旋转 90°；为方便求作左视图，运用“移动”命令，将该图移到离要求作的左视图稍近的位置。再利用夹点编辑功能得出左视图中心线，如图 5－29 所示。

学习笔记

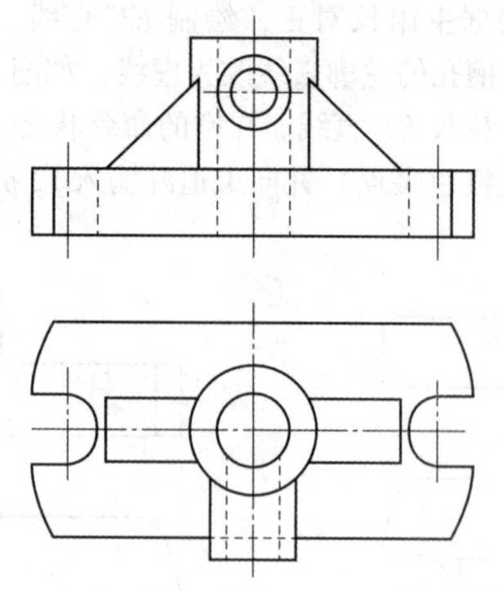

图 5－28　绘制主视图的小凸台（两个同心圆）

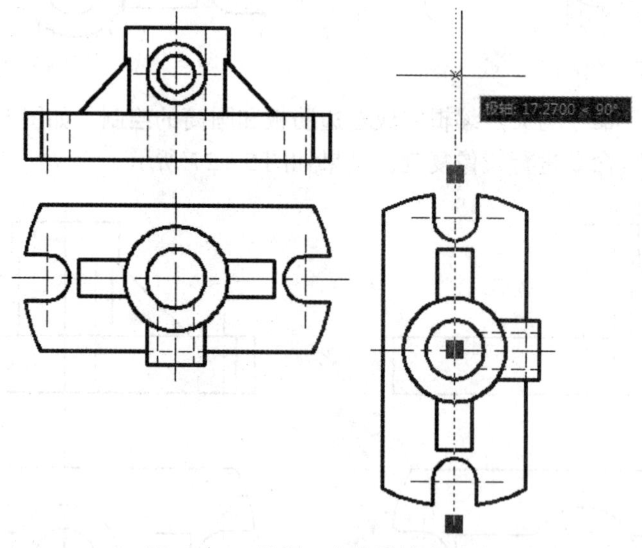

图 5－29　编辑一个作图辅助图形

b. 制底板外轮廓。发出“矩形”命令，利用极轴的双向追踪线保证“高平齐和宽相等”绘制矩形，如图 5－30 所示。

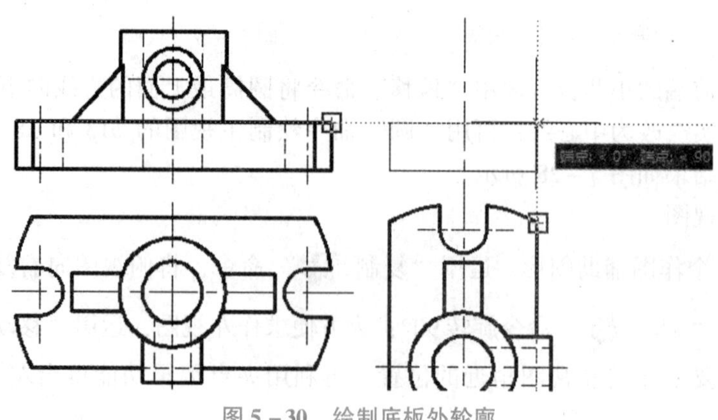

图 5－30　绘制底板外轮廓

学习笔记

c. 用“矩形”命令，采用双向追踪绘制圆筒轮廓，用“直线”命令补画底板 U 形槽两条竖直粗实线，如图 5－31 所示。

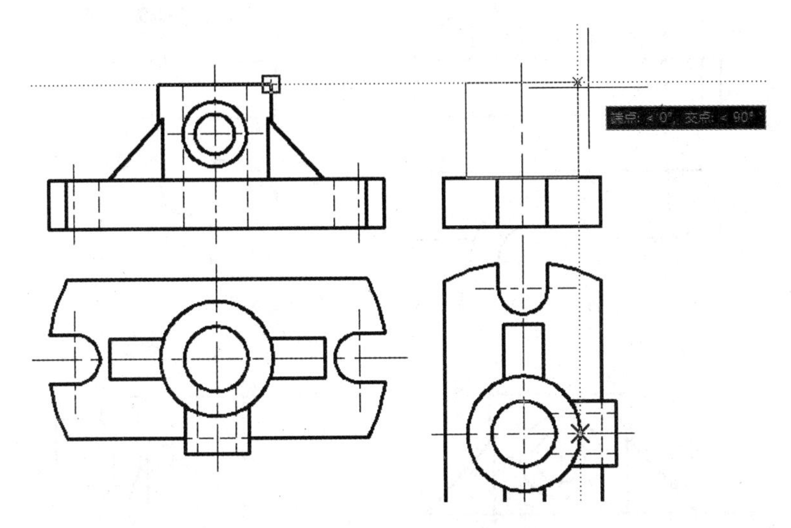

图 5－31　绘制圆筒外轮廓

d. 用“复制”命令复制主视图和辅助图形中红色显示线段（ϕ13 内孔和凸台），如图 5－32 所示。

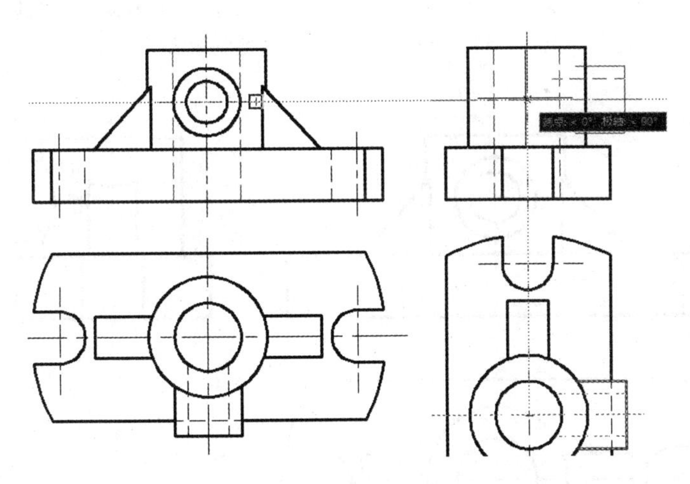

图 5－32　复制主视图 ϕ13 内孔和辅助图形凸台的线段

e. 用“修剪”命令修剪凸台和 ϕ13 内孔多余的线，再用“直线”命令绘制厚度为 8 的肋板，如图 5－33 所示。

f. 用“圆弧”命令绘制肋板斜面与圆筒外圆面的交线、圆筒 ϕ23 与凸台 ϕ13 的相贯线和圆筒 ϕ13 内孔与凸台 ϕ8 内孔的内相贯线，结果如图 5－34 所示。

g. 用“删除”命令删除辅助图形，将内相贯线改为虚线，用夹点编辑将小圆柱凸台的轴线进行压缩，完成左视图，结果如图 5－35 所示。

（5）保存文件。

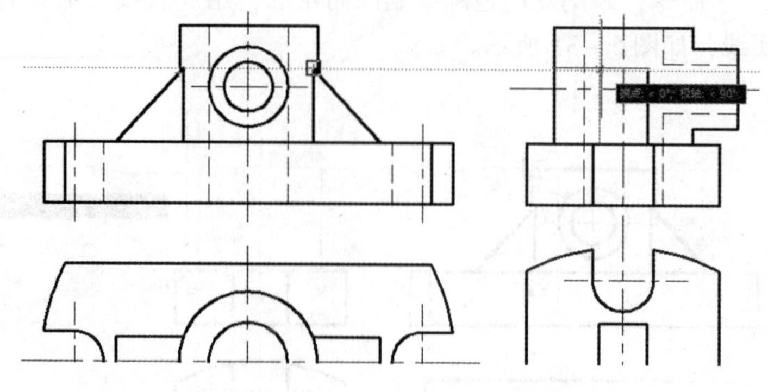

图 5-33　修剪编辑多余线段和绘制肋板

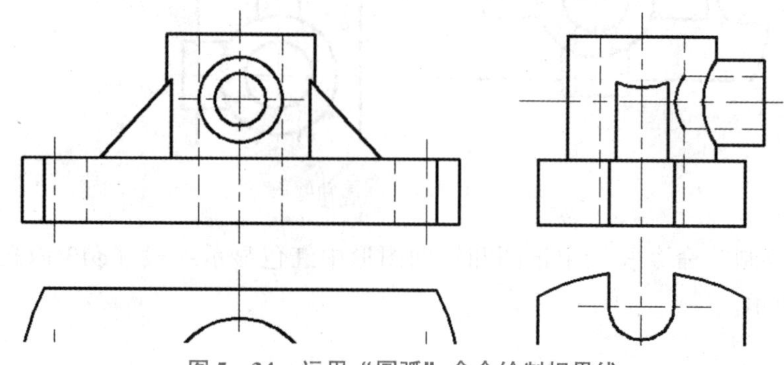

图 5-34　运用“圆弧”命令绘制相贯线

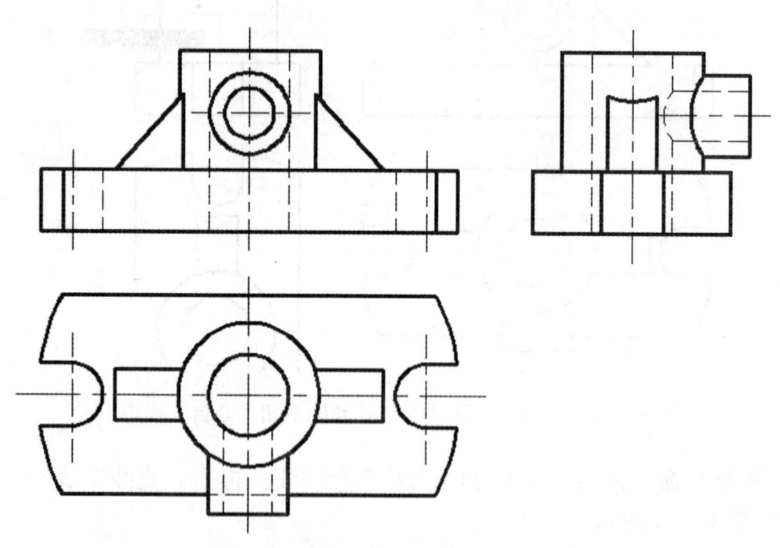

图 5-35　删除辅助图形和编辑图线

五、课后练习

按 1∶1 的比例绘制如图 5-36 所示图形，不标注尺寸。

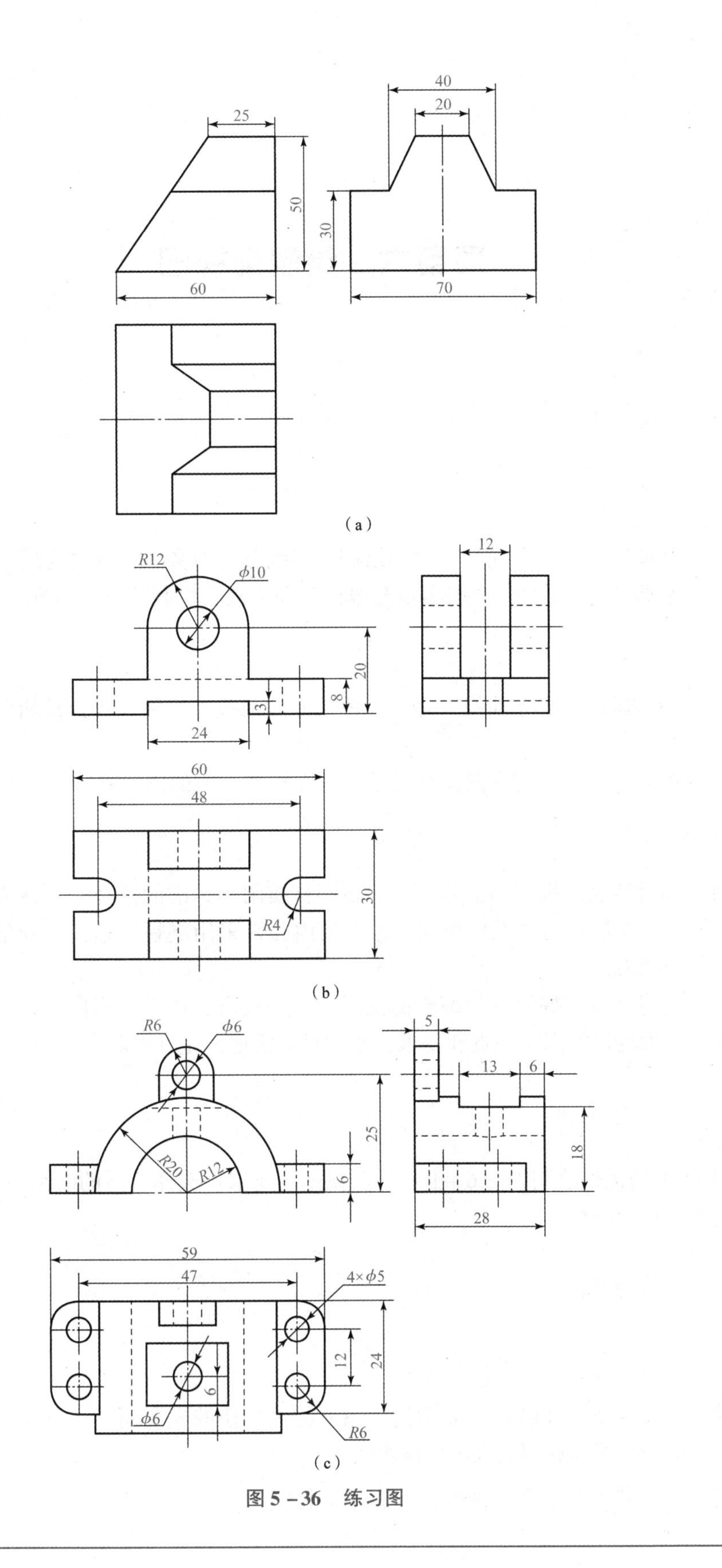

图 5-36 练习图

学习笔记

项目六　绘制剖视图

一、项目目标

（一）知识目标

（1）掌握运用“样条曲线”命令绘制波浪线及“对齐”命令的使用方法；

（2）掌握“图案填充”“图案填充编辑”和剖视图绘制的方法和技巧。

（二）能力目标

（1）能够运用“样条曲线”命令快速绘制波浪线，应用“夹点编辑”命令修改波浪线；

（2）能够正确绘制剖视图，并运用极角符号“<”的输入方法灵活改变直线方向。

（三）思政目标

（1）通过绘制剖视图的学习，掌握不同材质图案标准的选择并灵活表达，零件的结构不同，其表达方案也不尽相同，零件的内腔常采用剖视表达，培养学生具体问题具体分析的能力；

（2）通过熟练掌握绘制与编辑剖视图方法和技巧，让学生明白，只有在各自不同的岗位上熟悉各自的岗位职责和要求，才能脚踏实地地做好本职工作。

二、项目导入

用1:1的比例绘制如图6-1所示三视图。要求：选择合适的线型，不标注尺寸，不绘制图框与标题栏。

三、项目知识

样条曲线

（一）“样条曲线”绘图命令

样条曲线命令（SPLINE）是通过一系列的点创建的光滑曲线，主要用于绘制局部视图、局部剖视图和局部放大图的波浪线。

（1）按钮式：单击“绘图”工具栏中的按钮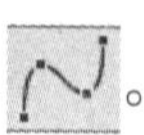。

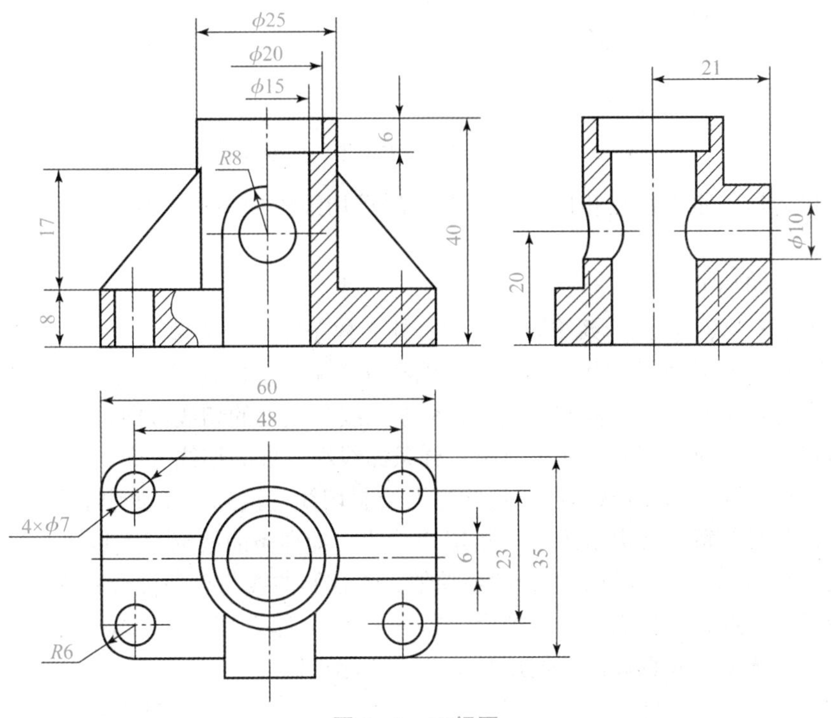

图 6－1　三视图

（2）菜单式：选择“绘图”下拉菜单中的“样条曲线”子菜单。

（3）命令式：在命令行中输入命令“spline”或“SPL”。

执行样条曲线命令后，命令行提示如下：

命令：spline↙

命令行提示：

指定第一个点或［方式（M）/节点（K）/对象（O）］：

输入下一点或［起点切向（T）/公差（L）］：

输入下一点或［端点切向（T）/公差（L）/放弃（U）］：

输入下一点或［端点切向（T）/公差（L）/放弃（U）/闭合（C）］：

通过指定控制点来绘制样条曲线的步骤如下：

执行绘制样条曲线的命令。

指定起点及起点切向：　↙

指定下一点：（在绘图区中依次指定若干控制点，如图 6－2 所示的点 2、点 3、点 4 点 5 和点 6）

指定下一点或［闭合（C）拟合公差（F）］<起点切向>：（点 1 是指定切线方向的点，结束控制点的指定）↙

指定端点切向：（点 7 是指定切线方向的点）↙

结果如图 6－2 所示。

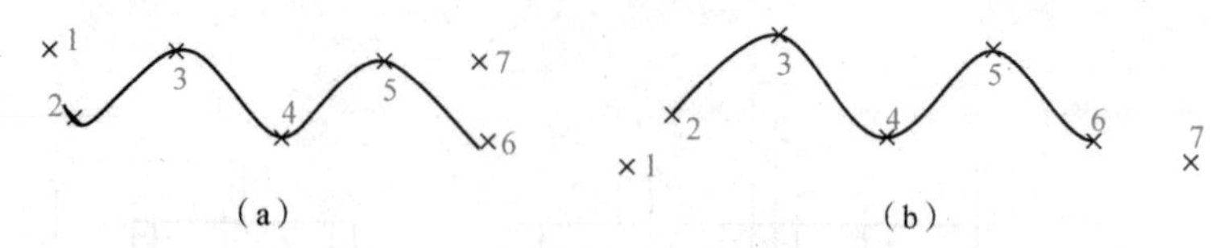

图 6－2　起点与端点切线方向不同绘制样条曲线

注：尽管样条曲线各点相同，但起点与端点切线方向不同，样条曲线的形状也不尽相同。

各选项说明如下：

①“指定下一点”：此为系统默认选项，输入样条曲线的关键点。

②“起点切向”：该选项用于定义样条曲线起点和终点的切线方向。

③指定起点切向：用鼠标或键盘指定样条曲线起点处的切线方向。

④指定端点切向：用鼠标或键盘指定样条曲线端点处的切线方向。

⑤“闭合（C）”：可以从样条曲线的终点绘制切线连接到样条曲线的起点，形成一封闭的样条曲线，系统会提示用户“指定切向:”，即样条曲线的起点切线方向。

⑥“公差（L）”：可以设置拟合的公差值，来控制曲线与点的拟合程度。

⑦指定下一点或“闭合（C）/拟合公差（F）” <起点切向>：输入下一个的位置或输入下一个选项，或直接回车使用默认选项“起点切向”。

（二）“多线”绘图命令

多线包含 1 至 16 条平行线，这些平行线称为图元。每个图元的颜色、线型，以及显示或隐藏多线的封口均可以设置。封口是那些出现在多线元素每个顶点处的线条。多线可以使用多种端点封口，例如直线或圆弧。多线常用于绘制建筑图中的墙体、电子线路图等平行线对象。

（1）菜单式：选择“绘图”下拉菜单中的“多线”子菜单。

（2）命令式：在命令行中输入命令“mline”或“ML”。

执行多线命令后，采用与画直线相同的方法绘制。

绘制多线前需进行多线样式设置。

创建多线样式：选择“格式”下拉菜单中的“多线样式（M）”子菜单或输入“MLSTYLE”后回车均可以打开“多线样式”对话框，如图 6－3 所示。

[例 6－1]　绘制如图 6－4 所示多线。

1. 多线样式设置

在命令行中输入命令“mlstyle”后回车，弹出如图 6－3 所示“多线样式”对话框，单击其中的 新建(N)... 按钮，弹出“创建新的多线样式”对话框，输入新样式名“5TX”，单击 继续 按钮，弹出如图 6－5 所示“新建多线样式：5TX”对话框。

设置多线样式：设置五个元素，各元素的偏距分别为 1、0.5、0、－0.5、－1，中间一个元素（即偏距为 0 的元素）颜色设为蓝色，线型设为 CENTER2。

注：带有正偏移的元素出现在多线段中间的一条线的一侧，带有负偏移的元素出现在这条线的另一侧。

图 6-3 "多线样式"对话框

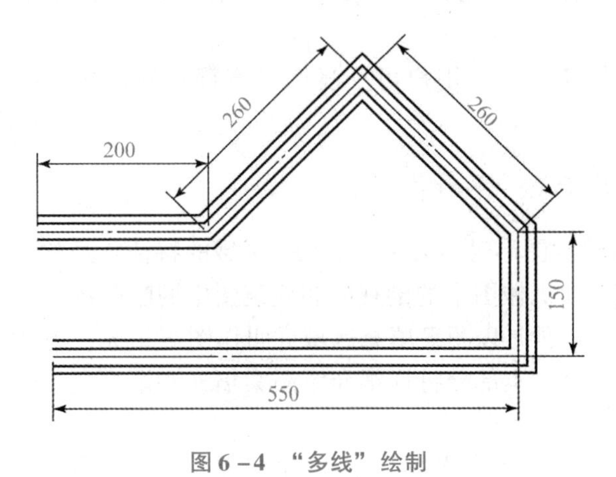

图 6-4 "多线"绘制

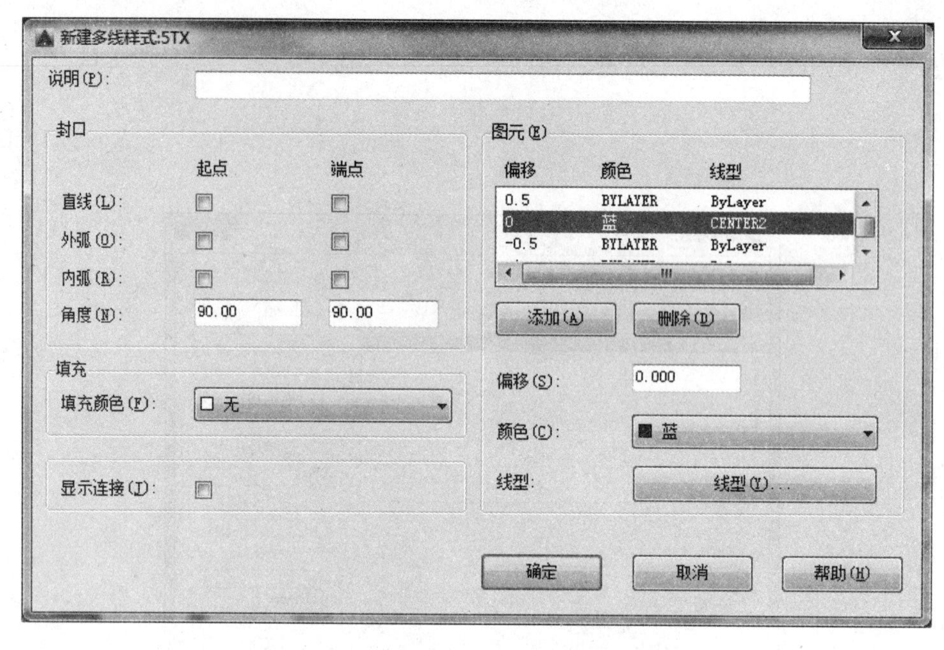

图 6-5　设置和创建“多线样式”

2. 绘制多线图形

操作步骤如下：

输入命令“ML”后回车→对正，输入“J”后回车，再选择“Z”选项→任意拾取起点→水平向右绘制长度为550→竖直向上绘制长度为150→输入“ <135”，锁定角度为135°，向左上方绘制，输入长度为“260”→输入“ < -135”，锁定角度为215°，向左下方绘制，输入长度为“260”→水平向左绘制长度为220，回车退出命令。结果如图6-4所示。

注：“ <”为极角符号，用户可反复练习该符号的输入，观察直线绘制方向的变化。

（三）“图案填充...”绘图命令

图案填充

使用AutoCAD绘制图形时，为了表达某一区域的特征，经常会对该区域进行图案填充，如机械图中的剖视图和建筑图中的断面图等。图案填充的方式有两种，一种是以图案填充区域，叫作图案填充；另一种是以渐变色填充区域，叫作渐变色填充。本部分将详细介绍图案填充和渐变色填充的方法以及图案填充的编辑方法。

在AutoCAD 2020中，执行图案填充命令的方法有以下3种：

（1）按钮式：单击“绘图”工具栏中的按钮 。

（2）菜单式：选择“绘图”下拉菜单中的“图案填充”子菜单。

（3）命令式：在命令行中输入命令“HATCH”“BHATCH”“BH”或“H”。

学习笔记

1. “图案填充”选项卡

采用上述任何一种方法后显示如图6－6所示的“图案填充和渐变色”对话框→选择“图案填充”选项卡，将光标移至“样例”预览框中→单击鼠标左键便显示如图6－7所示的“填充图案选项板”对话框。在该对话框的“ANSI”“ISO”“其他预定义”选项卡中共提供了68种图案供用户选择→用户选择图案后单击“确定”按钮（再次显示如图6－6所示的对话框）→单击“拾取点”按钮→将光标移入要填充的区域后单击左键，此时被选中的区域边界呈虚线显示（也可以单击“选择对象”按钮，用拾取靶分别拾取要填充区域的边界），如图6－8所示→回车（再次显示如图6－6所示的对话框）→单击“预览”按钮（预览填充效果）→回车→单击“确定”按钮。

图6－6 “图案填充和渐变色”对话框

选项说明：

（1）“关联（A）”：用于创建填充的图案与填充边界是否保持关联关系，当选择该复选框，对填充边界进行某些编辑操作时，例如拉伸边界，系统会自动重新生成图案填充；否则图案填充与填充边界没有关联关系。

（2）“继承特性”功能按钮：可以将现有的图案填充或填充对象的特性应用到其他图案填充或填充对象。单击该按钮切换到绘图窗口，选择已存在的图案填充或填充对象，即可确定填充图案的特性。

（3）“孤岛”选项组，可以设置孤岛的填充方式。此选项组需要单击“图案填充和渐变色”对话框右下角的“更多选项”按钮 ⊙ 才会显示该选项组，如图6－9所示。

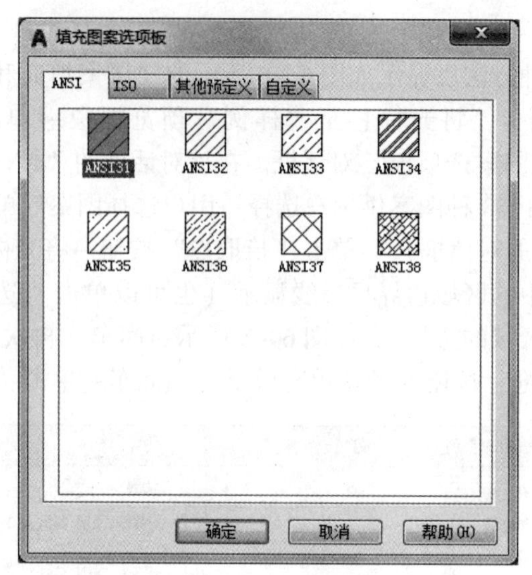

图 6-7 “填充图案选项板”对话框

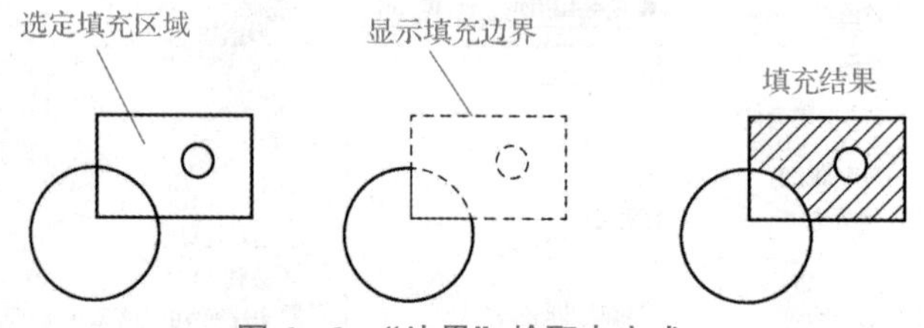

图 6-8 “边界”拾取点方式

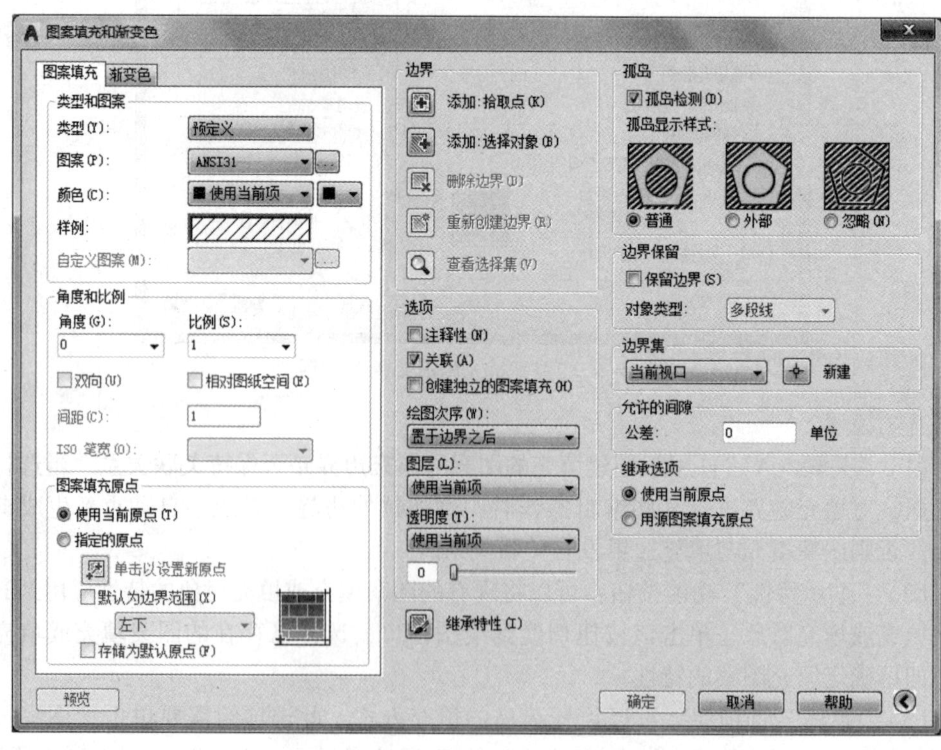

图 6-9 “图案填充和渐变色”对话框

学习笔记

(4)“孤岛检测(L)”：复选框，选中该框，才可以指定在最外层边界内选择用何种方式对对象进行填充。

(5)“孤岛显示样式”：包括三个选择按钮“普通”“外部”“忽略”，表示三种填充的方式，如图6－10所示。

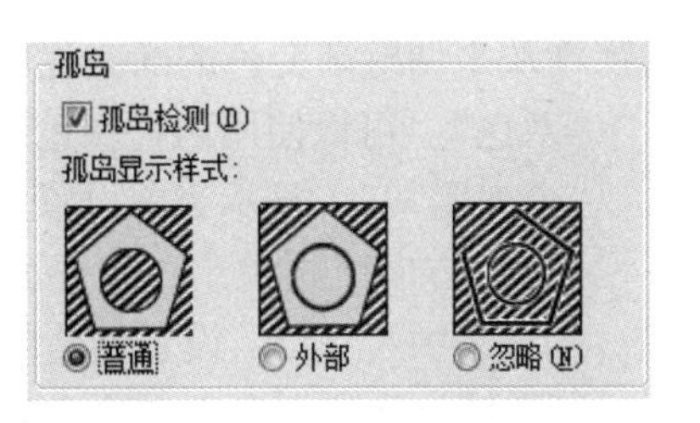

图6－10 “孤岛显示样式”

①“普通”：由外部边界向里填充，即由外向里，内部截面(孤岛)的个数若为奇数就填充，若为偶数则不填充(断开填充)。

②“外部”：由外部边界向里填充，即只对外部区域填充，内部区域断开填充。

③“忽略”：忽略所有内部对象，填充外部边界所围成的全部区域。

2. “渐变色”选项卡

在如图6－6所示的“图案填充和渐变色”对话框中单击“渐变色”选项卡，对话框将切换到“渐变色”对话框，可以使用一种或两种颜色形成的渐变色来填充图形，如图6－11所示。该项功能经常在艺术绘图中使用。其除“颜色”选项组和“方向”选项组与“图案填充”选项卡不同外，其余相同。

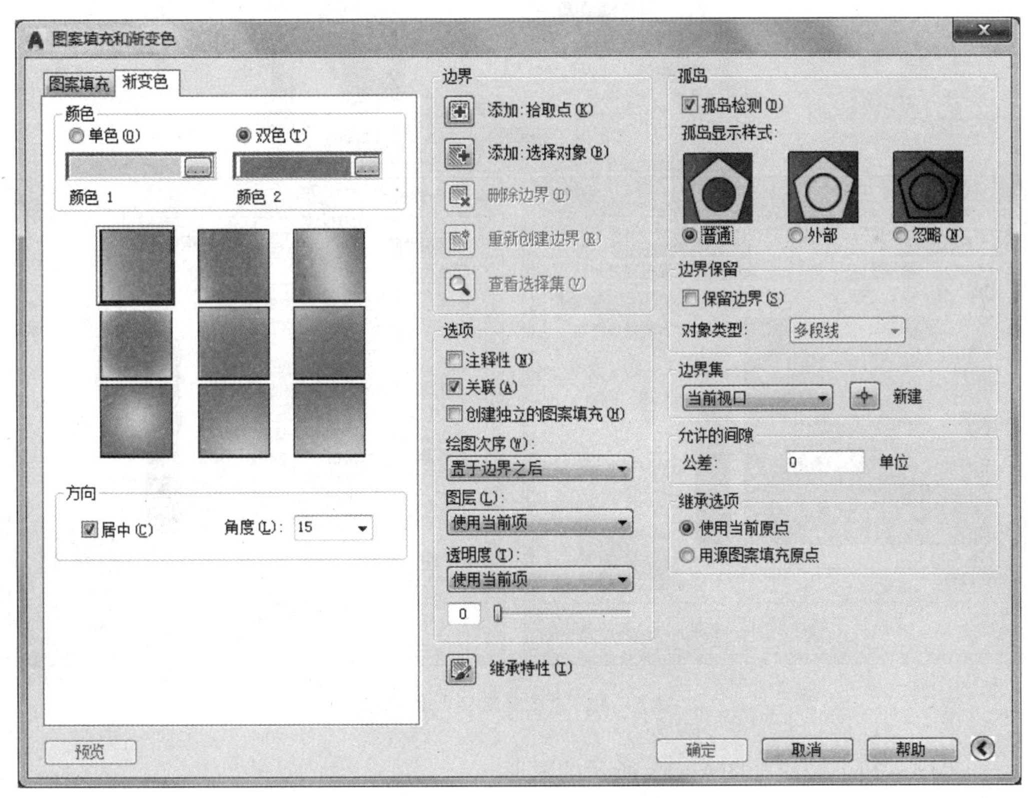

图6－11 “渐变色”选项卡

(1)“颜色”选项组，可以设置填充渐变色的颜色种类。

“单色”：可以选择下拉列表框中的颜色产生渐变色来填充。此时，在右侧颜色显

学习笔记

示预览框中双击鼠标左键或单击右侧的“选择颜色”按钮 [...]，将弹出“选择颜色”对话框（见图6－12），在该对话框中可选择所需要的渐变色，并能够通过“渐深/渐浅”滑块来调整渐变色的渐变程度。

“双色”：可以使用两种颜色产生的渐变色来填充图案。

“渐变图案”：显示当前设置的渐变色效果。

（2）“方向”选项组，设置渐变色填充的位置和角度。

①“居中（C）”：设置创建的渐变色从区域的中心开始渐变。如果没有选定此选项，渐变填充将朝左上方变化，创建光源在对象左边的图案。

②“角度（L）”：设置渐变色渐变的角度。

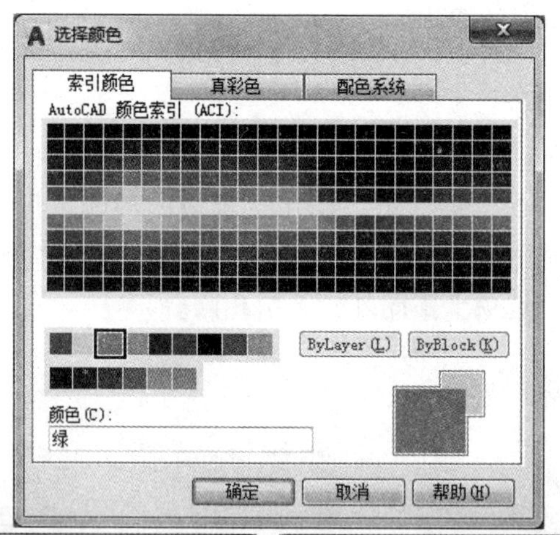

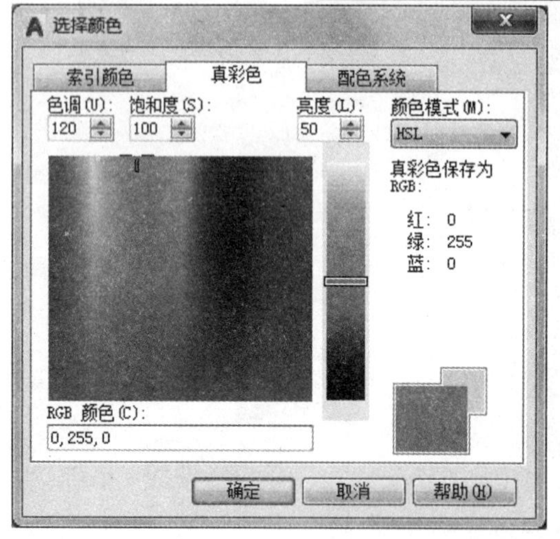

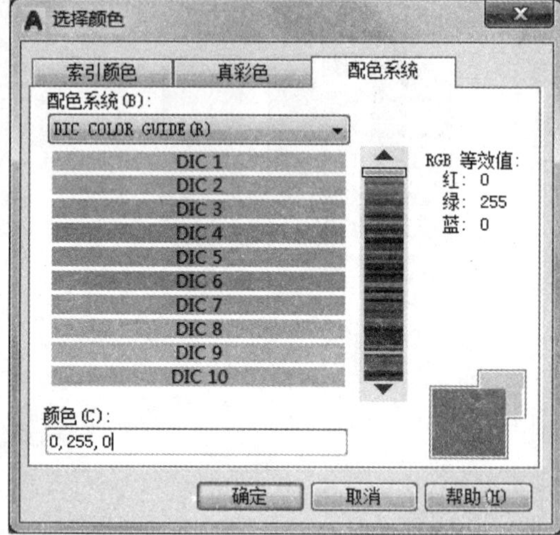

图6－12 “选择颜色”对话框

[例6－2] 填充如图6－13所示的图形。

操作步骤如下：

命令：H↙

（弹出“图案填充和渐变色”对话框）

(在“图案（P）”下拉列表框中选择 ANSI31 图案）

（单击“添加：拾取点”功能按钮，系统显示：）

拾取内部点或［选择对象（S）/删除边界（B）］：

（用十字光标在如图示位置拾取边界的内部一点，系统显示：）

正在选择所有对象...

正在选择所有可见对象...

正在分析所选数据...

正在分析内部孤岛...

拾取内部点或［选择对象（S）/删除边界（B）］：↙（系统再次弹出“图案填充和渐变色”对话框）

单击“确定”功能按钮完成填充。

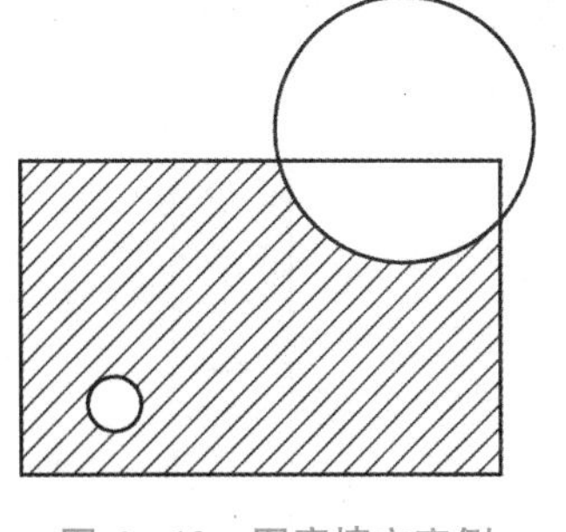
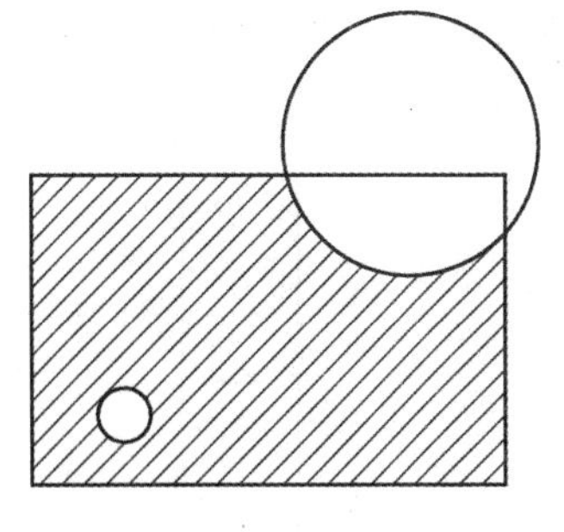

图 6－13　图案填充实例

学习笔记

（四）图案填充编辑

图案填充编辑

选择菜单中“修改”/“对象”/“图案填充”选项，或在命令行中输入“HE”，启动“图案填充编辑”命令，选择需要修改的图案填充，弹出编辑图案填充的对话框，如图 6－14 所示。可见图案的编辑对话框与填充对话框基本相同，只是有些功能不能显示而已。在对话框中，重新设置图案的特性，单击“确定”按钮，即可更改先前填充的图案。

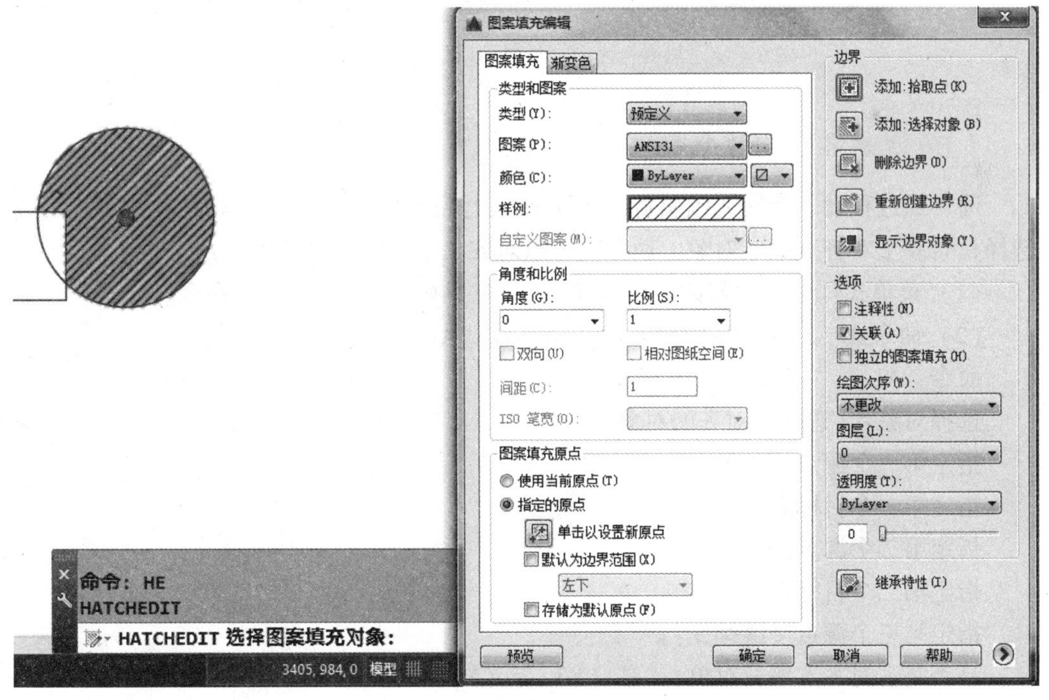

图 6－14　“图案填充编辑”对话框

机械图样中常用的金属材料的剖面线为 ANSI31，非金属材料的剖面线为 ANSI37。选择图案类型后，根据需要可改变角度或比例。金属材料的角度常用是 0°和 90°，比例

学习笔记

数值越大，剖面线的间距越大，图 6－15 所示为角度、比例、材料不同设置的填充图案示例。

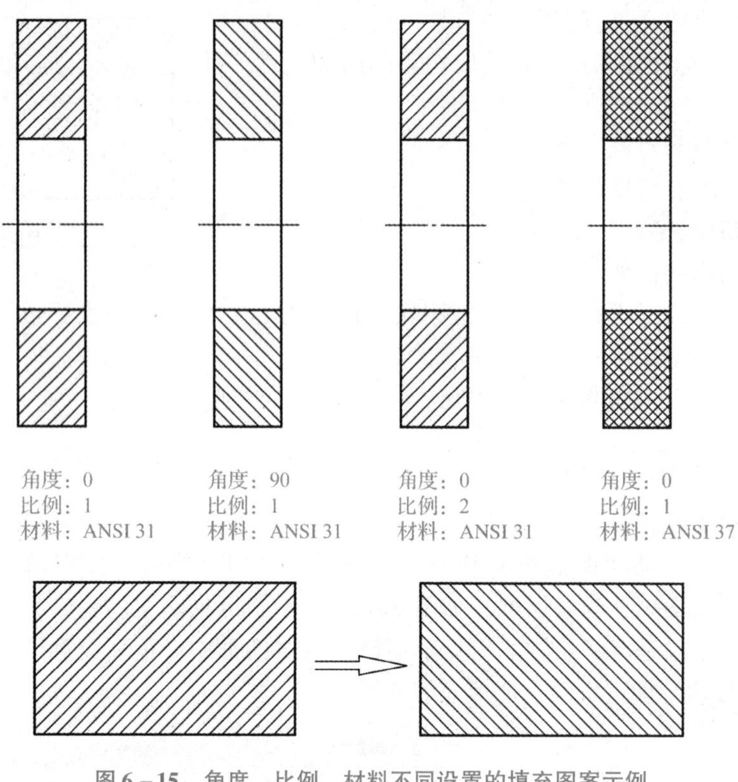

图 6－15　角度、比例、材料不同设置的填充图案示例

（五）“对齐”修改命令

通常通过移动、旋转或倾斜源对象来使其与目标对象对齐。在对齐对象时还可以选择是否基于对齐点缩放对象，通常既可以对齐二维对象，也可以对齐三维对象。

（1）菜单式：单击“修改”下拉菜单/“三维操作”/“对齐”命令。

（2）命令式：在命令行中输入“align”或“AL”。

命令：AL↙

选择对象：（选择要对齐的对象）

指定第一个源点：

指定第一个目标点：

指定第二个源点：

指定第二个目标点：

指定第三个源点＜继续＞：↙

是否基于对齐点缩放对象？［是（Y）/否（N）］＜否＞：

注：对齐二维对象，只需要指定两对对齐点即可；对齐三维对象，则需要指定三对对齐点。

［例 6－3］　将如图 6－16 所示房顶（a）对齐到房屋主体（b）上，完成后如

学习笔记

图 6－16（c）所示。

操作步骤如下：

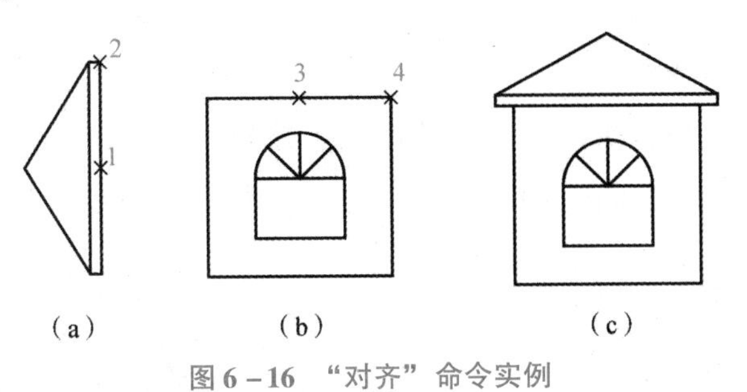

图 6－16 “对齐”命令实例

命令：AL↙

选择对象：(选择图 6－16（a）的房顶)

指定第一个源点：(选择房顶下沿中点 1)

指定第一个目标点：(选择图 6－16（b）房屋主体上沿中点 3)

指定第二个源点：(选择房顶端点 2)

指定第二个目标点：(选择房屋端点 4)

指定第三个源点 <继续>：↙

是否基于对齐点缩放对象？[是（Y)/否（N)] <否>：↙

(六)“重画”和“重生成”命令

绘制图形时，由于操作的原因，有时屏幕上显示的图形不完整或残留有光标点，此时可以使用“重画”或“重生成”命令对图形进行控制，以便得到更为准确的图形。

1. 图形的重画

“重画”命令用于重新绘制屏幕上的图形。在 AutoCAD 2020 中，执行“重画”命令的方法有以下两种：

（1）菜单式：选择“视图”下拉菜单中的“重画”子菜单。

（2）命令式：在命令行中输入“redrawall”。

执行该命令后，屏幕上原有的图形消失，系统接着重新将该图形绘制一遍。如果原来的图形中残留有光标点，那么重画后这些光标点会消失。

2. 图形的重生成

“重生成”命令用于重新生成屏幕上的图形数据。在 AutoCAD 2020 中，执行“重生成”命令的方法有以下两种：

（1）菜单式：选择“视图”下拉菜单中的“重生成”子菜单。

（2）命令式：在命令行中输入“regen”。

执行该命令后，重生成全部图形并在屏幕上显示出来。执行该命令时，系统需要把图形文件的原始数据全部重新计算一遍，形成显示文件后再显示出来，所以该命令生成图形所用的时间比较长。

（七）全屏显示（清理屏幕）命令

“清屏”命令用于清除视图窗口中的工具栏和可固定窗口（命令行除外），将普通的视图模式转换成专家模式。

在 AutoCAD 2020 中，执行“清屏”命令的方法有以下 3 种：

（1）按钮式：单击状态栏右下角的“全屏显示”按钮 。

（2）菜单式：选择“视图”下拉菜单中的“全屏显示”子菜单。

（3）按组合键［Ctrl］+［0］。

执行“全屏显示”命令后，视图模式即可切换成专家模式，再次执行“清屏”命令，又会切换到普通模式。在专家模式下，屏幕窗口只保留下拉菜单栏、绘图窗口、命令行和状态栏，这样绘图窗口就得到了扩充，但要使用专家模式，用户就必须对 AutoCAD 的工具非常了解。

四、项目实施

（1）进入“AutoCAD 经典”工作空间，建立一新无样板图形文件，保存此空白文件，文件名为“6－1 剖视图”，注意在绘图过程中每隔一段时间保存一次。

（2）设置绘图环境，设置图形界限，设定绘图区域的大小为 297 ×210，左下角点为坐标原点（此步骤现可省略）。

（3）设置图层，设置粗实线、中心线和细实线 3 个图层。图层设置参数如表 6－1 所示。

表 6－1　图层设置参数

图层名	颜色	线型	线宽	用途
CSX	蓝色	Continuous	0. 50 mm	粗实线
ZXX	红色	CENTER2	0. 25 mm	中心线
XSX	黑色	Continuous	0. 25 mm	细实线

（4）绘制图形，用 1：1 的比例绘制如图 6－1 所示三视图。要求：选择合适的线型，不绘制图框与标题栏，不标注尺寸。

参考步骤如下：

调整屏幕显示大小，选择“显示”/“隐藏线宽”选项，在“草图设置”对话框中选择“对象捕捉”选项卡，设置“交点”“端点”和“圆心”捕捉模式，并启用状态栏的“极轴”“对象捕捉”和“对象追踪”工具按钮。

①绘制作图基准线和俯视图（特征图）。

a. 将“ZXX”图层设为当前图层，调用“直线”命令绘制俯视图的中心线（基准线），如图 6－17 所示。

b. 将“CSX”图层设为当前图层，运用“矩形”命令绘制俯视图中底板的外轮廓，如图 6－18 所示。

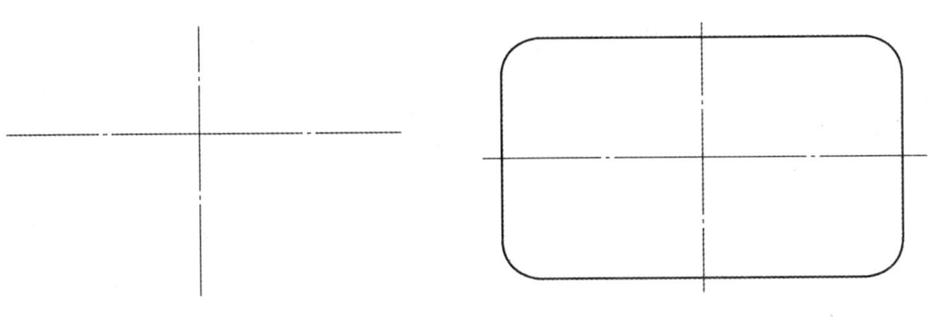

图 6－17　绘制俯视图的中心线　　　图 6－18　绘制俯视图底板的外轮廓

c. 运用“偏移”“圆”和“打断”命令绘制、编辑俯视图中左半部底板的安装孔 $4\times\phi7$，如图 6－19 所示。

d. 运用“圆”命令绘制圆筒 $\phi15$、$\phi20$ 和 $\phi25$ 的俯视图，如图 6－20 所示。

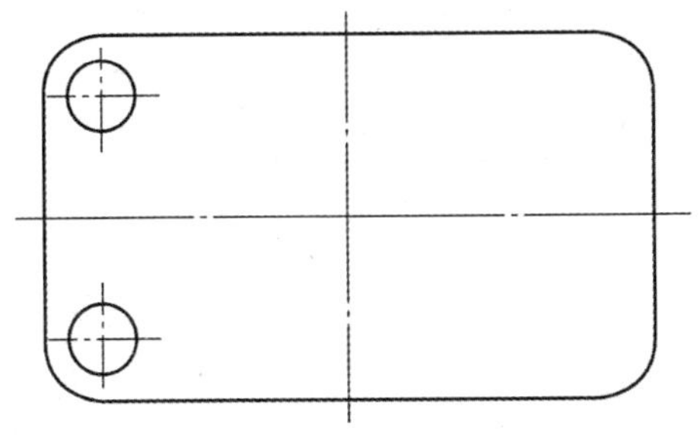

图 6－19　绘制左半部底板的安装孔

图 6－20　绘制圆筒的俯视图

e. 运用“直线和镜像”命令绘制编辑俯视图中左边厚度为 6 的三角肋板外轮廓，如图 6－21 所示。

f. 再用“直线”命令绘制小凸台左半部外轮廓，如图 6－22 所示。

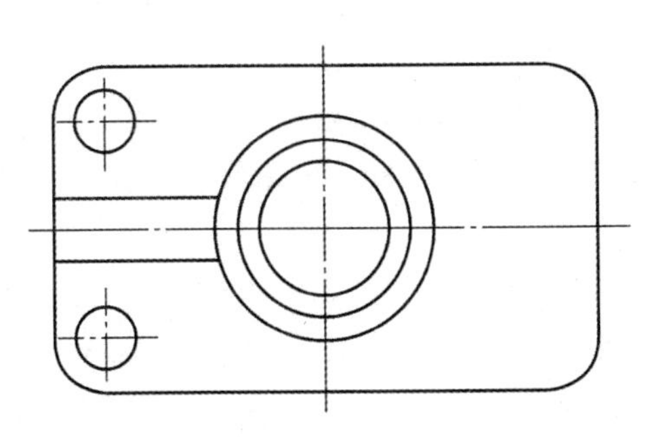

图 6－21　绘制肋板的俯视图

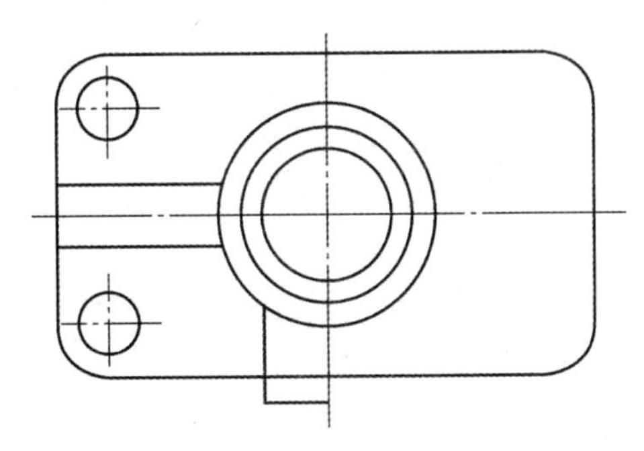

图 6－22　绘制凸台的左半部

g. 运用“镜像”命令，将底板上的安装小孔、肋板和凸台进行镜像复制，如图 6－23 所示。

h. 运用“修剪”命令编辑图线，完成俯视图，如图 6－24 所示。

②绘制主视图。

a. 运用“矩形”命令绘制厚度为 8 的底板外轮廓主视图，如图 6－25 所示。

学习笔记

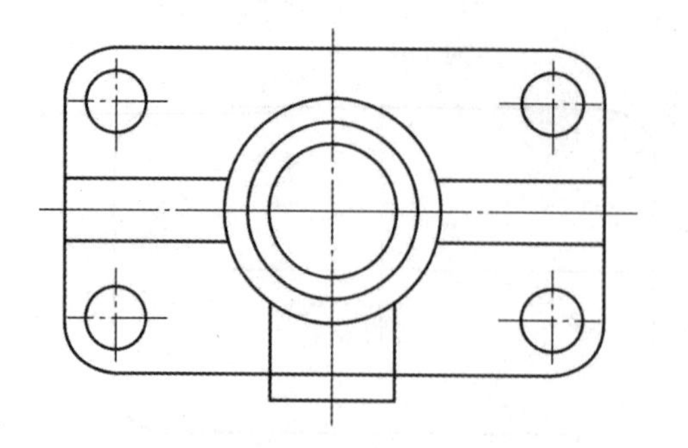

图 6-23　镜像复制小孔、肋板和凸台

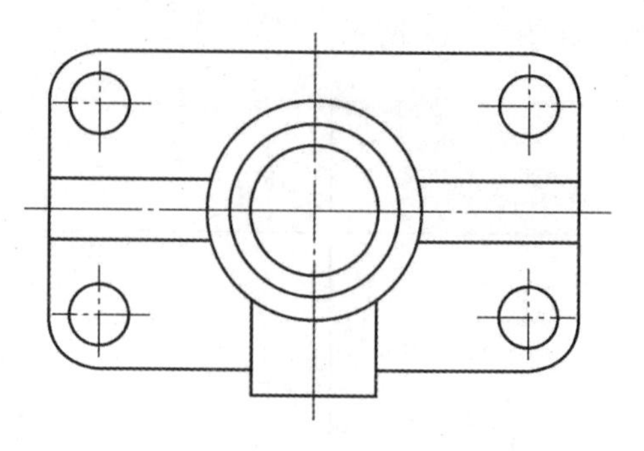

图 6-24　修剪多余图线完成俯视图

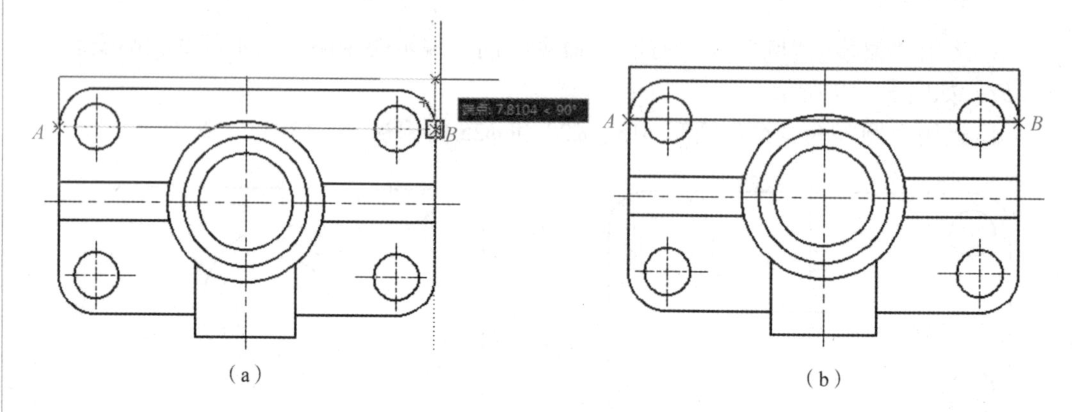

图 6-25　绘制底板主视图

命令：RECTANG↙

指定第一个角点或［倒角（C）/标高（E）/圆角（F）/厚度（T）/宽度（W）］：（光标捕捉交点 *A*）

指定另一个角点或［面积（A）/尺寸（D）/旋转（R）］：8↙（将光标放在 *B* 点处并向上追踪出现竖直极轴线时输入“8”，如图 6-25（a）所示）

结果为如图 6-25（b）所示 60×8 的蓝色矩形。

b. 运用“移动”命令移动矩形和夹点编辑拉长竖直中心线，如图 6-26 所示。

c. 运用“直线”和“镜像”命令绘制主视图中的圆筒内外轮廓素线，如图 6-27 所示。

d. 运用“直线”命令，根据主俯长对正，绘制 *EF* 直线，如图 6-28 所示。

将 *F* 点进行夹点编辑，拉长 *EF* 直线。在空的命令状态下单击 *EF* 直线出现 3 个蓝色夹点，将 *F* 点激活（呈现红色夹点）并向上追踪输入“17”（三角肋板的高度），如图 6-29 所示。

e. 运用“直线”“偏移”“圆”命令与夹点编辑完成左边肋板和前端凸台的绘制，如图 6-30 所示。

f. 运用“镜像”和“修剪”命令进行编辑，将确定凸台圆心的水平粗实线修改为中心线，结果如图 6-31 所示。

学习笔记

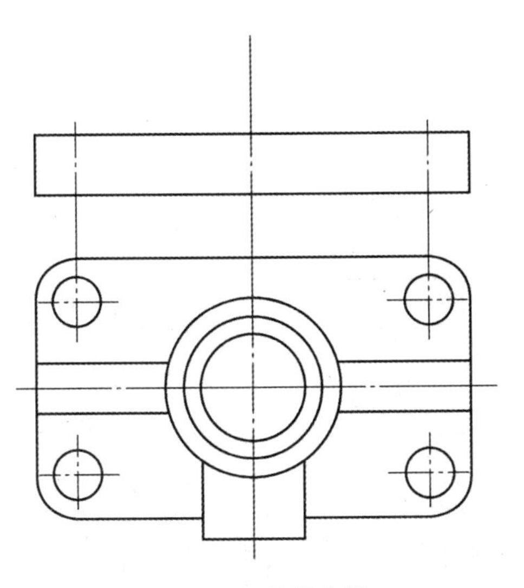

图 6－26 编辑底板

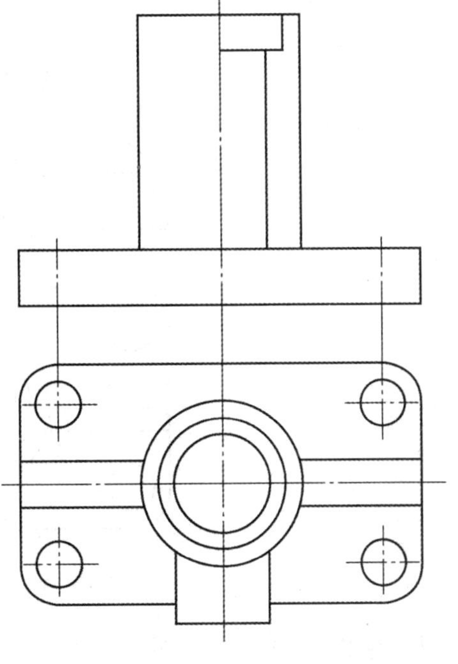

图 6－27 绘制圆筒内外轮廓素线

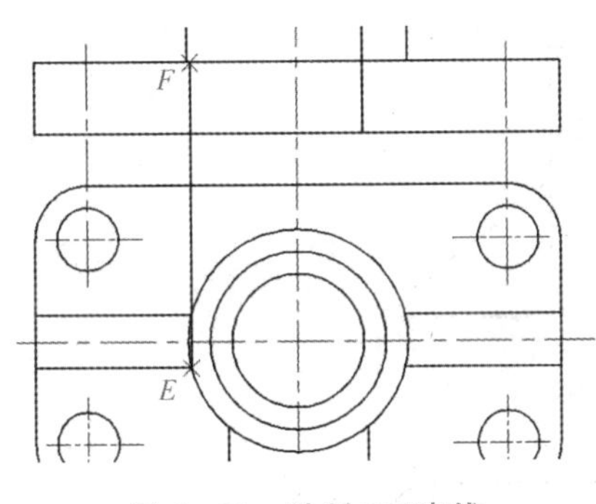

图 6－28 绘制 *EF* 直线

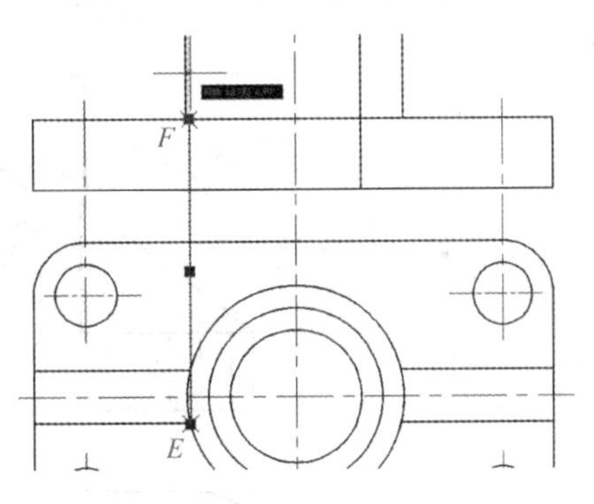

图 6－29 夹点编辑 EF 直线

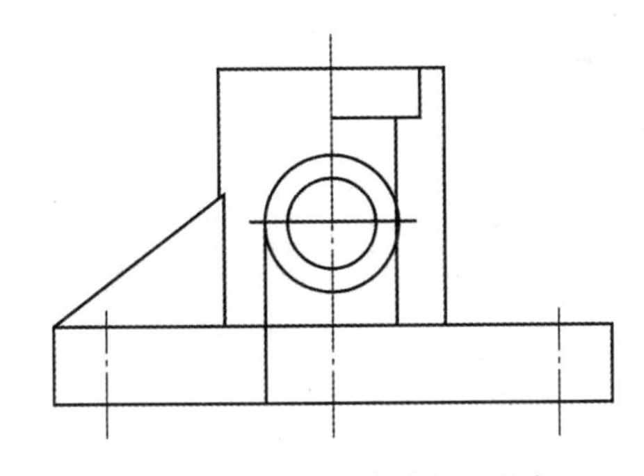

图 6－30 绘制左边肋板和凸台

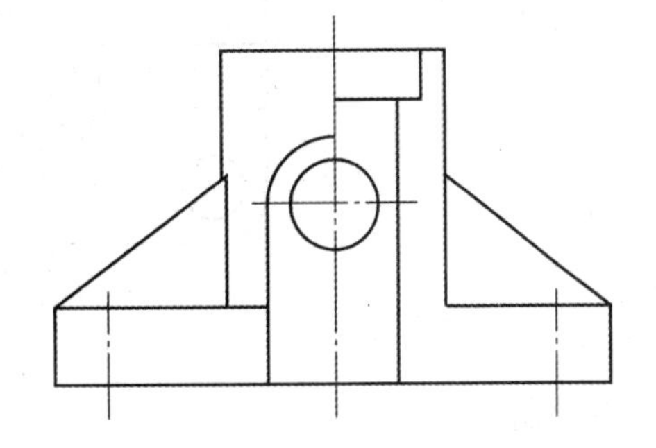

图 6－31 镜像并编辑肋板和凸台

g. 运用“直线”和“样条曲线”命令绘制底板小孔和断裂边界线，如图 6－32 所示。

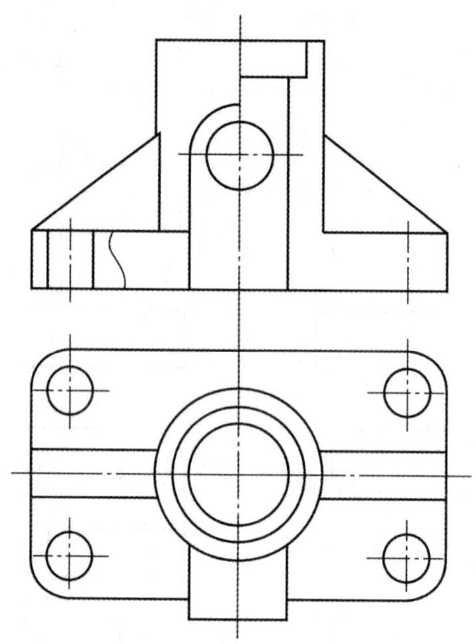

图 6－32　绘制底板小孔和断裂边界线图

h. 运用“图案填充”和“打断”命令填充剖面线、编辑竖直中心线，完成主视图的绘制，结果如图 6－33 所示。

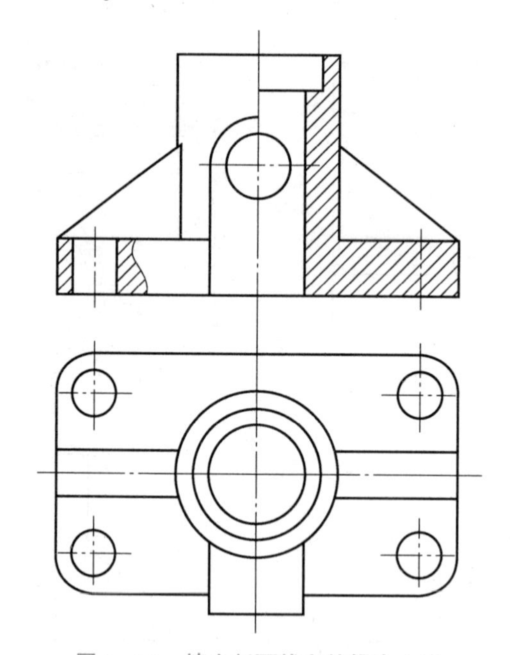

图 6－33　填充剖面线和编辑中心线

③绘制左视图。

a. 编辑一个作图辅助图形。运用“复制”命令，将俯视图向右复制，再把复制后的图形用“旋转”命令旋转 90°；为方便求作左视图，运用“移动”命令将该图移到离要求作的左视图稍近的位置，再利用夹点编辑功能得出左视图中心线，如图 6 – 34 所示。

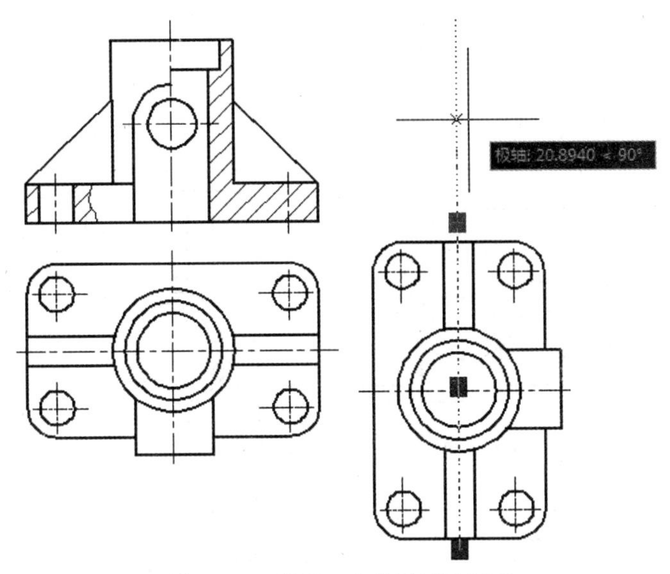

图 6 – 34　编辑一个作图辅助图形

b. 利用“直线”命令，由极轴的双向追踪线保证“高平齐和宽相等”绘制外轮廓线和孔结构。由于左视图是全剖视图，因此，可以首先运用“直接距离方式”和“双向追踪”绘制剖视图的外围轮廓线，如图 6 – 35 所示；再从主视图“复制”较大的台阶孔轮廓素线并进行“镜像”操作，结果如图 6 – 36 所示；最后画小孔轮廓素线和中心线，如图 6 – 37 所示。这样从外到里、从大到小、从主到次地依次绘制。

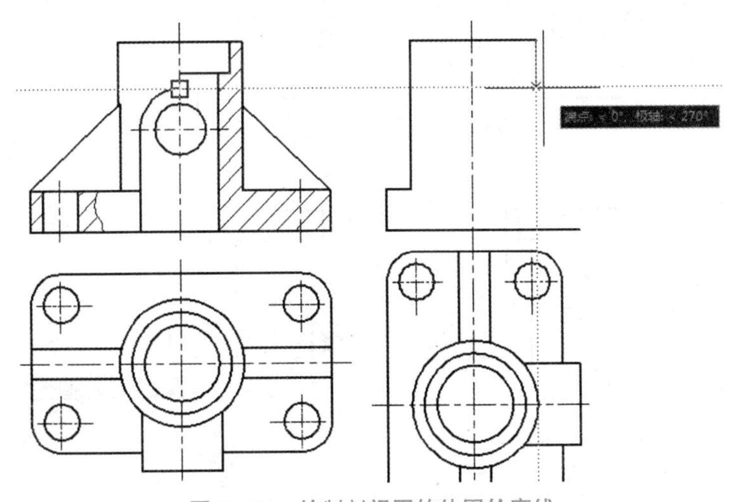

图 6 – 35　绘制剖视图的外围轮廓线

c. 运用“打断”命令编辑 $\phi10$ 孔的轴心线，利用夹点编辑功能编辑出 $4\times\phi7$ 安装孔的轴心线，如图 6 – 38 所示。

d. 运用“圆弧”命令绘制左视图的相贯线，删除作图辅助图形，“修剪”多余的线段，结果如图 6 – 39 所示。

学习笔记

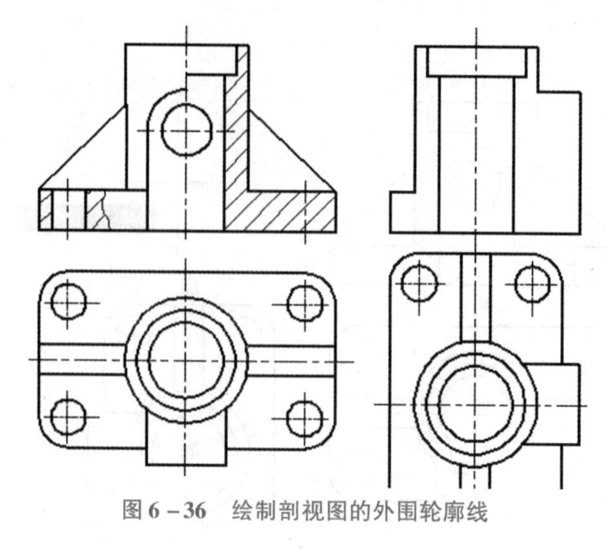

图 6－36　绘制剖视图的外围轮廓线

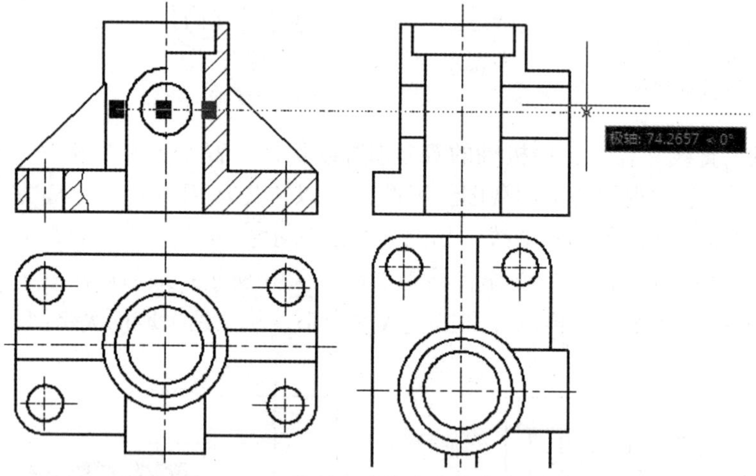

图 6－37　绘制小孔轮廓素线和中心线

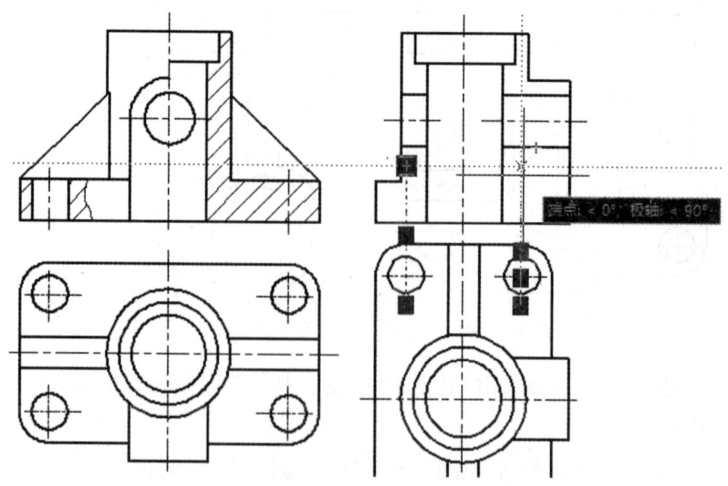

图 6－38　编辑 $\phi10$ 和 $4\times\phi7$ 孔的轴心线

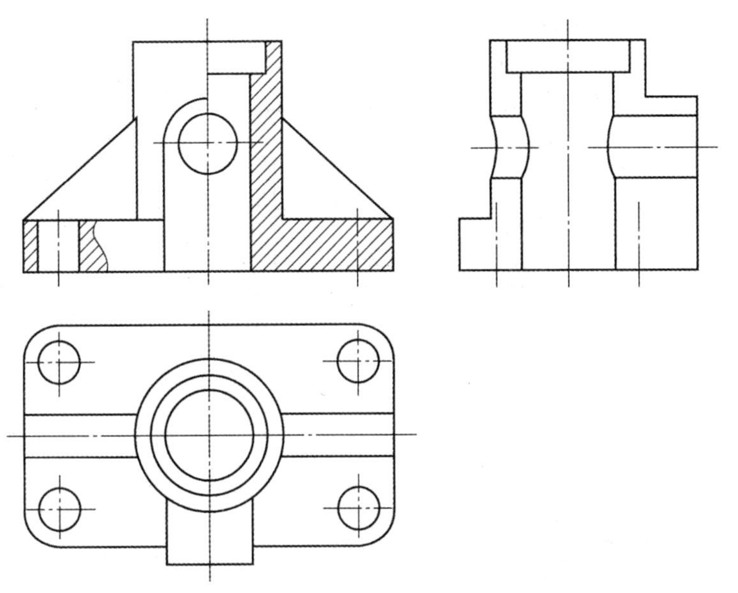

图 6－39　绘制左视图的相贯线并删除辅助图形和多余线段

e. 运用“图案填充”命令填充剖面线，完成全图，结果如图 6－40 所示。为保证同一个零件在同一张图纸中的剖面线方向和间隔一致，应在“图案填充和渐变色”对话框中选择“继承特性”按钮。

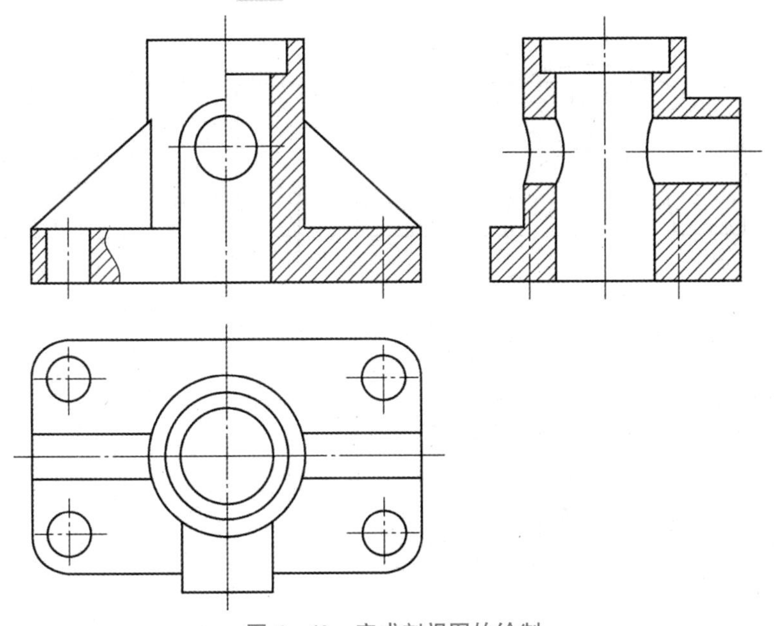

图 6－40　完成剖视图的绘制

（5）保存文件。

五、课后练习

按 1∶1 的比例绘制图 6－41 所示图形，不标注尺寸。

学习笔记

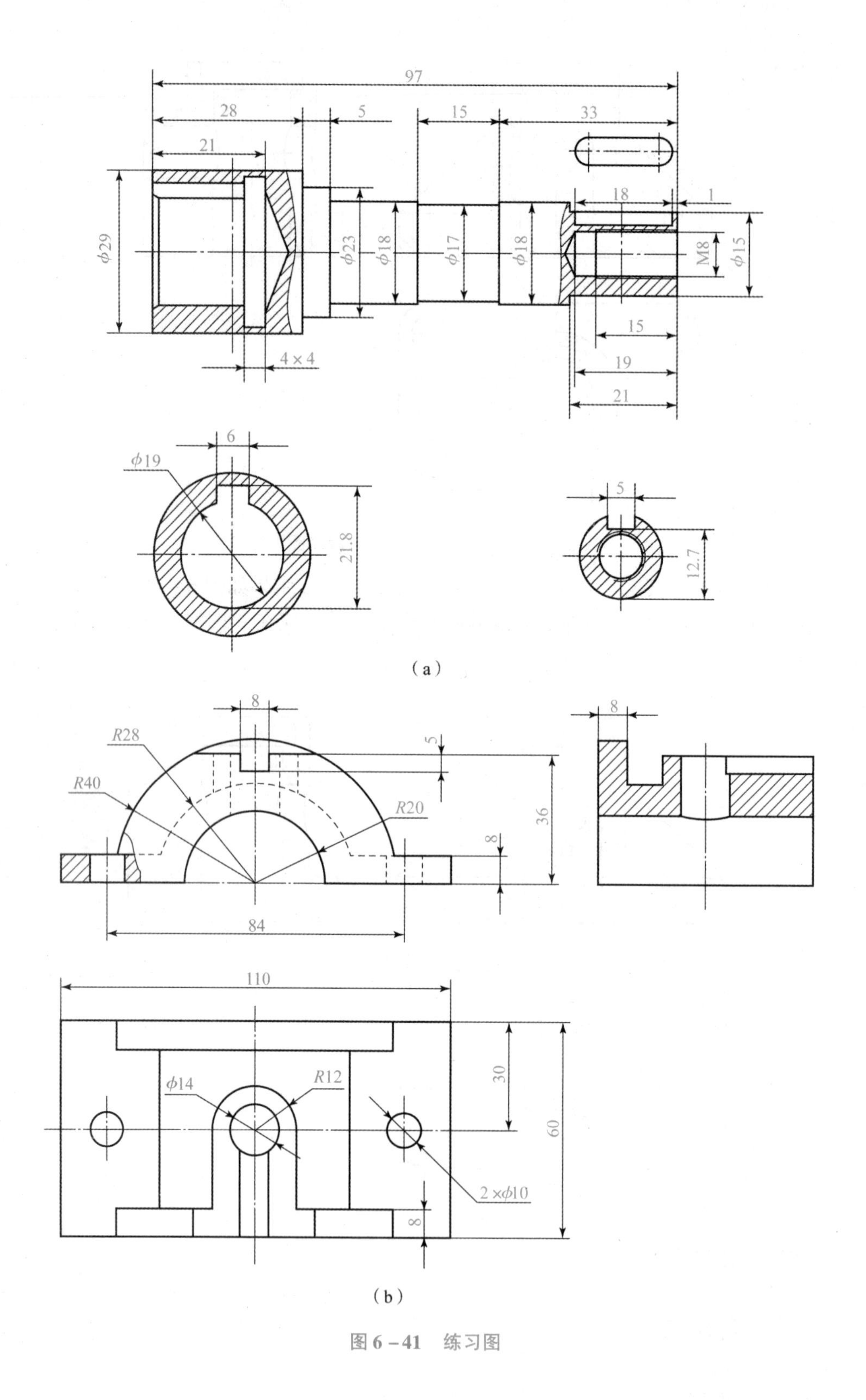
97
28
5
15
33
21
18
1
φ29
φ23
φ18
φ17
φ18
M8
φ15
15
19
21
4×4
6
φ19
21.8
5
12.7
8
R28
R40
R20
5
36
8
84
8
110
φ14
R12
30
60
2×φ10
8

（a）

（b）

图 6－41　练习图

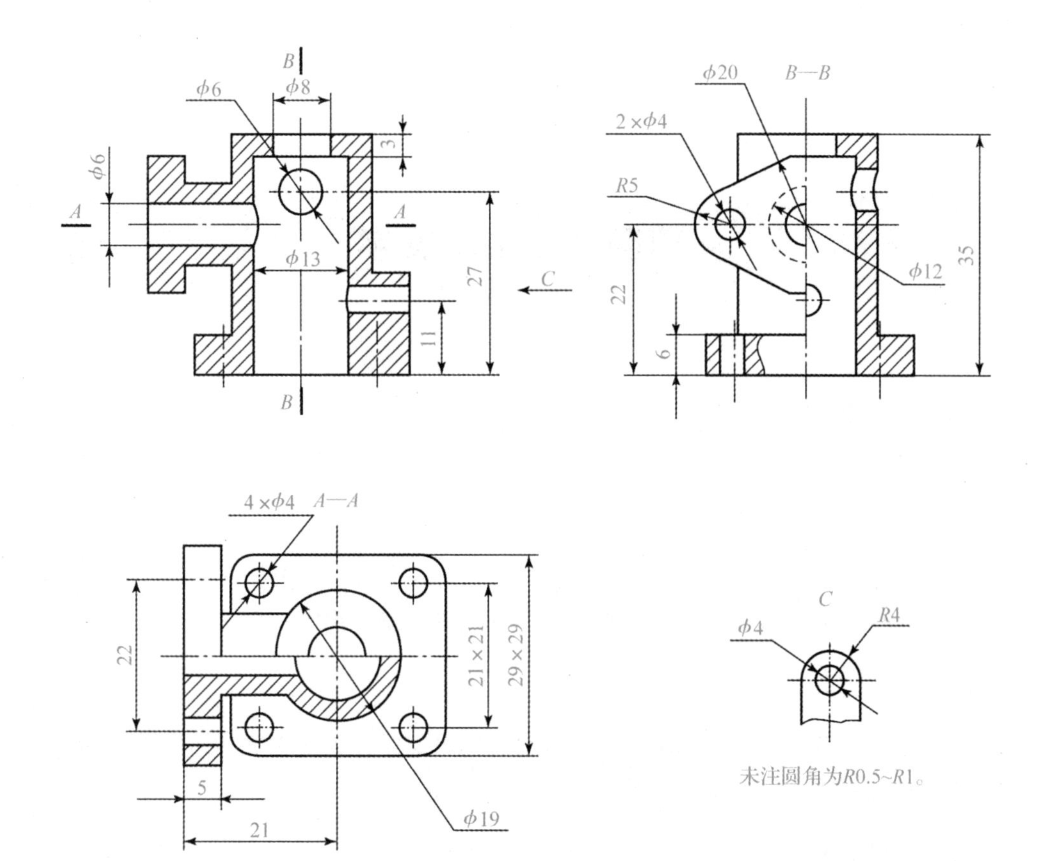

B
φ6
φ8
3
φ6
A
A
φ13
27
C
11
B
φ20
B—B
2×φ4
R5
φ12
35
22
6
4×φ4
A—A
22
21×21
29×29
5
21
φ19
C
φ4
R4
未注圆角为R0.5~R1。

（h）

图 6-41　练习图（续）

学习笔记

项目七　书写文字

一、项目目标

（一）知识目标

（1）掌握文字样式的设置方法，以及特殊字符的输入和极限偏差值的堆叠方法；

（2）掌握“单行文字”和“多行文字”命令的具体应用。

（二）能力目标

（1）能够正确设置文字样式，能够运用“编辑文字”命令对文本进行快速编辑；

（2）能够运用“单行文字”和“多行文字”命令进行各类文字的书写。

（三）思政目标

（1）通过对文字样式设置方法的学习，掌握国际标准文字的设置，没有规矩，不成方圆，使其明白，只有在道德准则和法律的约束下才能真正实现社会的安定和人身的自由；

（2）通过对学生学习方法的正确引导，培养其良好的学习能力和自我发展能力。

二、项目导入

任务一：按 1∶1 的比例绘制如图 7－1 所示粗糙度符号和标题栏，要求用 5 号字完成粗糙度 *Ra* 值和标题栏的表格填写，其中“支架、图号、校名班名和学号”用 7 号字填写，并采用符合国标的字体，不标注尺寸。

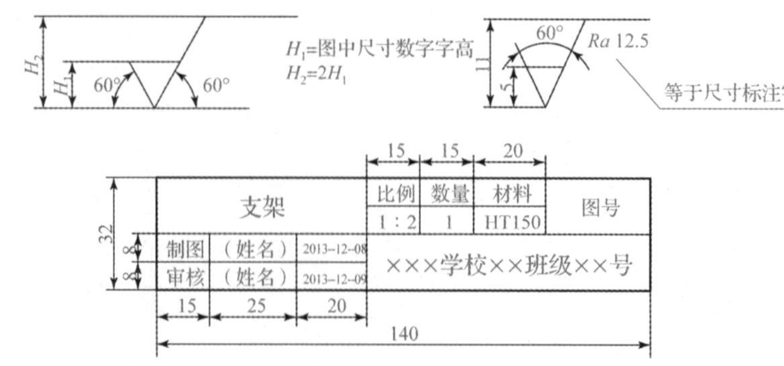

图 7－1　填写粗糙度 *Ra* 值和标题栏的表格内容

学习笔记

任务二：运用“多行文字”命令书写如图 7－2 所示的段落文字、数字和符号。

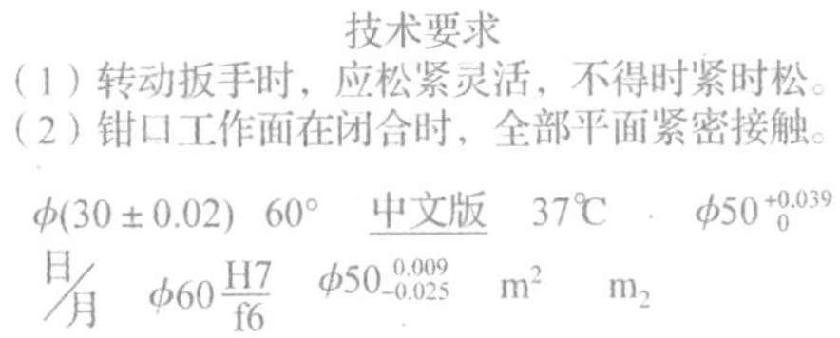

技术要求

（1）转动扳手时，应松紧灵活，不得时紧时松。

（2）钳口工作面在闭合时，全部平面紧密接触。

$\phi(30\pm0.02)$　60°　中文版　37℃　$\phi50^{+0.039}_{0}$

日/月　$\phi60\frac{H7}{f6}$　$\phi50^{0.009}_{-0.025}$　m^2　m_2

图 7－2　“多行文字”书写举例

三、项目知识

（一）设置文字样式

在文字注写时，首先应设置文字样式，这样才能注写符合要求的文本。

在输入文字之前，首先要设置文字的样式。文字样式包括字体、字高、字宽及其他。

（1）菜单式：选择“格式”下拉菜单中的“文字样式”子菜单。

（2）命令式：在命令行中输入“STYLE”或“ST”。

（3）按钮式：单击“样式”（或“文字”）工具栏中的图标 A。

在“样式”工具栏中单击“文字样式”图标按钮，如图 7－3 所示。在“文字”工具栏中，单击相应的文字样式图标，如图 7－4 所示。

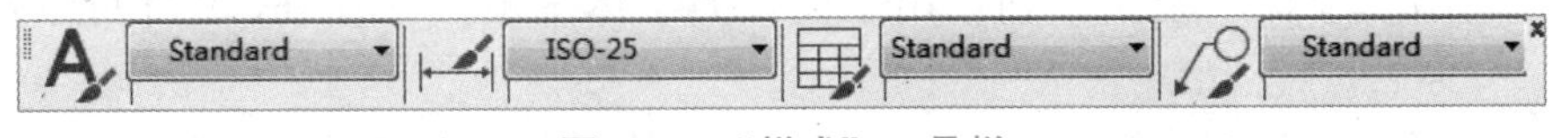

图 7－3　“样式”工具栏

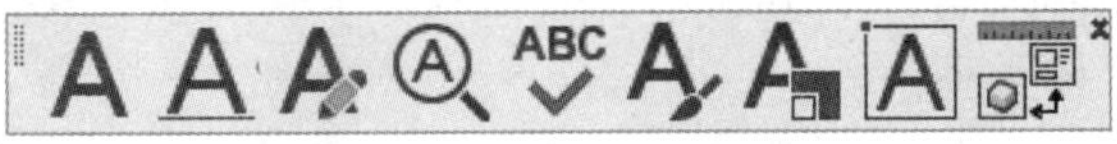

图 7－4　“文字”工具栏

此时，弹出“文字样式”对话框，如图 7－5 所示。

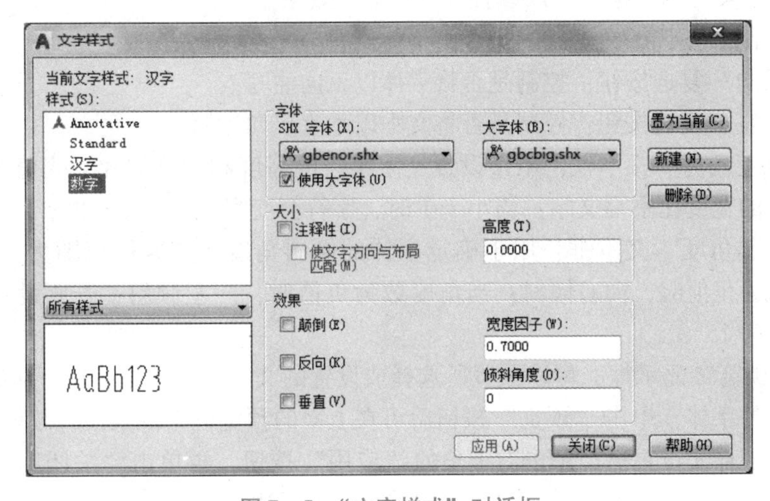

图 7－5　“文字样式”对话框

对话框说明：

（1）“样式名”选项组，用于显示文字样式的名称、创建新的文字样式、为已有的文字样式命名或删除文字样式。

①“样式名”下拉列表框：列出当前使用的文字样式，默认文字样式为“Standard”。单击其右侧的下拉箭头，在下拉列表中显示当前文件中已定义的所有文字样式名。

②“新建”按钮：用于创建新文字样式，单击该按钮，弹出“新建文字样式”对话框，如图7－6所示。在对话框的“样式名”文本框中输入新建文字样式名称，可对新文字样式进行设置。

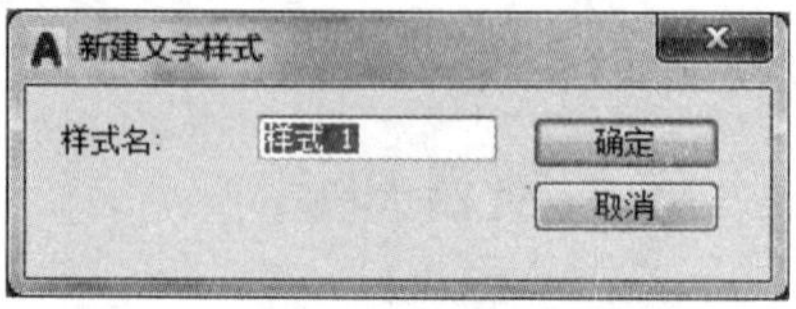

图7－6　“新建文字样式”对话框

③“重命名”按钮：单击该按钮，将打开“重命名文字样式”对话框，形式与图7－6所示的“新建文字样式”对话框相同。在“样式名”文本框中，更改已选择的文字样式名称。

④“删除”按钮：用来删除某一设定的文字样式，但不能删除已经使用的文字样式和Standard样式。

（2）“字体”选项组，可以显示文字样式使用的字体和字高等属性。

①“字体名”下拉列表框：在该列表框中可以显示与设置西文和中文字体，单击该列表框右侧的下拉箭头，在弹出的下拉列表框中列出了供选择用的多种西文和中文字体等。

②“使用大字体”复选按钮：用于设置大字体选项，只有shx文件可以创建大字体。

③“字体样式”列表框：当选中“使用大字体”复选按钮后，在该列表框中可以显示和设置一种大字体类型，单击该列表框左侧的下拉箭头，在弹出的下拉列表中列出了供选择用的大字体类型。

④“高度”文本框：用于设置字体高度，系统默认值为0，若取默认值，注写文本时系统提示输入文本高度。

（3）“效果”选项组，可以设置文字的显示效果。

①“颠倒”复选按钮：控制是否将字体倒置。

②“反向”复选按钮：控制是否将字体以反向注写。

③“垂直”复选按钮：控制是否将文本以垂直反向注写。

④“宽度比例”文本框：用来设置文字字符的高度和宽度之比。当值为1时，将以系统定义的宽度比书写文字；当小于1时，字符会变窄；当大于1时，字符则变宽。

⑤“倾斜角度”文本框：用于确定字体的倾斜角度，其取值范围为－85°～85°，当角度数值为正值时，向右倾斜；当角度数为负值时，向左倾斜；若要设置国标斜体字，则设置为15°。

（4）“预览”显示框，可以预览所选择或设置的文字样式效果。在下面的文本框中输入要观察的字体，单击“预览”按钮后可在上面的预览框中观察设置效果。

完成文字样式设置后，单击右上角的“应用”按钮，再单击“关闭”按钮关闭对话框。在注写文本时，按设置的文字样式进行文本标注。

注：AutoCAD 提供了符合标注要求的字体形文件 gbenor. shx、gbcbig. shx 和 gbeitc. shx、gbcbig. shx（形文件是 AutoCAD 用于定义字体或符号库的文件，其源文件的扩展名是 shp，扩展名为 shx 的形文件是编译后的文件）。其中，gbenor. shx 和 gbeitc. shx 文件分别用于标注直体和斜体字母与数字；gbcbig. shx 则用于标注中文。系统默认的文字样式的“SHX”字体（X）为 txt. shx，标注出的汉字为长仿宋字，但字母和数字则是由文件 txt. shx 定义的字体，不能完全满足制图要求。

学习笔记

（二）书写文字

1. 单行文字

注写单行文字，标注中可使用回车键换行，也可在另外的位置单击鼠标左键，确定一个新的起始位置。不论是换行还是重新确定起始位置，每次输入的一行文本为一个实体。执行该命令有以下方式：

（1）命令式：在命令行中输入“TEXT”“DTEXT”或“DT”。

（2）菜单式：选择下拉菜单中的“绘图”/“文字”/“单行文字”命令。

（3）按钮式：单击“文字”工具栏中的图标 A。

选择上述任意一种方式调用命令后，命令提示如下：

命令：DT↙

当前文字样式：Standard

文字高度：2.5

指定文字的起点或［对正（J)/样式（S)］：（单击一点，在绘图区域中确定文字的起点）

指定高度：（输入字高数值，即输入文字高度，也可以输入或拾取两点，以两点之间的距离为字高）

指定文字的旋转角度：（输入文字旋转的角度，也可以输入或拾取两点，以两点的连线与轴正方向的夹角为旋转角）

输入文字：（输入文字内容，按回车键换行；如果结束文字输入，则可再次按回车键）

各选项说明如下：

（1）“指定文字的起点”：用于确定文本基线的起点位置，水平注写时，文本由此点向右排列，称为“左对齐”，为默认选项。

（2）“对正（J)”：用于确定文本的位置和对齐方式。在系统中，确定文本位置需采用 4 条线，即顶线、中线、基线和底线，这 4 条线的位置如图 7－7 所示。

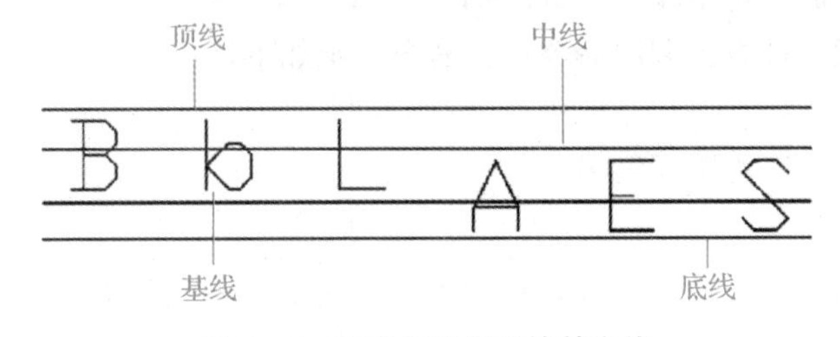

图 7－7　文本排列位置的基准线

学习笔记

选择“J”选项后，后续提示：

输入选项：[对齐（A）/调整（F）/中心（C）/中间（M）/右（R）/左下（TL）/中上（TC）/右上（TR）/左中（ML）/正中（MC）/右中（MR）/左下（BL）/中下（BC）/右下（BR）]：（输入选择项后回车）

选项说明如下：

①“对齐（A）”：确定文本基线的起点和终点，文本字符串的倾斜角度服从于基线的倾斜角度，系统根据基线起点和终点的距离、字符数及字体的宽度系数，自动计算字体的高度和宽度，使文本字符串均匀地分布于给定的两点之间。

②“调整（F）”：按设定的字高注写文本。

其余各选项的释义可参考图，不再详述。常用特殊字符的控制码见表7－1。

表7－1　常用特殊字符

符号	功能	符号	功能
%%O	加上划线	\u+2248	几乎相等“≈”
%%U	加下划线	\u+2220	角度“∠”
%%D	度符号“°”	\u+2260	不相等“≠”
%%P	正/负符号“±”	\u+2082	下标2
%%C	直径符号“ϕ”	\u+00B2	平方
%%%	百分号“%”	\u+00B3	立方

2. 多行文字

标注多行文字时，可以使用不同的字体和字号。多行文字适用于标注一些段落性的文字，如技术要求、装配说明等。多行文字书写可由任意数目的文字行组成，所有的文字构成一个单独的实体。执行MT命令时，用户可以指定文本分布的宽度，文字沿竖直方向可以无限延伸。另外，用户还可以设置多行文字中单个字符或某一部分文字的属性，如文字的字体、倾斜角度和高度等。

（1）执行该命令方式。

①菜单式：选择“绘图”下拉菜单中的“文字”/“多行文字”命令。

②按钮式：单击“文字”工具栏或“绘图”工具栏中的图标 A 。

③命令式：在命令行中输入“MTEXT”“MT”或“T”。

选择上述任意一种方式调用命令后，命令提示如下：

命令：MT↙

当前文字样式：工程图样汉字

文字高度：2.5

指定第一角点：　　　　　　（指定矩形多行文字框的第一角点）

指定对角点或［高度（H）/对正（J）/行距（L）/旋转（R）/样式（S）/宽度（W）］：

各选择项说明如下：

①“指定对角点”：用于确定标注文本框的另一个角点，为默认选项。

②“高度（H）”：用于确定字体的高度。

③“对正（J）”：用于设置文本的排列方式。

④“行距（L）”：用于设置行间距。

⑤“旋转（R）”：用于设置文本框的倾斜角度。

⑥“样式（S）”：用于设置当前字体样式。

⑦“宽度（W）”：用于设置文本框的宽度。

（2）多行文字注写的“文本格式”工具条和“文字输入”窗口。

当确定标注多行文字区域后，弹出创建多行文字的“文字格式”工具条和“文字输入”窗口。创建多行文字的“文字格式”工具栏如图 7－8 所示，创建“文字输入”的窗口如图 7－9 所示。利用它们可以完成多行文字的各种输入。

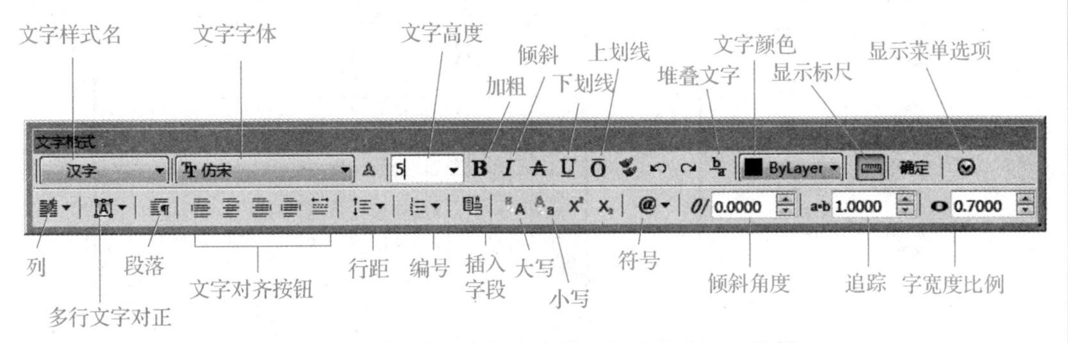

图 7－8　弹出创建多行文字的“文字格式”工具栏

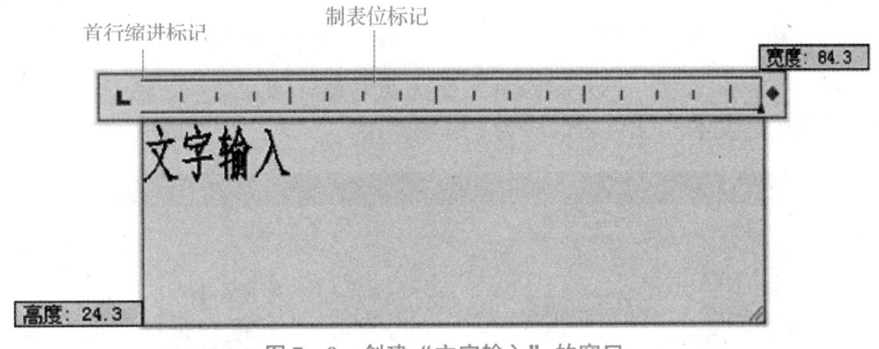

图 7－9　创建“文字输入”的窗口

（3）“文字格式”工具条，用于对多行文字的输入设置，其主要功能如下：

①“文字格式”下拉列表框：用于显示和选择设置的文字样式。

②“字体”下拉列表框：用于显示和设置文字使用的字体。

③“高度”下拉列表框：用于显示和设置文字的高度。

④“加粗”“倾斜”“下划线”及“上划线”按钮：单击它们，可以加粗、倾斜字体或给文字加下划线。

⑤“堆叠”按钮：单击该按钮，可以创建堆叠文字。在 AutoCAD 2020 中，创建堆叠文字有 3 种形式，分别使用“/”“#”或“^”分隔。通常先选择这一部分文字，

学习笔记

单击该“堆叠”按钮即可。例如，当输入“+0.01^-0.03”后，再选中“+0.01^-0.03”按“堆叠”按钮，即可书写成上下偏差的形式。在该对话框中，可以设置是否需要在输入“X/Y”“X#Y”“X^Y”时表达式自动堆叠，还可以设置堆叠的其他特性。

⑥“符号”选项：在弹出的光标菜单中，选择特殊字符的输入项，用来插入一些特殊字符，如度数、正/负、直径符号等，如图7-10所示。当选择“其他”选项时，将打开“字符映射表”对话框，如图7-11所示。在该对话框中，单击所需的特殊字符，再依次单击“选择”和“复制”按钮，即可完成特殊字符的复制。在“文字输入”窗口中，单击右键，在弹出的快捷菜单中选择“粘贴”选项，即完成所选特殊字符的输入。

度数(D)	%%d
正/负(P)	%%p
直径(I)	%%c
几乎相等	\U+2248
角度	\U+2220
边界线	\U+E100
中心线	\U+2104
差值	\U+0394
电相位	\U+0278
流线	\U+E101
标识	\U+2261
初始长度	\U+E200
界碑线	\U+E102
不相等	\U+2260
欧姆	\U+2126
欧米加	\U+03A9
地界线	\U+214A
下标 2	\U+2082
平方	\U+00B2
立方	\U+00B3
不间断空格(S)	Ctrl+Shift+Space
其他(O)...	

图7-10 “符号”选项

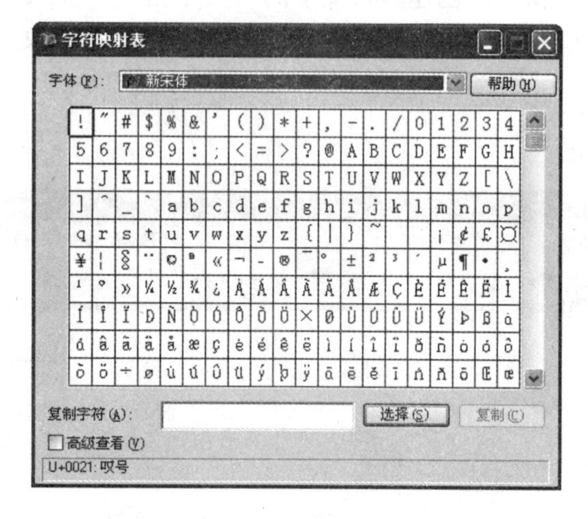

图7-11 “字符映射”选项

⑦“输入文字”选项：打开“选择文件”对话框，如图7-12所示，可以导入外部其他软件编辑的文本（文件名后缀为.Txt或.rtf）。

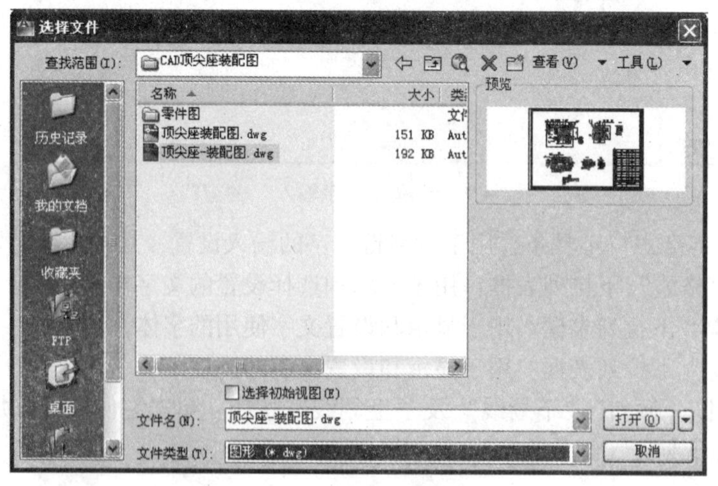

图7-12 “选择文件”对话框

学习笔记

⑧单击“插入字段” 按钮：打开“字段”对话框，如图 7－13 所示，该对话框用于字段的插入操作。

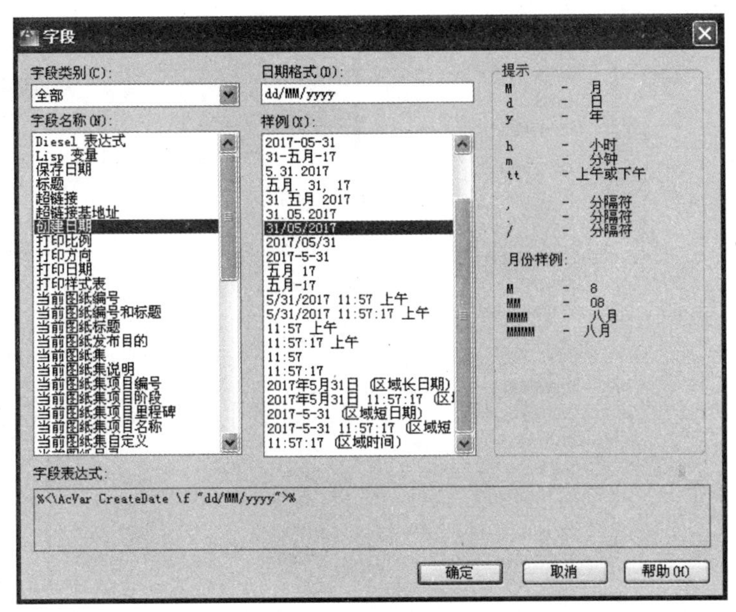

图 7－13 “字段”对话框

在绘制机械工程图样时，有时需要插入一些特殊字符，比如直径符号“ϕ”、角度符号“°”、正负符号“±”等，在 AutoCAD 中这些特殊的字符有以下几种注写方式：

a. 以控制码的方式由键盘直接输入到“文字显示区”中，控制码由两个百分号外加一个字符构成，例如：控制码“%%D”对应符号“°”，“%%C”对应符号“ϕ”，“%%P”对应符号“±”，“%%%”对应符号“%”等。

b. 在“文字格式”对话框中单击按钮 @▾，系统打开符号列表，如图 7－14 所示，可以从符号列表中选择所需特殊字符输入到“文字显示区”中。

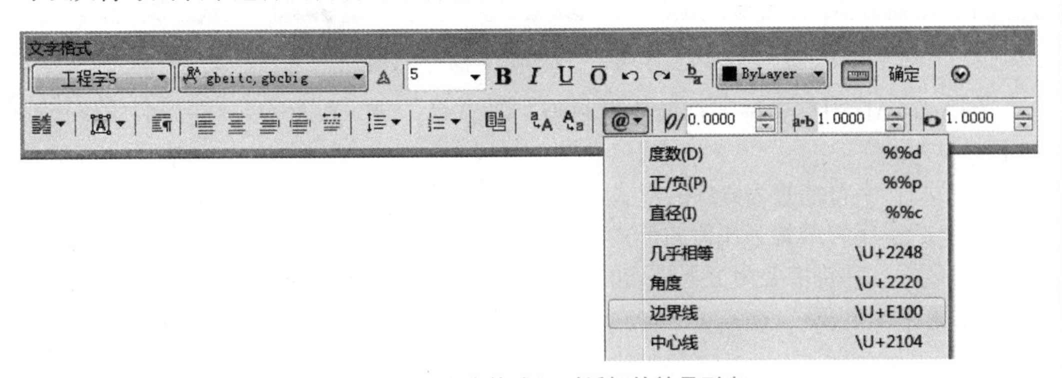

图 7－14 “文字格式”对话框的符号列表

c. 在“文字显示区”中单击鼠标右键，在弹出的快捷菜单中选择“符号”便显示符号列表，如图 7－15 所示，可以从符号列表中选择所需特殊字符输入到“文字显示区”中。

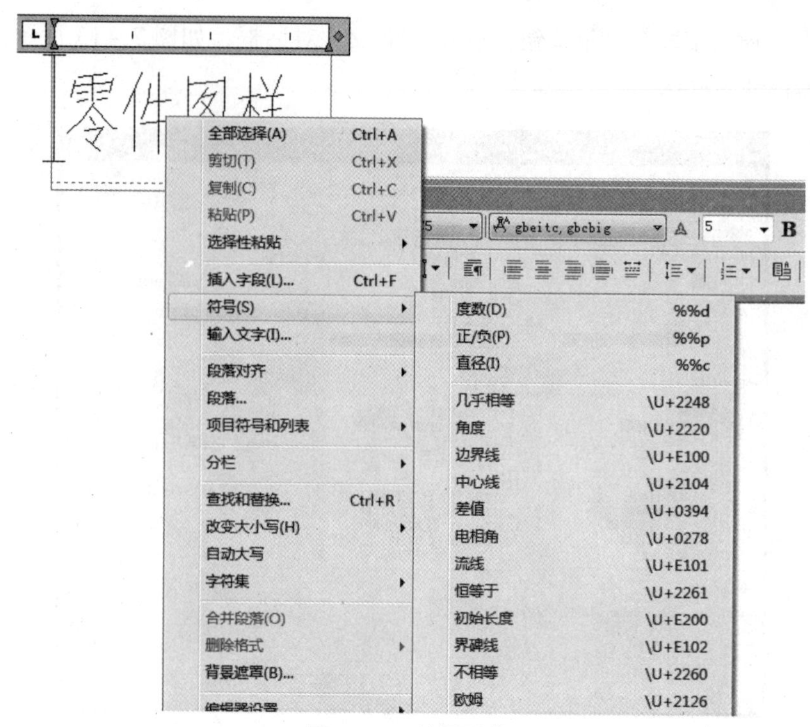

图 7－15　符号列表

在绘制机械工程图样时，除了需要插入一些特殊字符外，有时还需要插入一些分数、上下标、公差等特殊字符形式，这需要使用“文字格式”对话框中的“字符堆叠”按钮，如图 7－16 所示。“字符堆叠”是对分数、上下标、公差的一种位置控制方式。

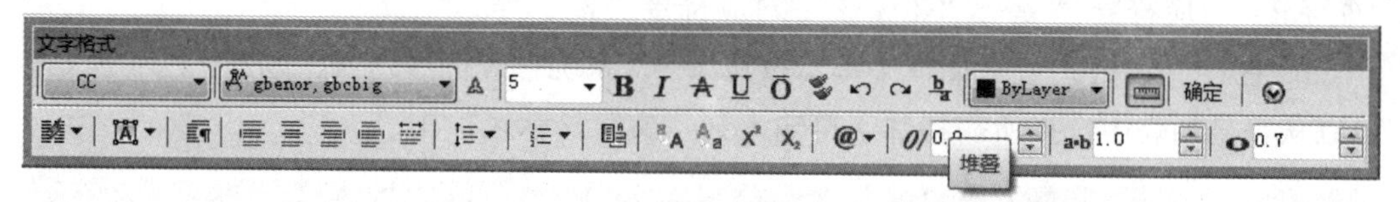

图 7－16　“文字格式”对话框中的“字符堆叠”按钮

在 AutoCAD 中有 3 种字符堆叠控制码，即“/”“#”和“∧”，它们的应用说明如下，

a. “/”：字符堆叠为分式的形式。

b. “#”：字符堆叠为比值的形式。

c. “∧”：字符堆叠为上下排列的形式（上下偏差值采用此形式）。

“分数字符形式”：如输入“H7/f6”，然后将其选中，单击“字符堆叠”按钮即可。

“比值字符形式”：如输入“H7#f6”，然后将其选中，单击“字符堆叠”按钮即可。

“公差字符形式”：如输入“＋0.03∧－0.01”，然后将其选中，单击“字符堆叠”按钮即可。

“上标字符形式”：如输入“m2∧”，再选中2∧，单击“字符堆叠”按钮 即可。

“下标字符形式”：如输入“T∧2”，再选中∧2，单击“字符堆叠”按钮 即可。

其效果如图7－17所示。

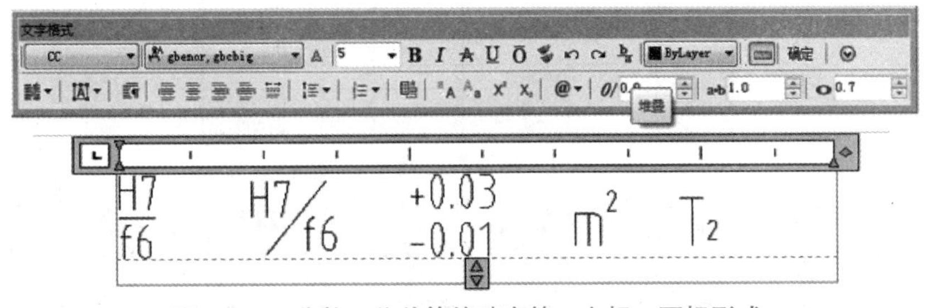

图7－17　分数、公差等特殊字符、上标、下标形式

(4) 特殊字符和公差形式输入的步骤如下：

①执行注写多行文字的命令，并在绘图区指定两角点，确定“文字显示区”后弹出“文字格式”对话框和文字显示区。

②在文字显示区中输入“%%C16 H7/f6”，如图7－18所示。

③在文字显示区选中“H7/f6”，在“文字格式”对话框中单击“字符堆叠”按钮 ，如图7－19所示。

④单击“文字格式”对话框中的“确定”按钮。

图7－18　输入文字

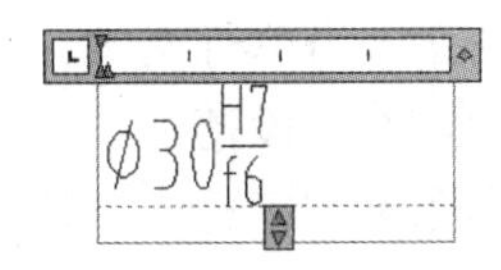

图7－19　字符堆叠

(5) 特殊符号与字母对照。

在AutoCAD的单行文字或者多行文字等输入环境下，将字体设置或者将字体切换为gdt字体，且将输入法切换为英文小写输入，输入如图7－20所示表格对应字母即可输出相应的特殊符号。特殊符号输出举例如图7－21所示。

3. 编辑文本

在绘图过程中，有时需要对已标注文本的内容、样式等进行编辑修改，通常可采用以下方法完成对已标注文本的内容、样式等进行编辑修改。

1) 文字编辑修改

该命令用于对已输入的单行文字或段落文本内容进行编辑修改。

执行该命令的方式：

(1) 菜单式：选择“修改”/“对象”/“文字”/“编辑”选项。

(2) 按钮式：单击“文字”工具栏中的图标 。

学习笔记

字母	符号	说明	字母	符号	说明
a	a	倾斜度（斜度）	n	n	直径
b	b	垂直度	o	o	正方形
c	c	平面度	p	p	延伸公差
d	d	面轮廓度	q	q	
e	e	圆度	r	r	同轴度
f	f	平行度	s	s	
g	g	圆柱度	t	t	全跳动
h	h	圆跳动	u	u	直线度
i	i	对称度	v	v	沉孔或锪平
j	j	位置度	w	w	倒角型沉孔
k	k	线轮廓度	x	x	孔深
l	l	最小实体要求	y	y	圆锥锥度
m	m	最大实体要求	z	z	斜坡度

图 7－20　特殊符号与字母对照

图 7－21　特殊符号输出举例

（3）命令式：在命令行中输入“DDEDIT”。

（4）快捷菜单：选择要修改的文字，单击鼠标右键，在弹出的快捷菜单中选择“编辑”或“编辑多行文字”。

提示：

选择注释对象或［放弃（U）］：（选取文本）

若选取的文本为单行文本，则该单行文本变为可修改状态，可对文本内容进行修改；若选取的文本为段落文本，则弹出创建多行文字的“多行文字编辑器”（即“文字格式”工具条和文字输入窗口），对文本进行全面的编辑和修改。

2）用“特性”命令编辑文本

在弹出“特性”对话框的文本属性形式中，可对所选择的文本进行编辑修改。

3）利用剪贴板复制文本

利用 Windows 操作系统的剪贴板功能，实现文本的剪切、复制和粘贴。

4）修改文本高度

将选定的文本放大或缩小，不改变文字的位置和插入点。

执行该命令的方式：

（1）命令式：在命令行中输入“SCALETEXT”。

（2）菜单式：选择“修改（M）”／“对象（O）”／“文字（T）”／“比例（S）”选项。

提示：

选择对象：（选取文本）

选择对象：↙

提示：

输入缩放的基点选项［现有（E）/左（L）/中心（C）/中间（M）/右（R）/左上

(TL)/中上（TC)/右上（TR)/左中（ML)/正中（MC)/右中（MR)/左下（BL)/中下(BC)/右下（BR)]〈现有〉:(输入选择项)

指定新高度或［匹配对象（M)/缩放比例（S)]〈当前值〉:　（输入选择项）

学习笔记

四、项目实施

任务一：

(1) 调整屏幕显示大小，打开“显示/隐藏线宽”状态按钮，进入“AutoCAD 经典”工作空间，建立一新无样板图形文件，保存此空白文件，文件名为“单行文字书写.dwg”，注意在绘图过程中每隔一段时间保存一次。

(2) 打开状态栏的“极轴、对象捕捉和对象追踪”辅助绘图工具按钮，极轴增量角设置为30°，如图7－22所示；设置图层，设置粗实线、细实线和文字3个图层，图层设置参数如表7－2所示。

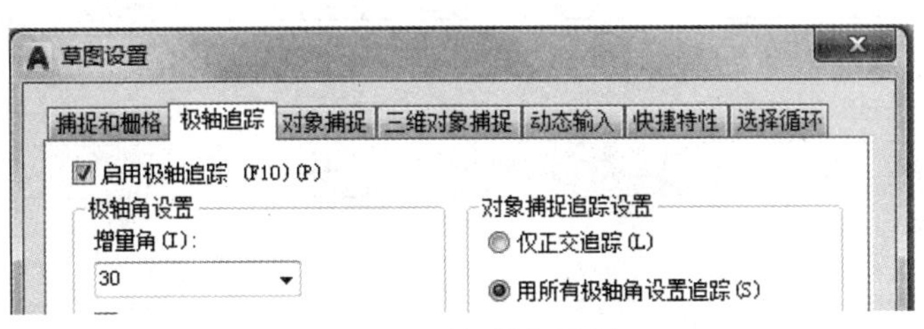

图7－22　极轴角设置

表7－2　图层设置参数

图层名	颜色	线型	线宽	用途
CSX	蓝色	Continuous	0.50 mm	粗实线
XSX	红色	Continuous	0.25 mm	细实线
WZ	黑色	Continuous	0.25 mm	文字

(3) 绘制图形，绘制如图7－1所示的粗糙度符号和标题栏各框格，并运用单行文字填写参数值和标题栏的内容，要求：按照规定比例画图，线型符合国标，文字大小按照规定字号书写，不标注尺寸。

参考步骤如下。

①调整屏幕显示大小，打开“显示/隐藏线宽”和“极轴追踪”状态按钮，在“草图设置”对话框中选择“对象捕捉”选项卡，设置“交点”“端点”和“中点”等捕捉模式，并启用对象捕捉。

②创建“数字和汉字”两种文字样式。单击“样式”工具栏中的“文字样式”按钮。执行此命令后，弹出“文字样式”对话框，如图7－23和图7－24所示，分别按图进行设置。

③单击“新建”按钮，弹出“新建文字样式”对话框，分别创建样式名为“数字、字母和汉字”文字样式，如图7－25（a）和图7－25（b）所示。

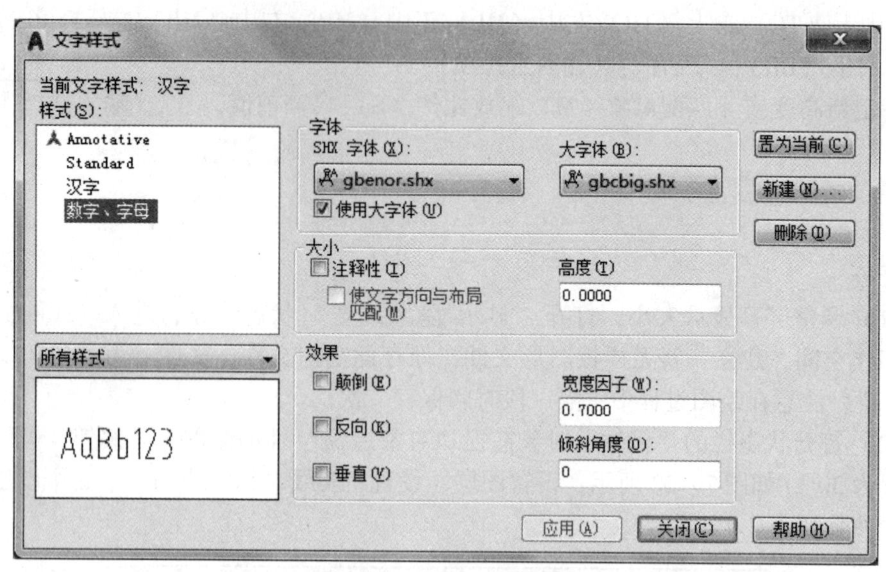

图 7－23 “数字、字母”文字样式对话框设置

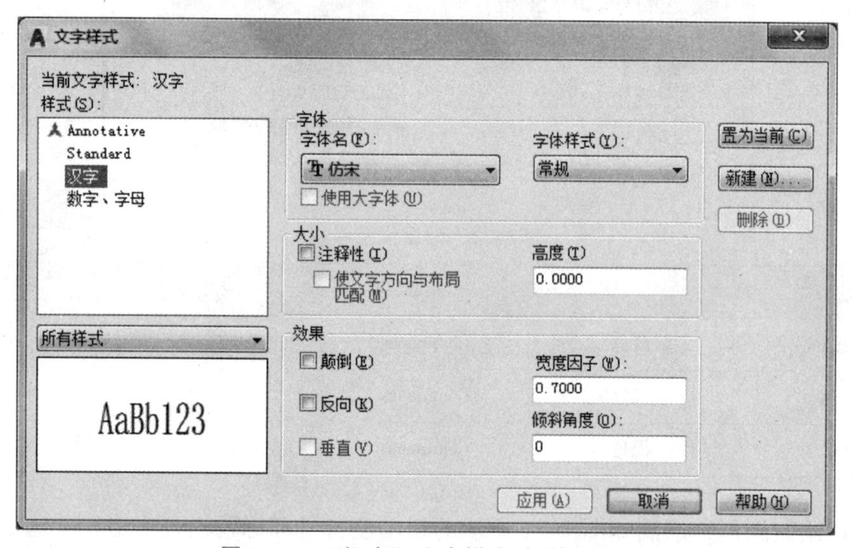

图 7－24 “汉字”文字样式对话框设置

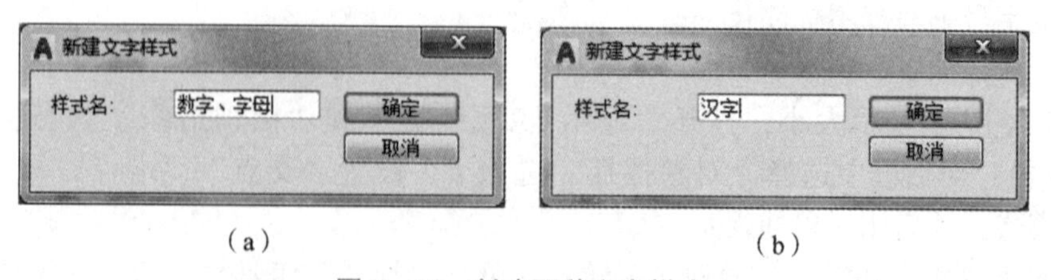

（a） （b）

图 7－25 创建两种文字样式

④绘制粗糙度符号。

将“XSX”图层置为当前层，运用“直线”命令，按照规定尺寸绘制出粗糙度符号，结果如图 7－26（a）所示。

⑤执行“单行文字”命令，填写粗糙度的参数值（将 WZ 图层作为当前层）。

命令：DT↙

当前文字样式：　“数字”　文字高度：　3.0000　注释性：　否

指定文字的起点或［对正（J）/样式（S）］：J

输入选项

［对齐（A）/调整（F）/中心（C）/中间（M）/右（R）/左上（TL）/中上（TC）/右上（TR）/左中（ML）/正中（MC）/右中（MR）/左下（BL）/中下（BC）/右下（BR）］：TL

指定文字的左上点：（光标捕捉交点 A，结果如图 7-26（b）所示）

指定高度 <3.0000>：5↙

指定文字的旋转角度 <0>：↙

输入文字（粗糙度参数值）：Ra12.5↙（按回车键换行书写文字）

命令：↙（结束文字输入）

结果如图 7-26（c）所示。

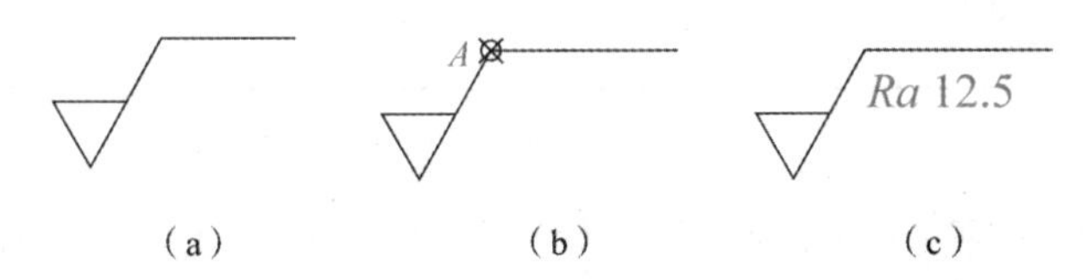

图 7-26　绘制粗糙度符号并填写参数值

⑥绘制标题栏。

将“CSX”图层置为当前层，运用“矩形”命令，按照 140×32 的尺寸绘制出标题栏的外框；再运用“直线”和“偏移”或“复制”命令以及交点编辑或“修剪”等命令，绘制、编辑、完成标题栏，结果如图 7-27 所示。

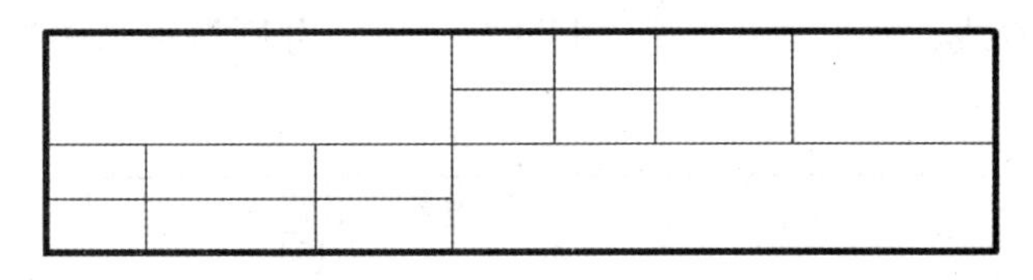

图 7-27　绘制标题栏

运用“直线”命令在标题栏框内绘制辅助直线，结果如图 7-28 所示。

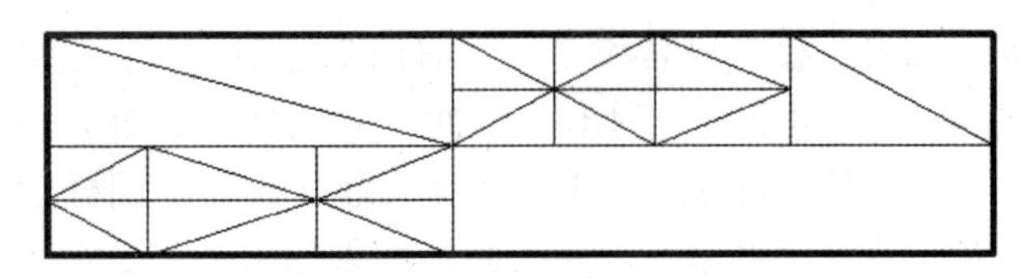

图 7-28　绘制标题栏的辅助直线

⑦执行“单行文字”命令，填写标题栏内容。

命令：DT↙

学习笔记

当前文字样式：　“仿宋”　文字高度：　2.5000　注释性：　否

指定文字的起点或［对正（J）/样式（S）］：J

输入选项

［对齐（A）/调整（F）/中心（C）/中间（M）/右（R）/左上（TL）/中上（TC）/右上（TR）/左中（ML）/正中（MC）/右中（MR）/左下（BL）/中下（BC）/右下（BR）］：M↙

指定文字的中间点：（捕捉 *AB* 辅助直线的中点，如图 7－27 所示）

指定高度 <2.5000>：5↙

指定文字的旋转角度 <0>：↙

输入文字：制图↙（按↙键换行书写文字）

命令：↙（空回车结束文字输入）

结果如图 7－29 所示。

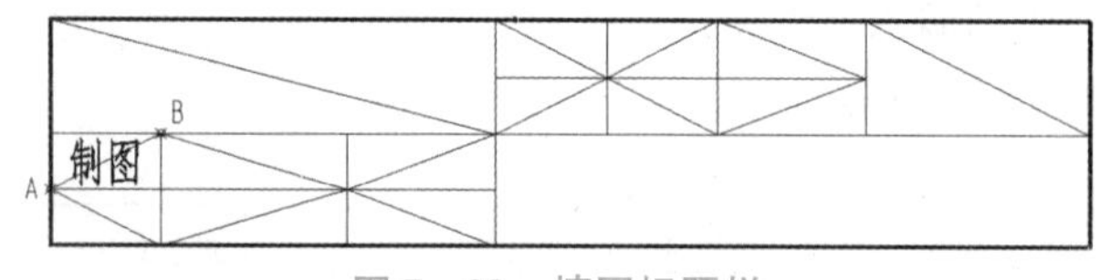

图 7－29　填写标题栏

a. 运用“复制”命令在标题栏框内复制“制图”两个字，基点为 *AB* 辅助直线的中点，第二点均为图中辅助直线的中点，结果如图 7－30 所示。

图 7－30　复制标题栏内容

b. 删除辅助直线，双击复制所得“制图”二字，分别编辑修改为如图 7－31 所示内容。

支架			比例	数量	材料	图号
			1:2	1	HT150	
制图	（姓名）	2013-12-08				
审核	（姓名）	2013-12-09				

图 7－31　修改标题栏内容

c. 由于“支架、图号、校名班名和学号”需用 7 号字填写，故分别单击“支架和图号”，再按［Ctrl］+［1］组合键，弹出“特性”对话框，如图 7－32（a）所示。标题栏填写的日期以“M”即中间方式对正，数字会超出框格，同样运用“特性”进行修改，将“中间”对正改为“调整”对正方式，结果如图 7－32（b）所示。

d. 运用“复制”命令将书写好的日期数字复制到“校名、班名和学号”位置处，同样的方法，运用“特性”修改文字字高和内容，结果如图 7－33 所示。而图中蓝色夹点为“调整”对正方式文字基线的两个端点。最后完成如图 7－1 所示任务。

学习笔记

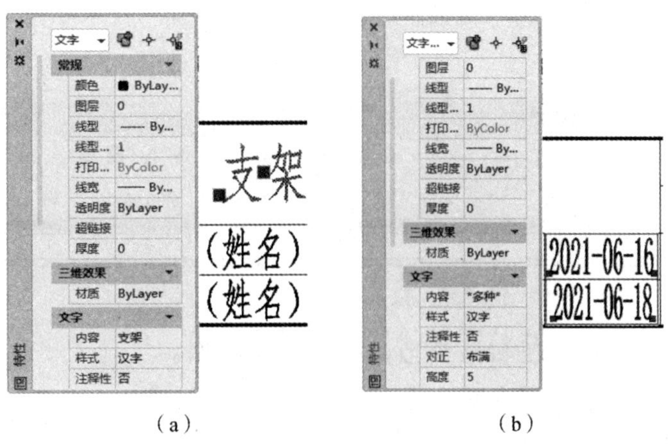

(a)　　　　　　　　(b)

图 7－32　运用“特性”修改文字字高和对正方式

<table>
<tr><td colspan="3" rowspan="2">支架</td><td>比例</td><td>数量</td><td>材料</td><td rowspan="2">图号</td></tr>
<tr><td>1∶2</td><td>1</td><td>HT150</td></tr>
<tr><td>制图</td><td>（姓名）</td><td>2021-06-16</td><td colspan="4" rowspan="2">×××学院××机制××班××号</td></tr>
<tr><td>审核</td><td>（姓名）</td><td>2021-06-18</td></tr>
</table>

图 7－33　运用“复制和特性”编辑、填写“校名、班名和学号”

（4）保存文件。

任务二：

在当前文件下创建如图 7－2 所示的文字标注。用户也可单独创建新文件，保存此空白文件，文件名为“多行文字书写 . dwg”，注意在绘图过程中每隔一段时间保存一次。

参考步骤如下：

（1）设置当前文字样式。选择“样式”工具栏“文字样式 . . . ”列表中的“汉字”，如图 7－34 所示，即将“汉字”文字样式作为当前书写样式，且将 WZ 图层作为当前层。

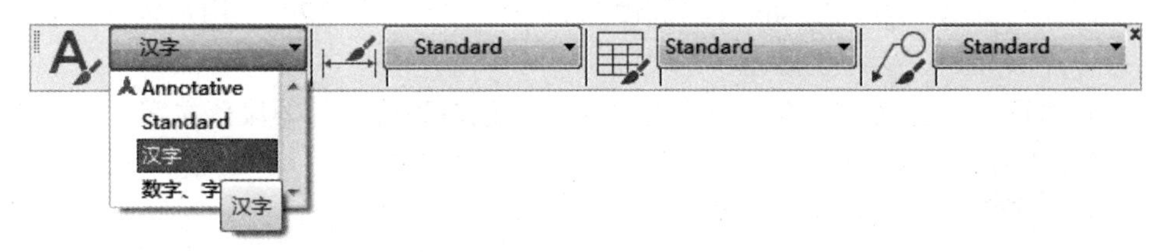

图 7－34　设置“汉字”为当前文字样式

（2）执行“多行文字”命令，书写“技术要求”。

命令：MTEXT↙

当前文字样式：“汉字”

文字高度：5

注释性：　否

指定第一角点：（在屏幕需要注写文字处单击一点）

指定对角点或［高度（H）/对正（J）/行距（L）/旋转（R）/样式（S）/宽度（W）/栏（C）］：　（移动鼠标单击确定第二点，即完成文字注写的区域确定）

学习笔记

此时，弹出“文字格式”对话框，在编辑框中书写“技术要求”段落文字，如图 7－35 所示。

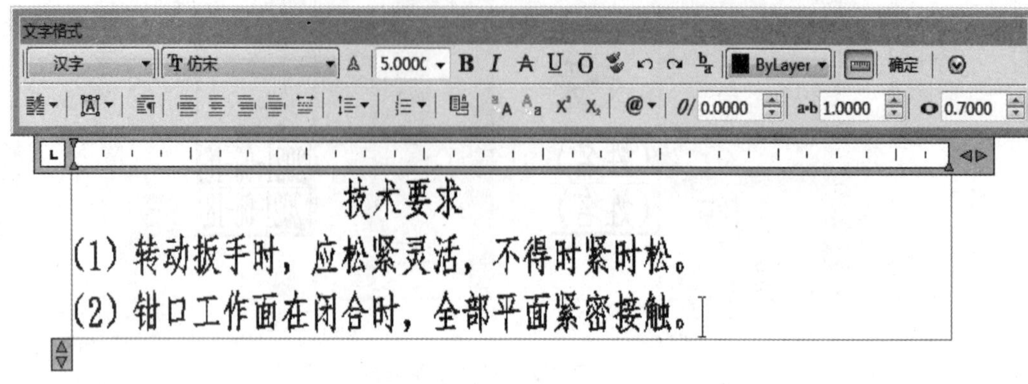

图 7－35　书写“技术要求”段落文字

单击“确定”按钮，关闭“文字格式”界面，完成“技术要求”段落文字的书写。

（3）重新设置当前文字样式。选择“样式”工具栏中的“文字样式...”列表中的“数字”，如图 7－36 所示，即将“数字、字母”文字样式作为当前书写样式，并将 WZ 图层作为当前层。

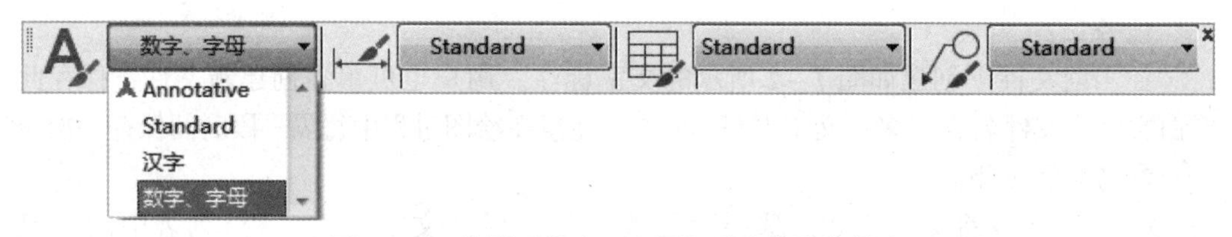

图 7－36　设置“数字、字母”为当前文字样式

注：“SHX”字体（X）选择“gbeitc. shx”；选中“使用大字体”复选框；在“大字体（B）”中选择“gbcbig. shx”；“高度”设置为“5”或“7”（用户根据需要设置标准字高），其他内容均为默认值。

（4）执行“多行文字”命令，书写“数字、偏差和符号”等段落文字。

命令：MTEXT↙

当前文字样式：“数字”

文字高度：5

注释性：否

指定第一角点：(在屏幕需要注写文字处单击一点)

指定对角点或［高度（H）/对正（J）/行距（L）/旋转（R）/样式（S）/宽度（W）/栏（C）］：　（移动鼠标单击确定第二点，即完成文字注写的区域确定）

此时，弹出“文字格式”对话框，在编辑框中书写如图 7－2 所示的“数字、偏差和符号”等段落文字，书写内容如图 7－37 所示。

选中需要堆叠的文字，再单击“堆叠”按钮 [b/a]，选中“+0. 039^0”，单击“堆叠”按钮，结果如图 7－38 所示。

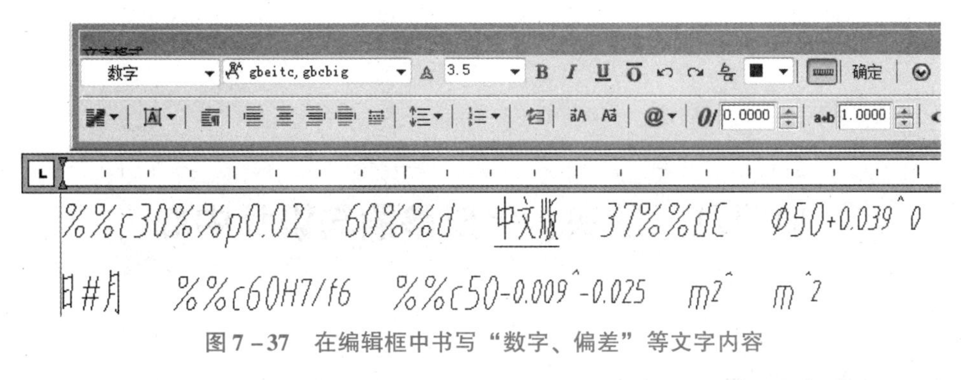

图 7-37 在编辑框中书写“数字、偏差”等文字内容

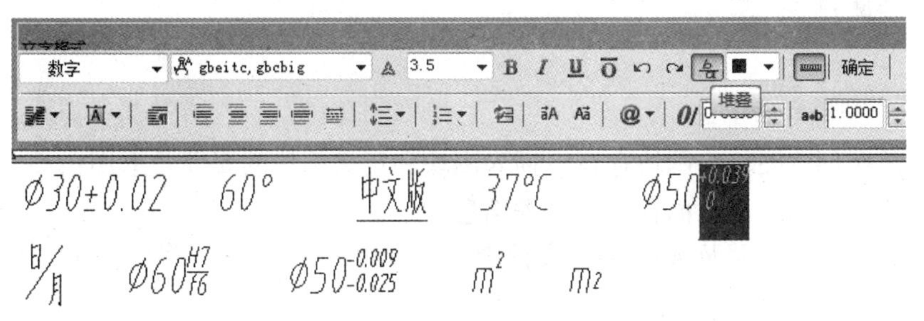

图 7-38 将“偏差、公差带代号”等进行堆叠

单击“确定”按钮，关闭“文字格式”界面，完成如图 7-2 所示“数字、偏差和符号”等段落文字的书写。

（5）保存文件。

五、课后练习

1. 练习下列表面粗糙度、基准、文字和标题栏的填写。

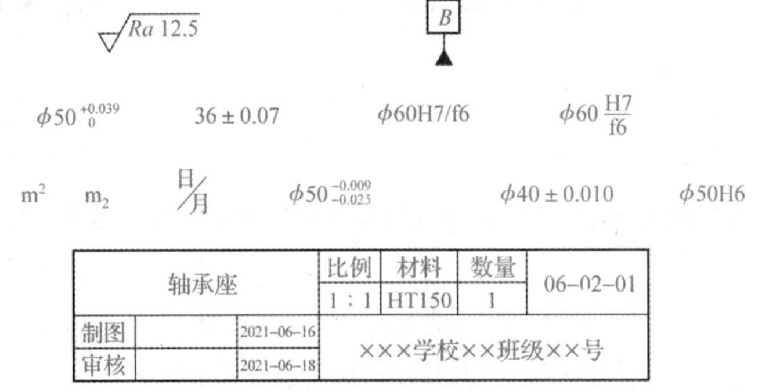

轴承座			比例	材料	数量	06-02-01
			1 : 1	HT150	1	
制图		2021-06-16	×××学校××班级××号			
审核		2021-06-18				

2. 创建对应文字样式，书写如下图所示的段落文字。

在标注文本之前，需要对文本的字体定义一种样式，字体样式是所有字体文件、字体大小宽度系数等参数的综合。

单行文字标注适用于标注文字较短的信息，如工程制图中的材料说明、机械制图中的部件名称等。

标注多行文字时，可以使用不同的字体和字号。多行文字适用于标注一些段落性的文字，如技术要求、装配说明等。

学习笔记

项目八　图块、外部参照与设计中心

一、项目目标

（一）知识目标

（1）掌握创建图块、图块存盘、插入图块和定义图块的属性及运用；

（2）掌握查询距离、面积及周长等信息；

（3）掌握外部参照及 AutoCAD 设计中心的应用。

（二）能力目标

（1）能够运用图块建立自己的图形库和创建在使用时具有通用性的属性块；

（2）能够查询图形外轮廓线的周长和图形的面积；

（3）能用“设计中心”快速查看图形文件中命名对象的定义和属性，将其插入、附着、复制和粘贴到当前图形中。

（三）思政目标

（1）通过对图块的学习，增强图块的通用性，减少运行的内存，明确提高绘图效率的意义，养成自我发展的良好习惯，培养学生在未来岗位中提高工作效率的能力；

（2）通过对外部参照调用及 AutoCAD 设计中心的学习，培养标准化、协同设计和协同创新能力。

二、项目导入

任务一：利用图块功能在图形中插入如图 8－1 所示的螺栓连接图，不标注尺寸。

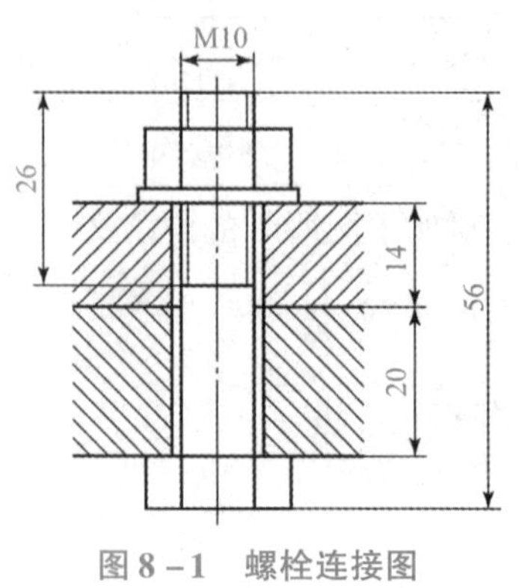

图 8－1　螺栓连接图

学习笔记

任务二：创建标题栏属性块：

（1）绘制如图 8－2（a）所示的图形，创建“制图”“审核”“零件名称”“数量”“材料”和“比例”等属性项目，并定制成带属性的标题栏图块。

（2）将已创建的带属性图块插入绘图区的图框右下角，生成如图 8－2（b）所示的标题栏。

<table>
<tr><td colspan="3" rowspan="2">(零件名称)</td><td>比例</td><td>材料</td><td>数量</td><td rowspan="2">(图号)</td></tr>
<tr><td>(比例)</td><td>(材料)</td><td>(数量)</td></tr>
<tr><td>制图</td><td>(制图)</td><td>(制图日)</td><td colspan="4" rowspan="2">(校名、班名及学号)</td></tr>
<tr><td>审核</td><td>(审核)</td><td>(审核日)</td></tr>
</table>

（a）

<table>
<tr><td colspan="3" rowspan="2">轴承座</td><td>比例</td><td>材料</td><td>数量</td><td rowspan="2">A2</td></tr>
<tr><td>1：1</td><td>HT200</td><td>1</td></tr>
<tr><td>制图</td><td>张三</td><td>1月6日</td><td colspan="4" rowspan="2">×××学院××机制××班××号</td></tr>
<tr><td>审核</td><td>黄老师</td><td>1月8日</td></tr>
</table>

（b）

图 8－2　制定带属性的标题栏图块并将其插入图框右下角

三、项目知识

创建图块

（一）创建图块

块是组成复杂图形的一组实体的集合。用户将已画出的图形创建成为一个图块（内部块），并给出一个块名。一旦生成后，这组实体就被当作一个实体处理。在作图时，可以用这个块名把这组实体插入到某一图形文件的任何位置，并且在插入时，可指定不同的比例和旋转角。

在使用 AutoCAD 绘图时，常常会遇到一些重复的图形特征，如表面粗糙度符号、基准符号和标准件等。可以建立一个有该图形特性的图块，在需要时直接插入；也可以将已有的图形文件直接插入到当前图形中，例如，通过块的创建制成的各种专业图形符号库、标准零件库和常见结构库等。在绘图时，可通过块的调用进行图形的拼合，从而提高绘图效率。

为了保存绘制的图形，AutoCAD 系统必须存入图形中各个实体的信息，它包括实体的大小、位置和层状态等信息，这将节约磁盘许多存储空间。

（1）菜单式：单击“绘图”/“块”/“创建”命令。

（2）命令式：在命令行中输入“BLOCK”或“B”。

（3）按钮式：单击“绘图”工具栏中的图标。

选择上述任意一种方式调用命令后，将弹出“块定义”对话框，如图 8－3 所示。

对话框中各选项说明如下：

（1）输入要创建的图块的名称。

在“名称”文字编辑框中输入要创建的图块名。

图 8-3 “块定义”对话框

(2) 确定图块的插入点。

单击“拾取点”按钮进入绘图状态，同时命令窗口出现提示：

指定插入基点：(在图上指定图块的插入点)

指定插入点后，又重新显示“块定义”对话框。

(3) 选择要定义的实体。

单击“选择对象”按钮进入绘图状态，同时命令窗口出现提示：

选择对象：(选择要定义的实体)

选择对象：↙

选择实体后，又重新显示“块定义”对话框。

(4) 完成创建。

单击“确定”按钮，完成图块创建。

选项说明：

(1) “名称(N)”：可以在该文本框中输入一个新定义的块名。单击右下侧下拉箭头，弹出一下拉列表框，在该列表框中列出了图形已定义的块名。

(2) “基点”：指定块的插入基点，作为块插入时的参考点。它包括：“拾取点(K)”按钮，单击该按钮后，屏幕临时切换到作图窗口，用光标点取一点或在命令提示行中输入一数值，作为基点；X、Y、Z 文本框，可在 X、Y、Z 文本框中输入相应的坐标值来确定基点的位置。

(3) “对象”：选择构成块的实体对象。它包括“选择对象(T)”按钮，单击该按钮后，屏幕切换到作图窗口，选择实体并确认后，返回到“块定义”对话框；“快速选择”按钮，在实体选择时，如果需要生成一个选择集，可以单击该按钮，弹出一个“快速选择”对话框，根据该对话框提示，构造选择集；“保留(R)”单选按钮，表示创建块后仍在绘图窗口上保留组成块的各对象；“转换为块(C)”单选按钮，表示创建块后将组成块的各对象保留并把它们转换为块；“删除（D）”单选按钮，表示创建块后删除绘图窗口上组成块的原对象。

（4）设置选项组：用于块生成时的设置，包括“块单位（U）”下拉列表框，用于显示和设置块插入时的单位；“按统一比例缩放（S）”复选按钮，表示用于插入后的块，能否分解为原组成实体；“说明（E）”文本框，用于对块进行相关文字说明；“超链接（L）...”按钮，创建带有超链接的块，单击该按钮后，弹出“插入超链接”对话框，如图 8-3 所示，通过该对话框可进行块的超链接设置。

（5）“在块编辑器中打开（O）”：用于确定生成块时是块生成动态块。当选择该复选框后，单击“确定”按钮，将弹出“在块编辑器界面”，进行动态制作。

（二）图块存盘

用 BLOCK 命令定义的块是内部块，它从属于定义块时所在的图形。AutoCAD 2020 还提供了定义外部块的功能，即将块以单独的文件保存。

将图块以文件的形式写入磁盘（文件格式为 .DWG），生成图形文件，并可在其他图形中入该图块，即为外部块。

命令：WBLOCK（或 W）↙

执行 WBLOCK 命令，AutoCAD 弹出“写块”对话框，如图 8-4 所示，其操作规程如下。

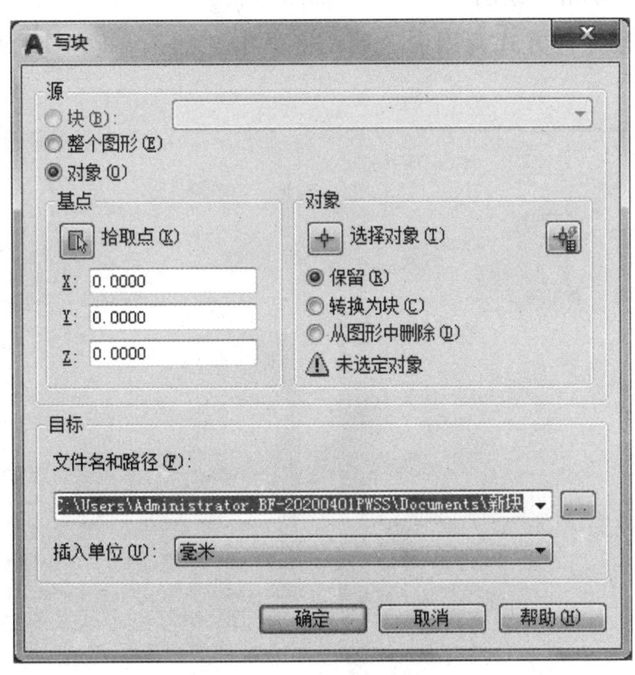

图 8-4 “写块”对话框

（1）选择要定义的实体。

在“源”区中勾选“对象”选项，再单击“选择对象”按钮返回绘图状态，同时命令窗口提示：

选择对象：（选择要定义的实体）

学习笔记

选择对象：↙

选择实体后又重新显示“写块”对话框。

(2) 输入要创建的图块的名称及路径。

在“文件名和路径”文字编辑框中输入要创建的图块的名称和存盘的路径，也可以单击该框后的按钮选择存盘的路径。

(3) 确定图块的插入点。

单击“拾取点”按钮进入绘图状态，同时命令窗口出现提示：

指定插入基点：(在图上指定图块的插入点)

指定插入点后，又重新显示“写块”对话框。

(4) 完成创建。

单击“确定”按钮，完成图块创建。

(三) 插入图块

用于将已定义的块插入到当前图形中指定的位置。在插入的同时还可以改变所插入块图形的比例和旋转角度等。

(1) 菜单式：选择“插入”下拉菜单中的“块选项板（B）…”子菜单。

(2) 命令式：在命令行中输入“INSERT”或“I”。

(3) 按钮式：单击“绘图”工具栏中的图标 。

选择上述任意一种方式调用命令后，将弹出“插入－块”对话框，如图 8－5 所示。

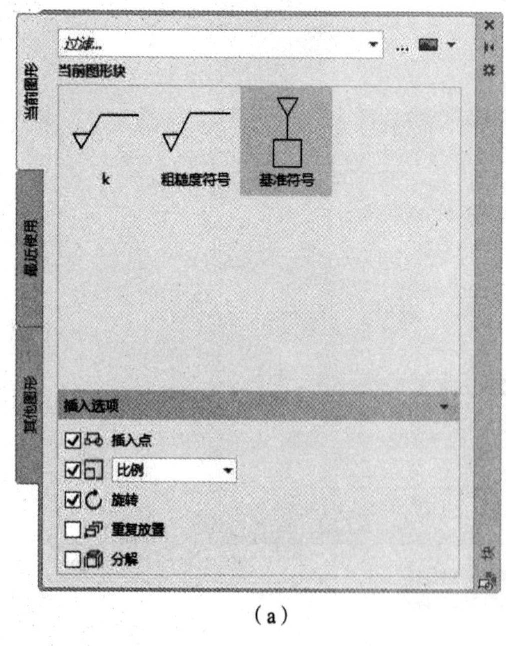

(a)

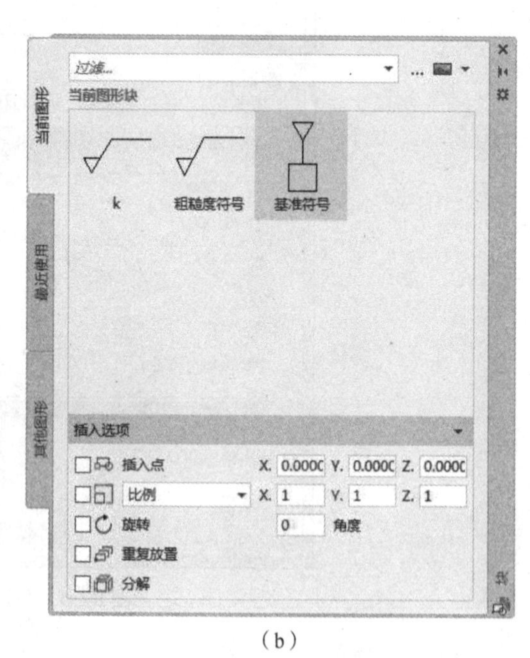

(b)

图 8－5 “插入－块”对话框

步骤如下：

(1) 选择图块，如图 8－5（a）所示。

学习笔记

在“插入”对话框中，从“当前图形块”预览框里选择一个已有的图块，如基准符号。

（2）指定路径（插入点、比例、旋转）。

将“插入点”“比例”“旋转”3个选项中的复选框全部选上，单击“确定”按钮，系统将退出“插入”对话框返回绘图状态，如图8－5（a）所示。

对话框各项说明：

①“名称”：下拉列表框用来设置要插入的块或图形的名称，如图8－5所示。单击右侧的“浏览（B）...”按钮，弹出“选择图形文件”对话框，在该对话框中可以指定要插入的图形文件。

②“路径”：用于显外部图形文件的路径。只有在选择外部图形文件后，该显示区才有效。

③“插入点”：用于确定块插入点位置。图8－5所示。

a. 勾选“插入点”复选按钮：当选中该按钮后，确定块插入基点的 *X*、*Y*、*Z* 坐标文本框消失，不能输入数值。插入块时直接在绘图界面上用光标指定一点或在命令提示行输入点坐标值作块插入点，如图8－5（a）所示。

b. 不选择“插入点”复选按钮时，“X、Y、Z”：分别在 *X*、*Y*、*Z* 坐标文本框中，输入块插入点坐标，如图8－5（b）所示。

④“比例”：用于确定块插入的比例因子。

a. 勾选“比例”：当选中该按钮后，确定块插入的 *X*、*Y*、*Z* 轴比例因子文本框消失，不能输入数值。插入块时直接在绘图界面上用光标指定两点或根据命令提示行提示输入坐标轴的比例因子，如图8－5（a）所示。

b. 不选择“比例”复选按钮时，“X、Y、Z”：分别在 *X*、*Y*、*Z* 轴比例因子文本框中输入块插入时的各坐标轴的比例因子，如图8－5（b）所示。

⑤“旋转”：用于确定块插入的旋转角度。

a. 勾选“旋转”：复选按钮时，确定块插入的“角度（A）”文本框消失，不能输入数值，如图8－5（a）所示。插入块时直接在绘图界面上用光标指定角度或根据命令提示行提示输入角度值。

b.“角度”：在该文本框中，输入块插入时的旋转角度，如图8－5（b）所示。

⑥“分解”：选中该复选按钮，可以将插入的块分解成创建块前的各实体对象。

（3）图块的多重插入。

将块以矩阵排列的形式插入，并将插入的矩阵视为一个实体。

命令行输入：I↙

提示：输入块名或［?］〈AI〉：↙

指定插入点或［基点（B）/比例（S）/X/Y/Z/旋转（R）/预览比例（PS）/PX/PY/PZ/预览比例（PR）］：　　　　（输入选择项）

输入X比例因子，指定对角点，或［角点（C）/XYZ］〈1〉：（输入“X”轴比例因子）

输入Y比例因子或〈使用X比例因子〉：　　　　（输入“Y”轴比例因子）

指定旋转角度〈0〉：　　　　（输入旋转角度）

输入行数（——）〈1〉：　　　　（输入行数）

学习笔记

输入列数（| | |）〈1〉：　　　　　　　　　　　　（输入列数）

输入行间距或指定单元（——）：　　　　　　　　　（输入行间距）

指定列间距（| | |）：　　　　　　　　　　　　　（指定列间距）

完成图形。

［举例］

命令：I↙

提示：输入块名或［?］〈AI〉：↙

指定插入点或［基点（B）/比例（S）/X/Y/Z/旋转（R）/预览比例（PS）/PX/PY/PZ/预览比例（PR）］：（指定插入点）

输入“Y”比例因子或〈使用“X”比例因子〉：↙

指定旋转角度〈0〉：30↙

输入行数（——）〈1〉：2↙

输入列数（| | |）〈1〉：3↙

输入行间距或指定单元（——）：35↙

指定列间距（| | |）：35↙

完成图形如图 8－6 所示。

图 8－6　将块以矩阵排列的形式插入

（四）创建图块的属性

为了增强图块的通用性，AutoCAD 允许用户为图块附加一些文本信息，这些文本信息称为属性，属性类似于商品的标签。当用 BLOCK 命令创建块时，将定义的属性与图形一起生成块，这样块中就包含属性了。当然，用户也能仅将属性本身创建一个块。

定义块属性

属性是从属于块的文本信息，它是块的一个组成部分，它可以通过“属性定义”命令以字符串的形式表示出来，一个具有属性的块由两部分组成，即：属性块 = 图形实体 + 属性。一个块可以含有多个属性，在每次块插入时属性可以隐藏也可以显示出来，还可以根据需要改变属性值。我们可以简单地将不变的要素当作图形实体，而将变化的认为是属性。“属性定义”命令主要是用于创建块的文本信息，并使具有属性的块在使用时具有通用性。

（1）菜单式：单击“绘图”/“块”/“属性定义（D）...”命令。

（2）命令式：在命令行中输入“ATTDEF”或“ATT”。

选择上述任意一种方式调用命令后，将弹出“属性定义”对话框，如图 8－7 所示。

对话框各项说明：

（1）“模式”：用于设置属性的模式。

①“不可见（I）”：插入块并输入该属性值后属性值在图中不显示。

②“固定（C）”：将块的属性设为一恒定值块，插入时不再提示属性信息，也不能修改属性值，即该属性保持不变。

③“验证（V）”：插入块时每出现一个属性，验证输入是否正确，若发现错误，则可在该提示下重新输入正确的值。

④“预设（P）”：将块插入时指定的属性设为默认值，在以后插入块时系统不再

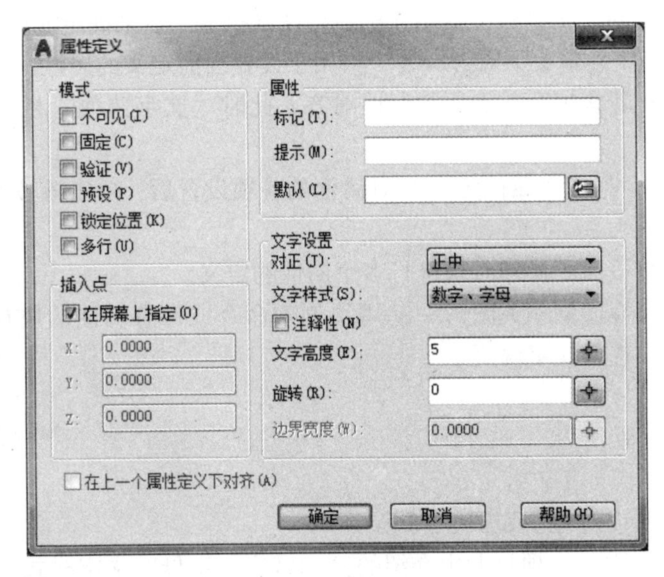

图 8-7 “属性定义”对话框

提示输入属性值而是自动填写默认值。

⑤“锁定位置(K)”：用于确定在块插入后属性值位置是否可以移动，当选中该复选按钮时属性值位置不能移动，否则可以移动。

(2)“属性”：用于设置属性标志、提示内容和输入默认属性值。

①“标记(T)”：用于属性的标志，即属性标签。

②”提示(M)”：用于在块插入时提示输入属性值的信息，若不输入属性提示，则系统将相应的属性标签当作属性提示。

③“默认(L)”：用于输入属性的默认值，可以选属性中使用次数较多的属性值作为默认值。若不输入内容，则表示该属性无默认值。

④“插入字段”：单击“默认(L)”文本框右侧的“插入字段”按钮，弹出“字段”对话框，可在“默认(L)”文本框中插入一字段。

(3)“文字设置”：用于确定属性文本的字体、对齐方式、字高及旋转角等。

①“对正(J)”：用于确定属性文本相对于参考点的排列形式，可以通过单击右边的下拉箭头，在弹出的下拉列表框中选择一种文本排列形式。

②“文字样式(S)”：用于确定属性文本的样式，可以通过单击右边的下拉箭头，在弹出的下拉列表框中选择一种文本样式。

③“文字高度(E)”：用于确定文本字符的高度，可直接在该项后面的文本框中输入数值，也可以单击该按钮切换到作图窗口在命令提示行中输入值，或用光标在作图区确定两点来确定文本字符高度。

④“旋转(R)”：用于确定属性文本的旋转角，可直接在该项后面的文本框中输入数值，也可以单击该按钮切换到作图窗口在命令提示行中输入值，或用光标在作图区确定两点所构成的线段与 X 轴正向的夹角来确定文本旋转角度。

(4)“插入点”：用于确定属性值在块中的插入点，可以分别在“X”“Y”“Z”文本框中输入相应的坐标值，也可以选中“在屏幕上指定(O)”复选框，在作图窗口的

学习笔记

学习笔记

命令提示行中输入插入点坐标，或用光标在作图区拾取一点来确定属性的插入点。

（5）“在一个属性定义下对齐（A）”：用于设置当前定义的属性，采用上一个属性的字体、字高及旋转角度且与上一个属性对齐。此时“文字选项”栏和“插入点”栏显示灰色不能选择。

（6）“确定”：完成“属性定义”对话框的各项设置后，单击该按钮即可完成一次属性定义。

通常可以重复该命令操作对块进行多个属性的定义。

将定义好的属性连同相关图形一起用块创建命令或带有属性的块在块插入时按设置的属性要求对块进行文字说明。

举例：

创建粗糙度属性块。

创建图块的步骤如下：

（1）绘制粗糙度符号，如图 8－8 所示。

（2）定义文字样式（项目七中介绍的：）“数字、字母”文字样式。

（3）执行定义属性命令。在“属性定义”对话框中，按如图 8－9 所示进行参数设置。

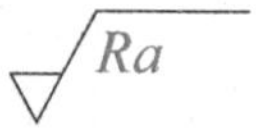

图 8－8　绘制粗糙度符号

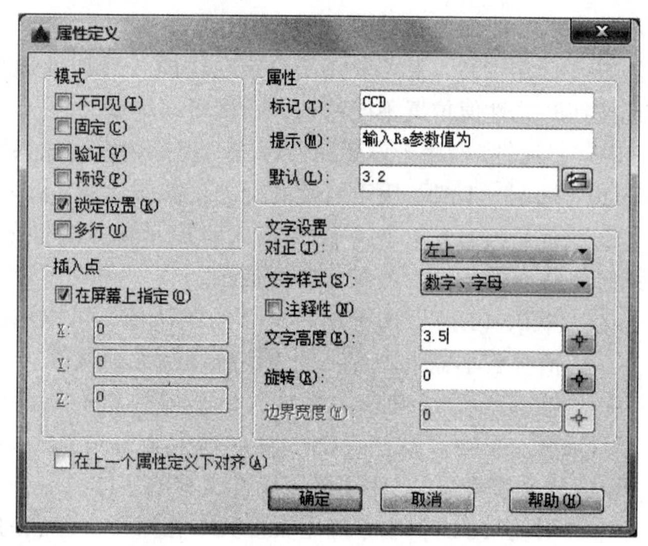

图 8－9　设置“属性定义”对话框

（4）单击“确定”按钮。AutoCAD 提示指定起点，在此提示下用鼠标在绘图区选择点，确定属性在图块中的插入点位置，即完成标记为 CCD 的属性定义，且 AutoCAD 将该标记按指定的文字样式和对齐方式显示在对应位置。如图 8－10 所示。

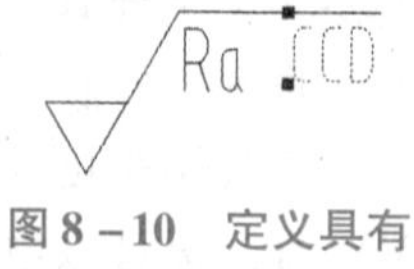

图 8－10　定义具有属性的粗糙度符号

（5）写块。执行“写块”命令，AutoCAD 弹出“写块”对话框，在该对话框中“基点”选择粗糙度符号的 60°角顶点，即图块的插入点；在“对象”中选择所有对象，即符号和属性标记。如图 8－11 所示。

建立了含有属性的粗糙度符号后，如果在执行插入图块命令时，AutoCAD 会提示输入属性值，也就是说该图块适合不同的粗糙度值的标注。如果直接按［ENTER］键，则可以标注出默认值 3.2。

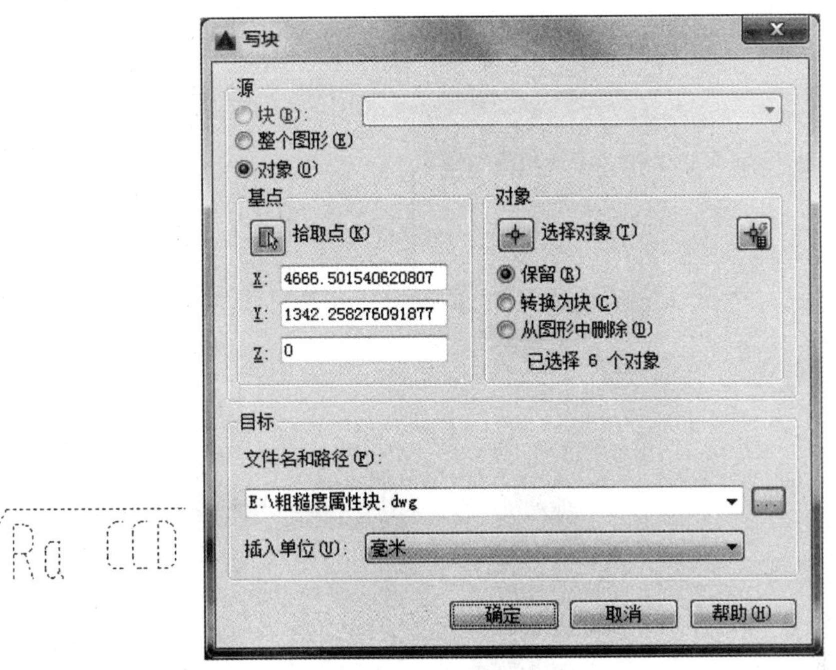

图 8－11　选择图块的插入基点和选择对象

(6) 插入属性块。

步骤如下:

命令: I↙ (弹出“插入－块”对话框，如图 8－12 所示，单击对话框预览区的“属性块.dwg”图标)

指定插入点或 [基点 (B)/比例 (S)/X/Y/Z/旋转 (R)]:

输入 X 比例因子，指定对角点，或 [角点 (C)/XYZ (XYZ)] <1>:

输入 Y 比例因子或 <使用 X 比例因子>:

指定旋转角度 <0>:

输入属性值

输入 Ra 参数值为 <3.2>: 1.6

命令: INSERT↙

指定插入点或 [基点 (B)/比例 (S)/X/Y/Z/旋转 (R)]:

输入 X 比例因子，指定对角点，或 [角点 (C)/XYZ (XYZ)] <1>:

输入 Y 比例因子或 <使用 X 比例因子>:

指定旋转角度 <0>:

输入属性值

输入 Ra 参数值为 <3.2>:

命令: INSERT↙

指定插入点或 [基点 (B)/比例 (S)/X/Y/Z/旋转 (R)]:

输入 X 比例因子，指定对角点，或 [角点 (C)/XYZ (XYZ)] <1>:

输入 Y 比例因子或 <使用 X 比例因子>:

指定旋转角度 <0>: 90↙

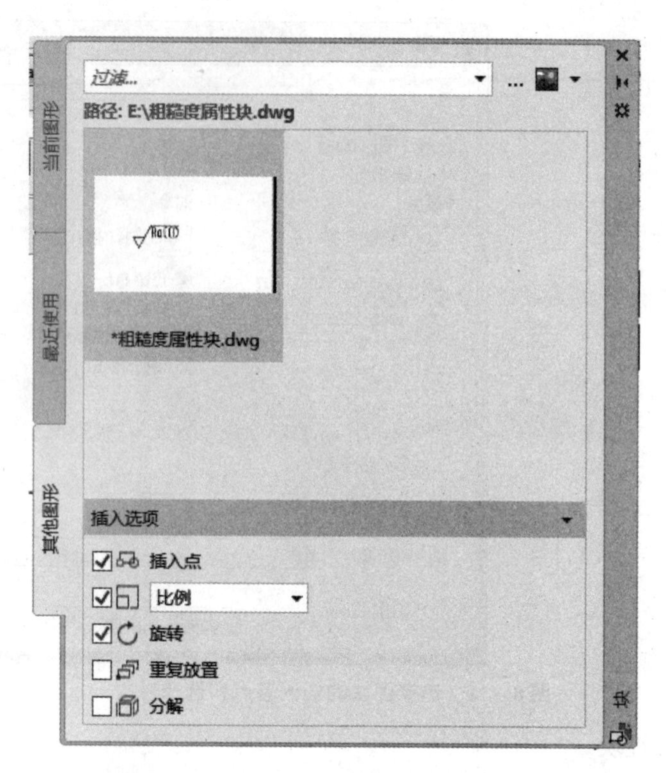

图 8－12 “插入－块”对话框

输入属性值

输入 Ra 参数值为 <3.2>：12.5↙

结果如图 8－13 所示。

用户可以试着用一样的方法把基准符号定义成含有属性的块。

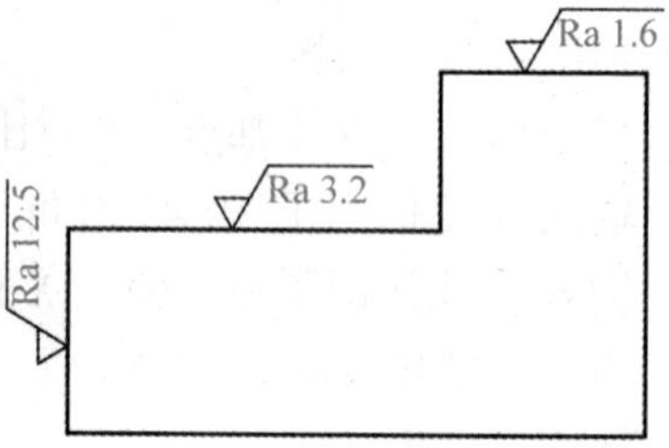

Ra 1.6
Ra 3.2
Ra 12.5

图 8－13 “插入”属性块效果图

（五）编辑属性

1. 编辑属性定义

在具有属性的块定义或将块炸开后修改某一属性定义。

（1）菜单式：单击“修改”／“对象”／“文字”／“编辑”。

（2）快速选择：双击属性定义。

（3）命令式：DDEDIT（ED）↙。

提示：选择注释对象或［放弃（U）］：（拾取要修改的属性定义的标签或按回车键放弃）

当选择的是注释对象后弹出“编辑属性定义”对话框，如图 8－14 所示。在“编辑属性定义”文本框重新输入新的内容，修改完成后单击“确定”按钮。

此外，用“DDMODIFY”命令启动“特性”对话框，可以修改属性定义的更多项目。

学习笔记

通过“特性”对话框可以方便地编辑块对象的某些特性，如图 8－15 所示。当选中插入的块后，在“特性”对话框中将显示出该块的特性，可以修改块的一些特性。

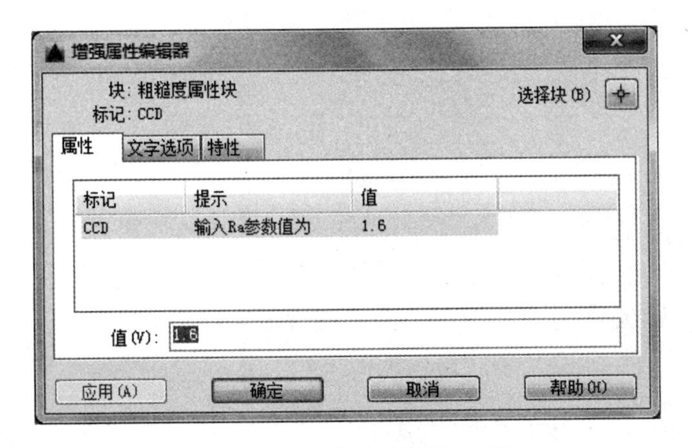

图 8－14　“编辑属性定义”话框

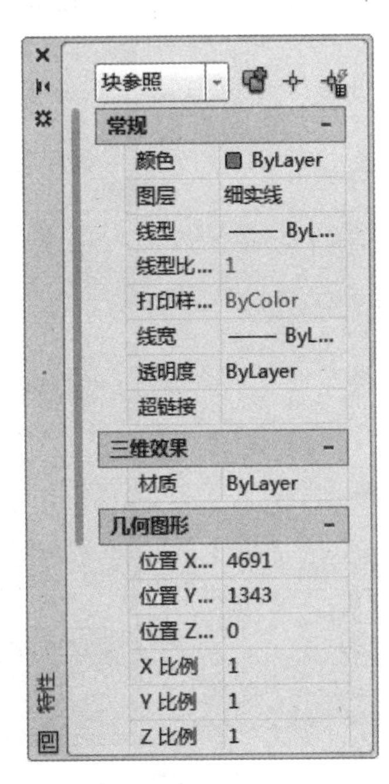

图 8－15　“特性”话框

2. 编辑块属性

与插入到块中的其他对象不同，属性可以独立于块而单独进行编辑。用户可以集中编辑一组属性。在 AutoCAD 中编辑属性有“DDATTE”和“ATTEDIE”两个命令，其中“DDATTE”命令可编辑单个的、非常数的、与特定的块相关联的属性值；而“ATTEDIE”命令可以独立于块，可编辑单个属性或对全局属性进行编辑。

3. 对已插入块的属性进行编辑

对已插入块的属性进行编辑，包括属性值及文字和线型、颜色、图层、线宽等特性。

1）一般属性编辑

输入命令：DDATTE↙，弹出“编辑属性”对话框，如图 8－16 所示。在该对话框中通过已定义的各属性值文本框对各属性值重新输入新的内容。

2）增强属性编辑

（1）菜单：“修改”/“对象”/“属性”/“单个”属性下拉菜单，如图 8－17 所示。

（2）单击”修改Ⅱ”工具栏中的图标，如图 8－18 所示。

当用鼠标从左至右依次单击工具条时，对应为显示顺序、编辑图案填充、编辑多段线、编辑样条曲线、编辑阵列、编辑属性、块属性编辑器、同步属性、数据提取和删除重复对象。

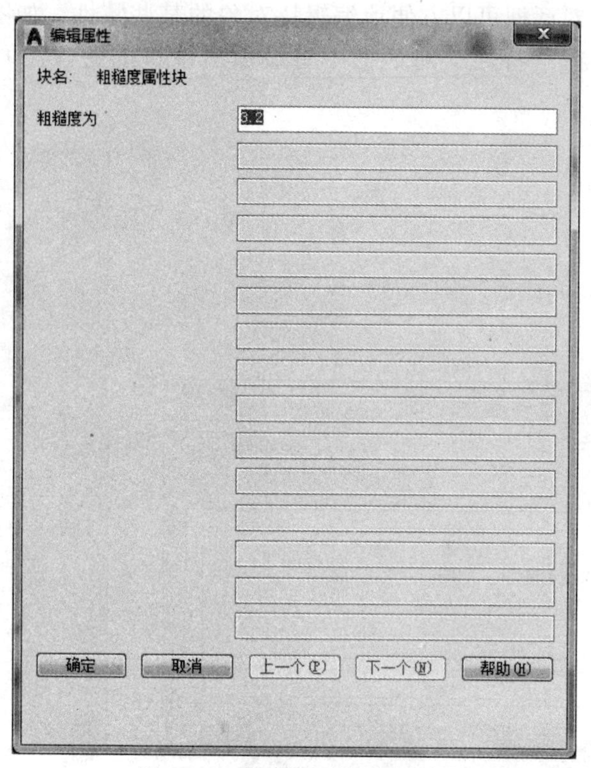

图 8－16 “编辑属性”对话框

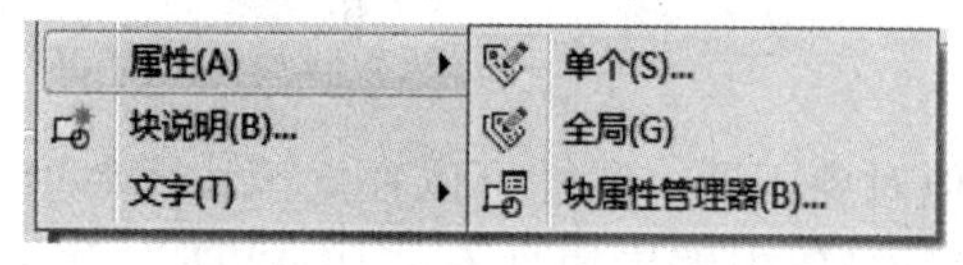

图 8－17 “属性”下拉菜单

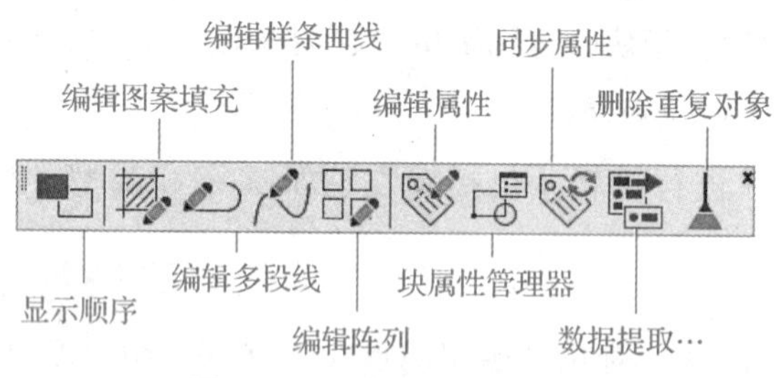

图 8－18 “修改Ⅱ”工具栏

（3）命令行：ATTEDIT↙。

（4）快速选择：双击带属性的块。

提示：选择块：（双击带属性的块）。

此时弹出“增强属性编辑器”对话框，在该对话框中有“属性”“文本选项”和“特性”三个选项卡。

对话框各项说明：

①“属性”：修改属性值。单击“增强属性编辑器”对话框的“属性”选项卡，

对话框形式如图 8－19 所示。在该对话框的列表中显示出块的每个属性标记、属性提示及属性值，选择某一属性，在“值（V）”文本框中显示出相应的属性值，并可以输入新的属性值。

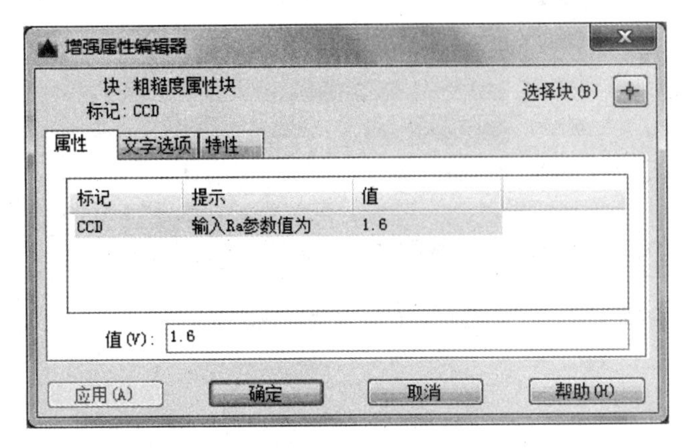

图 8－19 “属性”选项卡

② “文字选项”：修改属性值文本格式。单击“增强属性编辑器”对话框的“文字选项”选项卡，对话框形式如图 8－20 所示。在该对话框的“文本样式（S）”文本框中设置文字样式；在“对正（J）”文本框中设置文字的对齐方式；在“高度（E）”文本框中设置文字高度；在“旋转（R）”文本框中设置文字旋转角度；在“倾斜角度（O）”文本框中设置文字的倾斜角度；“反向（K）”复选按钮用于设置文本是否反向绘制；“倒置（D）”复选按钮用于设置文本是否上下颠倒。

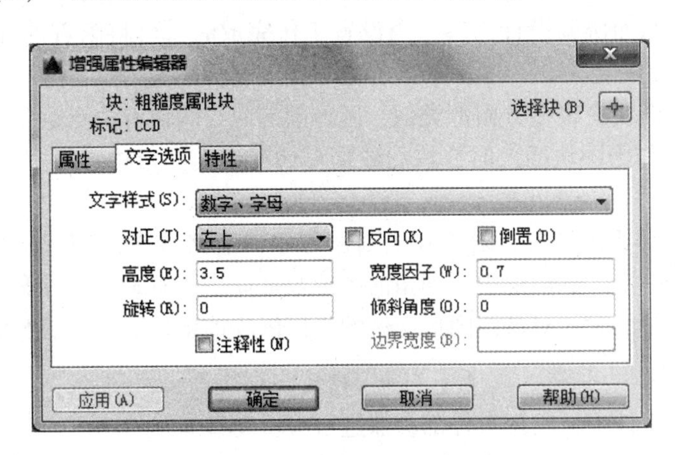

图 8－20 “文字选项”选项卡

③ “特性”：修该属性值特性。单击“增强属性编辑器”对话框的“特性”选项卡，对话框形式如图 8－21 所示。通过该对话框的下拉列表框或文本框修改属性值的“图层（L）”“线型（T）”“颜色（C）”“线宽”及“打印样式”等。

④ “选择块（B）”：单击该按钮返回到绘图窗口，选择要编辑带属性的块。

⑤ “应用（A）”：在“增强属性编辑器”对话框打开情况下确认修改的属性。

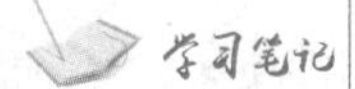

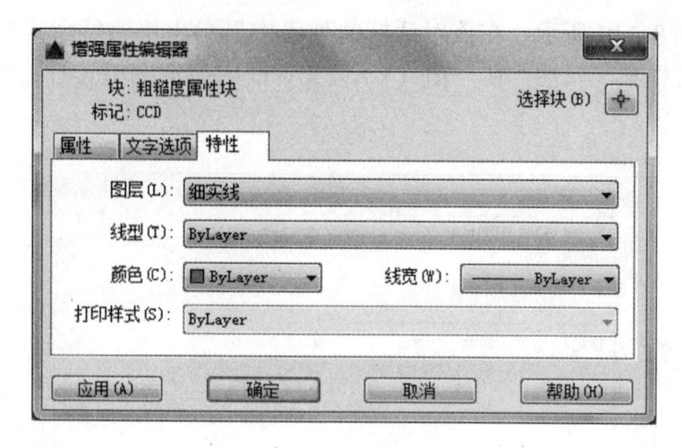

图 8－21 “特性”选项卡

（六）外部参照

1. 外部参照与图块的区别

外部参照（“XREF”命令）是组合图形的一种方法，它可以把已有的图形文件插入到当前图形文件中，并允许在绘制当前图形的同时，显示多达 32 000 个图形参照。不论外部参照的图形文件多么复杂，AutoCAD 都只把它当作一个单独的图形实体。

由于外部参照的图形不是真正插入，每个图形的数据仍分别保存在各自的图形文件中，因而利用外部参照组合的图样比通过块文件构成的图样要小。利用外部参照将有利于几个人共同完成一个设计项目，因为 Xref 使设计者之间可以比较容易地察看对方的设计图样，从而协调设计内容。当设置工作完成时，可将附着的外部参照和用户图形永久地绑定到一起。

外部参照与图块在很多方面都类似，但外部参照与图块有两点重要区别：

（1）将图形作为图块插入时，块的数据存储于当前图形中，但并不随原始图形的改变而更新。

（2）将图形作为外部参照附着在当前图形中，会将该参照图形链接至当前图形，其数据仍存储于一个外部图形中，即当前图形数据库中仅存放了一个外部文件的引用。因此，打开外部参照时，对参照图形所做的任何修改都将显示在当前图形中。

2. 更新外部参照文件

在当前图形文件中，实现对外部参照进行编辑和管理。

（1）菜单式：选择“插入”下拉菜单中的“外部参照管理器”子菜单。

（2）按钮式：单击“参照”工具栏中的图标 （如图 8－22 所示的“参照”工具栏）。

（3）命令行：在命令行中输入“XREF”。

（4）快捷菜单：选择外部参照，在绘图区域右击鼠标，然后在出现的快捷菜单中选择“外部参照管理器”命令。

选择上述任意一种方式调用命令，弹出如图 8－23 所示的对话框。

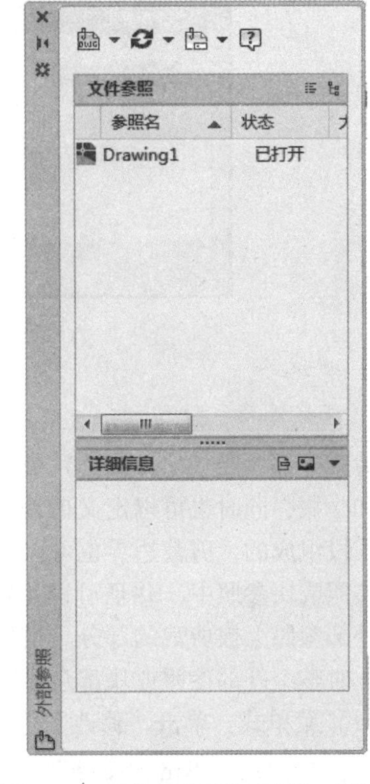

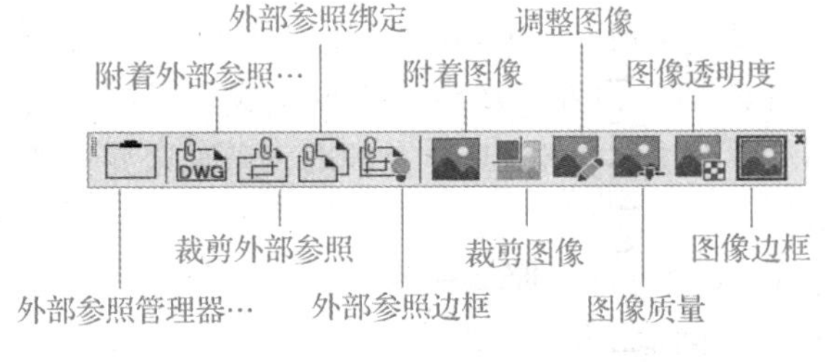

图 8－22　“参照”工具栏

图 8－23　“外部参照管理器”对话框

对话框各项说明：

①“参照名”：即外部参照的文件名。参照名不能与原文件名相同，可单击该文件名重新命名。

②“状态”：用于显示外部参照文件的状态。状态包括“已加载”“已卸载”“未找到”“未融入”“已孤立”等几种类型。

③“附着”：单击该按钮，打开“外部参照”对话框，在该对话框中可以选择需要插入到当前图形文件中的外部参照文件。

④“拆离”：单击该按钮，将从当前图形文件中移去一个不再需要的外部参照图形文件。

⑤“重载”：在不退出当前图形的情况下，更新外部参照文件。

⑥“卸载”：单击该按钮，将从当前图形中移走不需要的外部参照文件，但移走后仍保留该参照文件的路径，当需要再参照该图形文件时，单击“重载（R）”按钮即可。

⑦“绑定”：在当前图形文件中将一个外部参照图形文件转变为块。单击该按钮，弹出“外部参照绑定”对话框，如图 8－24 所示。

“绑定”单选按钮，将外部参照图形文件以绑定形式转换为块；“插入”单选按钮，将外部参照的图形文件以插入方式转换为块。

⑧“发现外部参照于”：显示当前外部参照文件的位置。可以通过“浏览”按钮查看和改变，也可以通过“保存路径”按钮将其保存。

学习笔记

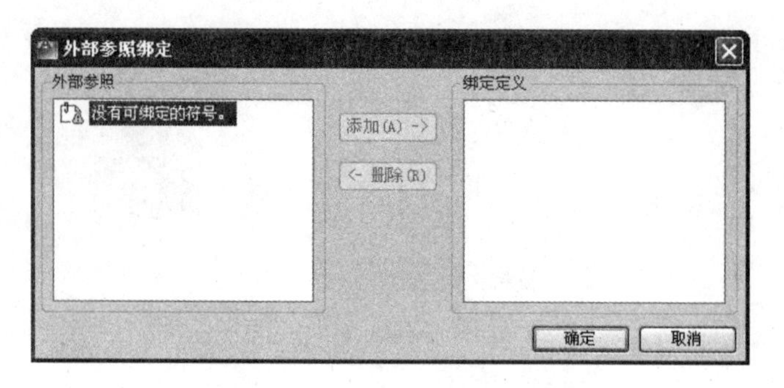

图 8－24 “外部参照绑定”对话框

3. 剪裁外部参照

剪裁外部参照（“XCLIP”）命令用于剪裁外部参照和块参照，以控制某些对象的显示和隐藏，同时也可以定义剪裁边界和前后剪裁平面。剪裁边界是由位于同一平面的直线段组成的，剪裁边界也可以通过多段线生成。“XCLIP”可以应用于单个或多个外部参照或块参照中，并且可以生成或删除剪裁边界、从剪裁边界生成多段线，或不显示外部参照上被剪裁的部分。当外部参照或块的“XCLIP”关闭时，剪裁边界将被忽略，此时整个外部参照或块都会显示出来。

（1）菜单式：单击“修改”/“剪裁”/“外部参照”命令。

（2）按钮式：单击“参照”工具栏中的图标。

（3）命令式：在命令行中输入“XCLIP”或“XC”。

选择上述任意一种方式调用命令后，命令窗口提示：

命令：XCLIP↙

选择对象：(选取参照的图形)

选择对象：↙（结束选择）

输入剪裁选项：

[开（ON)/关（OFF)/剪裁深度（C)/删除（D)/生成多线段（P)/新建边界（N)]〈新建边界〉：(输入选择项)

命令各个选项说明：

（1）“开（ON)”：用于打开外部参照剪裁功能。为参照图形定义了剪裁边界及前后剪裁面后，在主图形中仅显示剪裁边界、前后剪裁面之内的参照图形部分。

（2）“关（OFF)”：用于关闭外部参照剪裁功能，选择该选项后可显示全部参照图形，不受边界的限制。

（3）“剪裁深度（C)”：用于为参照的图形设置前后剪裁面。

（4）“删除（D)”：用于删除指定外部参照的剪裁边界。

（5）“生成多线段（P)”：用于自动生成一条与剪裁边界相对应的多线段。

（6）“新建边界（N)”：用于设置新的剪裁边界。

后续提示：

指定剪裁边界：[选择多段线（S)/多边形（P)/矩形（R)]〈矩形〉：(输入选择项)

其中“S”选项，可以选择已有的多段线作为剪裁边界；“P”选项，可以绘制一条封闭的多边形作为剪裁边界；“R”选项，可以绘制一个矩形作为剪裁边界。

设置剪裁边界后，利用系统变量 XCLIPFRAME 可控制是否显示该剪裁边界，设置为 0 时不显示，设置为 1 时显示。

学习笔记

4. 编辑外部参照

用户可对在当前图形中选择的外部参照或块参照进行少量的修改，而不必打开参照图形或分解和重定义块。

（1）菜单式：单击“修改”下拉菜单→“外部参照和块编辑”→“在位编辑参照”命令。

（2）按钮式：单击“参照编辑”工具栏中的图标 。

（3）命令式：在命令行中输入“REFEDIT”。

选择上述任意一种方式调用命令后，命令窗口提示：

命令：REFEDIT↙

选择参照：(选择块或外部参照的在位编辑块目标)

此时，弹出“参照编辑”对话框，在该对话框中有“标识参照”和“设置”两个选项卡，分别用来对外部参照或插入的块中的某个图形对象进行编辑。在“参照编辑”对话框中，单击“标识参照”选项卡，对话框形式如图 8－25 所示；单击“设置”选项卡，对话框形式如图 8－26 所示。

图 8－25 “标识参照”选项卡

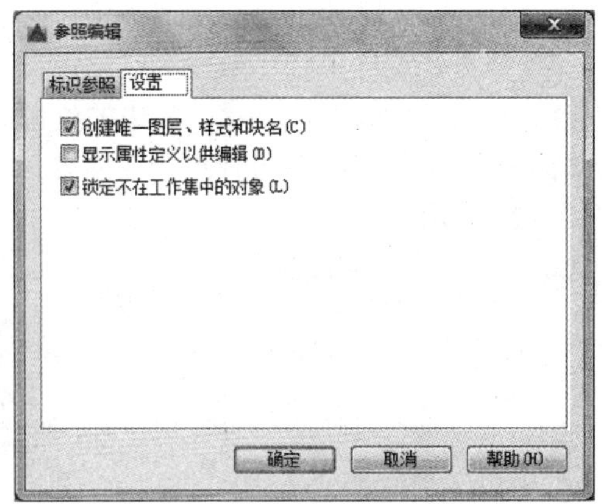

图 8－26 “设置”选项卡

当该对话框设置完成并单击“确定”按钮后，可以对选择的块或外部参照图形实体进行编辑修改，并可通过弹出的“参照编辑”工具条（图 8－27）或通过下拉菜单的有关选项，对块及外部参照进行各种编辑操作。

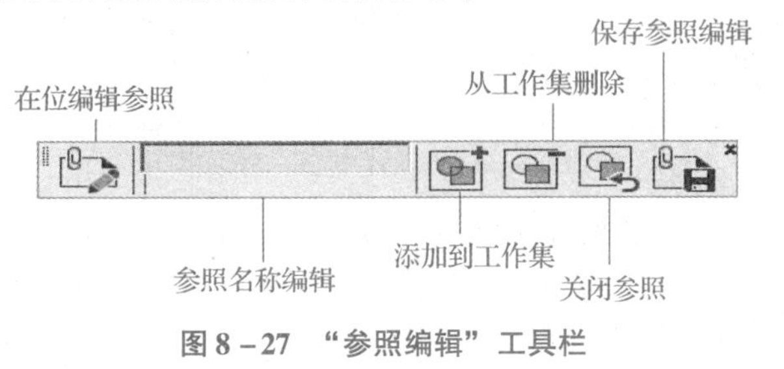

图 8－27 “参照编辑”工具栏

（七）设计中心

对一个绘图项目来讲，重用和分享设计内容，是管理一个绘图项目的基础，用 AutoCAD 2020 设计中心可以管理块、外部参照、渲染的图像以及其他设计资源文件的内容。

AutoCAD 2020 设计中心提供了观察和重用设计内容的强大工具，用它可以浏览系统内部的资源、查看图形文件中命名对象的定义，并将其插入、附着、复制和粘贴到当前图形中，将图形文件（.dwg）从控制板拖放到绘图区域中即可打开图形，而将光栅文件从控制板拖放到绘图区域中则可查看和附着光栅图像。此外，还可以从 Internet 上下载有关内容，等等。

1. 设计中心的启动及界面

启动 AutoCAD 设计中心的方法如下：

（1）菜单式：选择“工具”下拉菜单中的“设计中心”子菜单。

（2）按钮式：单击“参照工具栏”中的图标。

（3）命令式：在命令行中输入“ADCENTER”或“ADC”。

（4）快捷键：[Ctrl]+[2]。

选择上述任意一种方式调用命令。

命令：ADCENTER↙

系统打开设计中心。第一次启动设计中心时，其默认打开的选项卡为“文件夹”。内容显示区采用大图标显示，左边的资源管理器采用 tree view 显示方式显示系统的树形结构，在浏览资源的同时，会在内容显示区显示所浏览资源的有关细目或内容，如图 8－28 所示。

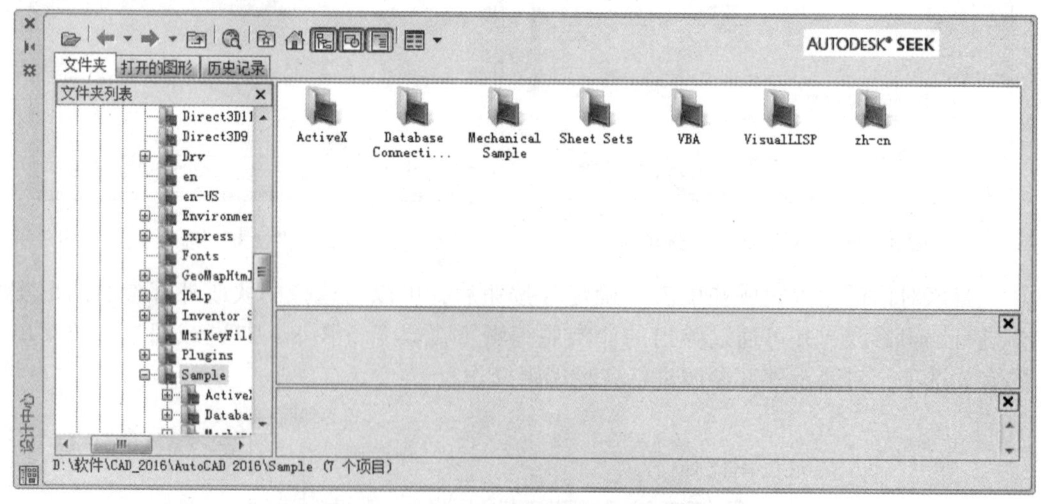

图 8－28 “设计中心”对话框

可以依靠鼠标拖动边框来改变 AutoCAD 设计中心资源管理器和内容显示区以及 AutoCAD 绘图区的大小，但内容显示区的最小尺寸应能显示两列大图标。

如果要改变 AutoCAD 设计中心的位置，则可在设计中心工具条的上部用鼠标拖动它，松开鼠标后，AutoCAD 设计中心便处于当前位置，到新位置后，仍可以用鼠标改变各窗口的大小。此外，也可以通过设计中心边框左边下方的“自动隐藏”按钮来自动隐藏设计中心。

AutoCAD 设计中心的界面介绍。

（1）选项卡。

如图 8－24 所示，AutoCAD 设计中心有以下 4 个选项卡：

①“文件夹”选项卡：显示设计中心的资源，如图 8－24 所示。该选项卡与 Windows 资源管理器类似。“文件夹”选项卡可显示导航图标的层次结构，包括网络和计算机、web 地址（URL）、计算机驱动器、文件夹、图形和相关的支持文件、外部参照、布局、填充样式和命名对象，以及图形中的块、图层、线型、文字样式、标注样式和打印样式。

②“打开的图形”选项卡：显示在当前环境中打开的所有图形，其中包括最小化了的图形，如图 8－29 所示。此时选择某个文件，就可以在右边的显示框中显示该图形的有关设置，如标注样式、布局块、图层外部参照等。

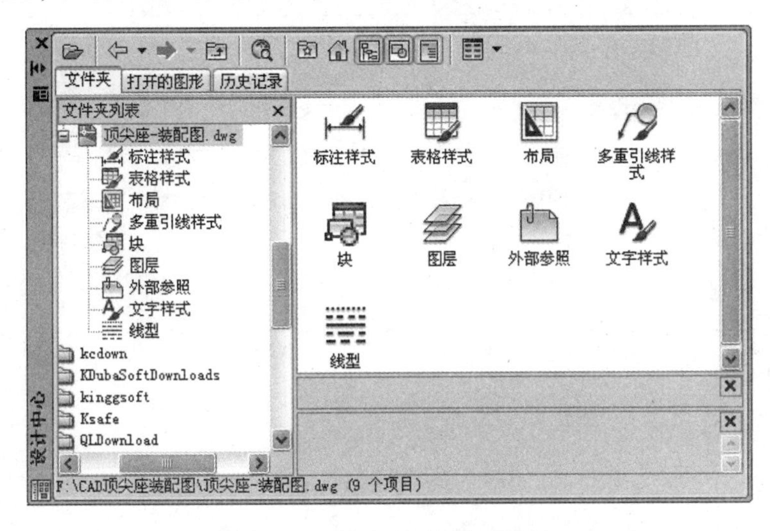

图 8－29 “打开的图形”选项卡

③“历史记录”：显示用户最近访问过的文件，包括这些文件的具体路径，如图 8－30 所示。双击列表中的某个图形文件，可以在“文件夹”选项卡中的树状视图中定位此图形文件并将其内容加载到内容区域中。

④“联机设计中心”：通过联机设计中心，用户可以访问数以万计的预先绘制的符号、制造商信息以及集成商站点。当然，前提是用户的计算机必须与网络连接。

（2）工具栏。

设计中心窗口顶部有一系列的工具按钮，包括“加载”“上一页”“下一页”“上一级”“搜索”“收藏夹”“主页”“树状图切换”“预览”“说明”和“视图”等。

①“加载”：打开“加载”对话框，用户可以利用该对话框从 Windows 桌面、收藏夹或 Internet 网加载文件。

②“搜索”：查找对象。单击该按钮，即打开“搜索”对话框，如图 8－31 所示。

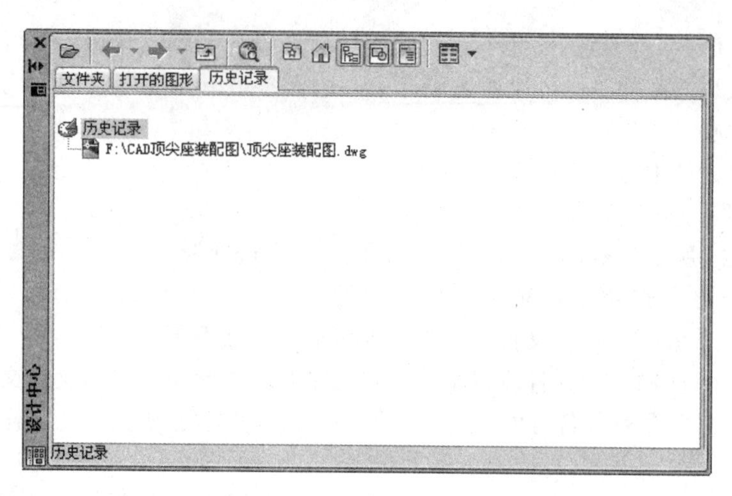

图 8－30 “历史记录”选项卡

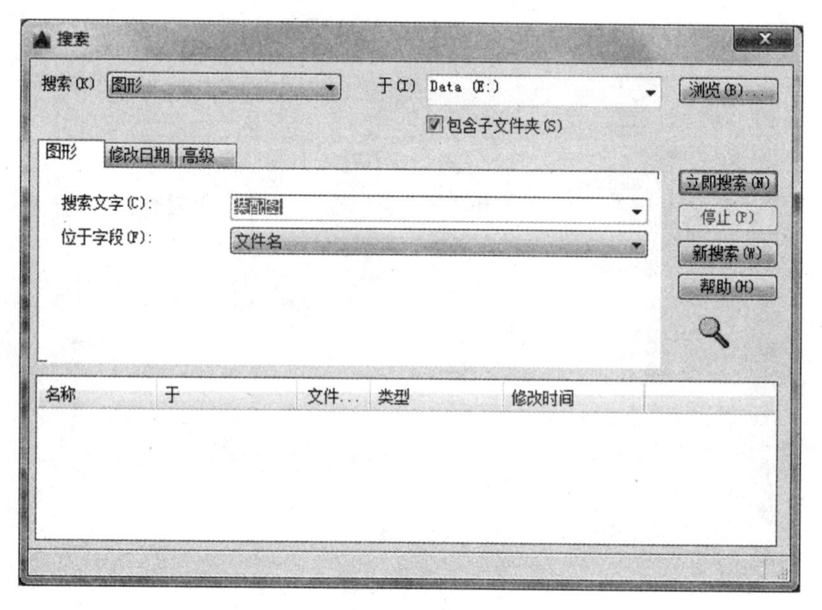

图 8－31 “搜索”对话框

③“收藏夹”：在“文件夹列表”中显示 Favorites/Autodesk 文件夹中的内容，用户可以通过收藏夹来标记存放在本地磁盘、网络驱动器或 Internet 网页上的内容，如图 8－32 所示。

④“主页”：快速定位到设计中心文件夹中，该文件夹位于 AutoCAD/Samples 下，如图 8－33 所示。

2. 查找内容

如图 8－31 所示，可以单击“搜索”按钮寻找图形和其他的内容，在设计中心可以查找的内容有图形、填充图案、填充图案文件、图层、块、图形和块、外部参照、文字样式、线型、标注样式和布局等。

学习笔记

图 8－32 “收藏夹”对话框

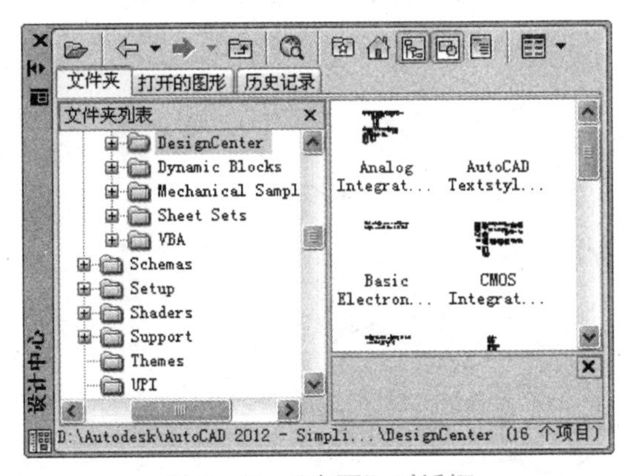

图 8－33 “主页”对话框

在“搜索”对话框中有 3 个选项卡，分别给出 3 种搜索方式，即通过“图形”信息搜索、通过“高级”信息搜索、通过“修改日期”信息搜索。

3. 插入图块

用户可以将图块插入到图形当中。当将一个图块插入到图形当中时，块定义就被复制到图形数据库当中。在一个图块被插入图形之后，如果原来的图块被修改，则插入到图形当中的图块也随之改变。

当其他命令正在执行时，不能插入图块到图形当中。例如，如果插入块时，在提示行正在执行一个命令，此时光标变成一个带斜线的圆，提示操作无效。此外，通常一次只能插入一个图块。

系统根据鼠标拉出线段的长度与角度确定比例和旋转角度。插入图块的步骤如下：

（1）从文件夹列表或查找结果列表选择要插入的图块，按住鼠标左键，将其拖动到打开的图形。

松开鼠标左键，此时被选择的对象被插入到当前被打开的图形当中。利用当前设置的捕捉方式，可以将对象插入到任何存在的图形当中。

（2）按下鼠标左键，指定一点作为插入点，移动鼠标，鼠标位置点与插入点之间距离为缩放比例。按下鼠标左键确定比例。同样方法移动鼠标，鼠标指定位置与插入点连线和水平线角度为旋转角度，被选择的对象就根据鼠标指定的比例和角度插入到图形当中。

（八）创建面域

面域（REGION）是指二维的封闭图形，它可由直线、多段线、圆、圆弧及样条曲线等对象围成，但应保证相邻对象间共享连接的端点，否则将不能创建面域。

（1）菜单式：选择“绘图”下拉菜单中的“面域”子菜单。

（2）命令式：在命令行中输入“REGION”或“REG”。

（3）按钮式：单击“绘图”工具栏中的图标 。

启动 REGION 命令后，用户选择一个或多个封闭图形，就能创建出面域。

面域是一个单独的实体，具有面积、周长、形心等几何特征，使用“面域”命令并采用“并”“交”“差”等布尔运算可构造不同形状的图形，图 8－34 显示了三种布尔运算的结果。

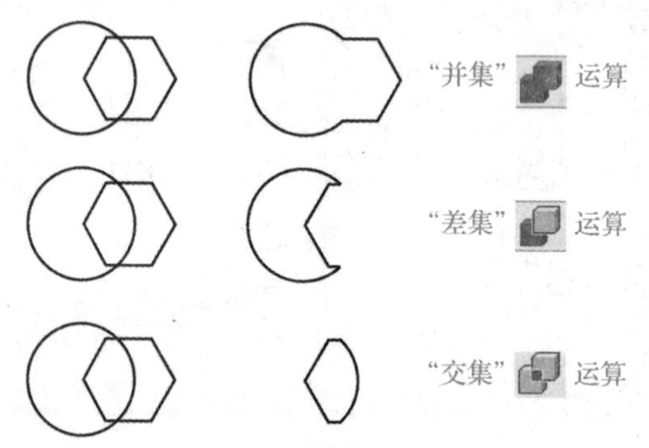

图 8－34 “面域”的三种布尔运算

［例 8－1］ 创建并阵列面域，结果如图 8－35 所示。

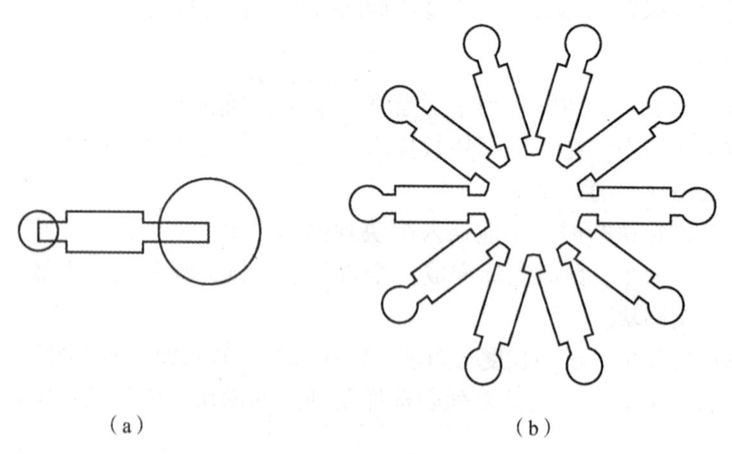

图 8－35 创建并阵列面域

（1）运用“圆”和“直线”命令绘制如图 8－35（a）所示图形。

（2）运用“面域”命令创建 3 个面域，再用“并集”命令进行“和”运算，结果如图 8－36（a）所示。

（3）运用“阵列”命令进行环形阵列，结果如图 8－36（b）所示。

(4) 用“并集” 运算，将阵列所得 10 个面域进行“并”运算，结果如图 8－35 (b) 所示。

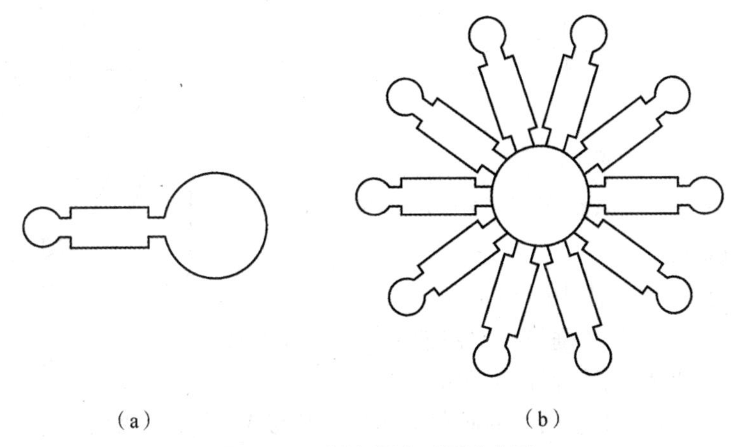

(a) (b)

图 8－36 创建并阵列面域步骤

(九) 计算图形面积及周长

计算对象或指定区域的面积和周长。

(1) 菜单式：单击“工具”/“查询”/“面积”命令。

(2) 命令式：在命令行中输入“AREA”或“AA”。

(3) 按钮式：单击“查询”工具栏中的图标 。

(十) 测量距离及角度

DIST 命令可测量图形对象上两点之间的距离，同时，还能计算出与两点连线相关的某些角度。

DIST 命令显示测量值的意义如下。

(1) 距离：两点间的距离。

(2) *XY* 平面中的倾角：两点连线在 *XY* 平面上的投影与 *X* 轴间的夹角。

(3) 与 *XY* 平面的夹角：两点连线与 *XY* 平面间的夹角。

(4) *X* 增量：两点的 *X* 坐标差值。

(5) *Y* 增量：两点的 *Y* 坐标差值。

(6) *Z* 增量：两点的 *Z* 坐标差值。

(十一) 列出对象的图形信息

LIST 命令将列表显示对象的图形信息，这些信息随对象类型不同而不同，一般包括以下内容：

(1) 对象类型、图层及颜色等。

(2) 对象的一些几何特性，如线段的长度、端点坐标、圆心位置、半径大小、圆的面积及周长等。

学习笔记

学习笔记

［例 8－2］ 如图 8－37 所示平面图形，图中的孔与槽均为通孔、通槽。试计算以下内容。

（1）圆心 A 到中心线 B 的距离；

（2）中心线 B 的倾斜角度；

（3）图形外轮廓线的周长；

（4）图形面积。

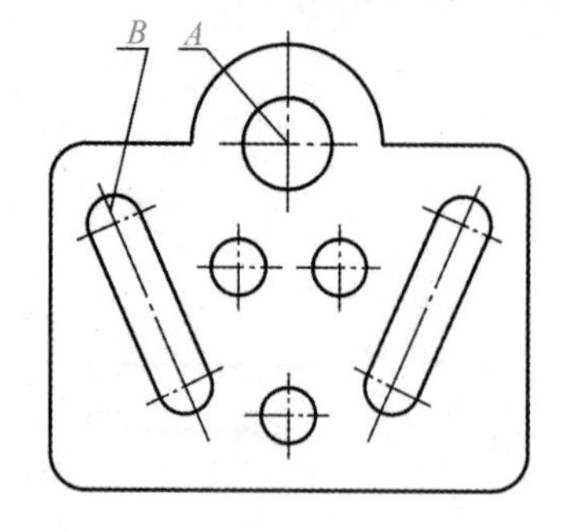

图 8－37 平面图形

解析：（1）计算距离。

①单击“查询”工具栏中的“距离”按钮。

②命令：LIST↙

指定第一点：（单击图中圆心 A 点）

指定第二点：（打开“垂足”对象捕捉模式，光标放到中心线 B 处，出现垂足捕捉标记即单击）。

距离＝42.173 3，XY 平面中的倾角＝204，RE 与 XY 平面的夹角＝0

X 增量＝－38.527 2，Y 增量＝－17.153 4，Z 增量＝0.000 0

（自动测量距离为：42.173 3）

（2）计算倾斜角度。

①单击“查询”工具栏中的“距离”按钮。

②命令：LIST↙

指定第一点：（单击图中心线端点 C 点）

指定第二点：（单击图中心线端点 D 点，如图 8－38 所示）

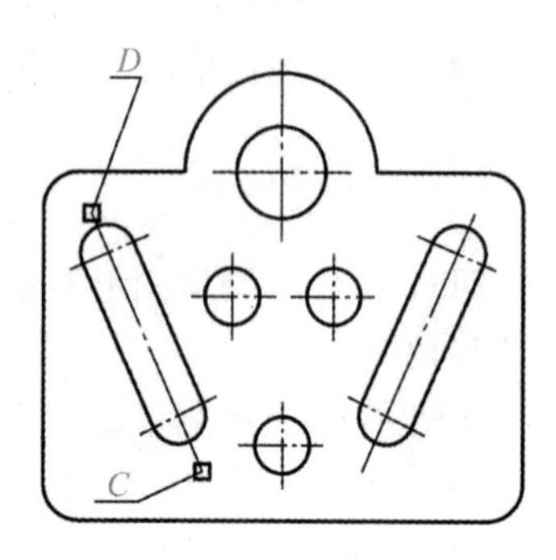

图 8－38 计算倾角

距离＝62.124 9，XY 平面中的倾角＝114，

与 XY 平面的夹角＝0

X 增量＝－25.268 5，Y 增量＝56.753 9，

Z 增量＝0.000 0

（自动测量倾斜角度为：114）

（3）计算周长。

①运用“面域”命令创建 1 个面域。

命令：REGION↙

选择对象：找到 1 个（在圆弧上任意单击点 E）

选择对象：找到 1 个，总计 2 个（图中单击点 F）

选择对象：找到 1 个，总计 3 个（图中单击点 G）

选择对象：↙（如图 8－39 所示）

已提取 1 个环，已创建 1 个面域。

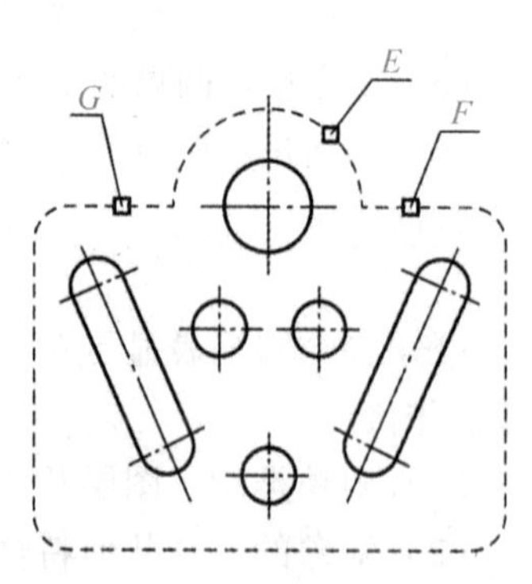

图 8－39 创建面域、计算周长

②单击“查询”工具栏中的“面积”  按钮。

③命令：area↙

指定第一个角点或［对象(O)/加（A)/减（S)］：O↙

选择对象：（单击上述刚创建好的面域）

面积 =8 515.618 4，周长 =367.648 3

自动测量图形外轮廓线的周长为：367.648 3。

（4）计算图形面积。

①运用“面域”命令将图中的4个圆孔和2个长圆槽创建6个面域。

②运用“差集”命令进行“减”运算，即将上述计算周长创建好的面域减去6个通孔、通槽。

③命令：subtract↙

选择要从中减去的实体或面域...

选择对象：找到1个（单击计算周长创建好的面域）

选择对象：↙

选择要减去的实体或面域...

选择对象：找到1个

选择对象：找到1个，总计2个

选择对象：找到1个，总计3个

选择对象：找到1个，总计4个

选择对象：找到1个，总计5个

选择对象：找到1个，总计6个（依次单击通孔、通槽创建好的6个面域）

选择对象：↙（面域“差集”运算结果如图8－40所示）

④命令：area↙

指定第一个角点或［对象（O）/加（A）/减（S）］：O↙

选择对象：↙

面积 =6 632.199 8，周长 =776.140 7（自动测量图形面积为：6 632.199 8）

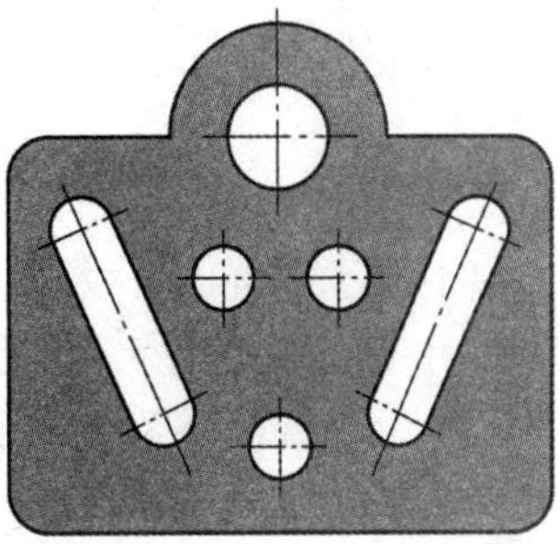

图8－40　面域“差集”运算

［例8－3］　试计算如图8－41（a）所示平面图形的面积及周长，计算如图8－41（b）所示带长及两个大带轮的中心距。

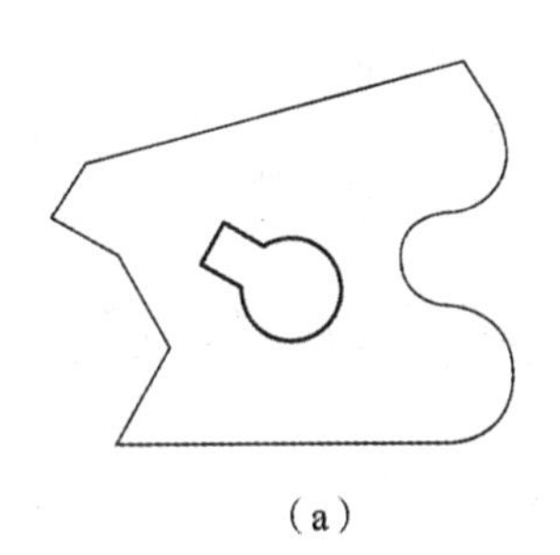

（a）

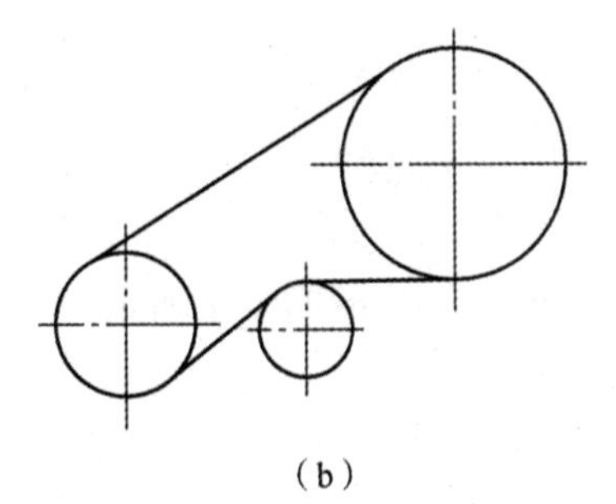

（b）

图8－41　面域“差集”运算

解析：（1）计算8－41（a）所示图形面积及周长。

①运用“面域”命令将图8－41（a）中的2个封闭线框创建为2个面域。

学习笔记

②运用“差集”命令进行“减”运算

命令：subtract↙

选择要从中减去的实体或面域...

③命令：area↙

指定第一个角点或［对象（O）/加（A）/减（S）］：O↙

选择对象：↙

由此即可得到面积和周长。

（2）计算如图8－41（b）所示带长及两个大带轮的中心距。

带长计算方法与上述相同，这里不再赘述。

计算两个大带轮的中心距：

①单击“查询”工具栏中的“距离”按钮；

②命令：LIST↙

指定第一点：（单击图中左下角圆的圆心点）

指定第二点：（单击右上角大圆的圆心点）

由此即可得到所求的距离。

四、项目实施

任务一：

（1）调整屏幕显示大小，打开“显示/隐藏线宽”状态按钮，进入“AutoCAD经典”工作空间，建立一新无样板图形文件，保存此空白文件，文件名为“螺栓连接.dwg”，注意在绘图过程中每隔一段时间保存一次。

（2）打开状态栏的“极轴、对象捕捉和对象追踪”辅助绘图工具按钮；设置图层，设置粗实线、细实线和中心线3个图层，图层参数如表8－1所示。

表8－1　图层设置参数

图层名	颜色	线型	线宽	用途
CSX	蓝色	Continuous	0.50 mm	粗实线
ZXX	红色	CENTER2	0.25 mm	中心线
XSX	黑色	Continuous	0.25 mm	细实线

（4）绘制图形，绘制如图8－1所示两个钻有通孔的薄板工件和螺栓连接图，最后创建图块。

（5）要求：按照规定尺寸画图，线型符合国标，不标注尺寸。

参考步骤如下：

①调整屏幕显示大小，打开“显示/隐藏线宽”和“极轴追踪”状态按钮，在“草图设置”对话框中选择“对象捕捉”选项卡，设置“交点”“端点”和“中点”等捕捉模式，并启用对象捕捉。

②按照给定尺寸 1∶1 绘制两个钻有通孔的薄板工件。

a. 将“ZXX”图层设为当前图层，调用“直线”命令绘制中心线（基准线），再将“CSX”图层设为当前图层，运用“直线”命令和“偏移”命令绘制、编辑出薄板的轮廓，如图 8 –42 所示。

b. 运用“直线”命令辅助边界，将“XSX”图层设为当前图层，调用“图案填充”命令绘制薄板的剖面线，再“删除”辅助边界线，结果如图 8 –43 所示。

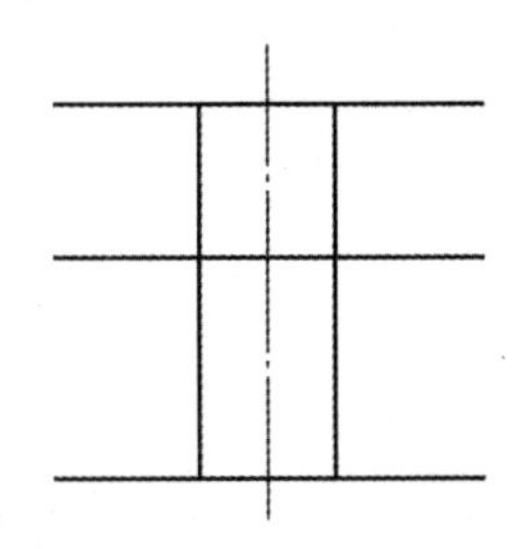

图 8 –42　绘制中心线和薄板轮廓

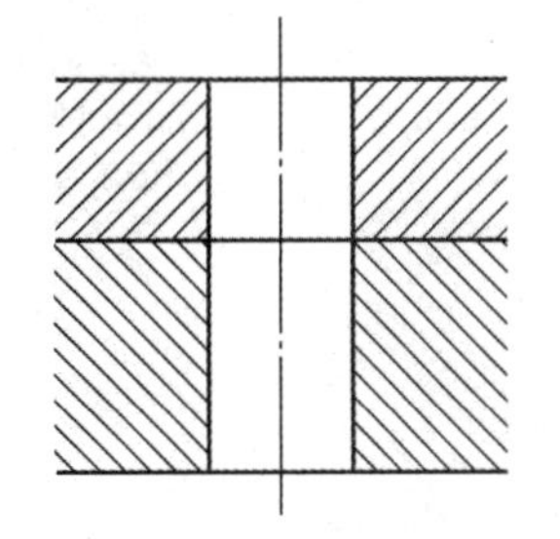

图 8 –43　绘制剖面线

③绘制螺栓连接图。

a. 将“ZXX”图层设为当前图层，调用“直线”命令绘制中心线（基准线），再将“CSX”图层设为当前图层，运用“直线”命令和“偏移”命令绘制、编辑出螺栓连接图的粗实线，如图 8 –44 所示。

b. 将“XSX”图层设为当前图层，调用“直线”命令绘制螺纹小径线，完成螺栓连接图。结果如图 8 –45 所示。

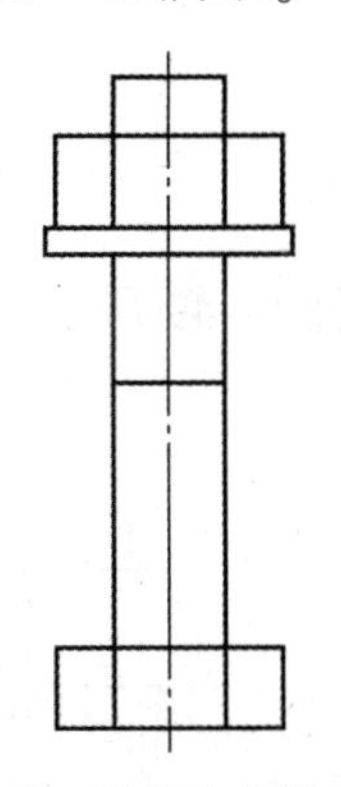

图 8 –44　绘制、编辑出螺栓连接图粗实线

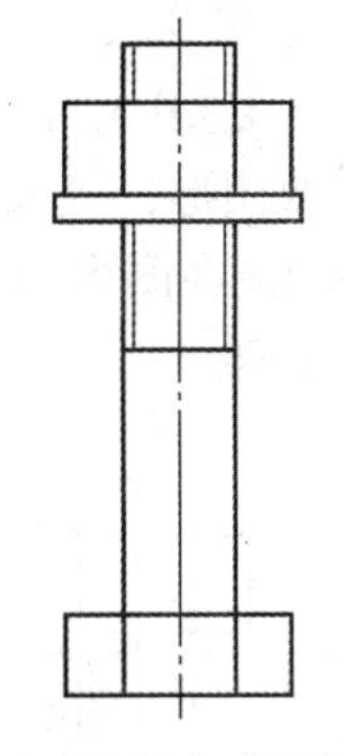

图 8 –45　绘制完成螺栓连接图

④将上述已绘制完的螺栓连接图写块。

a. 执行 WBLOCK 命令。

命令：WBLOCK↙（弹出如图 8 –46 所示“写块”对话框）

指定插入基点：（捕捉螺栓头部中点 A，如图 8 –47 所示）

选择对象：

指定对角点：找到 36 个

选择对象：↙

保存到 E：\ 螺栓连接图块 . dwg。

由此即完成螺栓连接图写块。

学习笔记

图 8-46　螺栓连接写块

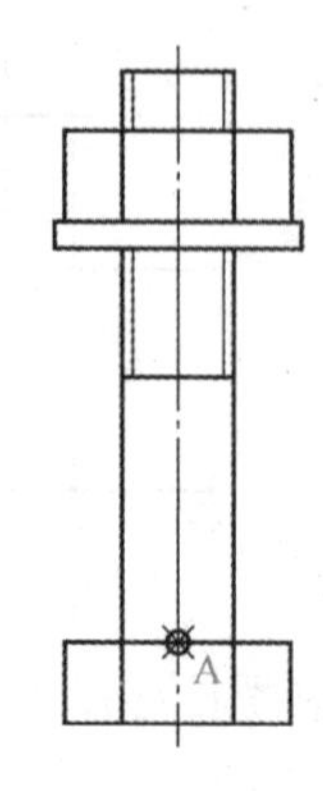

图 8-47　指定图块插入基点

b. 插入图块。

命令：INSERT↙（弹出“插入-块”对话框）

指定块的插入点：（捕捉薄板孔中点 *A*，如图 8-48 所示）

指定 XYZ 轴比例因子：↙

指定旋转角度 <0>：↙

c. 编辑修改图形，完成任务一。

利用图块功能在图形中插入的螺栓连接图结果如图 8-49 所示。

（6）保存文件。

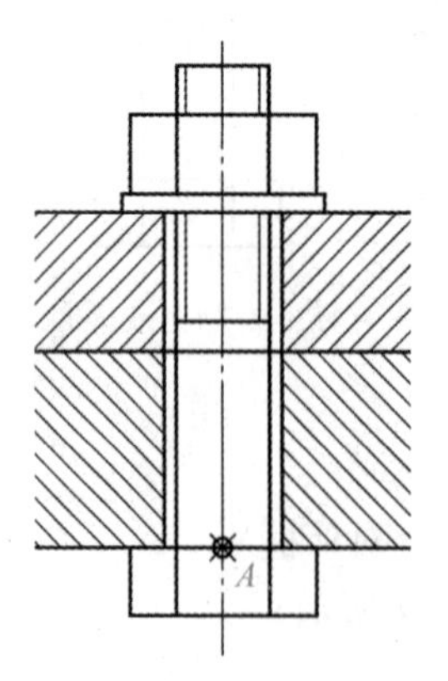

图 8-48　插入螺栓连接图块

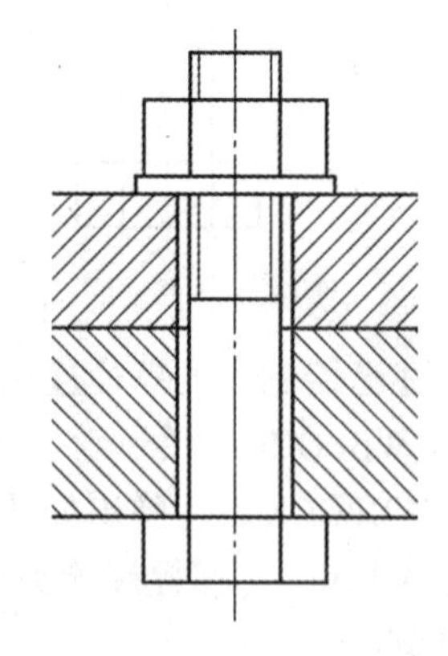

图 8-49　编辑完成螺栓连接

任务二：

（1）调整屏幕显示大小，打开“显示/隐藏线宽”状态按钮，进入“AutoCAD 经典”工作空间，建立一新无样板图形文件，保存此空白文件，文件名为“标题栏

. dwg”，注意在绘图过程中每隔一段时间保存一次。

（2）打开状态栏的“极轴、对象捕捉和对象追踪”辅助绘图工具按钮；设置图层，设置粗实线、细实线和文字 3 个图层，图层设置参数如表 8 – 2 所示。

表 8 – 2　图层设置参数

图层名	颜色	线型	线宽/mm	用途
CSX	蓝色	Continuous	0. 50	粗实线
XSX	红色	Continuous	0. 25	粗实线
WZ	黑色	Continuous	0. 25	文字

（3）绘制图形，绘制如图 8 – 2（a）所示的标题栏各框格，并运用单行文字填写参数值和标题栏的内容（将固定不变的内容作为图形，而变化的作为属性）。要求：按照规定比例画图，线型符合国标，文字大小按照规定字号书写，不标注尺寸。结果如图 8 – 50 所示。

比例　材料　数量

制图

审核

图 8 – 50　绘制标题栏各框格、填写标题栏中固定不变的的内容

（4）定义带属性的标题栏图块并将其写块、插入图块。

参考步骤如下：

①将“XSX”图层设为当前图层，调用“直线”命令绘制辅助线，结果如图 8 – 51 所示。

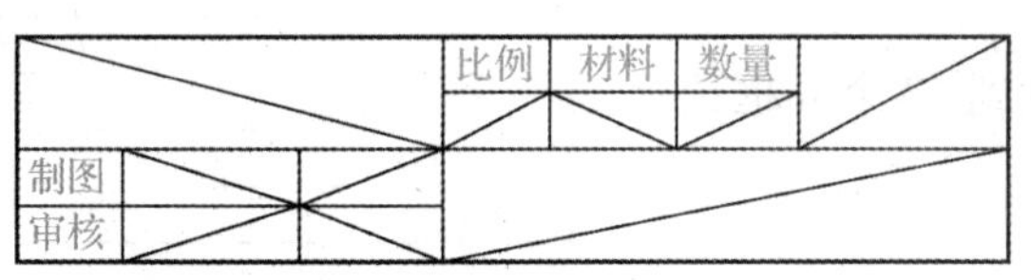

图 8 – 51　绘制标题栏框格中的辅助线

②定义标题栏中的属性。

a. 定义“制图”属性的方法：

命令：ATTDEF↙（弹出如图 8 – 52 所示“属性定义”对话框）

指定起点：（捕捉辅助线中点并单击）

结果如图 8 – 53 所示。

b. 定义标题栏中其他的属性，方法同上，结果如图 8 – 54 所示。

c. 删除对角辅助线，结果如图 8 – 55 所示。

③将上述标题栏属性块写块。

命令：WBLOCK↙（弹出如图 8 – 46 所示“写块”对话框）

指定插入基点：（捕捉标题栏右下直角点）

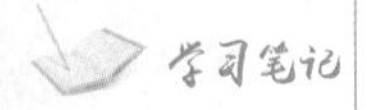

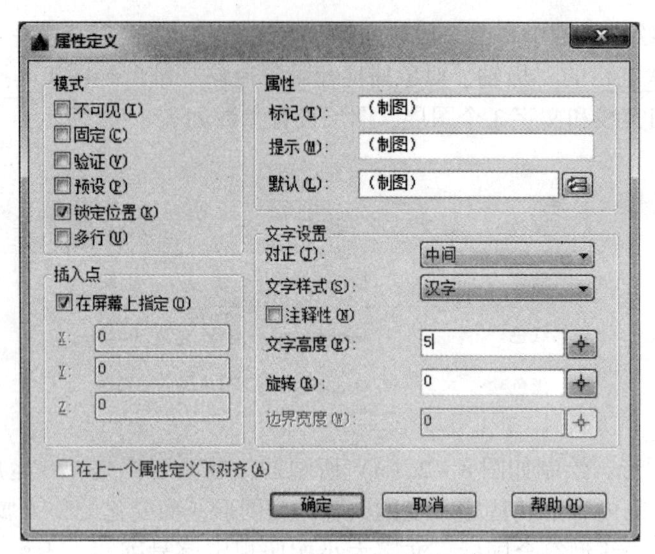

图 8－52　定义“制图”属性对话框设置

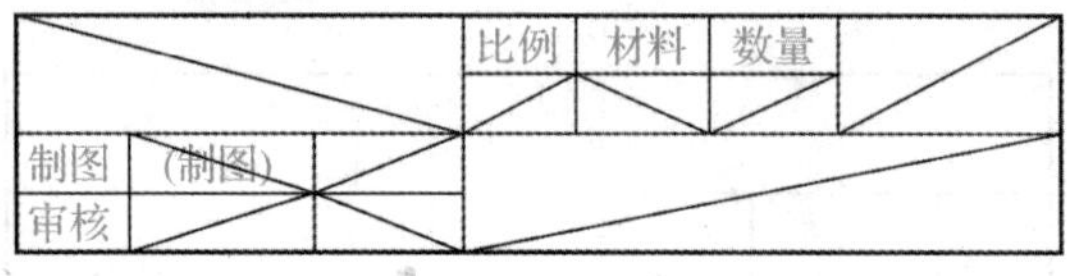

图 8－53　在标题栏中定义“制图”属性

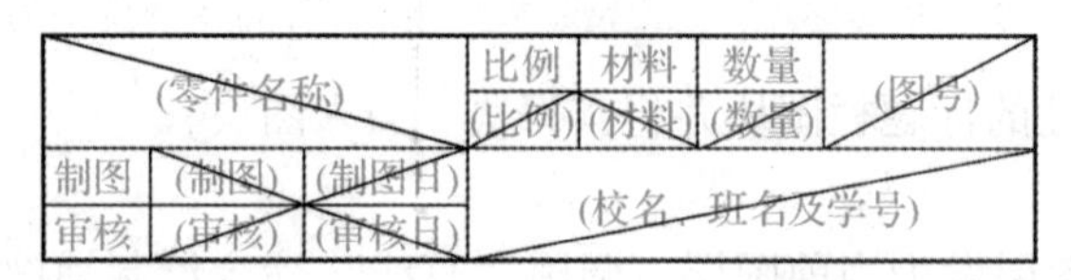

图 8－54　在标题栏中定义其他属性

选择对象：

指定对角点：找到 27 个（框选标题栏）

选择对象：↙

保存到 E:\标题栏图块 . dwg。

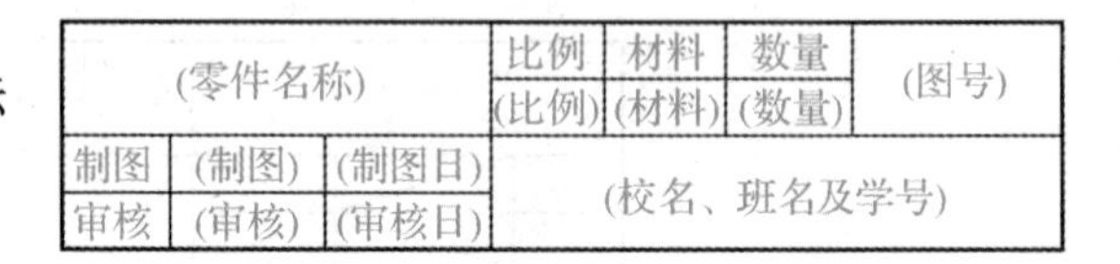

图 8－55　删除标题栏中的辅助线

由此即完成标题栏属性写块。

④插入图块（将已创建的带属性图块插入绘图区的图框右下角，生成如图 8－2（b）所示的标题栏）。

命令：INSERT↙（弹出“插入－块”对话框）（其中对话框中的“分解”复选框不勾选）

指定块的插入点或［基点（B）/比例（S）/旋转（R）］：（捕捉图框右下角 *B* 点，如图 8－56 所示）指定比例因子 <1>：↙

指定旋转角度 <0>：↙

输入属性值：

（校名、班名及学号）<（校名、班名及学号）>：×××学院××机制××班××号

（图号）<（图号）>：A2

（数量）<（数量）>：1
（材料）<（材料）>：HT200
（比例）<（比例）>：1：1
（零件名称）<（零件名称）>：轴承座
（审核日）<（审核日）>：1月8日
（制图日）<（制图日）>：1月6日
（审核）<（审核）>：黄老师
（制图）<（制图）>：张三

图 8－56　将已创建的带属性图块插入绘图区的图框右下角

完成任务二（创建标题栏属性块并将已创建的属性图块插入图框的右下角）。

结果如图 8－56 所示。

（5）保存文件。

五、课后练习

1. 绘制如下图形，并定制成带属性的粗糙度、基准属性图块。

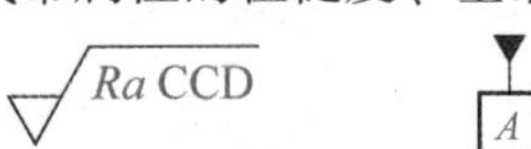

2. 按如图 8－57（a）所示尺寸创建名称为“CCD”表面粗糙度属性图块，完成如图 8－57（b）所示平面图形，并标注表面粗糙度。

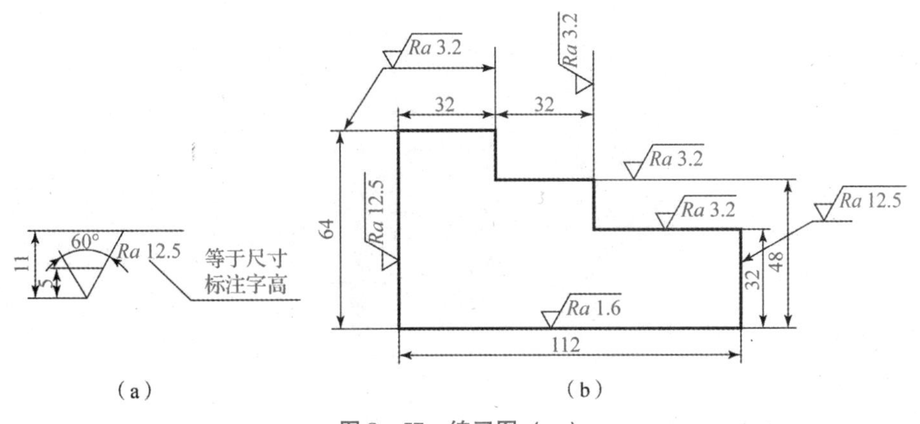

图 8－57　练习图（一）

3. 练习创建及插入图块。

（1）绘制如图 8－58（a）所示图形。将螺栓头及垫圈定义为图块，块名为“螺栓头部”，插入点为 *A* 点。

学习笔记

（2）插入图块，结果如图 8 - 58（b）所示。

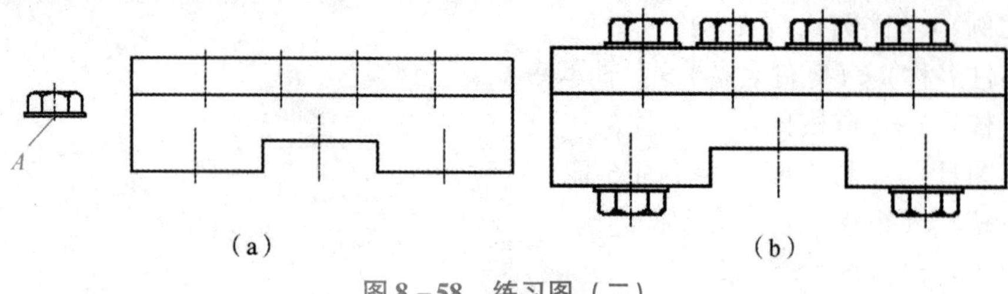

图 8 - 58　练习图（二）

学习笔记

项目九　绘制传动轴零件图

一、项目目标

（一）知识目标

（1）掌握尺寸标注样式的设置方法；

（2）掌握“线性标注”“对齐标注”“半径标注”“直径标注”“角度标注”及“尺寸公差标注”命令的操作方法。

（二）能力目标

（1）能够根据零件尺寸标注要求设置尺寸标注样式；

（2）能够运用“线性标注”“对齐标注”“半径标注”“直径标注”“角度标注”“基线标注”“连续标注”命令进行尺寸及尺寸公差标注；

（3）能够综合运用“绘图”“修改”命令绘制轴类零件图。

（三）思政目标

（1）通过对尺寸标注样式设置方法的学习，明确遵循国家标准的相关规定，标注尺寸应符合规范并正确标注，培养学生自觉遵守法律法规的意识；

（2）通过对轴类零件图绘制方法的学习，明确轴类为四类典型零件中最简单的零件，只有把基础打牢方能行稳致远，培养学生脚踏实地的创业家精神。

二、项目导入

选择合适图幅，按1∶1的比例绘制如图9－1所示的传动轴零件图。要求：布图匀称，图形正确，线型符合国标，标注尺寸和尺寸公差，填写“技术要求”及标题栏，但不标注表面粗糙度和形位公差。

三、项目知识

尺寸样式

（一）设置尺寸标注样式

在AutoCAD中，尺寸标注的样式可以由用户自己定义，根据不同需要，可以在一

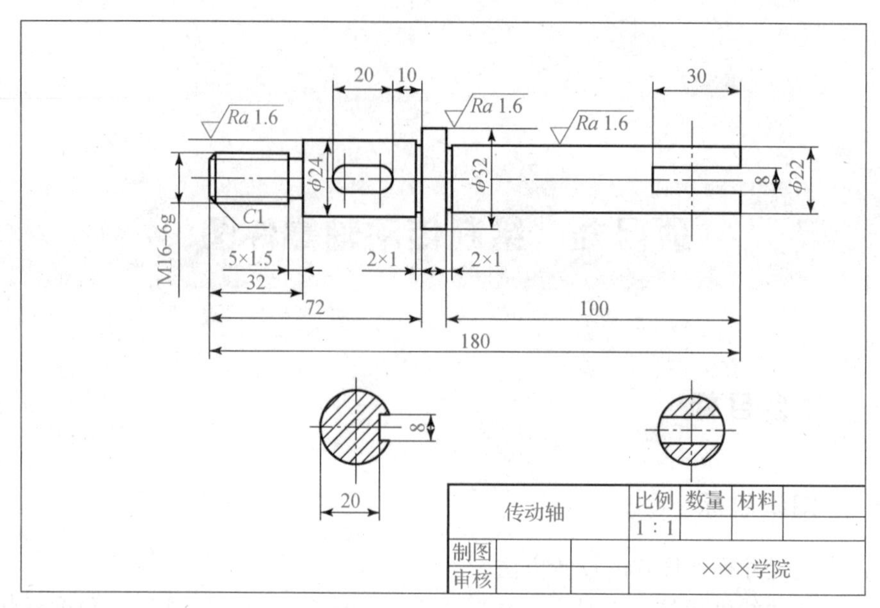

图 9－1　传动轴零件图

幅图形中创建多种尺寸标注样式。单击“标注”工具栏中的“标注样式”按钮 ，弹出“标注样式管理器”对话框，创建、修改或替代标注样式。

1. 命令调用方法

（1）菜单：选择“格式”菜单中的“标注样式”子菜单。

（2）单击“标注工具栏”中的图标 。

（3）命令：DIMSTYLE↙。

选择上述任意一种方式调用命令后，将弹出“标注样式管理器”对话框，如图 9－2 所示。

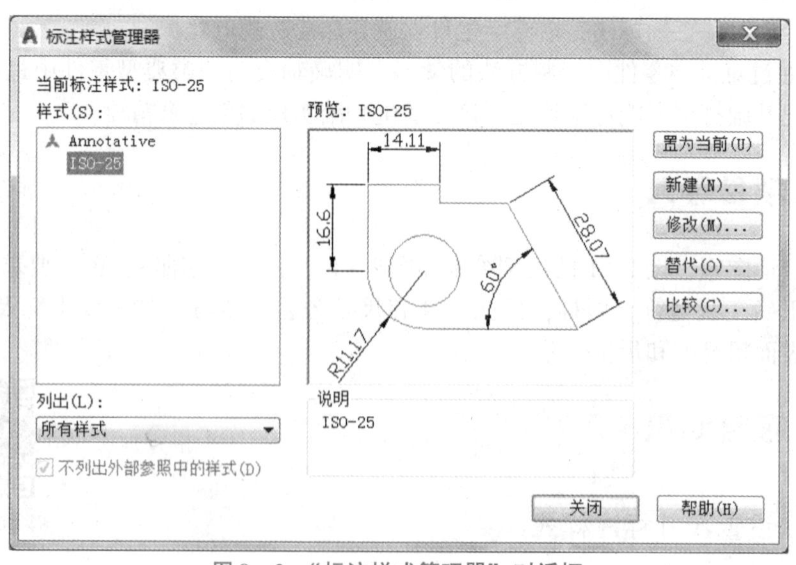

图 9－2　“标注样式管理器”对话框

对话框中各选项说明如下：

（1）“置为当前（U）”：将选中标注样式作为默认样式。

（2）“新建（N）...”“修改（M）...”“替代（O）...”：可以新建、修改或替代一个标注样式。

（3）“比较（C）...”：对两种标注样式作比较，对比它们的各项参数。

3. 设置主尺寸标注样式“jixie”

1）确定新尺寸标注样式名称

在“标注样式管理器”对话框中，单击“新建（N）”按钮后，弹出“创建新标注样式”对话框，创建样式名为“jixie”的标注样式作为主尺寸样式，默认其他选项，对话框如图9－3所示。

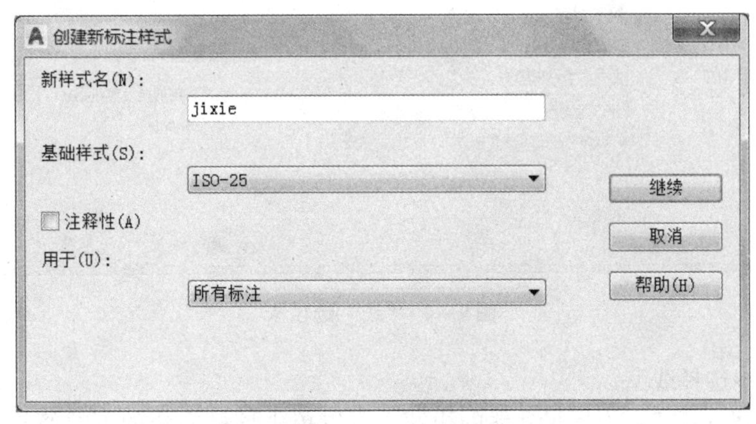

图9－3 “创建新标注样式”对话框

对话框说明：

（1）“新样式名（N）”：输入新建尺寸标注样式名称。

（2）“基础样式（S）”：用于选择一个已有的基础标注样式，新样式可在该基础样式上生成。

（3）“用于（U）”：用于指定新建尺寸标注样式的适用范围，可在“所有标注”“线性标注”“角度标注”“半径标注”“直径标注”“坐标标注”和“引线与公差”中选择一种。

（4）“继续”：当完成“创建新标注样式”对话框的设置后，单击该按钮，将打开“新建标注样式”对话框。

2）创建尺寸标注样式

（1）“线”：单击“新建标注样式”对话框中的“直线”选项卡后，对话框形式如图9－4所示。在该对话框中，可以设置尺寸线、尺寸界线、箭头及中心标记的格式，另外还可以设置颜色等。按图9－4中画圈所示进行设置。

对话框说明：

①“尺寸线”：用于尺寸线的颜色、线型、线宽、超出标记、基线间距、是否隐藏尺寸线等设置。

a. “颜色（C）”：设置尺寸线的颜色，可以单击该框右边的下拉箭头，在弹出的

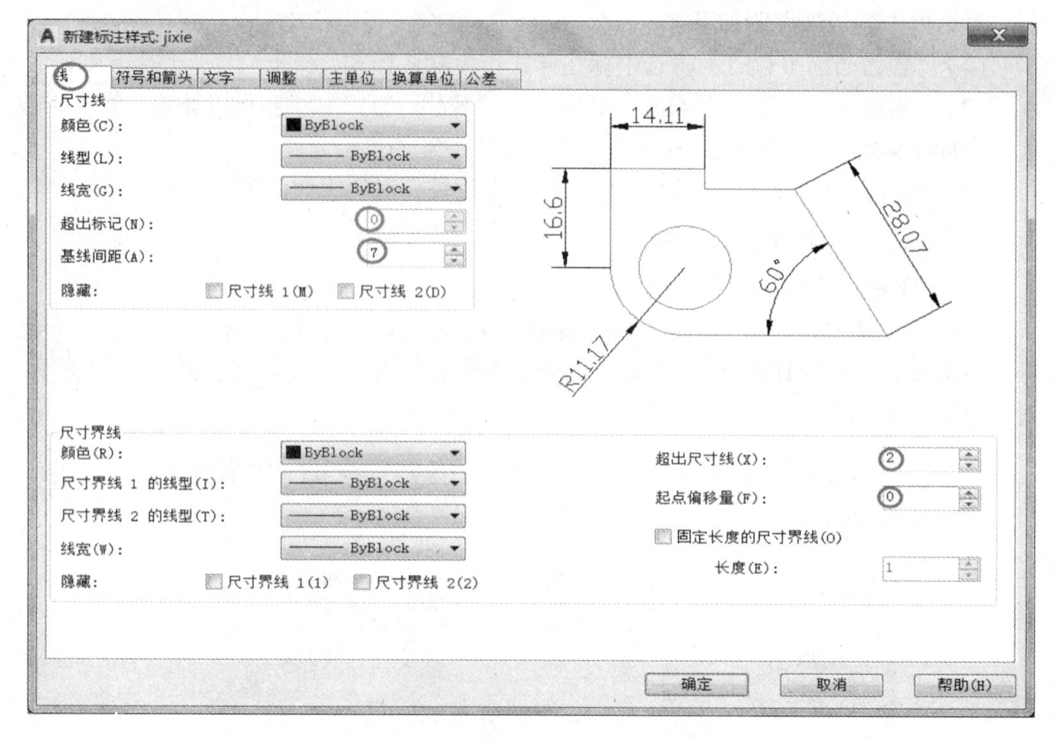

图 9-4 “线”选项卡

下拉列表框中选择线型。

b. “线宽（G）”：设置尺寸线的线宽，可以单击该框右边的下拉箭头，在弹出的下拉列表框中选择线宽。

c. “超出标记（N）”：当尺寸箭头采用倾斜、建筑标记、小点、积分或无标记等样式时，使用该文本框可以设置尺寸线超出尺寸界线的长度。

d. “基线间距（A）”：在使用基线型尺寸标注时，设置两条尺寸线之间的距离。

e. “隐藏”：控制尺寸线的可见性。“尺寸线 1”按钮，用于控制第一尺寸线的可见性；“尺寸线 2”按钮，用于控制第二尺寸线的可见性。

② “尺寸界线”：用于设置尺寸界线。可设置尺寸界线的颜色、线型、线宽、超出尺寸线的长度和起点偏移量，控制是否隐藏尺寸界线等。

a. “颜色（R）”：设置尺寸界线的颜色，可以单击该框右边的下拉箭头，在弹出的下拉列表框中选择颜色。

b. “尺寸界线的线型（I）”：用于设置尺寸界线 1 的线型，可以单击该框右边的下拉箭头，在弹出的下拉列表框中选择线型。

c. “尺寸界线 2 的线型（T）”：用于设置尺寸界线 2 的线型，可以单击该框右边的下拉箭头，在弹出的下拉列表框中选择线型。

d. “线宽（W）”：设置尺寸界线的线宽，可以单击该框右边的下拉箭头，在弹出的下拉列表框中选择线宽。

e. “超出尺寸线（X）”：用于设置尺寸界线超过尺寸线的距离。

f. “起点偏移量（F）”：用于设置尺寸界线的起点与被标注定义点的距离。

g. “隐藏”：控制尺寸界线的可见性。“尺寸界线1（1）”选项，用于控制第一尺寸界线的可见性；“尺寸界线2（2）”选项，用于控制第二尺寸界线的可见性。

（2）“符号和箭头”：单击“新建标注样式”对话框中的“符号和箭头”选项卡后，对话框形式如图9－5所示。在该对话框中，可以设置标注箭头、圆心标记、弧长符号和半径标注折弯的格式与位置。按图9－5中画圈所示进行设置。

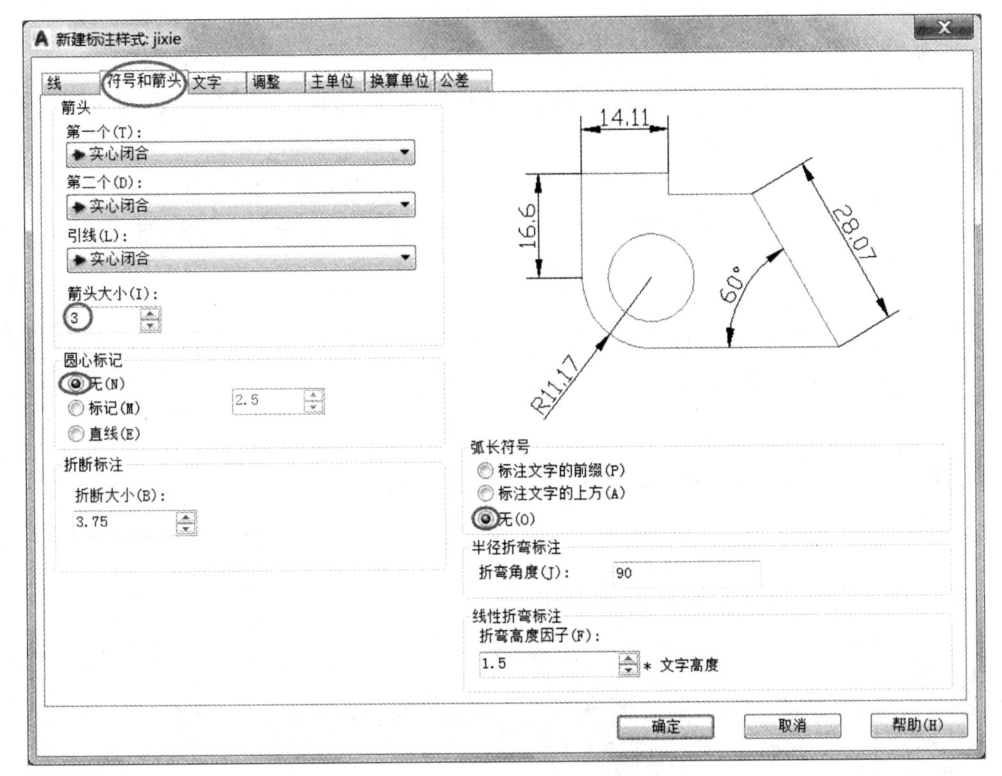

图9－5 “符号和箭头”选项卡

对话框说明：

①“箭头”：可以设置尺寸线和引线箭头的类型及箭头尺寸大小。一般情况下，尺寸线的两个箭头应一致。一般我们设置箭头大小为3 mm。

为了满足不同类型尺寸标注的需要，系统提供了多种类型的箭头样式，可以通过单击相应的下拉箭头，在弹出的下拉列表框中选择并在“箭头大小”文本框中设置它们的大小。当在箭头样式下拉列表框中选择“用户箭头”选项后，将弹出“选择自定义箭头块”对话框，如图9－6所示，单击“从图形块中选择”列表框右侧的下拉箭头，在弹出的下拉列表框中选择已定义的块名，单击“确定”按钮，系统将以该块作为尺寸的箭头样式，此时，块的插入基点与尺寸线端点重合。

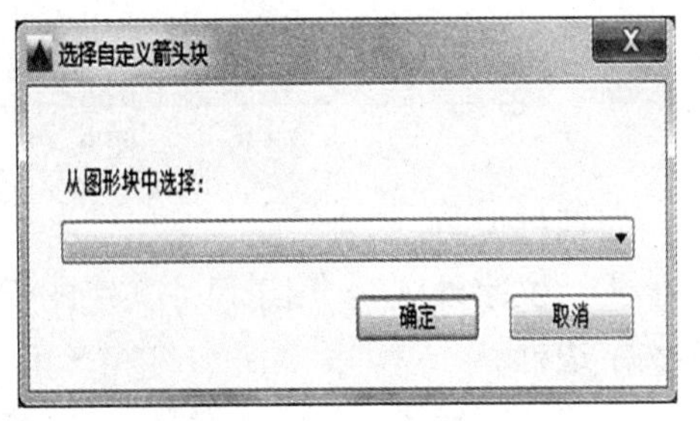

图9－6 【选择自定义箭头块】对话框

②“圆心标记”：用于设置圆心标记的类型和大小。在该选项组中，有三个单选按

学习笔记

钮，当选择“标记（M）”时，绘制中心线标记；当选择“无（N）”时，没有任何标记。通常在“大小（S）”文本框中设置圆心标记的大小。一般圆心标记选为“无（N）”。

③“弧长符号”：可以设置弧长符号显示的位置。在该选项组中，有三个单选按钮，当选择“标注文字的前缀（P）”时，将弧长符号标注在尺寸文字的前面；当选择“标注文字的上方（A）”时，将弧长符号标注在尺寸文字的上方；当选择“无（O）”时，不标注弧长符号。

④“半径标注折弯”：用于设置标注线的折弯角度大小。可以在“折弯角度（J）”文本框中设置折弯角度大小。

（3）“文字”：单击“新建标注样式”对话框中的“文字”选项卡后，对话框形式如图9-7所示。在该对话框中，可以设置标注文字的外观、位置和对齐方式，按图9-7中画圈所示进行设置。

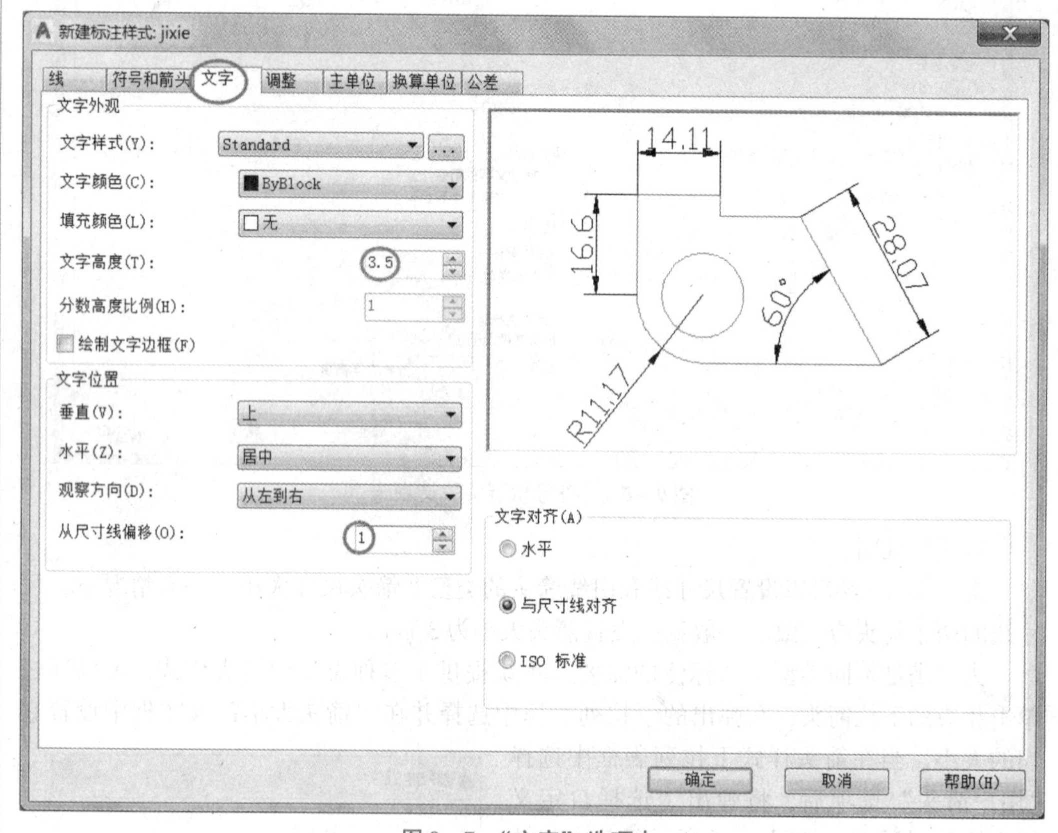

图9-7 “文字”选项卡

对话框说明：

①“文字外观”：用于尺寸文字的样式、颜色、高度和分数高度比例及控制是否绘制文字边框。

a. “文字样式（Y）”：选择文字样式。可以单击该框右侧的下拉箭头，在弹出的下拉列表框中选择文字样式；单击该列表框右侧按钮，将弹出“文字样式”对话框，在该对话框中可以设置新的文字样式。

b. “分数高度比例（H）”：设置标注文字中的分数相对于其他标注文字的比例，系统将该比例值与标注文字高度的乘积作为分数和高度。

c. “绘制文字边框（F）”：设置是否给尺寸文本加边框。

②“文字位置”：设置文字的垂直、水平位置及距尺寸线的距离。

a. “垂直（V）”：设置尺寸文字相对尺寸线为垂直位置放置。单击该框右边的下拉箭头，在弹出的下拉列表框中选择文字相对于尺寸线的位置。它包括：“居中”，把标注文字放置在尺寸线的中断处；“上”，把标注文字放置在尺寸线的上方；“外部”，把标注文字放置在尺寸线的外侧；“JIS”，按照JIS（日本工业标准）模板的设置放置尺寸文字。

b. “水平（Z）”：用于控制标注文字在尺寸线方向上相对于尺寸界线为水平位置放置。单击该框右边的下拉箭头，在弹出的下拉列表框中选择文字相对于尺寸线的位置。它包括：“居中”，将标注文字沿尺寸线方向，在尺寸界线之间居中放置；“第一尺寸界线”，文字沿尺寸线放置并且左边和第一条尺寸界线对齐；“第二尺寸界线”，文字沿尺寸线放置并且右边和第二条尺寸界线对齐；“第一尺寸界线上方”，将文字放在第一条尺寸界线上或沿第一条尺寸界线放置；“第二尺寸界线上方”，将文字放在第二条尺寸界线上或沿第二条尺寸界线放置。

c. “从尺寸线偏移（O）”：设置尺寸文字与尺寸线间的垂直距离。

③“文字对齐”：用于控制标注文本的书写方向。它包括三个单选按钮：“水平”单选按钮，标注文字水平放置；“与尺寸线对齐”单选按钮，尺寸文本始终与尺寸线保持平行；“ISO标准”单选按钮，尺寸文本按ISO标准的要求书写，即当文字在尺寸界线内时，文字与尺寸线保持平行，当文字在尺寸界线外时，文字水平排列。

（4）“调整”：单击“新建标注样式”对话框中的“调整”选项卡后，对话框形式如图9－8所示。在该对话框中可设置标注文字、尺寸线和尺寸箭头的位置。按图9－8中画圈部分所示进行设置。

对话框说明：

①“调整选项（F）”：用于设置尺寸文本与尺寸箭头的格式。在标注尺寸时，如果没有足够的空间，当将尺寸文本与尺寸箭头全部写在尺寸界线内部时，可选择该栏所确定的各种摆放形式，来安排尺寸文本与尺寸箭头的摆放位置。

a. “文字或箭头（最佳效果）”单选按钮：系统自动选择一种最佳方式，来安排尺寸文本和尺寸箭头的位置。

b. “箭头”：首先将尺寸箭头放在尺寸界线外侧。

c. “文字”：首先将尺寸文字放在尺寸界线外侧。

d. “文字和箭头”：将尺寸文字和箭头都放在尺寸界线外侧。

e. “文字始终保持在尺寸界线之间”：将尺寸文本始终放在尺寸界线之间。

f. “若箭头不能放在尺寸界线内，则将其消除”：如果尺寸箭头不适合标注要求，则抑制箭头显示。

②“文字位置”：设置文本的特殊放置位置。如果尺寸文本不能按规定放置，则可采用该栏的选择项设置尺寸文本的放置位置。

a. “尺寸线旁边（R）”：将尺寸文本放置在尺寸线旁边。

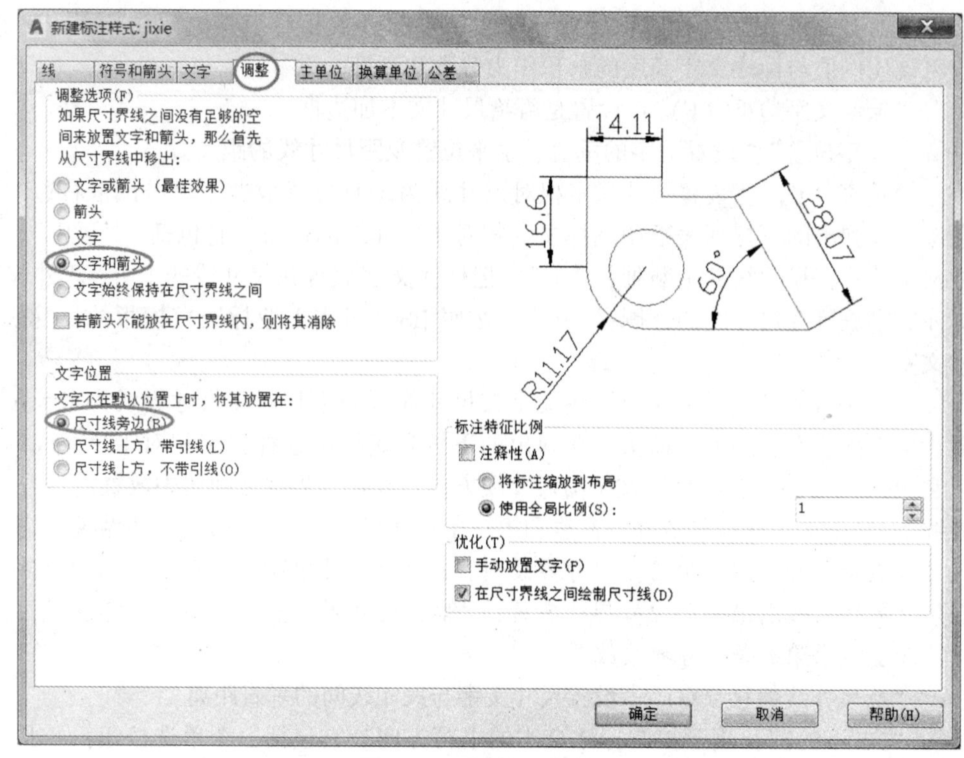

图 9－8 “调整”选项卡

b. “尺寸线上方，带引线（L）”：将尺寸文本放在尺寸线上方，并加上引出线。

c. “尺寸线上方，不带引线（O）”：如将尺寸文本放在尺寸线的上方，则不加引出线。

③“标注特征比例”：用于设置全局标注比例或布局（图纸空间）比例。所设置的尺寸标注比例因子将影响整个尺寸标注所包含的内容。例如，如果文本字高度设置为5，比例因子为2，则标注字高为10。一般将比例设为1：1。

a. “使用全局比例（S）”：用于选择和设置尺寸比例因子，使之与当前图形的比例因子相符。例如，在一个准备按1：2缩小输出的图形中（图形比例因子为2），如果箭头尺寸和文字高度都被定义为2.5，且要求输出图形中的文字高度和箭头尺寸也为2.5，那么，必须将该值设为2。这样一来，在标注尺寸时AutoCAD会自动地把标注文字和箭头等放大到5。而当用绘图设备输出该图时，长为5的箭头或高度为5的文字又减为2.5。该比例不改变尺寸的测量值。

b. “将标注缩放到布局”：确定该比例因子是否用于布局（图纸空间）。如果选中该按钮，则系统会自动根据当前模型空间视口和图纸空间之间的比例关系设置比例因子。

③“优化（T）”：用来设置标注尺寸时是否进行优化调整。

a. “手动放置文字（P）”：选中该复选框后，可根据需要将标注文字手动放置在指定位置。

b. “在尺寸界线之间绘制尺寸线（D）”：选中该复选框后，当尺寸箭头放置在尺寸界线之外时，也可在尺寸界线之内绘制出尺寸线。

（5）“主单位”：单击“新建标注样式”对话框中的“主单位”选项卡后，对话框形式如图 9－9 所示。在该对话框中，用于设置主单位的格式、精度和标注文本的前缀、后缀等。按图 9－9 中画圈部分所示进行设置。

学习笔记

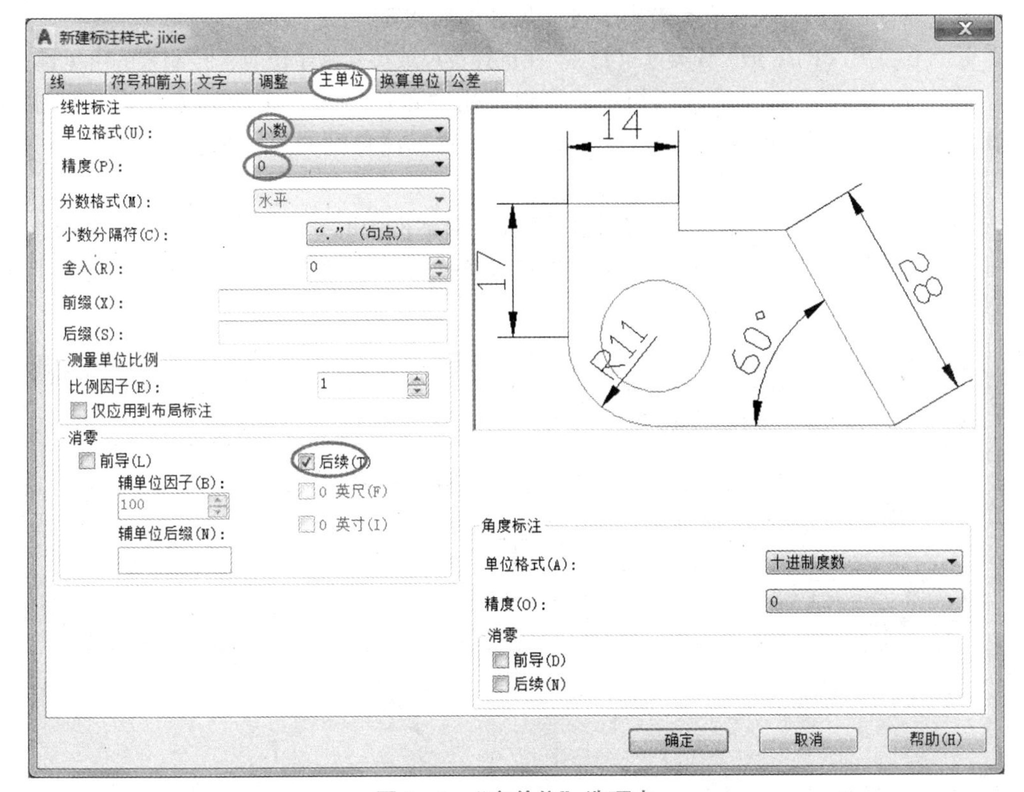

图 9－9　“主单位”选项卡

对话框说明：

①“线性标注”：设置线性标注尺寸的单位格式和精度。

a.“单位格式（U）”：选择标注单位格式。单击该框右边的下拉箭头，在弹出的下拉列表框中选择单位格式。单位格式有“科学”“小数”“工程”“建筑”“分数”“Windows 桌面”。

b.“精度（P）”：设置尺寸标注的精度，即保留小数点后的位数。

c.“分数格式（M）”：设置分数的格式，该选项只有在“单位格式（U）”选择“分数”或“建筑”后才有效。在下拉列表框中有三个选项，即“水平”“对角”和“非堆叠”。

e.“小数分隔符（C）”：设置十进制数的整数部分之间的分隔符。在下拉列表框中有三个选项，即“逗点（,）”“句点（.）”和“空格（）”。

f.“舍入（R）”：设定测量尺寸的圆整值，即精确位数。

g.“前缀（X）”和“后缀（S）”：设置尺寸文本的前缀和后缀。在相应的文本框中，输入尺寸文本的说明文字或类型代号等内容。

②“测量单位比例”：可使用“比例因子”文本框设置测量尺寸的缩放比例，系统的实际标注值为测量值与该比例因子的乘积；选中“仅应用到布局标注”复选框，可以设置该比例关系是否仅适用于布局。

③“消零”：控制前导和后续零以及英尺和英寸单位的零是否输出。

a. “前导（L）”：系统不输出十进制尺寸的前导零。

b. “后续（T）”：系统不输出十进制尺寸的后缀零。

c. “0 英尺（F）”或“0 英寸（I）”：在选择英尺或英寸为单位时，控制零的可见性。

④“角度标注”：在该选项组中，可以使用“单位格式”下拉列表框设置标注角度时的单位；使用“精度（O）”下拉列表框设置标注角度的尺寸精度；使用“消零”选项区设置是否消除角度尺寸的前导或后续零。

（6）“换算单位”：单击“新建标注样式”对话框中的“换算单位”选项卡后，对话框形式如图 9－10 所示。在该对话框中可设置换算单位格式。“换算单位”选项卡无须设置。

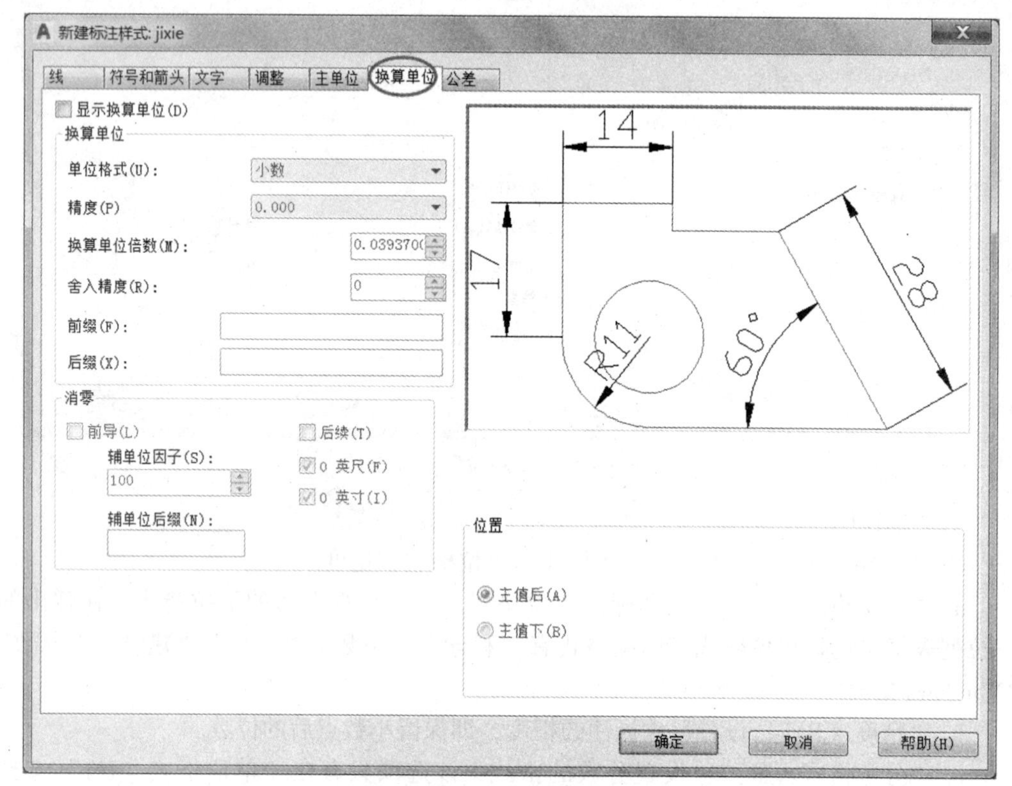

图 9－10 “换算单位”选项卡

通过换算标注单位，可以转换使用不同测量单位制的标注，通常是显示英制标注的等效公制标注，或公制标注的等效英制标注。在标注文字中，换算标注单位显示在主单位旁边的方括号“［ ］”内。

选中“显示换算单位（D）”复选按钮，这时对话框的其他选项才可用，可以在“换算单位”栏中设置换算单位的“单位格式（U）”“精度（P）”“换算单位倍数（M）”“舍入精度（R）”“前缀（F）”及“后缀（X）”选项等，方法与设置主单位的方法相同。

可以使用“位置”选项组中“主值后（A）”“主值下（B）”单选按钮，设置换算单位的位置。

（7）“公差”：单击“新建标注样式”对话框中的“公差”选项卡后，对话框形式如图9-11所示。在该对话框中可设置是否标注公差，以及以何种方式进行标注。“公差”选项卡也无须设置。

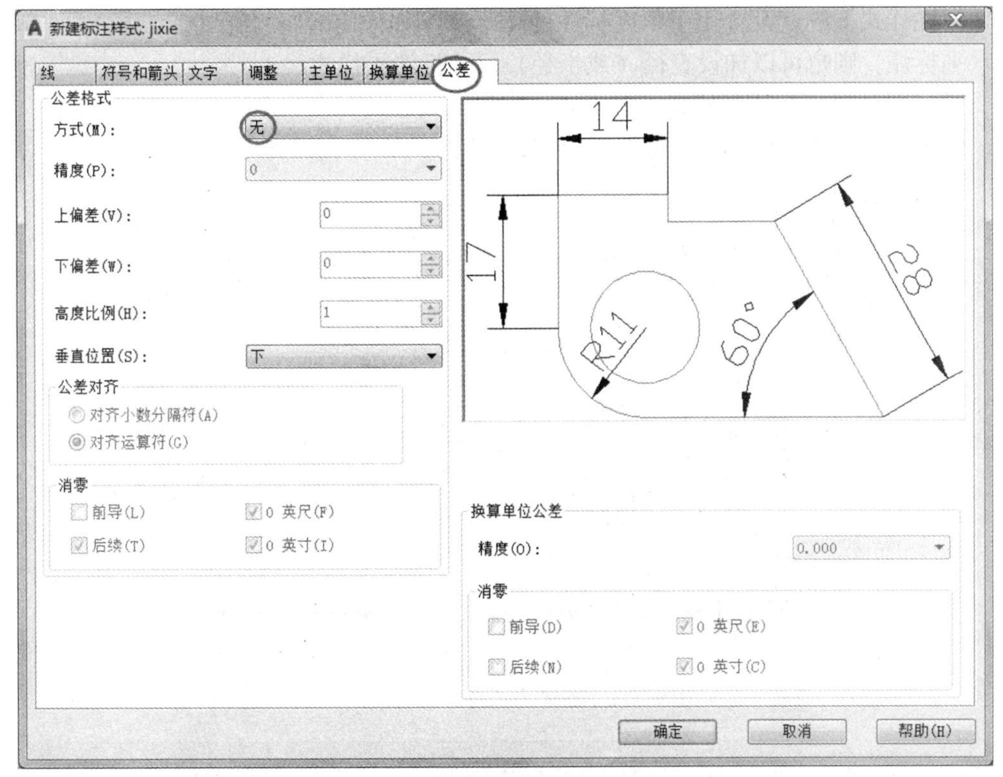

图9-11 “公差”选项卡

对话框说明：

①“公差格式”：设置公差标注格式。

a.“方式（M）”：选择公差标注类型。单击该列表框的右侧的下拉箭头，在弹出的下拉列表框中选取公差标注格式。公差的格式有“无”“对称”“极限偏差”“极限尺寸”和“基本尺寸”（标注基本尺寸，并在基本尺寸外加方框）。

b.“精度（P）”：设置尺寸公差精度。

c.“上偏差（V）”“下偏差（W）”：用于设置尺寸的上偏差和下偏差。

d.“高度比例（H）”：设置公差数字高度比例因子。这个比例因子是相对于尺寸文本而言的。例如：尺寸文本的高度为5，若比例因子设置为0.5，则公差数字高度为2.5。

e.“垂直位置（S）”：控制尺寸公差文字相对于尺寸文字的摆放位置。包括：“下”，即尺寸公差对齐尺寸文本的下边缘；“中”，即尺寸公差对齐尺寸文本的中线；“上”，即尺寸公差对齐尺寸文本的上边缘。

②“消零”：控制公差中小数点前或后零的可见性。

③“换算单位公差”：设置换算公差单位的精度和消零的规则。

当完成各项操作后，就建立了一个新的尺寸标注样式，单击“确定”按钮，返回到“标注样式管理器”对话框，再单击“关闭”按钮，完成新尺寸标注样式的设置。

学习笔记

4. 设置水平标注的角度、直径尺寸等标注子样式

制图国家标准中规定，角度的数字一律按水平方向注写，因此需要在“jixie”主尺寸标注样式下继续设置用于角度标注的子样式，如果需要将直径（或半径）尺寸进行水平标注，则也可以加设直径（或半径）尺寸标注子样式。

（1）设置角度标注子样式。

设置角度标注子样式的步骤如图9－12和图9－13中画圈处所示。

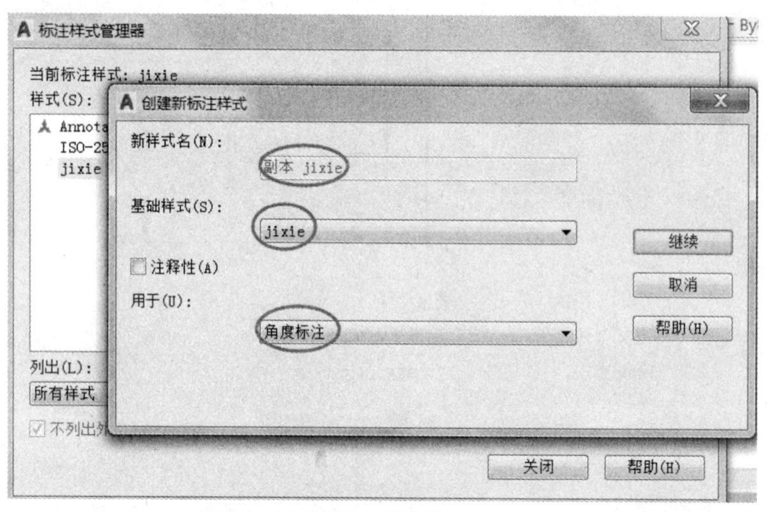

图9－12　新建“角度”标注子样式

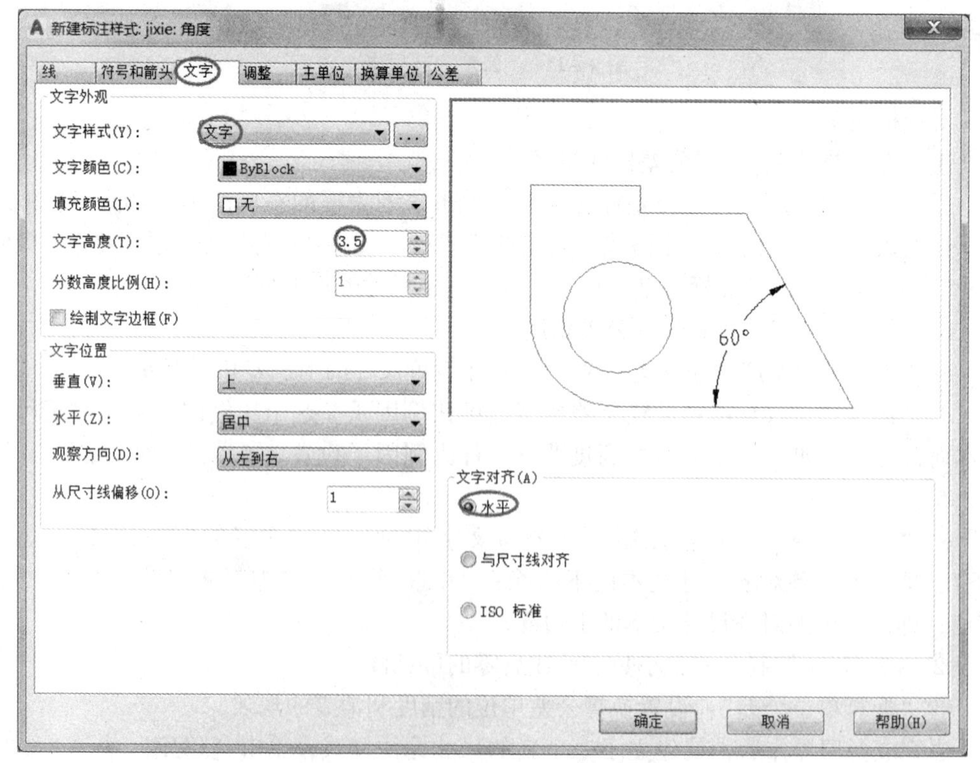

图9－13　“角度”标注子样式的设置——文字对齐方式设为“水平”

（2）设置水平标注的直径尺寸标注子样式，如图 9－14 和图 9－15 所示。

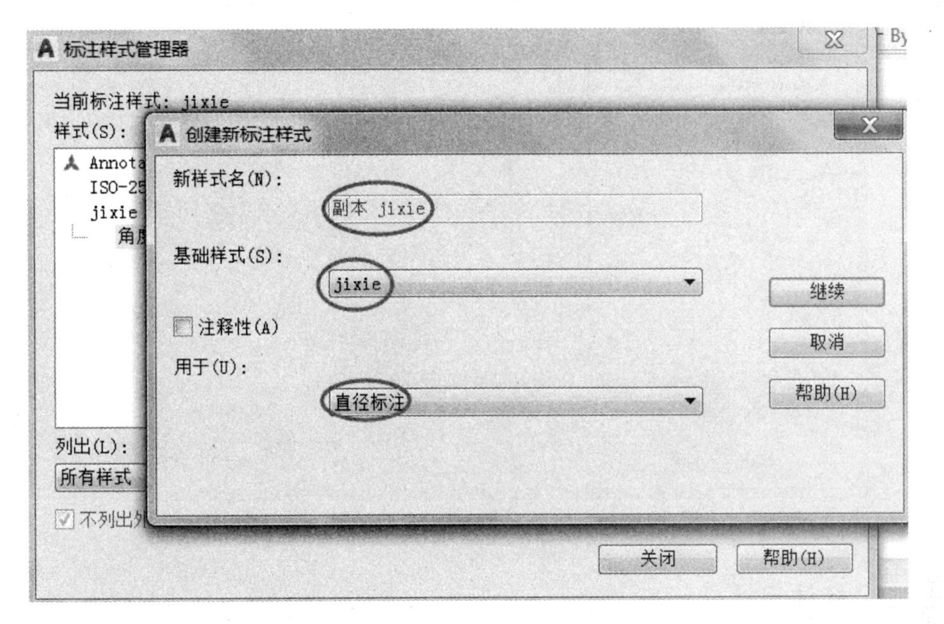

图 9－14　新建“直径”标注子样式

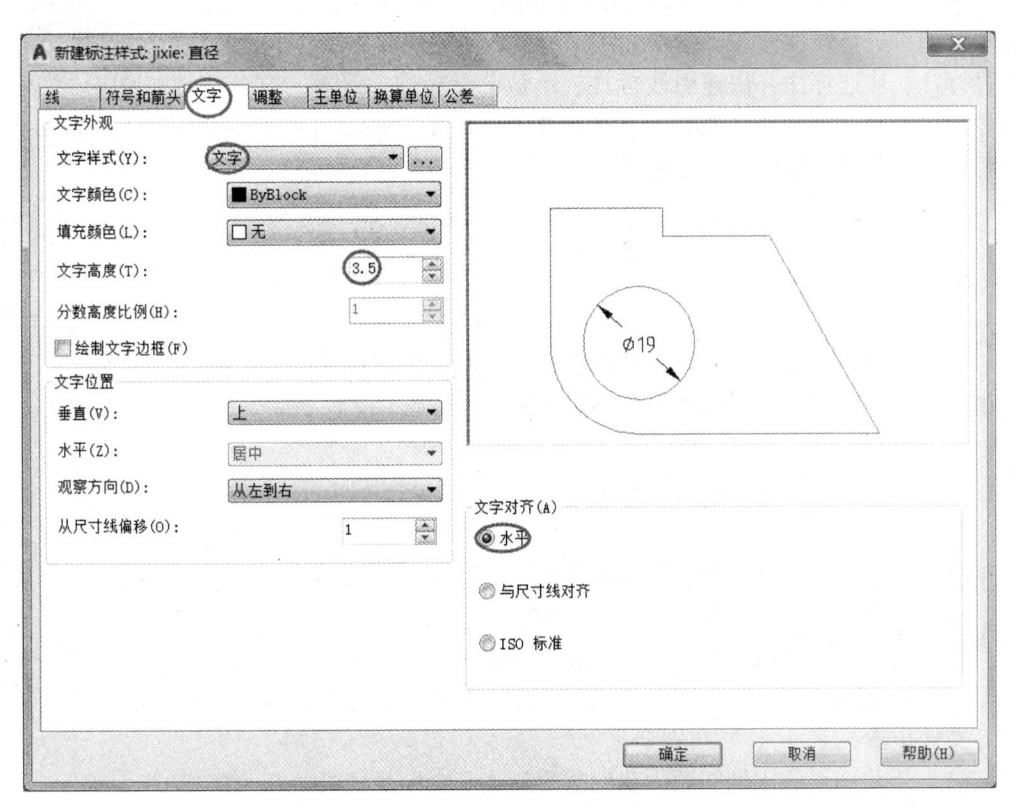

图 9－15　“直径”标注子样式的设置——文字对齐方式设为“水平”

（3）设置完成后的标注样式列表对话框如图 9－16 所示。

学习笔记

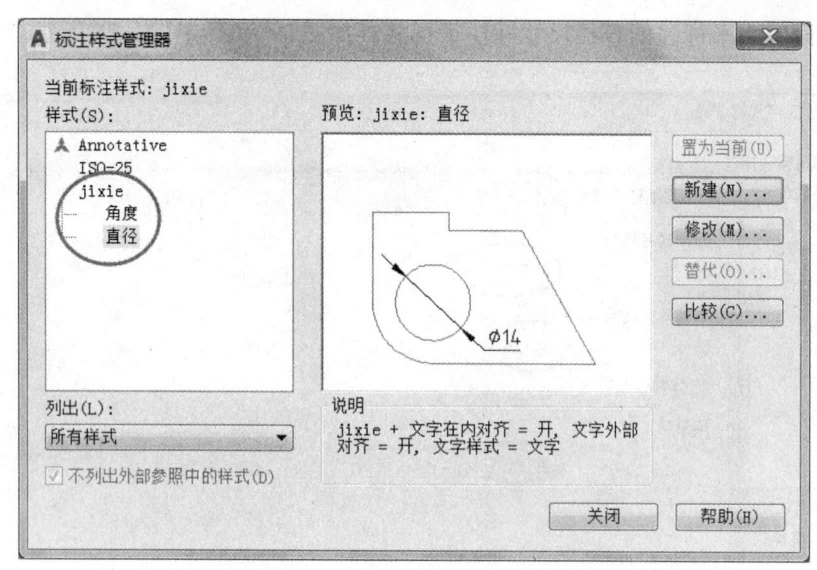

图 9-16　设置完成后的标注样式列表

(二) 标注尺寸

AutoCAD 2020 为用户提供了多种尺寸标注命令，用户可以利用这些命令对图形进行线性标注、角度标注、基线标注、连续标注、半径标注、直径标注、快速标注、快速引线标注、形位公差标注，等等，这些标注命令集中列在“标注”工具栏上，如图 9-17 所示。本项目和下一个项目将介绍这些尺寸标注命令的使用方法。

尺寸标注

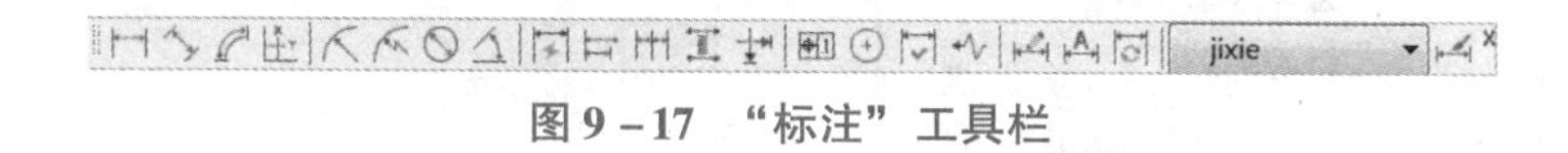

图 9-17　“标注”工具栏

1. 线性标注

用于标注线性尺寸，该功能可以根据用户操作自动判别标出水平尺寸或垂直尺寸，在指定尺寸线倾斜角后，可以标注斜向尺寸。

1）命令功能

用于标注水平、垂直和倾斜的线性尺寸。

2）命令调用

（1）菜单式：选择“标注”菜单中的“线性”子菜单。

（2）按钮式：单击“标注工具栏”中的图标。

（3）命令式：在命令行中输入“DIMLINEAR”或“DLI”。

[例 9-1]　如图 9-18 所示，在该图的基础上绘制进行标注。

操作步骤：

（1）因为图形的比例问题，我们需要新建一个标注样式“新建样式 1”。

（2）将“新建样式 1”设置为“当前样式”。

（3）在标注工具栏中点击按钮，对图 9-18 中各线段作线性标注，效果如图 9-19 所示。

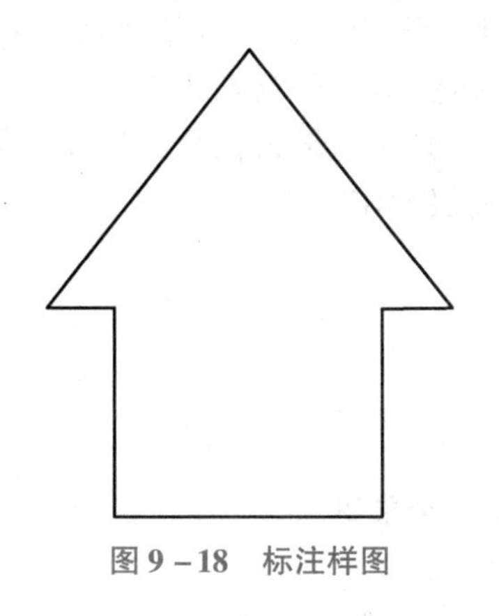
图 9－18　标注样图

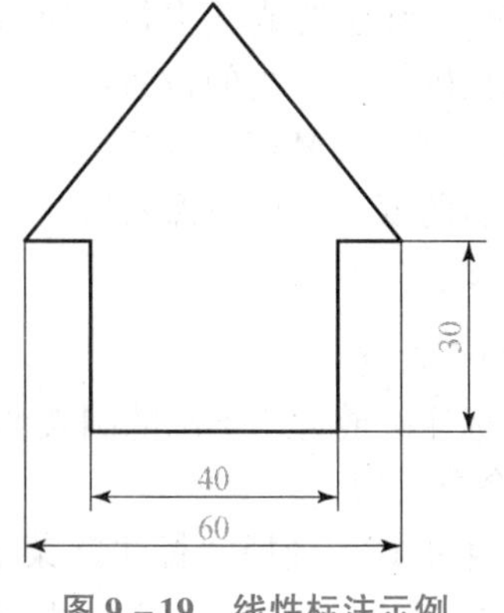

图 9－19　线性标注示例

2. 对齐标注

1）命令功能

用于标注倾斜的线性尺寸。

2）命令调用

（1）菜单式：选择“标注”菜单中的“对齐”子菜单。

（2）按钮式：单击“标注工具栏”中的图标 。

（3）命令式：在命令行中输入“DIMALIGNED”或“DAN”。

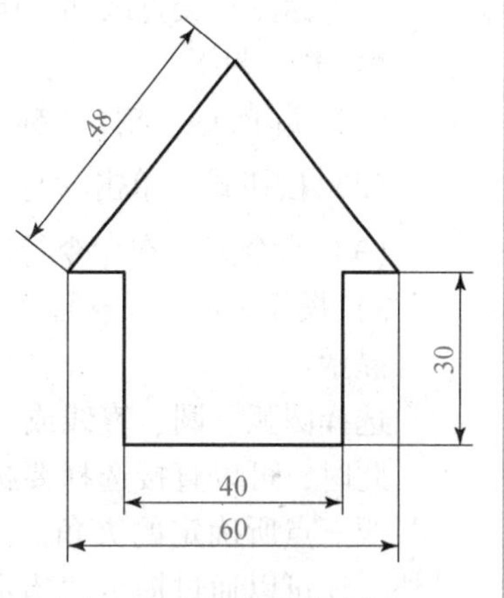

图 9－20　对齐标注示例

［例 9－2］　使用对齐标注来标注例 9－18 中的图。

操作步骤：

（1）与［例 9－1］相同，设置标注样式，并将“新建样式 1”设置为“当前样式”。

（2）在标注工具栏中单击按钮 ，对图 9－18 中斜边作线性标注，效果如图 9－20 所示。

由此可见，对齐标注是线性标注尺寸的一种特殊形式。在对直线段进行标注时，如果该直线的倾斜角度未知，那么使用线性标注方法将无法得到准确的测量结果，这时可以使用对齐标注。

3. 半径标注

1）命令功能

用于标注小于半圆的圆弧的半径。

2）命令调用

（1）菜单式：选择“标注”菜单中的“半径”子菜单。

（2）按钮式：单击“标注工具栏”中的图标 。

（3）命令式：在命令行中输入“DIMRADIUS”或“DRA”。

3）操作说明

提示：

选择圆弧或圆：（选择圆弧或圆对象）

学习笔记

指定尺寸线位置或［多行文字（M）/文字（T）/角度（A）］:（输入选择项）

当直接确定尺寸线的位置时，系统按测量值标注出半径及半径符号。另外，还可以用“多行文字（M）”“文字（T）”“角度（A）”选项，输入标注的尺寸数值及尺寸数值的倾斜角度，当重新输入尺寸值时，应输入前缀“R”。

4. 直径标注

1）命令功能

用于标注圆或大于半圆的圆弧的直径。

2）命令调用

（1）菜单式：选择“标注”菜单中的“直径”子菜单。

（2）按钮式：单击“标注工具栏”中的图标⃠。

（3）命令式：在命令行中输入“DIMDIAMETER”或“DDI”。

5. 角度标注

1）命令功能

用于标注相交直线间、圆弧及圆上两点间、三点间的角度。

2）命令调用

（1）菜单式：选择“标注”菜单中的“角度”子菜单。

（2）按钮式：单击“标注工具栏”中的图标△。

（3）命令式：在命令行中输入“DIMANGULAR”或“DAN”。

3）操作说明

提示：

选择圆弧、圆、直线或〈指定顶点〉:（输入选择项）

此时，可以直接选择要标注的圆弧、圆或不平行的两条直线，若回车，则可选择不共线三点所确定的夹角。当直接确定尺寸线的位置时，系统按测量值标注出角度。另外，还可以通过提示“指定标注弧线位置或［多行文字（M）/文字（T）/角度（A）/象限点（Q）］:”中的“多行文字（M）”“文字（T）”“角度（A）”“象限点（Q）”等选项，输入标注的尺寸值及尺寸数值倾斜角度等。

四、项目实施

（1）进入“AutoCAD 经典”工作空间，建立一新无样板图形文件，保存此空白文件，文件名为“图 9 - 1dwg”，注意在绘图过程中每隔一段时间保存一次。

（2）设置图层，设置粗实线、细实线、文字标注和尺寸标注 4 个图层，图层参数如表 9 - 1 所示。

（3）设置绘图环境，绘制边框线、图框线和标题栏，设定边框大小为 297 × 210，图幅为保留装订边格式。绘制过程如下。

在“XSX”图层执行“直线”命令，绘制长为 297 和宽为 210 矩形（也可运用“矩形”命令绘制，但绘制矩形后需执行“分解”命令对矩形进行分解），执行“偏移”命令，将左边向内偏移 25，将上、下和右边均向内偏移 5，执行“修剪”命令修剪各线两端的图框矩形，修改图框为“CSX”图层。

表9-1 图层设置参数

图层名	颜色	线型	线宽	用途
CSX	红色	Continuous	0.50 mm	粗实线
ZXX	绿色	Center	0.25 mm	细实线
WZ	黄色	Continuous	0.25 mm	文字标注
CCBZ	青色	Continuous	0.25 mm	尺寸标注

在图框右下角按机械制图要求绘制标题栏，标题栏长为130，宽为4×7=28，各单元格宽度尺寸参照机械制图简化标题栏尺寸要求。结果如图9-21所示。

（4）绘制图形，选择合适图幅，按1∶1的比例绘制如图9-1所示的传动轴零件图。

要求：布图匀称，图形正确，线型符合国标，标注尺寸和尺寸公差，填写“技术要求”及标题栏，但不标注表面粗糙度和形位公差。

参考步骤如下：

①调整屏幕显示大小，打开“显示/隐藏线宽”和“极轴追踪”状态按钮，在“草图设置”对话框中选择“对象捕捉”选项卡，设置“交点”“端点”“中点”“圆心”等捕捉目标，并启用对象捕捉。

②绘制基准线。执行“直线”命令，在“ZXX”图层绘制长度约为150的轴向对称线，在“CSX”图层绘制长度为37的径向对称线 AB，执行“移动”命令或运用夹点功能调整两线相互位置，结果如图9-22所示。

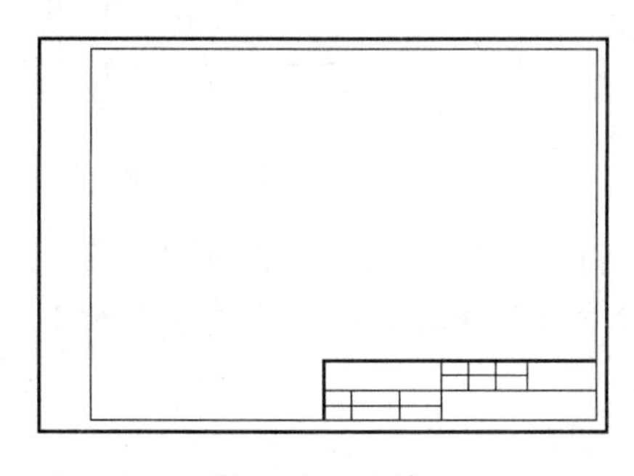

图9-21 图幅

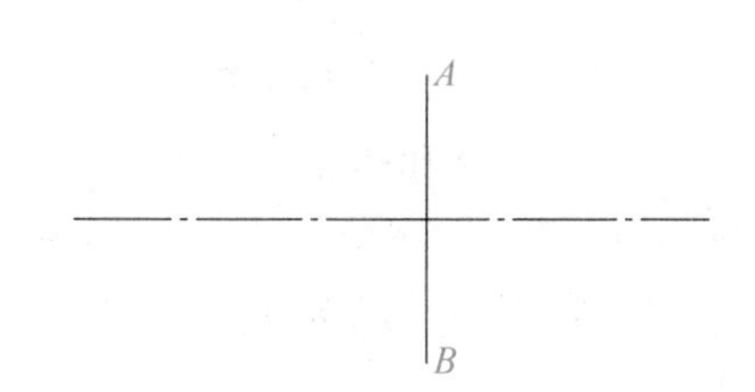

图9-22 绘制基准线

③绘制各轴段。在绘制各轴段时可暂不绘制轴段上倒角、圆角和键槽等结构，即“先整体后细节”。

执行“偏移”命令，将径向基准 AB 以偏距40（72-32=40）偏移出该段另一线段 CD；执行“直线”命令，连接两线段上下两端。

执行“偏移”命令，将线段 CD 向左偏移32得线段 EF，将中心对称线分别向上、向下偏移8、7.2、12，改变中心线偏移后两线段的线型。

执行“修剪”和“删除”命令，修剪和删除掉多余的线段，结果如图9-23所示。

执行“偏移”命令，将基准 AB 向右偏移8，得线段 GH；线段 CD 向左偏移32，得线段 EF；将中心对称线分别向上向下偏移15，改变中心线偏移后两线段的线型。

执行“修剪”和“删除”命令，修剪和删除掉多余的线段，结果如图 9 - 24 所示。

运用相同的方法和步骤绘制出 *GH* 和 *IJ* 段，结果如图 9 - 25 所示。

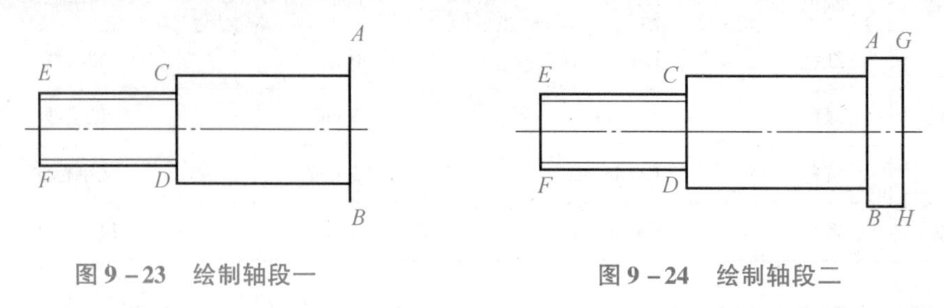

图 9 - 23　绘制轴段一　　　　图 9 - 24　绘制轴段二

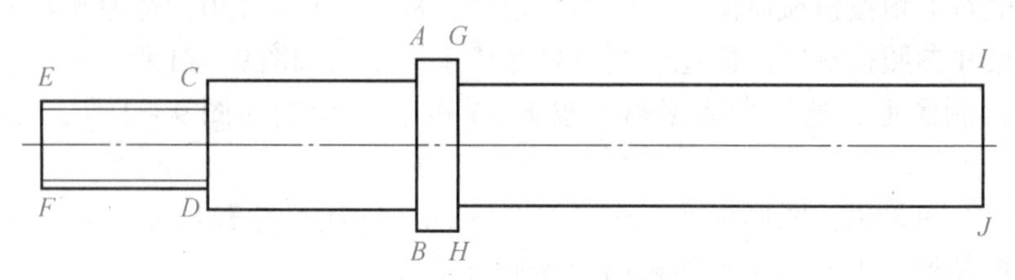

图 9 - 25　绘制轴段三

④绘制 2 个 2 × 1 退刀槽。执行“偏移”命令，将线段 *IJ* 向右偏移 2，线段 *IK* 和 *JL* 分别向下、向上偏移 1，结果如图 9 - 26 所示。

执行“修剪”和“删除”命令，修剪和删除掉多余的线段，结果如图 9 - 27 所示。

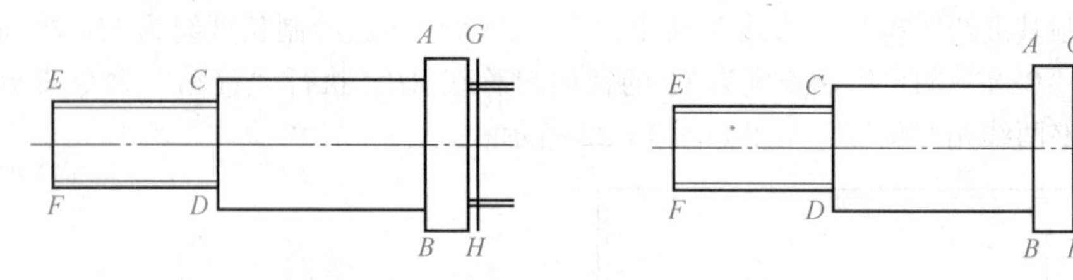

图 9 - 26　绘制退刀槽一　　　　图 9 - 27　绘制退刀槽二

运用相同的方法和步骤分别绘制出其他各段退刀槽，结果如图 9 - 28 所示。

⑤绘制 *C*2 和 *C*1 倒角。执行“倒角”命令，分别设置倒角距离为 2 和 1，对需要倒角的各段进行倒角，结果如图 9 - 29 所示。

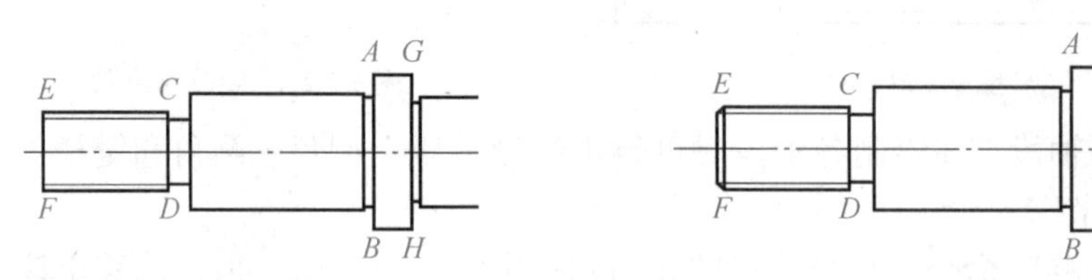

图 9 - 28　绘制退刀槽三　　　　图 9 - 29　绘制倒角

⑥绘制键槽。执行“偏移”命令，将线段 *CD* 分别以偏距 14（10 + 4 = 14）和 26（30 - 4 = 26）向右偏移出两线段，与中心线交点分别为 *M* 和 *N*。

执行“圆”命令，分别以点 *M* 和 *N* 为圆心、半径为 4 绘制两圆，再执行“直线”命令，分别以两圆象限点为端点绘两线段，结果如图 9 - 30 所示。

执行“修剪”和“删除”命令，修剪和删除掉多余的线段。

运用相同的方法和步骤分别绘制出另一键槽，结果如图 9－31 所示。

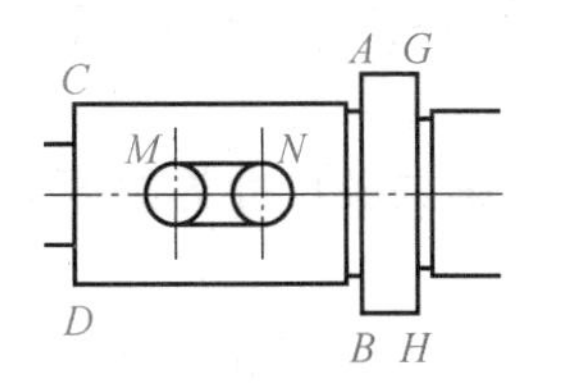

图 9－30　绘制键槽

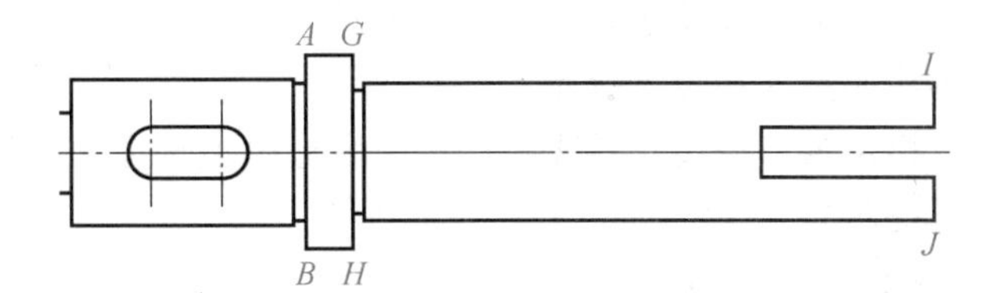

图 9－31　绘制通槽

⑦绘制剖切符号、投影箭头和标记字母，如图 9－32 所示。

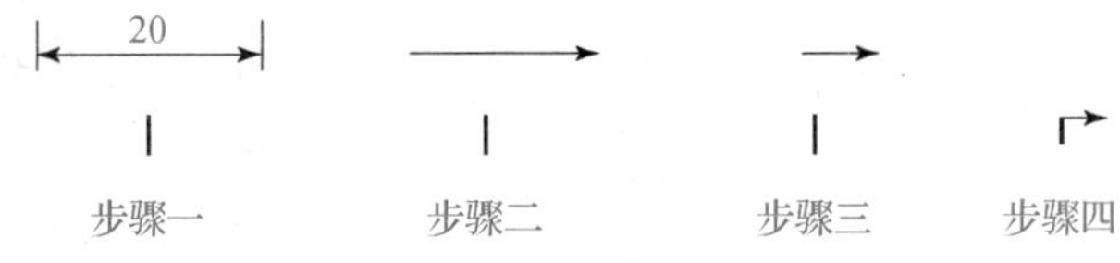

图 9－32　绘制剖切符号（一）

结果如图 9－33 所示。

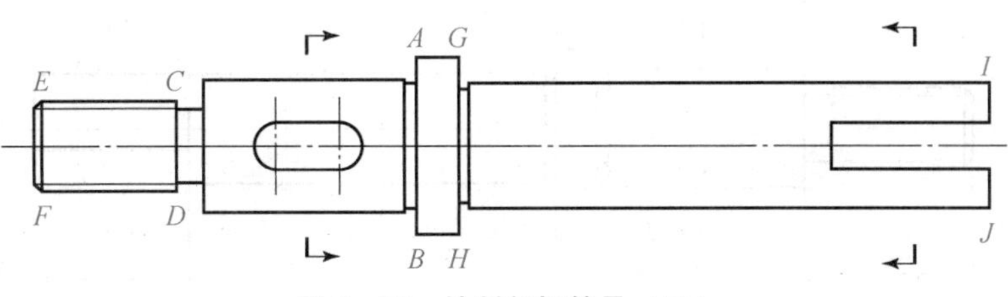

图 9－33　绘制剖切符号（二）

⑧绘制两断面图，结果如图 9－34 所示。

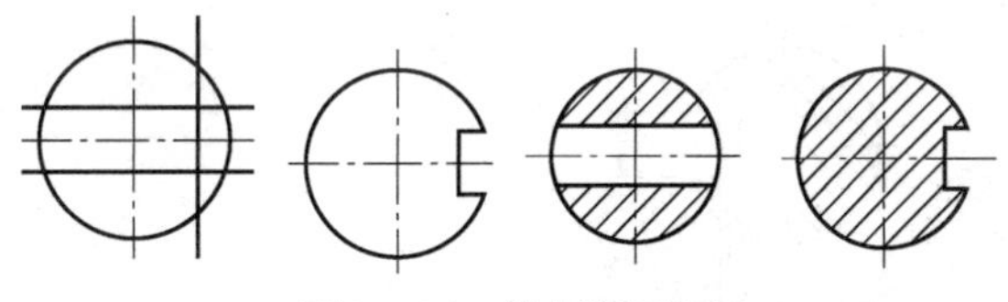

图 9－34　绘制断面图

（5）尺寸标注。

尺寸标注前，必须先设置好符合我国制图国家标准要求的尺寸标注样式，如前面介绍的“jixie”样式及其子样式，并将其置为当前标注样式，再选用“尺寸线”图层进行尺寸标注。

尺寸标注的步骤：调用如图 9－35 所示“标注”工具栏。

jixie

图 9－35　“标注”工具栏

任务实施步骤：

①执行“线性标注”命令，标出所有轴向线性尺寸，尺寸数字需要修改的尺寸标注操作过程如下。

执行“线性尺寸”命令，命令行提示如下。

学习笔记

学习笔记

命令：dimlinear↙

指定第一条尺寸界线原点或 <选择对象>：用鼠标单击轴上第一点作为第一条尺寸界线原点（命令行提示）

指定第二条尺寸界线原点：用鼠标单击轴上第二点作为第二条尺寸界线原点（命令行提示）

指定尺寸线位置或

[多行文字（M）/文字（T）/角度（A）/水平（H）/垂直（V）/旋转（R）]：t

输入标注文字 <2>：2×1↙

指定尺寸线位置或

[多行文字（M）/文字（T）/角度（A）/水平（H）/垂直（V）/旋转（R）]：

标注文字 =2

指定合适位置单击，命令结束。

如图 9－36 所示，在该图的基础上进行标注，最后结果如图 9－36 所示。

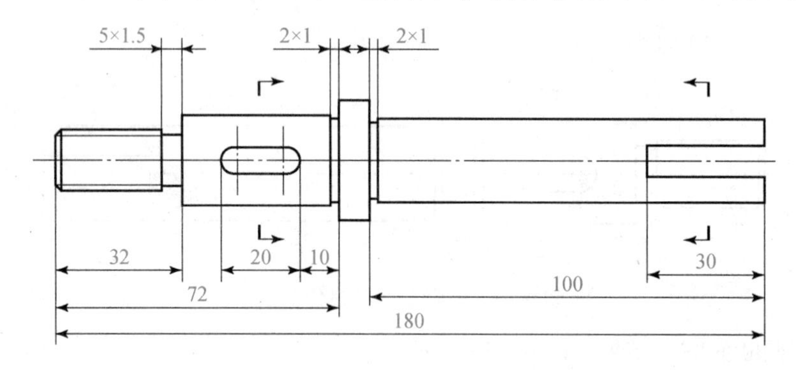

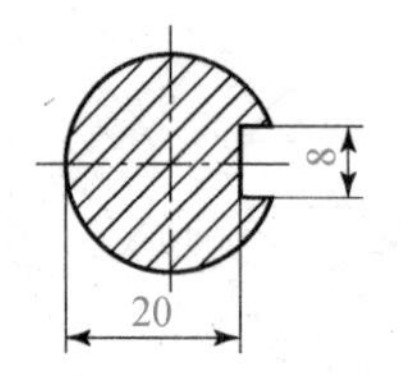

图 9－36　线性标注

②标注半径尺寸。

a. 命令调用。

- 菜单式：选择“标注”菜单中的“半径”子菜单。
- 按钮式：单击“标注工具栏”中的图标。
- 命令式：在命令行中输入“DIMRADIUS”或“DRA”。

b. 调用了上面三个命令中的一个以后，操作说明如下：

提示：选择圆弧或圆：（选择圆弧或圆对象）

指定尺寸线位置或［多行文字（M）/文字（T）/角度（A）］：（输入选择项）

当直接确定尺寸线的位置时，系统按测量值标注出半径及半径符号。另外，还可以用“多行文字（M）”“文字（T）”“角度（A）”选项，输入标注的尺寸数值及尺寸数值的倾斜角度，当重新输入尺寸值时，应输入前缀 R，如图 9－37 所示。

学习笔记

③标注视图中带直径符号 ϕ 的尺寸（见图 9－38），步骤如下：

选择菜单“标注→线性”命令后，命令行提示如下：

命令：dimlinear↙

指定第一条延伸线原点或 <选择对象>：用鼠标单击轴上第一点作为第一条尺寸界线原点（命令行提示）

指定第二条延伸线原点：用鼠标单击轴上第二点作为第二条尺寸界线原点（命令行提示）

指定尺寸线位置或［多行文字（M）/文字（T）/角度（A）/水平（H）/垂直（V）/旋转（R）］：M↙

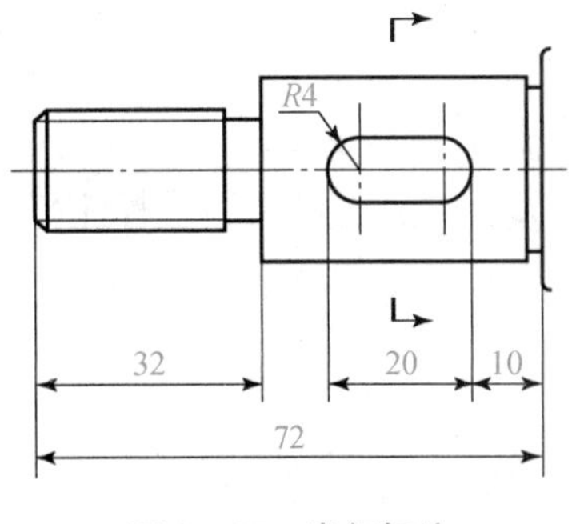

图 9－37　半径标注

上述操作后，系统弹出多行文字编辑器，将光标移至尺寸数字前，单击多行文字编辑器中的“符号”按钮，在符号下拉列表框中选择添加直径符号 ϕ。最后标注结果如图 9－38 所示。

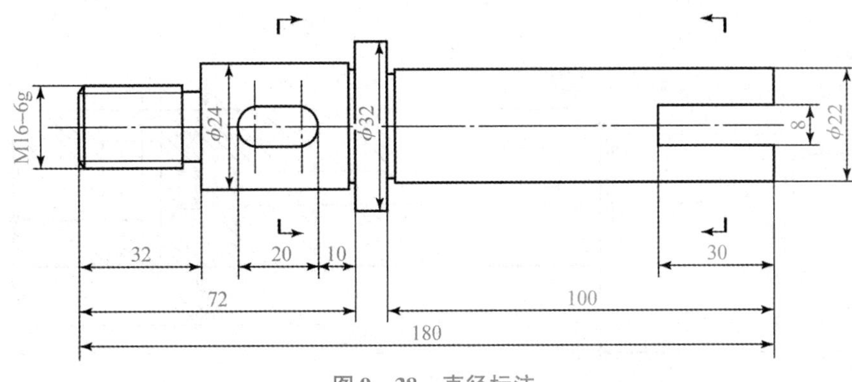

图 9－38　直径标注

④倒角尺寸标注。

用“引线”命令标注传动轴图中的倒角尺寸，如图 9－39 所示。

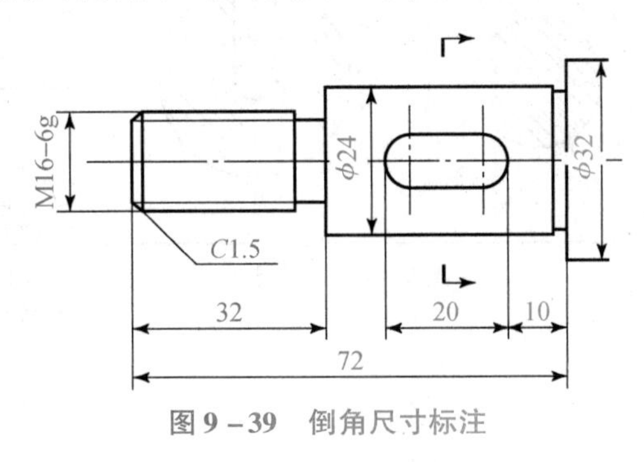

图 9－39　倒角尺寸标注

命令：LEADER↙（引线标注）

指定引线起点：_nea 到（捕捉齿轮主视图上部圆角上一点）

指定下一点：（拖动鼠标，在适当位置处单击）

指定下一点或［注释（A）/格式（F）/放弃（u）］<注释>：<正交开>（打开正

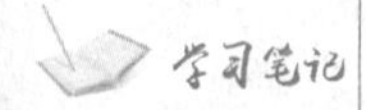

交功能，向右拖动鼠标，在适当位置处单击）

指定下一点或［注释（A）/格式（F）/放弃（U）］<注释>：↙

输入注释文字的第一行或<选项>：C1.5↙

输入注释文字的下一行：↙

命令：↙（继续引线标注）

（6）填写标题栏和技术要求。

（7）保存文件。

五、课后练习

选择合适图幅，按 1∶1 的比例绘制如图 9－40 所示的轴类零件图。要求：布图均匀，图形正确，线型符合国标，标注尺寸和尺寸公差，填写“技术要求”及标题栏，但不标注表面粗糙度和形位公差。

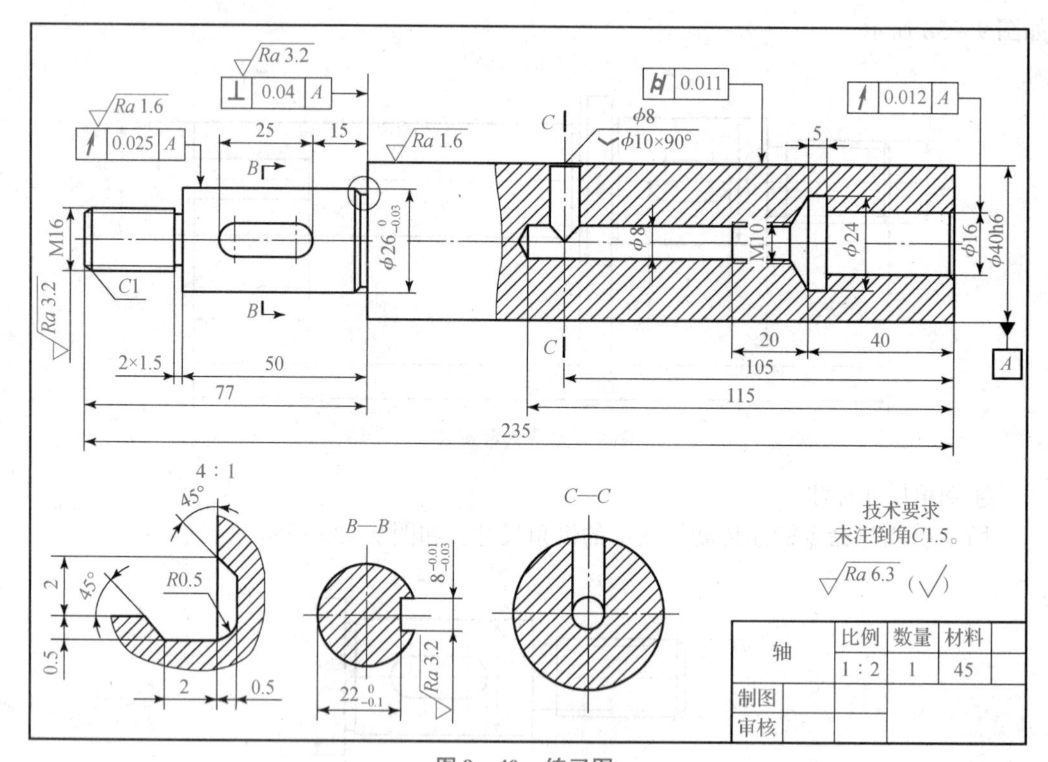

轴	比例	数量	材料	
	1 : 2	1	45	
制图				
审核				

图 9－40　练习图

学习笔记

项目十　绘制圆柱齿轮零件图

一、项目目标

（一）知识目标

（1）掌握利用“绘图”命令和“编辑修改”命令绘制圆盘类零件图的方法；

（2）掌握“基线标注”“连续标注”“快速引线标注”“尺寸公差标注”及“形位公差”命令的操作方法；

（二）能力目标

（1）能够运用“基线标注”“连续标注”“圆心标记”“弧长标注”命令进行尺寸标注；

（2）能够运用“快速引线标注”“形位公差标注”“折弯标注”等命令进行尺寸标注；

（3）能够运用绘图、修改命令绘制盘类零件图并进行尺寸、尺寸公差及形位公差标注。

（三）思政目标

（1）通过学习圆柱齿轮零件图的绘制方法，让学生了解齿轮加工工艺的变迁，令儿从齿轮加工工艺的变迁了解我国机械加工技术的发展。

（2）通过对学生学习方法的引导，培养其良好的学习能力和绘制图样的标准化能力，高质量的产品与图样质量息息相关，以使其明确精心打磨、提升自身价值，定会成为社会有用之才。

二、项目导入

选择合适图幅，按1：1的比例绘制如图10－1所示的直齿圆柱齿轮零件图。要求：布图匀称，图形正确，线型符合国标，标注尺寸和尺寸公差、形位公差，填写“技术要求”及标题栏，但不标注表面粗糙度。

三、项目知识

（一）基线标注

1. 命令功能

用该方式可快速地标注具有同一起点的若干个相互平行的尺寸，适用于长度尺寸、角度尺寸的标注等。

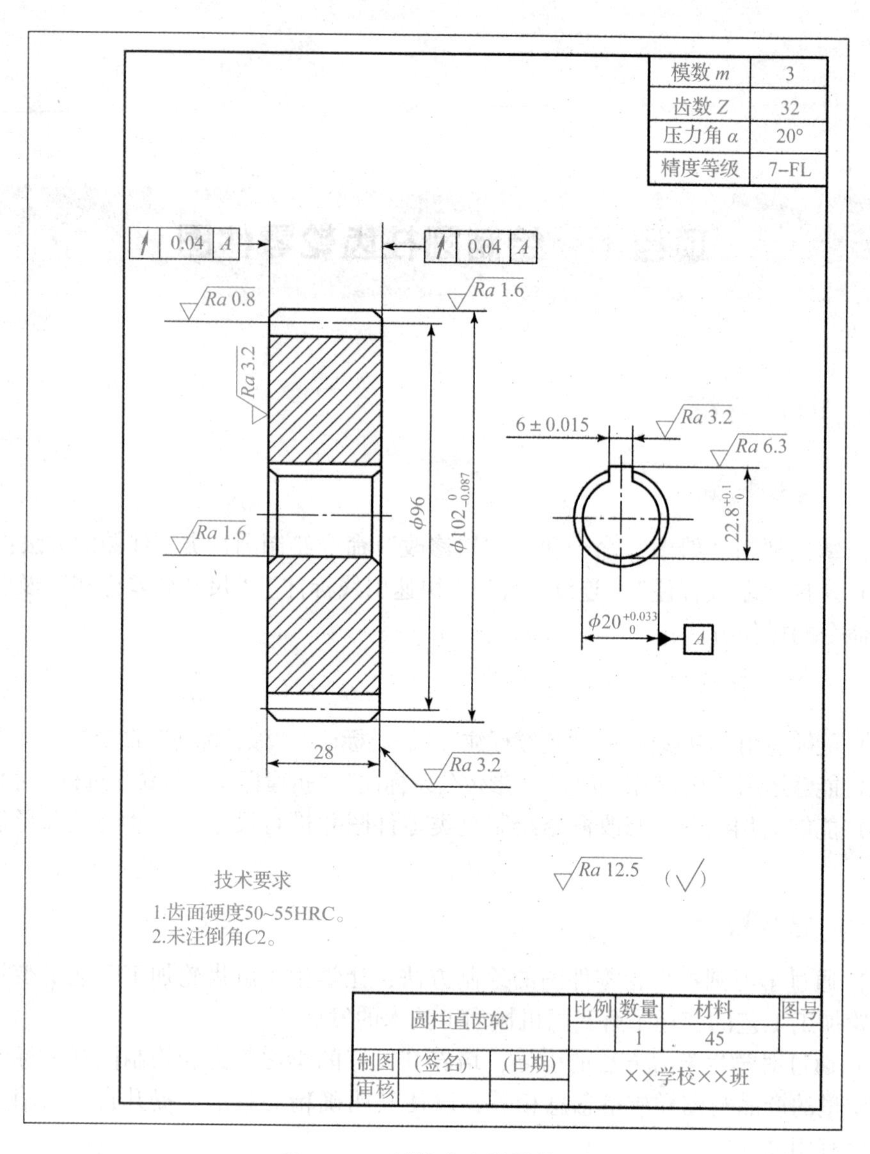

图 10－1　圆柱直齿轮零件图

2. 命令调用

（1）菜单："标注"→"基线"。

（2）单击"标注工具栏"中的图标 。

（3）在命令行中输入"DIMBASELINE"（或命令缩写"DBA"）。

［例 10－1］　使用基线标注制作如图 10－2 样式标注。

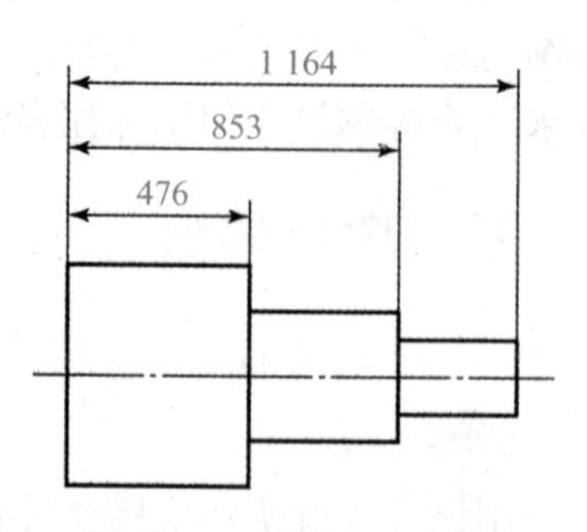

图 10－2　基线标注样图

操作步骤：

（1）该图使用默认标注样式即可。

（2）使用线性标注首先从左至右标注 476 的水平

距离。

单击基线标注按钮，进行基线标注，最后达到如图 10－2 所示效果。

（二）连续标注

1. 命令功能

用该方式可快速地标注首尾相接的若干个连续尺寸，适用于长度尺寸、角度尺寸的标注等。

2. 命令调用

（1）菜单：“标注”→“连续”。

（2）单击“标注工具栏”中的图标 ┣┿┫。

（3）在命令行中输入“DIMCONTINUE”（或命令缩写“DCO”）。

［**例 10－2**］ 使用连续标注，对图 10－3 上部线段进行标注。

操作步骤：

使用线性标注先标注左边的一段，如图 10－4 所示。

单击“连续标注”按钮 ┣┿┫，对其余线段进行连续标注，按回车键结束。最终效果如图 10－5 所示。

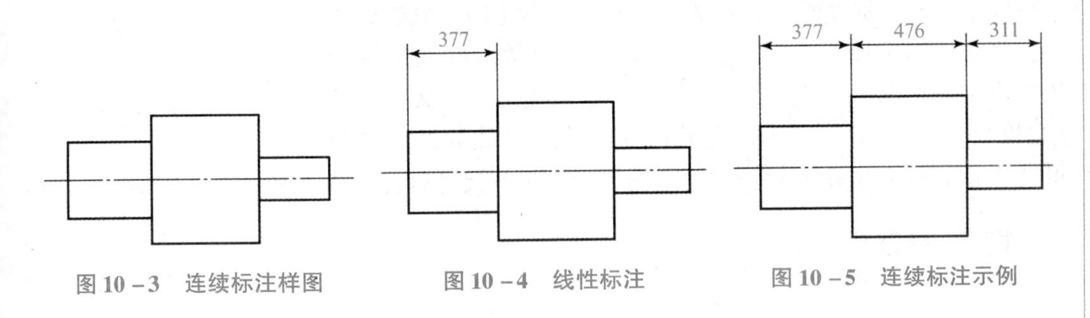

图 10－3 连续标注样图　　图 10－4 线性标注　　图 10－5 连续标注示例

（三）弧长标注

1. 命令功能

用于标注圆弧的弧长。

2. 命令调用

（1）菜单：“标注”→“弧长”。

（2）单击“标注工具栏”中的图标 ◜。

（3）在命令行中输入“DIMARC”。

3. 操作说明

当选择需要的标注对象后，命令行显示以下提示信息。

指定弧长标注位置或［多行文字（M）/文字（T）/角度（A）/部分（P）/］：

当指定了尺寸线的位置后，系统将按实际测量值标注出圆弧的长度；也可以利用“多行文字（M）”“文字（T）”或“角度（A）”选项，确定尺寸文字或尺寸文字的旋转角度。另外，如果选择“部分（P）”选项，则可以标注选定圆弧某一部分的弧长。

（四）折弯标注

1. 命令功能

用于标注大圆弧的半径。

2. 命令调用

（1）菜单：“标注”→“折弯”。

（2）单击“标注工具栏”中的图标 。

（3）在命令行中输入“DIMDIAMETER”（或命令缩写“DDI”）。

3. 操作说明

提示：

选择圆弧或圆：(选择圆或圆弧)

指定中心位置替代：(指定中心替代位置)

标注文字 =(测量尺寸)

指定尺寸线位置或［多行文字（M）/文字（T）/角度（A）］：

当直接确定尺寸线的位置时，系统按测量值标注出半径及半径符号。另外，还可以用“多行文字（M）”“文字（T）”“角度（A）”选项，输入标注的尺寸数值及尺寸数值的倾斜角度，当重新输入尺寸值时，应输入前缀 *R*。折弯尺寸标注示例如图 10－6 所示。

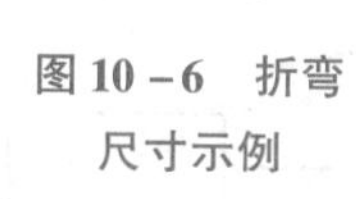

图 10－6　折弯尺寸示例

（五）标注间距

1. 命令功能

可以自动调整图形中现有的平行线性标注和角度标注，以使其间距相等或在尺寸线处相互对齐。

2. 命令调用

（1）菜单：“标注”→“标注间距”。

（2）单击“标注工具栏”中的图标 。

（3）在命令行中输入“DIMSPACE”。

3. 操作说明

选择“标注间距”命令，命令行将提示“选择基准标注：”信息，在图形中选择第一个标注线，然后命令行将提示“选择要产生间距的标注：”信息，这时再选择第二个标注线；接下来命令行将提示“输入值或［自动（A），〈自动〉］：”信息，这里输入标注线的间距数值 10，按［Enter］键完成标注间距。该命令可以选择连续设置多个标注线之间的间距。图 10－7 所示为左图的 1、2 和 3 处的标注线设置标注间距后的效果对比。

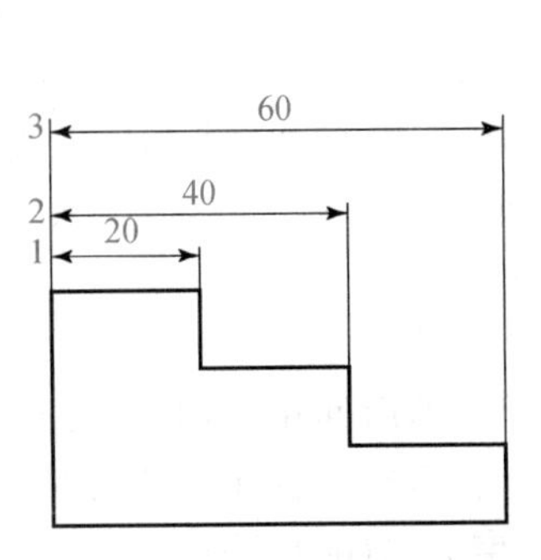

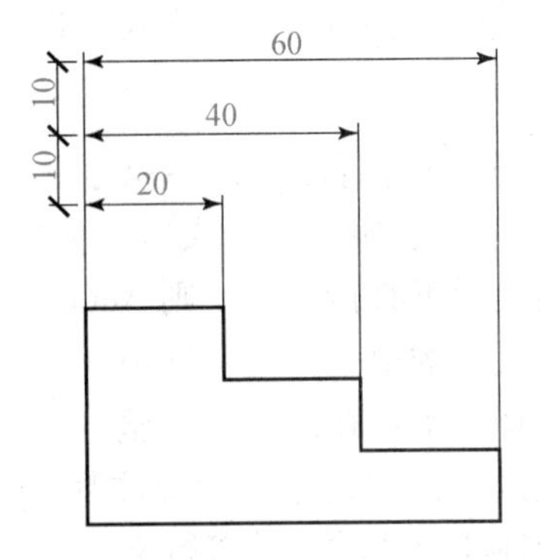

图 10－7　标注间距

（六）圆心标记

1. 命令调用

（1）菜单："标注"→"圆心标记"。

（2）单击"标注工具栏"中的"圆心标记"图标按钮 ⊕。

（3）在命令行中输入"DIMCENTER"。

2. 命令的操作

选择上述任意一种方式调用命令后，将出现提示：
选择圆弧或圆：（选择圆弧或圆对象）

3. 圆心标记说明

圆心标记可以是过圆心的十字标记，也可以是过圆心的中心线，它是通过系统变量 Simcen 的设置来进行控制的，当该变量值大于 0 时，作圆心十字标记，且该值是圆心标记的长度的一半；当变量值小于 0 时，画中心线，且该值是圆心处小十字长度的一半。

（七）快速引线标注（LEADER 命令）

1. 命令功能

LEADE 命令可以创建灵活多样的引线标注形式，可根据需要把指引线设置为折线或曲线，指引线可带箭头，也可不带箭头，注释文本可以是多行文本，也可以是形位公差，还可以从图形其他部位复制，或是一个图块。

2. 命令调用

在命令行中输入"LEADER"。

3. 命令的操作

命令：LEADER↙
提示：
指定下一点：（输入指引线的另一点）

指定下一点或［注释（A）/格式（F）/放弃（U）］<注释>：

4. 选择项说明

（1）指定下一点：直接输入一点，AutoCAD 根据前面的点画出折线作为指引线。

（2）注释（A）：输入注释文本，为默认项。

若在上面提示下直接回车，则 AutoCAD 提示：

输入注释文字的第一行或<选项>：

①输入注释文本：在此提示下输入第一行文本后回车，用户可继续输入第二行文本，如此反复执行，直到输入全部注释文本，然后在此提示下直接回车，AutoCAD 会在指引线终端标注出所输入的多行文本，并结束 LEADER 命令。

②直接回车：如果在上面的提示下直接回车，AutoCAD 提示：

输入注释选项［公差（T）/副本（c）/块（B）/无（N）/多行文字（M）］<多行文字>：

在此提示下选择一个注释选项或直接回车选“多行文字”选项。其中各选项的含义如下：

a.“公差（T）”：标注形位公差。

b.“副本（C）”：把已由 LEADER 命令创建的注释复制到当前指引线末端。执行该选项，系统提示：

选择要复制的对象：

在此提示下选取一个已创建的注释文本，则 AutoCAD 把它复制到当前指引线的末端。

c.“块（B）”：插入块，把已经定义好的图块插入到指引线的末端。执行该选项，系统提示：

输入块名或［?］：

在此提示下输入一个已定义好的图块名，AutoCAD 把该图块插入到指引线的末端；或键入“?”列出当前已有图块，用户可从中选择。

d.“无（N）”：不进行注释，没有注释文本。

e.<多行文字>：用多行文本编辑器标注注释文本并定制文本格式，为默认选项。

（3）格式（F）：确定指引线的形式。选择该项，AutoCAD 提示：

输入引线格式选项［样条曲线（S）/直线（ST）/箭头（A）/无（N）］<退出>：

选择指引线形式，或直接回车回到上一级提示。

①“样条曲线（S）”：设置指引线为样条曲线。

②“直线（ST）”：设置指引线为折线。

③“箭头（A）”：在指引线的起始位置画箭头。

④“无（N）”：在指引线的起始位置不画箭头。

⑤<退出>：此项为默认选项，选取该项退出“格式”选项，返回“指定下一点或［注释（A）/格式（F）/放弃（u）］<注释>：”提示，并且指引线形式按默认方式设置。

（八）形位公差标注

1. 命令功能

用于标注形位公差。

学习笔记

2. 命令调用

(1) 在命令行中输入“LEADER”。

(2) 菜单：“标注”→“公差”。

(3) 单击“标注工具栏”中的图标 。

(4) 在命令行中输入“TOLERANCE”（或命令缩写“TOL”）↙。

3. 形位公差说明

形位公差表示特征的形状、轮廓、方向、位置和跳动的允许偏差，通常可以通过特征控制框来添加形位公差，这些框中包含单个标注的所有公差信息，如图 10－8 所示。

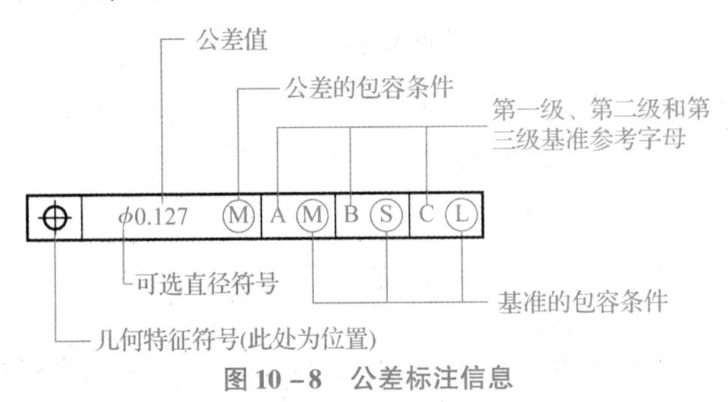

图 10－8　公差标注信息

4. 对话框说明

在对话框中，单击“符号”下面的黑色方块，打开“特征符号”对话框，如图 10－9 所示，通过该对话框可以设置形位公差的代号。

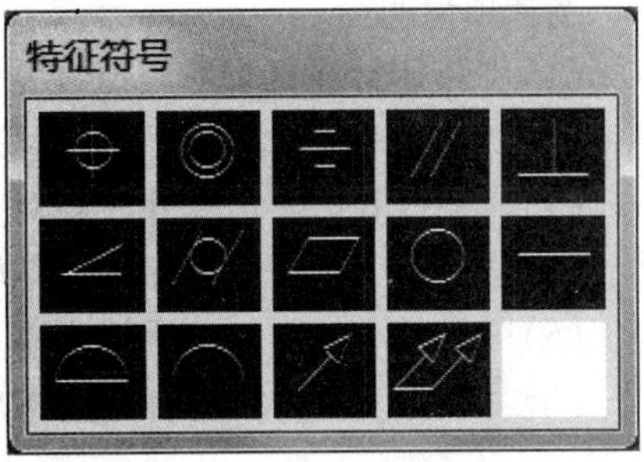

特征符号

图 10－9　“特征符号”对话框

（九）编辑标注

利用编辑标注对已存在尺寸的组成要素进行局部修改，使之更符合有关规定，而不必删除所标注的尺寸对象再重新进行标注。

1. 命令调用

(1) 菜单：“标注（N）”→“对齐文字（X）”→“光标”。

(2) 单击“标注工具栏”中的“编辑标注”图标按钮 。

(3) 在命令行中输入“DIMEDIT”。

2. 命令的操作

选择上述任意一种方式调用命令后，将出现提示：

输入标注编辑类型［默认（H）/新建（N）/旋转（R）/倾斜（O）］<默认>：（输入选择项）

3. 选择项说明

(1)“默认（H）”：文本的默认位置。移动标注文本到默认位置，对应下拉菜单

“标注（D）”“对齐文字”“光标菜单”“默认（H）”选项。

（2）“新建（N）”：修改尺寸文本。在弹出的“文字格式”窗口中输入新的尺寸文本。

（3）“旋转（R）”：旋转标注尺寸文本。对应下拉菜单“标注（D）”“对齐文字”“光标菜单”“角度（A）”选项。在命令提示行输入尺寸文本的旋转角度。

（4）“倾斜（O）”：调整线性标注尺寸界线的倾斜角度。对应下拉菜单“标注（D）”“倾斜（Q）”选项。

（十）调整标注文本位置

1. 命令调用

（1）菜单：“标注（N）”→“对齐文字（X）”→“光标菜单”。

（2）单击“标注工具栏”中的“编辑标注文字”图标按钮。

（3）在命令行中输入“DIMTEDIT”。

2. 命令的操作

选择上述任意一种方式调用命令后，将出现提示：

选择标注：(选择一尺寸对象)

指定标注文字的新位置或（左（L）/右（R）/中心（C）/默认（H）/角度（A））：

此时，可以指定一点或输入一选项。如果移动光标到标注文本位置且“Dimsho”为“ON”，则当拖动光标时尺寸位置自动修改。标注文字的垂直放置设置将控制标注文本出现在尺寸线的上方、下文或中间。

选择项说明：

（1）“指定标注文字的新位置”：通过移动光标标注文本新位置。

（2）“左（L）”：沿尺寸线左对齐文本。该选项适用于线性、半径和直径标注。

（3）“右（R）”：沿尺寸线右对齐文本。该选项适用于线性、半径和直径标注。

（4）“中心（C）”：把标注文本放在尺寸线的中心。

（5）“默认（H）”：将标注文本移至默认位置。

（6）“角度（A）”：将标注文本旋转至指定角度。

（十一）标注更新

1. 命令调用

（1）菜单：“标注（N）”→“更新（U）”。

（2）单击“标注工具栏”中的“标注更新”图标按钮

（3）在命令行中输入“UPDATE”。

2. 命令的操作

选择上述任意一种方式调用命令后，将出现提示：

当前标注样式：[保存（S）/恢复（H）/状态（ST）/变量（V）/应用（A）/?]〈恢复〉：(输入各选择项)

选择项说明：

(1)“保存（S）”：将当前尺寸系统变量的设置作为一个尺寸标注样式命名保存。

(2)“恢复（H）”：用已设置的某一尺寸标注样式作为当前标注尺寸样式。

(3)“状态（ST）”：在文本窗口显示当前标注尺寸样式的设置状态。

(4)“变量（V）”：选择一个尺寸标注，自动在文本窗口显示有关尺寸样式设置数据。

(5)“应用（A）”：将所选择的标注尺寸样式应用到被选择的标注尺寸对象上，即用所选择的标注尺寸样式来替代原有的标注尺寸样式。

(6)“?”：在文本窗口显示当前图形中命名的标注尺寸样式的设置数据。

（十二）替代已存在的尺寸标注变量

1. 命令调用

(1) 菜单：“标注（N）”→“替代（V）”。

(2) 在命令行中输入“QDIMOVERRIDE”。

2. 命令的操作

选择上述任意一种方式调用命令后，将出现提示：

输入要替代的标注变量名或［清除替代（C）］：(输入尺寸变量名来指定替代某一尺寸对象，也可输入“C”清除尺寸对象上的任何替代)

（十三）修改尺寸标注文本

1. 命令调用

(1) 菜单：“修改（M）”→“对象（O）”→“文字（T）”→“编辑（E）...”。

(2) 在命令行中输入“DDEDIT”。

2. 命令的操作

选择上述任意一种方式调用命令后，将出现提示：

选择注释对象或［放弃（U）］：(输入选择项)

选择项说明：

(1)“选择注释对象”：拾取尺寸文本对象。当完成尺寸文本的拾取并回车后，在弹出的“文字格式”窗口中可以输入新的尺寸文本。

(2)“放弃（U）”：放弃最近一次的文本编辑操作。

（十四）分解尺寸组成实体

利用“分解”命令可以分解尺寸组成实体，即将其分解为文本、箭头、尺寸线等多个实体。

（十五）多重引线

1. 命令功能

多重引线可创建为箭头优先、引线基线优先或内容优先。

学习笔记

学习笔记

2. 命令调用

(1) 菜单："标注"→"多重引线"。

(2) 在命令行中输入"MLEADER"。

3. 命令的操作

命令：MLEADER↙

指定引线箭头的位置或［引线基线优先（L）/内容优先（C）/选项（O）］<选项>：

选择项说明：

(1)"指定引线箭头的位置"：指定多重引线对象箭头的位置。

(2)"引线基线优先（L）"：指定多重引线对象基线的位置。如果先前绘制的多重引线对象是基线优先，则后续的多重引线也将先创建基线（除非另外指定）。

(3)"内容优先（C）"：指定与多重引线对象相关联的文字或块的位置。如果先前绘制的多重引线对象是内容优先，则后续的多重引线对象也将先创建内容（除非另外指定）。

(4)"选项（O）"：指定用于放置多重引线对象的选项。

输入选项［引线类型（L）/引线基线（A）/内容类型（C）/最大点数（M）/第一个角度（F）/第二个角度（S）/退出选项（X）］：

①"引线类型（L）"：指定要使用的引线类型。

输入选项［类型（T）/基线（L）］：

a."类型（T）"：指定直线、样条曲线或无引线。

选择引线类型［直线（S）/样条曲线（P）/无（N）］：

b."基线（L）"：更改水平基线的距离。

使用基线［是（Y）/否（N）］：

如果此时选择"否"，则不会有与多重引线对象相关联的基线。

②引线基线（A）：指定是否添加水平基线。如果输入"是"将提示您设置基线长度。

③内容类型（C）：指定要使用的内容类型。

输入内容类型［块（B）/无（N）］：

块（B）：指定图形中的块，以与新的多重引线相关联。

输入块名称：

无（N）：指定"无"内容类型。

④最大点数（M）：指定新引线的最大点数。

输入引线的最大点数或<无>：

⑤第一个角度（F）：约束新引线中第一个点的角度。

输入第一个角度约束或<无>：

⑥第二个角度（S）：约束新引线中的第二个角度。

输入第二个角度约束或<无>：

⑦退出选项（X）：返回到第一个 MLEADER 命令提示。

四、项目实施

（一）绘制零件图

（1）创建零件图图形文件：进入“AutoCAD 经典”工作空间，调用样板文件，并“另存为”此文件，文件名为“图 10－1. dwg”，注意在绘图过程中每隔一段时间保存一次。

（2）绘制图形：选择合适图幅，按 1：1 的比例绘制图 10－1 所示的直齿圆柱齿轮零件图。要求：布图匀称，图形正确，线型符合国标，标注尺寸和尺寸公差、形位公差，填写技术要求及标题栏，但不标注表面粗糙度。

绘图步骤如下：

①调整屏幕显示大小，打开“显示/隐藏线宽”和“极轴追踪”状态按钮，在“草图设置”对话框中选择“对象捕捉”选项卡，设置“交点”“端点”“中点”“圆心”等捕捉目标，并启用对象捕捉。

②绘制基准线。执行“直线”命令，在“ZXX”图层绘制主视图、左视图轴向对称线和径向对称线，调整两两相交直线间位置关系，结果如图 10－10 所示。

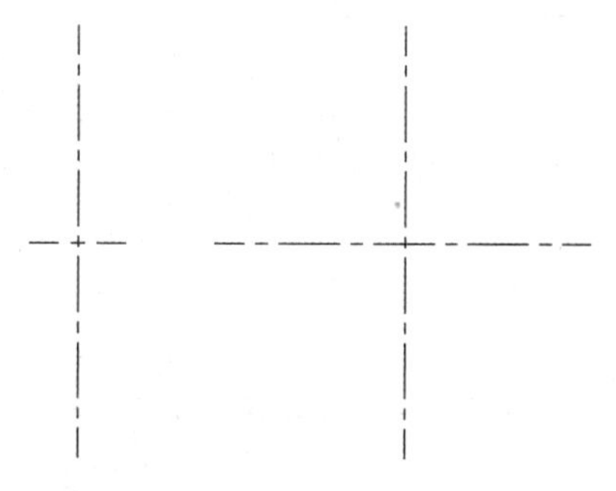

图 10－10　绘制基准线

③绘制端面轮廓线、“三线”（齿顶线、齿根线和分度线）和两圆（齿顶圆和分度圆）。

执行“偏移”命令，在主视图上将径向对称线分别向左右偏移 14，修改偏移线为“CSX”图层。

继续执行“偏移”命令，在主视图上将轴向对称线分别向上、下偏移 51、48 和 44. 25，并修改偏距为 51 和 44. 25，修改偏移线为“CSX”图层。

执行“圆”命令，在左视图以对称线交点为圆心，分别在“CSX”、和“ZXX”图层绘制半径为 51 和 48 的圆。

执行“修剪”命令，在主视图分别修剪有关图线，结果如图 10－11 所示。

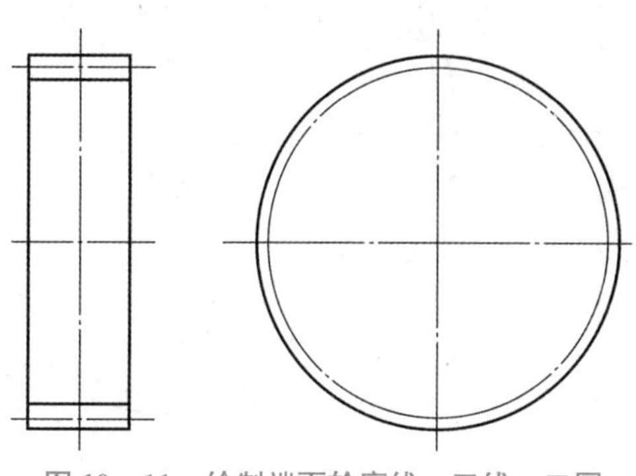

图 10－11　绘制端面轮廓线、三线、二圆

学习笔记

④绘制轮毂线（圆）和键槽。在主视图执行“偏移”命令，将轴向中心线向上偏移12.8得线段*AB*，修改线段*AB*为“CSX”图层，执行“修剪”命令，修剪线段*AB*。再次执行“偏移”命令，将线段*AB*向下偏移22.8得线段*CD*。

在左视图执行“圆”命令，以半径尺寸10绘制圆，执行“偏移”命令，以偏距3将垂直中心线分别向左、右偏移得两直线，修改两线为“CSX”图层，设两线交圆于点*E*和*F*，执行“直线”命令，根据投影关系，在两线间对齐于*AB*作一线段*EF*，在主视图对齐于*G*或*H*绘制线段*IJ*。

在主视图执行“倒角”命令，绘制*C*2倒角（设“修剪”命令为“不修剪”模式），执行“直线”命令补画出倒角后的轮廓线。

在左视图执行“圆”命令，绘制倒角圆（也可将ϕ20向外偏移“2”）。结果如图10－12所示。

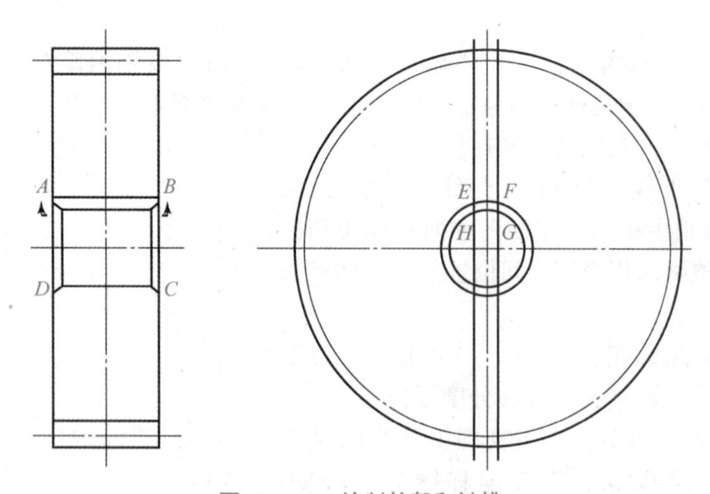

图10－12　绘制轮毂和键槽

⑤执行“修剪”命令，修剪多余线段，结果如图10－13所示。

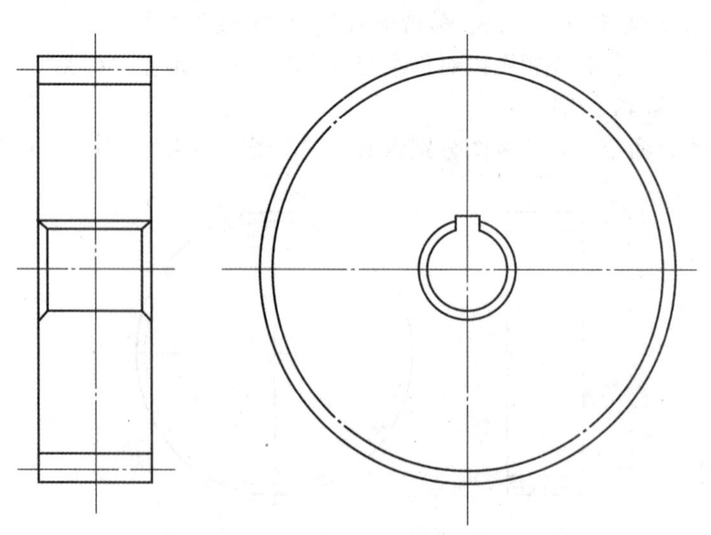

图10－13　完成绘制轮毂和键槽

学习笔记

⑥绘制轮齿倒角和剖面线。在主视图执行“倒角”命令，在轮齿位置绘制 $C2$ 倒角（修改“修剪”命令为“修剪”模式）。修改左视图为简化方法。

执行“图案填充”命令，在剖视区域进行图案填充，最后结果如图 10－14 所示。

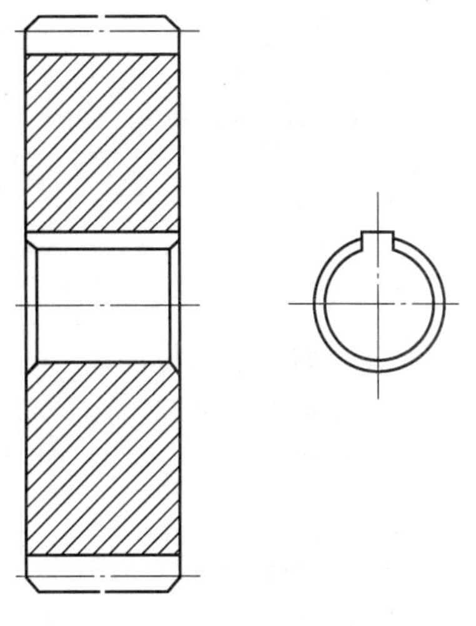

图 10－14　绘制倒角和剖面线

（二）标注尺寸及尺寸公差

1. 设置尺寸标注样式

尺寸标注前，根据前面学过的方法，先设置好符合我国制图国家标准要求的尺寸标注样式，如“jixie”样式及其子样式，并将其置为当前标注样式，再选用“尺寸线”图层进行尺寸标注。

2. 尺寸及尺寸公差的标注

1）标注尺寸 28 和 ϕ96（利用线性标注命令）

命令调用：

（1）菜单：“标注”→“线性”。

（2）单击“标注工具栏”中的图标 。

（3）在命令行中输入“DIMLINEAR”（或命令缩写“DLI”）。

操作步骤说明：

①标注尺寸 28。

命令：“标注工具栏”中的图标 ↙。

指定第一条延伸线原点或 <选择对象>：（指定点或按［ENTER］键选择要标注的对象）

指定延伸线原点或要标注的对象后，将显示下面的提示：

指定尺寸线位置或［多行文字（M）/文字（T）/角度（A）/水平（H）/垂直（V）/旋转（R）］：（指定点或输入选项）

第一条延伸线原点：（指定尺寸线起点）

指定第二条延伸线原点：（指定尺寸线终点）

指定位置之后，标注出尺寸 28。

②在尺寸数字 96 前添加直径符号 ϕ（见图 10－15）。

命令：选择菜单“标注→线性”命令，或者单击“标注工具栏”中的图标 。

指定第一条延伸线原点或 <选择对象>：（在图 10－16 的点 1 处单击鼠标左键）

指定第二条延伸线原点：（在图 10－16 的点 2 处单击鼠标左键）

指定尺寸线位置或［多行文字（M）/文字（T）/角度（A）/水平（H）/垂直（V）/旋转（R）］：M↙

上述操作后，系统弹出多行文字编辑器，如图 10－15 所示，将光标移至尺寸 96 前，单击多行文字编辑器中的“符号”按钮，在符号下拉列表框中选择添加直径符号 ϕ。

图 10－15　尺寸数字 96 前添加直径符号 ϕ

指定位置之后，标注出尺寸 $\phi96$，如图 10－16 所示。

2）标注尺寸 $\phi102_{-0.087}^{0}$、$22.8_{0}^{+0.1}$ 和 $\phi20_{0}^{+0.033}$

利用线性标注命令并且使用堆叠功能标注出尺寸公差。

操作步骤：

（1）在多行文字编辑器中，在数字 102 之后输入“0^－0.087”（注：组合键［shift］＋［6］注写堆叠符号“^”）。注意上偏差数值 0 之前应输入一个空格。

（2）选中要堆叠的字符“0^－0.087”，再单击“堆叠”按钮，则选中的字符“0^－0.087”堆叠成 $_{-0.087}^{0}$。如图 10－17 所示。

3）标注尺寸 $22.8_{0}^{+0.1}$ 和 $\phi20_{0}^{+0.033}$

标注完以上尺寸后结果如图 10－18 所示。

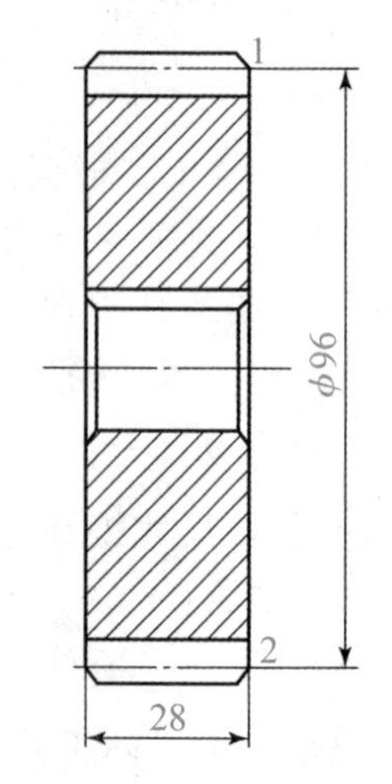

图 10－16　标注出尺寸 $\phi96$

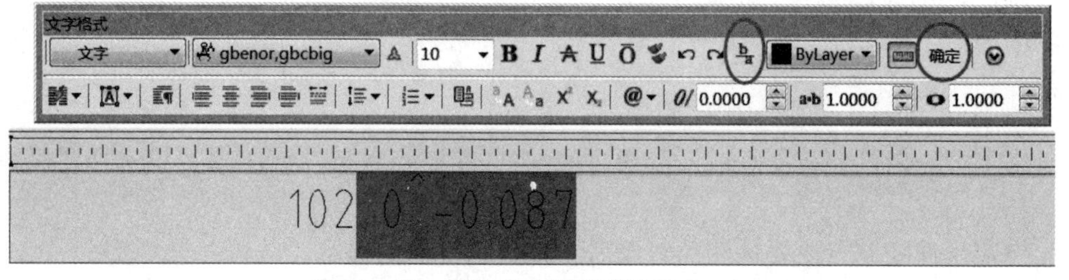

图 10－17　标注尺寸公差对话框（一）

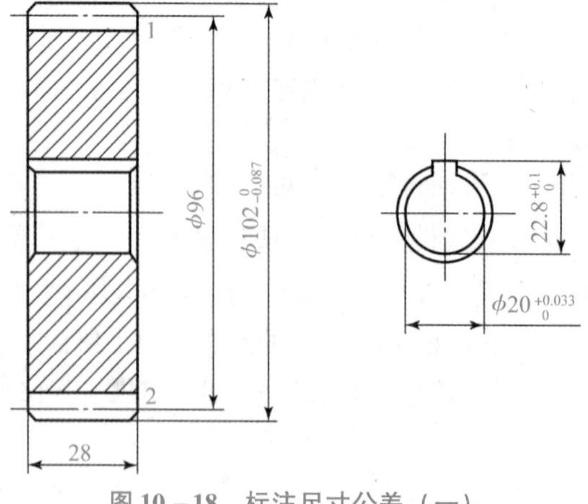

图 10－18　标注尺寸公差（一）

4）标注尺寸 6 ±0.15

命令："标注工具栏"中的图标 ⊢⊣ 。

指定第一条延伸线原点或 <选择对象>：（在图 10－20 的点 3 处单击鼠标左键）

指定第二条延伸线原点：（在图 10－20 的点 4 处单击鼠标左键）

指定尺寸线位置或［多行文字（M）/文字（T）/角度（A）/水平（H）/垂直（V）/旋转（R）］：M↙

在多行文字编辑器中，将光标移至数字 6 之后，利用@ 中的特殊符号书写"±0.15"，如图 10－19 所示。

指定尺寸线位置或

［多行文字（M）/文字（T）/角度（A）/水平（H）/垂直（V）/旋转（R）］：

标注文字 =6

标注公差的对话框如图 10－19 所示。

图 10－19　标注尺寸公差对话框（二）

标注完以上尺寸后结果如图 10－20 所示。

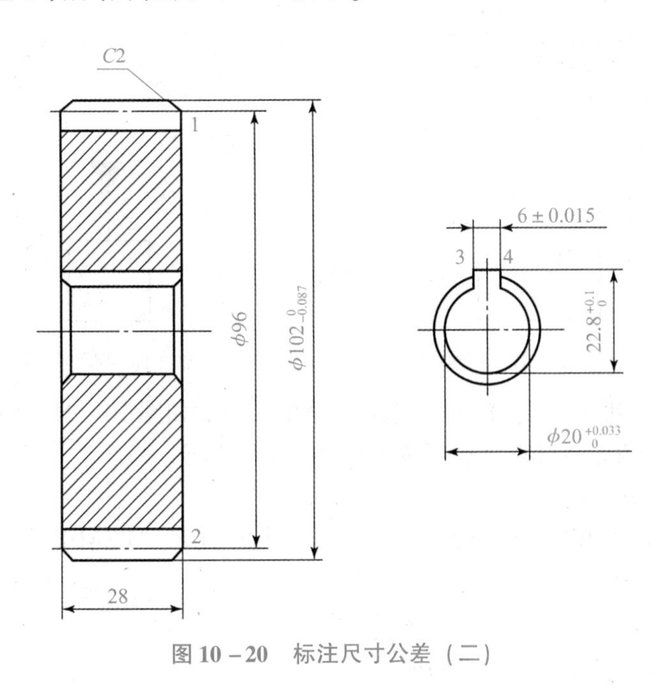

图 10－20　标注尺寸公差（二）

学习笔记

5）标注倒角尺寸 C2

利用“引线”LEADER 命令进行标注。

操作步骤说明：

命令：Leader↙（引线标注）

指定引线起点：_leader 到（捕捉齿轮主视图上部圆角上一点）

指定下一点：（拖动鼠标，在适当位置处单击）

指定下一点或［注释（A）/格式（F）/放弃（u）］<注释>：<正交开>（打开正交功能，向右拖动鼠标，在适当位置处单击）

指定下一点或［注释（A）/格式（F）/放弃（U）］<注释>：↙

输入注释文字的第一行或<选项>：C2↙

输入注释文字的下一行：↙

命令：↙（继续引线标注）

最后标注结果如图 10－20 所示。

3. 形位公差标注

操作步骤：

（1）创建“基准符号”：在“XSX”图层执行“直线”命令，按尺寸绘制如图 10－21 所示符号，绘制过程略。

（2）执行“SOLID”命令，在三角形中“涂黑”。

（3）执行“多行文字”命令，在方框内填写基准代码（如“A”），结果如图 10－22 所示。

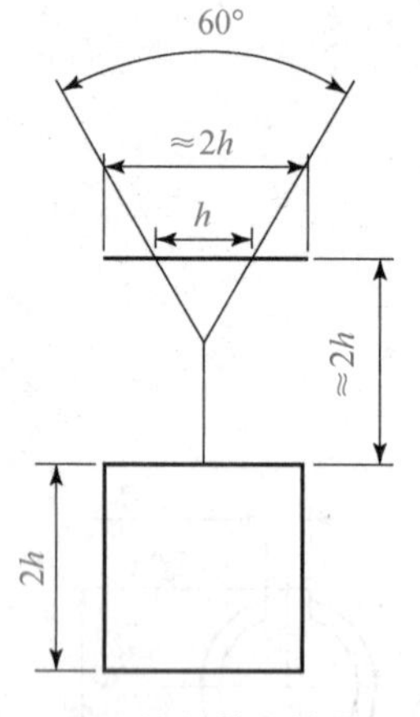

图 10－21　绘制基准符号（一）

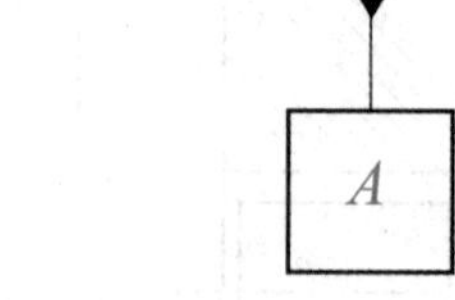

图 10－22　绘制基准符号（二）

（4）标注“基准符号”：执行“复制”命令，拾取如图 10－21 所示三角形上边中点为“基点”，在齿轮零件图上适当位置复制出基准符号。

（5）标注形位公差。

用“引线”LEADER 命令直接标注，在命令行中输入“LEADER”后直接回车。

命令：LEADER↙

指定引线起点：（指定指引线箭头放置点）

指定下一点：（指定指引线远离箭头的端点）

学习笔记

指定下一点或［注释（A）/格式（F）/放弃（U）］<注释>：空回车（默认<注释>）

输入注释文字的第一行或<选项>：↙（默认<选项>）

输入注释选项［公差（T）/副本（C）/块（B）/无（N）/多行文字（M）］<多行文字>：T↙

这时出现“形位公差”对话框，如图 10－23 所示，选中所需要的公差符号以及公差值，然后按回车键即可标注出形位公差。

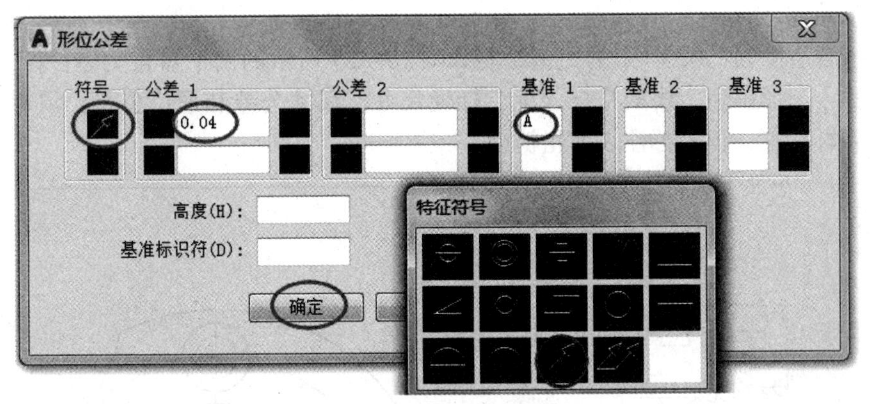

图 10－23 “形位公差”及“特征符号”对话框

最后标注完以上形位公差的结果如图 10－24 所示。

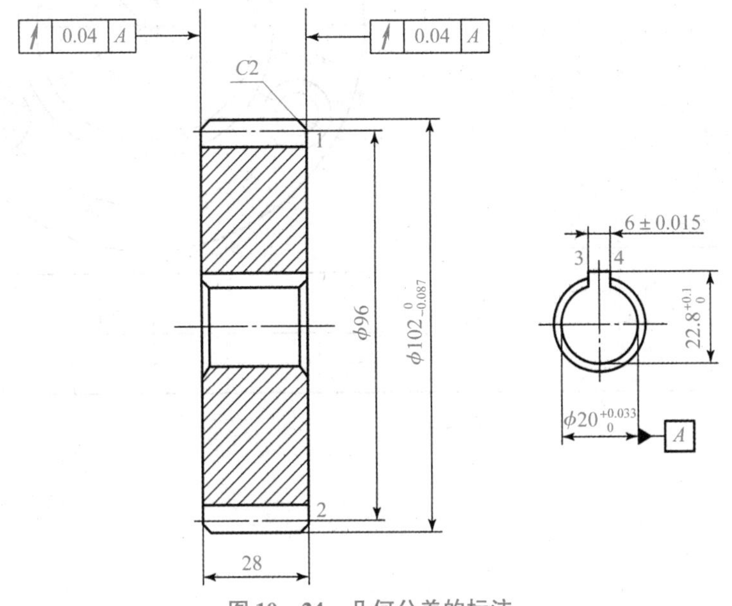

图 10－24 几何公差的标注

（6）用相同的方法完成其他形位公差标注。至此完成全图，结果如图 10－1 所示。

（三）绘制齿轮参数表格，填写标题栏、齿轮参数和技术要求

执行“直线”和“偏移”命令，在图框左上角绘制一宽度为 3×15＝45、高度为 3×7＝21 的表格。

执行“多行文字”命令，在标题栏、齿轮参数表和绘图区合适位置填写标题栏，齿轮齿数、模数和压力角，技术要求等内容。至此完成全图，结果如图 10－1 所示。

（四）保存文件

五、课后练习

选择合适图幅，按 1∶1 的比例绘制如图 10－25 所示的两个盘盖类零件图。要求：布图匀称，图形正确，线型符合国标，标注尺寸、尺寸公差和形位公差，填写“技术要求”及标题栏，但不标注表面粗糙度。

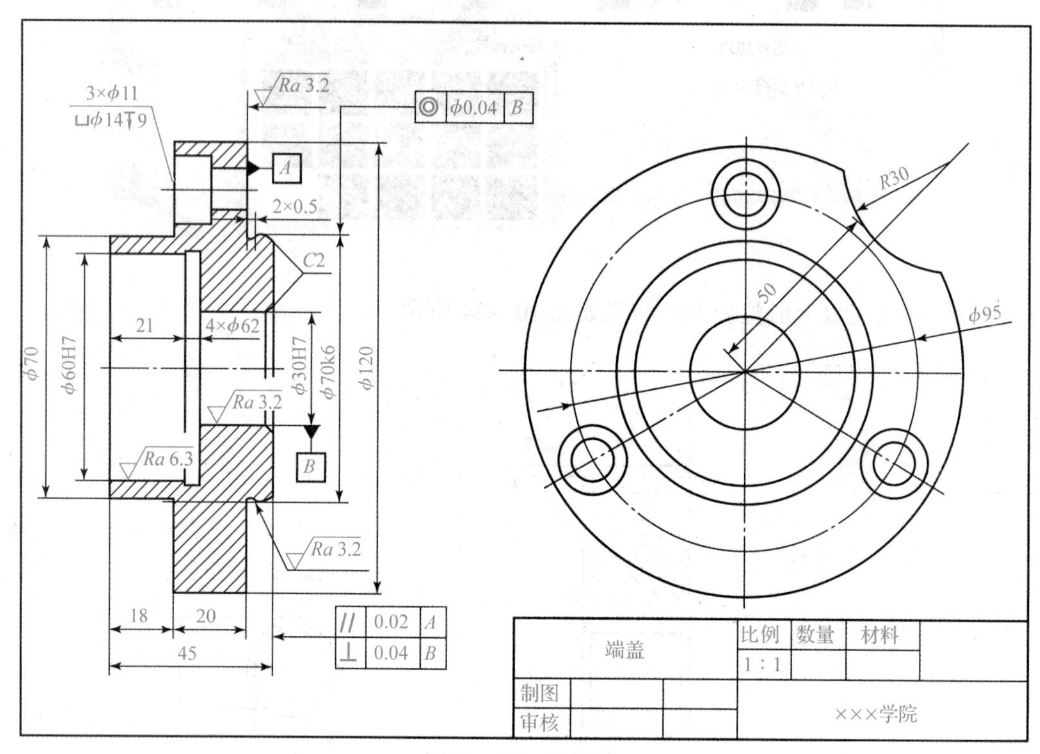

图 10－25　练习图

学习笔记

项目十一　绘制箱体零件图

一、项目目标

（一）知识目标

（1）掌握箱体类零件图的画法与技巧；
（2）掌握“绘图”与“编辑”命令在图形绘制中的综合运用。

（二）能力目标

（1）能够运用“绘图”命令灵活地绘制各类图形，并绘制图样中的符号等图形要素；
（2）能够灵活编辑图形，能综合应用“绘图”和“编辑”命令正确绘制箱体类零件图。

（三）思政目标

（1）通过对箱体零件图绘制方法的学习，培养学生多角度分析问题和解决问题的能力，即从粗糙度的标注，使其明确只有严把图样质量关，才能生产出高质量的产品；
（2）箱体类零件为四类典型中最复杂的零件，常有凸缘和斜面等结构，通过从结构分析到零件表达方案的确定引导，培养学生解决疑难问题时要善于从大局出发，将复杂的问题简单化，这样才能站得高看得远。

二、项目导入

选择合适图幅，按1∶1的比例绘制如图11－1所示的箱体零件图。要求：布图匀称，图形正确，线型符合国标，标注尺寸和尺寸公差、形位公差，填写“技术要求”及标题栏，标注表面粗糙度。

三、项目知识

（1）掌握机械图样标准符号标注和标记创建方法和技巧；
（2）掌握建立图块、定义图块属性、插入块、编辑图块属性命令的操作方法；
（3）掌握综合应用所学各种绘图命令以及编辑命令来绘制编辑三视图。

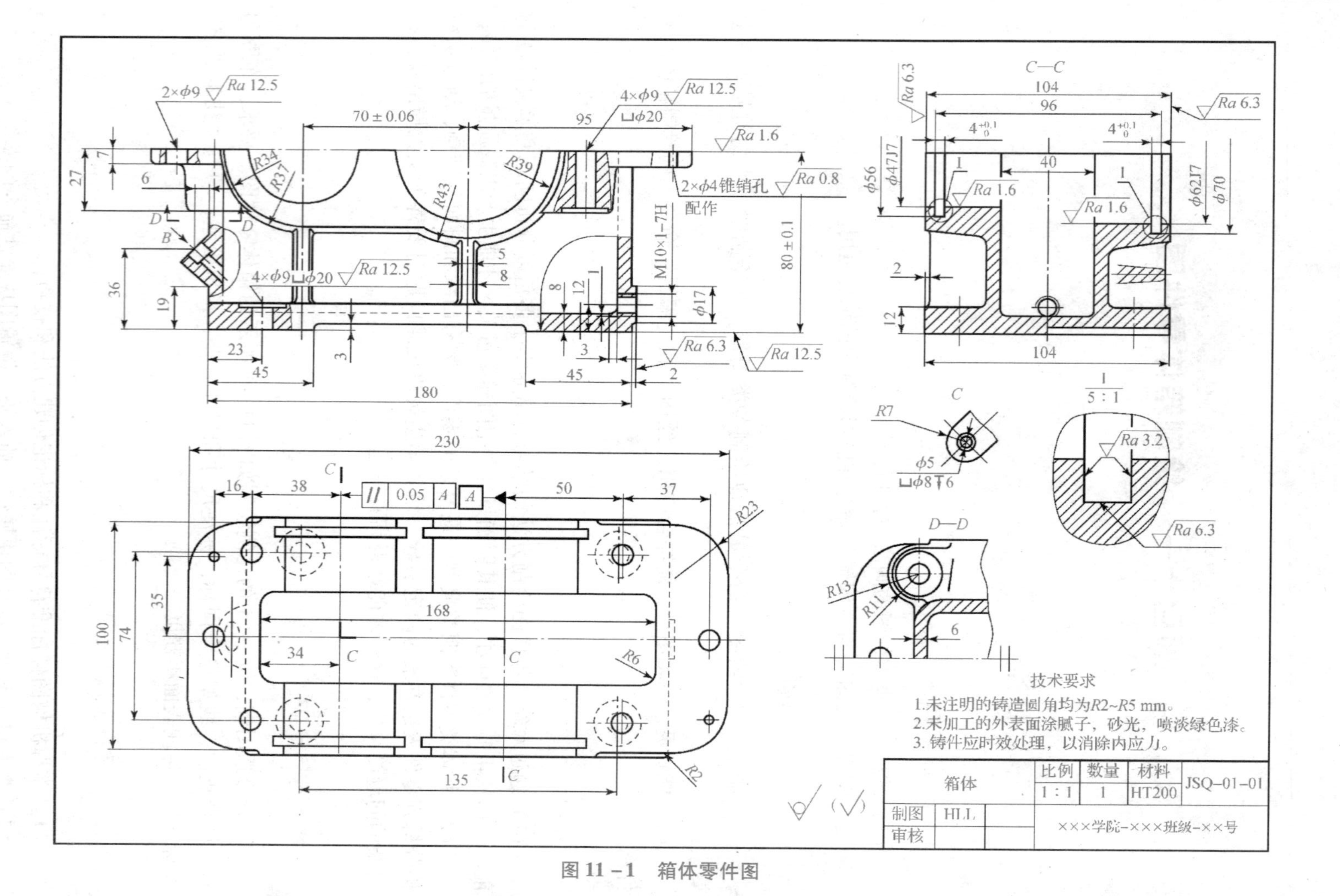

技术要求
1.未注明的铸造圆角均为R2~R5 mm。
2.未加工的外表面涂腻子，砂光，喷淡绿色漆。
3. 铸件应时效处理，以消除内应力。
箱体
比例
数量
材料
1 : 1
1
HT200
JSQ-01-01
制图
HLL
审核
×××学院-×××班级-××号

图 11-1　箱体零件图

学习笔记

四、项目实施

（1）进入“AutoCAD 经典”工作空间，用户可创建一无样板图形文件。图幅设置为“A2”，并“另存为”此文件，文件名为“箱体零件图 .dwg”，注意在绘图过程中每隔一段时间保存一次。

（2）绘制图形，选择合适图幅，按 1∶1 的比例绘制图 11－1 所示的箱体零件图。要求：布图匀称，图形正确，线型符合国标，标注尺寸和尺寸公差、形位公差，填写技术要求及标题栏，标注表面粗糙度。

参考步骤如下：

①调整屏幕显示大小，打开“显示/隐藏线宽”和“极轴追踪”状态按钮，在“草图设置”对话框中选择“对象捕捉”选项卡，设置“交点”“端点”“中点”“圆心”等捕捉目标，并启用“对象捕捉”。

②绘制基准线和主要位置线。

执行“直线”命令，在“ZXX”和“CSX”图层，根据尺寸绘制主视图、俯视图、左视图基准线和主要位置线，并调整有关图线间位置关系，结果如图 11－2 所示。

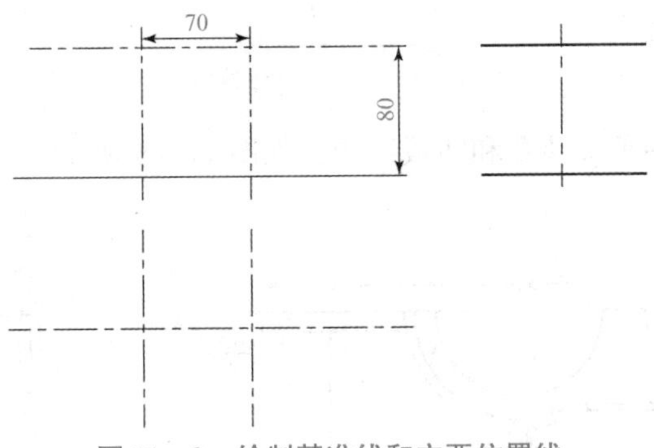

图 11－2　绘制基准线和主要位置线

③绘制底板和箱壁轮廓线，如图 11－3 所示。

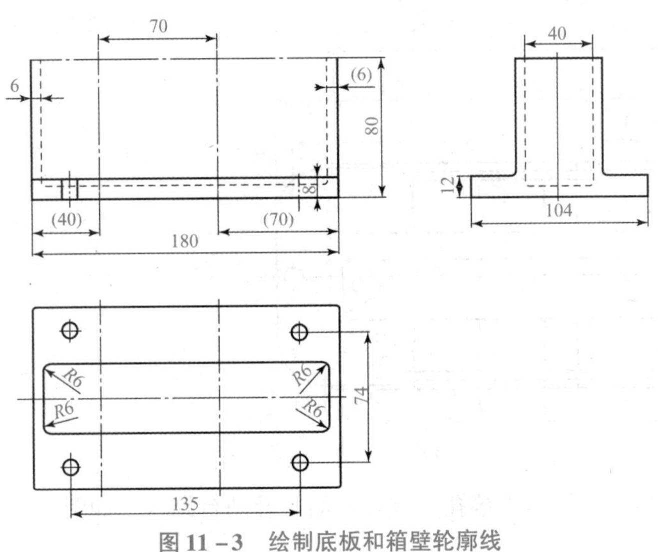

图 11－3　绘制底板和箱壁轮廓线

④绘制连接板结构，如图 11 - 4 所示。

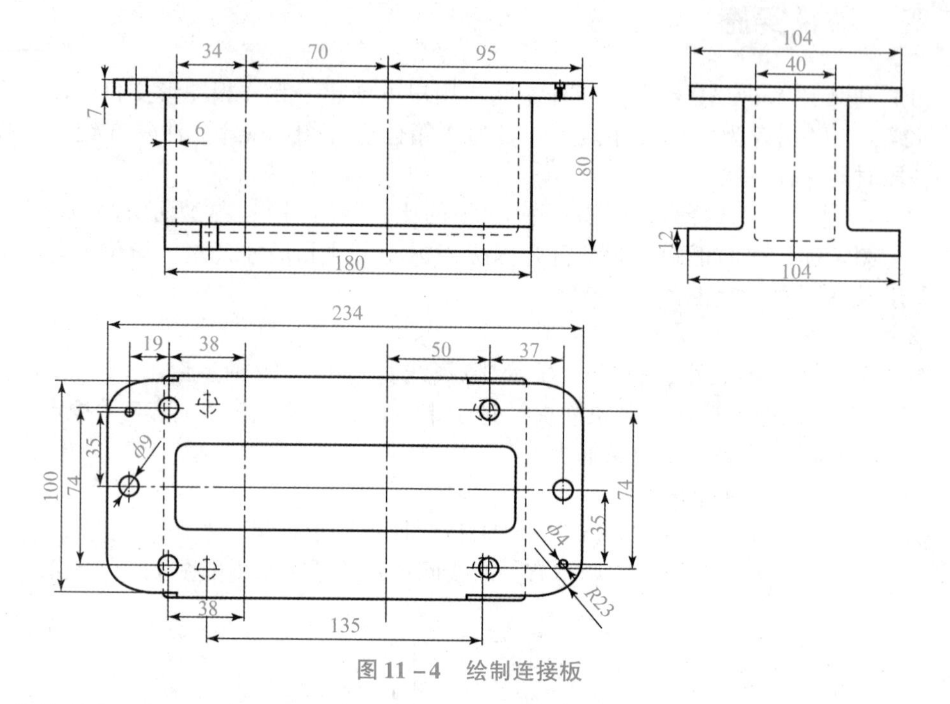

图 11 - 4　绘制连接板

⑤绘制底板凹槽轴承安装孔和肋板结构，如图 11 - 5 所示。

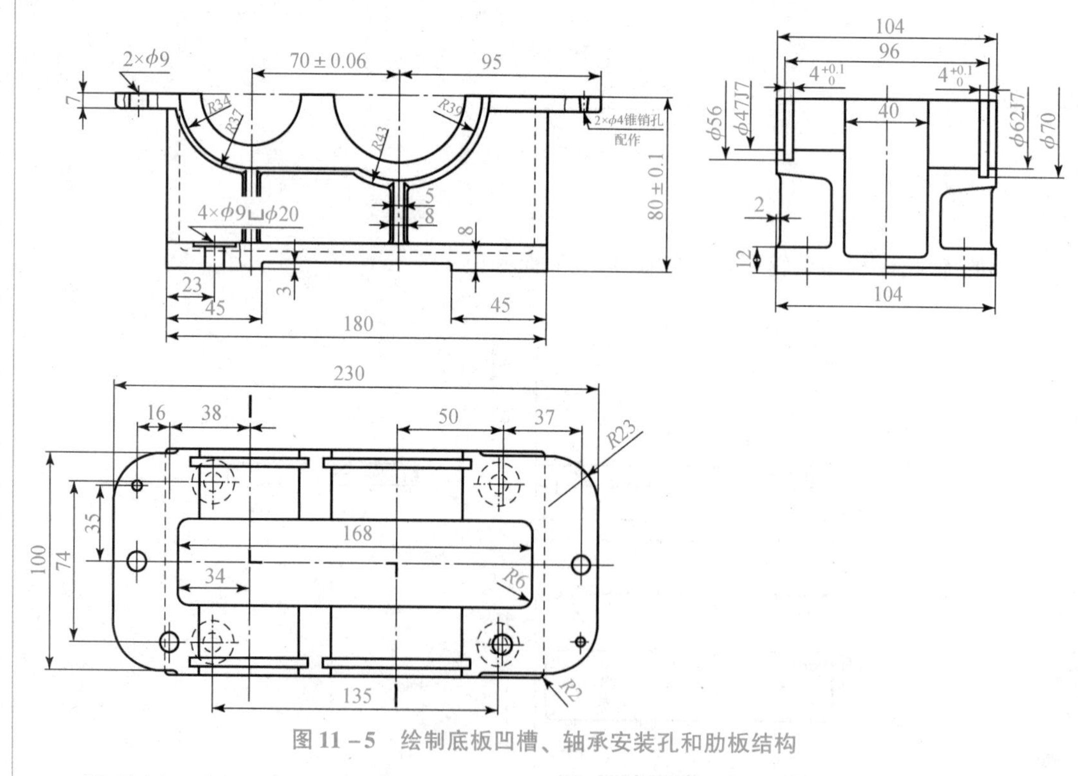

图 11 - 5　绘制底板凹槽、轴承安装孔和肋板结构

⑥绘制连接板的长螺栓连接孔、重合断面图及凸台结构，如图 11 - 6 所示。

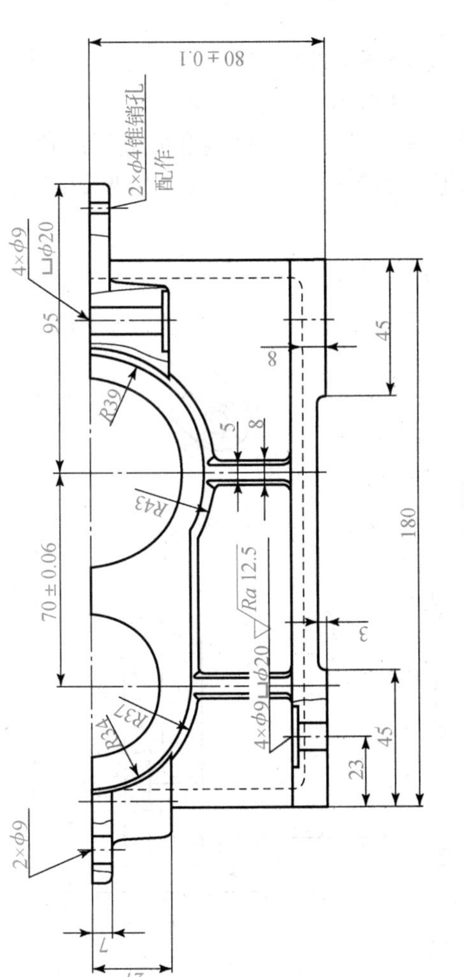

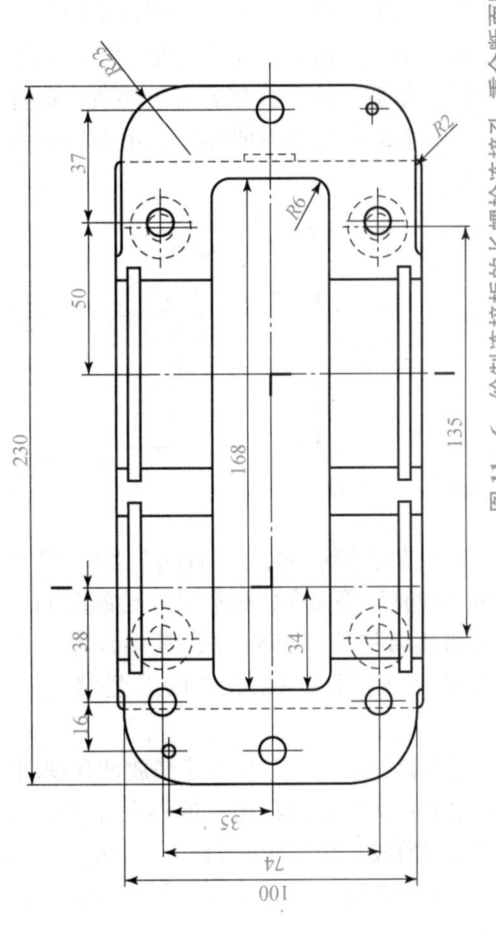

图 11－6　绘制连接板的长螺栓连接孔、重合断面图及凸台结构

学习笔记

学习笔记

⑦绘制油标孔和 *D*－*D* 局部剖视图等结构，填充剖面线。

油标孔结构绘制，在视图旁边位置，根据油标孔结构局部视图，按尺寸（长度尺寸自定义）水平绘制油标孔局部视图（不填充剖面线），其中尺寸25和12为自定义尺寸，绘制结果如图11－7所示。

执行“旋转”命令，将图11－7旋转－45°，结果如图11－8所示。

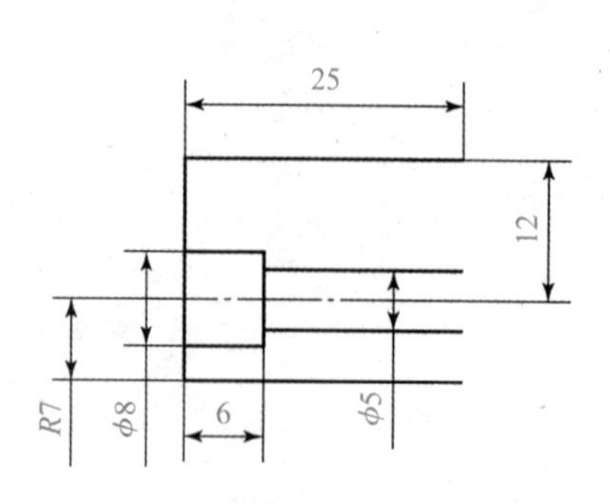

图11－7 绘制油标孔结构（一）

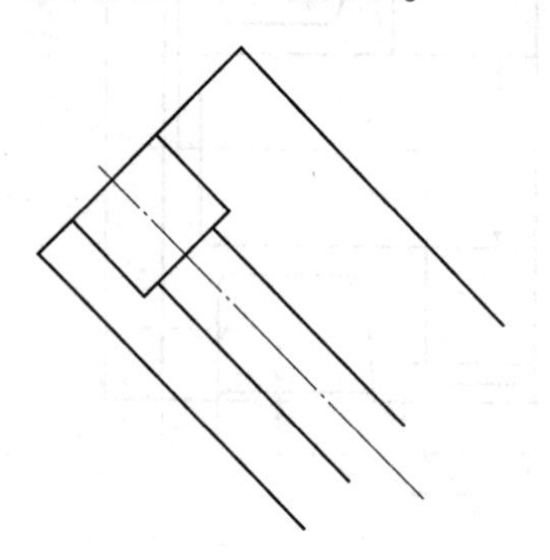
图11－8 绘制油标孔结构（二）

执行“偏移“命令，在主视图以偏距6和36偏移出油标孔位置点，执行“移动”命令，将图11－8移动至位置点处，结果如图11－9所示。

执行“修剪”命令，修剪有关图线；执行“圆角”命令，对接合面进行圆角。由于油标孔端面结构尺寸不便标注，不能反映真形，故需绘制一斜视图。结果如图11－10所示。

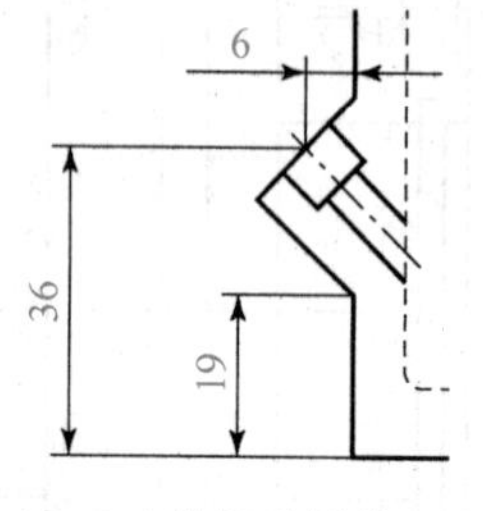

图11－9 油标孔结构（三）

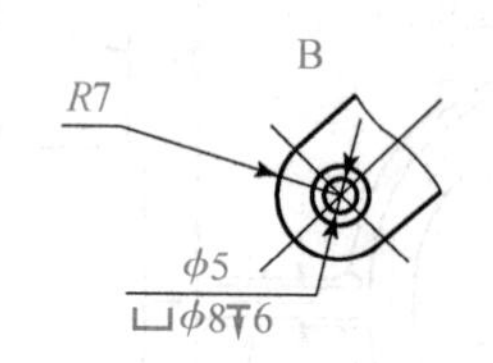

图11－10 油标孔端面

放油孔结构绘制，执行“直线”“圆角”“偏移”和“修剪”等命令，根据尺寸绘制图11－11所示放油孔结构廓线和螺纹，其中尺寸1和3为自定义尺寸，只要使螺纹孔工艺结构合理即可。

根据投影关系，在左视图绘制放油孔视图。

绘制 *D*－*D* 局部剖视图、油标孔和放油孔结构，填充剖面线，结果如图11－12所示。

⑧绘制局部剖视图和局部放大图，如图11－13和图11－14所示。

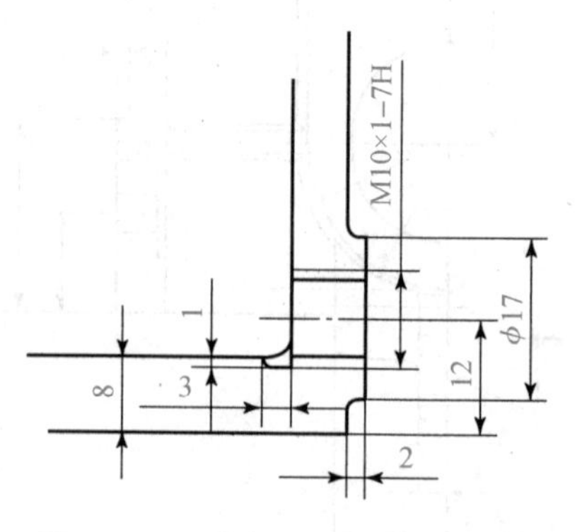

图11－11 放油孔结构及尺寸标注

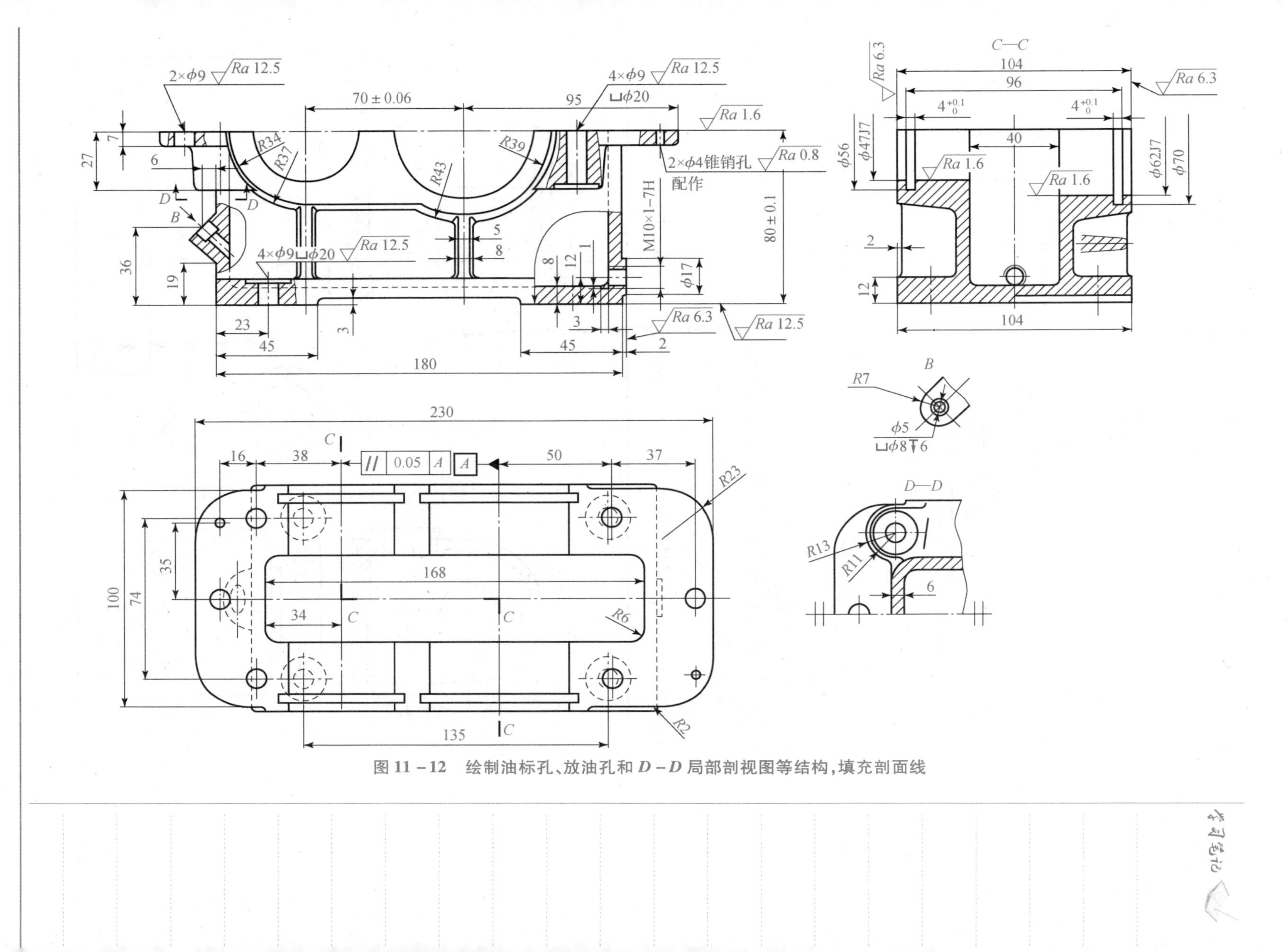

图 11-12 绘制油标孔、放油孔和 *D*-*D* 局部剖视图等结构，填充剖面线

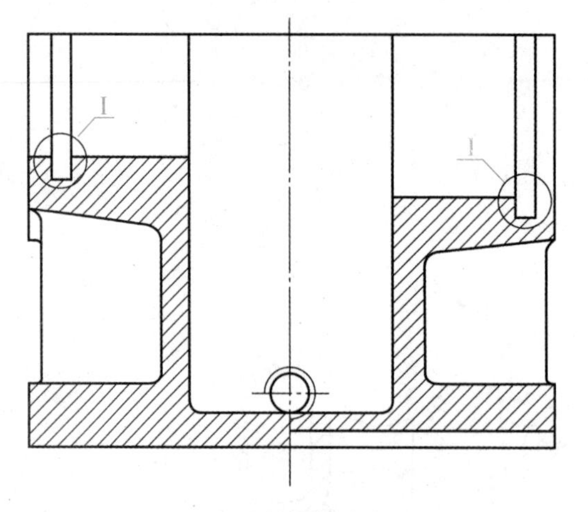

图 11－13　绘制局部放大图（一）

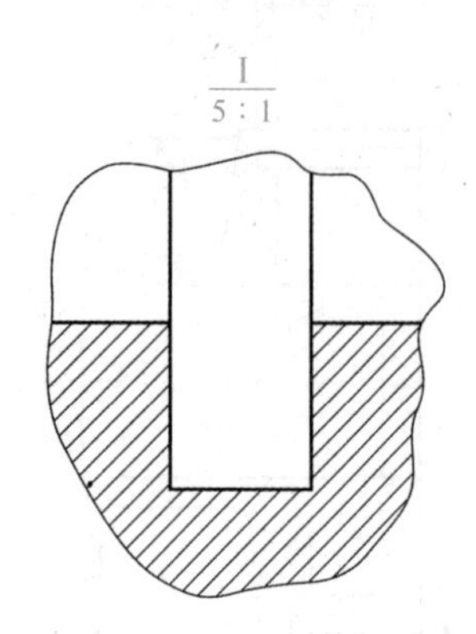

图 11－14　绘制局部放大图（二）

⑨标注尺寸和尺寸公差。

⑩标注几何公差。

⑪标注表面粗糙度。

⑫填写标题栏和技术要求，结果如图 11－1 所示。

（3）保存文件。

举例：

下面以绘制涡轮箱体零件图为例，如图 11－15 所示，学习箱体类零件图的绘制方法。

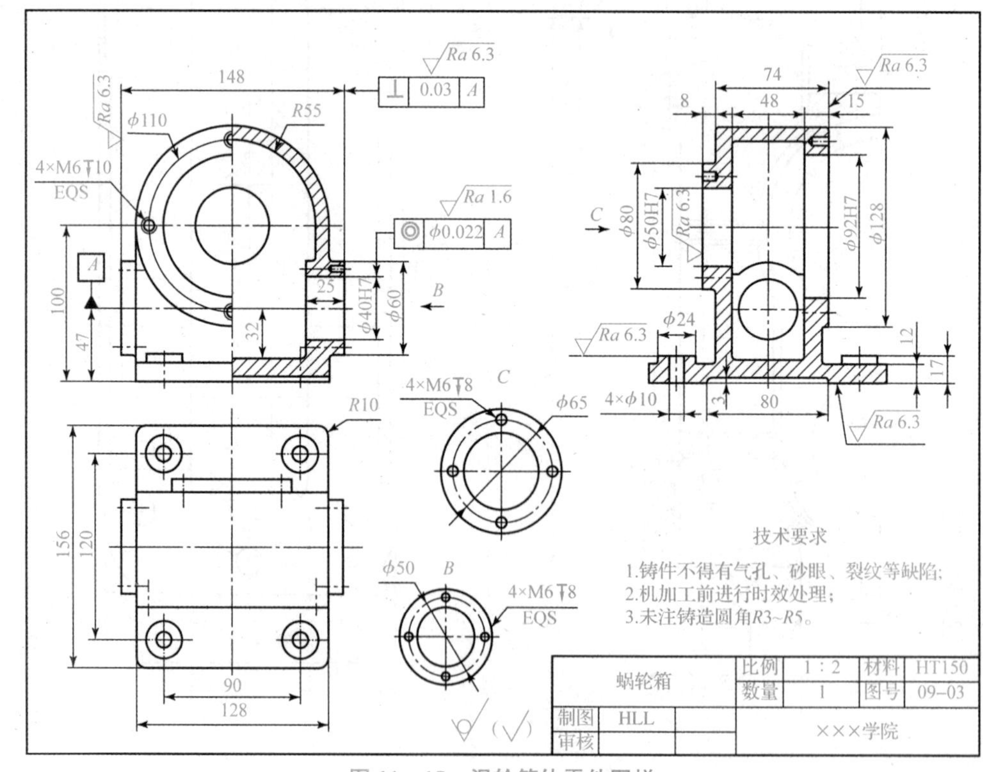

图 11－15　涡轮箱体零件图样

学习笔记

(1) 设置绘图环境。

(2) 绘制涡轮箱体零件图。

①绘制主视图。

单击“直线”按钮，绘制作图基准线，如图 11 - 16 所示。

运用“直线”“圆”“修剪”和“偏移”等命令绘制主视图的主要轮廓线及左右两部分细节，如图 11 - 17 所示。

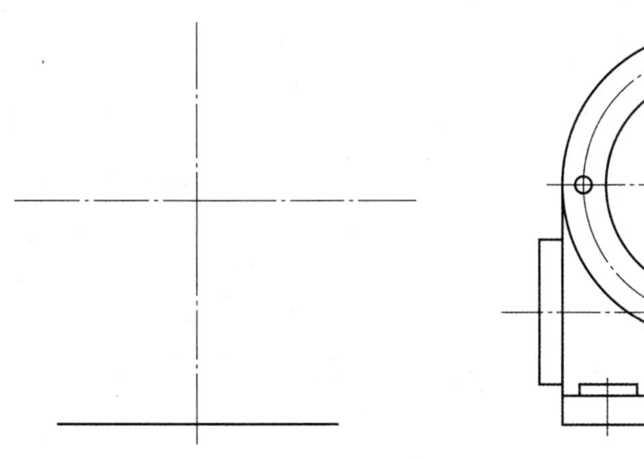

图 11 - 16　绘制底边线及定位线

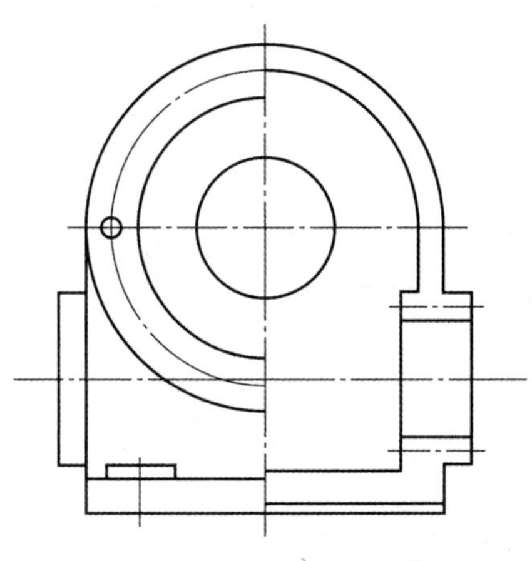

图 11 - 17　绘制主视图的主要轮廓线

②绘制左视图。

绘制水平投影线、左视图对称线和左、右端面线。运用“修剪”命令修改左视图主要轮廓线，如图 11 - 18 所示。

运用“直线”“圆”“修剪”和“偏移”命令绘制、编辑完成左视图，如图 11 - 19 所示。

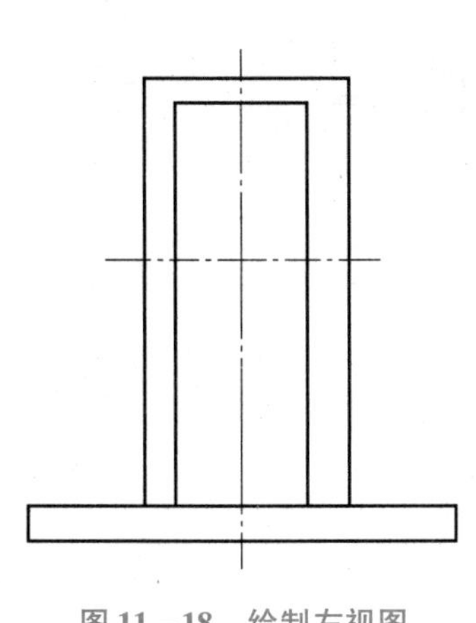

图 11 - 18　绘制左视图

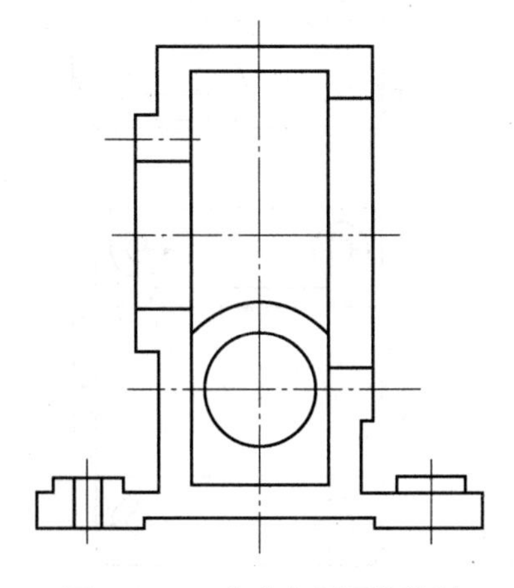

图 11 - 19　完成左视图的绘制

③绘制俯视图。

运用“直线”“修剪”和“偏移”命令绘制、编辑俯视图，如图 11 - 20 所示。

学习笔记

运用“直线”“圆”“修剪”“偏移”和“圆角”命令绘制、编辑完成俯视图，如图 11－21 所示。

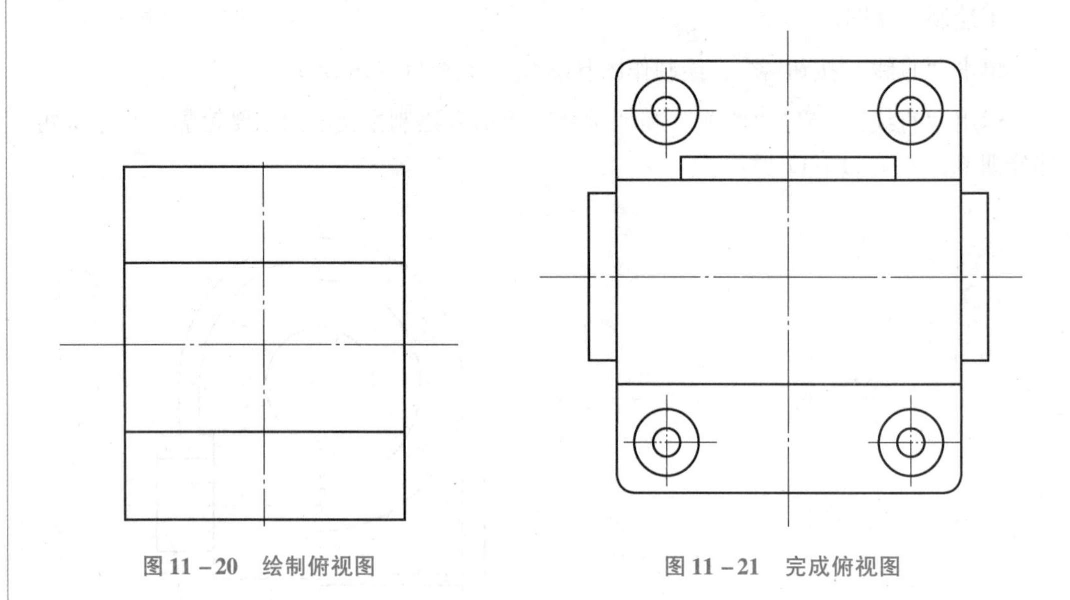

图 11－20　绘制俯视图　　图 11－21　完成俯视图

④倒圆角。

运用“圆角”命令完成 $R3 \sim R5$ 的铸造圆角，如图 11－22 所示。

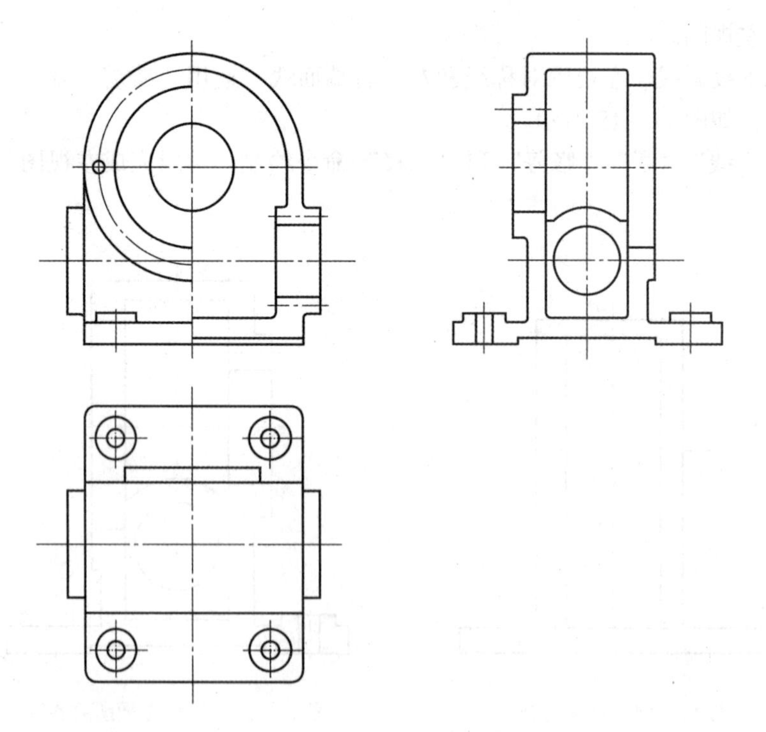

图 11－22　倒 $R3 \sim R5$ 的铸造圆角

⑤填充剖面线。

根据零件图要求填充剖面线，如图 11－23 所示。

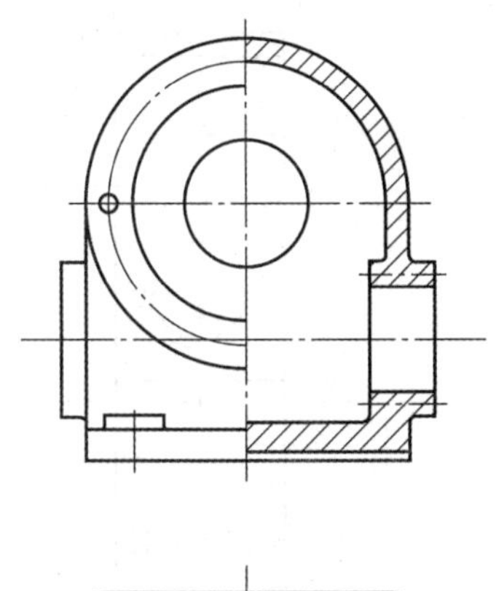

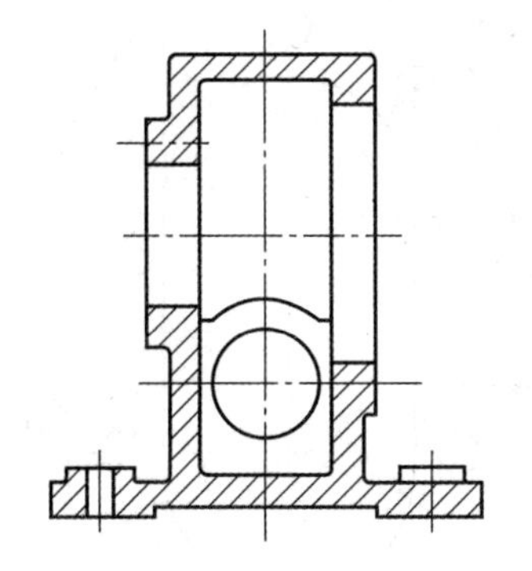

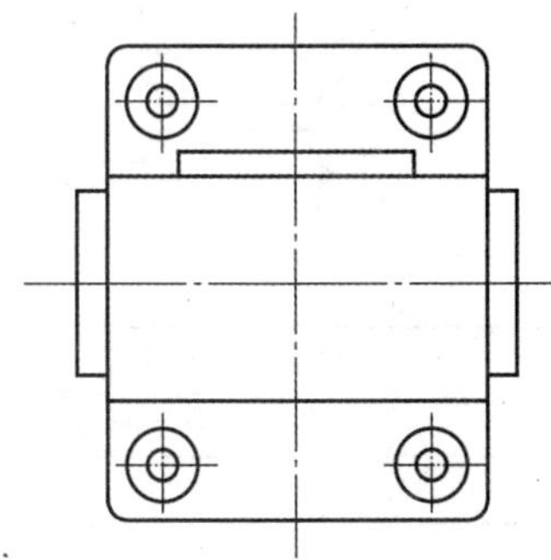

图 11－23　填充剖面线

⑥标注尺寸和尺寸公差。

⑦形位公差标注。

⑧表面粗糙度标注。

⑨填写标题栏和技术要求。

(3) 保存文件。

五、课后练习

选择合适图幅，按 1：1 的比例绘制如图 11－24 所示的泵体零件图。要求：布图匀称，图形正确，线型符合国标，标注尺寸、尺寸公差和形位公差，并填写“技术要求”及标题栏，标注表面粗糙度。

学习笔记

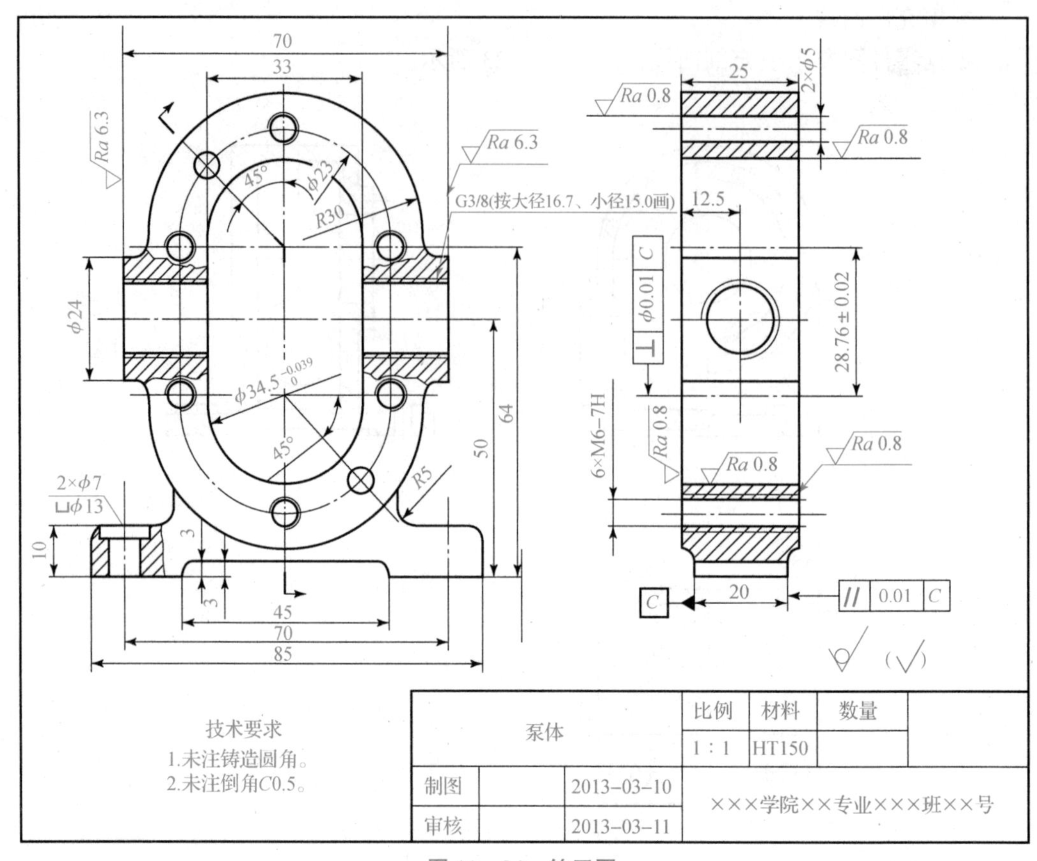
70
33
Ra 6.3
Ra 6.3
45°
ϕ23
R30
G3/8(按大径16.7、小径15.0画)
ϕ24
ϕ34.5 -0.039 0
45°
R5
2×ϕ7
⌴ϕ13
10
3
3
45
70
85
50
64
25
2×ϕ5
Ra 0.8
Ra 0.8
12.5
C
ϕ0.01
⊥
28.76±0.02
6×M6-7H
Ra 0.8
Ra 0.8
Ra 0.8
C
20
// 0.01 C
(√)
技术要求
1.未注铸造圆角。
2.未注倒角C0.5。
泵体
比例
材料
数量
1：1
HT150
制图
2013-03-10
审核
2013-03-11
×××学院××专业×××班××号

图 11－24　练习图

学习笔记

项目十二　三维绘图

一、项目目标

（一）知识目标

（1）掌握用户坐标系的灵活切换与定义；面域的创建，基本几何实体的创建；拉伸、回转、扫掠、放样建模的操作方法和步骤；布尔运算以及三维实体特征的编辑修改；

（2）掌握三维视图的显示观察、正等轴测图绘图环境设置的操作方法；

（3）掌握中等复杂程度的组合体正等轴测图的绘制方法，了解正等轴测图的尺寸标注方法。

（二）能力目标

（1）能够恰当设置正等轴测图绘图环境，能够将三维模型进行显示观察和效果切换；

（2）能够绘制中等复杂程度的组合体正等轴测图，并进行轴测图尺寸标注。

（三）思政目标

（1）通过对三维绘图的学习，使其明确三维模型能够真实地创建出物体的实际形状，方便用户在加工、制造零件之前仔细地研究其特性，发现并改进设计中的不足和纰漏，最大限度地减少设计失误所带来的损失，保证产品质量，树立良好的质量观和工程意识；

（2）通过对三维视图的显示观察和用户坐标系的学习，培养学生用联系的观点和多维的视角分析问题、观察事物，以帮助我们客观、高效地解决问题。

二、项目导入

根据如图 12－1 所示组合体三视图所注尺寸，按 1∶1 比例绘制完成其正等轴测图，要求参数设置合理，图形正确，不标注尺寸。

三、项目知识

（一）三维绘图基础

1. AutoCAD 系统的三维模型的类型及特点

三维建模功能是 CAD/CAM 软件的必备功能，在众多的 CAD/CAM 软件里，

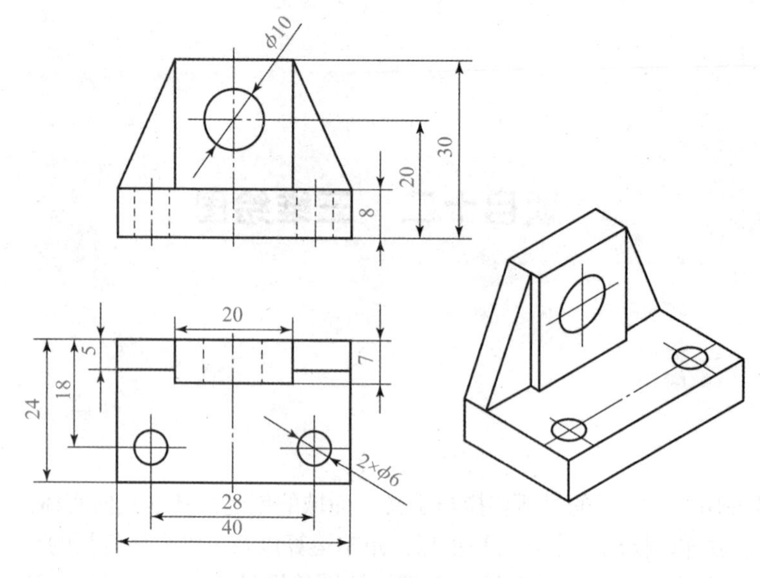

图 12－1　组合体轴测图

AutoCAD 的平面二维制图功能是首屈一指的。而在三维建模方面，AutoCAD 虽然也有这个功能，但显得比其他参数化三维软件如 UG、Pro/E 等欠缺些。随着 AutoCAD 的版本不断升级，其三维建模功能越来越完善，特别是在 Autodesk 公司收购 MAYA 子公司后，将 3DMAX 的技术与 AutoCAD 相结合，在 2008、2012 及之后的版本里，三维功能已经新增了很多，强大了不少，像“扫掠”“放样”“螺旋”“多段体”等，同时，在渲染上也有了很大的进步，越来越接近 3DMAX 的渲染方式。AutoCAD 2020 具备强大的三维建模功能。

三维模型能够真实地创建出物体的实际形状，方便用户在加工、制造它们之前仔细地研究其特性，发现并改进设计中的不足和纰漏，最大限度地减少设计失误所带来的损失。

AutoCAD 的三维模型有三类：三维线框模型、三维曲面模型和三维实体模型。

1）线框模型

由三维线对三维实体轮廓进行描述，属于三维模型中最简单的一种。它没有面和体的特征，由描述实体边框的点、直线和曲线所组成。绘制线框模型时，是通过三维绘图的方法在三维空间建立线框模型，只需切换视图即可。线框模型显示速度快，但不能进行消隐、着色或渲染等操作。

2）曲面模型

曲面模型是由曲面组成的没有厚度的表面模型，具有面的特征，可以先生成线框模型，将其作为骨架在上面附加表面。表面模型可以消隐（Hide）、着色（Shade）和渲染（Render）。但表面模型是空心结构，在反映内部结构方面存在不足。

3）实体模型

由三维实体造型（Solids）构成，具有面、体特性，可以对它进行钻孔、挖槽、倒角以及布尔运算等操作，可以计算实体模型的质量、体积、重心、惯性矩，还可以进行强度、稳定性及有限元的分析，并且能够将构成的实体模型的数据转换成 NC（数控加工）代码等。无论是在表现形体形状还是内部结构方面，均具有强大的功能，还能表达物体的物理特征及数据生成，从而创建出形状复杂的三维模型。本书将介绍 AutoCAD 的三维实体建模功能。

2. AutoCAD 系统的主要三维功能

1）设置三维绘图环境

在世界坐标系（WCS）内，设置任意多个用户坐标系（UCS）、坐标系图标控制、基面设置。

本书项目一已经介绍过，AutoCAD 有 4 个工作空间，分别是 AutoCAD 经典、二维草图与注释、三维基础和三维建模。一般进行三维建模，应选择“三维基础”或“三维建模”工作空间。这两个工作空间只是界面风格及工具栏数量有所区别，其功能并没有本质区别。一般进行三维建模都选择功能较为全面的“三维建模”工作空间。

切换工作空间的方法：

（1）单击“工作空间”工具栏中的下拉列表，选择“三维基础”或“三维建模”，如图 12－2（a）所示。

（2）单击下拉菜单栏中的“工具”／“工作空间”／“三维基础”或“三维建模”子菜单，如图 12－3 所示。

（3）单击状态栏中的“切换工作空间”按钮，如图 12－2（b）所示。

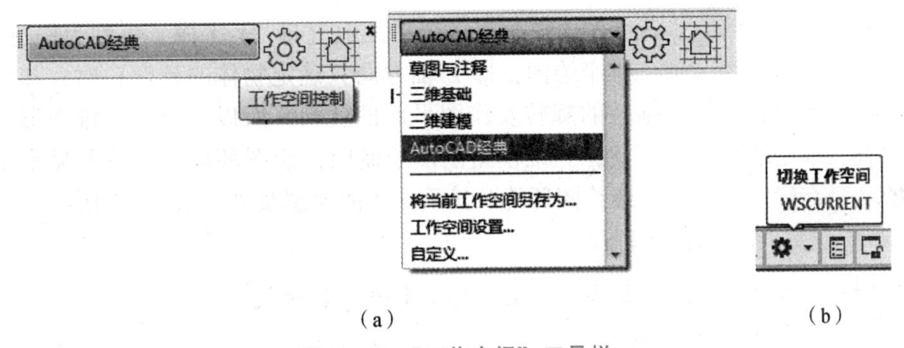

（a）　　　　（b）

图 12－2 “工作空间”工具栏

进入“三维基础”或“三维建模”工作空间（见图 12－3）后，软件界面有所改变，主要是打开了三维建模中常用的一些命令，集中在工具栏中，以方便用户调用，如图 12－4 所示。

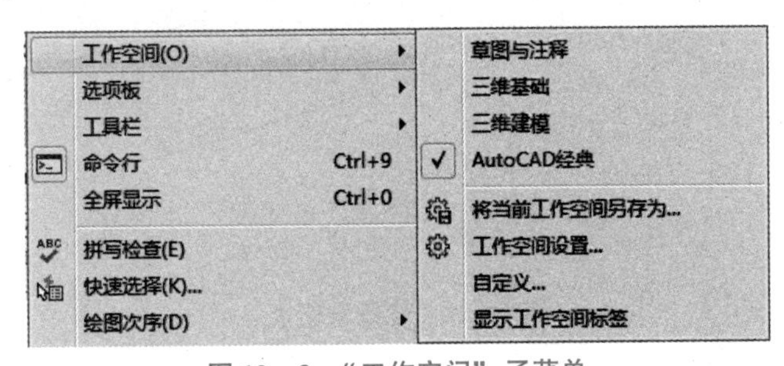

图 12－3 “工作空间”子菜单

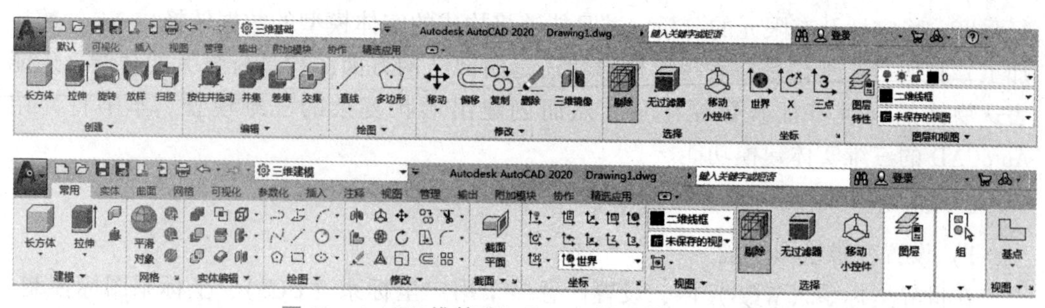

图 12－4 “三维基础”和“三维建模”工具栏

2）三维图形显示功能

AutoCAD 的默认显示视图为俯视图，在进行三维建模时需要不断改变三维模型的显示方位和显示效果，这样才能从空间不同位置观察模型，方便用户进行设计。

可以用视点（Vpoint）、三维动态轨道（3Dorbit）、透视图（Dview）、消隐（Hide）、着色（Shade）、渲染（Render）等方式显示三维形体。

3）三维绘图及实体造型功能

提供了绘制三维点、线、面、三维多段线、三维网格面、基本三维实体及基本三维实体造型等功能。

4）三维图形编辑

对三维图形在三维空间进行编辑操作，如旋转、镜像、三维多义线、三维网格面及三维实体表面等。

在绘制二维图形时，所有的操作都在一个平面上（即 *XY* 平面，也称为构造平面）完成。但在三维绘图（或二维半绘图，即 *Z* 轴方向只确定物体的高度）时，却经常涉及坐标系原点的移动、坐标系的旋转及作图平面的转换。所以在绘图三维图形时，首先应设置三维绘图环境。因此，三维模型图形绘制时，绘图环境的设置及显示是非常重要的，只有确定合适的三维绘图环境及显示，才能绘制及显示出三维图形。

3. 三维绘图相关术语

在创建三维图形前，应首先了解下面几个术语，如图 12－5 所示。

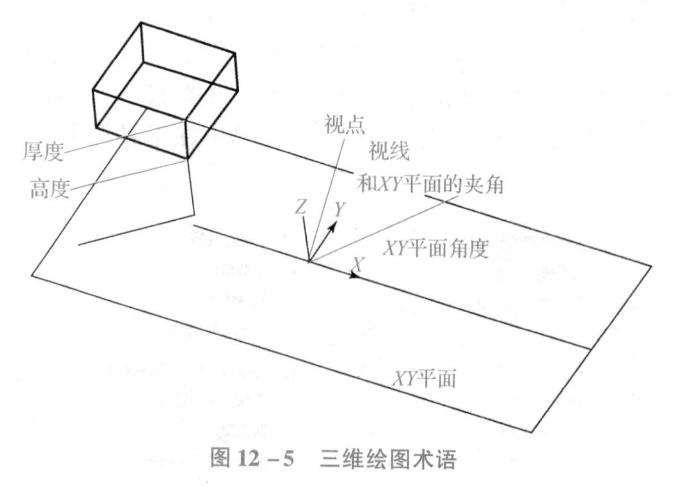

图 12－5 三维绘图术语

学习笔记

(1) XY 平面：它是一个平滑的三维面，仅包含 X 轴和 Y 轴，即 Z 坐标为 0。

(2) Z 轴：它是三维坐标系的第三轴，总是垂直于 XY 面。

(3) 平面视图：以视线与 Z 轴平行所看到的 XY 平面上的视图即为平面视图。

(4) 高度：Z 轴坐标值。

(5) 厚度：指三维实体沿 Z 轴测量的长度。

(6) 相机位置：若假定用照相机作比喻，观察三维图形，则照相机的位置相当于视点。

(7) 目标点：通过照相机看某物体时，聚集到一个清晰点上，该点就是所谓的目标点。在 AutoCAD 中，坐标系原点即为目标点。

(8) 视线：假想的线，它把相机位置与目标点连接起来。

(9) 与 XY 平面的夹角：即视线与其在 XY 平面投影线之间的夹角。

(10) XY 平面角度：即视线在 XY 平面的投影线与 X 轴之间的夹角。

4. 用户坐标系

用户坐标系

用户坐标系是根据需要且符合右手定则的空间三个互相垂直的 X、Y、Z 轴，设置在世界坐标系中的任意点上，并且还可以旋转及倾斜其坐标轴。

1) 世界坐标系

世界坐标系英文全称为 World Coordinate System，简称 WCS，又称为通用坐标系。在未指定用户 UCS 坐标系时，AutoCAD 将世界坐标系（WCS）设为默认坐标系。世界坐标系是固定的，不能改变。

2) 用户坐标系

使用世界坐标系，绘图和编辑都在单一的固定坐标系中进行。这个系统对于二维绘图基本能够满足，但对于三维立体绘图，实体上的各点位置关系不明确，绘制三维图形会感到很不方便。因此，在 AutoCAD 系统中可以建立自己的专用坐标系。用户坐标系英文全称为 User Coordinate System，简称 UCS。通过“UCS”工具栏可完成 UCS 的设置，如图 12－6 所示。

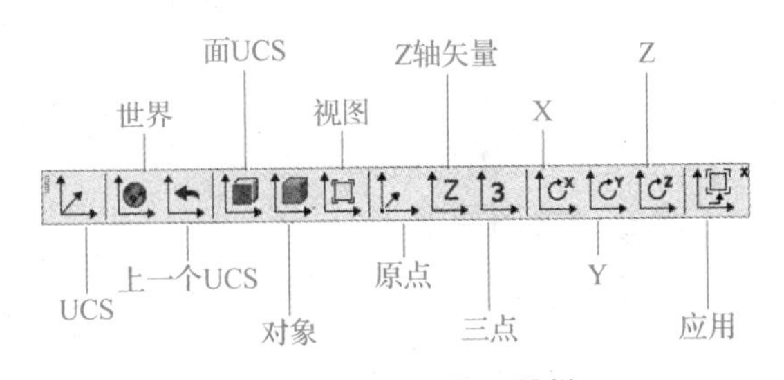

图 12－6 “UCS”工具栏

5. 三维模型的显示观察

三维模型的显示观察

如图 12－7 所示，在建模空间当中已创建一个组合体，此时显示的是俯视图。若要观察到立体的效果，则需要改变其显示方位。改变模型显示方位的方法如下：

(1) 在“三维建模”工作空间中，单击功能区中的“视图”选项，再在“恢复视图”级联图标中选择相应的图标按钮，如图 12－8 所示。

学习笔记

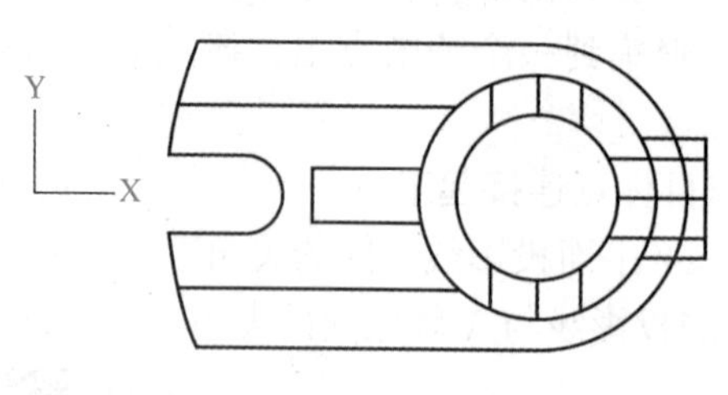

图 12－7　组合体俯视图

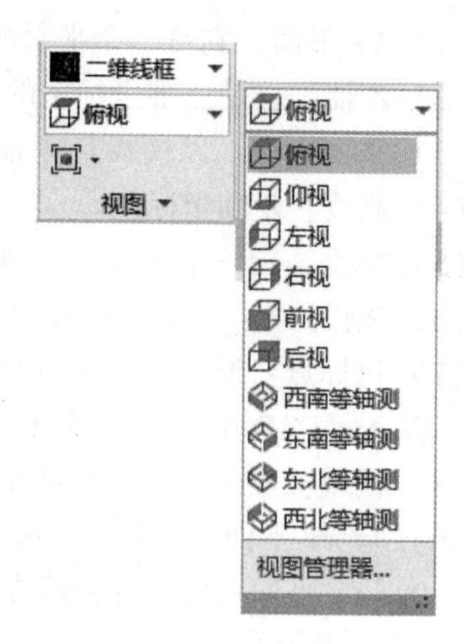

图 12－8　“视图”工具栏

图 12－9 和如图 12－10 所示分别为“西南等轴侧”和“东南等轴侧”的显示结果。其他的显示方式用户可自行尝试。

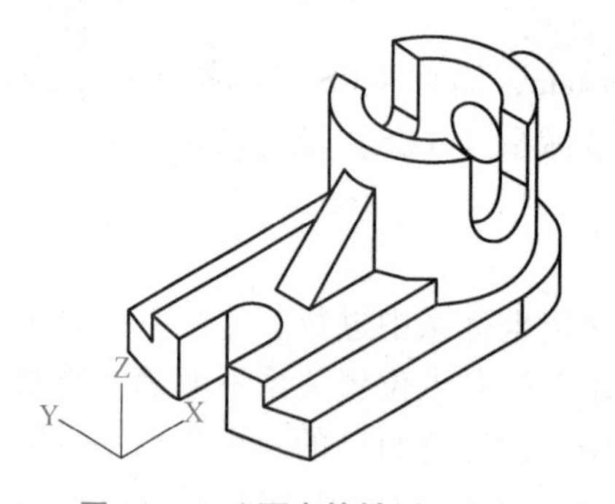

图 12－9　“西南等轴侧”视图

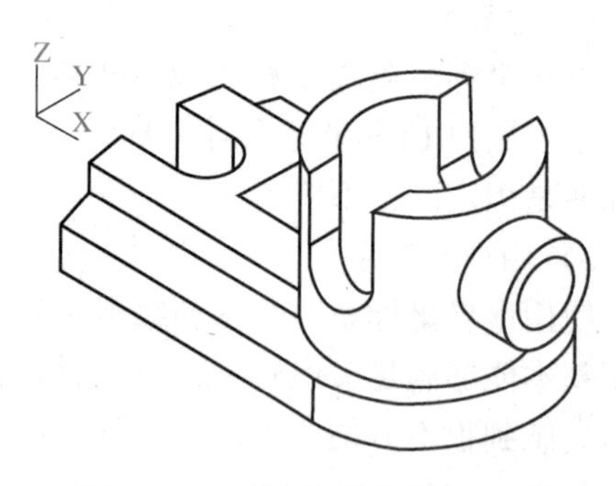

图 12－10　“东南等轴侧”视图

（2）单击绘图区左上角的“视图控件”，如图 12－11 所示，可以对标准和自定义视图以及三维轴测投影进行观察。

（3）单击绘图区右上角的“视图导航器”图标，如图 12－12 所示，通过“视图导航器”，用户可以在标准视图和等轴测间切换，其中 图标即为“西南等轴侧”视图。

除了使用 AutoCAD 提供的已有的显示方式外，用户还可以根据自己的需要，利用三维图形显示功能对三维实体从任意角度进行观察，其方法是使用三维动态观察器。方法如下：

①在“三维建模”工作空间中，单击下拉菜单中的“视图”选项，在“导航”面板的“动态观察”下拉列表中选择相应的图标按钮，如图 12－13 所示。

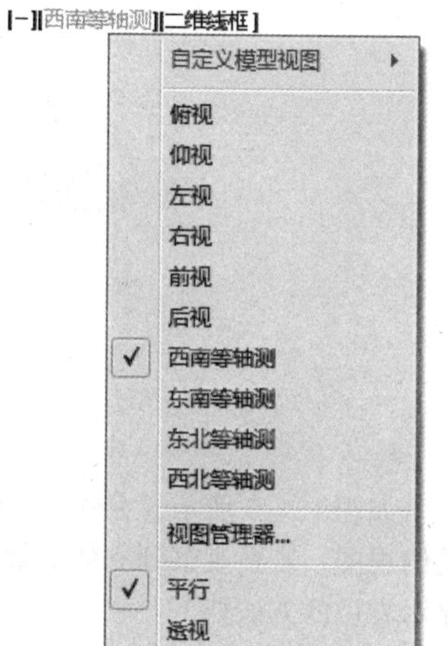

图 12－11　“视图控件”的显示方式

学习笔记

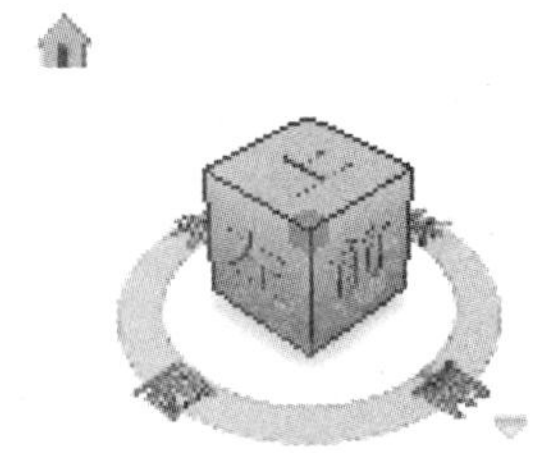

图 12－12 “视图导航器”图标

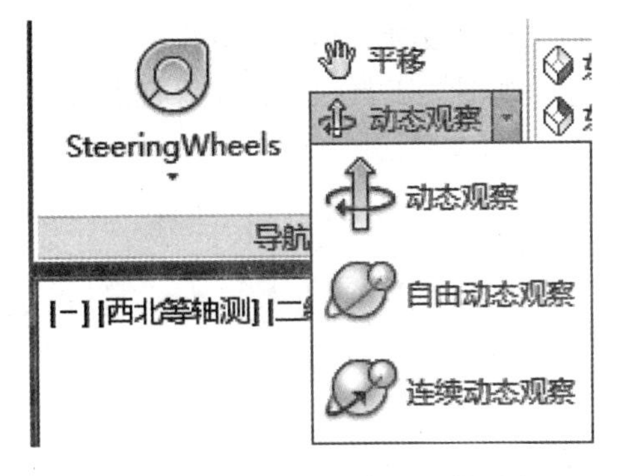

图 12－13 “动态观察”下拉列表

选中相应的方式后，在绘图区按住左键拖动鼠标便可从任意角度观察三维模型，如图 12－14 所示即为使用“自由动态观察”时的结果。如果使用“续动态观察”，则三维模型会产生连续旋转的效果。

②单击绘图区右侧的“导航栏”工具栏，如图 12－15 所示。单击“导航栏”上相应按钮，用户可以平移、缩放或动态观察图形。

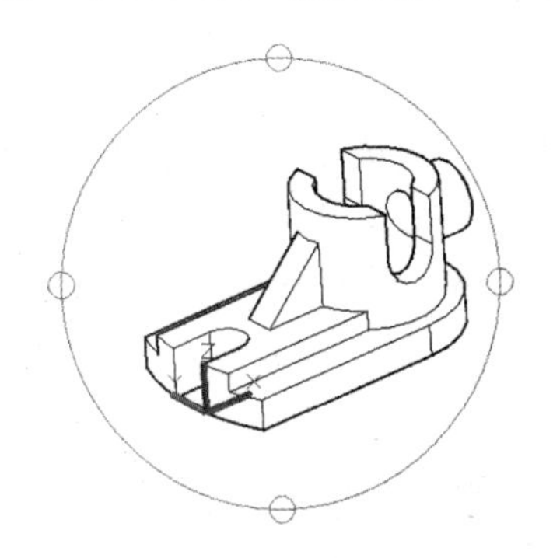

图 12－14 “自由动态观察”时的效果图

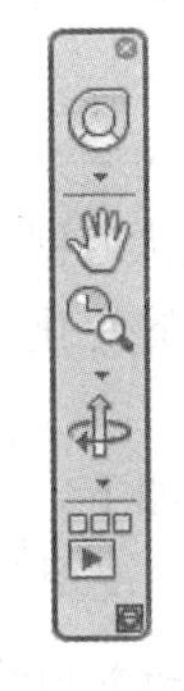

图 12－15 “导航栏”工具栏

（4）下拉菜单设置三维视点及视图（AutoCAD 经典工作空间）。

命令启动方法如下：

下拉菜单：“视图”／“三维视图”，如图 12－16 所示。

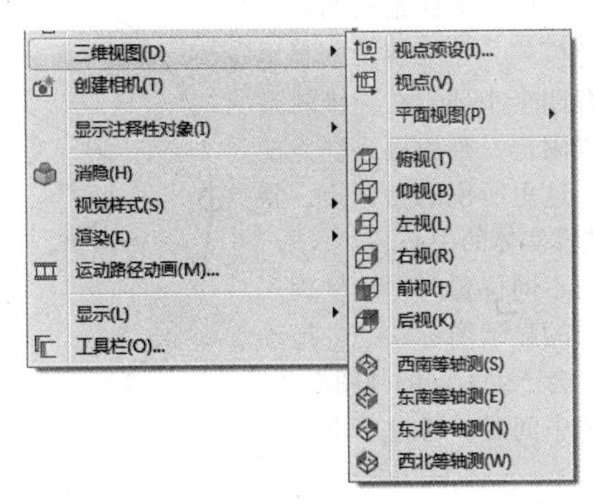

图 12－16 “视图（V）”／“三维视图”子菜单

学习笔记

(5) 工具栏设置三维视点及视图。

通过“视图”工具栏设置三维视点及视图，如图12－17所示。

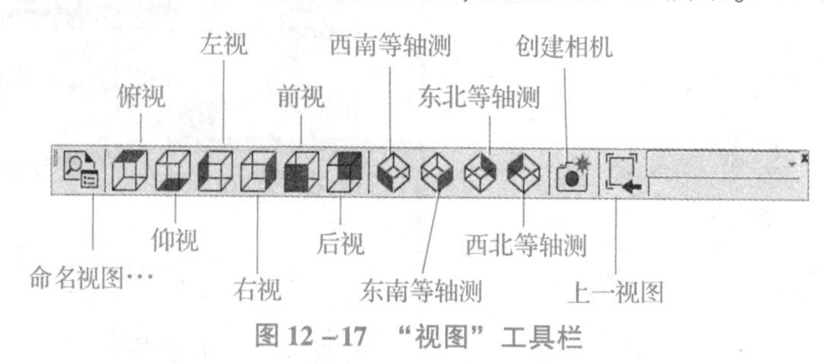

图12－17 “视图”工具栏

在该工具条中，单击“相机”图标按钮，采用照相机形式设置视图。后续提示：

指定新相机位置〈当前值〉：(输入照相机新位置)

指定新相机目标〈当前值〉：(输入照相机目标新位置)

由此即完成新视点设置。

(6) 动态观察。

视图动态显示能生成平行投影和透视图。

①动态观察。

使用系统配备的一系列交互式的相机定位工具，预选需要通过三维动态观测的实体。这样，在三维轨道视图中将只显示选取的实体。由于三维轨道是动态设置，故显示的图形将随视点的变化而改变。若未选中任何对象，则三维轨道命令将自动显示全部图形。

命令启动方法如下：

a. 下拉菜单：“视图”／“动态观察”／自由动态观察”。

b. 工具栏：“动态观察”工具栏 按钮。

c. 命令行：3Dorbit（或简写3DO）。

此时在视口中显示三维动态观察视球，如图12－18所示。

功能介绍如下：

在三维轨道视图中，用户坐标系的图标如果打开，则显示成着色模式，三维视图则显示一个环，且四端分别有四个小环。在三维轨道视图中，观察的目标点固定，照相机或视点的位置围绕目标点旋转。这里所说的目标点，指视球的中心，而不是选择实体的中心。

当光标位于视图的不同位置时，会呈现不同的显示形式。在不同的显示图标状态，拖动鼠标（按下鼠标左键）会产生不同的视图变化。

当光标移至观察球中间时，通过单击和拖动可自由移动对象。

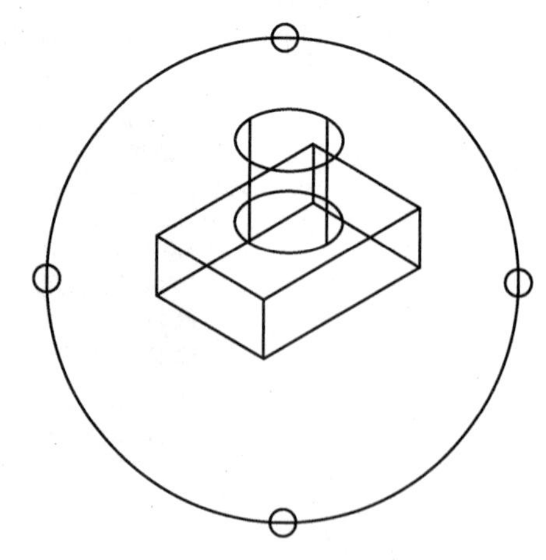

图12－18 三维动态观察器视球

当光标位于观察球以外区域时，单击并拖动可使视图绕轴移动。其中，轴被定义

学习笔记

为通过观察球中心，且垂直于屏幕。

当光标移动到观察球左、右小圆中时，单击并拖动，可绕通过观察球中心的 Y 轴旋转视图。

当光标移动到观察球上、下小圆中时，单击并拖动，可绕通过观察球中心的 Z 轴旋转视图。

在三维动态观察器视球中，单击鼠标右键，弹出三维动态观察器右键菜单，如图 12－19 所示，该下拉菜单可显示三维动态观察器的各种操作。

其他导航模式(O) ▸ | 受约束的动态观察(C) 1
✓ 启用动态观察自动目标(T) | ✓ 自由动态观察(F) 2
连续动态观察(O) 3
动画设置(A)...
调整视距(D) 4
缩放窗口(W) | 回旋(S) 5
范围缩放(E)
缩放上一个 | 漫游(W) 6
飞行(L) 7
✓ 平行模式(A)
透视模式(P) | 缩放(Z) 8
平移(P) 9

图 12－19 “三维动态观察器”右键菜单

用“动态观察”工具栏，也可以对三维模型进行动态观察操作，如图 12－20 所示。

②动态视点。

使在空间构造的三维形体显示为立体图形（包括轴测图和透视图），并且随着给出不同的观测位置和方向，图形做相应的改变，因此称为动态观察。通过该命令可设置准确的视点和目标点的位置，从而可以更明确地观察位置。

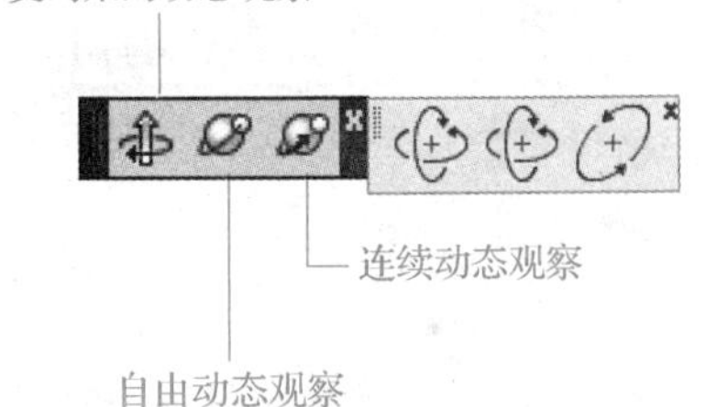

图 12－20 “动态观察”工具栏

命令启动方法如下：

命令行：DVIEW↙。

提示：选择对象或使用 <DVIEWBLODK>：（选择对象或回车自动显示一个简单线框模型）

输入选项 [相机（CA）/目标（TA）/距离（D）/点（PO）/平移（PA）/缩放（Z）/扭曲（TW）/剪裁（CL）/隐藏（H）/关（O）/放弃（U）]：（输入选项）

命令选项介绍如下：

a. “相机（CA）”：调整视点（照相机）与目标物的相对位置（距离不变）。

b. “目标（TA）”：调整目标点的位置（距离不变），使目标相对于相机旋转。

c. “距离（D）”：调整视点与目标的距离。用于生产透视图，生成透视图必须设置距离，D 选项设置相机距目标点的相对位置。默认距离为相机和目标点的当前距离。

d. “点（PO）”：设置相机和目标的相对位置。

e. “平移（PA）”：移动屏幕画面，与用 PAN 移动视区命令一样，只移动屏幕画面而不改变透视效果。

f. “缩放（Z）”：通过滑块定位确定缩放比例，范围为 0～16 倍，也可输入比例值。

g. “扭曲（TW）”：此选项可以使整个画面绕视线旋转一角度，所产生的画面相当

学习笔记

于用户把照相机绕镜头轴线转动一角度后产生的效果。

h. “剪裁（CL）”：用于设置前后剪切平面和控制剪切功能的有无，剪切平面总垂直于视线，前剪切平面在视点与目标点之间，后剪切平面在目标点的另一边，当剪切功能打开时，则仅显示在两个裁剪平面之间的物体的透视图。

i. “隐藏（H）”：对形成的透视图进行消隐管理。

j. “关（O）”：关闭透视方式。

k. “放弃（U）”：取消上一个 DVIEW 操作效果，可以取消多个 DVIEW 操作。

6. 三维模型的显示效果

AutoCAD 三维模型的显示效果分为“二维线框”“概念”“隐藏”“真实”“着色”“带边缘着色”“灰度”“勾画”“线框”及“X 射线”等。改变显示效果的命令启动的方式如下：

单击菜单中的“视图”选项，在“视觉样式”工具栏中相应的图标按钮，如图 12－21（a）所示；此外还可以单击绘图区左上角的“视觉样式控件”，如图 12－21（b）所示，均可对标准和自定义视觉样式进行观察。

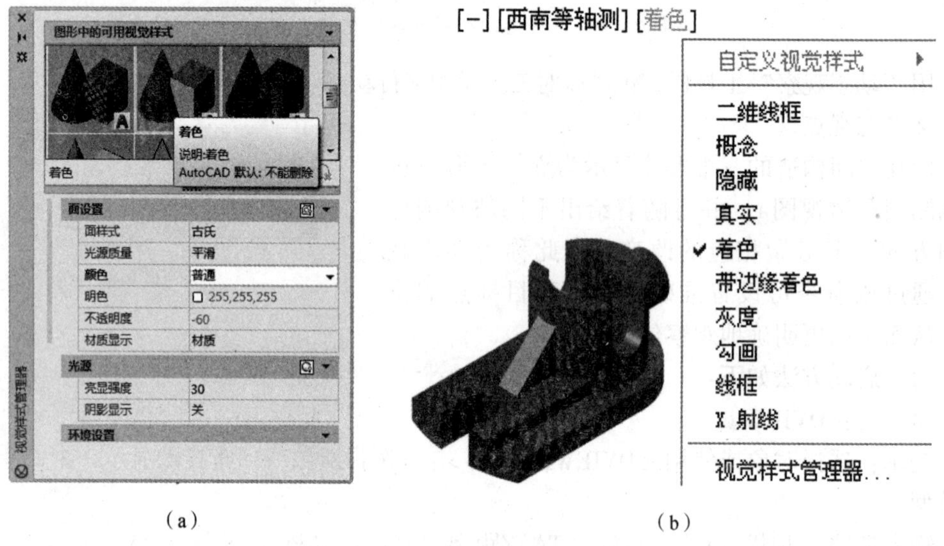

（a）　　　　　　　　（b）

图 12－21　“视觉样式”工具栏

在长方体中间挖一个通孔的三维模型，其不同显示效果见图 12－22～图 12－27，用户可根据需要选择相应的显示效果。

1）三维图形的消隐

对于单个三维物体，能删除不可见的轮廓线；对于多个物体，能自动删除被前面物体挡住的线段。由于在三维图形的绘制或普通显示时，屏幕上出现的是线框架结构，故所有的线条都出现在屏幕上，那些被挡住的线条也出现在屏幕上，不易分辨清楚形体的结构及其相互位置关系。使用此命令可以使线条的被挡部分不在屏幕上显示，即消隐处理。另外，在绘图输出时也常使用此命令，使绘出的图形消除隐藏线，如图 12－28 所示。

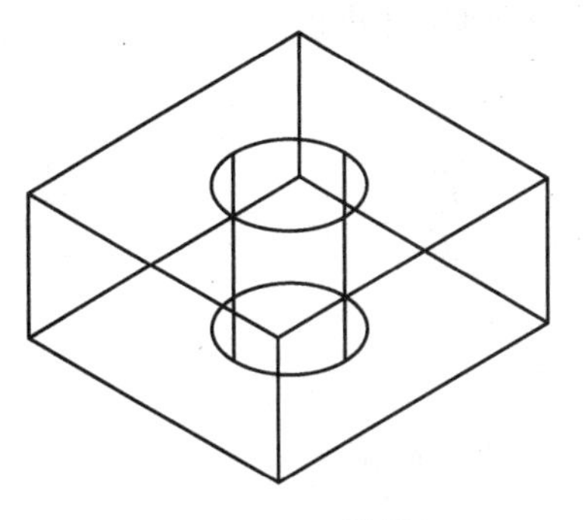

图 12－22　二维线框

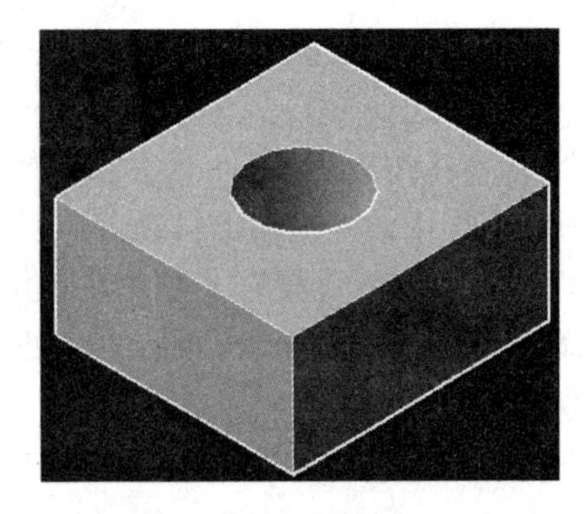

图 12－23　概念

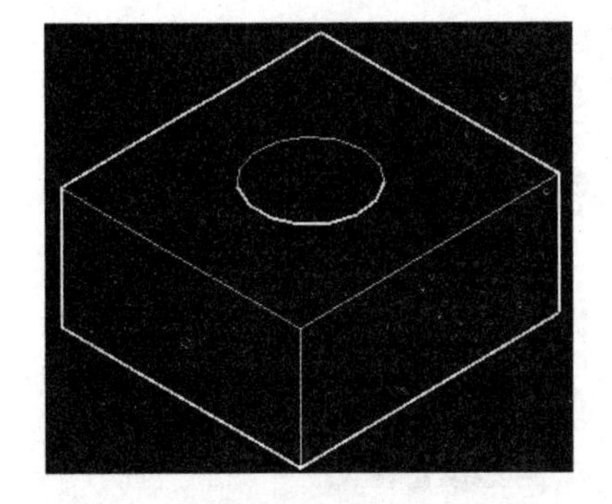

图 12－24　隐藏

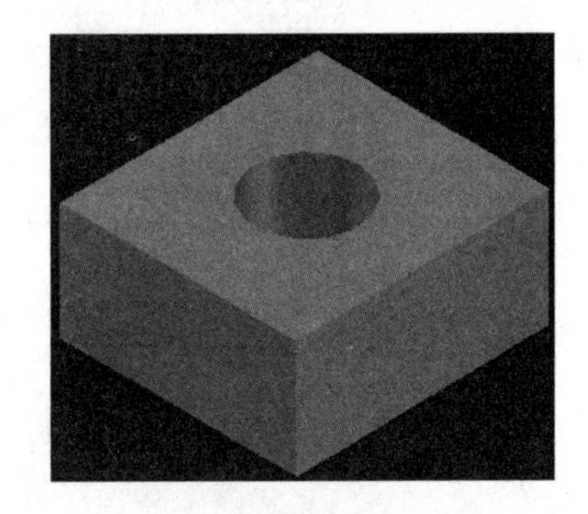

图 12－25　真实

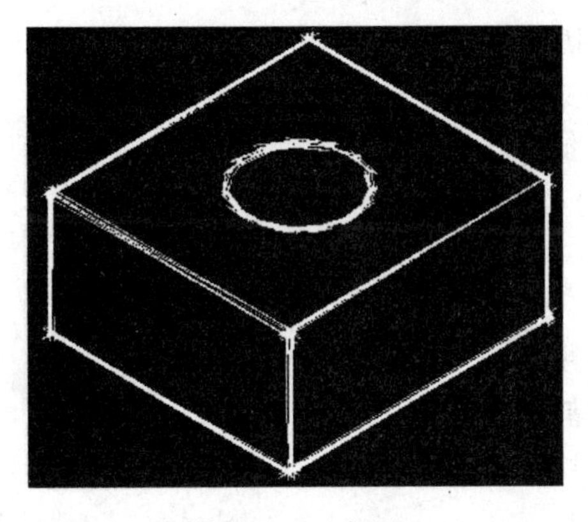

图 12－26　勾画

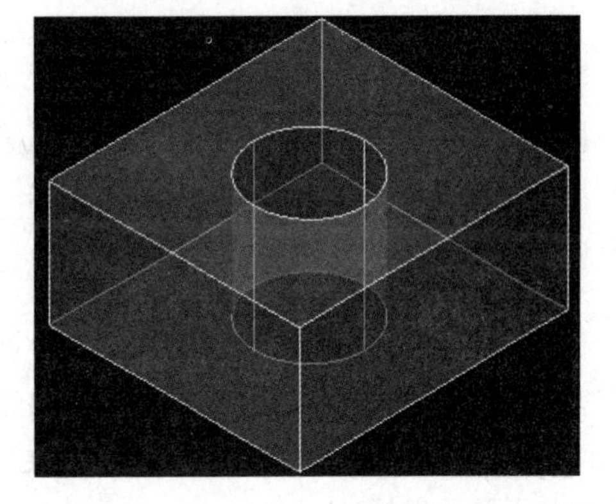

图 12－27　X 射线

命令启动方法如下：

（1）下拉菜单：“视图”→“消隐”。

（2）工具栏：“渲染”工具栏 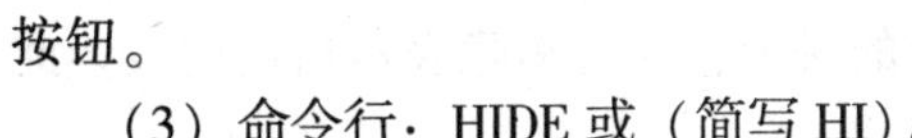 按钮。

（3）命令行：HIDE 或（简写 HI）↙。

此命令不要求任何响应。

2）三维图形的着色

（1）直接着色。

直接着色可生成具有明暗效果的三维

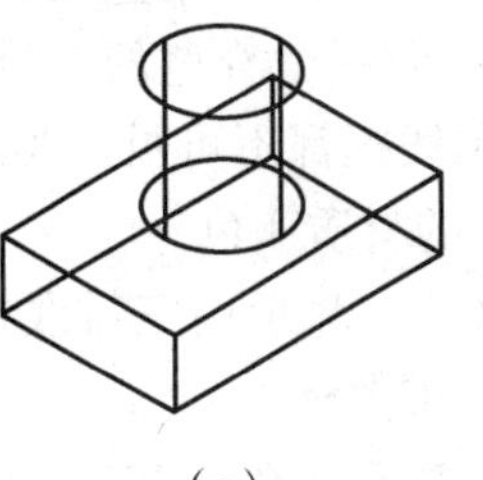

（a）

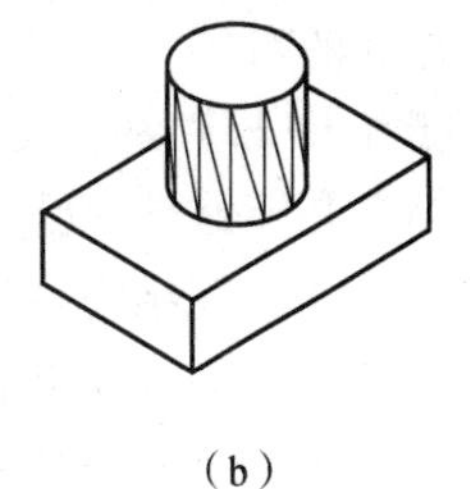

（b）

图 12－28　三维图“消隐”

（a）没有消隐；（b）消隐

学习笔记

学习笔记

图形。当前视图中三维模型的各面由单一颜色填充成明暗相同的图像。

命令启动方法如下：

命令行：SHADE↙。

此时，视图中的三维图形自动着色。

（2）选择着色类型着色（SHADEMODE）。

选择着色类型对三维图形进行着色处理。

命令启动方法如下：

①下拉菜单："视图"／"视觉样式"，如图 12－29 所示。

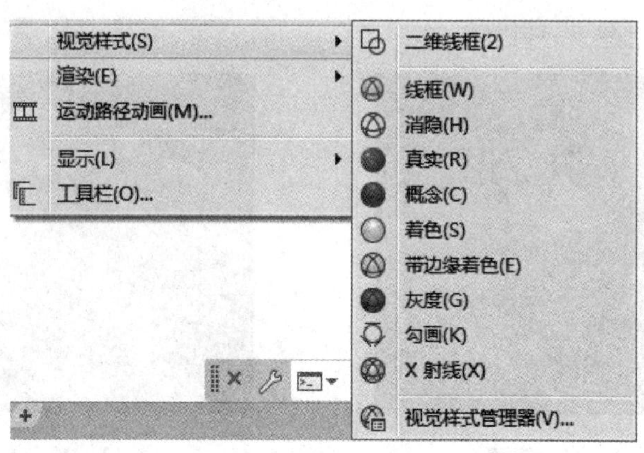

图 12－29 "视图（V）"／"视觉样式"子菜单

②工具栏：在"视觉样式"工具栏单击相应的图标按钮，如图 12－30 所示。

③命令行：SHADEMODE。

提示：输入选项［二维线框（2D）/三维线框（3D）/三维隐藏（H）/真实（R）/概念（C）/其他（O）］＜二维线框＞（输入选项）

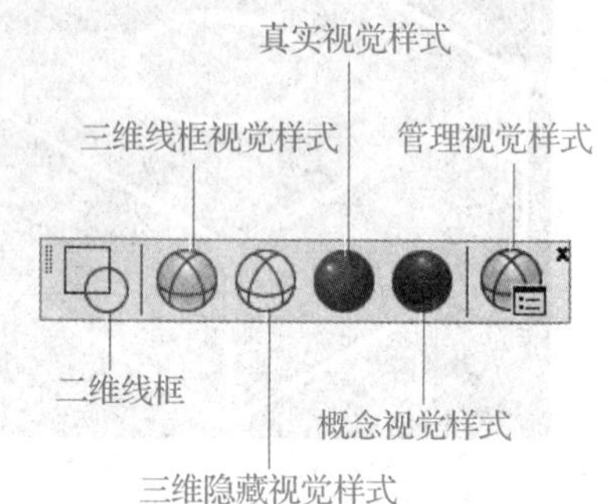

图 12－30 "视觉样式"工具栏

"视觉样式"有关选项介绍如下：

①"二维线框（2D）"：显示用直线和曲线表示边界的对象。光栅和 OLE 对象、线型和线宽都是可见的，即使 Compass 系统变量设为开，在二维线框视图中也不显示坐标球。

②"三维线框（3D）"：显示用直线和曲线表示边界的对象。这时 UCS 为一个着色的三维图标，光栅和 OLE 对象、线型和线框都不可见。当将 Compass 系统变量设为开时，可以显示坐标，并能够显示已使用的材质颜色。

③"三维隐藏（H）"：显示用三维线框表示的对象，同时消隐表示后面的线。此时 UCS 为一个着色的三维图标。

④"真实（R）"：着色对象，并在多边形面之间平滑边界，给对象一个光滑、具有真实感的对象，也可以显示已应用到的对象材质。

⑤"带边框平面着色（L）"：合并平面着色和线框选项。对象显示为带线框的平面着色效果。

学习笔记

⑥“概念（C）”：合并着色和线框选项。对象显示为带线框的体着色效果。进行着色的图像不能编辑、输出，但可以保存或制成幻灯片；图形着色时，自动消隐。

8）消隐、着色的相关系统变量

(1) 使用消隐命令消隐的实体，会出现“花纹”线。使用系统变量 DISPSILHT 和 FACETRES 可以改善消隐命令生成的图像质量。当 DISPSILHT 设为 1 时，可以消除“花纹”线；FACETRES 变量数值在 0.01 ~ 10 之间，用来控制生成表面（曲面）的小平面数量。三维消隐框不会出现“花纹”线，但根据系统变量 LSOLINES 的数值大小可改善三维消隐框的图像质量。LSOLINES 数值为 0 ~ 2047，默认值为 4。

(2) 在实体着色时，系统变量 SHADEDIF 可根据模型曲面对环境光的漫反射光控制反射量。SHADEDIF 默认值为 70，表明模型中 70% 的光来自着色单光源的漫反射光，剩下的 30% 来自环境光，模型接收的环境光越多，自身对比度越小。只有在体着色和带边框体着色时，SHADEDIF 才会影响着色效果。

9）三维图形的渲染

三维图形的渲染是用指定的光源，对指定材质的三维图形进行渲染。着色（SHADE）命令对三维图形进行着色时，只有一个位于观察者正后方的光源，而且光源不能改变。而渲染（RENDER）命令的渲染着色功能可产生比着色（SHADE）命令更好的效果，可以指定多个光源，指定视图和光线的不同组合，为形体分配材料等。它可以对三维曲面或形体表面进行近乎照片真实感的着色处理。

当设计好模型并经过渲染处理后，可以了解到该模型所产生的实物图形，以更形象地表现设计。经过渲染生成的图像可用多种图像格式保存和输出。

(1) 三维图形渲染。

将屏幕上的三维实体生成渲染图像。

命令启动方法如下：

①下拉菜单：“视图”/“渲染”，如图 12-31 所示。

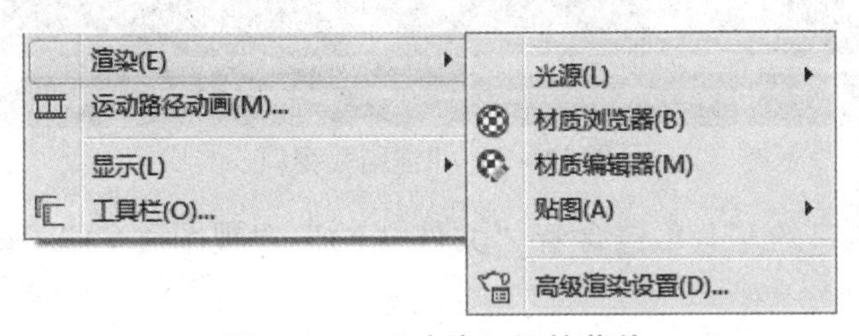

图 12-31 “渲染”子拉菜单

②工具栏：单击“渲染”工具栏中按钮，如图 12-32 所示。

③命令行：RENDER。

[例 12-1] 图 12-33（a）所示为消隐实体，图 12-33（b）所示为进行渲染后的实体。

步骤如下：

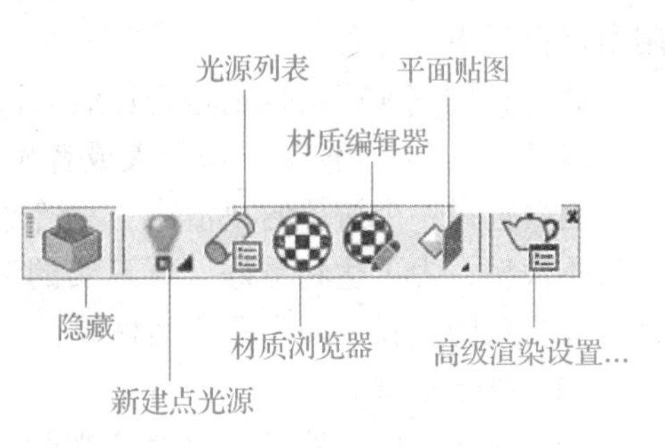

图 12-32 “渲染”工具栏

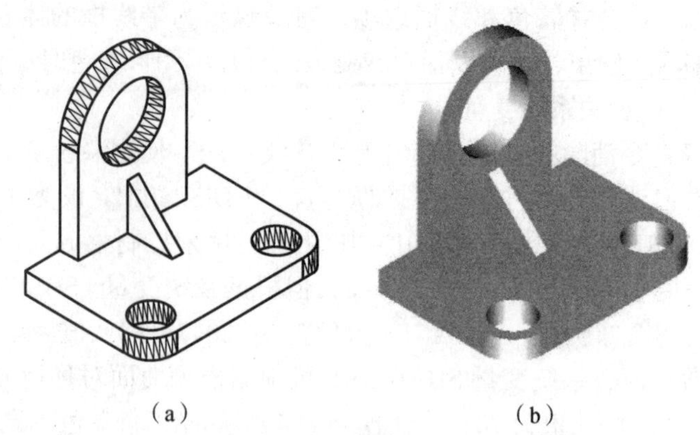

（a）　　　　（b）

图 12－33　消隐和渲染实体

选择“渲染”菜单，AutoCAD 将弹出渲染窗口，如图 12－34 所示。

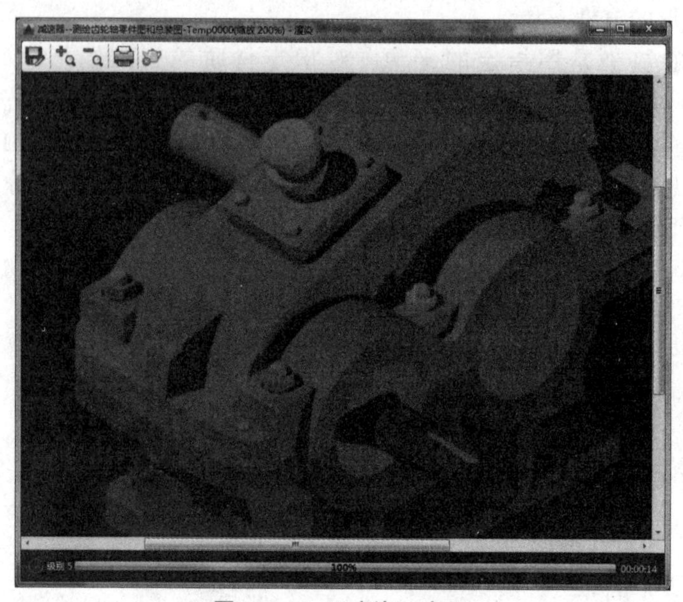

图 12－34　“渲染”窗口

在“渲染”窗口的左上角包含着“文件（F）”“视图（V）”和“工具”三个菜单，其功能如下：

①“文件（F）”：将当前渲染图像按指定的格式保存到文件夹，并将当前图像的副本保存到指定位置。

②“视图（V）”：确定是否在渲染窗口显示渲染状态栏和统计信息窗格。

③“工具”：使渲染图像放大或者缩小。

用户选择一个简单的“渲染”命令便可以完成实体模型的渲染处理，但针对不同的实体模型，为了达到更好、更真实的渲染效果，用户通常需要在渲染之前先进行渲染相关参数的设置，如设置渲染材质、光源等参数。

（2）光源管理。

新建从光源处向外发射放射性光的光源，其效果与一般的灯泡类似。光源管理的作用是为实体设置光源、修改光源及建立新的光源。

学习笔记

命令启动方法如下：

①下拉菜单："视图"／"渲染"／"光源"／"新建点光源"。

②命令行：pointlight。

命令：pointlight↙

指定源位置<0，0，0>：

输入要更改的选项［名称（N）/强度因子（I）/状态（S）/光度（P）/阴影（W）/衰减（A）/过滤颜色（C）/退出（X）］<退出>：

命令选项介绍如下：

①"名称（N）"：指定光源名。名称中可以使用大小写字母、数字、空格、连字符（－）和下划线（_），最大长度为256个字符。

②"强度因子（I）"：设置光源的强度或亮度，取值范围为0.00到系统支持的最大值。

③"状态（S）"：打开和关闭光源。如果图形中没有启用光源，则该设置没有影响。

④"光度（P）"：光度是指测量可见光源的照度。

⑤"阴影（W）"：使光源投射阴影。

⑥"衰减（A）"：控制光线如何随着距离增加而衰减。

⑦"过滤颜色（C）"：控制光源的颜色。

⑧"退出（X）"：默认选项，原参数不作修改。

（3）新建平行光源。

新建从光源处向外发射平行性光的光源，其效果与太阳光类似。

命令启动方法如下：

①下拉菜单："视图"／"渲染"／"光源"／"新建平行光源"。

②命令行：distantlight。

命令：distantlight↙

指定光源来向<0，0，0>或［矢量（V）］：

指定光源去向<1，1，1>：

输入要更改的选项［名称（N）/强度因子（I）/状态（S）/光度（P）/阴影（W）/过滤颜色（C）/退出（X）］<退出>：

命令选项介绍如下：

①"名称（N）"：指定光源名。名称中可以使用大小写字母、数字、空格、连字符（－）和下划线（_），最大长度为256个字符。

②"强度因子（I）"：设置光源的强度或亮度，取值范围为0.00到系统支持的最大值。

③"状态（S）"：打开和关闭光源。如果图形中没有启用光源，则该设置没有影响。

④"光度（P）"：光度是指测量可见光源的照度。

⑤"阴影（W）"：使光源投射阴影。

学习笔记

⑥“过滤颜色（C）”：控制光源的颜色。

⑦“退出（X）”：默认选项，原参数不作修改。

（4）材质设置。

用来设置、管理渲染所用的材料、应用和修改材质。

命令启动方法如下：

①下拉菜单：“视图”/“渲染”/“材质浏览器”。

②工具栏：“渲染”工具栏 按钮。

③命令行：materials（或 matbrowseropen）。

启动命令后，弹出“材质”对话框，如图 12－35 所示。通过“材质”对话框操作，完成所用材料的生成、设置和管理渲染。

（5）高级渲染设置。

显示“高级渲染设置”选项板，以进行高级渲染参数的设置。

命令启动方法如下：

①下拉菜单：“视图”/“渲染”/“高级渲染设置...”。

②工具栏：单击“渲染”工具栏中按钮 。

③命令行：rpref。

当用户打开“高级渲染设置”命令时，AutoCAD 将弹出“高级渲染设置”对话框供用户设置，如图 12－36 所示。

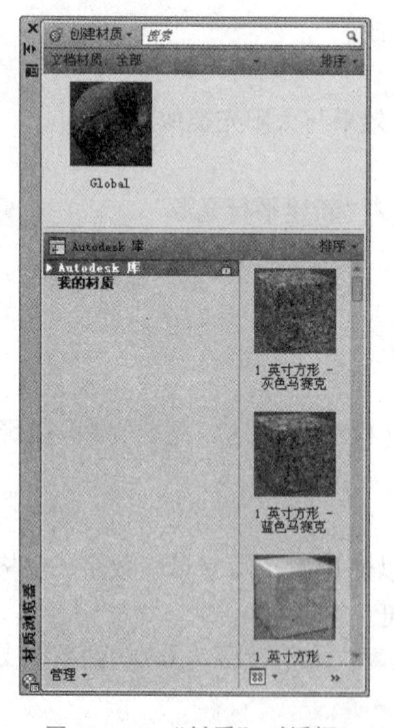

图 12－35 “材质”对话框

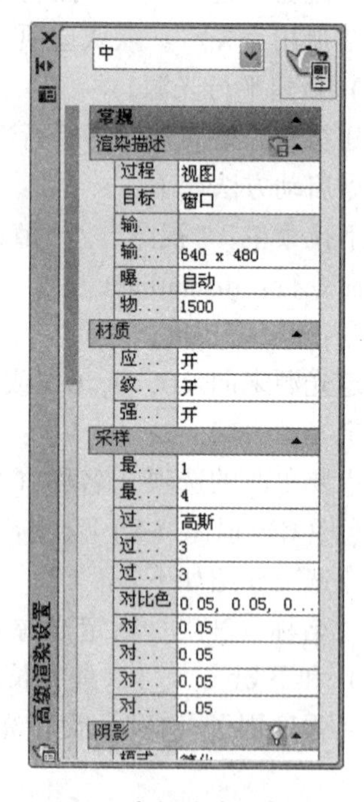

图 12－36 “高级渲染设置”对话框

“高级渲染设置”对话框包括标准渲染预设、基本渲染、光线跟踪、间接发光、诊断和处理等多个子窗口，个别子窗口还具有二级子窗口，用户根据需要在对应的子窗口或者下拉列表进行设置即可。

学习笔记

（二）轴测图的绘制

轴测图具有较强的立体感，接近于人们的视觉效果，能准确地表达形体的表面形状和相对位置，具有良好的度量性，在工程领域中应用较为广泛。轴测图是一个三维物体的二维表达方法，它模拟三维对象沿特定视点产生的三维平行投影视图。绘制正等轴测图需进行环境设置。

轴测图是一个三维物体的二维表达方法，它可模拟三维对象沿特定视点产生的三维平行投影视图。轴测图有多种类型，都需要由特定的构造技术来绘制，下面主要介绍等轴测图的绘制。等轴测图除沿 *X*、*Y*、*Z* 轴方向距离可测外，其他方向尺寸均不能测量。

正交的三维模型可以很容易地转换为等轴测图，但还有一些实体，它们在轴测面的投影与水平线的夹角不是30°、90°或150°，这些实体称为非等轴测实体，线段的测量长度不能直接在等轴测图中使用，可采用作辅助线的方法来绘制。

设置正等轴测图绘图环境的操作方法有以下两种：

（1）选择“工具”/“草图设置”命令。

（2）右键单击“捕捉模式”或“栅格显示”按钮/“设置”。

1. 等轴测平面（ISOPLANE）

在光标处于正等轴测图绘图环境时，用于选择当前等轴侧平面。空间三个互相垂直的坐标轴 *OX*、*OY*、*OZ*，在画正等轴测图时，它们的轴间角均为120°，轴向变形系数为1。把空间平行于 *YOZ* 平面的平面称为左面（LEFT），平行于 *XOY* 平面的平面称为顶面（TOP），平行于 *XOZ* 平面的平面称为右面（RIGHT）。执行该命令时，首先应使栅格捕捉处于等轴测（ISOMETRIC）方式。

命令启动方法如下：

命令行：ISOPLANE↙

提示：

输入等轴测平面设置［左（L）/上（T）/右（R）］<上>：（输入选择项）

命令选项介绍如下：

（1）“左（L）”：左轴测面，该面为当前绘图面，光标十字线变为150°和90°的方向。

（2）“右（R）”：左轴测面，该面为当前绘图面，光标十字线变为30°和90°的方向。

（3）“上（T）”：左轴测面，该面为当前绘图面，光标十字线变为30°和150°的方向。

在该提示下连续回车，也可以用［F5］键或组合键［Ctrl］+［E］，按E→T→R→L顺序实现等轴测绘图的转换。

2. 等轴测图的绘制方法

1）设置正等轴测图绘图环境

正等轴测图的绘制方法

将捕捉和栅格设置为等轴测方式。等轴测方式的栅格和光标十字线的 *X* 方向与 *Y* 方向不再相互垂直。在等轴测图上，*X* 轴和 *Y* 轴成120°。

2）绘制等轴测图

（1）绘制直线。在等轴测图中绘制直线最简单的方法是使用栅格捕捉、对象捕捉和相对坐标，如图12－37（a）所示。

学习笔记

（2）绘制圆和圆弧。在轴测图中，正交视图中的圆变成椭圆，所以要用绘制椭圆的命令来完成轴测图上的圆，通过对椭圆进行修剪得到圆弧。如图 12－37（b）所示。

说明：绘制正等轴测图，可将增量角设为 30°；绘制斜视图，可按斜视图倾斜的角度设置。在绘图过程中可用［F5］键对轴测平面 *XOY*、*XOZ* 和 *YOZ* 相互进行切换。在作图时应注意使用作图技巧、对象捕捉、自动追踪及图形显示等各种操作。

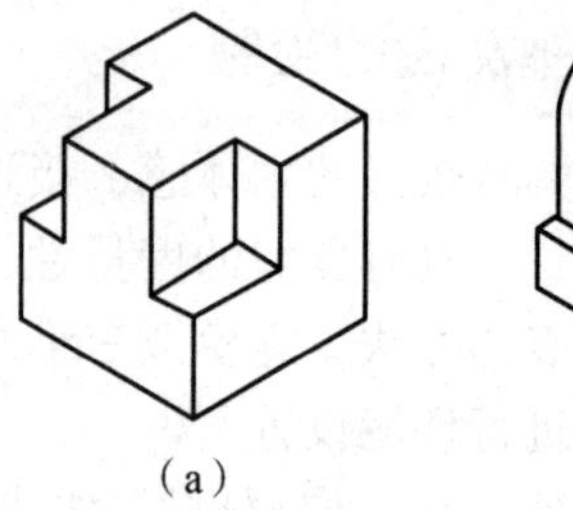
（a）

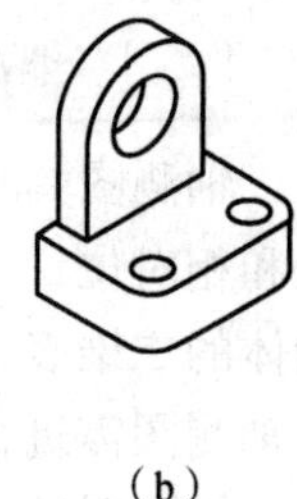
（b）

图 12－37　平面立体与回转体正等测图

（三）基本三维实体的绘制

在 AutoCAD 系统中，可以直接绘制出长方形、圆锥体、圆柱体、球体、楔形体和圆环体等基本三维实体造型。

1. 长方体（立方体）

生成一个长方体（或立方体），各边分别与当前的 UCS 坐标轴平行。

命令启动方法如下：

（1）下拉菜单：“绘图”／“建模”／“长方体”。

（2）工具栏：单击“建模”工具栏（见图 12－38）中按钮。

建模

图 12－38　“建模”工具栏

（3）命令行：BOX。

命令：BOX↙

指定第一个角点或［中心（C）］：

指定其他角点或［立方体（C）/长度（L）］：

指定高度或［2Point（2P）］<默认值>：

［例 12－2］　绘制一个长、宽、高分别为 60、50、100 的长方体，如图 12－39 所示。

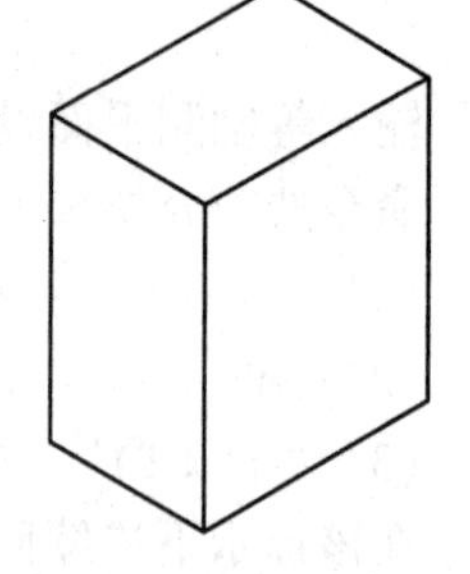
图 12－39　长方体的创建

操作步骤如下：

命令：BOX↙

指定第一个角点或［中心（C）］：　（任意选一点作为长方体的角点）

指定其他角点或［立方体（C）/长度（L）］：L↙（进入指定长度模式）

指定长度<1.0000>：60↙　（指定长方体的长度为 60）

指定宽度：50↙　（指定长方体的宽度为 50）

指定高度或［两点（2P）］　<1.0000>：100↙　（指定长方体的高度为 100）

2. 楔体

创建实体楔体。

命令启动方法如下：

（1）下拉菜单："绘图"／"建模"／"楔体"。

（2）工具栏：单击"建模"工具栏中按钮。

（3）命令行：WEDGE。

命令：WEDGE↙

指定第一个角点或［中心（C）］：

指定其他角点或［立方体（C）/长度（L）］：

指定高度或［两点（2P）］<默认值>：

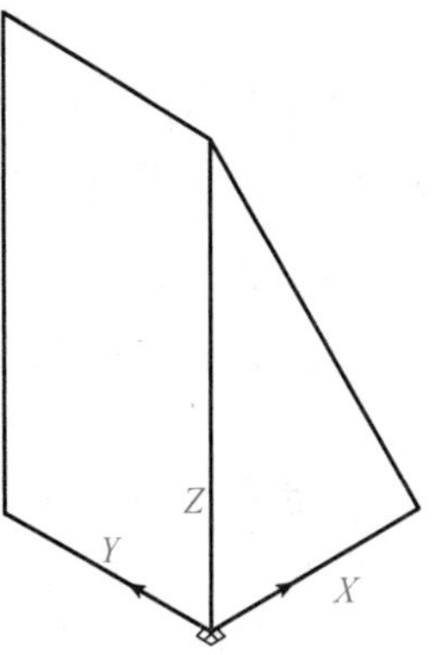
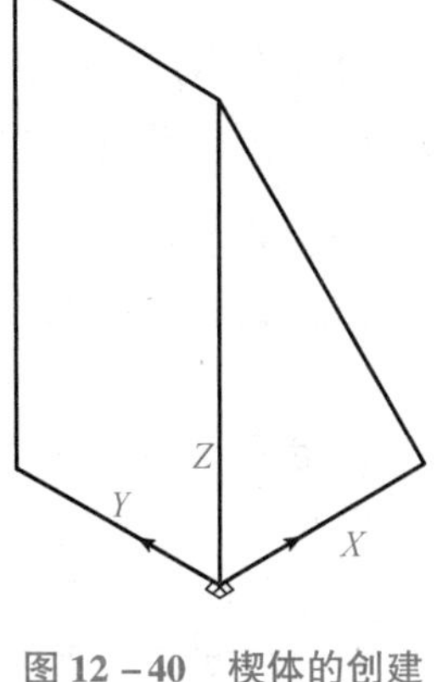

图 12－40　楔体的创建

［例 12－3］　创建一个角点位于 WCS 坐标系的原点上的楔体，其各边长度如图 12－40 所示。

步骤如下：

命令：WEDGE↙

指定第一个角点或［中心（C）］：0，0，0↙　　（指定楔体的角点）

指定其他角点或［立方体（C）/长度（L）］：@100，100↙（指定楔体的底面长度）

指定高度或［两点（2P）］<－248.3562>：200↙　　（指定楔体的高度）

3. 圆锥体

创建一个以圆或椭圆为底，以对称方式形成锥体表面的三维实体。

命令启动方法如下：

（1）下拉菜单："绘图"／"建模"／"圆锥体"。

（2）工具栏：单击"建模"工具栏中按钮。

（3）命令行：CONE。

命令：CONE↙

指定底面的中心点或［三点（3P）/两点（2P）/相切、相切、半径（T）/椭圆（E）］：

指定底面半径或［直径（D）］：

指定高度或［两点（2P）/轴端点（A）/顶面半径（T）］：

［例 12－4］　创建一个底圆半径为 40、顶圆半径为 20、高度为 30 的圆台体，如图 12－41 所示。

图 12－41　圆台体的创建

步骤如下：

命令：CONE↙

指定底面的中心点或［三点（3P）/两点（2P）/相切、相切、半径（T）/椭圆（E）］：　　（任意单击一点）

指定底面半径或［直径（D）］<15.0000>：40↙　　（指定底面半径）

指定高度或［两点（2P）/轴端点（A）/顶面半径（T）］<20.0000>：t↙　　（进入圆台模式）

指定顶面半径 <0.0000>：20↙　　（指定顶面半径）

指定高度或［两点（2P）/轴端点（A）］<20.0000>：30↙　　（指定圆台高度）

学习笔记

4. 圆柱体

创建以圆或椭圆为底面的实体圆柱体。

命令启动方法如下：

（1）下拉菜单：“绘图”/“建模”/“圆柱体”。

（2）工具栏：单击“建模”工具栏中按钮。

（3）命令行：CYLINDER。

命令：CYLINDER↙

指定底面的中心点或［三点（3P）/两点（2P）/相切、相切、半径（T）/椭圆（E）］：

指定底面半径或［直径（D）］<默认值>：

指定高度或［两点（2P）/轴端点（A）］<默认值>：

命令选项介绍如下：

（1）“指定底面的中心点”：通过指定中心点来定义圆柱体的底面位置。

（2）“三点（3P）”：通过指定三个点来定义圆柱体的底面周长和底面。

（3）“两点（2P）”：通过指定两个点来定义圆柱体的底面直径。

（4）“相切、相切、半径（T）”：定义具有指定半径，与两个对象相切的圆柱体底面。

（5）“椭圆（E）”：指定圆柱体的椭圆底面。

（6）“轴端点（A）”：指定圆柱体轴的端点位置。

［例 12－5］ 如图 12－42 所示，绘制一个高度为 50、底圆半径为 40 的圆柱体。

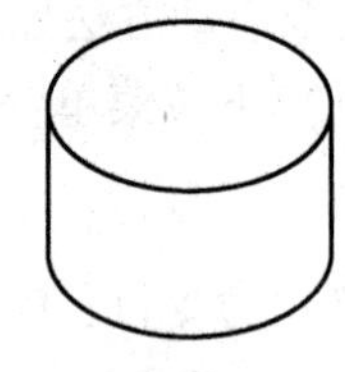

图 12－42　圆柱体的创建

步骤如下：

命令：CYLINDER↙

指定底面的中心点或［三点（3P）/两点（2P）/相切、相切、半径（T）/椭圆（E）］：

指定圆的半径或［直径（D）］<58.5745>：40↙　　（指定圆柱体的半径）

指定高度或［两点（2P）/轴端点（A）］<40.0000>：50↙　（指定圆柱体高度）

5. 球体

创建三维实心球体。

命令启动方法如下：

（1）下拉菜单：“绘图”/“建模”/“球体”。

（2）工具栏：单击“建模”工具栏中按钮。

（3）命令行：SPHERE。

命令：SPHERE↙

指定中心点或［三点（3P）/两点（2P）/相切、相切、半径（T）］：

指定半径或［直径（D）］：

命令选项介绍如下：

(1)“指定中心点”：指定球体的中心点。指定中心点后，放置球体，以使其中心轴与当前用户坐标系（UCS）的 *Z* 轴平行、纬线与 *XY* 平面平行。

(2)“三点（3P）”：通过在三维空间的任意位置指定三个点来定义球体的圆周。

(3)“两点（2P）”：通过在三维空间的任意位置指定两个点来定义球体的圆周。

(4)“相切、相切、半径（T）”：通过指定半径来定义可与两个对象相切的球体。

[例 12－6] 如图 12－43（a）所示，创建一个球体，使该球体表面经过已有长方体的 *A*、*B*、*C* 三点，如图 12－43（b）所示。

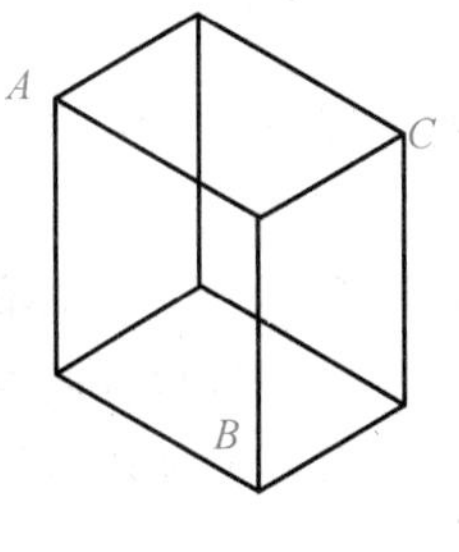

(a)

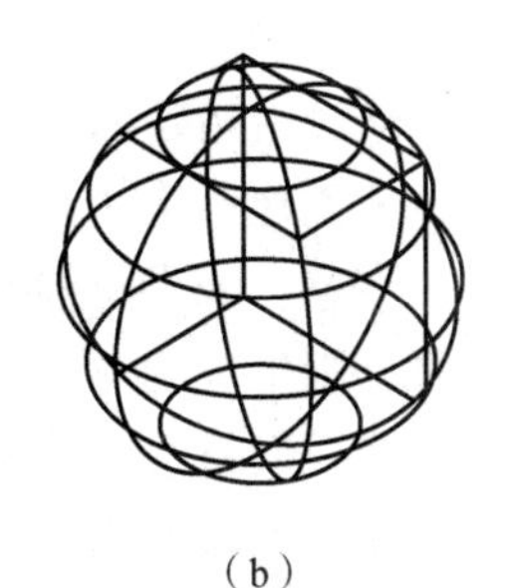

(b)

图 12－43 球体的创建

操作步骤如下：

命令：SPHERE↙

指定中心点或［三点（3P）/两点（2P）/相切、相切、半径（T）］：3p（进入 3 点模式）

指定第一点：选择 *A* 点（指定切点 1）

指定第二点：选择 *B* 点（指定切点 2）

指定第三点：选择 *C* 点（指定切点 3）

6. 圆环体

创建三维圆环形实体。

命令启动方法如下：

(1) 下拉菜单：“绘图”/“建模”/“圆环体”。

(2) 工具栏：单击“建模”工具栏中按钮 。

(3) 命令行：TORUS。

命令：TORUS↙

指定中心点或［三点（3P）/两点（2P）/相切、相切、半径（T）］：

指定半径或［直径（D）］：

指定圆管半径或［两点（2P）/直径（D）］：

命令选项介绍如下：

(1)“指定中心点”：通过指定中心点来定义三维圆环形实体中心位置。

(2)“三点（3P）”：用指定的三个点来定义圆环体的圆周。

(3)“两点（2P）”：用指定的两个点来定义圆环体的圆周。

(4)“相切、相切、半径（T）”：使用指定半径来定义可与两个对象相切的圆环体。

[例 12－7] 创建一个三维圆环形实体，使该圆环形实体中心点在 WCS 坐标的原点上，圆环半径为 100，圆管半径为 10，如图 12－44 所示。

步骤如下：

命令：TORUS↙

指定中心点或［三点（3P）/两点（2P）/相切、相切、半径（T）］：0，0，0↙

学习笔记

学习笔记

指定半径或［直径（D）］<312.6688>：100↙

［两点（2P）/直径（D）］<93.3949>：10↙

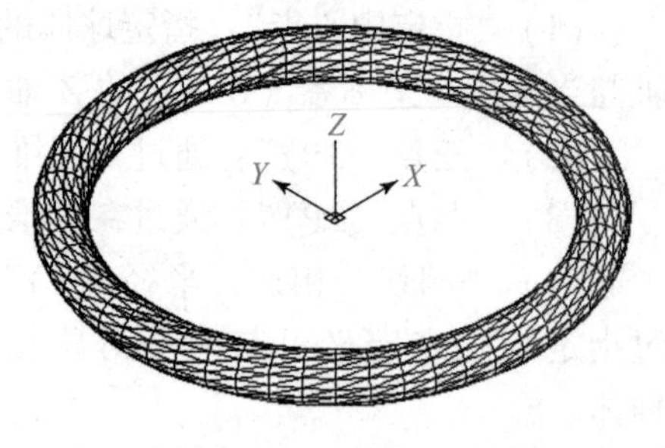

图 12－44　圆环体的创建

（四）通过二维图形创建三维实体

1. 拉伸实体

通过沿指定的方向将对象或平面拉伸出指定距离来创建三维实体。

注意：如果拉伸开放对象或不是一体的闭合对象，则生成的对象为曲面；如果拉伸曲面、面域等闭合对象，则生成的对象为实体。在这里我们将重点介绍拉伸实体的使用方法。

拉伸实体

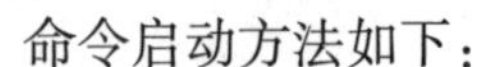

命令启动方法如下：

（1）下拉菜单："绘图"/"建模"/"拉伸"。

（2）工具栏：单击"建模"工具栏中按钮 。

（3）命令行：EXTRUDE。

命令：EXTRUDE↙

当前线框密度：ISOLINES＝4，闭合轮廓创建模式＝实体

选择要拉伸对象或［模式（MO）］：MO↙

闭合轮廓创建模式［实体（SO）/曲面（SU）］<实体>：SO↙

选择要拉伸的对象或［模式（MO）］：找到 1 个

选择要拉伸的对象或［模式（MO）］：↙

指定拉伸的高度或［方向（D）/路径（P）/倾斜角（T）/表达式（E）］<4.3862>：↙

命令选项介绍如下：

（1）"指定拉伸的高度"：通过输入数值指定拉伸高度。在默认选项下，拉伸高度值可以为正或负，它们表示了不同的拉伸方向。

（2）"方向（D）"：通过指定的两点指定拉伸的长度和方向。

（3）"路径（P）"：选择基于指定曲线对象的拉伸路径。

（4）"倾斜角（T）"：用于拉伸的倾斜角是两个指定点之间的距离。当输入角度为 0°时，将二维实体直接拉伸为柱体。

（5）"表达式（E）"：输入公式或方程式，以指定拉伸高度。

［例 12－8］ 如图 12－45（a）所示，通过拉伸该闭合多边形，创建一个高度为 100 的实体，如图 12－45（b）所示。

步骤如下：

命令：EXTRUDE↙

当前线框密度：ISOLINES＝4，闭合轮廓创建模式＝实体

选择要拉伸的对象或［模式（MO）］：MO↙

闭合轮廓创建模式［实体（SO）/曲

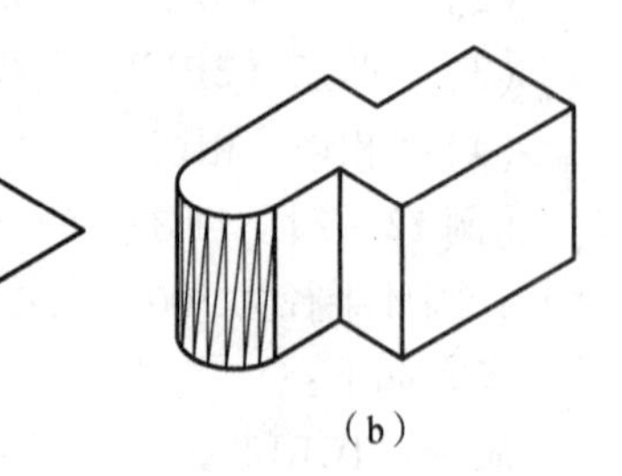

图 12－45　拉伸实体的创建

面（SU）]<实体>：SO↙

选择要拉伸的对象或［模式（MO）]：找到 1 个（选择闭合多边形）

选择要拉伸的对象或［模式（MO）]：↙

指定拉伸的高度或［方向（D）/路径（P）/倾斜角（T）/表达式（E）]< -50 >：100↙

2. 扫掠实体

通过沿开放或闭合路径扫掠开放或闭合的平面曲线或非平面曲线（轮廓），创建实体或曲面。开放的曲线创建曲面，闭合的曲线创建实体或曲面（具体取决于指定的模式）。

注意："SWEEP" 命令用于沿指定路径以指定轮廓的形状（扫掠对象）绘制实体或曲面，可以扫掠多个对象，但是这些对象必须位于同一平面中。如果沿一条路径扫掠闭合的曲线，则生成实体。在这里我们将重点介绍扫掠实体的使用方法。

命令启动方法如下：

扫掠实体

（1）下拉菜单："绘图" / "建模" / "扫掠"。

（2）工具栏：单击 "建模" 工具栏单击按钮 。

（3）命令行：SWEEP。

命令：SWEEP↙

当前线框密度：ISOLINES = 4，闭合轮廓创建模式 = 实体

择要扫掠的对象或［模式（MO）]：MO↙

闭合轮廓创建模式［实体（SO）/曲面（SU）]<实体>：SO↙

选择要扫掠的对象或［模式（MO）]：找到 1 个

择要扫掠的对象或［模式（MO）]：↙

选择扫掠路径或［对齐（A）/基点（B）/比例（S）/扭曲（T）]：↙

命令选项介绍如下：

（1）"选择扫掠路径"：通过指定路径扫掠曲面。

（2）"对齐（A）"：指定是否对齐轮廓，以使其作为扫掠路径切向的法向。

（3）"基点（B）"：指定要扫掠对象的基点。

（4）"比例（S）"：指定比例因子，以进行扫掠操作。

（5）"扭曲（T）"：设置正被扫掠的对象的扭曲角度。

[例 12 -9] 如图 12 -46（a）所示，以正四边形为扫掠对象，以多段线为扫掠路径，扫掠出一实体，如图 12 -46（b）所示。

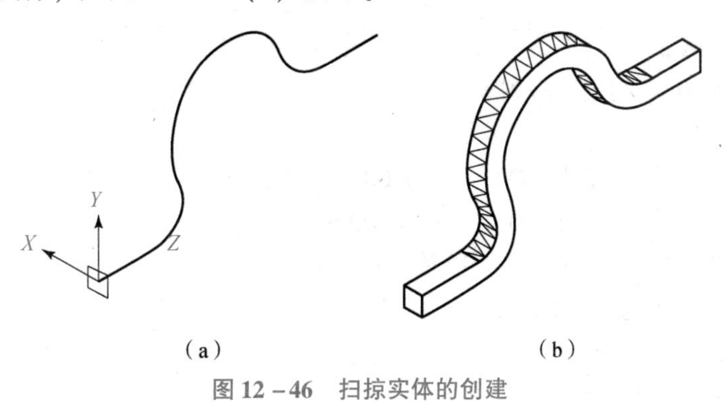

（a）　　（b）

图 12 -46　扫掠实体的创建

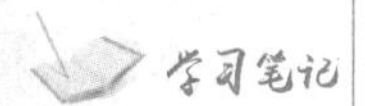

步骤如下：

命令：SWEEP↙

当前线框密度：ISOLINES =4，闭合轮廓创建模式 = 实体

选择要扫掠的对象或［模式（MO）］：MO↙

闭合轮廓创建模式［实体（SO）/曲面（SU）］<实体>：SO↙

选择要扫掠的对象或［模式（MO）］：找到1个（选择正四边形）

选择要扫掠的对象或［模式（MO）］：↙

选择扫掠路径或［对齐（A）/基点（B）/比例（S）/扭曲（T）］：（选择多段线）

［例12－10］ 以如图12－47（a）所示截面为扫掠对象，以螺旋线为扫掠路径，扫掠出一把螺旋铣刀实体，如图12－47（b）所示。

步骤如下：

（1）根据如图12－47（a）所示尺寸，绘制铣刀的截面线框，并将该线框生成面域。

（2）绘制螺旋线，其底面和顶面半径均为32，圈数为1，高度为200，中心与截面线中心重合，如图12－48（a）所示。螺旋线的轴线（高度方向）应与截面线框所在的平面垂直，螺旋线起点在截面直线的中点处，如图12－48（b）所示。

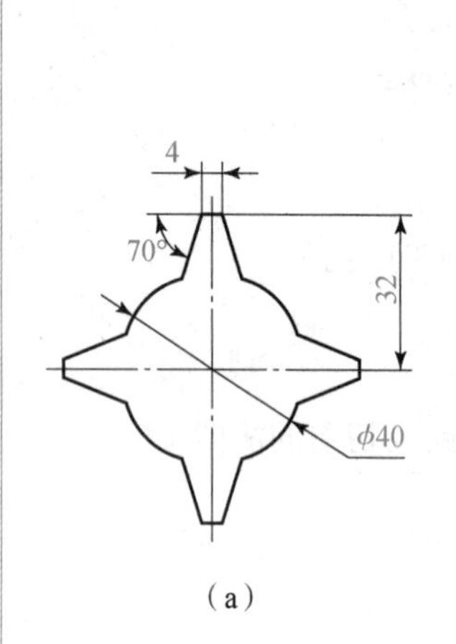

（a）

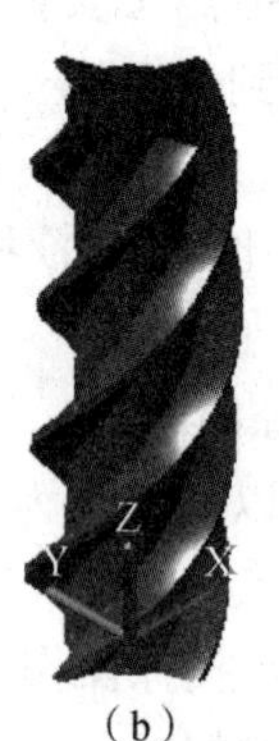

（b）

图12－47　扫掠创建螺旋铣刀

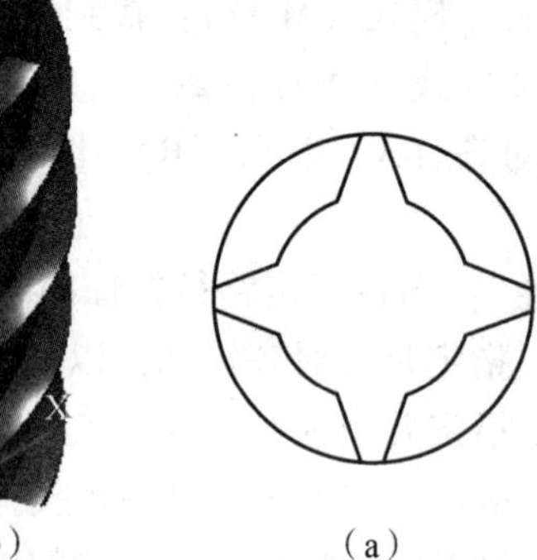

（a）

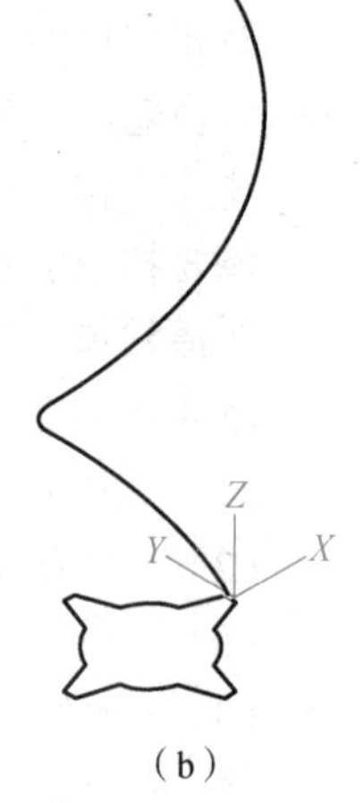

（b）

图12－48　绘制螺旋线

（a）俯视图；（b）西南等轴测视图

命令：HELIX↙

圈数 =3.0000　　扭曲 = CCW

指定底面的中心点：

指定底面半径或［直径（D）］<1.0000>：32↙

指定顶面半径或［直径（D）］<32.0000>：↙

指定螺旋高度或［轴端点（A）/圈数（T）/圈高（H）/扭曲（W）］<1.0000>：t↙

输入圈数 <3.0000>：1↙

指定螺旋高度或［轴端点（A）/圈数（T）/圈高（H）/扭曲（W）］<1.0000>：200　↙（如图12－48所示）

学习笔记

（3）执行扫掠命令。

命令：SWEEP↙

当前线框密度：ISOLINES＝4，闭合轮廓创建模式＝实体

选择要扫掠的对象或［模式（MO）］：找到1个（选择截面线框）

选择要扫掠的对象或［模式（MO）］：↙

选择扫掠路径或［对齐（A）/基点（B）/比例（S）/扭曲（T）］：a↙ （选择“对齐”选项）

扫掠前对齐垂直于路径的扫掠对象［是（Y）/否（N）］<是>：n↙（指定扫掠时不垂直）

选择扫掠路径或［对齐（A）/基点（B）/比例（S）/扭曲（T）］：b↙ （选择“基点”选项）

指定基点：（选择截面线框中的70°角顶点*A*为基点，如图12－49所示）

选择扫掠路径或［对齐（A）/基点（B）/比例（S）/扭曲（T）］：（选择图12－48所示螺旋线）

结果如图12－50所示。

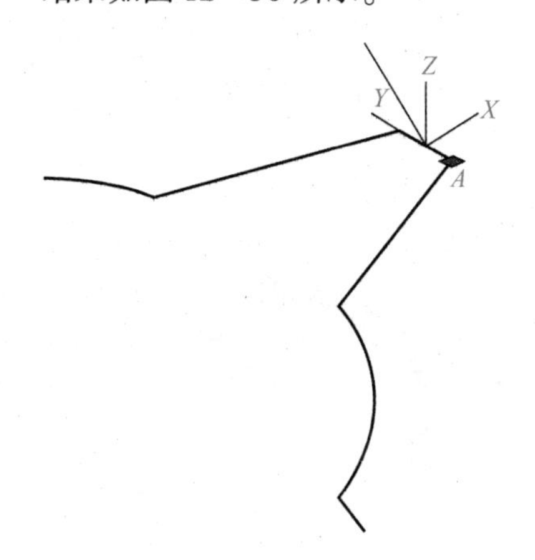

图12－49 指定基点*A*

图12－50 扫掠创建螺旋铣刀效果图

3. 放样实体

通过指定一系列横截面来创建三维实体或曲面。横截面定义了结果实体或曲面的形状，必须至少指定两个横截面。

注意：使用LOFT命令时必须指定至少两个横截面。

命令启动方法如下：

（1）下拉菜单：“绘图”/“建模”/“放样”。

（2）工具栏：单击“建模”工具栏中按钮 。

（3）命令行：LOFT。

命令：LOFT↙

当前线框密度： ISOLINES＝4，闭合轮廓创建模式＝实体

按放样次序选择横截面或［点（PO）/合并多条边（J）/模式（MO）］：

输入选项［导向（G）/路径（P）/仅横截面（C）/设置（S）］<仅横截面>：

命令选项介绍如下：

（1）"导向（G）"：指定控制放样实体或曲面形状的导向曲线，如图 12－51 所示。

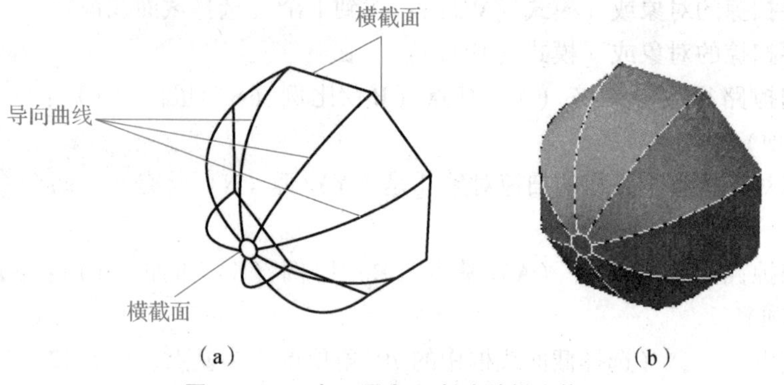

图 12－51　由"导向"创建放样实体

（a）带有导向曲线的横截面；（b）放样实体

注意：导向曲线与每个横截面相交；导向曲线始于第一个横截面，止于最后一个横截面。

（2）"路径（P）"：指定放样实体或曲面的单一路径，如图 12－52 所示。

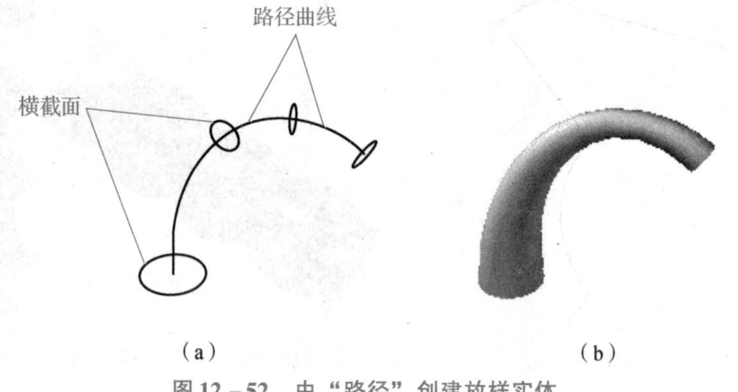

图 12－52　由"路径"创建放样实体

（a）带有路径曲线的横截面；（b）放样实体

注意：路径曲线必须与横截面的所有平面相交。

（3）"仅横截面（C）"：在不使用导向或路径的情况下，创建放样对象。如图 12－53 所示。

［例 12－11］　如图 12－53（a）所示，分别以三个不同的放样横截面对象，通过放样创建一实体，如图 12－53（b）所示。

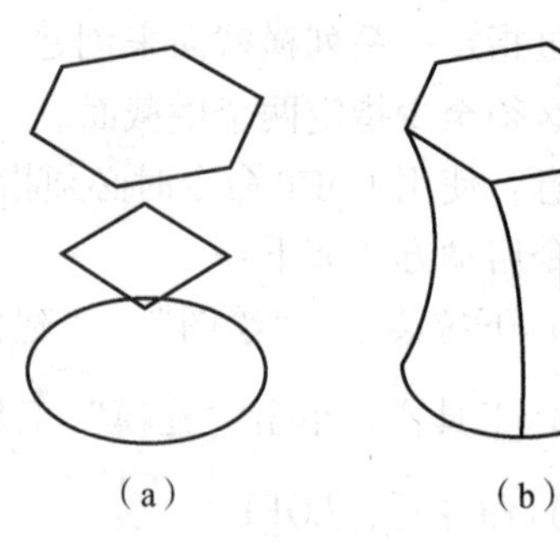

图 12－53　由"仅横截面"创建放样实体

步骤如下：

命令：LOFT↙

当前线框密度：　ISOLINES＝4，闭合轮廓创建模式＝实体

按放样次序选择横截面或［点（PO）/合并多条边（J）/模式（MO）］：MO↙

闭合轮廓创建模式［实体（SO）/曲面（SU）］<实体>：SO↙

按放样次序选择横截面或［点（PO）/合并多条边（J）/模式（MO）］：找到 1 个（选择圆）

按放样次序选择横截面或［点（PO）/合并多条边（J）/模式（MO）］：找到 1 个（选择四边形）

按放样次序选择横截面或［点（PO）/合并多条边（J）/模式（MO）］：找到 1 个（选择六边形）

按放样次序选择横截面或［点（PO）/合并多条边（J）/模式（MO）］：↙

（选中了 3 个横截面）

输入选项［导向（G）/路径（P）/仅横截面（C）/设置（S）］<仅横截面>：↙

结果如图 12－55 所示。

（4）“设置”：控制放样曲面在其横截面处的轮廓。此外，用户还可以闭合曲面或实体。

“放样设置”对话框如图 12－54 所示。

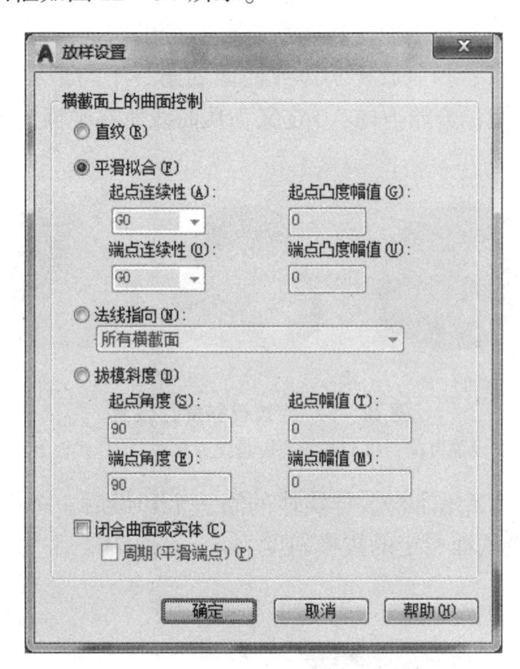

图 12－54 “放样设置”对话框

对话框各选项说明：

①“直纹（R）”：指定实体或曲面在横截面之间是直纹（直的），并且在横截面处具有鲜明边界（LOFTNORMALS 系统变量），如图 12－55 所示。

②“平滑拟合（F）”：指定在横截面之间绘制平滑实体或曲面，并且在起点横截面和端点横截面处具有鲜明边界（LOFTNORMALS 系统变量），如图 12－56 所示。

a. “起点连续性（A）”：设定第一个横截面的切线和曲率。

b. “起点凸度幅值（G）”：设定第一个横截面曲线的大小。

c. “端点连续性（O）”：设定最后一个横截面的切线和曲率。

d. “端点凸度幅值（U）”：设定最后一个横截面曲线的大小。

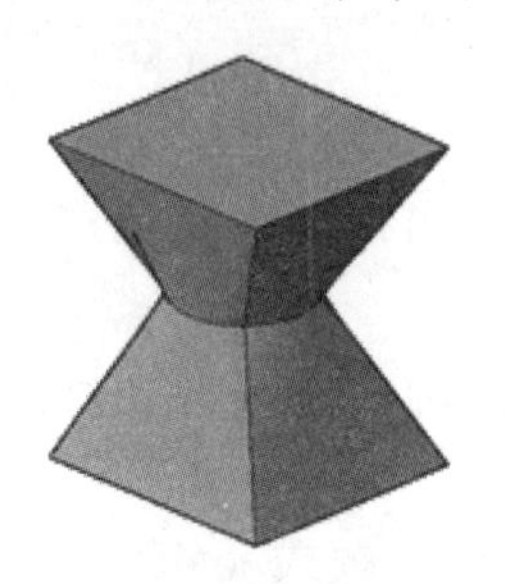

图 12－55 “直纹”效果图

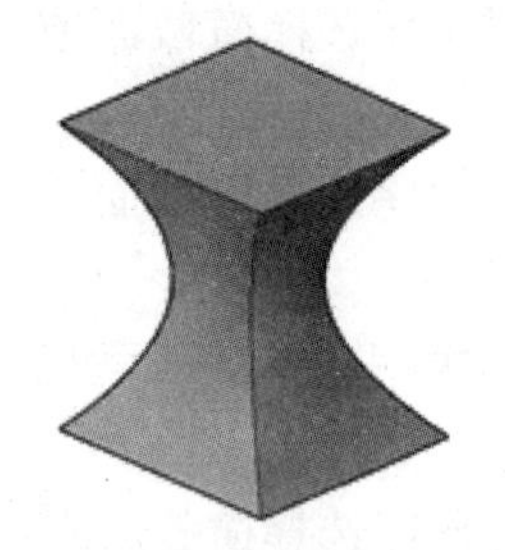

图 12－56 “平滑拟合”效果图

③“法线指向（N）”：控制实体或曲面在其通过横截面处的曲面法线（LOFTNORMALS 系统变量）。

a. “起点横截面”：指定曲面法线为起点横截面的法向。

b. “端点横截面”：指定曲面法线为端点横截面的法向。

c. “起点横截面和端点横截面”：指定曲面法线为起点横截面和端点横截面的法向。

d. “所有横截面”：指定曲面法线为所有横截面的法向。

④“拔模斜度（D）”：控制放样实体或曲面的第一个与最后一个横截面的拔模斜度和幅值，拔模斜度为曲面的开始方向，0 定义为从曲线所在平面向外（LOFTNORMALS 系统变量），如图 12－57 所示。

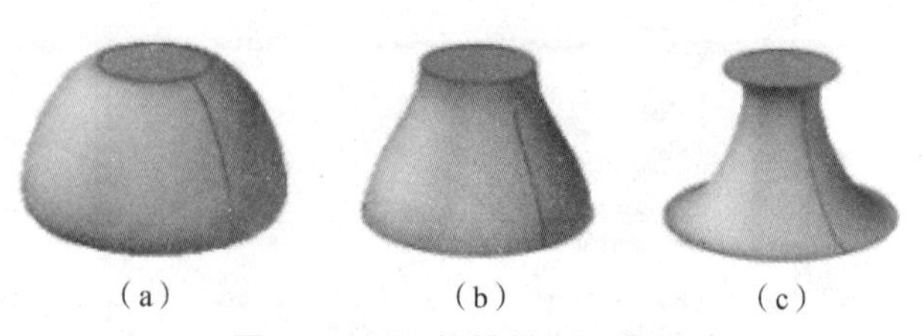

图 12－57 “拔模斜度”设置

（a）拔模斜度设置为 0°；（b）拔模斜度设置为 90°；（c）拔模斜度设置为 180°

如图 12－58 所示，显示了对放样实体的第一个和最后一个横截面使用不同拔模斜度的影响。为第一个横截面指定的拔模斜度为 45°，而为最后一个横截面指定的拔模斜度为 135°。

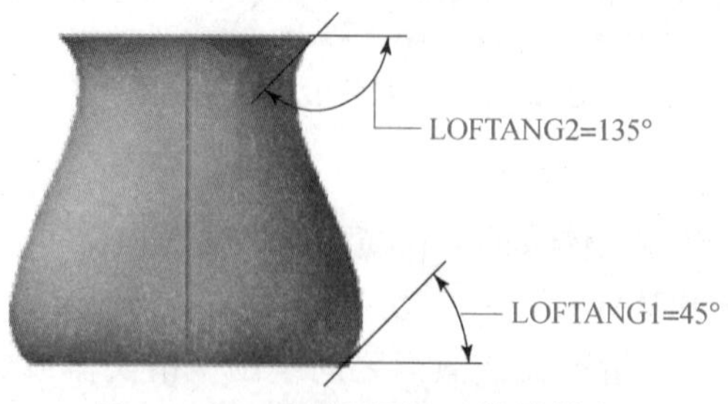

图 12－58 使用不同的“拔模斜度”

通常可以使用拔模斜度句柄来调整拔模斜度（三角形夹点）和幅值（圆形夹点），如图 12－59 所示。

学习笔记

a. “起点角度（S）”：指定起点横截面的拔模斜度（LOFTANG1 系统变量）。

b. “起点幅值（T）”：在曲面开始弯向下一个横截面之前，控制曲面到起点横截面在拔模斜度方向上的相对距离（LOFTMAG1 系统变量）。

c. “端点角度（E）”：指定端点横截面拔模斜度（LOFTANG2 系统变量）。

d. “端点幅值（M）”：在曲面开始弯向上一个横截面之前，控制曲面到端点横截面在拔模斜度方向上的相对距离（LOFTMAG2 系统变量）。

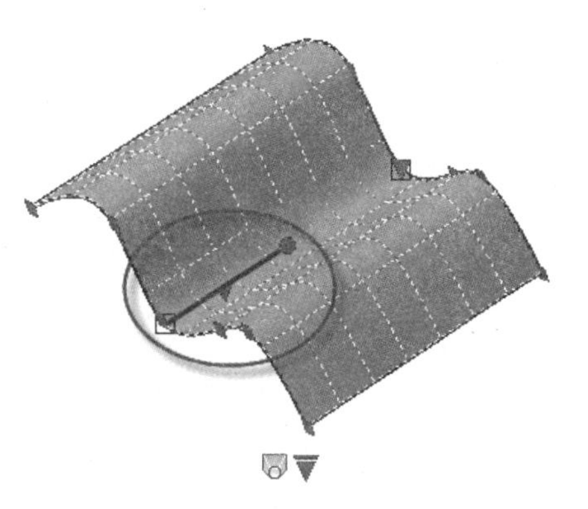

图 12－59　使用夹点调整“拔模斜度”

⑤“闭合曲面或实体（C）”：闭合和开放曲面或实体。在使用该选项时，横截面应该形成圆环形图案，以便放样曲面或实体可以形成闭合的圆管（LOFTPARAM 系统变量），如图 12－60 所示。

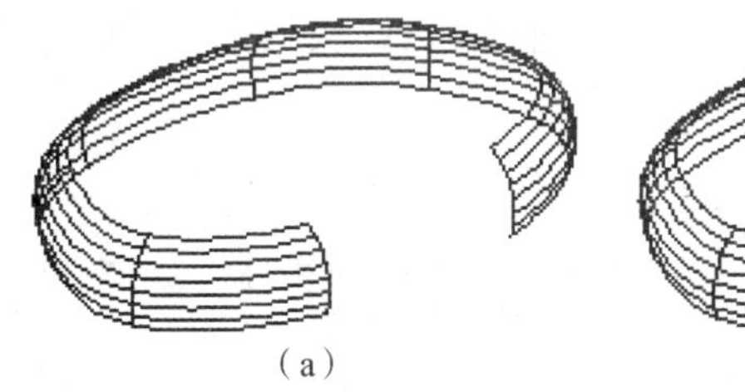

（a）

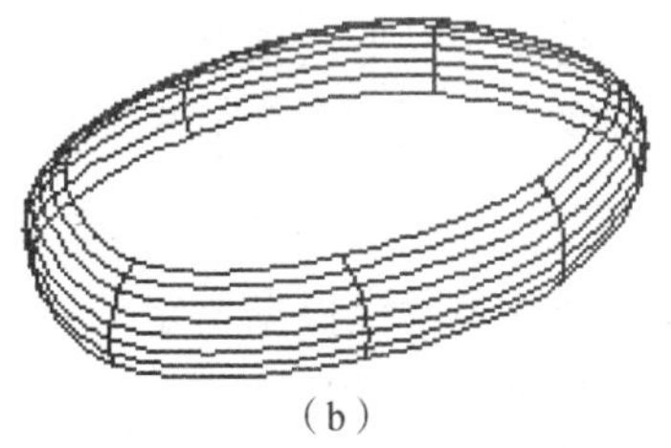

（b）

图 12－60　取消与勾选“闭合曲面或实体”选项效果图

（a）取消选中“闭合曲面实体”选项时创建的放样；（b）勾选“闭合曲面实体”选项时创建的放样

周期（平滑端点）：创建平滑的闭合曲面，在重塑该曲面时其接缝不会扭折。仅当放样为直纹或平滑拟合且选择了“闭合曲面或实体”选项时，此选项才可用。

4. 旋转实体

旋转实体

旋转实体是通过由开放或闭合的平面图线绕轴旋转来创建新的曲面或实体，如图 12－61 所示。

命令启动方法如下：

（1）下拉菜单：“绘图”／“建模”／“旋转”。

（2）工具栏：单击“建模”工具栏中按钮 。

（3）命令行：REVOLVE。

命令：REVOLVE↙

选择要旋转的对象：

指定轴起点或根据以下选项之一定义轴［对象（O）/X/Y/Z］<对象>：

指定轴端点：

指定旋转角度或［起点角度（ST）］<360>：

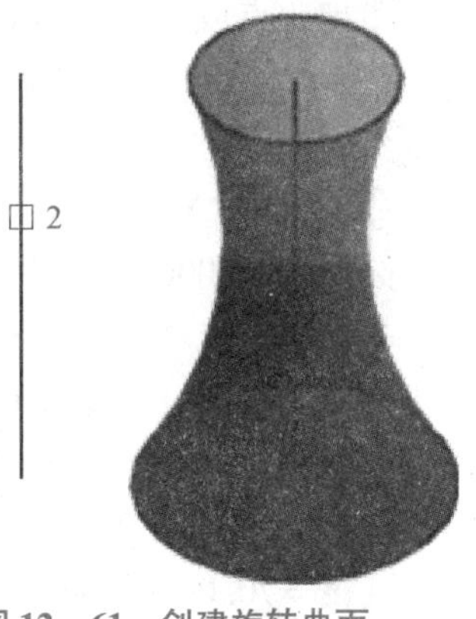

图 12－61　创建旋转曲面

［例 12－12］　如图 12－62（a）所示，以多边形横截面绕 X 轴旋转 180°，创建一个旋转实体，如图 12－62（b）所示。

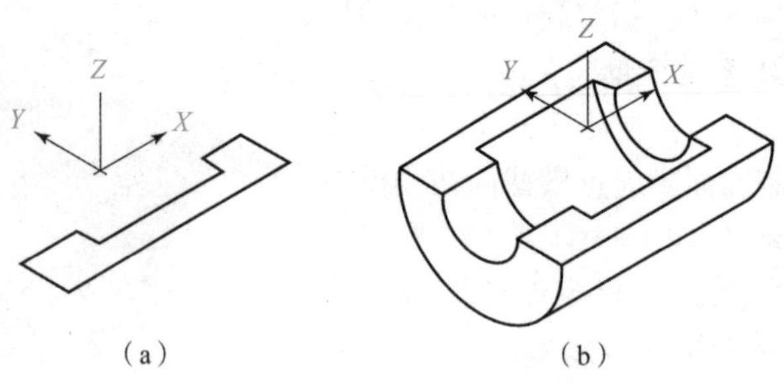

图 12 -62　旋转实体的创建

步骤如下：

命令：REVOLVE↙

当前线框密度：ISOLINES =4

选择要旋转的对象：找到 1 个

选择要旋转的对象：↙

指定轴起点或根据以下选项之一定义轴［对象（O)/X/Y/Z]＜对象＞：X↙

指定旋转角度或［起点角度（ST)］＜360＞：180↙

5. 多段体

多段体指的是由多段线根据指定的高度和宽度生成的实体。如图 12 -63 所示，该多段体高度为 50，宽度为 10。

命令启动方法如下：

（1）单击菜单中的“实体”功能，在工具栏中单击多段体按钮。

（2）命令行：POLYSOLID。

命令行提示：

命令：POLYSOLID↙

高度 = 100.0000，宽度 = 10.0000，对正 = 居中

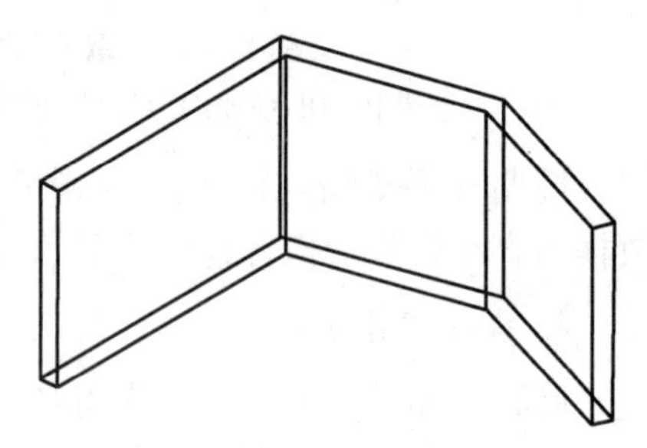

图 12 -63　多段体

指定起点或［对象（O)/高度（H)/宽度（W)/对正（J)］＜对象＞：

[例 12 -13]　绘制高度为 70、宽度为 15 的多段体，多段线尺寸任意绘制。

步骤如下：

命令：POLYSOLID↙

高度 =50.0000，宽度 =5.0000，对正 =居中

指定起点或［对象（O)/高度（H)/宽度（W)/对正（J)］＜对象＞：

指定起点或［对象（O)/高度（H)/宽度（W)/对正（J)］＜对象＞：h↙　（选择高度选项）

指定高度＜50.0000＞：70↙　（指定新的高度值“70”）

高度 =70.0000，宽度 =5.0000，对正 =居中

指定起点或［对象（O)/高度（H)/宽度（W)/对正（J)］＜对象＞：w↙（选择宽度选项）

学习笔记

指定宽度 <5.0000 >：15↙　（指定新的宽度值“15”）

高度 =70.0000，宽度 =15.0000，对正 = 居中

指定起点或［对象（O）/高度（H）/宽度（W）/对正（J）］<对象 >：　（用鼠标选择一点作为起点）

指定下一个点或［圆弧（A）/放弃（U）］：　（选择第二点，如图 12 -64 所示）

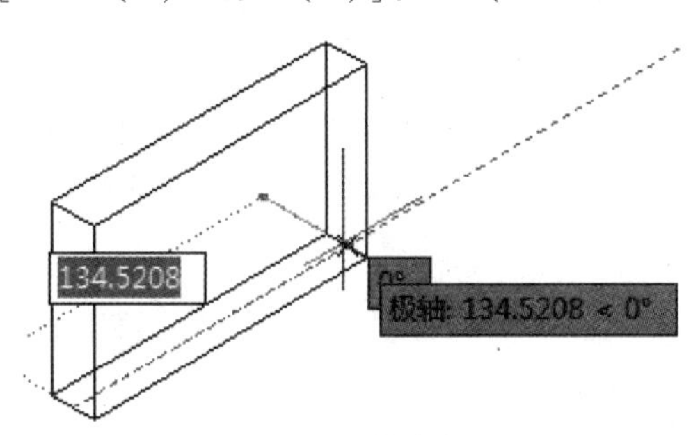

图 12 -64　选择第二点

指定下一个点或［圆弧（A）/放弃（U）］：a↙　（指定圆弧选项）

指定圆弧的端点或［闭合（C）/方向（D）/直线（L）/第二个点（S）/放弃（U）］：（用鼠标指定圆弧的端点，如图 12 -65 所示）

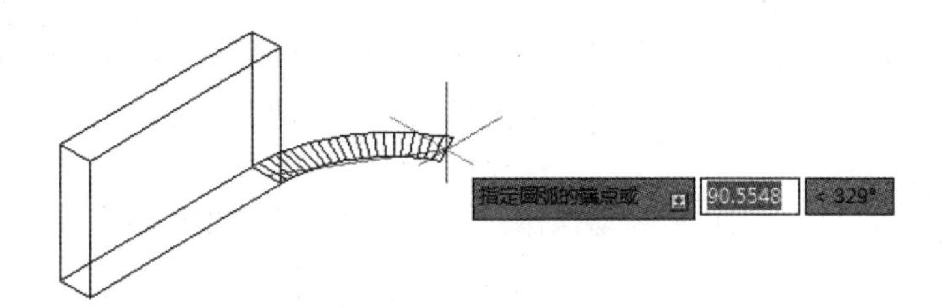

图 12 -65　选取圆弧端点

指定圆弧的端点或［闭合（C）/方向（D）/直线（L）/第二个点（S）/放弃（U）］：L↙（指定直线选项）

指定下一个点或［圆弧（A）/闭合（C）/放弃（U）］：　（用鼠标指定下一个点，如图 12 -66 所示）

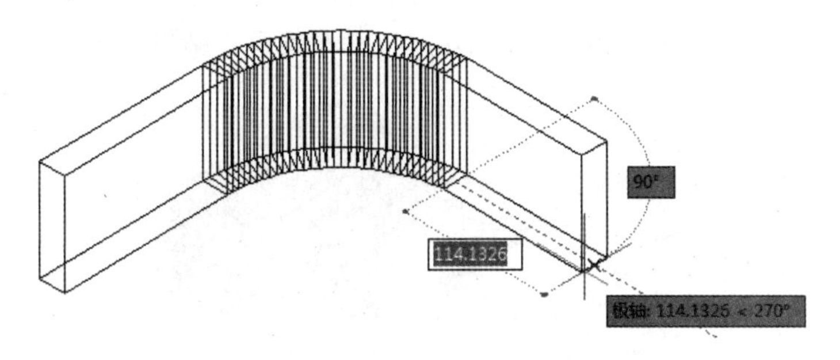

图 12 -66　指定下一个点

指定下一个点或［圆弧（A）/闭合（C）/放弃（U）］：　↙　（结束命令，结果如图 12 -67 所示）

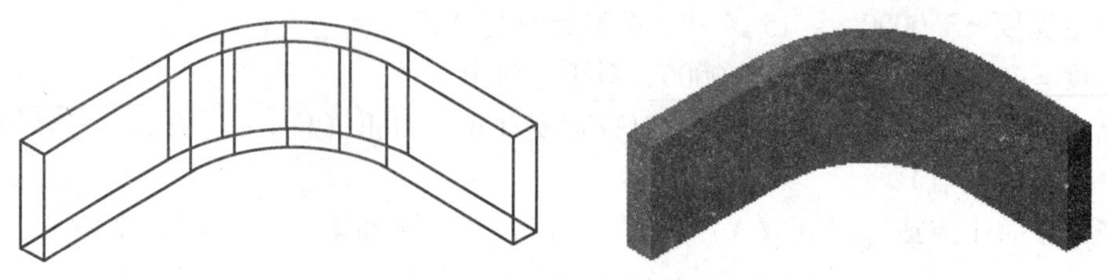

图 12-67　生成多段体

多段体绘制过程中，除了设置高度和宽度外，主要任务是绘制所需的多段线。如果多段线事先已绘制好，则在启动多段体命令后直接选择该多段线即可。

6. 按住或拖动

通过在区域中单击来按住或拖动有边界区域，然后移动光标或输入值以指定拉伸距离。

该命令会自动重复，直到按［Esc］键、［Enter］键或空格键。

命令启动方法如下：

（1）单击“建模”面板中按钮 。

（2）命令行：PRESSPULL。

启动命令后将显示以下提示：

在有边界区域内单击以进行按住或拖动操作：在有边界区域的内部单击，然后拖动并单击，以指定拉伸距离，也可以为距离输入值。

命令：PRESSPULL↙

单击有限区域以进行按住或拖动操作：　（选择多边环形面域）

已提取 1 个环…

已创建 1 个面域…

已提取 1 个环…

已创建 1 个面域…

选择要从中减去的实体、曲面和面域...

差集内部面域...

输入数值：（正值为加，负值为减；也可以直接拖曳一定值）

单击有限区域以进行按住或拖动操作：↙（结束拖曳，结果如图 12-68 所示。）

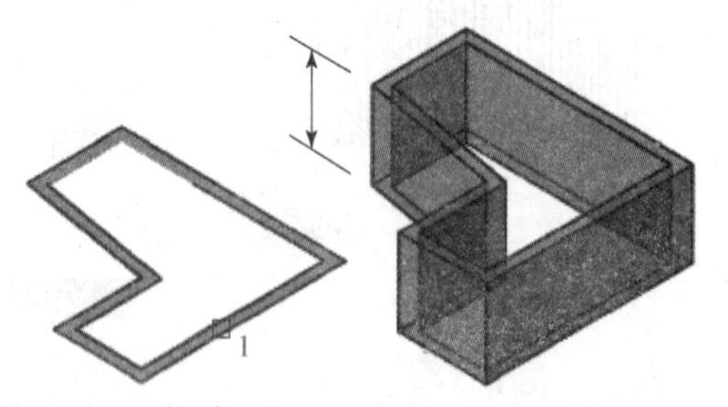

图 12-68　拖动环形面域并拉伸一定距离生成实体

此外，也可以在现有实体表面进行按住或拖动操作，以达到并集与差集的运算效果，如图 12-69 所示。在四方体的上表面绘制一个小圆，如图 12-69（a）所示，移动光标，将光标放在小圆区域内，小圆出现亮显，如图 12－69（b）所示，然后进行不同方向的拖曳，创建不同实体，如图 12－69（c）和图 12－69（d）所示。

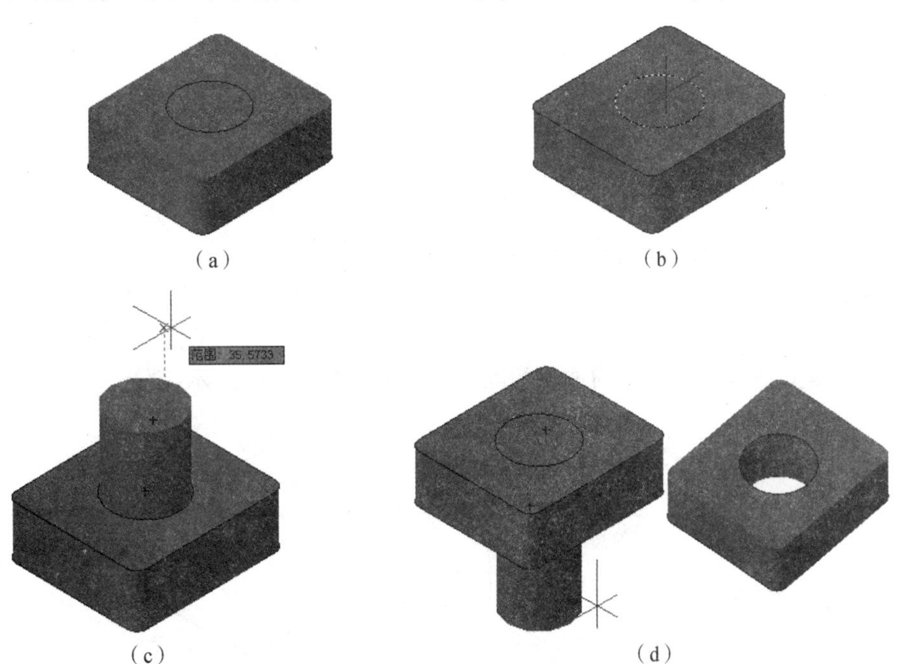

图 12－69　不同方向拖曳小圆面域创建不同的实体效果

（a）画小圆；（b）光标放在小圆区域内；（c）往上拉伸一定距离（并集）；（d）往下拉伸一定距离（差集）

（五）编辑三维图形

1. 布尔运算

布尔运算

1）并集

通过添加操作合并选定面域或实体。

命令启动方法如下：

（1）下拉菜单："修改"／"实体编辑"／"并集"。

（2）工具栏：单击"实体编辑"工具栏中按钮 。

（3）命令行：UNION。

命令：UNION↙

选择对象：↙

选择对象：↙

选择对象：↙

［例 12－14］ 如图 12－70（a）所示，将两个实体合并成一个实体，如图 12－70（b）所示。

步骤如下：

命令：UNION↙

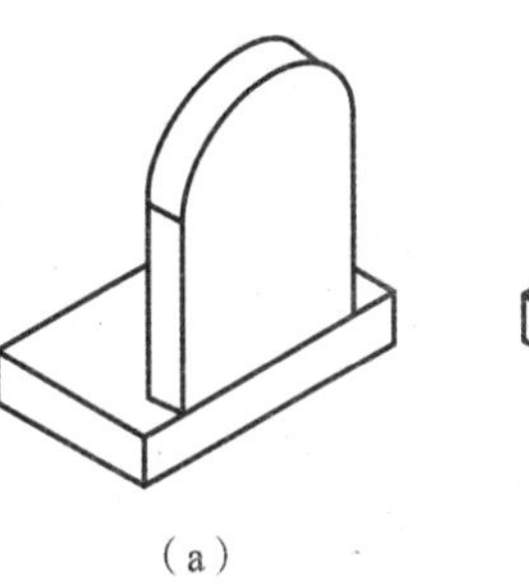

（a）

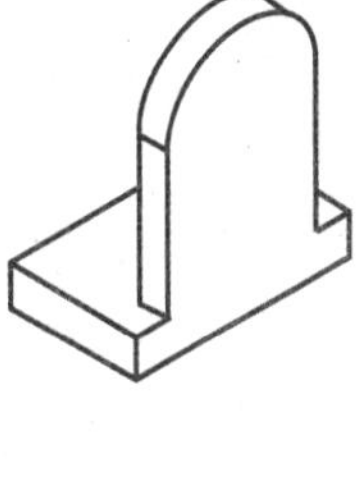

（b）

图 12－70　布尔运算的并集运算

学习笔记

选择对象：找到 1 个　　　　　　　　　　　　　　　　　　　　（选择底板）
选择对象：找到 1 个，总计 2 个　　　　　　　　　　　　　　　（选择竖板）
选择对象：↙

2）差集

通过减操作合并选定的面域或实体。

命令启动方法如下：

（1）下拉菜单："修改"／"实体编辑"／"差集"。

（2）工具栏：单击"实体编辑"工具栏中按钮。

（3）命令行：SUBTRACT。

［**例 12－15**］如图 12－71（a）所示，球体的一部分在一个正方体里面，通过差集命令在正方体上将与球体重合的地方消除，如图 12－71（b）所示。

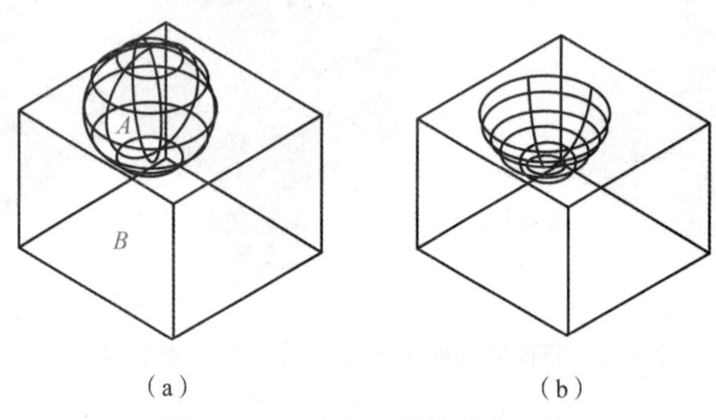

图 12－71　布尔运算的差集运算

步骤如下：
命令：SUBTRACT↙
选择要从中减去的实体或面域...
选择对象：找到 1 个　　　　　　　　　　　　　　　　　　　　（选择正方形实体 *B*）
选择对象：↙　　　　　　　　　　　　　　　　　　　　　　　　（回车，表示选择完毕）
选择要减去的实体或面域..　　　　　　　　　　　　　　　　　（选择球体 *A*）
选择对象：找到 1 个　　　　　　　　　　　　　　　　　　　　（回车，表示选择完毕）
选择对象：↙

3）交集

从两个或多个实体或面域的交集中创建复合实体或面域，然后删除交集外的区域。

命令启动方法如下：

（1）下拉菜单："修改"／"实体编辑"／"交集"。

（2）工具栏：单击"实体编辑"工具栏中按钮。

（3）命令行：INTERSECT。

命令：INTERSECT↙
选择对象：↙

［**例 12－16**］　如图 12－72（a）所示，球体的一部分在一个正方体里面，通过交集命令保留这两个实体共有的部分，如图 12－72（b）所示。

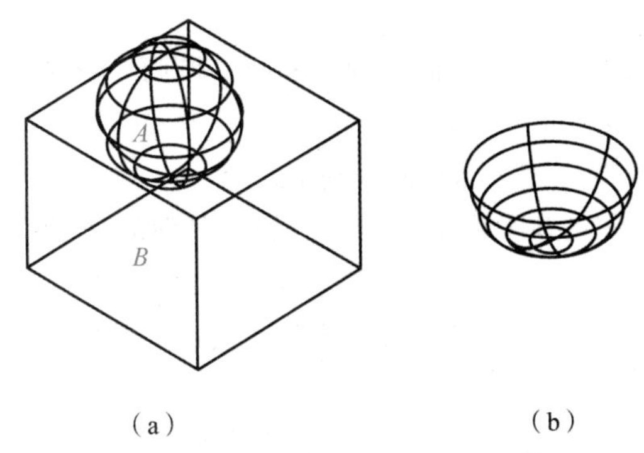

（a）　　（b）

图 12－72　布尔运算的交集运算

步骤如下：

命令：intersect↙

选择对象：找到 1 个　　（选择实体 A）

选择对象：找到 1 个，总计 2 个　　（选择实体 B）

选择对象：↙　　（回车，表示选择完毕）

2. 三维图形编辑

与二维绘图编辑命令一样，对三维图形也常常需要进行各种编辑操作。一般情况下，二维图形的编辑命令也适用于三维图形编辑，只是在操作时，坐标的输入是空间三维坐标。对三维图形进行编辑时，由于三维图形都是由三维坐标点构成的，实体之间是三维空间关系，在用定标设备进行编辑时，操作往往达不到预期目的，所以在操作过程中不仅要弄清实体之间的关系，而且还要注意当前 UCS 的方向和位置，这样才能有效地完成编辑工作。AutoCAD 系统还提供一些三维编辑命令，如三维旋转、三维阵列、三维镜像和对齐等，并且可以剖切实体造型来获取实体的截面，也可以编辑它们的面、边等。

另外，由于尺寸标注和文字注写只能在 XY 平面使用，因此，要完成三维实体的尺寸标注和文字注写，必须灵活地移动、旋转坐标系或尺寸和文字样式。

1）剖切实体

剖切实体

用平面或曲面剖切实体。

命令启动方法如下：

（1）下拉菜单：“修改”/“三维操作”/“剖切”。

（2）命令行：SLICE。

命令：SLICE↙

选择要剖切的对象：

指定切面的起点或［平面对象（O）/曲面（S）/Z 轴（Z）/视图（V）/XY/YZ/ZX/三点（3）］<三点>：

指定平面上的第二点：

在所需的侧面上指定点或［保留两个侧面（B）］<保留两个侧面>：

命令选项介绍如下：

（1）“指定切面的起点”：通过两点定义剖切平面的角度，该剖切平面垂直于当前 UCS。

（2）“平面对象（O）”：将剪切面与圆、椭圆、圆弧、椭圆弧、二维样条曲线或二维多段线对齐。

（3）“曲面（S）”：将剪切平面与曲面对齐。

（4）“Z 轴（Z）”：通过在平面上指定一点和在平面的 *Z* 轴（法向）上指定另一点来定义剪切平面。

（5）“视图（V）”：将剪切平面与当前视口的视图平面对齐。指定一点定义剪切平面的位置。

（6）“XY/YZ/ZX”：将剪切平面与当前用户坐标系（UCS）的 *XY/YZ/ZX* 平面对齐。

（7）“三点（3）”：用三点定义剪切平面。

（8）“保留两个侧面（B）”：保留剖切实体的所有部分。

[例 12－17] 如图 12－73（a）所示，现需要沿此圆筒的直径线（*ZX* 平面）进行切割，并要求保留后半部分，如图 12－73（b）所示。

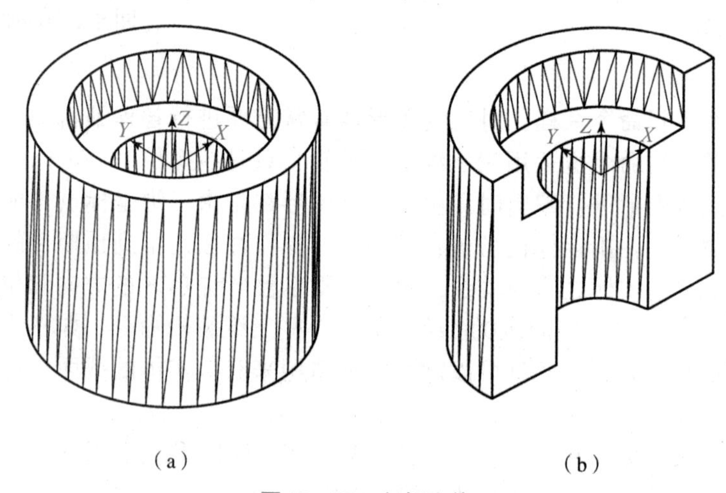

图 12－73　剖切实体

步骤如下：

命令：SLICE↙

选择要剖切的对象：找到 1 个　　（选择该实体）

选择要剖切的对象：↙　　（单击鼠标右键）

指定切面的起点或［平面对象（O）/曲面（S）/Z 轴（Z）/视图（V）/XY（XY）/YZ（YZ）/ZX（ZX）/三点（3）］<三点>：ZX ↙

指定 ZX 平面上的点 <0，0，0>：↙

在所需的侧面上指定点或［保留两个侧面（B）］<保留两个侧面>：　（单击要保留的一侧，选择后半部分）

3. 三维阵列

三维阵列是指在矩形或环形（圆形）阵列中创建对象的副本。

命令启动方法如下：

学习笔记

（1）下拉菜单："修改"/"三维操作"/"三维阵列"。

（2）命令行：3DARRAY。

命令：3DARRAY↙

选择对象：↙

输入阵列类型［矩形（R）/环形（P）］<矩形>：

输入行数（---）<1>：

输入列数（|||）<1>：

输入层数（...）<1>：

指定行间距（---）：

指定列间距（|||）：

指定层间距（...）：

命令选项介绍如下：

（1）"矩形（R）"：在行（X轴）、列（Y轴）和层（Z轴）矩形阵列中复制对象。

（2）"环形（P）"：绕旋转轴复制对象。

［例 12-18］ 将图中的长方体阵列成2行、3列、3层的组合，且行宽、列宽、层宽分别为10、10、30，如图12-74所示。

步骤如下：

命令：3DARRAY↙

正在初始化...　已加载3DARRAY

选择对象：找到1个

（选择需要阵列的长方体）

选择对象：↙

输入阵列类型［矩形（R）/环形（P）］<矩形>：r↙（进入矩形阵列模式）

输入行数（---）<1>：2↙

输入列数（|||）<1>：3

输入层数（...）<1>：3↙

指定行间距（---）：10↙

指定列间距（|||）：10↙

指定层间距（...）：30↙

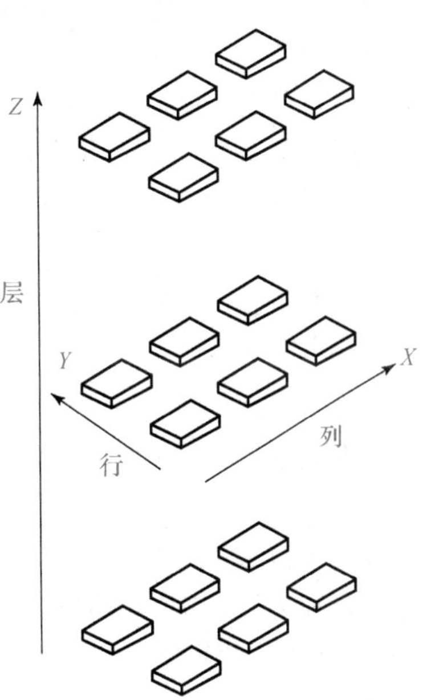

图 12-74　矩形阵列

4. 三维旋转

三维旋转是指绕三维轴移动对象。

命令启动方法如下：

（1）下拉菜单："修改"/"三维操作"/"三维旋转"。

（2）命令行：3DROTATE。

命令：3DROTATE↙

选择对象：↙

指定基点：

三维旋转

拾取旋转轴：

指定角的起点或键入角度：

[例 12－19] 如图 12－75（a）所示，为了方便观察该实体的背面结构，以 *A* 点为基点，将图中的实体沿轴线 *AB* 旋转 －90°，如图 12－75（b）所示。

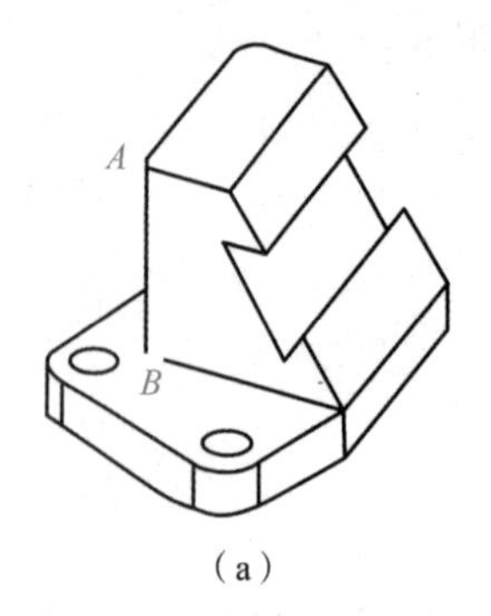

（a）

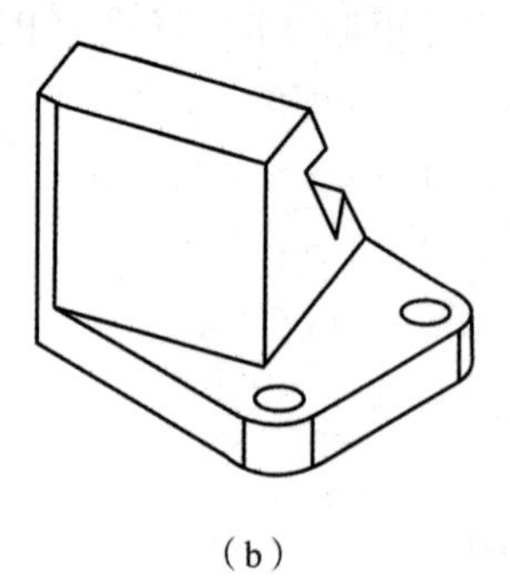

（b）

图 8－75　旋转实体

步骤如下：

命令：3DROTATE↙

UCS 当前的正角方向：　ANGDIR＝逆时针　ANGBASE＝0

选择对象：↙

指定对角点：找到 1 个　　　　（选择需要旋转的实体）

选择对象：↙

指定基点：　　　　（选择 *A* 点作为基点）

拾取旋转轴：　　　　（选择 *B* 点作为旋转轴的另一点）

指定角的起点或键入角度：－90↙

正在重生成模型。

5. 三维镜像

三维镜像是指创建相对于某一平面的镜像对象。

命令启动方法如下：

（1）下拉菜单："修改"/"三维操作"/"三维镜像"。

（2）命令行：3DMIRROR。

命令：3DMIRROR↙

选择对象：找到 1 个

选择对象：↙

指定镜像平面（三点）的第一个点或

[对象（O）/最近的（L）/Z 轴（Z）/视图（V）/XY 平面（XY）/YZ 平面（YZ）/ZX 平面（ZX）/三点（3）]<三点>：

在镜像平面上指定第二点：

在镜像平面上指定第三点：

是否删除源对象？[是（Y）/否（N）]<否>：

命令选项介绍如下：

学习笔记

(1)“指定镜像平面(三点)的第一个点”：使用三点指定镜像平面。

②“对象(O)”：使用选定平面对象的平面作为镜像平面。

③“最近的(L)”：相对于最后定义的镜像平面对选定的对象进行镜像处理。

④“Z 轴(Z)”：根据平面上的一个点和平面法线上的一个点定义镜像平面。

⑤“视图(V)”：使镜像平面与当前视口中通过指定点的视图平面对齐。

⑥“XY 平面(XY)/YZ 平面(YZ)/ZX 平面(ZX)”：使镜像平面与一个通过指定点的标准平面(*XY*、*YZ* 或 *ZX*)对齐。

[例 12-20] 如图 12-76(a)所示，以 *ABC* 面为镜像面对该实体进行镜像操作，生成的新实体如图 12-76(b)所示。

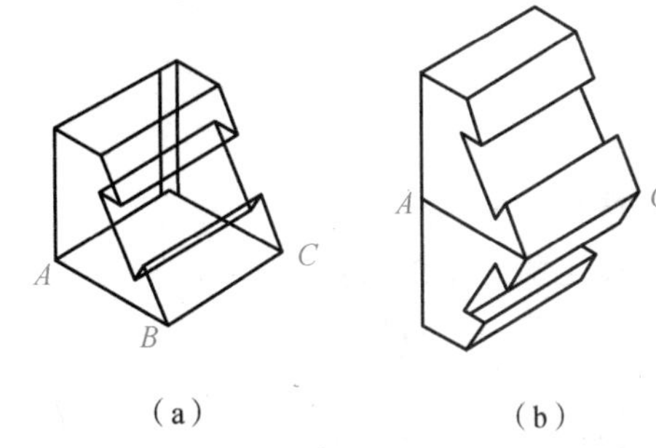

图 12-76 镜像实体

步骤如下：

命令：3DMIRROR↙

选择对象：找到 1 个(选择需要镜像的实体)

选择对象：↙

指定镜像平面(三点)的第一个点或

[对象(O)/最近的(L)/Z 轴(Z)/视图(V)/XY 平面(XY)/YZ 平面(YZ)/ZX 平面(ZX)/三点(3)] <三点>：　　(分别选择 *A*、*B*、*C* 点作为镜像平面点)

在镜像平面上指定第二点：

在镜像平面上指定第三点：

是否删除源对象？[是(Y)/否(N)] <否>：N　　(保留原有实体)

6. 三维对齐

三维对齐是指在二维和三维空间中将对象与其他对象对齐。

命令启动方法如下：

(1)下拉菜单：“修改”/“三维操作”/“三维对齐”。

(2)命令行：ALIGN。

命令：ALIGN↙

选择对象：↙

指定第一个源点：

指定第一个目标点：

指定第二个源点：

指定第二个目标点：

指定第三个源点：

指定第三个目标点：

[例 12-21] 如图 12-77(a)所示，通过 ALIGN 命令将两个实体对齐具有相同字母的顶点，如图 12-77(b)所示。

步骤如下：

命令：ALIGN↙

选择对象：找到 1 个　　(选择需要对齐的实体)

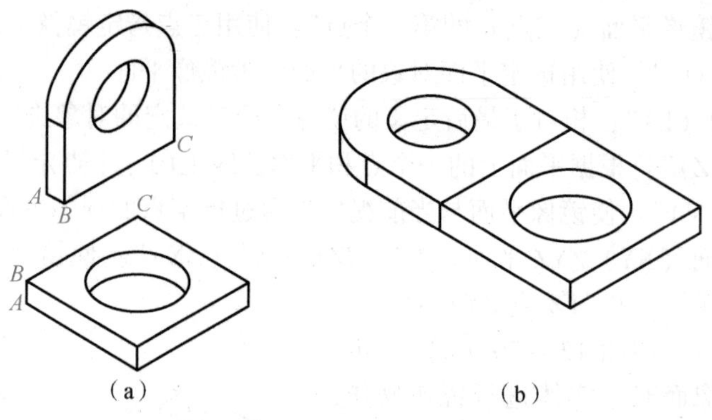

图 12-77　实体对齐

选择对象：↙

指定第一个源点：　　（选择一个 *A* 点）

指定第一个目标点：　　（选择另一个实体的 *A* 点）

指定第二个源点：　　（选择一个 *B* 点）

指定第二个目标点：　　（选择另一个实体的 *B* 点）

指定第三个源点或 <继续>：　　（选择一个 *C* 点）

指定第三个目标点：　　（选择另一个实体的 *C* 点）

7. 三维倒圆角

三维倒圆角是指在三维空间中给对象加圆角。

命令启动方法如下：

（1）下拉菜单："修改"/"圆角"。

（2）工具栏：单击"修改"工具栏中按钮。

（3）命令行：FILLET。

命令：FILLET↙

当前设置：模式 = 修剪，半径 = 0.0000

选择第一个对象或［放弃（U）/多段线（P）/半径（R）/修剪（T）/多个（M）］：

输入圆角半径：

选择边或［链（C）/半径（R）］：

选择边或［链（C）/半径（R）］：

命令选项介绍如下：

（1）"选择边"：选择一条边，可以连续选择单个边直到按回车键为止。

（2）"链（C）"：从单边选择改为连续相切边选择。

（3）"半径（R）"：定义被圆整的边的半径。

［例 12-22］ 如图 12-78（a）所示，通过 FILLET 命令将该实体一 *A* 边倒半径为 2 的圆角，如图 12-78（b）所示。

步骤如下：

命令：FILLET↙

当前设置：模式 = 修剪，半径 = 0.0000

选择第一个对象或［放弃（U）/多段线（P）/半径（R）/修剪（T）/多个（M）］：（选择实体）

输入圆角半径：2↙（指定倒圆角的半径）

选择边或［链（C）/半径（R）］：已拾取到边（选择实体边 *A*）

选择边或［链（C）/半径（R）］：↙

已选定 1 个边用于圆角。

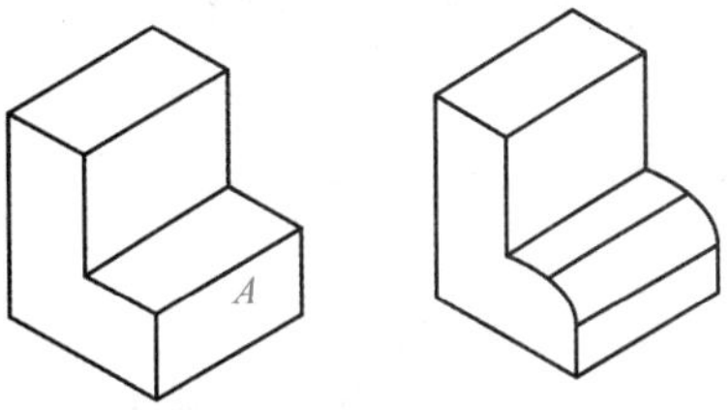

（a）（b）

图 12－78 实体边倒圆角

8. 三维倒斜角

三维倒斜角是指在三维空间中给对象加斜角。

命令启动方法如下：

（1）下拉菜单：“修改”/“倒角”。

（2）工具栏：单击“修改”工具栏中按钮 。

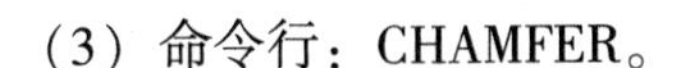

（3）命令行：CHAMFER。

命令：CHAMFER↙

选择第一条直线或［放弃（U）/多段线（P）/距离（D）/角度（A）/修剪（T）/方式（E）/多个（M）］：

基面选择...

输入曲面选择选项［下一个（N）/当前（OK）］<当前（OK）>：

输入曲面选择选项［下一个（N）/当前（OK）］<当前（OK）>：

指定基面的倒角距离：

指定其他曲面的倒角距离 <2.0000>：

选择边或［环（L）］：

［例 12－23］ 如图 12－79（a）所示，通过 CHAMFER 命令将该实体一边 *A* 倒成 2×2 的斜角，如图 12－79（b）所示。

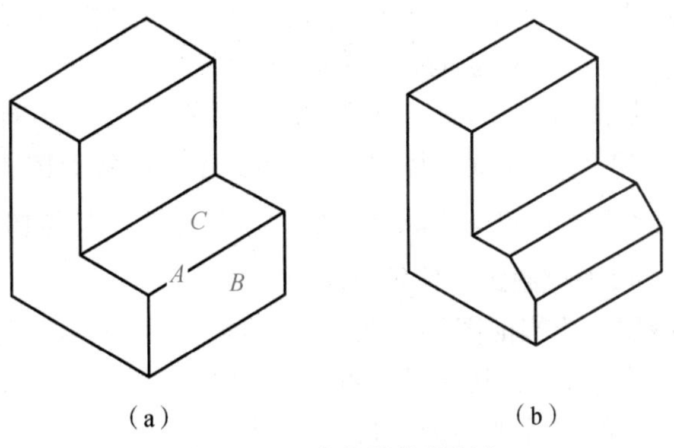

（a）（b）

图 12－79 实体边的倒斜角

步骤如下：

命令：CHAMFER↙

（“修剪”模式）当前倒角距离 1＝0.0000，距离 2＝0.0000

选择第一条直线或［放弃（U）/多段线（P）/距离（D）/角度（A）/修剪（T）/方式（E）/多个（M）］：

基面选择... （平面 *B* 高亮显示）

输入曲面选择选项［下一个（N）/当前（OK）］<当前（OK）>：OK↙

指定基面的倒角距离：50↙ （输入倒角距离 1）

指定其他曲面的倒角距离<50.0000>：↙ （输入倒角距离 2）

选择边或［环（L）］：选择边或［环（L）］： （选择棱边 *A*）

四、项目实施

（1）调整屏幕显示大小，打开“显示/隐藏线宽”状态按钮，进入“AutoCAD 经典”工作空间，建立一新无样板图形文件，保存此空白文件，文件名为“组合体轴测图.dwg”，注意在绘图过程中每隔一段时间保存一次。

（2）打开状态栏的“极轴、对象捕捉和对象追踪”辅助绘图工具按钮；设置图层，设置粗实线、细实线和中心线 3 个图层，图层参数如表 12－1 所示。

表 12－1　图层设置参数

图层名	颜色	线型	线宽	用途
CSX	蓝色	Continuous	0.50 mm	粗实线
ZXX	红色	CENTER2	0.25 mm	中心线
XSX	黑色	Continuous	0.25 mm	细实线

（3）绘制图形，绘制如图 12－1 所示组合体轴测图。要求：按照规定尺寸画图，参数设置合理，图形正确，不标注尺寸。

参考步骤如下：

①调整屏幕显示大小，打开“显示/隐藏线宽”和“极轴追踪”状态按钮，在“草图设置”对话框中选择“对象捕捉”选项卡，设置“交点”“端点”和“中点”等捕捉模式，右击状态栏的“极轴”按钮，弹出“草图设置”对话框，将“极轴追踪”选项卡按图 12－80 所示设置，将“捕捉和栅格”选项卡按图 12－81 所示设置，并启用对象捕捉，或者单击窗口下方状态栏的“等轴测草图”按钮。

②按照给定尺寸 1：1 绘制组合体轴测图。

a. 将“ZXX”图层设为当前图层，调用“直线”命令绘制中心线（基准线）；再将“CSX”图层设为当前图层，运用“直线”和“复制”命令绘制、编辑出底板的轮廓，再运用“椭圆”中的“等轴测圆（I）”绘图命令绘制底板的两个 $\phi 6$ 圆柱孔，结果如图 12－82 所示。

b. 按［F5］功能键进行等轴测平面设置，即实现等轴测绘图的转换，运用上述同样的方法绘制中间竖版轴测图，再用“修剪”命令编辑修改完成竖板轴测图，结果如图 12－83 所示。

c. 同样在“等轴测平面右”的等轴测平面上绘制左右两边的三角肋板，完成组合体正等轴测图的绘制，结果如图 12－84 所示。

学习笔记

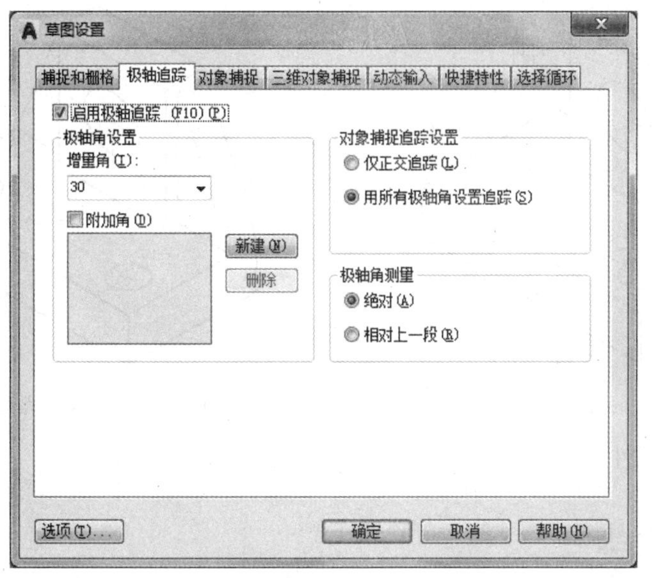

图 12－80 “极轴追踪”选项卡设置

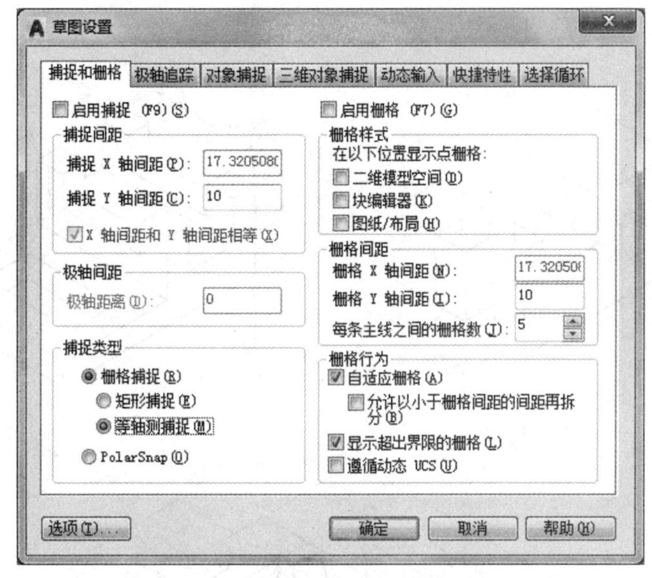

图 12－81 “捕捉和栅格”选项卡设置

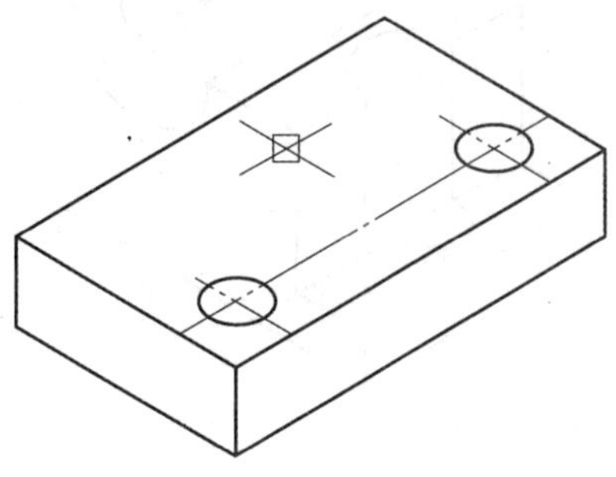

图 12－82 完成底板的绘制

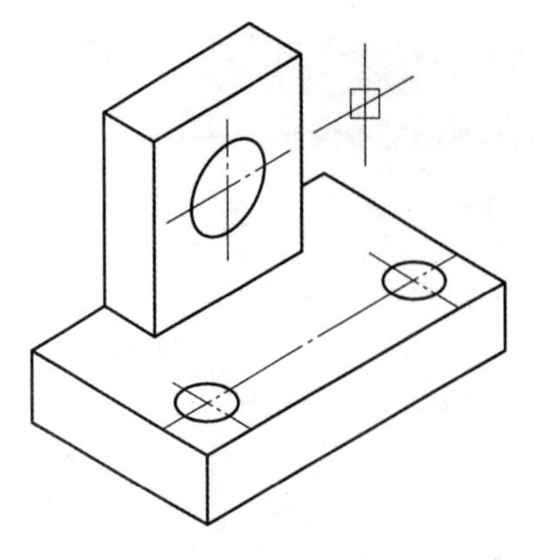

图 12－83　完成竖板的绘制

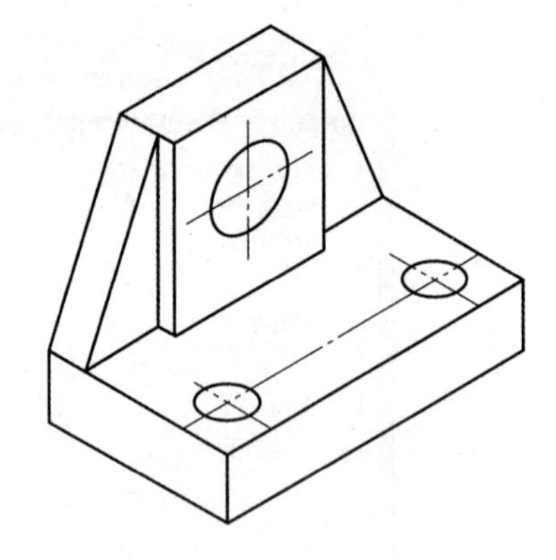

图 12－84　完成组合体正等轴测图的绘制

（4）保存文件。

五、课后练习

如图 12－85 所示，按照给定的尺寸 1∶1 绘制下列组合体的正等轴测图，要求：参数设置合理，图形正确，不标注尺寸。

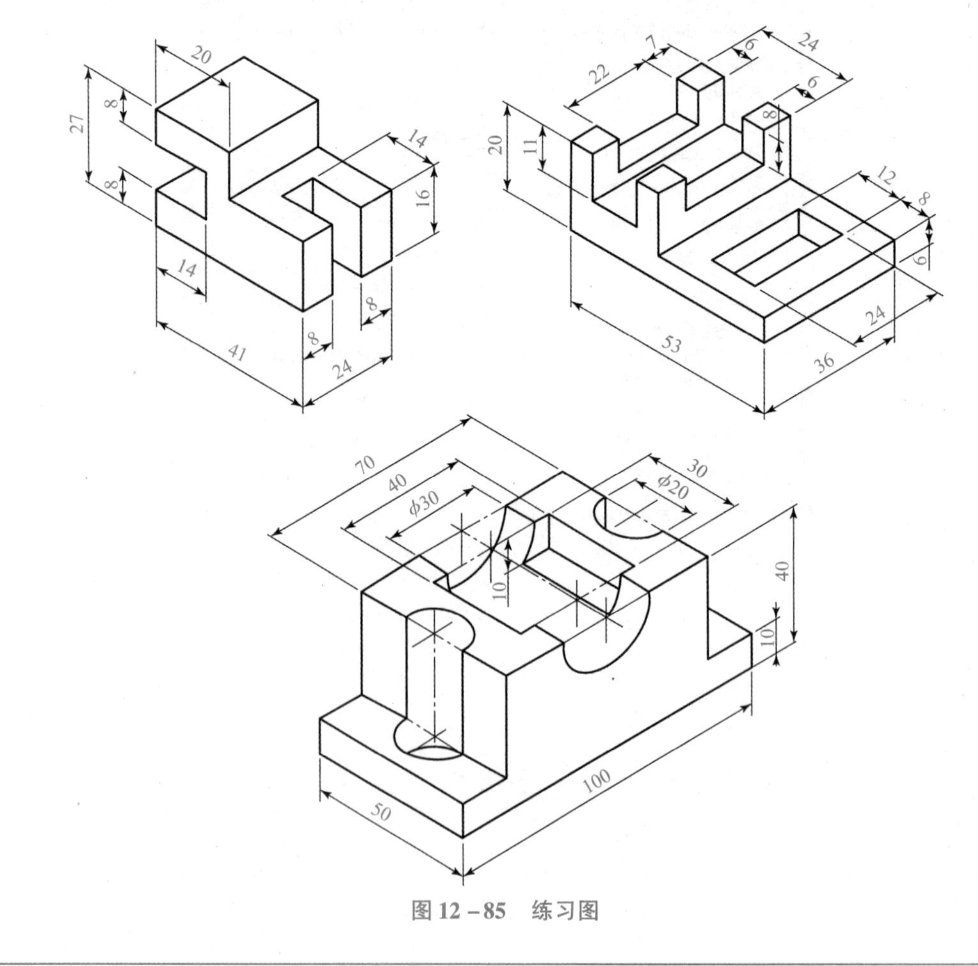

图 12－85　练习图

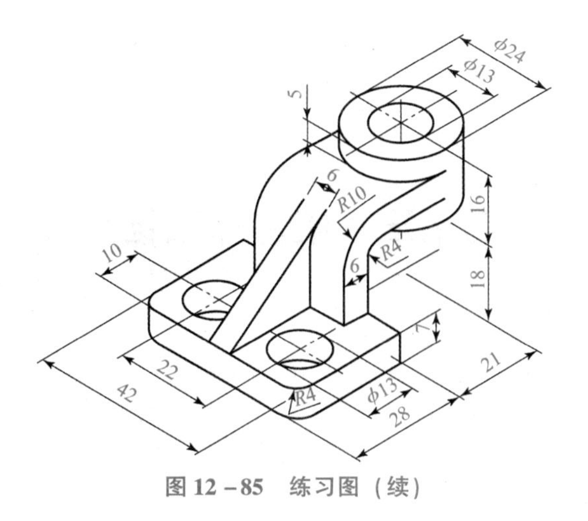

图 12－85　练习图（续）

学习笔记

学习笔记

项目十三　组合体三维建模

一、项目目标

（一）知识目标

（1）熟练掌握“面域”“拉伸”“旋转”等实体编辑命令的操作方法；
（2）了解“扫掠”“放样”“截面平面”等实体编辑命令的操作方法；
（3）掌握实体“倒角”“圆角”“剖切”“加厚”等实体编辑命令的操作方法。

（二）能力目标

（1）能够运用形体分析法分解组合体，并进行组合体建模；
（2）能够综合应用绘图命令以及编辑命令来绘制各种平面图形。

（三）思政目标

（1）通过对组合体三维建模的学习，熟练掌握形体分析法，将复杂的绘图与看图问题变得简单化，培养学生化繁为简、至拙至美的能力；
（2）通过对学生学习方法的引导，培养其良好的学习能力和自我发展能力。

二、项目导入

绘制如图 13－1 所示组合体的三维模型，要求：建模准确，图形正确。

三、项目知识

（一）创建面域

用于将包含封闭区域的对象转换为面域对象。
创建面域的方法：
（1）菜单式：“绘图”／“面域（N）”。
（2）命令式：在命令行中输入“REGION”或“REG”。
（3）按钮式：单击“绘图”工具栏中的图标 。

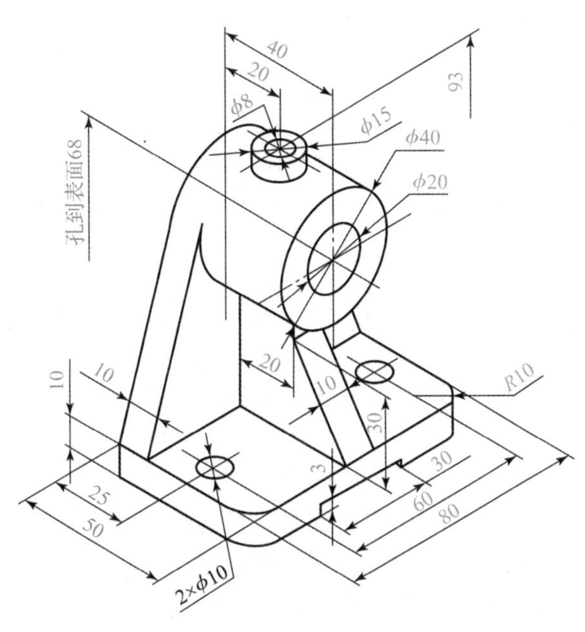

图 13－1　支架三维模型

命令：REGION↙

选择对象：(使用对象选择方法并在完成选择后按回车键)

面域是用闭合的形状或环创建的二维区域。闭合多段线、直线和曲线都是有效的选择对象。曲线包括圆弧、圆、椭圆弧、椭圆和样条曲线。

集中的闭合二维多段线和分解的平面三维多段线将被转换为单独的面域，然后转换多段线、直线和曲线以形成闭合的平面环（面域的外边界和孔）。如果有两个以上的曲线共用一个端点，则得到的面域可能是不确定的。

面域的边界由端点相连的曲线组成，曲线上的每个端点仅连接两条边，拒绝所有交点和自交曲线。

注意：如果选定的多段线通过 PEDIT 中的“样条曲线”或“拟合”选项进行了平滑处理，得到的面域将包含平滑多段线的直线或圆弧。此多段线并不转换为样条曲线对象。

如果未将 DELOBJ 系统变量设置为零，REGION 将在原始对象转换为面域之后删除这些对象。如果原始对象是图案填充对象，那么图案填充的关联性将丢失。要恢复图案填充关联性，则需重新填充此面域。

（二）拉伸

用于通过沿指定的方向将对象或平面拉伸出指定距离来创建三维实体或曲面。

创建拉伸实体的方法：

(1) 菜单式：“绘图（D）”/“建模（M）”/“拉伸（X）”。

(2) 命令式：在命令行中输入“EXTRUDE”或“EXT”。

（3）按钮式：单击“建模”工具栏中的图标 。

“建模”工具栏如图 13－2 所示。

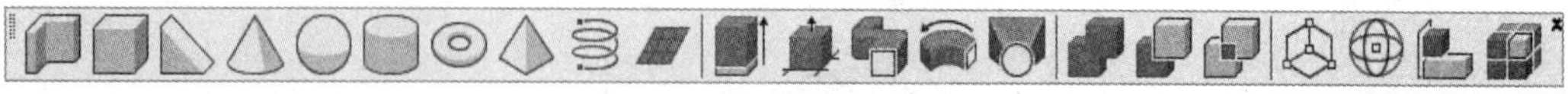

图 13－2 “建模”工具栏

命令：EXTRUDE↙

当前线框密度： ISOLINES＝4

选择要拉伸的对象：（使用对象选择方法并在完成选择后按回车键）

选择要拉伸的对象：↙

指定拉伸高度或［方向（D）/路径（P）/倾斜角（T）］<默认值>：（指定距离或输入 p）

可以在启动此命令之前选择要拉伸的对象。

DELOBJ 系统变量控制创建实体或曲面时，是自动删除对象和路径（如果已选定），还是提示用户删除对象和路径。

图 13－3 选择对象

（1）“选择要拉伸的对象”，如图 13－3 所示。

指定要拉伸的对象。可以拉伸以下对象和子对象：直线、圆弧、椭圆弧、二维多段线、二维样条曲线、圆、椭圆、二维实体、宽线、面域、平面三维多段线、三维平面、平面曲面、实体上的平面。

注意：

①可以通过按住［CTRL］键，然后选择这些子对象来选择实体上的面。

②不能拉伸包含在块中的对象，也不能拉伸具有相交或自交线段的多段线。

③如果选定的多段线具有宽度，将忽略宽度并从多段线路径的中心拉伸多段线。如果选定对象具有厚度，则将忽略厚度。

④可以使用 CONVTOSOLID 将具有厚度的多段线和圆转换为实体，可以使用 CONVTOSURFACE 将具有厚度的直线、具有厚度的圆弧以及具有厚度的开放且零宽度的多段线转换为曲面。

（2）“指定拉伸高度”。

如果输入正值，将沿对象所在坐标系的 Z 轴正方向拉伸对象；如果输入负值，将沿 Z 轴负方向拉伸对象。对象不必平行于同一平面。如果所有对象处于同一平面上，则将沿该平面的法线方向拉伸对象。

默认情况下，将沿对象的法线方向拉伸平面对象。

指定第二个点：（指定点，如图 13－4 所示）

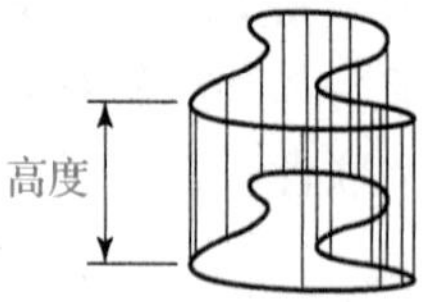

高度

图 13－4 指定点（一）

（3）“方向（D）”。

通过指定的两点指定拉伸的长度和方向。

指定方向的起点：指定点

指定方向的端点：指定点

（4）“路径（P）”。

选择基于指定曲线对象的拉伸路径，路径将移动到轮廓的质心，然后沿选定路径

学习笔记

拉伸选定对象的轮廓，以创建实体或曲面，如图 13－5 所示。

选择拉伸路径：使用一种对象选择方法。

以下对象可以作为路径：直线、圆、圆弧、椭圆、椭圆弧、二维多段线、三维多段线、二维样条曲线、二维样条曲线、实体的边、曲面的边、螺旋。

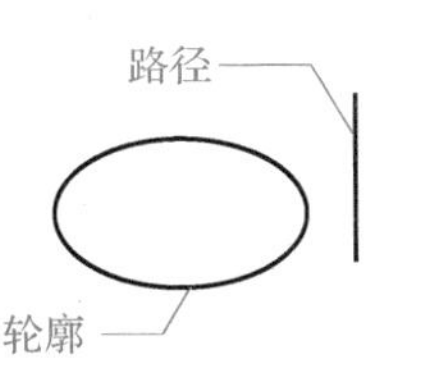

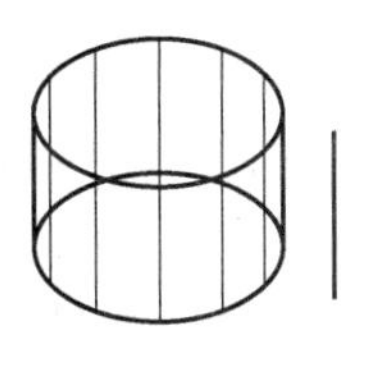

图 13－5　路径

注意：

①可以通过按住［CTRL］键，然后选择这些子对象来选择实体上的面和边。

②路径不能与对象处于同一平面，也不能具有高曲率的部分。

③拉伸实体始于对象所在平面并保持其方向相对于路径。

④如果路径包含不相切的线段，那么程序将沿每个线段拉伸对象，然后沿线段形成的角平分面斜接接头。如果路径是封闭的，则对象应位于斜接面上，这允许实体的起始截面和终止截面相互匹配。如果对象不在斜接面上，则将旋转对象直到其位于斜接面上。

⑤通常拉伸具有多个环的对象，以便所有环都显示在拉伸实体终止截面这一相同平面上。

（5）“倾斜角（T）”。

指定拉伸的倾斜角 <0>：（指定介于 －90°～＋90°之间的角度，按回车键或指定点）

如果为倾斜角指定一个点而不是输入值，则必须拾取第二个点。用于拉伸的倾斜角是两个指定点之间的距离。

指定第二个点：（指定点，如图 13－6 所示）

正角度表示从基准对象逐渐变细地拉伸，而负角度则表示从基准对象逐渐变粗地拉伸。默认角度 0°表示在与二维对象所在平面垂直的方向上进行拉伸。所有选定的对象和环都将倾斜到相同的角度。

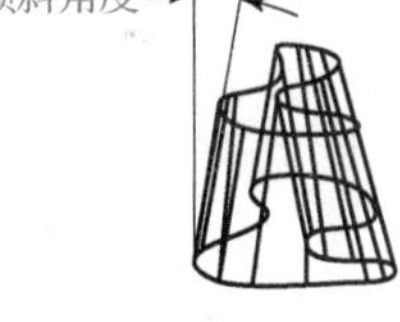

图 13－6　指定点（二）

指定一个较大的倾斜角或较长的拉伸高度，将导致对象或对象的一部分在到达拉伸高度之前就已经汇聚到一点。

面域的各个环始终拉伸到相同高度。

当圆弧是锥状拉伸的一部分时，圆弧的张角保持不变而圆弧的半径则改变了。

（三）布尔运算（并集、差集和交集）

1. 并集

并集用于通过添加操作合并选定面域或实体。

布尔运算中“并集”操作的方法：

（1）菜单式：“修改（M）”／“实体编辑（N）”／“并集（U）”。

（2）命令式：在命令行中输入“UNION”或“UNI”。

学习笔记

（3）按钮式：单击“实体编辑”工具栏中的图标。

“实体编辑”工具栏如图 13－7 所示。

图 13－7 “实体编辑”工具栏

命令：UNION↙

选择对象：（使用对象选择方法并在结束选择对象时按回车键）

“并集”操作的实体如图 13－8 所示。

选择集可包含位于任意多个不同平面中的面域或实体。这些选择集分成单独连接的子集，实体组合在第一个子集中；第一个选定的面域和所有后续共面面域组合在第二个子集中；下一个不与第一个面域共面的面域以及所有后续共面面域组合在第三个子集中。依此类推，直到所有面域都属于某个子集。

“并集”操作的面域如图 13－9 所示。

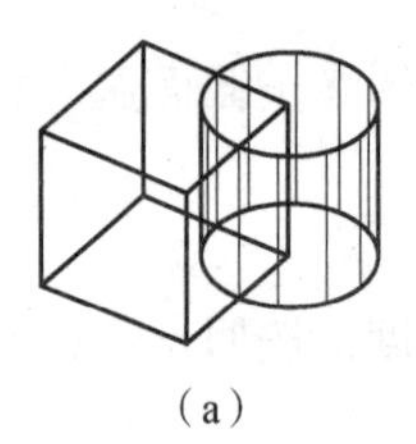

（a）　（b）

图 13－8 “并集”操作的实体

（a）使用 UNION 之前的实体；

（b）使用 UNION 之后的实体

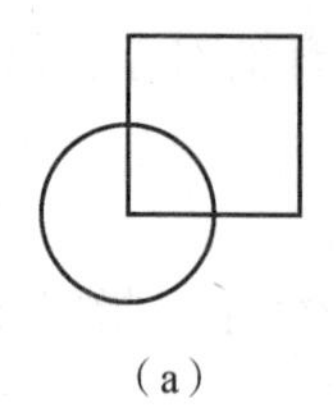

（a）

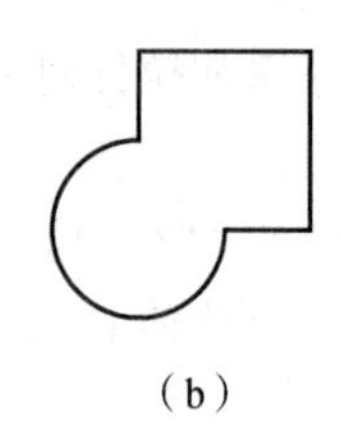

（b）

图 13－9 “并集”操作的面域

（a）使用 UNION 之前的面域；

（b）使用 UNION 之后的面域

并集操作后得到的复合实体包括所有选定实体所封闭的空间，得到的复合面域包括子集中所有面域所封闭的面积。

2. 差集

差集用于通过减操作合并选定的面域或实体。

布尔运算中“差集”操作的方法：

（1）菜单式：“修改（M）”／“实体编辑（N）”／“差集（S）”。

（2）命令式：在命令行中输入“SUBTRACT”或“SU”。

（3）按钮式：单击“实体编辑”工具栏中的图标。

命令：SUBTRACT↙

选择要从中减去的实体或面域...

选择对象：（使用对象选择方法并在完成时按回车键）

选择要减去的实体或面域...

选择对象：（使用对象选择方法并在完成时按回车键）

SUBTRACT 可从第一个选择集中的对象减去第二个选择集中的对象，然后创建一个新的实体或面域。

“差集”操作如图 13－10 和图 13－11 所示。

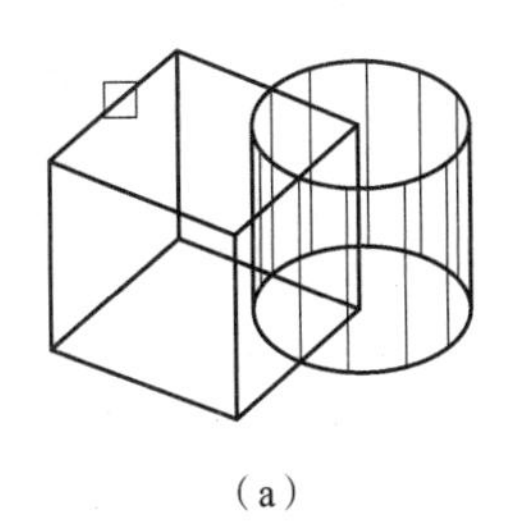

（a）

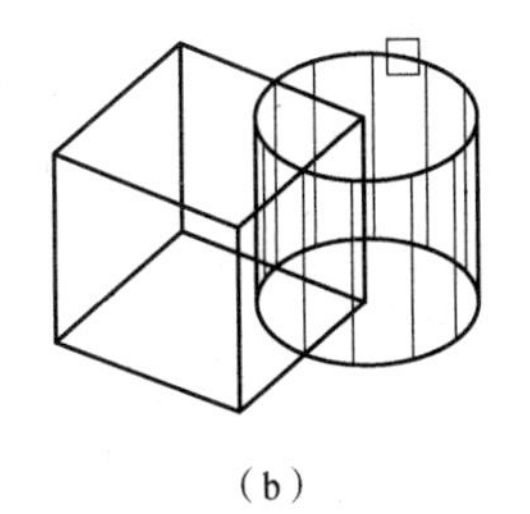

（b）

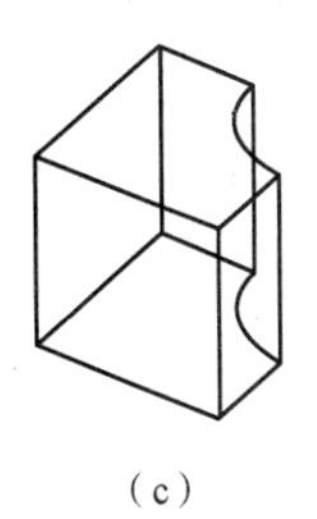

（c）

图 13－10 “差集”操作（一）

（a）选择要从中减去的实体；（b）选择要减去的实体；（c）使用 SUBTRACT 后的实体

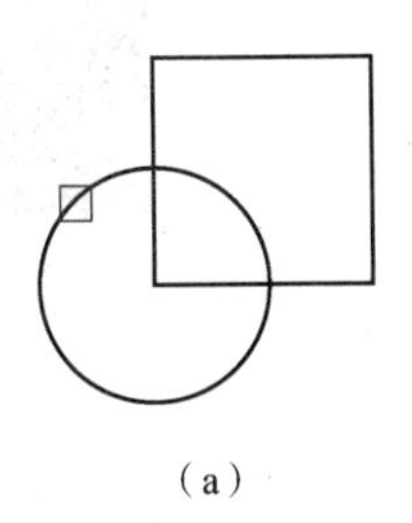

（a）

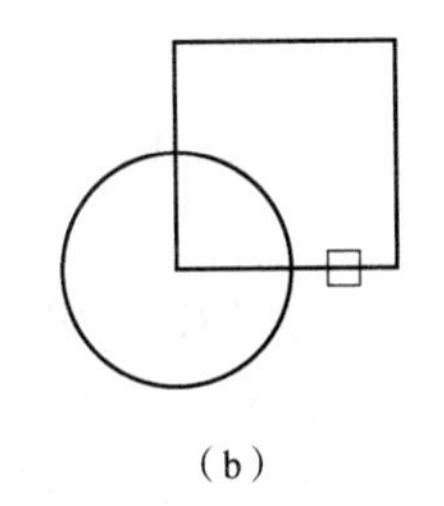

（b）

（c）

图 13－11 “差集”操作（二）

（a）选择要从中减去的面域；（b）选择要减去的面域；（c）使用 SUBTRACT 后的面域

执行减操作的两个面域必须位于同一平面上。但是，通过在不同的平面上选择面域集，可同时执行多个 SUBTRACT 操作，程序会在每个平面上分别生成减去的面域。如果没有其他选定的共面面域，则该面域将被拒绝。

3. 交集

交集用于从两个或多个实体或面域的交集中创建复合实体或面域，然后删除交集外的区域。

布尔运算中“交集”操作的方法：

（1）菜单式：“修改（M）”／“实体编辑（N）”／“交集（I）”。

（2）命令式：在命令行中输入“INTERSECT”或“IN”。

（3）按钮式：单击“实体编辑”工具栏中的图标 。

命令：INTERSECT↙

选择对象：（使用对象选择方法并在完成时换回车键）

只能选择面域和实体与 INTERSECT 一起使用。

INTERSECT 可计算两个或多个现有面域的重叠面积和两个或多个现有实体的公共体积。

“交集”操作如图 13－12 和图 13－13 所示。

选择集可包含位于任意多个不同平面中的面域或实体。INTERFERE 将选择集分成多个子集，并在每个子集中测试相交部分。第一个子集包含选择集中的所有实体；第二个子集包含第一个选定的面域和所有后续共面的面域；第三个子集包含下一个与第一个面域不共面的面域和所有后续共面面域。如此直到所有的面域分属各个子集为止。

学习笔记

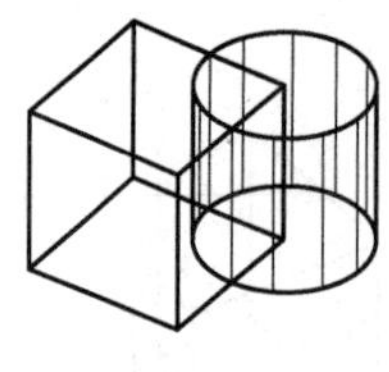

(a)

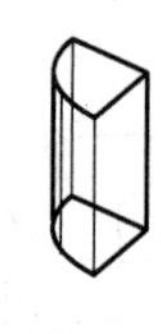

(b)

图 13－12 “交集”操作（一）

(a) 使用 INTERSECT 之前的实体；

(b) 使用 INTERSECT 之后的实体

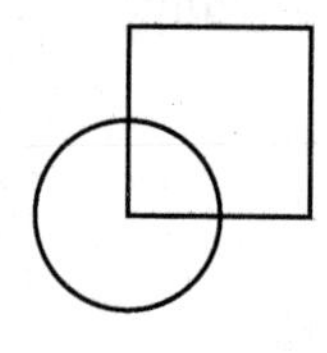

(a)

(b)

图 13－13 “交集”操作（二）

(a) 使用 INTERSECT 之前的面域；

(b) 使用 INTERSECT 之后的面域

（四）用户坐标系（UCS）

用户坐标系

“用户坐标系（UCS）”工具栏如图 13－14 所示

用户坐标系操作的方法：

(1) 菜单式：“工具（T）”／“新建 UCS（W）”／“世界（W）”。

(2) 命令式：在命令行中输入“UCS”。

(3) 按钮式：单击“UCS”工具栏中的图标。

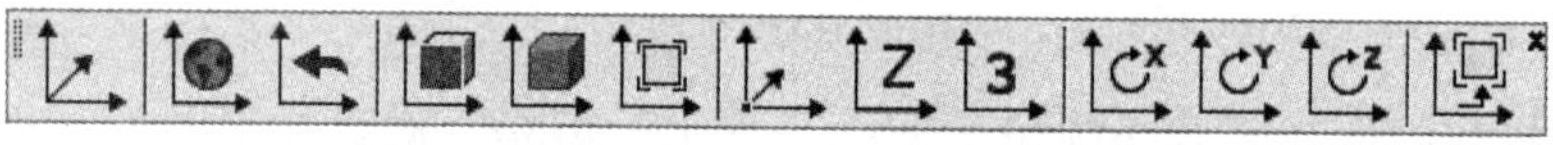

图 13－14 “用户坐标系（UCS）”工具栏

命令：UCS↙

指定 UCS 的原点或者［面（F）/命名（NA）/对象（OB）/上一个（P）/视图（V）/世界（W）/X/Y/Z/Z 轴（ZA）］<世界>：

(1) 指定 UCS 的原点。

使用一点、两点或三点定义一个新的 UCS：

如果指定单个点，当前 UCS 的原点将会移动而不会更改 *X*、*Y* 和 *Z* 轴的方向，如图 13－15 所示。

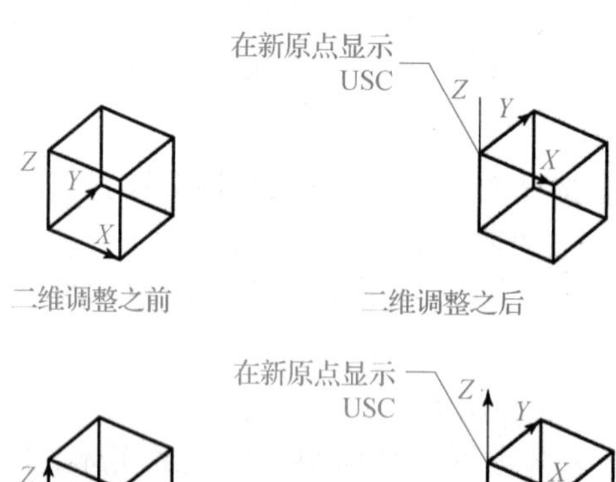

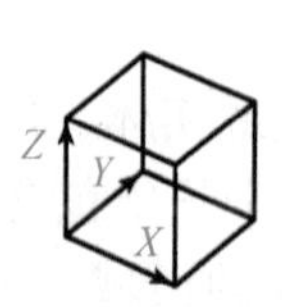

图 13－15 “用户坐标系”操作（一）

学习笔记

指定 X 轴上的点或 <接受>：（指定第二点或按回车键以将输入限制为单个点）

如果指定第二点，UCS 将绕先前指定的原点旋转，以使 UCS 的 X 轴正半轴通过该点，如图 13－16 所示。

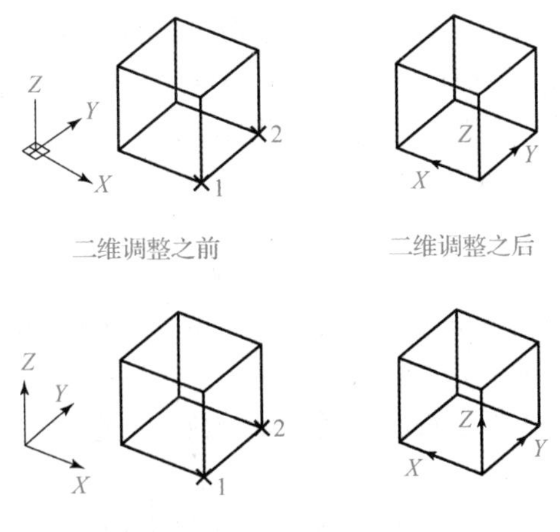

三维调整之前　　三维调整之后

图 13－16　“用户坐标系”操作（二）

指定 XY 平面上的点或 <接受>：（指定第三点或按回车键以将输入限制为两个点）

如果指定第三点，UCS 将绕 X 轴旋转，以使 UCS 的 XY 平面的 Y 轴正半轴包含该点，如图 13－17 所示。

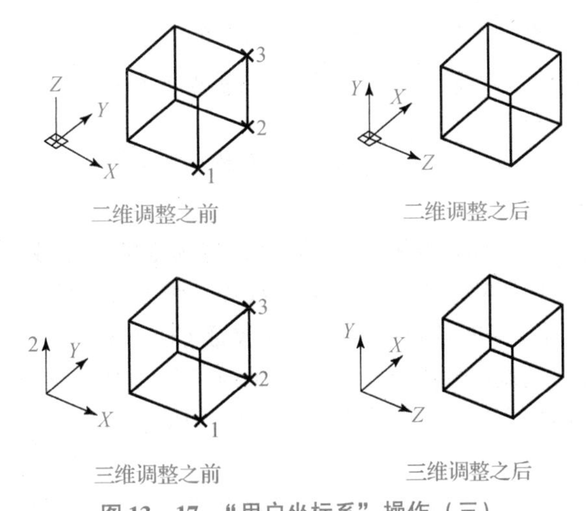

图 13－17　“用户坐标系”操作（三）

注意：如果输入了一个点的坐标且未指定 Z 坐标值，将使用当前 Z 值。

（2）“面（F）”：将 UCS 与三维实体的选定面对齐。要选择一个面，则在此面的边界内或面的边上单击，被选中的面将亮显，UCS 的 X 轴将与找到的第一个面上的最近的边对齐。

选择实体对象的面：

输入选项［下一个（N）/X 轴反向（X）/Y 轴反向（Y）］<接受>：

①“下一个（N）”：将 UCS 定位于邻接的面或选定边的后向面。

②“X 轴反向（X）”：将 UCS 绕 X 轴旋转 180°。

③“Y 轴反向（Y）”：将 UCS 绕 *Y* 轴旋转 180°。

④“接受”：如果按回车键，则接受该位置；否则将重复出现提示，直到接受位置为止。

（3）命名（NA）：已命名，即保存或恢复命名 UCS 定义。

输入选项［恢复（R）/保存（S）/删除（D）/?］：指定选项

①恢复：恢复已保存的 UCS，使它成为当前 UCS。

输入要恢复的 UCS 名称或［?］：输入名称或输入?

指定一个已命名的 UCS。

列出当前已定义的 UCS 的名称。

输入要列出的 UCS 名称 < * >：输入名称列表或按 ENTER 键列出所有 UCS

②保存：把当前 UCS 按指定名称保存。

名称最多可以包含 255 个字符，包括字母、数字、空格和 Microsoft ® Windows ® 和本程序未作他用的特殊字符。

输入保存当前 UCS 的名称或［?］：输入名称或输入?

使用指定的名称保存当前 UCS。

③删除：从已保存的用户坐标系列表中删除指定的 UCS。

输入要删除的 UCS 名称 < 无 >：输入名称列表或按“ENTER”键

如果删除的已命名 UCS 为当前 UCS，当前 UCS 将重命名为 UNNAMED。

? —列出 UCS：

列出用户定义坐标系的名称，并列出每个保存的 UCS 相对于当前 UCS 的原点以及 X、Y 和 Z 轴。如果当前 UCS 尚未命名，它将列为 WORLD 或 UNNAMED，这取决于它是否与 WCS 相同。

输入要列出的 UCS 名称 < * >：输入一个名称列表

（4）对象（OB）。

根据选定三维对象定义新的坐标系。将 UCS 与选定的二维或三维对象对齐。UCS 可与包括点云在内的任何对象类型对齐（参照线和三维多段线除外）。将光标移到对象上，以查看 UCS 将如何对齐的预览，并单击以放置 UCS。对于大多数对象，新建 UCS 的原点位于离选定对象最近的顶点处，并且 *X* 轴与一条边对齐或相切。对于平面对象，UCS 的 *XY* 平面与该对象所在的平面对齐。如图 13－18 所示。

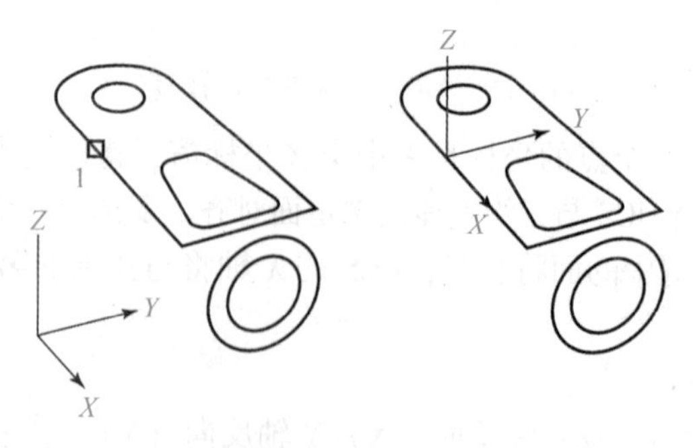

图 13－18　新建 UCS

选择对齐 UCS 的对象：选择对象

注意：该选项不能用于下列对象：三维多段线、三维网格和构造线。

对于复杂对象，将重新定位原点，但是轴的当前方向保持不变。如表 13－1 所示定义新 UCS。

（5）“上一个（P）”：恢复上一个 UCS。程序会保留在图纸空间中创建的最后 10 个坐标系和在模型空间中创建的最后 10 个坐标系。重复该选项将逐步返回一个集或其他集，这取决于哪一空间是当前空间。

表 13－1　通过选择对象来定义 UCS

对象	确定 UCS 的方法
圆弧	圆弧的圆心成为新 UCS 的原点。*X* 轴通过距离选择最近的圆弧端点
圆	圆的圆心成为新 UCS 的原点。*X* 轴通过选择点
标注	标注文字的中点成为新 UCS 的原点。新 *X* 轴的方向平行于当绘制该标注时生效的 UCS 的 *X* 轴
直线	离选择点最近的端点成为新 UCS 的原点。将设置新的 *X* 轴，使该直线位于新 UCS 的 *XZ* 平面上。在新 UCS 中，该直线的第二个端点的 *Y* 坐标为零
点	该点成为新 UCS 的原点
二维多段线	多段线的起点成为新 UCS 的原点，*X* 轴沿从起点到下一顶点的线段延伸
实体	二维实体的第一点确定新 UCS 的原点，新 *X* 轴沿前两点之间的连线方向
宽线	宽线的起点成为 UCS 的原点，*X* 轴沿宽线的中心线方向
三维面	取第一点作为新 UCS 的原点，*X* 轴沿前两点的连线方向，*Y* 的正方向取自第一点和第四点，*Z* 轴由右手定则确定
图形、文字、块参照、属性定义	该对象的插入点成为新 UCS 的原点，新 *X* 轴由对象绕其拉伸方向旋转定义。用于建立新 UCS 的对象在新 UCS 中的旋转角度为零

如果在单独视口中保存了不同的 UCS 设置并在视口之间切换，则程序将不会在“上一个”列表中保留这些 UCS。但是，如果在某个视口中修改 UCS 设置，则程序将在“上一个”列表中保留后一个 UCS 设置。例如，将 UCS 从“世界”修改为“UCS1”时，AutoCAD 将把“世界”保持在“上一个”列表的顶部。如果切换视口，使“主视图”成为当前 UCS，接着又将 UCS 修改为“右视图”，则“主视图”UCS 保留在“上一个”列表的顶部。这时如果在当前视口中选择“UCS”→“上一个”选项两次，那么第一次返回“主视图”UCS 设置，第二次则返回“世界”，其可参见 UCSVP 系统变量。

（6）“视图（V）”：以垂直于观察方向（平行于屏幕）的平面为 *XY* 平面，建立新的坐标系。UCS 原点保持不变。

（7）“世界（W）”：前用户坐标系设置为世界坐标系。WCS 是所有用户坐标系的

学习笔记

学习笔记

基准，不能被重新定义。如图 13－19 所示。

（8）“X/Y/Z”：绕指定轴旋转当前 UCS，如图 13－20 所示。

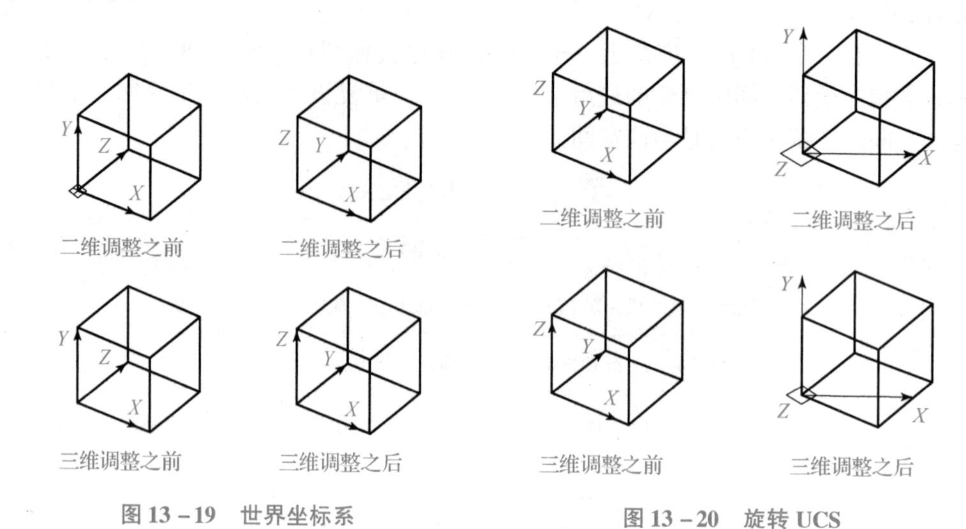

图 13－19　世界坐标系　　　　图 13－20　旋转 UCS

指定绕 n 轴的旋转角度 <0>：（指定角度）

在提示中，“n” 代表 “X” “Y” 或 “Z”，可输入正角度或负角度以旋转 UCS。

通过指定原点和一个或多个绕 *X*、*Y* 或 *Z* 轴的旋转，可以定义任意的 UCS，如图 13－21 所示。

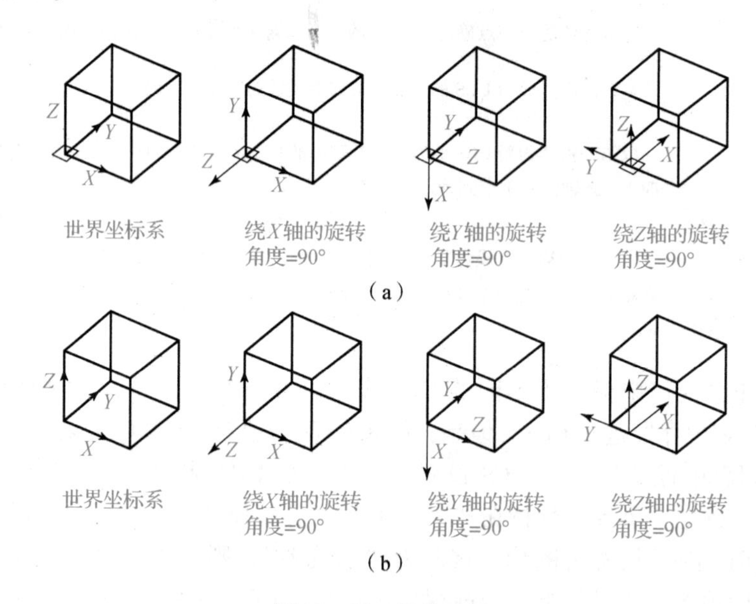

图 13－21　定义 UCS

（a）二维；（b）三维

（9）“Z 轴（ZA）”：用指定的 *Z* 轴正半轴定义 UCS，如图 13－22 所示。

指定新原点或 [对象（O）] <0，0，0>：（指定点或输入 O）

在正 Z 轴范围上指定点 <当前>：（指定点）

指定新原点和位于新建 *Z* 轴正半轴上的点，“Z 轴”选项可使 *XY* 平面倾斜。

对象：将 *Z* 轴与离选定对象最近的端点的切线方向对齐。*Z* 轴正半轴指向背离对象的方向。

选择对象：(选择一端开口的对象)

应用：在其他视口保存有不同的 UCS 时，将当前 UCS 设置应用到指定的视口或所有活动视口。由 UCSVP 系统变量确定 UCS 是否随视口一起保存。

拾取要应用当前 UCS 的视口或［所有（A)］<当前>：(单击视口内部指定视口，输入 a 或按回车键)

视口：将当前 UCS 应用到指定的视口并结束 UCS 命令。

所有：将当前 UCS 应用到所有活动视口。

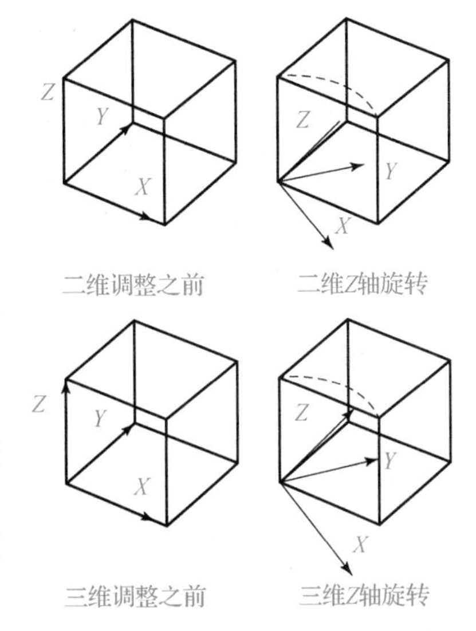

图 13－22　用 Z 轴正半轴定义 UCS

（五）旋转

用于通过绕轴旋转二维对象来创建三维实体或曲面。

创建旋转实体的方法：

(1) 菜单式：“绘图（D)”/“建模（M)”/“旋转（R)”。

(2) 命令式：在命令行中输入“REVOLVE”或“REV”。

(3) 按钮式：单击“建模”工具栏中的图标。

命令：REVOLVE↙

当前线框密度：ISOLINES＝4

选择要旋转的对象：(使用对象选择方法)

使用 REVOLVE 命令，用户可以通过绕轴旋转开放或闭合的平面曲线来创建新的实体或曲面，可以旋转多个对象。

DELOBJ 系统变量控制实体或曲面创建后，是自动删除旋转对象，还是提示用户删除这些对象。

可以在启动命令之前选择要旋转的对象。

可旋转下列对象：直线、圆弧、椭圆弧、二维多段线、二维样条曲线、圆、椭圆、三维平面、二维实体、宽线、面域、实体或曲面上的平面。

注意：可以通过按住［CTRL］键，然后选择这些子对象来选择实体上的面。

不能旋转包含在块中的对象，不能旋转具有相交或自交线段的多段线。REVOLVE 忽略多段线的宽度，并从多段线路径的中心处开始旋转。

根据右手定则判定旋转的正方向。请参见《用户手册》中的 Control the User Coordinate System in 3D。

指定轴起点或根据以下选项之一定义轴［对象（O)/X/Y/Z］<对象>：(指定点或按回车键可选择轴对象或输入选项)

（1）轴起点：指定旋转轴的第一点和第二点，轴的正方向从第一点指向第二点。

指定轴端点：(指定点2)

指定旋转角度或［起点角度（ST）］<360>：(指定角度或按回车键，如图13-23所示)

正角将按逆时针方向旋转对象，负角将按顺时针方向旋转对象。

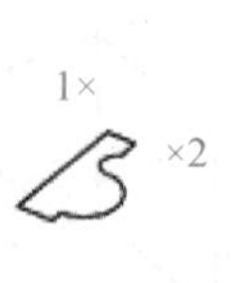

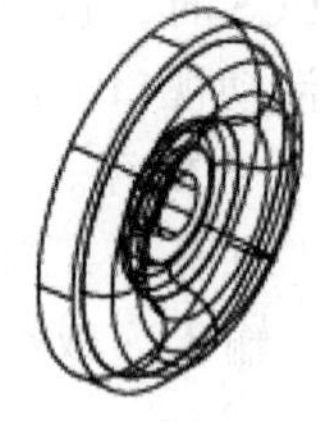

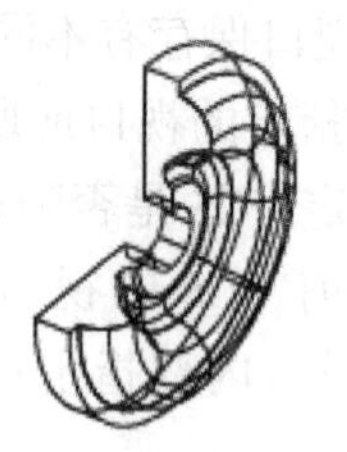

选定的轴点　　完整的圆　　指定的角度

图13-23　以指定点旋转对象

以指定的角度旋转对象。

起点角度：指定从旋转对象所在平面开始的旋转偏移。

指定起点角度<0>：(指定角度或按回车键，输入“0”)

指定旋转角度<360>：(指定角度或按回车键，输入“270”)

（2）对象：用户可以选择现有的对象，此对象定义了旋转选定对象时所绕的轴。轴的正方向从该对象的最近端点指向最远端点。

下列对象可用作轴：直线、线性多段线线段、实体或曲面的线性边。

注意：可以通过按住［Ctrl］键，然后选择一边来选择实体上的边。

选择对象：(使用对象选择方法)

指定旋转角度或［起点角度（ST）］<360>：(指定角度或按回车键，如图13-24所示)

选定轴　　完整的圆　　指定的角度

图13-24　以选定轴旋转对象

（3）X（轴）：使用当前UCS的正向X轴作为轴的正方向。

指定旋转角度或［起点角度（ST）］<360>：(指定角度或按回车键，如图13-25所示)

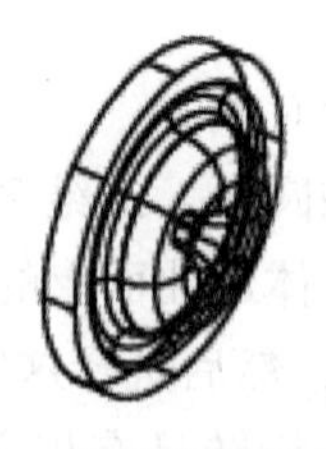

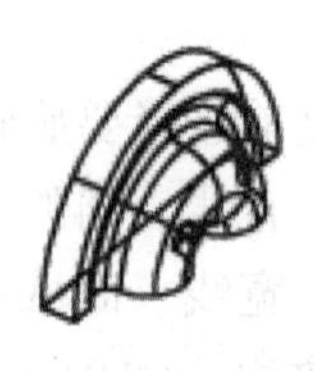

X轴　　完整的圆　　指定的角度

图13-25　以X轴旋转对象

（4）Y（轴）：使用当前UCS的正向Y轴作为轴的正方向。

指定旋转角度或［起点角度（ST）］<360>：(指定角度或按回车键，如图13-26所示)

（5）Z（轴）：使用当前 UCS 的正向 Z 轴作为轴的正方向。

指定旋转角度或［起点角度（ST）］<360>：（指定角度或按回车键）

图 13－26　以 Y 轴旋转对象

学习笔记

四、项目实施

（1）进入“AutoCAD 经典”工作空间，用户可参照项目八创建一无样板图形文件。图幅设置为 A4，并另存为此文件，文件名为“支架三维模型.dwg”，注意在绘图过程中每隔一段时间保存一次。

（2）绘制图形，选择合适图幅，按 1∶1 的比例绘制图 13－1 所示的组合体三维模型。

参考步骤如下：

①形体分析，分解组合体。

将支架分解成底板、肋板、圆筒、支撑板和小凸台四部分。把叠加的称为“并”，把挖切的称为“差”，分析结果如图 13－27 所示。

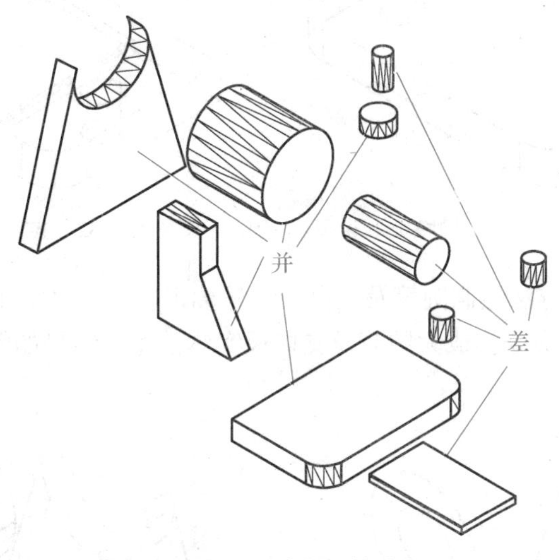

图 13－27　支架形体分析

②运用“矩形”“圆”和“圆角”命令绘制编辑底板的轮廓形状，单击“视图”工具栏中的“西南等轴测”图标（“视图”工具栏如图 13－28 所示），底板的轮廓特征形状结果如图 13－29 所示；运用面域“REG”命令将对象转换为面域对象即创建面域，再单击“建模”工具栏中的“拉伸”图标，将创建好的面域拉伸，形成底板的实体模型，结果如图 13－30 所示。

③单击“UCS”工具栏中的“原点”图标，将坐标原点切换到底板的前端面，绘制底板的直槽轮廓形状，如图 13－31 所示。接着与上述相同，创建成面域并拉伸面域形成底板的直槽模型，结果如图 13－32 所示。

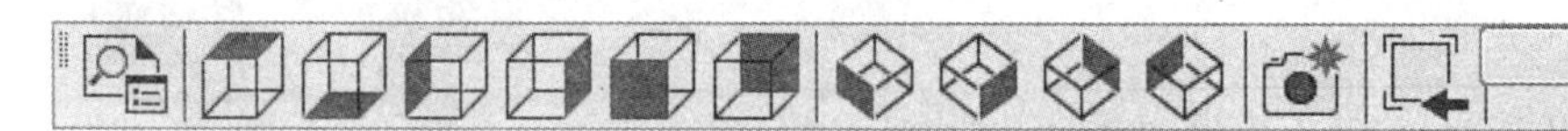

图 13－28 “视图”工具栏

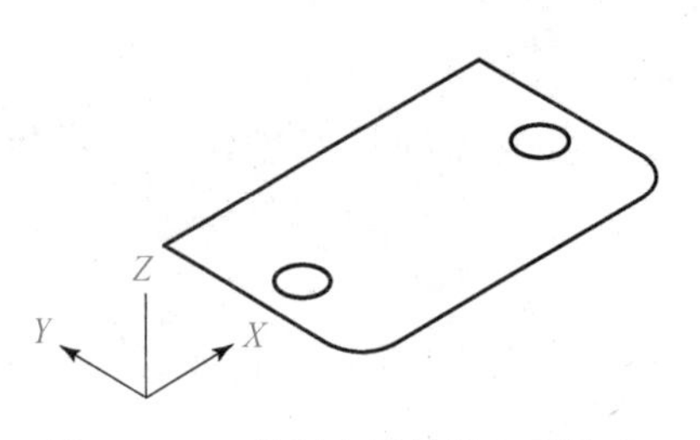

图 13－29 绘制底板的特征形轮廓

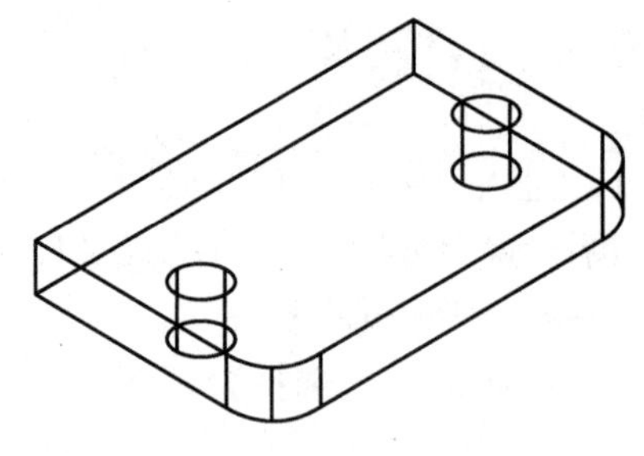

图 13－30 拉伸完成底板建模

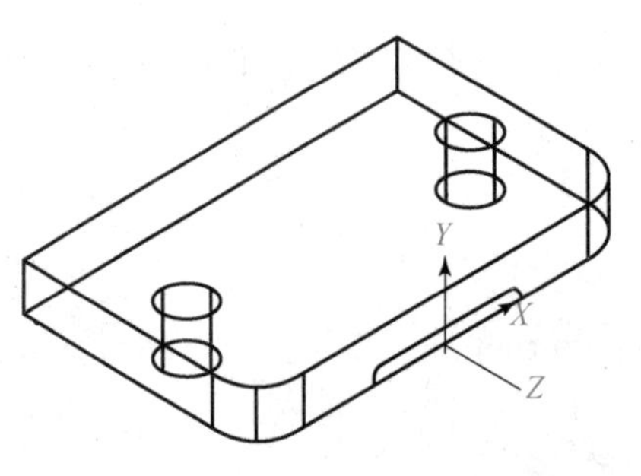

图 13－31 绘制底板直槽特征形轮廓

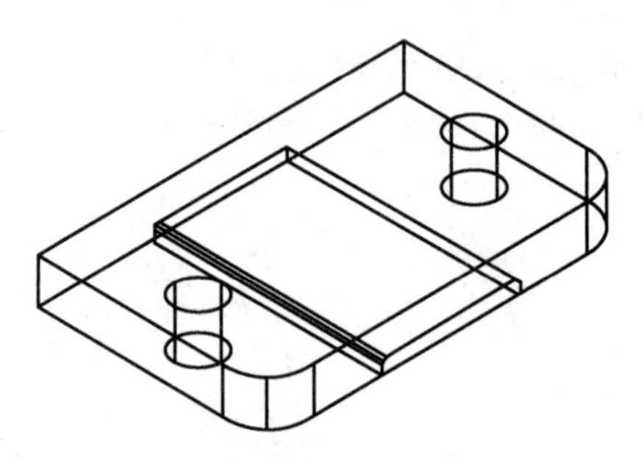

图 13－32 拉伸完成直槽建模

④用上述同样的方法绘制圆筒及支撑板的轮廓形状并创建成面域，如图 13－33 所示；再运用“拉伸”命令形成大圆筒及支撑板实体模型，结果如图 13－34 所示。

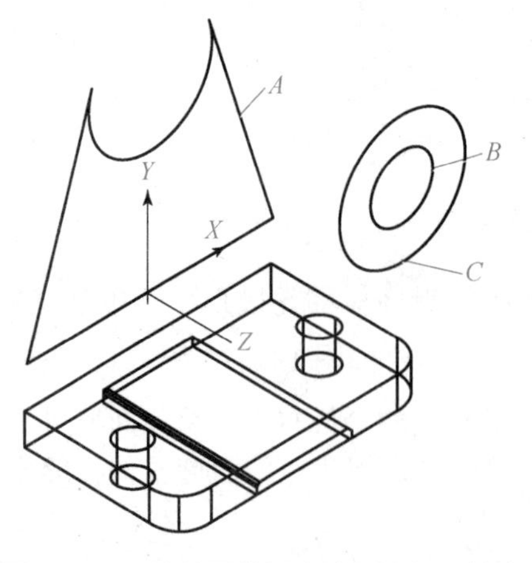

图 13－33 绘制圆筒及支撑板特征形轮廓

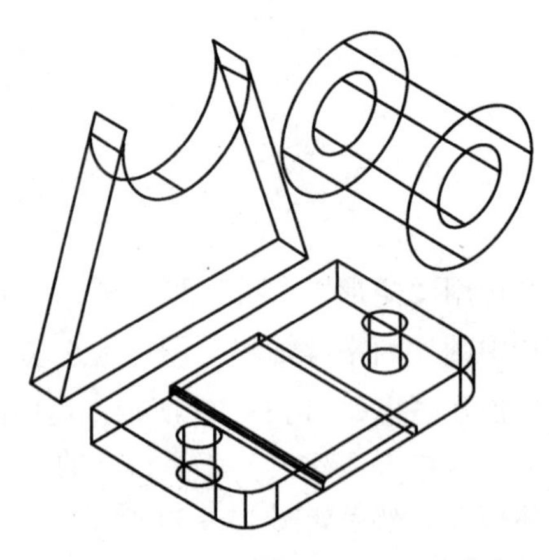

图 13－34 拉伸完成圆筒及支撑板建模

⑤运用“移动”命令将圆筒及支撑板移动到正确位置，如图 13－35 所示。绘制肋板的二维轮廓并创建成面域，结果如图 13－36 所示。

学习笔记

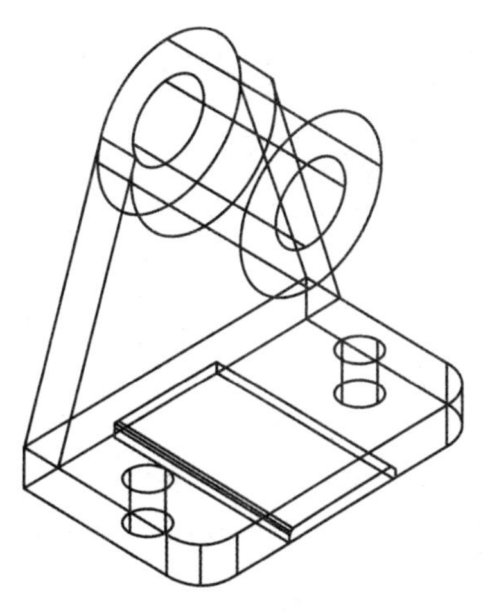

图 13 - 35　移动圆筒及支撑板

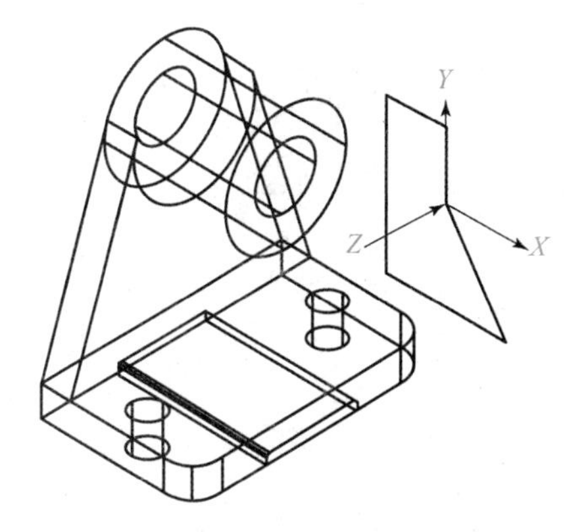

图 13 - 36　绘制肋板特征形轮廓

⑥运用“拉伸”命令完成肋板建模模型，结果如图 13 - 37 所示。切换 UCS 原点并绘制小圆筒凸台的二维轮廓形状，如图 13 - 38 所示。

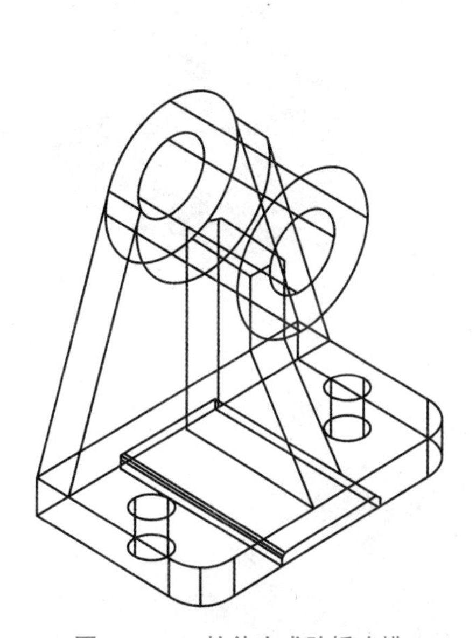

图 13 - 37　拉伸完成肋板建模

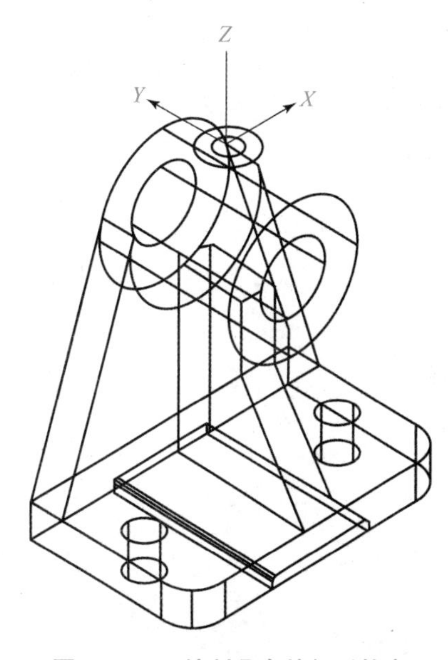

图 13 - 38　绘制凸台特征形轮廓

⑦拉伸两个小圆，形成两个圆柱体，结果如图 13 - 39 所示。

⑧依据如图 13 - 27 所示的形体分析，执行“并”运算使其成为单一实体，然后执行“差”运算，即从该实体中去除所有的打孔和挖槽部分，并且进行“消隐”显示，结果如图 13 - 40 所示。

⑨支架面着色渲染，结果如图 13 - 41 所示。

（3）保存文件。

学习笔记

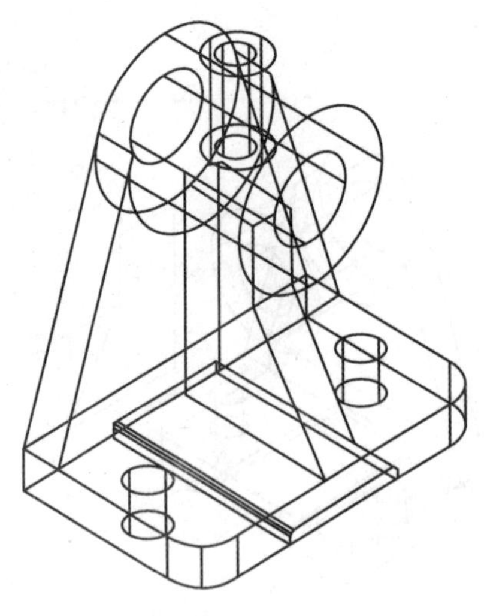

图 13－39　拉伸完成凸台建模

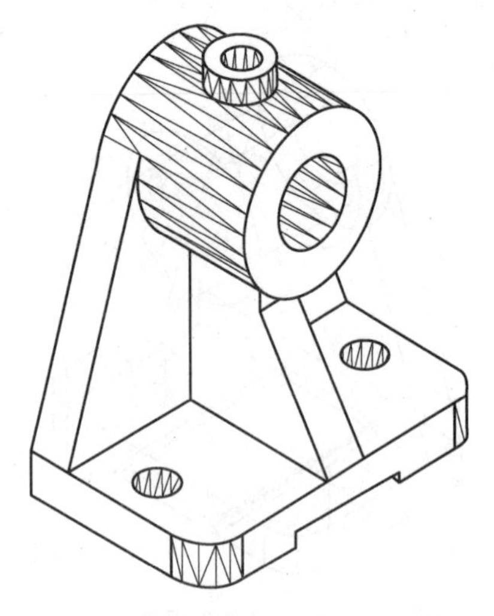

图 13－40　执行布尔运算并消隐显示效果

五、课后练习

如图 13－42 所示，按照给定的尺寸 1：1 绘制下列组合体的三维模型。要求：建模准确，图形正确。

图 13－41　支架“着色渲染”效果图

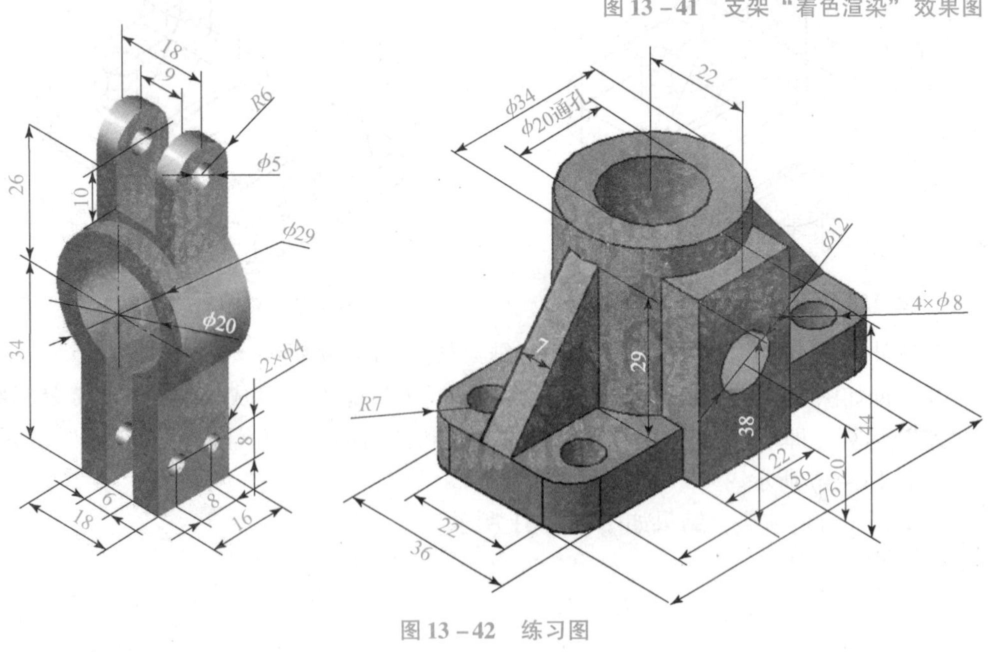

图 13－42　练习图

学习笔记

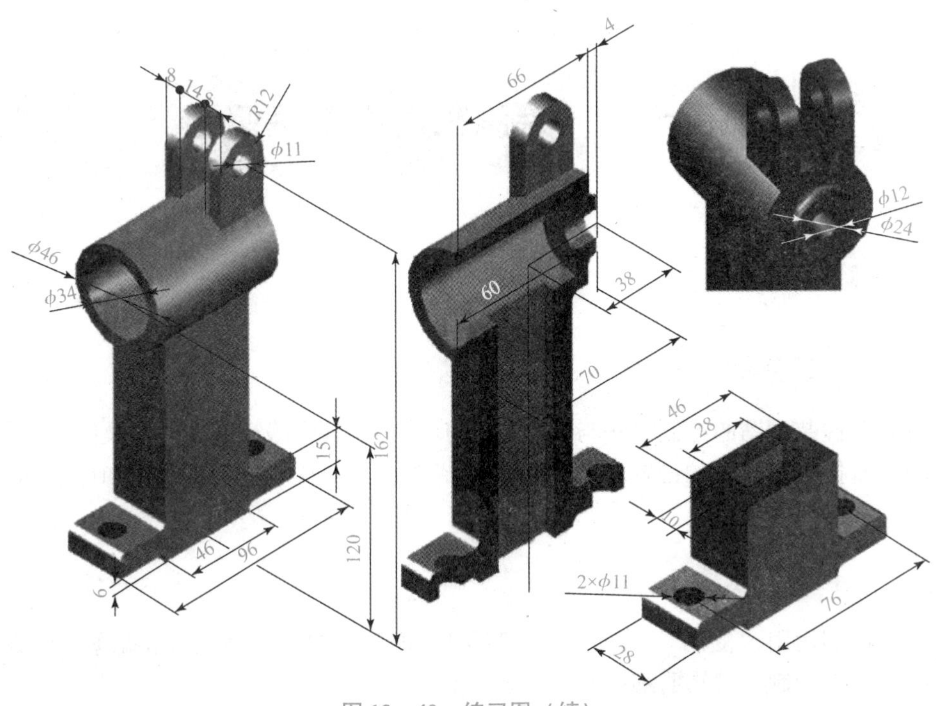

图 13－42　练习图（续）

项目十四　绘制机用虎钳装配图

一、项目目标

（一）知识目标

（1）掌握装配图的绘制方法与步骤和CAD课程设计实践环节的具体操作；

（2）掌握表格样式的设置和明细栏的绘制方法，以及多重引线设置和序号标注的方法。

（二）能力目标

（1）能够运用“复制”“粘贴”和“设计中心”工具灵活地进行装配图的组装；

（2）能够绘制、编辑明细栏及编写装配图中的序号；

（3）能用“设计中心”快速查看图形文件中命名对象的定义和属性，并将其插入、附着、复制和粘贴到当前图形中。

（三）思政目标

（1）通过对绘制机用虎钳装配图的学习，强化学生AutoCAD的综合应用能力，使学生树立理论联系实际的学风，以培养其良好的工程素养和一丝不苟、坚韧不拔的意志；

（2）通过CAD课程设计实践，强化学生的图形设计能力，培养其文献查阅、使用现代信息技术学习的能力，并通过分组实践增强其团队协作、语言表达和人际沟通的能力。

二、项目导入

根据机用虎钳的零件图组装完成其装配图，如图14－1所示。

三、项目知识

表格

（一）创建表格样式

用于设置当前表格样式、新建或修改表格的基本形状和间距，以及创建、修改和删除表格样式。

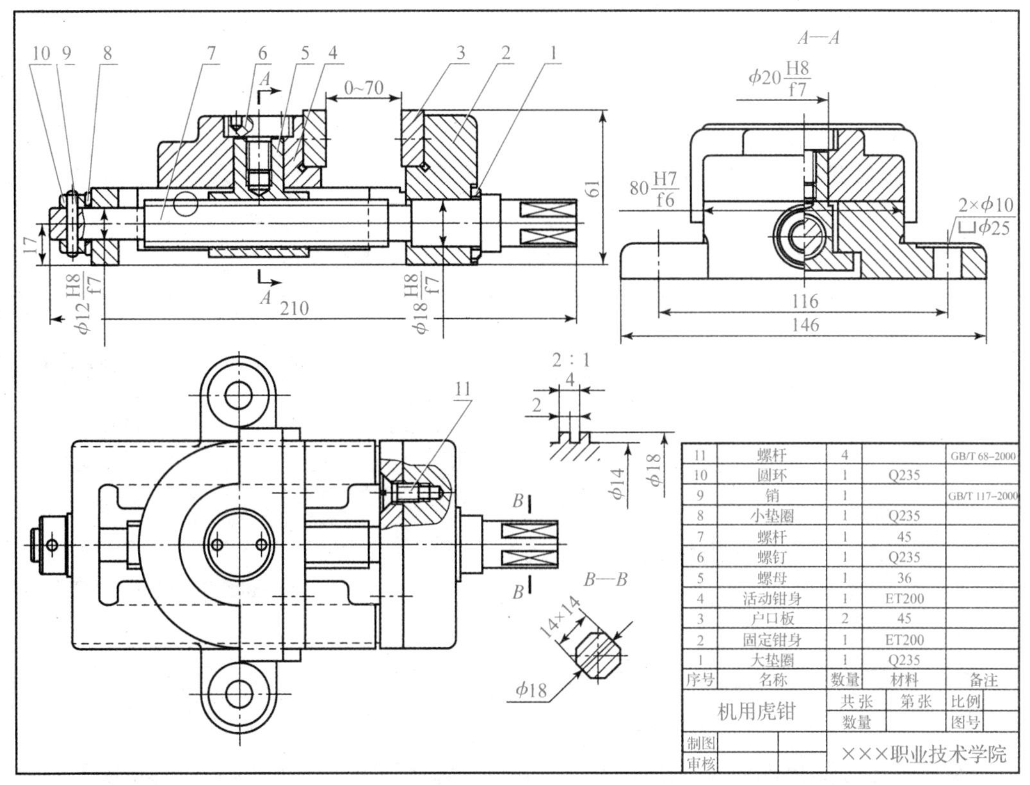

图 14－1　机用虎钳装配图

（1）菜单式："格式"／"表格样式"；

（2）命令式：在命令行中输入"TABLESTYLE TS"；

（3）按钮式：单击"样式"工具栏（项目七中图 7－3 所示）的图标 。

选择上述任意一种方式调用命令后，将弹出"表格样式"对话框，如图 14－2 所示。

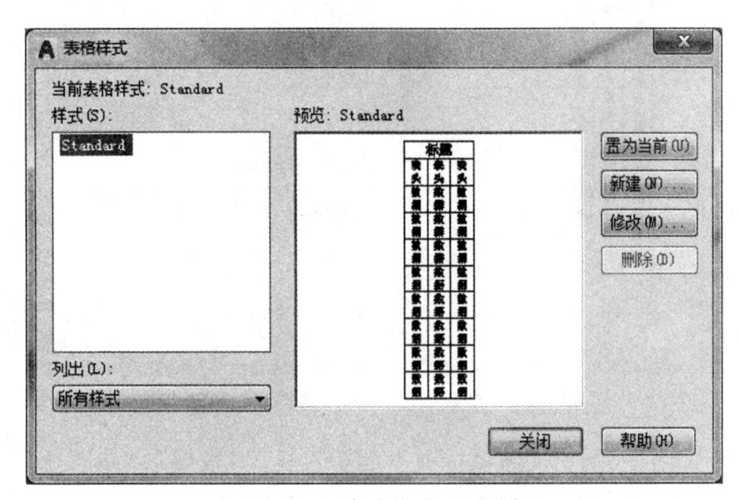

图 14－2　"表格样式"对话框

学习笔记

对话框各项说明：

(1) “当前表格样式：Standard”：说明当前使用的表格样式。

(2) “列出（L）”：用于选择在“样式（S）”列表框所列出的样式，有两个选择项，即所有样式和正在使用的样式。

(3) “样式（S）”：显示由“列出（L）”下拉列表显示框所选择的显示条件下的样式列表。

(4) “预览：Standard”：显示在“样式”列表框中所选择的样式格式。

(5) “置为当前（U）”：将在“样式”列表框中选择的样式设置为当前使用的表格样式。

(6) “新建（N）...”：创建新的表格样式。

单击该按钮，弹出“创建新的表格样式”对话框，如图 14－3 所示。在该对话框中的“新样式名（N）”文本框中输入表格样式名：明细栏；在“基础样式（S）”下拉列表显示框中选择新建表格样式的参考表格样式。

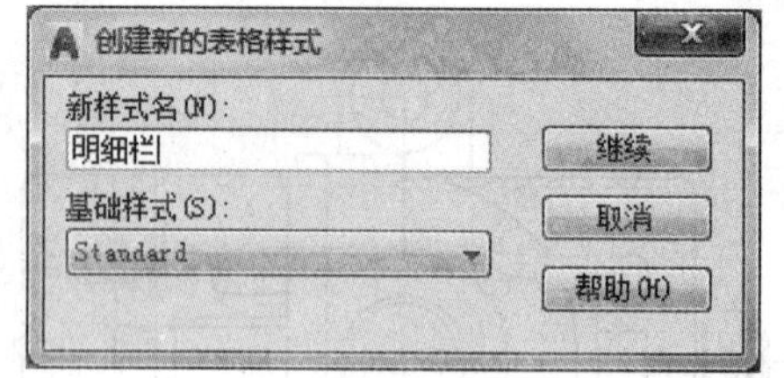

图 14－3 “创建新的表格样式”对话框

然后单击“继续”按钮，弹出“新建表格样式：明细栏”对话框，如图 14－4 所示。

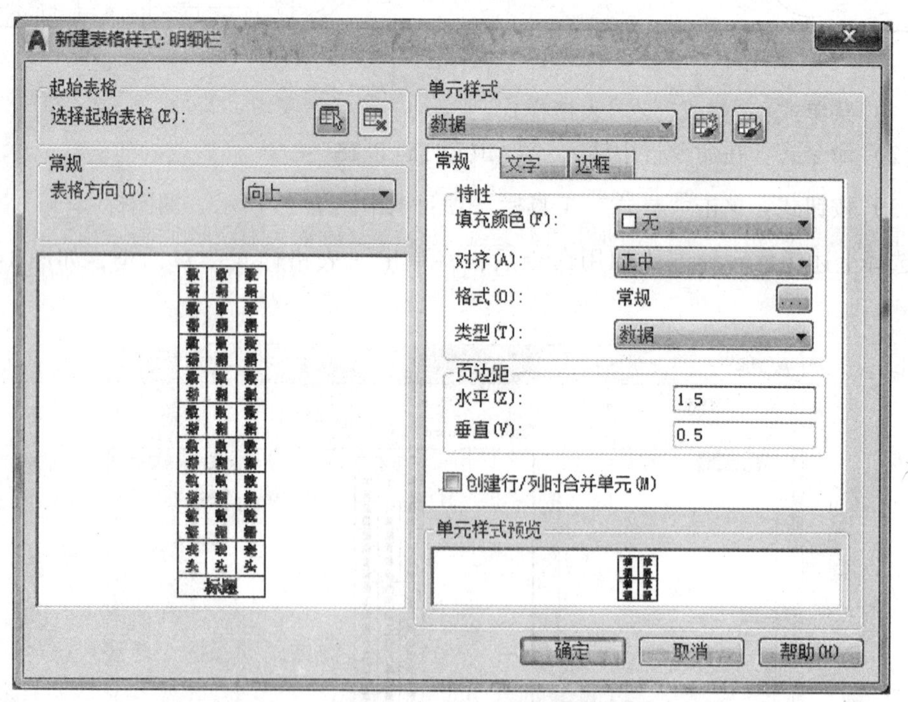

图 14－4 “新建表格样式：明细栏”对话框

“新建表格样式：明细栏”对话框由“起始表格”“常规”“单元样式”和“单元样式预览”4 个选项组组成，下面分别介绍。

①“起始表格”选项组。

该选项组允许用户在图形中指定一个表格用作样例来设置此表格样式的格式。单击表格按钮，回到绘图区选择表格后，可以指定要从该表格复制到表格样式的结构和内容。单击“删除表格”按钮，可以将表格从当前指定的表格样式中删除。

②“常规”选项组。

该选项组用于更改表格方向，通过选择“向下”或“向上”来设置表格方向，“向上”创建由下而上读取的表格，标题行和列标题行都在表格的底部；“预览”框显示当前表格样式设置效果的样例。

③“单元样式”选项组。

该选项组用于定义新的单元样式或修改现有单元样式，可以创建任意数量的单元样式。“单元样式”菜单列表 数据 显示表格中的单元样式，系统默认提供了数据、标题和表头三种单元样式，用户需要创建新的单元样式，可以单击“创建新单元样式”按钮，弹出如图 14－5 所示的“创建新单元样式”对话框，在“新样式名”文本框中输入单元样式名称，在“基础样式”下拉列表中选择现有的样式作为参考单元样式。单击“管理单元样式”按钮，弹出如图 14－6 所示的“管理单元样式”对话框，在该对话框中用户可以对单元格式进行添加、删除和重命名。

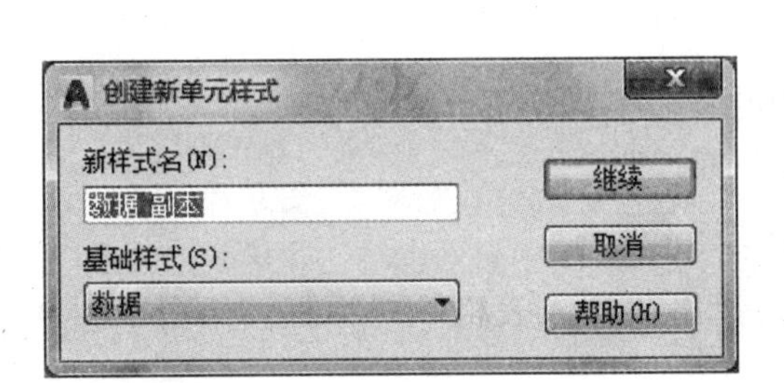

图 14－5 “创建新单元样式”对话框

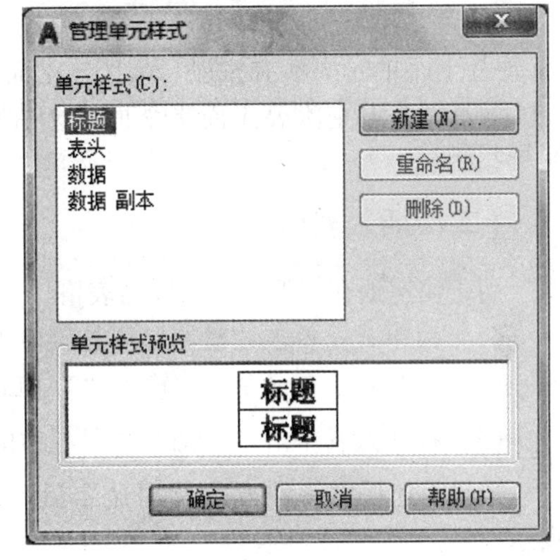

图 14－6 “管理单元样式”对话框

“新建表格样式”对话框中的三个选项卡——“基本”“文字”和“边框”选项卡，用于设置用户创建的单元样式的单元、单元文字和单元边界的外观。

a. “常规”选项卡包含“特性”和“页边距”两个选项组，其中“特性”选项组用于设置表格单元的填充样式、表格内容的对齐方式、表格内容的格式和类型，“页边距”选项组用于设置单元边框和单元内容之间的水平和垂直间距，如图 14－4 所示。

b. “文字”选项卡如图 14－7 所示，用来设置表格中文字的样式、高度、颜色、对齐方式等。“文字样式（S）”文本框用于设置表格中文字的文字样式，“文字高度（I）”文本框用于设置文字高度。

c. “边框”选项卡如图 14 - 8 所示，用于设置表格边框的线宽、线型、颜色和对齐方式。

④“单元样式预览”选项组。

用于显示当前表格样式设置效果的即时样例。

(7)“修改（M）...”按钮。

修改已有的表格样式，其操作过程与新建表格样式基本相同。

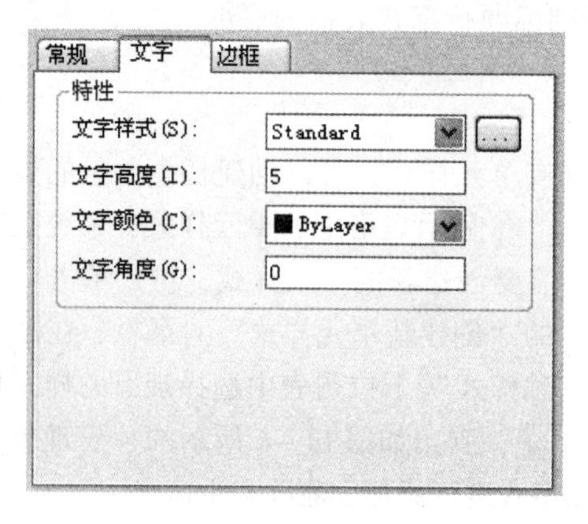

图 14 - 7 “文字”选项卡

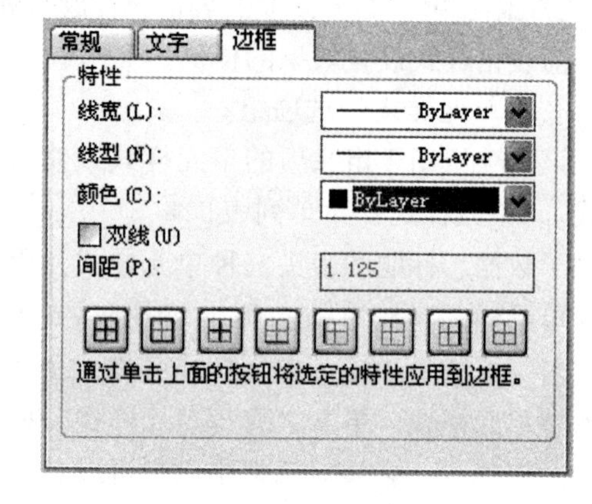

图 14 - 8 “边框”选项卡

(8)“删除（D）”按钮。

将在“样式”列表中选择的非当前使用的表格样式或 Standard 表格样式的其他表格样式删除。

（二）插入表格

用于快速地在图形中插入空白表格。

(1) 菜单式：单击“绘图”下拉菜单中的“表格”子菜单。

(2) 命令式：在命令行中输入“TABLE”或“TB”。

(3) 按钮式：单击“绘图”工具栏中的图标 。

选择上述任意一种方式调用命令后，将弹出“插入表格”对话框，如图 14 - 9 所示。

对话框各项说明：

(1)“表格样式”下拉列表框用于设置表格采用的样式，默认样式为 Standard。

(2)“预览（D）”窗口显示当前选中表格样式的预览形状。

(3)“插入方式”选项组设置表格插入的具体方式。在选择“指定插入点”单选按钮时，需指定表左上角的位置。如果表样式将表的方向设置为由下而上读取，则插入点位于表的左下角。当选择“指定窗口”单选按钮时，需指定表的大小和位置。在选择此选项时，行数、列数、列宽和行高取决于窗口的大小以及列和行的设置。

(4)“列和行设置”选项组设置列和行的数目与大小。

①“列数（C）”：设置表格列数。选择“指定窗口”选项并指定列宽时，则选择了“自动”选项，且列数由表的宽度控制。

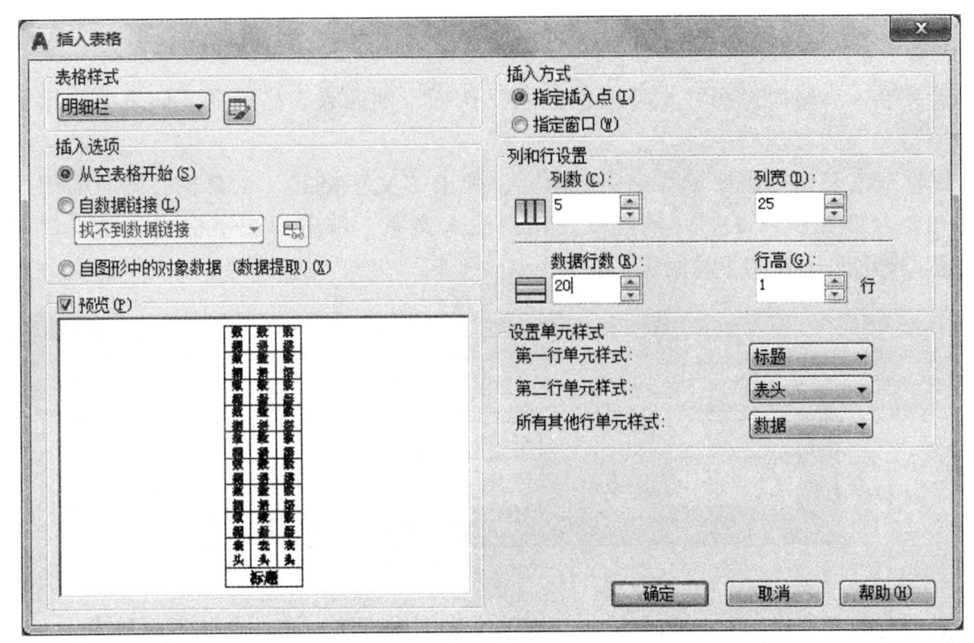

图 14－9 “插入表格”对话框

②“列宽（D）”：用于设置列的宽度。选择“指定窗口”选项并指定列数时，则选择了“自动”选项，且列宽由表的宽度控制，最小列宽为一个字符。

③“数据行数（R）”：用于设定表格行数。选择“指定窗口”选项并指定行高时，则选择了“自动”选项，且行数由表的高度控制。

④“行高（G）”：按照文字行高指定表的行高。文字行高基于文字高度和单元边距，这两项均在表格样式中设置。选择“指定窗口”选项并指定行数时，则选择了“自动”选项，且行高由表的高度控制。

（5）“设置单元样式”选项组用于对那些不包含起始表格的表格样式，指定新表格中行的单元格式。“第一行单元样式”下拉列表用于指定表格中第一行的单元样式，默认情况下，使用标题单元样式，在机械制图中需要选“表格”选项；“第二行单元样式”下拉列表用于指定表格中第二行的单元样式，默认情况下，使用表头单元样式；“所有其他行单元样式”下拉列表用于指定表格中所有其他行的单元样式，默认情况下使用数据单元样式。

设置完参数后，单击“确定”按钮，用户可以在绘图区插入表格，双击单元格，效果如图 14－10 所示。

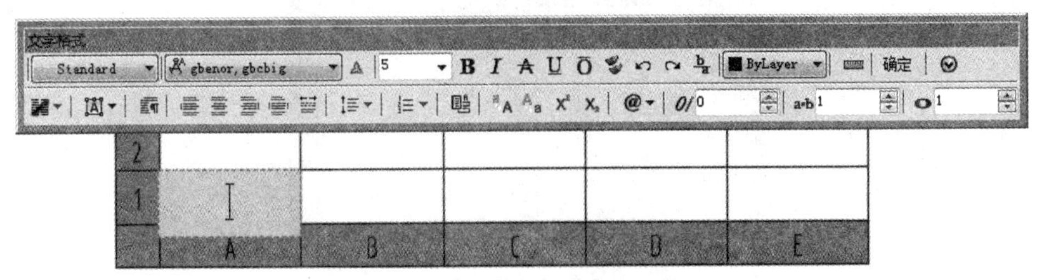

图 14－10 空表格内容输入状态

（三）创建表格中的文字

若在插入表格时选择“从空表格开始”选项，则插入表格后需要向表格中填写文字。填写文字的方法如下：

鼠标双击表格中需要填写文字的单元，弹出“文字格式”工具栏，同时需要填写的单元变为如图 14－11 所示的样式。用户输入文字，单击“文字格式”工具栏中的“确定”按钮即完成文字的创建。

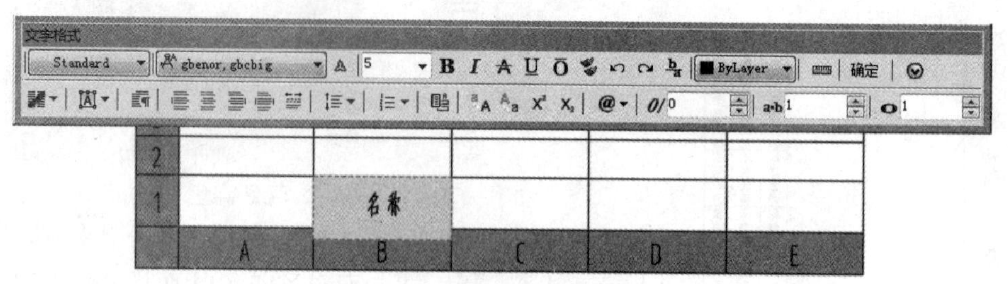

图 14－11　向表格中填写文字

对创建的文字进行编辑的方法与一般的文字编辑方法一致，在此不再赘述。

在插入表格时选择“自数据链接”选项，单击表格中的文字或单击单元格，弹出如图 14－12 所示的“表格”工具栏，单击“数据格式...” %.. 按钮右侧的三角级联按钮，在弹出的快捷菜单中选择需要的文字样式。选择“自定义表格单元格式...”命令，或右击绘图区的表格，选择右键菜单“数据格式...”，在弹出的如图 14－13 所示的“表格单元格式”对话框中自定义文字的格式。

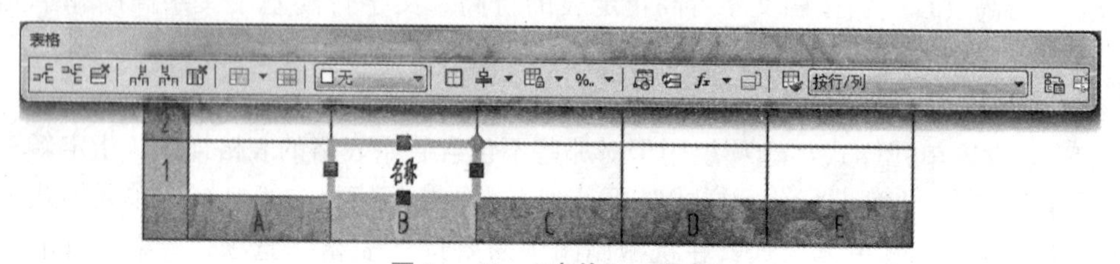

图 14－12　“表格”工具栏

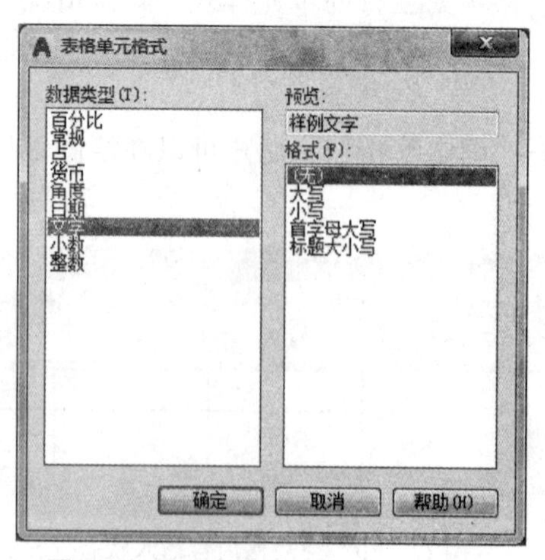

图 14－13　“表格单元格式”对话框

（四）多重引线样式

用于设置当前多重引线样式，以及创建、修改和删除多重引线样式。

（1）菜单式："格式"/"多重引线样式"。

（2）命令式：在命令行中输入"MLEADERSTYLE"或"MLS"。

（3）按钮式：单击"样式"工具栏中的图标 。

"样式"工具栏如图 14－14 所示。

图 14－14 "样式"工具栏

选择上述任意一种方式调用命令后，将弹出"多重引线样式管理器"对话框，如图 14－15 所示。

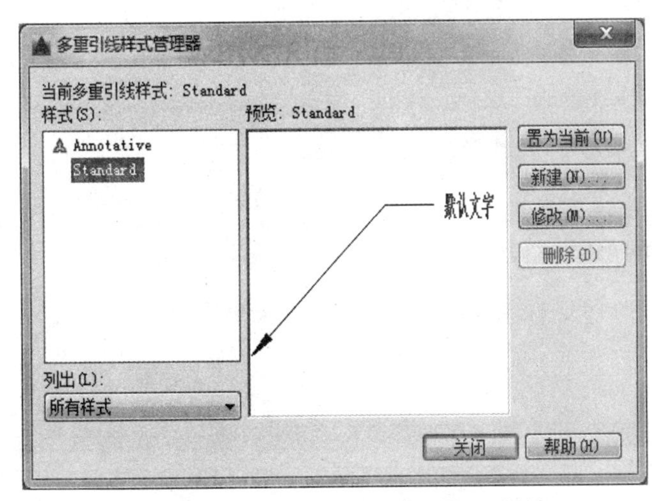

图 14－15 "多重引线样式管理器"对话框

对话框各项说明：

（1）"当前多重引线样式：Standard"：显示应用于所创建的多重引线的多重引线样式的名称。默认的多重引线样式为 Standard。

（2）"样式（S）"：显示多重引线列表。当前样式被亮显。

（3）"列出（L）"：控制"样式"列表的内容。单击"所有样式"，可显示图形中可用的所有多重引线样式；单击"正在使用的样式"，仅显示被当前图形中的多重引线参照的多重引线样式。

（4）"预览：Standard"：显示"样式"列表中选定样式的预览图像。

（5）"置为当前（U）"：将"样式"列表中选定的多重引线样式设置为当前样式。所有新的多重引线都将使用此多重引线样式进行创建。

（6）"新建（N）..."：显示"创建新多重引线样式"对话框，从中可以定义新多重引线样式。

单击"新建（N）..."按钮，弹出如图 14－16 所示"创建新多重引线样式"对

学习笔记

话框，在“新样式名（N）”编辑框中输入“小圆点末端引线”名称。

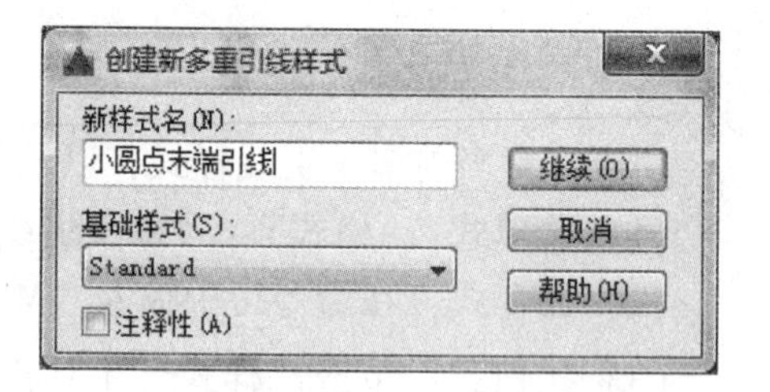

图 14－16 “创建新多重引线样式”对话框

①设置“引线格式”选项卡。

单击“继续”按钮，弹出“修改多重引线样式：小圆点末端引线”对话框，在该对话框中有“引线格式”“引线结构”和“内容”三个选项卡，如图 14－17 所示，按照图 14－17 所示设置好“引线格式”选项卡中的各个选项。

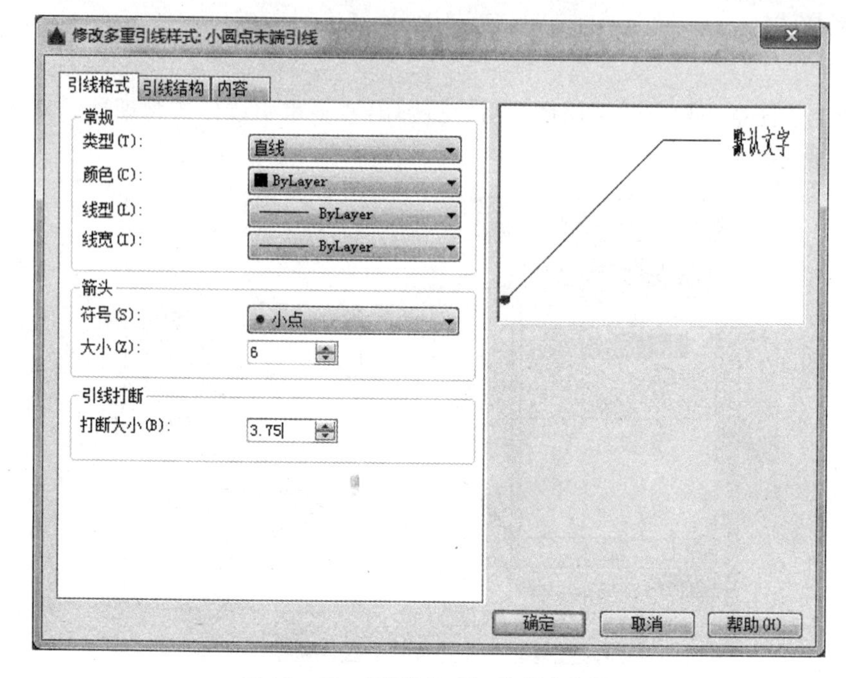

图 14－17 “引线格式”选项卡设置

②设置“引线结构”选项卡。

在“引线结构”选项卡中的“最大引线点数”按默认设置；在“设置基线距离”编辑框中输入“1”，该距离是指确定多重引线基线的固定距离；“比例”为多重引线对象的全局比例因子。“引线结构”选项卡的各项参数设置如图 14－18 所示。

③设置“内容”选项卡。

在“内容”选项卡中的“引线连接”栏按图 14－19 所示进行设置，其中“连接位置－左”和“连接位置－右”是用来控制引线在文字左侧和引线在文字右侧时，基线连接到多重引线文字的方式；“基线间隙”是指基线和文字之间的距离。“内容”选项卡各项参数设置如图 14－19 所示。

④单击“确定”按钮即完成“小圆点末端引线”设置。

（7）“修改”：显示“修改多重引线样式”对话框，从中可以修改多重引线样式。

（8）“删除”：删除“样式”列表中选定的多重引线样式。不能删除图形中正在使用的样式。

学习笔记

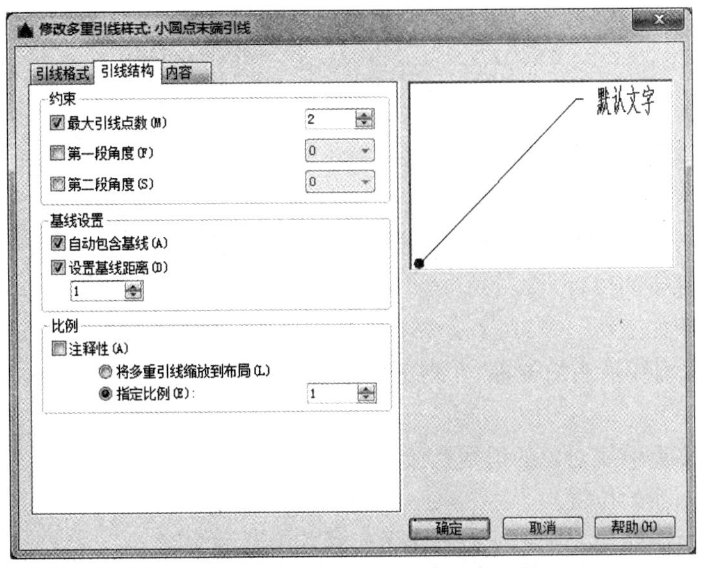

图 14－18 “引线结构”选项卡设置

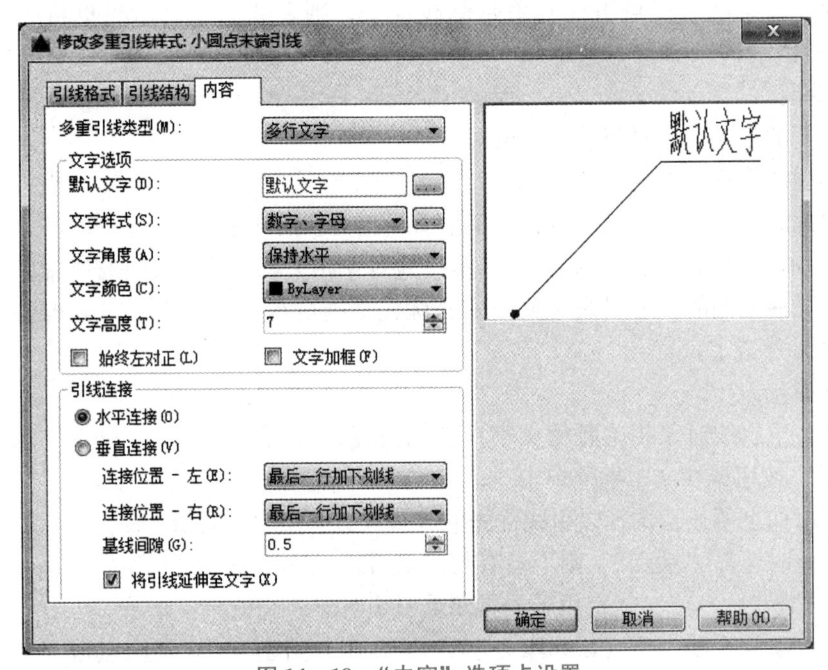

图 14－19 “内容”选项卡设置

(五) 多重引线

用于创建连接注释与几何特征的引线。

(1) 菜单式：“标注” / “多重引线”。

(2) 命令式：在命令行中输入“MLEADER”或“MLD”。

(3) 按钮式：单击“多重引线”工具栏中的图标 。

“多重引线”工具栏如图 14－20 所示。

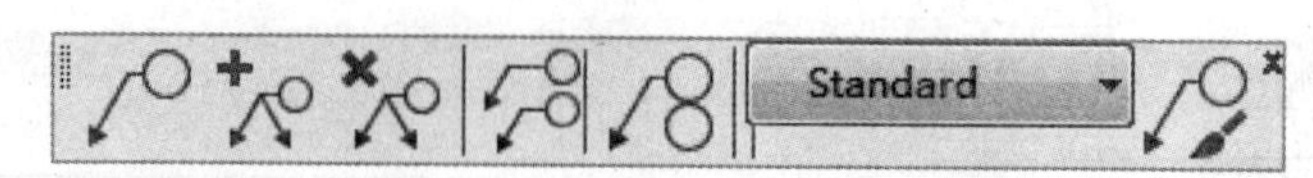

图 14－20 “多重引线”工具栏

选择上述任意一种方式调用命令后，命令行提示如下。

命令：MLEADER↙

指定引线箭头的位置或［引线基线优先（L）/内容优先（C）/选项（O）］<选项>：

指定引线基线的位置：

各选项说明如下：

（1）“指定引线箭头的位置”：指定多重引线对象箭头的位置。

点选择：

设置新的多重引线对象的引线基线位置。

指定引线基线的位置：

如果此时退出命令，则不会有与多重引线相关联的文字。

（2）“引线基线优先（L）”：指定多重引线对象的基线的位置。

如果先前绘制的多重引线对象是基线优先，则后续的多重引线也将先创建基线（除非另外指定）。

点选择：

设置新的多重引线对象的箭头位置。

指定引线箭头的位置：

如果此时退出命令，则不会有与多重引线相关联的文字。

（3）“内容优先（C）”：指定与多重引线对象相关联的文字或块的位置。

如果先前绘制的多重引线对象是内容优先，则后续的多重引线对象也将先创建内容（除非另外指定）。

点选择：

将与多重引线对象相关联的文字标签的位置设置为文本框。完成文字输入后，单击“确定”按钮或在文本框外单击。

也可以如上所述，选择以引线优先的方式放置多重引线对象。

如果此时选择“端点”，则不会有与多重引线对象相关联的基线。

（4）“选项（O）”：指定用于放置多重引线对象的选项。

输入选项［引线类型（L）/引线基线（A）/内容类型（C）/最大点数（M）/第一个角度（F）/第二个角度（S）/退出选项（X）］：

①“引线类型（L）”：指定要使用的引线类型。

输入选项［类型（T）/基线（L）］：

a. “类型（T）”：指定直线、样条曲线或无引线。

选择引线类型［直线（S）/样条曲线（P）/无（N）］：

b. “基线（L）”：更改水平基线的距离。

使用基线［是（Y）/否（N）］：

如果此时选择“否”，则不会有与多重引线对象相关联的基线。

学习笔记

②“内容类型（C）”：指定要使用的内容类型。

输入内容类型［块（B）//无（N）］：

a. “块（B）”：指定图形中的块，以与新的多重引线相关联。

输入块名称：

b. “无（N）”：指定“无”内容类型。

③“最大点数（M）”：指定新引线的最大点数。

输入引线的最大点数或<无>：

④“第一个角度（F）”：约束新引线中的第一个点的角度。

输入第一个角度约束或<无>：

⑤“第二个角度（S）”：约束新引线中的第二个角度。

输入第二个角度约束或<无>：

⑥“退出选项（X）”：返回到第一个 MLEADER 命令提示。

［**例 14－1**］ 根据上述设置的“多重引线样式”进行球阀装配图的零、部件序号标注。

操作方法与步骤如下：

（1）将“小圆点末端引线”样式作为当前标注样式，如图 14－21 所示。

图 14－21 “多重引线样式”设置与选择（一）

（2）单击“多重引线”工具栏中的按钮或在命令行中输入“MLD”（或“MLEADER”）。执行“多重引线”命令，创建小圆点末端引线标注序号 1、2、3、4、5、7、8、9，如图 14－22 所示。

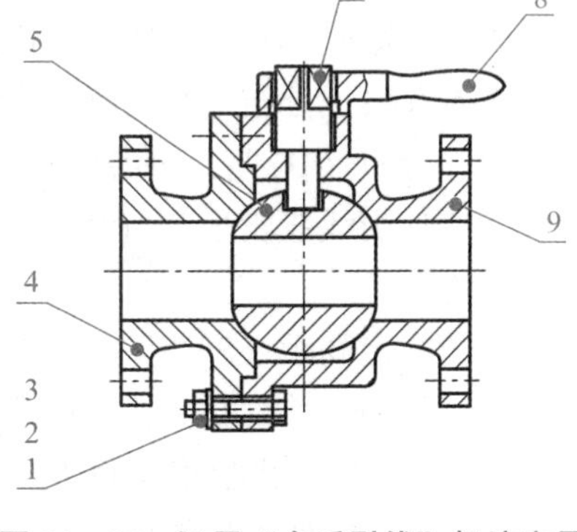

图 14－22 运用“多重引线”标注序号

（3）由于 6 号件剖面线为涂黑代替，因此，将“箭头末端引线”样式切换为当前标注样式，如图 14－23 所示。

（4）同样运用 MLD（或 MLEADER）命令创建件 6 的箭头末端引线标注，完成序号 6 的编写，如图 14－24 所示。

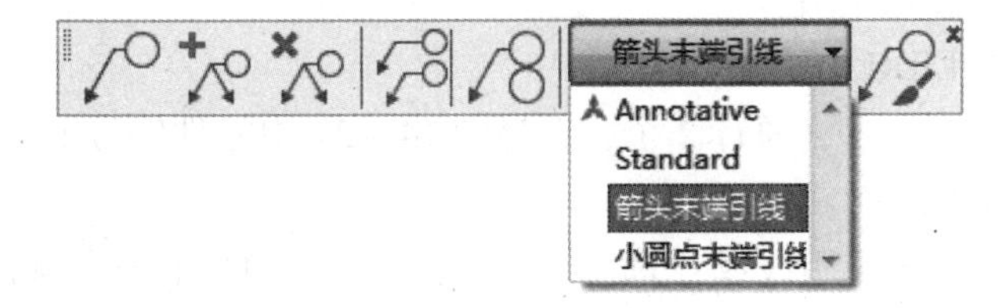

图 14－23 “多重引线样式”设置与选择（二）

（六）多重引线对齐

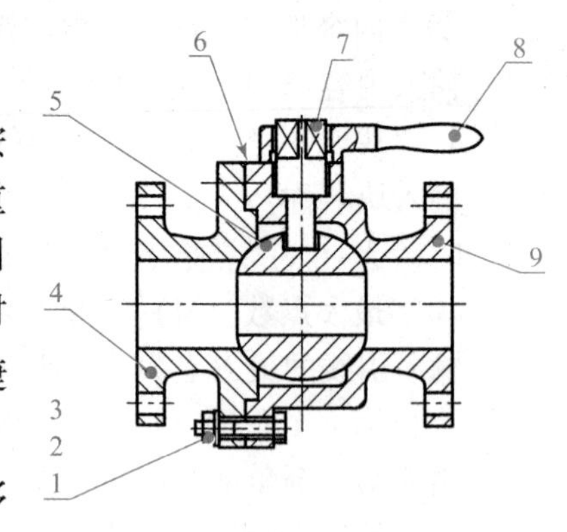

图 14－24　箭头末端引线标注件 6 序号

根据机械制图相关要求，装配图的零件序号应按顺时针或逆时针方向注写在图形周围，而执行“多重引线”命令时，引线是快速、任意放置的位置，即引线的左右、上下未对齐，此时再执行“多重引线对齐”命令，或单击 按钮，就可以很方便、快捷地将所编写的序号水平或垂直方向排列对齐。

“多重引线对齐”用于沿指定的线组织选定的多重引线。

（1）菜单式：“多重引线”／“多重引线对齐”；

（2）命令式：在命令行中输入“MLEADERALIGN”或“MLA”；

（3）按钮式：单击“多重引线”工具栏中的图标 。

选择上述任意一种方式调用命令后，命令行提示如下。

命令：MLEADERALIGN↙

选择多重引线：找到 1 个

选择多重引线：（选择多重引线后，指定所有其他多重引线要与之对齐的多重引线）

当前模式：（使用当前间距）

选择要对齐到的多重引线或［选项（O）］：

指定方向：@5 <0（水平对齐，或打开“极轴”使已选择的多重引线水平对齐）

各选项说明如下：

（1）“选项（O）”：指定用于对齐选定的多重引线的选项。

输入选项［分布（D）/使引线线段平行（P）/指定间距（S）/使用当前（U）］：

①“分布（D）”：等距离隔开两个选定点之间的内容。

②“使引线线段平行（P）”：放置内容，从而使选定多重引线中的每条最后的引线线段均平行。

③“指定间距（S）”：指定选定的多重引线内容范围之间的间距。

④“使用当前（U）”：使用多重引线内容之间的当前间距。

［例 14－2］　将上述［例 14－1］中已标注的球阀装配图的零、部件序号编辑为水平或垂直方向排列对齐效果。

操作方法与步骤如下：

（1）序号竖直方向对齐。

命令：MLEADERALIGN↙

选择多重引线：　　（总计 2 个，选择图 14－24 中零件序号 1、5）

选择多重引线：↙

选择要对齐到的多重引线或［选项（O）］：　　（选择零件序号 4）

指定方向：　@10 <90　（输入一点的相对坐标，或打开“极轴”使引线垂直对齐）

学习笔记

结果如图 14－25 所示。

（2）序号水平方向对齐。

命令：MLEADERALIGN↙

选择多重引线：　　　（总计 3 个，选择图 14－24 中零件序号 5、7、8）

选择多重引线：↙

选择要对齐到的多重引线或［选项（O）］：（选择零件序号 6）

指定方向：@10 <0　　　（输入一点的相对坐标，或打开“极轴”使引线水平对齐）

结果如图 14－26 所示。

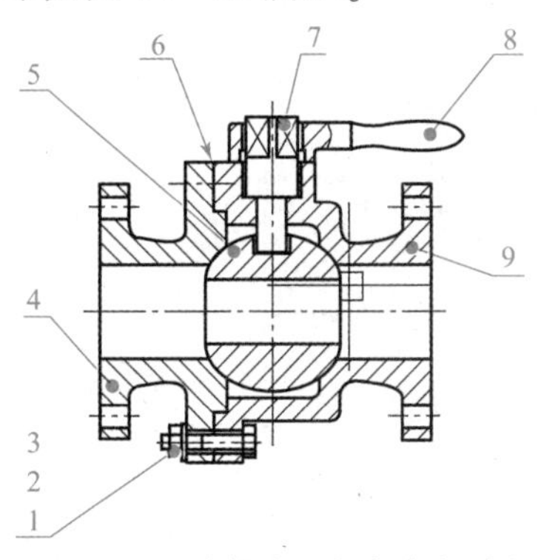

图 14－25　编辑序号竖直方向对齐

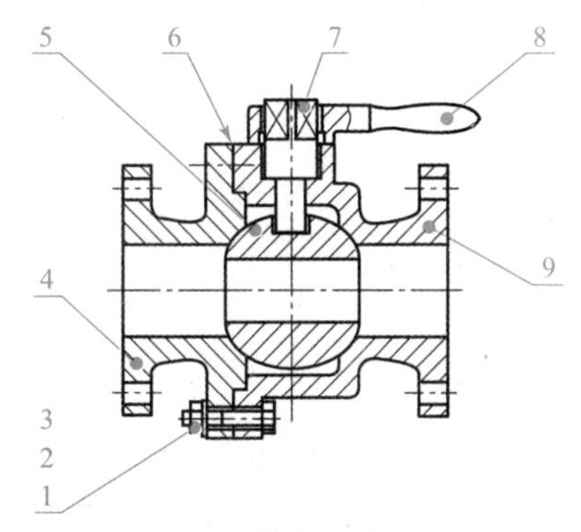

图 14－26　编辑序号水平方向对齐

（3）用同样方法将零件序号 8 和序号 9 竖直对齐，如图 14－27 所示；最后运用“LINE”命令给序号 2 和序号 3 添加引线，完成序号的编写，结果如图 14－28 所示。

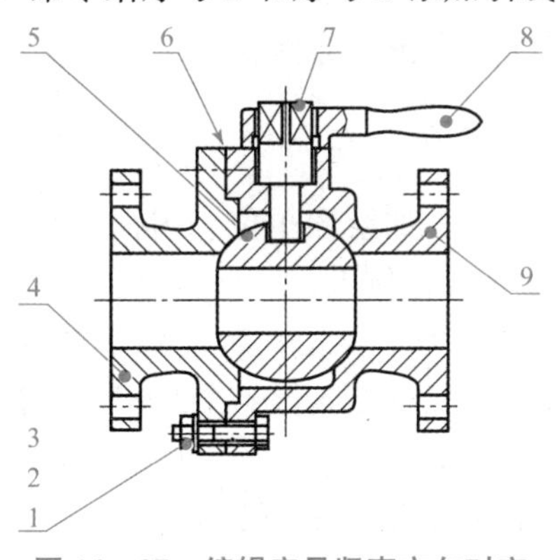

图 14－27　编辑序号竖直方向对齐

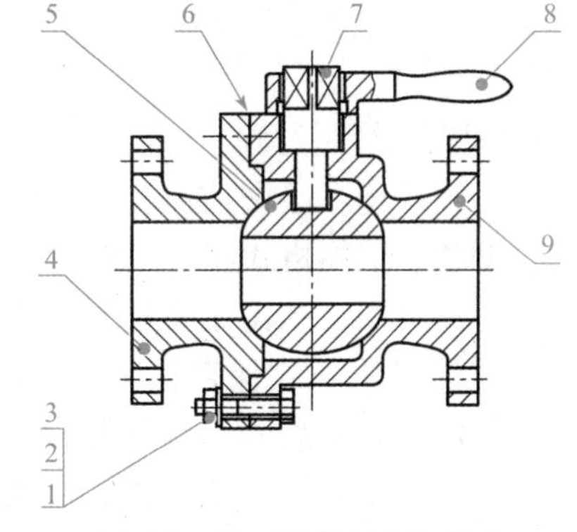

图 14－28　完成序号的编写

通过对上述案例的详细介绍，运用“多重引线”（MLEADER）命令可以很方便、快捷地创建引线末端带小圆点或带箭头的零件序号，再由“多重引线对齐”（MLEADERALIGN）命令可快速地调整引线对齐方向和位置，并通过关键点编辑调整引线或序号数字的位置。

四、项目实施

（1）调整屏幕显示大小，打开“显示/隐藏线宽”状态按钮，进入“AutoCAD 经典”工作空间，建立一新无样板图形文件，保存此空白文件，文件名为“机用虎钳装

学习笔记

配图.dwg”，注意在绘图过程中每隔一段时间保存一次。

（2）设置绘图环境，设置图形界限，设定绘图区域的大小为 594 × 420，左下角点为坐标原点。

（3）打开状态栏的“极轴、对象捕捉和对象追踪”辅助绘图工具按钮；设置图层，设置粗实线、中心线、细虚线和细实线等图层，图层参数如图 14－29 所示。

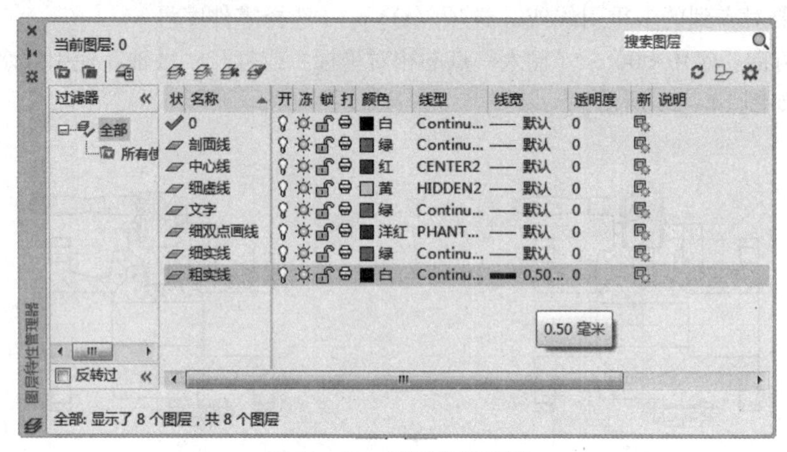

图 14－29　图层参数设置

项目注释：

（1）装配图的绘制方法。

装配图不仅表达了部件的设计构思、工作原理和装配关系，还表达了各零件间的相互位置关系、尺寸及结构形状。它是绘制零件工作图、部件组装、调试及维护等的技术依据。

（2）装配图的绘制过程。

①设置绘图环境：绘图前应当进行必要的设置，如绘图单位、图幅大小、图层线型、线宽、颜色、字体格式和尺寸格式等，尽量选择比例 1 : 1。

②根据零件草图、装配示意图绘制各零件图。为了方便在装配图中插入零件图，也可将每个零件以块形式保存，用“WBLOCK”命令，或运用“复制”“粘贴”和“设计中心”工具灵活地进行装配图的组装。

③调入装配干线上的主要零件，如轴，然后装配干线展开，逐个插入相关零件。插入后，需要剪断不可见的线段；若以块插入零件，则剪断不可见的线段前应该分解插入块。

④根据零件之间的装配关系，检查各零件的尺寸是否有干涉现象。

根据需要对图形进行缩放，布局排版，然后根据具体的尺寸样式，标注好尺寸和序号。最后填写标题栏与明细表，完成装配图的绘制。

（3）修剪技巧。

装配图中，两个零件接触表面只绘制一条实线，非接触表面或非配合表面绘制两条实线，两个或两个以上零件的剖面图相互连接时，需要其剖面线各不相同，以便区分，但同一个零件在不同视图的剖面线必须保持一致。

项目中相关零件图如图 14－30 ~ 图 14－37 所示。

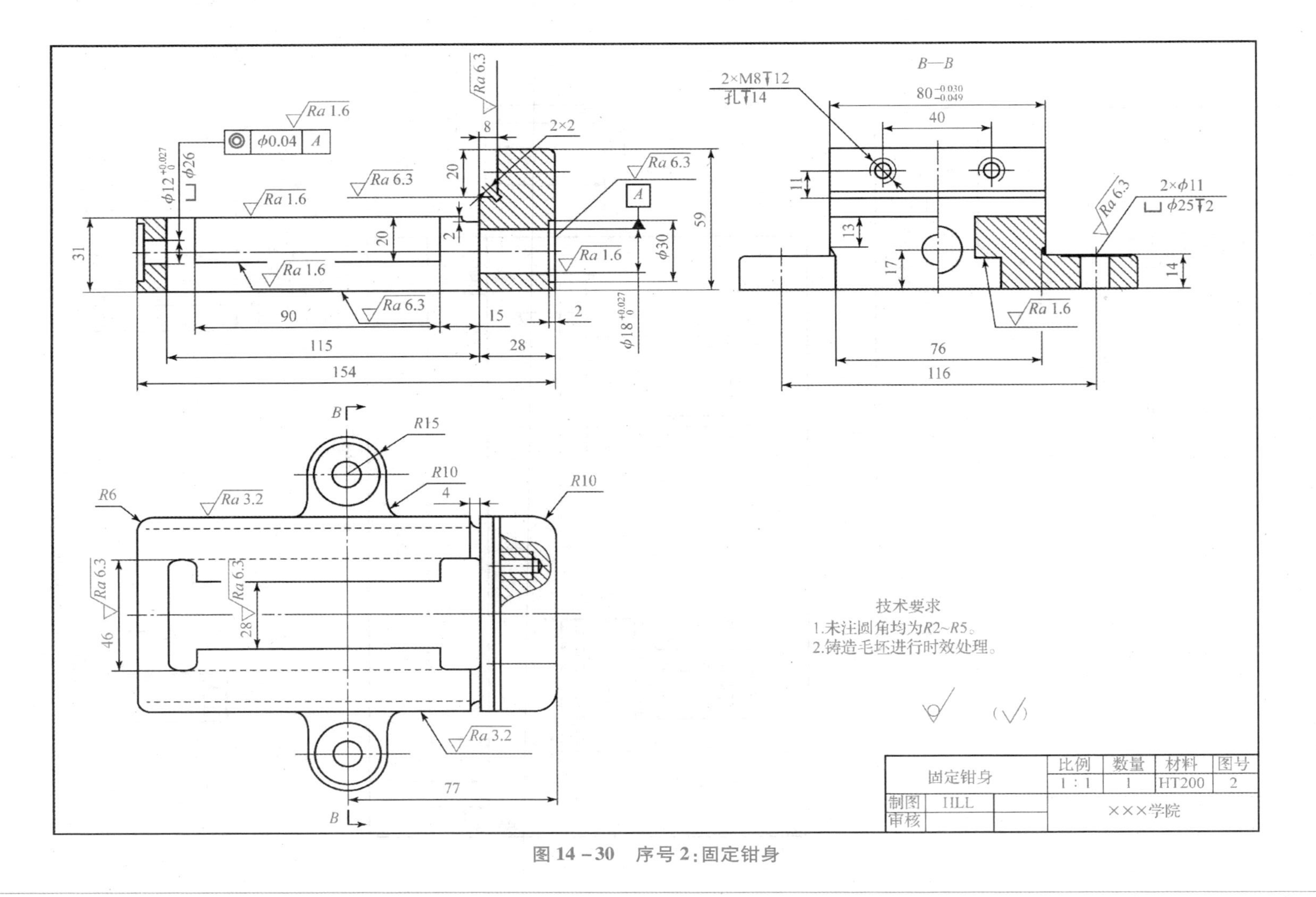

图 14-30 序号 2：固定钳身

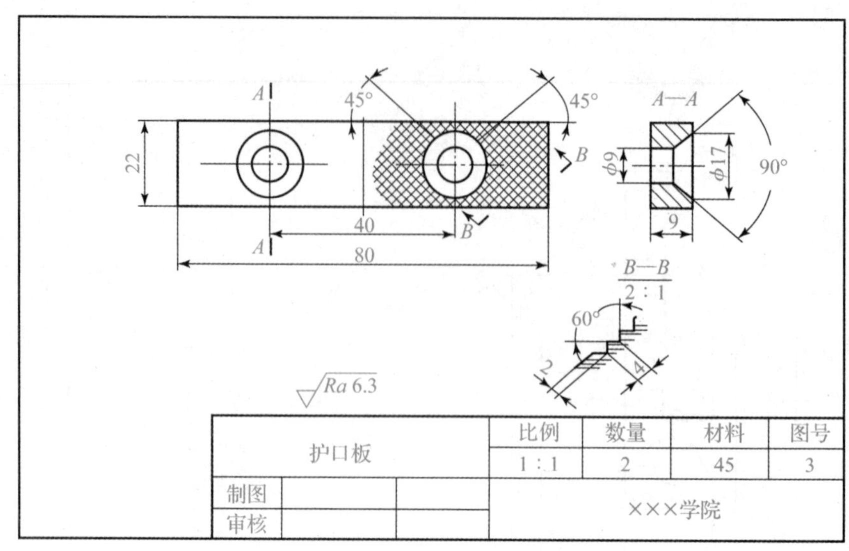

图 14－31　序号 3：护口板

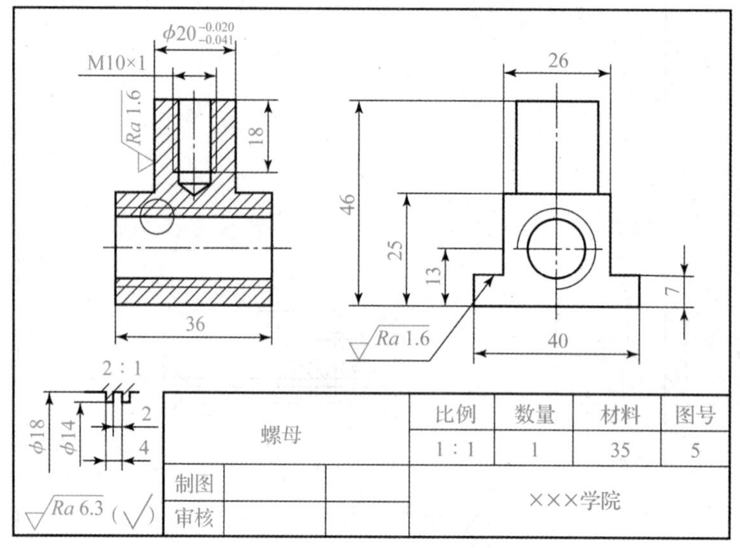

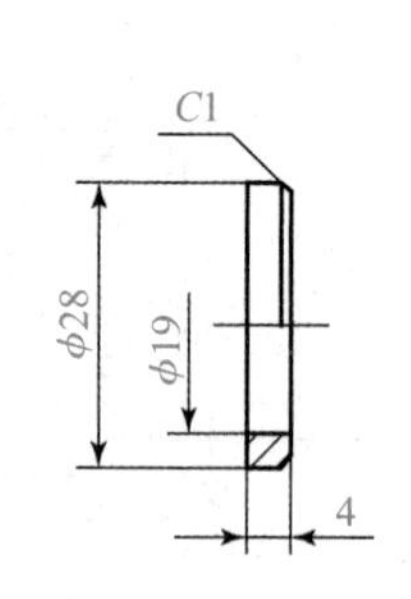

图 14－32　序号 5：螺母和序号 1：大垫圈

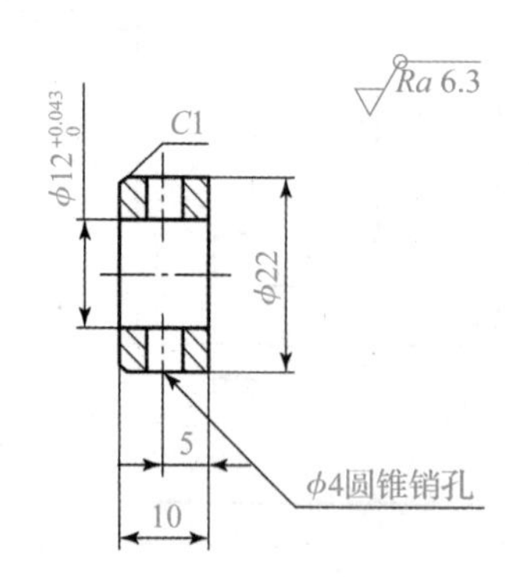

图 14－33　序号 10：圆环

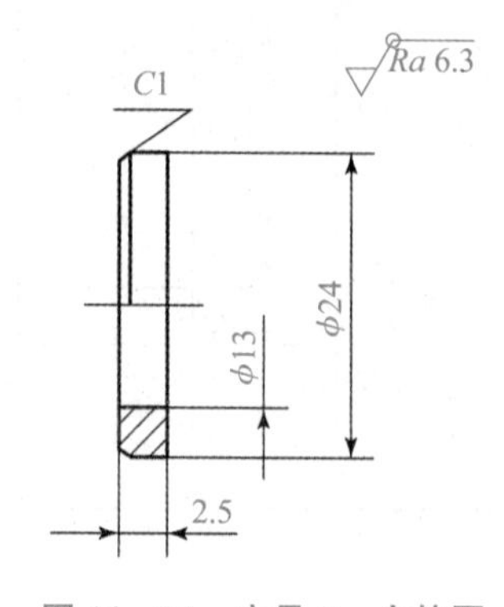

图 14－34　序号 8：小垫圈

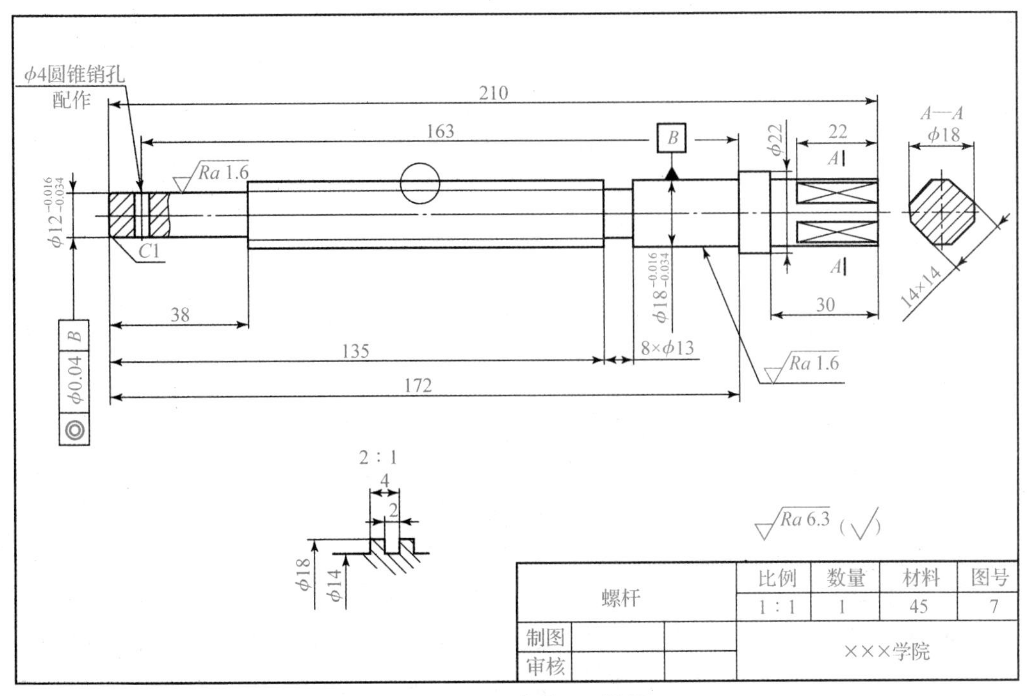

图 14－35　序号 7：螺杆

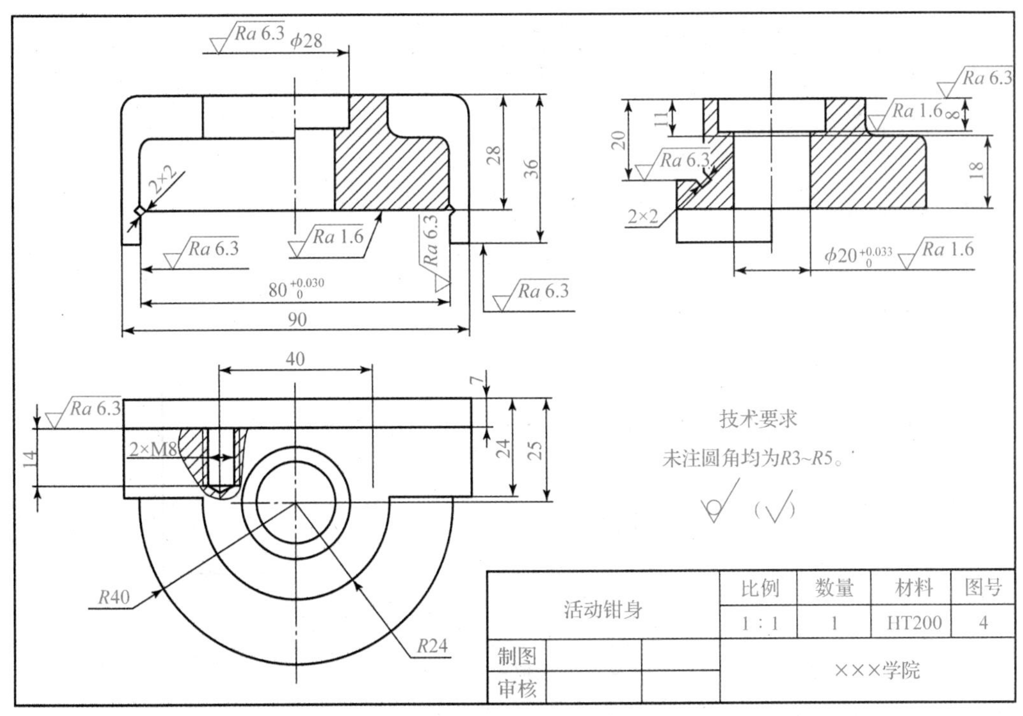

图 14－36　序号 4：活动钳身

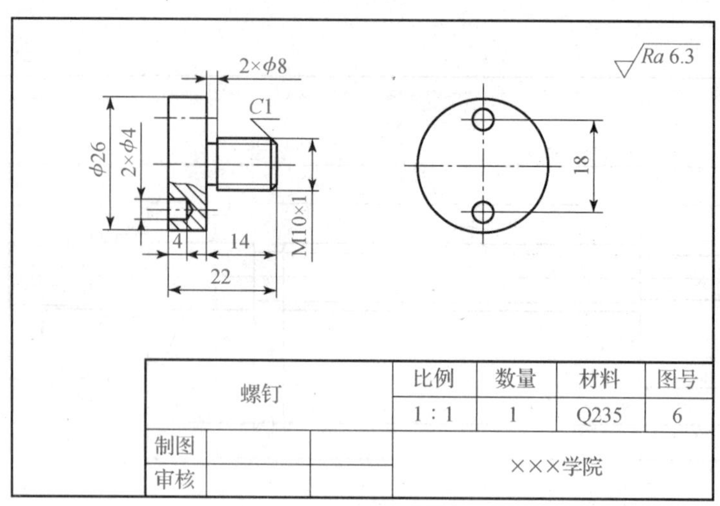

图 14－37　序号 6：螺钉

（4）绘制图形，根据零件图用 1：1 的比例绘制图 14－1 所示装配图。要求：选择合适的线型，绘制图框与标题栏，并标注尺寸。

参考步骤如下：

①调整屏幕显示大小，单击“显示/隐藏线宽”和“极轴追踪”状态按钮，在“草图设置”对话框中选择“对象捕捉”选项卡，设置“交点”“端点”“圆心”和“中点”等捕捉模式，并启用状态栏的“极轴”“对象捕捉”和“对象追踪”工具按钮。

②按照给定尺寸 1：1 绘制装配图。

a. 绘制图幅和标题栏，如图 14－38 所示。

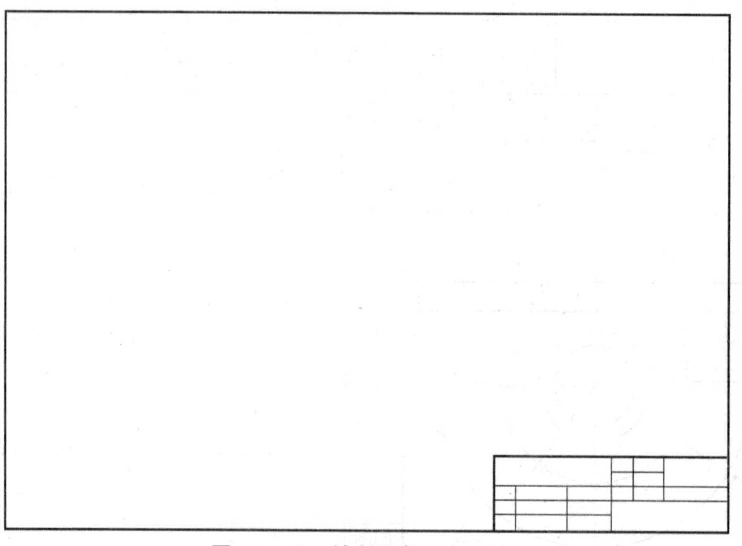

图 14－38　绘制图框和标题栏

b. 根据图 14－30～图 14－37 所示非标准零件图，运用“复制”“粘贴”和“设计中心（[Ctrl]＋[2]）”工具将其插入、附着、复制和粘贴到当前的图形（装配图）中，灵活地进行装配图的组装，结果如图 14－39 所示。

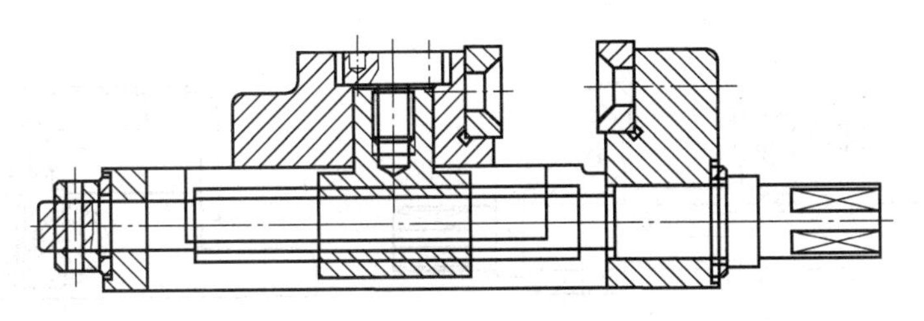

图 14－39　根据零件图组装装配图

c. 分解零件图，编辑组装装配图，如图 14－40 所示。

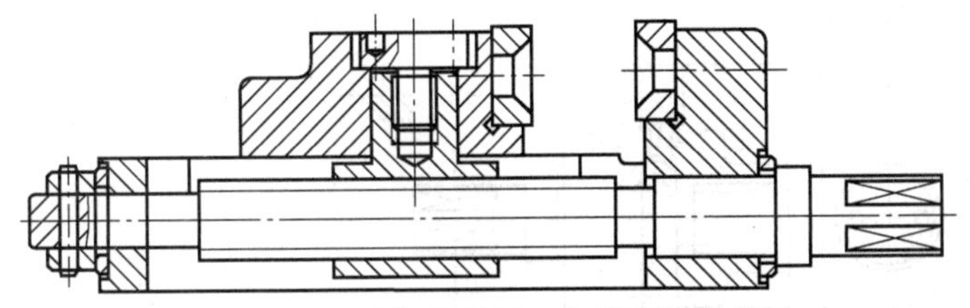

图 14－40　分解零件图、编辑组装装配图

d. 绘制和编辑组装装配体的主、俯、左视图，如图 14－41 所示。

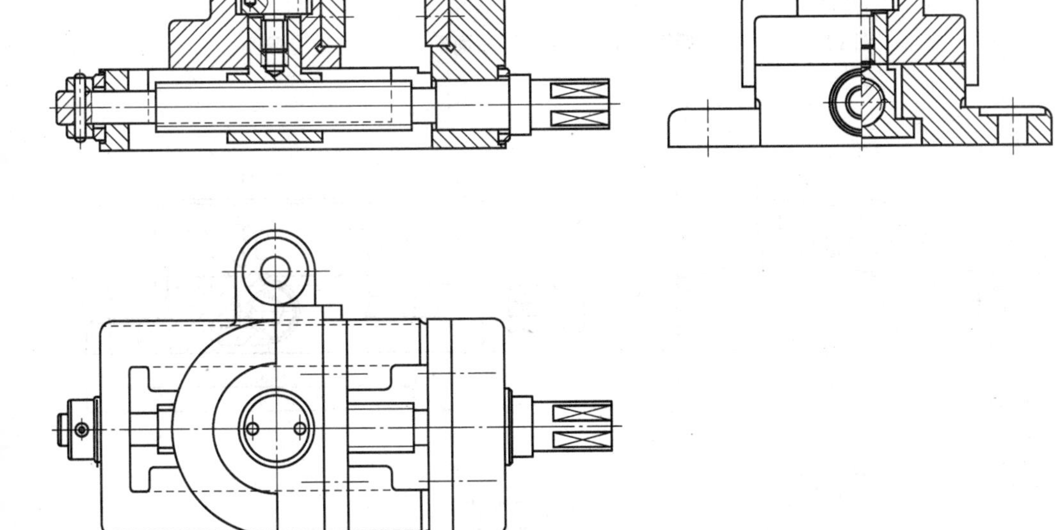

图 14－41　绘制和编辑组装装配体的主、俯、左视图

e. 绘制螺钉、局部放大图和断面图，编辑组装装配图，如图 14－42 所示。

f. 整理、修改装配图，并标注尺寸和序号。注意装配图的各个零件图剖面线画法；运用“线性标注”标注装配图中必要的尺寸，再运用“多重引线、多重引线对齐”命令绘制、编辑多重引线并标注零件序号。如图 14－43 所示。

g. 填写标题栏，绘制、填写和编辑明细栏，如图 14－44 所示。

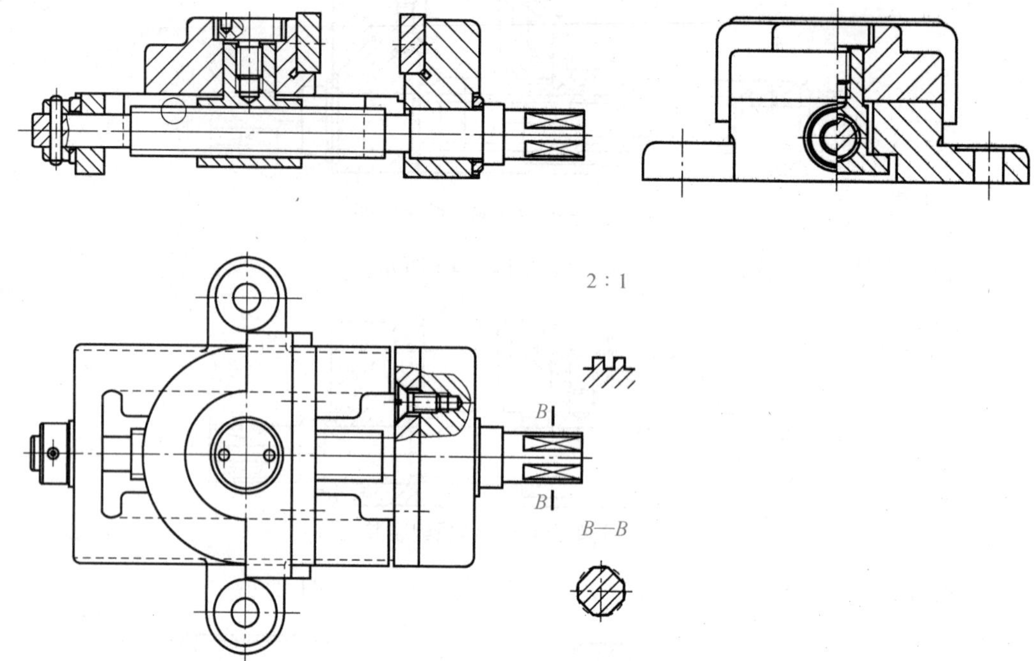

图 14－42　绘制螺钉、局部放大图和断面图，编辑组装装配图

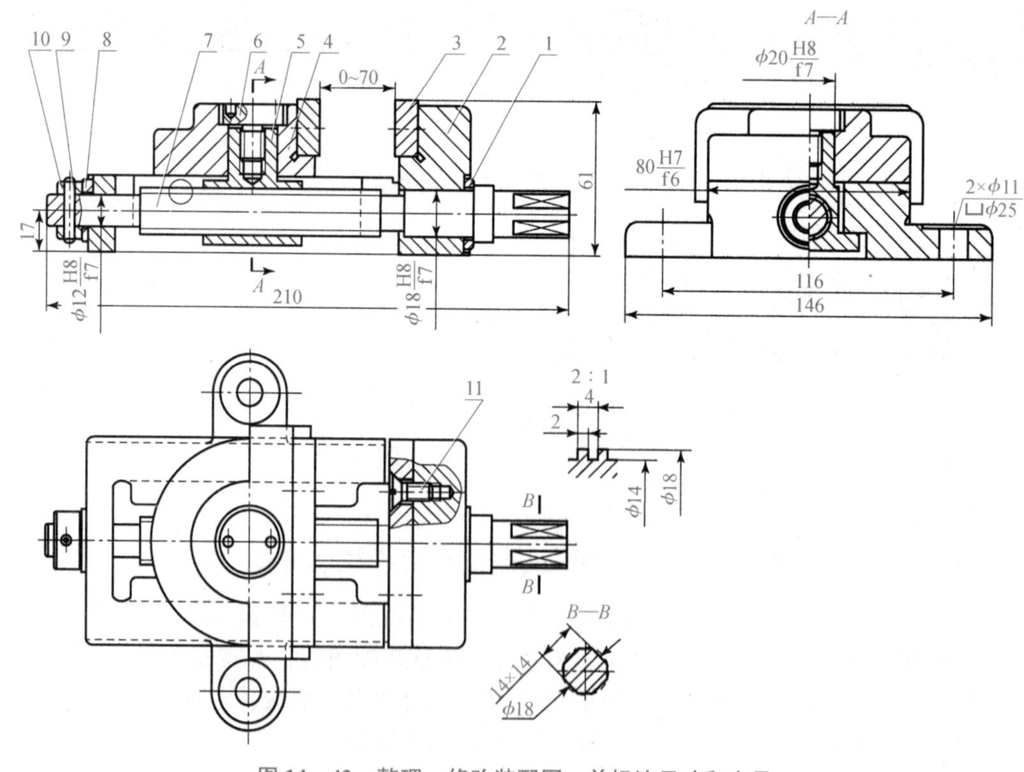

图 14－43　整理、修改装配图，并标注尺寸和序号

学习笔记

五、装配图的绘制方法

在 AutoCAD 中根据零件图拼画装配图主要采用的方法有以下 3 种。

1. 零件图块插入法

该方法是将零件图上的各个图形创建为图块，然后在装配图中插入所需的图块，再编辑修整拼画成装配图。

2. 零件图形文件插入法

用户可以使用“INSERT”命令将零件的整个图形文件作为块直接插入当前装配图中，也可以通过“设计中心”将多个零件图形文件作为块插入到当前装配图中。

11	螺钉	4		GB/T 68–2000
10	圆环	1	Q235	
9	销	1		GB/T 117–2000
8	小垫圈	1	Q235	GB/T 848–2002
7	螺杆	1	45	
6	螺钉	1	Q235	
5	螺母	1	35	
4	活动钳身	1	HT200	
3	护口板	2	45	
2	固定钳身	1	HT200	
1	大垫圈	1	Q235	GB/T 96–2002
序号	名称	数量	材料	备注
机用虎钳		共 张	第 张	比例
		数量		图号
制图		×××职业技术学院		
审核				

图 14－44　填写标题栏，绘制、填写和编辑明细栏

本项目采用的就是运用“设计中心”工具进行装配图组装方法。

3. 剪贴板交换数据法

利用 AutoCAD 的“复制”（[Ctrl]+[C]）命令，将零件图中所需的图形复制到剪贴板上，然后使用“粘贴”（[Ctrl]+[V]）命令将剪贴板上的图形粘贴到装配图所需的位置上。也可以在空命令状态下框选零件图，出现夹点再右击，弹出右键菜单，如图 14－45 所示，然后选择“剪贴板”菜单中的“复制”子菜单或“带基点复制”子菜单，进行复制和粘贴，拼画编辑出装配图。

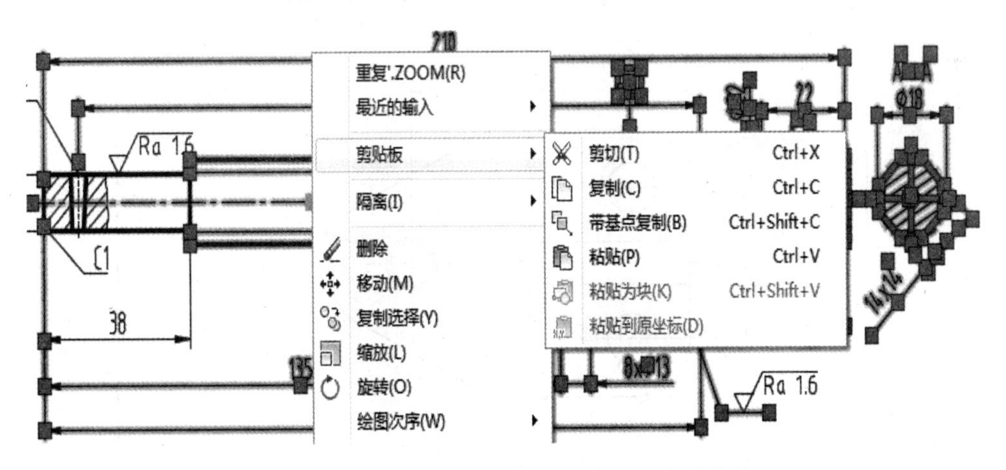

图 14－45　“复制”或“带基点复制”右键菜单

六、课后练习

如图 14－46 所示，根据低速滑轮装置的零件图组装完成其装配图。

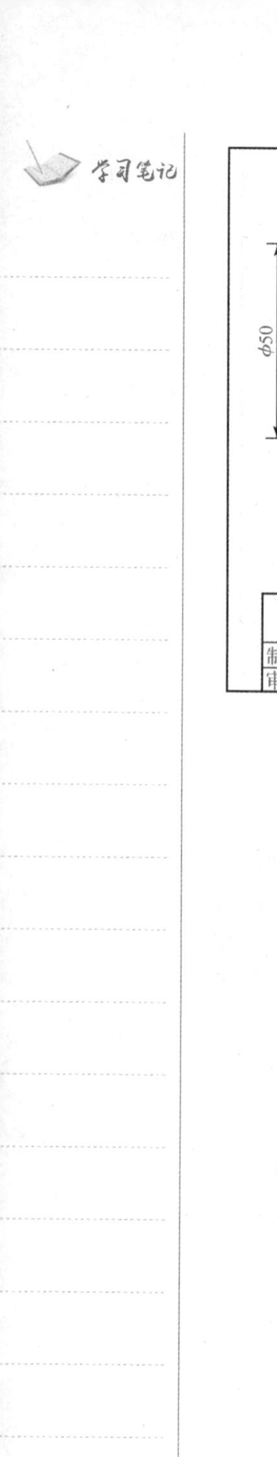
学习笔记

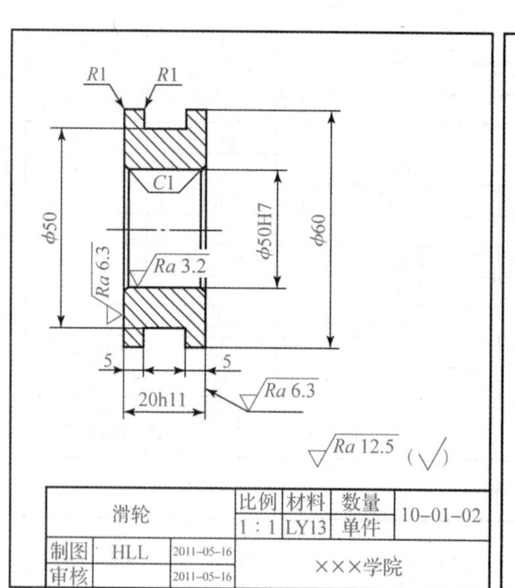
R1
R1
C1
Ra 3.2
Ra 6.3
ϕ50
ϕ50H7
ϕ60
5
5
20h11
Ra 6.3
Ra 12.5
滑轮
比例
材料
数量
1 : 1
LY13
单件
10-01-02
制图
HLL
2011-05-16
审核
2011-05-16
×××学院

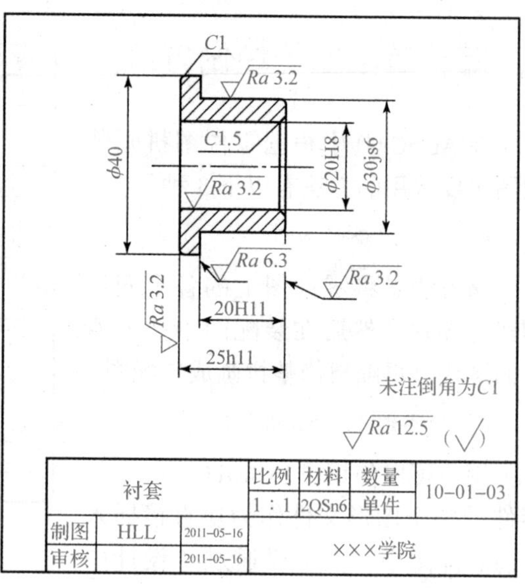
C1
Ra 3.2
C1.5
Ra 3.2
ϕ40
ϕ20H8
ϕ30js6
Ra 6.3
Ra 3.2
Ra 3.2
20H11
25h11
未注倒角为C1
Ra 12.5
衬套
比例
材料
数量
1 : 1
2QSn6
单件
10-01-03
制图
HLL
2011-05-16
审核
2011-05-16
×××学院

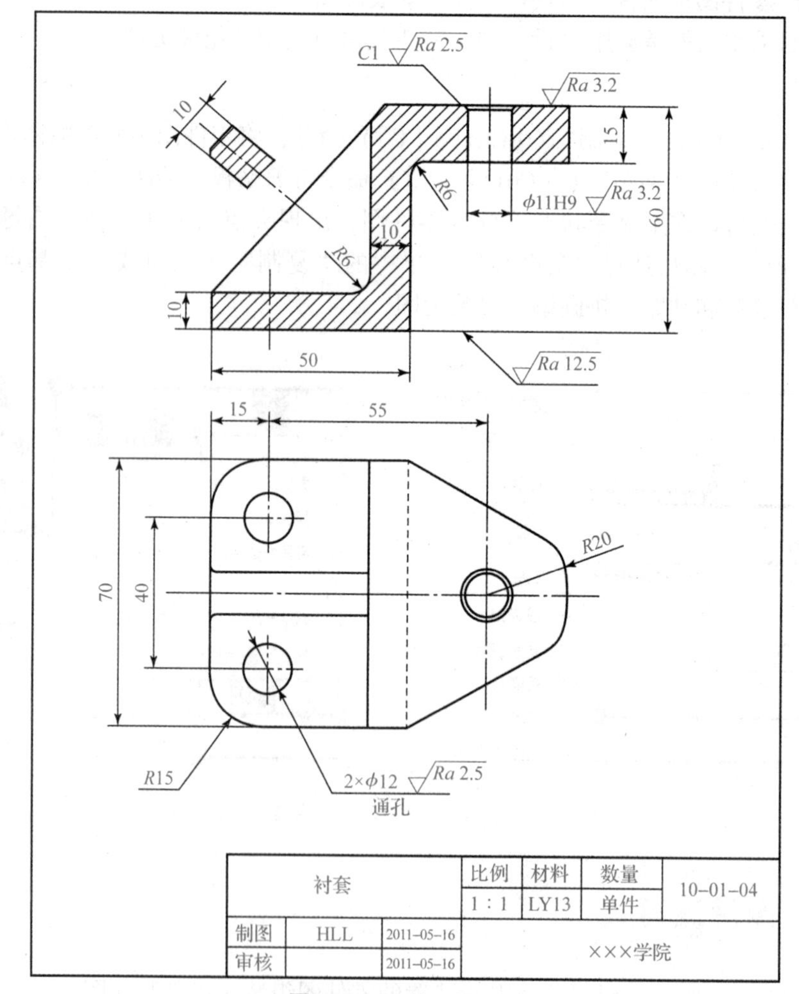
C1
Ra 2.5
Ra 3.2
10
15
R6
ϕ11H9
Ra 3.2
60
10
R6
10
50
Ra 12.5
15
55
R20
70
40
R15
2×ϕ12
Ra 2.5
通孔
衬套
比例
材料
数量
1 : 1
LY13
单件
10-01-04
制图
HLL
2011-05-16
审核
2011-05-16
×××学院

图 14-46 练习图

学习笔记

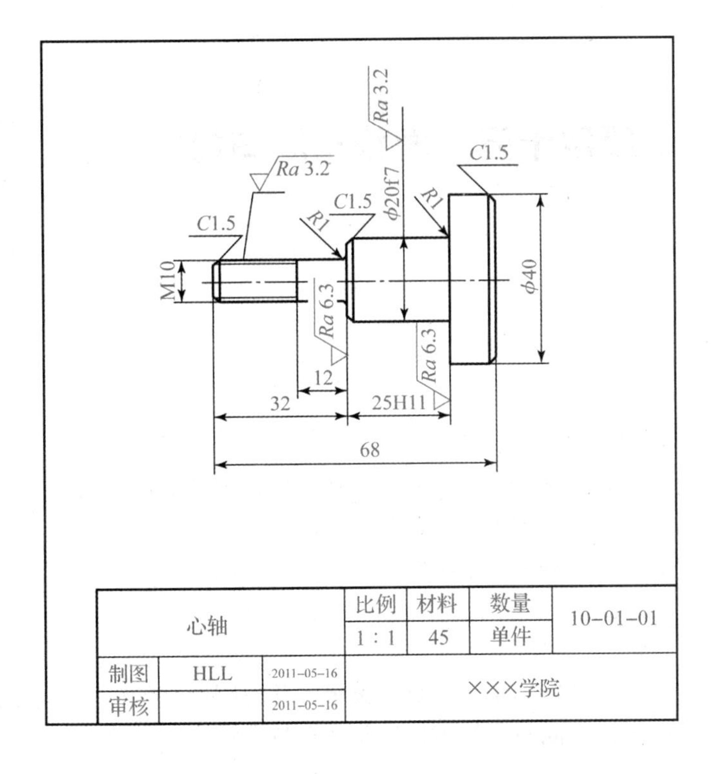

心轴			比例	材料	数量	10-01-01
			1∶1	45	单件	
制图	HLL	2011-05-16	×××学院			
审核		2011-05-16				

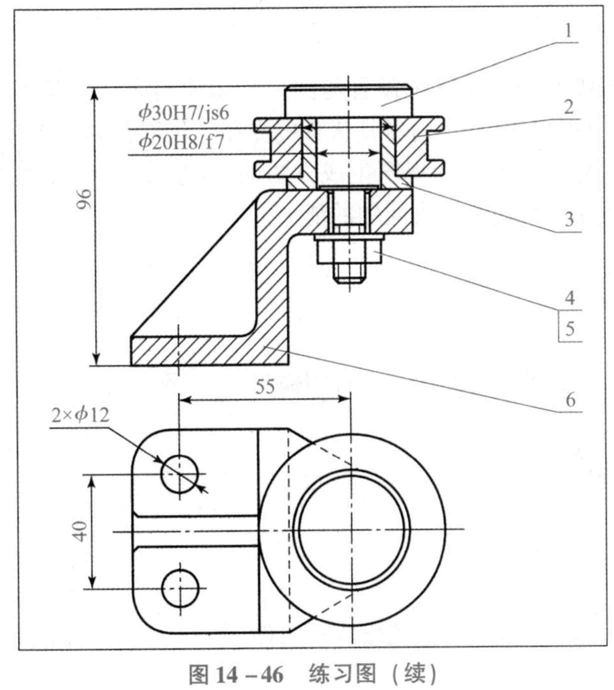

图 14-46　练习图（续）

项目十五　图纸布局与打印输出

一、项目目标

（一）知识目标

（1）掌握模型空间和图纸空间概念与切换，以及图形的输入与输出方法；
（2）掌握图纸空间布局管理与图形的打印输出；
（3）掌握生成实体工程图、剖视图及其标注参数的设置方法。

（二）能力目标

（1）能够创建、管理图形布局和页面设置，并将图形进行输入与输出；
（3）能够进行图纸空间布局管理设置与图形打印输出。

（三）思政目标

（1）通过对图纸空间布局管理设置与图形打印输出方法的学习，提高学生的计算机应用能力、良好的学习能力，培养其认真负责和一丝不苟的工作作风；

（2）通过对实体工程图和剖视图生成方法的学习，培养其良好的质量观和工程意识，提高学生独立分析问题和解决问题的能力。

二、项目导入

将如图 15－1 所示四通管图形进行打印输出。

三、项目知识

（一）图形的输入与输出

在系统中，可以导入或导出其他格式的文件。

1. 导入图形

用于导入其他格式的文件。
命令启动方法如下：

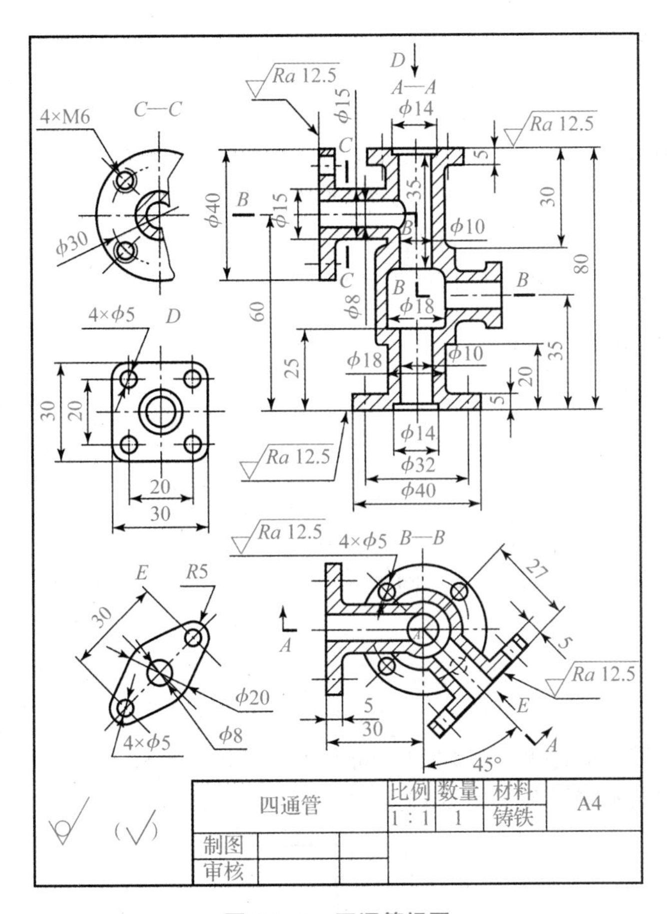

图 15-1 四通管视图

（1）下拉菜单：“插入”/“3D Studio...”；“插入”/“ACIS 文件...”；“插入”/“Windows 图形文件...”。

（2）命令行：输入“IMPORT”或“IMP”。

执行上述命令后，系统弹出“输入文件”对话框，在“文件类型”下拉列表框中选择要导入的图形文件名称，单击“打开”按钮即可完成“图元文件”“ACIS”或“3D Studio”图形格式文件的输入。

2. 输入与输出 dxf 文件

dxf 格式文件是图形交换，AutoCAD 2020 可以把图形保存为 dxf 文件，也可以打开 dxf 格式文件。

命令启动方法如下：

（1）下拉菜单：“文件”/“打开”或“保存”或“另存为”。

（2）命令行：输入“DXFIN”或“DXFOUT”。

执行上述命令后，在弹出的对话框中选择 dxf 文件类型，完成 dxf 文件的输入与输出。

3. 输出图形

将图形文件以不同的类型输出。

学习笔记

命令启动方法如下：

（1）下拉菜单："文件" / "输出..."。

（2）命令行：输入"EXPORT"或"EXP"。

执行上述命令后，系统弹出"输出数据"对话框，在其文件下拉列表框中包括："图形文件（*.mf）""ACIS（*.sat）""平版印刷（*.stl）""封装 PS（*.esp）""DXX 取（*.dxx）""位图（*.bmp）""3D STUDIO（*.3ds）"及"快（*.dwg）"等，从中任选一个类型，即可完成图形的该种类型的传输。

（二）模型空间和图纸空间

在 AutoCAD 中有两个工作空间，分别是模型空间和图纸空间。通常在模型空间 1：1 进行设计绘图。为了与其他设计人员进行交流和产品生产加工，或者工程施工，则需要输出图纸，这就需要在图纸空间进行排版，即规划视图的位置与大小，将不同比例的视图安排在一张图纸上并对它们标注尺寸，给图纸加上图框、标题栏、文字注释等内容，然后打印输出。可以这么说，模型空间是设计空间，而图纸空间是表现空间。

1. 模型空间

当启动 AutoCAD 后，默认处于模型空间。模型空间是完成绘图和设计工作的空间，我们不仅能自由地按照物体的实际尺寸绘制图形、进行尺寸标注和文字说明等，还可以完成二维或三维物体造型。在模型空间，用户可以创建多个不重叠的视口，每个视口可以展示物体的不同视图，如图 15－2 所示。

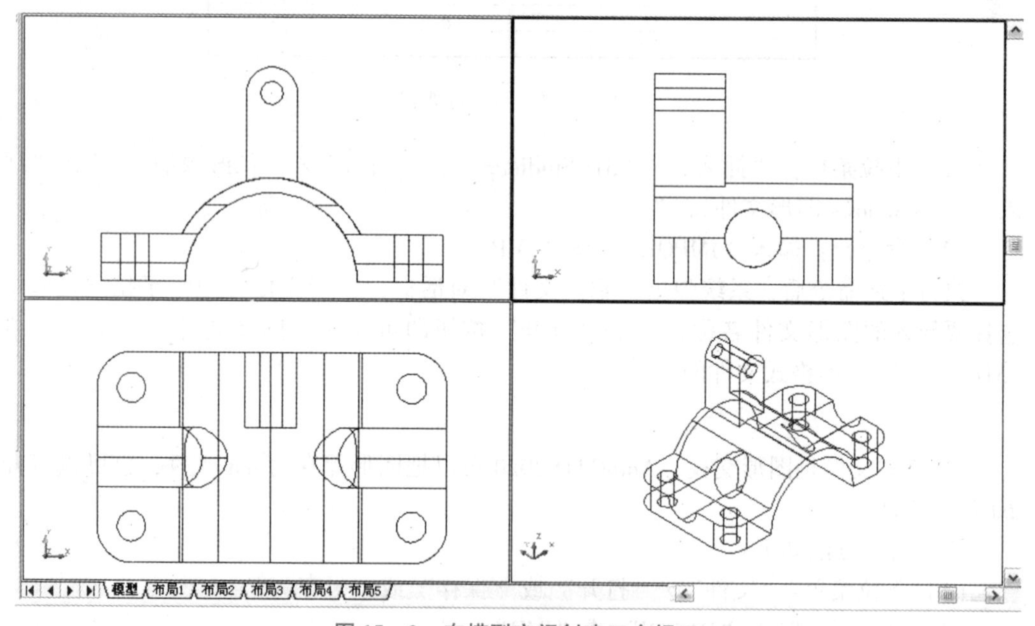

图 15－2　在模型空间创建三个视口

模型空间中的每一个视口都可以分别定义坐标。但改变一个视口中的对象，其他视口中的对象也会相应地改变，也就是说不同视口中的对象其实是同一个对象，只不过观察方向不同。

2. 图纸空间

图纸空间可看作一张绘图纸，可以对绘制好的图形进行编辑、排列以及标注。在图纸空间可以设置视口，来展示模型不同部分的视图，每个视口可以独立编辑，对视图进行标注或文字注释，如图 15－3 所示。

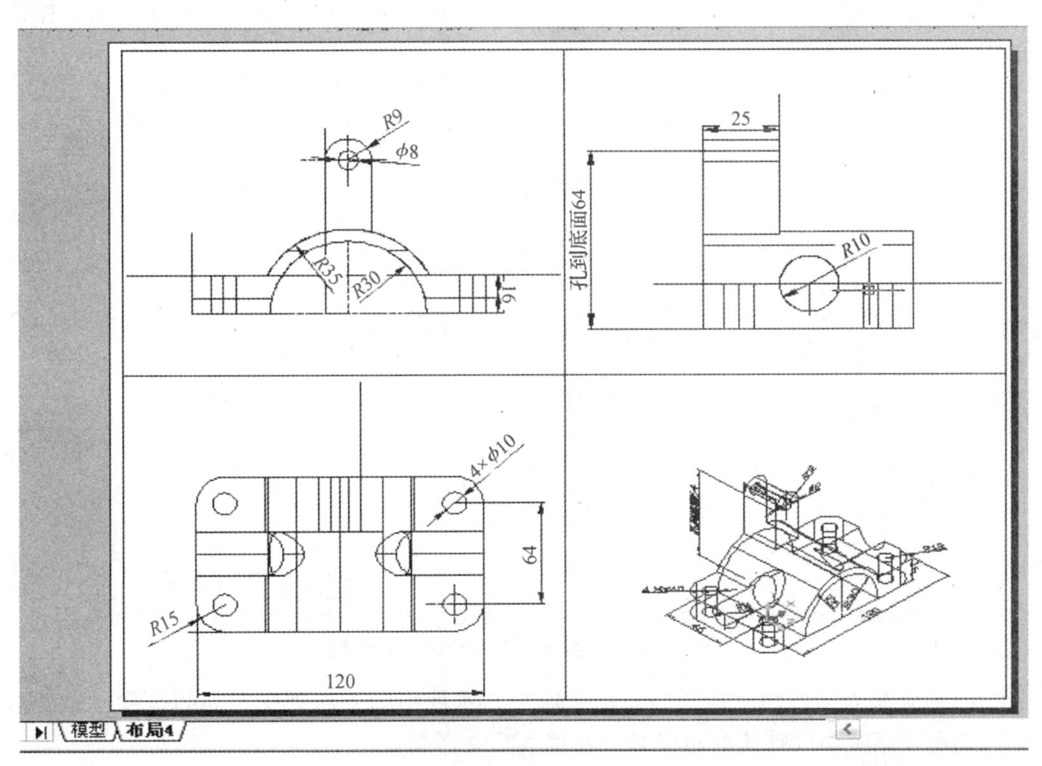

图 15－3　图纸空间

3. 模型空间和图纸空间的切换

模型空间和图纸空间可以自由切换，其方式有以下两种：

(1) 由系统变量来控制，当系统变量 TILEMODE 设置为 1 时，切换到“模型空间”；当 TILEMODE 设置为 0 时，打开“布局”标签，在“布局”标签的状态栏上有“模型空间”和“图纸空间”切换按钮，单击该按钮可以自由切换。

(2) 在“布局”标签状态，在命令行中输入“MSPACE”切换到模型空间，输入“PSPACE”切换到图纸空间。

(三) 创建、管理图形布局和页面设置

布局是一种图纸空间环境，它同时包括模型空间和可模拟图纸页面，提供直观的打印设置。在 AutoCAD 2020 中可以创建多个布局，每个布局都代表一种单独的图纸。此外还可以在布局中创建多个浮动视口，各个视口独立，互不干涉。

1. 创建图形布局

使用布局向导来创建布局，并对页面进行后设置，包括纸张大小、图形比例、打印设备以及打印方向等。

学习笔记

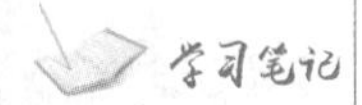

命令启动方法如下：

（1）下拉菜单："工具"/"向导"/"创建布局"；"插入"/"布局"/"创建布局向导"。

（2）命令行：输入"LAYOUT"。

执行上述命令后，系统弹出"创建布局－开始"对话框，如图15－4所示。操作过程如下：

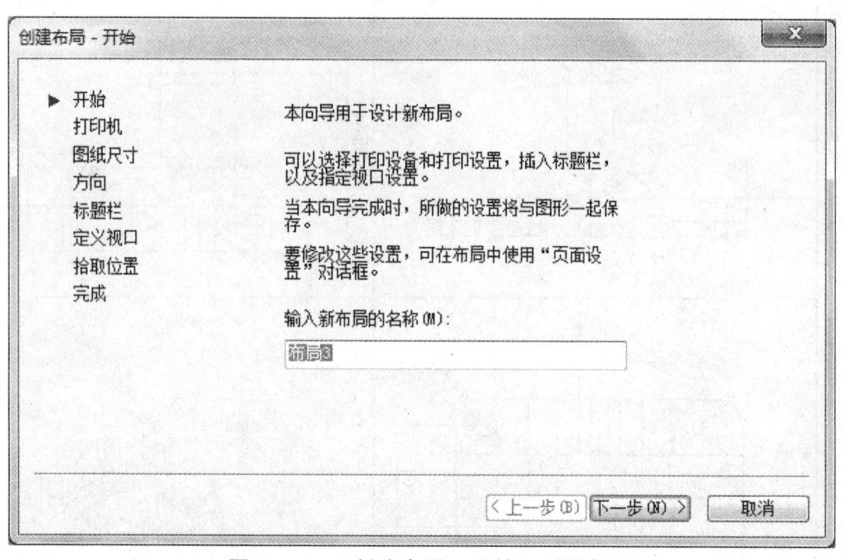

图15－4 "创建布局－开始"对话框

（1）在该对话框的"输入新布局名称"文本框中输入新创建布局的名称，如果不输入名称，系统会以默认的布局名"布局N"来命名。

（2）单击"下一步"按钮，打开"创建布局－打印机"对话框，如图15－5所示。在该对话框右边的列表中选择系统配置的打印机。

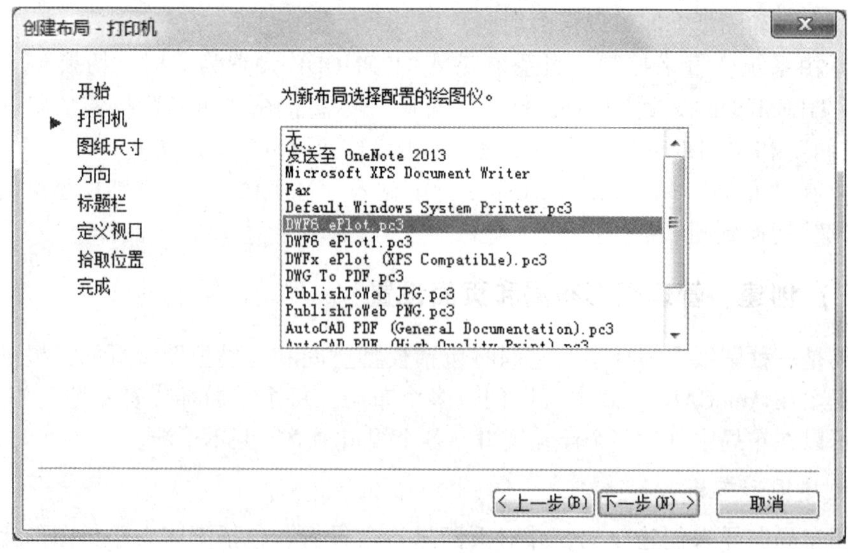

图15－5 "创建布局－打印机"对话框

（3）单击“下一步”按钮，打开“创建布局－图纸尺寸”对话框，如图15－6所示，在该对话框右边选择打印图纸的型号和单位尺寸。

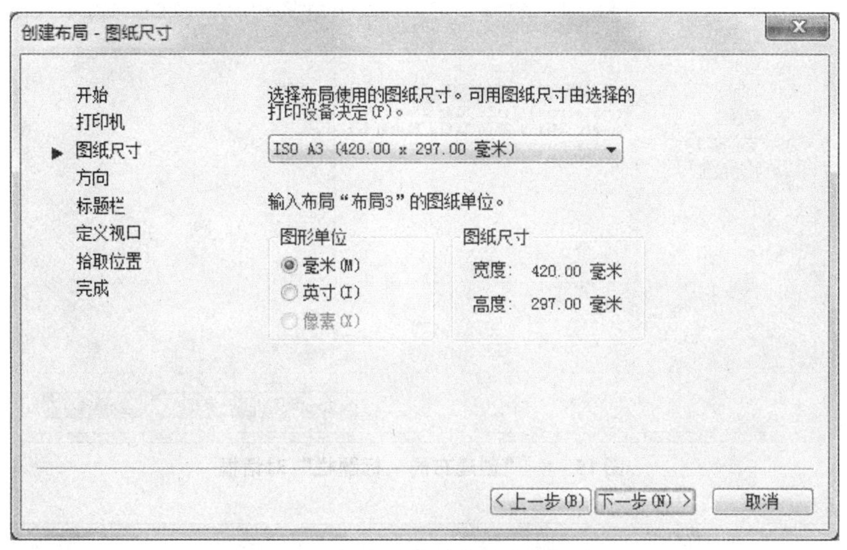

图15－6 “创建布局－图纸尺寸”对话框

（4）单击“下一步”按钮，打开“创建布局－方向”对话框，如图15－7所示，在该对话框中可以设置图纸的打印方向，即横向打印或纵向打印。

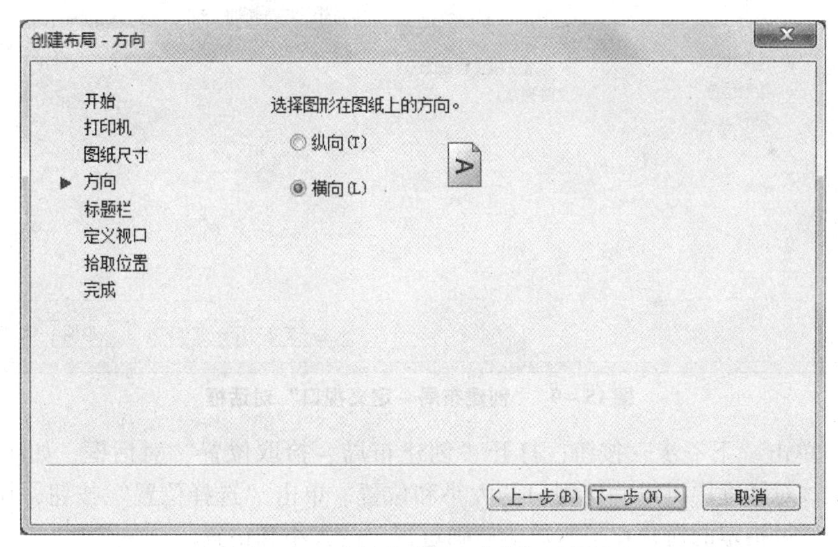

图15－7 “创建布局－方向”对话框

（5）单击“下一步”按钮，打开“创建布局－标题栏”对话框，如图15－8所示，在该对话框的列表框中列出了各种标准的图纸标题，主要标准有“ANSI”（美国国家标准）、“DLN”（德国国家标准）、“ISO”（国际标准）和“JIS”（日本国家标准）等，可以从中选择图纸的边框和标题栏的样式。

（6）单击“下一步”按钮，打开“创建布局－定义视口”对话框，如图15－9所示，在该对话框中可以设置布局的视口以及视口的比例。

学习笔记

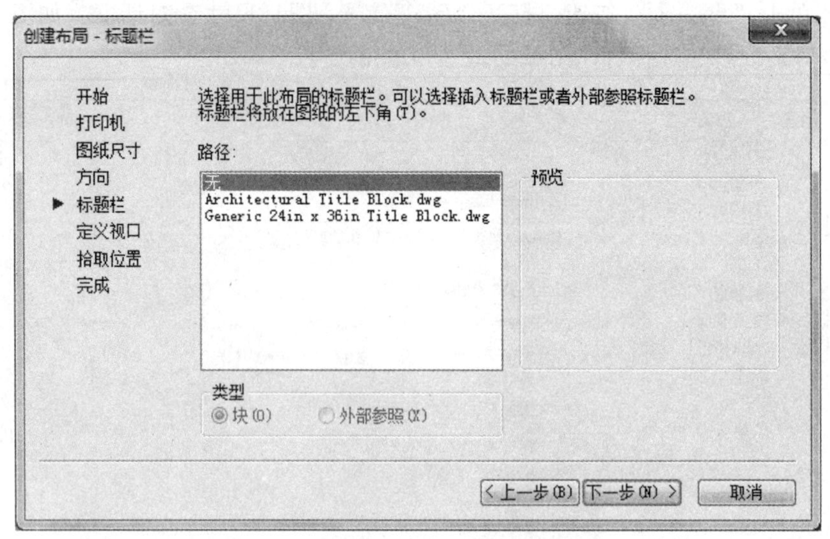

图 15－8 “创建布局－标题栏”对话框

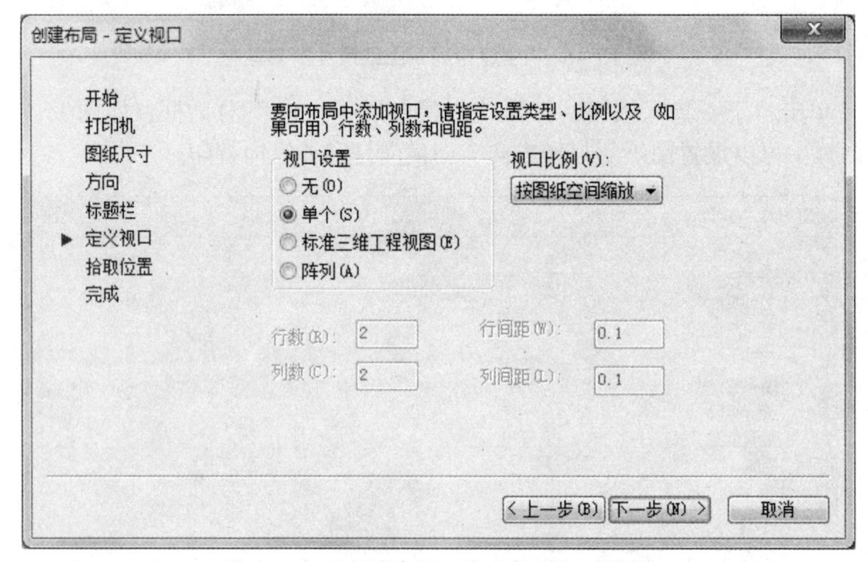

图 15－9 “创建布局－定义视口”对话框

（7）单击“下一步”按钮，打开“创建布局－拾取位置”对话框，如图 15－10 所示，在该对话框中可以确定视口的大小和位置。单击“选择位置”按钮，切换到绘图窗口，通过指定的对角点，用矩形框确定视口的大小和位置。

（8）单击“下一步”按钮，打开“创建布局－完成”对话框，单击“完成”按钮即可完成创建布局，在绘图区的左下方可以看到新建的“布局 3”标签，（或者在绘图区的左下方单击“布局 2”后的“新建布局”加号按钮 布局2 + ，同样可以新建“布局 3”），右击“布局 3”，在弹出的右键菜单（如图 15－12 所示）中单击“重命名(R)”选项，将“布局 3”改为“从动轴”，系统自动进入新建的布局名为“从动轴”布局空间，如图 15－11 所示。

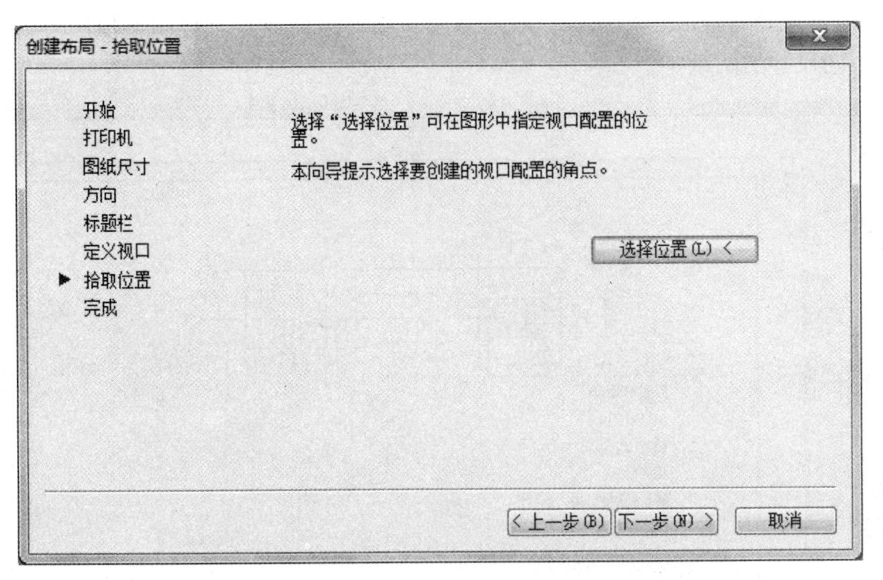

图 15 - 10 "创建布局 - 拾取位置"对话框

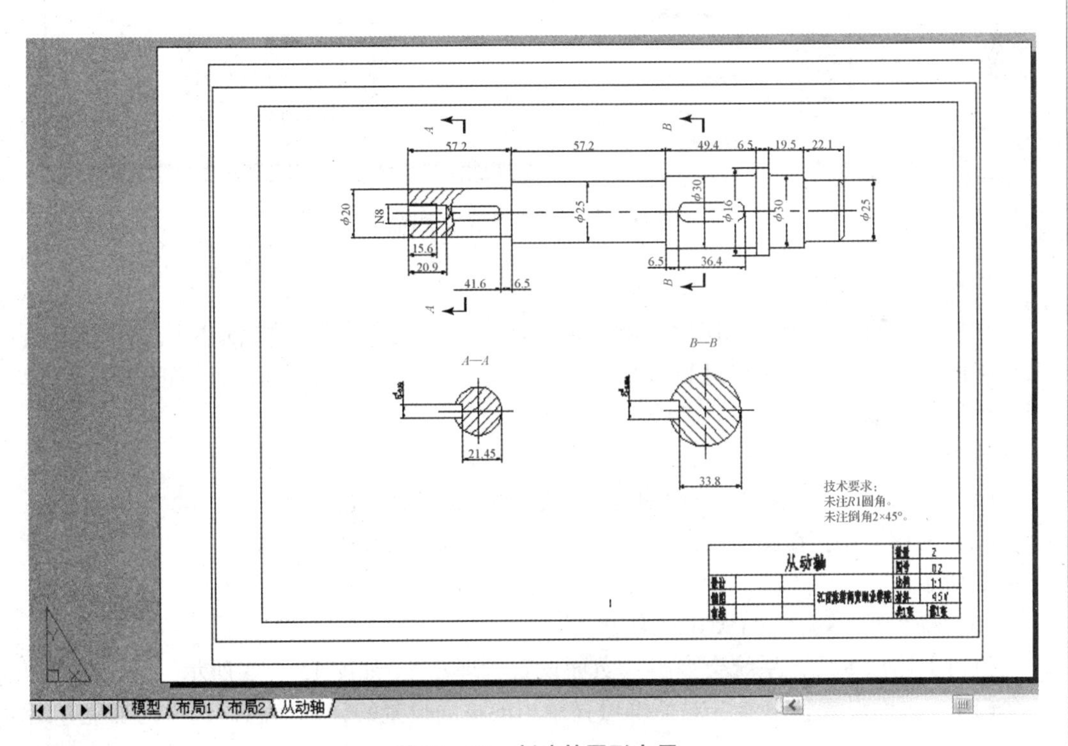

图 15 - 11 新建的图形布局

2. 管理布局

在状态栏"布局"按钮单击鼠标右键，此时弹出快捷菜单，如图 15 - 12 所示。通过该快捷菜单中的选项，可以对图纸布局进行管理。

在默认情况下，单击某个新建布局按钮时，系统将自动显示"页面设置"对话框，用于设置页面布局。如果要修改页面布局，则可在如图 15 - 12 所示的快捷菜单中选择

学习笔记

"页面设置管理器（G)..."选项，通过修改布局的页面设置，将图形按照不同的比例打印到不同尺寸的图纸中。

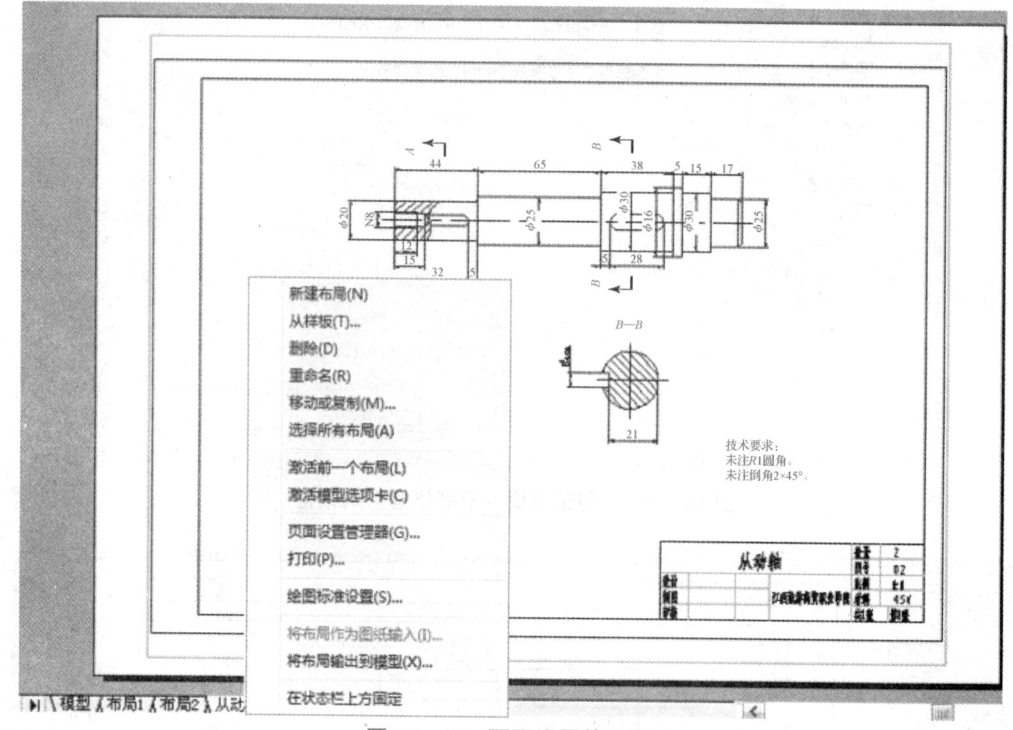

图 15－12　页面设置管理器

3. 图形布局的页面设置

在模型空间完成绘图工作后，就要输出图形，可使用布局功能创建多个图形布局来打印图形，还可以对布局进行页面设置或修改页面设置及保存页面设置，以应用到当前布局或其他布局中。

命令启动方法如下：

(1) 下拉菜单："文件"／"页面设置管理器（G)..."。

(2) 右键菜单：在弹出的快捷菜单中选择"页面设置管理器（G）..."选项，如图15－12所示。

(3) 命令行：输入"PAGESETUP"。

执行上述命令后，系统会弹出"页面设置管理器"，如图15－13所示。

(1)"页面设置管理器"对话框可显示当前页面设置的详细信息，选项的功能介绍如下。

①"页面设置（P)"：显示当前可选择的布局。

②"置为当前（S)"：将选项中的布局设置当前布局。

③"新建（N）..."：单击该按钮，弹出"新建页面设置"对话框，如图15－14所示，可以从中创建新的布局。

④"修改（M）..."：单击该按钮，弹出"页面设置－从动轴"对话框，如图15－15所示，可修改选中的布局。

学习笔记

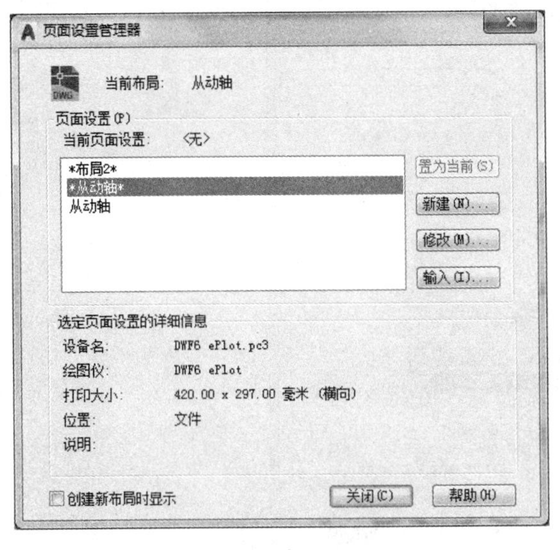

图 15 – 13 “页面设置管理器”对话框

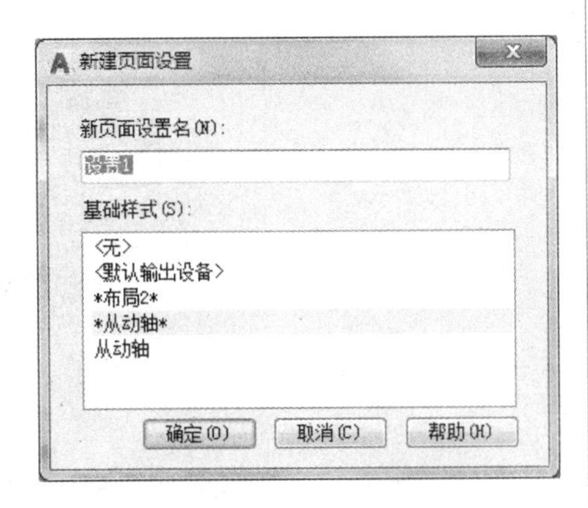

图 15 – 14 “新建页面设置”对话框

图 15 – 15 “页面设置 – 从动轴”对话框

“页面设置 – 从动轴”对话框中的选项功能介绍如下：

a. “页面设置”：显示当前页面设置的名称。用户可以在“页面设置管理器”对话框中选择一个已命名的页面设置作为当前的页面设置。

b. “打印机/绘图仪”：选择打印机或绘图仪的名称、位置和说明。在“名称”下拉列表中列出了可以用于打印的系统打印机和 PC3 文件，可选择系统配置提供的虚拟电子打印机“DWF6 eplot. pc3”，如果要重新设置打印机或修改图纸打印区域等，则可以单击“特性”按钮，弹出“绘图仪配置编辑器”对话框进行设置，如图 15 – 16 所示。

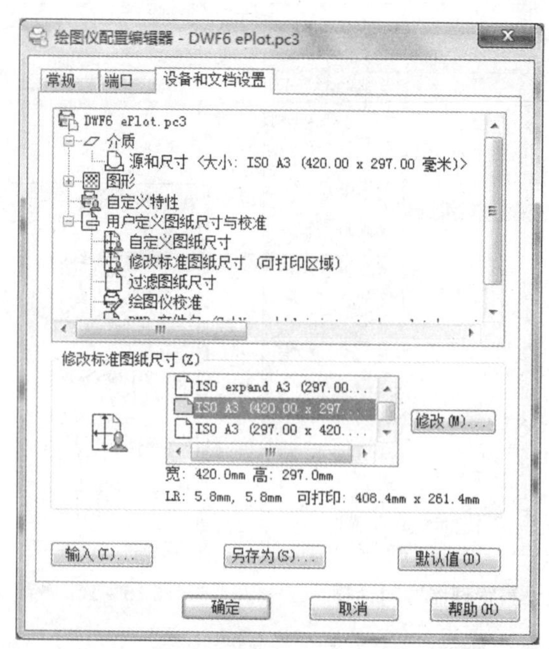

图 15-16 “绘图仪配置编辑器” - “修改标准图纸尺寸” 对话框

c. “打印样式表（画笔指定)(G)”：在其下拉列表框中可选择当前配置于布局或视口的打印样式表，选定一个（acad. ctb）打印样式表后，单击“编辑...”按钮，打开“打印样式表编辑器”对话框，如图 15-17 所示。在该对话框中可以查看、修改打印样式。

“显示打印样式”复选框用来确定是否在布局中显示打印样式。

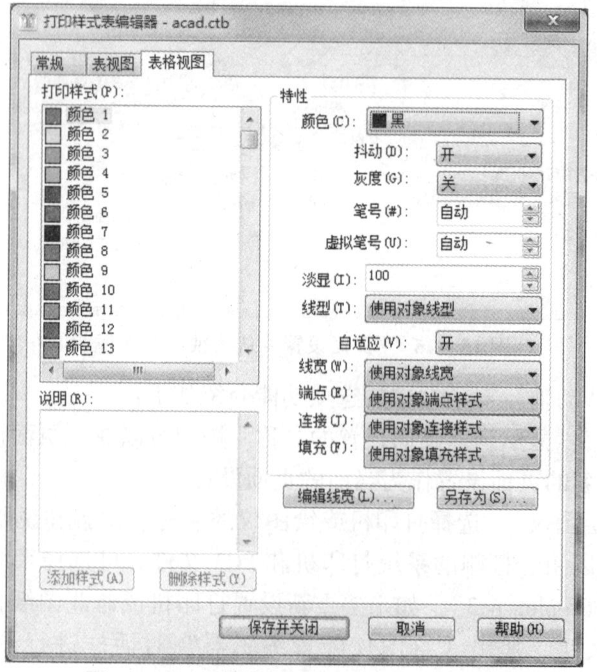

图 15-17 “打印样式表编辑器” 对话框

d. “图纸尺寸（Z）”：用于选择图纸尺寸大小。

e. “打印区域”：用于设置布局打印区域。在“打印范围”下拉列表中，可以选择布局、视图、显示和窗口作为要打印的区域。

f. “打印偏移（原点设置在可打印区域）”：用于指定可打印区域的原点与打印区域之间的间距。如果选中“居中打印”复选框，系统会自动计算输入的偏移值，以使图形居中打印。

g. “打印比例”：用于设置打印比例。在其下拉列表框选择标准缩放，或者直接输入比例值；打印布局空间时，布局的默认值是 1∶1；在模型空间打印时，默认为“按图纸空间缩放”。如果选中“缩放线宽”复选框，图形布局按比例缩放时，线宽也随之缩放。

h. “着色视口选项”：用于选择着色和渲染视口的打印方式，确定分辨率的大小和 DPI 值。在“质量”下拉列表中指定着色和渲染视口的打印分辨率，当在“质量”下拉列表中选择“自定义”时，DPI 文本才亮显，可直接输入着色和渲染视图每英寸的点数，最大不超过分辨率的最大值。

i. “打印选项”：设置打印选项。可以打印图形对象和图层的线宽；打印应用于布局的打印样式；可以选择打印模型空间和图纸的先后顺序；不选“最后图纸打印空间”，默认为先打印图纸空间集合图形；“隐藏图纸空间”就是不打印作为图纸空间视口中的对象；可通过打印预览观察打印对象。

j. “图形方向”：用于设置图形在图纸上的打印方向，用户可根据需要选择“纵向”或“横向”。“反向打印”是指图形在图纸上倒置打印。

（2）自定义图纸，操作过程如下。

①在“绘图仪配置编辑器”对话框的“设备和文档设置”选项卡中选择“自定义图纸尺寸”选项，如图 15－18 所示。

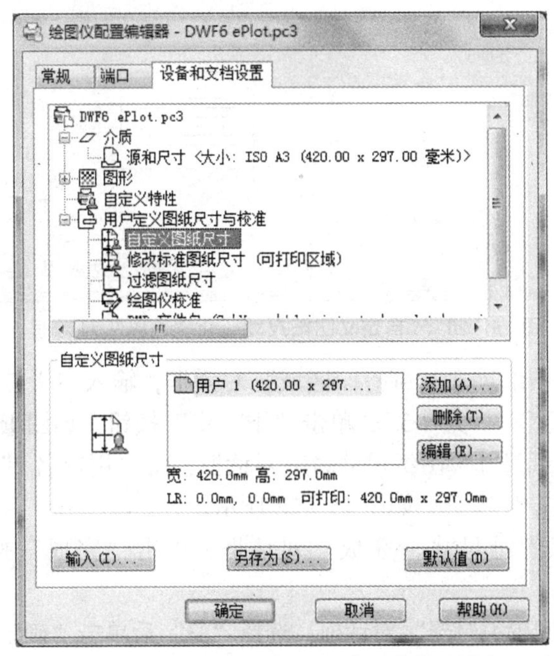

图 15－18 “绘图仪配置编辑器”中“自定义图纸尺寸”

②单击如图 15－18 所示的“添加（A）...”按钮，弹出“自定义图纸尺寸－开始”对话框，如图 15－19 所示，选择“创建新图纸”选项，单击“下一步”按钮。

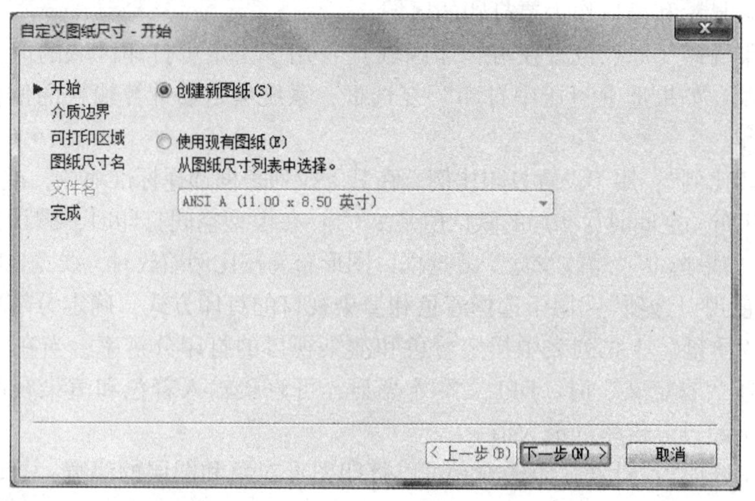

图 15－19 “自定义图纸尺寸－开始”对话框

③弹出“自定义图纸尺寸－介质边界”对话框，如图 15－20 所示，选择“单位”为“毫米”，输入“宽度”为“420”，“高度”为“297”，单击“下一步”按钮。

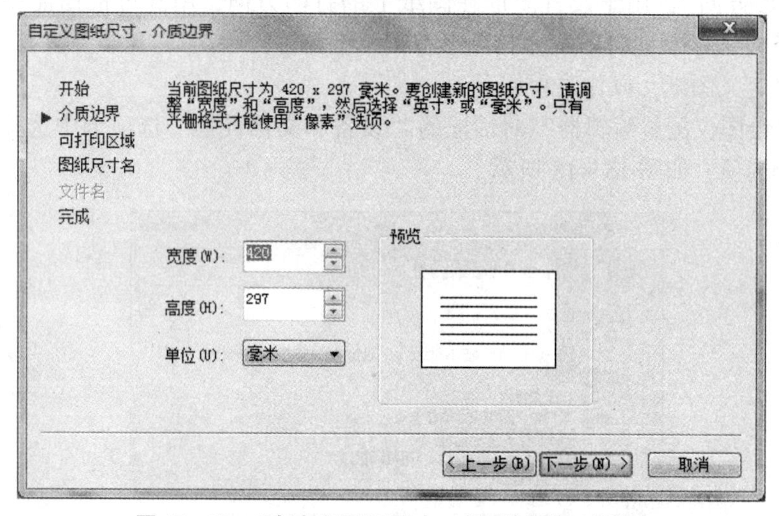

图 15－20 “自定义图纸尺寸－介质边界”对话框

④弹出“自定义图纸尺寸－可打印区域”对话框，输入“上”为“5”，“下”为“5”，“左”为“5”，“右”为“5”，单击“下一步”按钮，如图 15－21 所示。

⑤弹出“定义图纸尺寸－图纸尺寸名”对话框，将“用户名 1”改为“a3”，以方便区别，单击“下一步”按钮，如图 15－22 所示。

⑥弹出“自定义图纸尺寸－完成”对话框，单击“完成”按钮，如图 15－23 所示。

⑦弹出“绘图仪配置编辑器”对话框，选择“a3”后单击“确定”按钮，如图 15－24 所示。

学习笔记

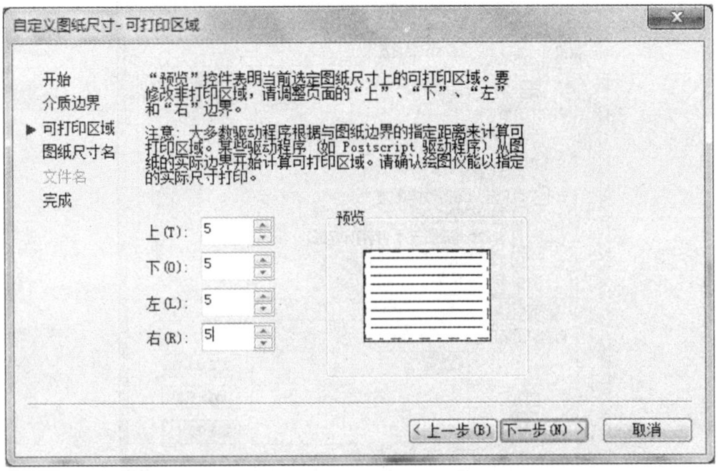

自定义图纸尺寸 - 可打印区域

开始
介质边界
▶ 可打印区域
图纸尺寸名
文件名
完成

“预览”控件表明当前选定图纸尺寸上的可打印区域。要修改非打印区域，请调整页面的“上”、“下”、“左”和“右”边界。

注意：大多数驱动程序根据与图纸边界的指定距离来计算可打印区域。某些驱动程序（如 Postscript 驱动程序）从图纸的实际边界开始计算可打印区域。请确认绘图仪能以指定的实际尺寸打印。

上(T)：5
下(O)：5
左(L)：5
右(R)：5

预览

< 上一步(B)　下一步(N) >　取消

图 15－21　“自定义图纸尺寸－可打印区域”对话框

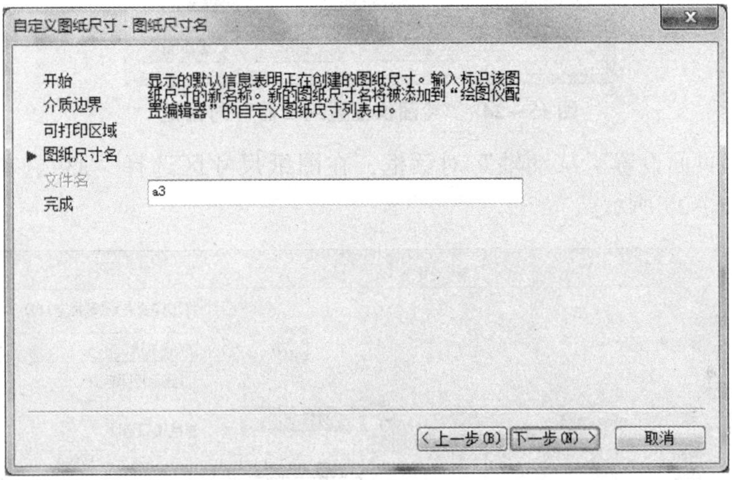

自定义图纸尺寸 - 图纸尺寸名

开始
介质边界
可打印区域
▶ 图纸尺寸名
文件名
完成

显示的默认信息表明正在创建的图纸尺寸。输入标识该图纸尺寸的新名称。新的图纸尺寸名将被添加到“绘图仪配置编辑器”的自定义图纸尺寸列表中。

a3

< 上一步(B)　下一步(N) >　取消

图 15－22　“自定义图纸尺寸－图纸尺寸名”对话框

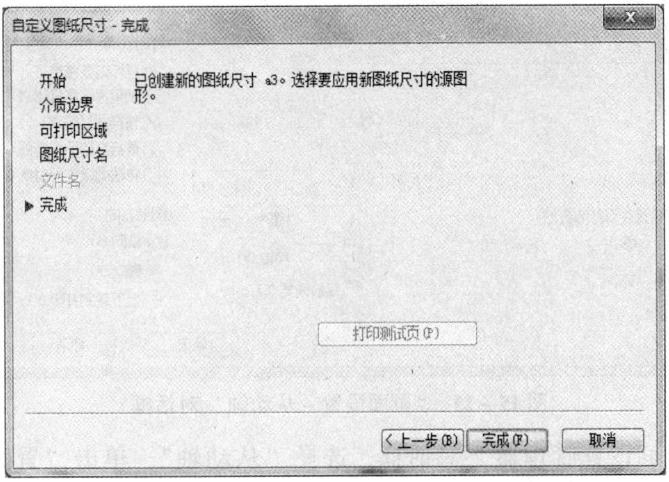

自定义图纸尺寸 - 完成

开始
介质边界
可打印区域
图纸尺寸名
文件名
▶ 完成

已创建新的图纸尺寸 a3。选择要应用新图纸尺寸的源图形。

打印测试页(P)

< 上一步(B)　完成(F)　取消

图 15－23　“自定义图纸尺寸－完成”对话框

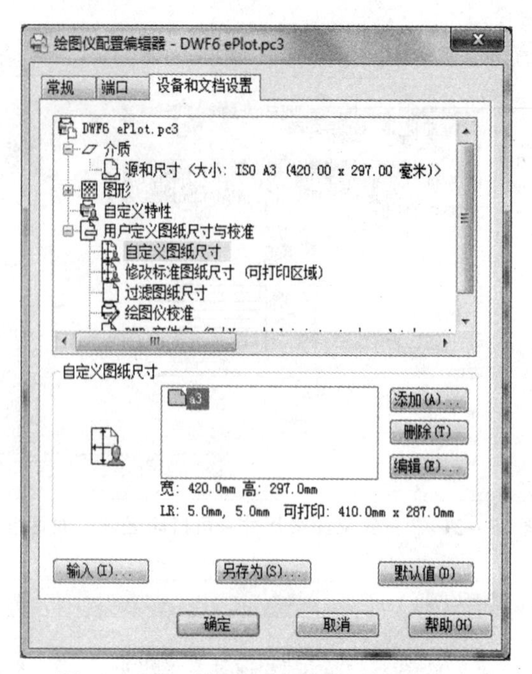

图 15－24 “绘图仪配置编辑器”对话框

⑧弹出“页面设置－从动轴”对话框，在图纸尺寸区选择“a3”，单击“确定”按钮，如图 15－25 所示。

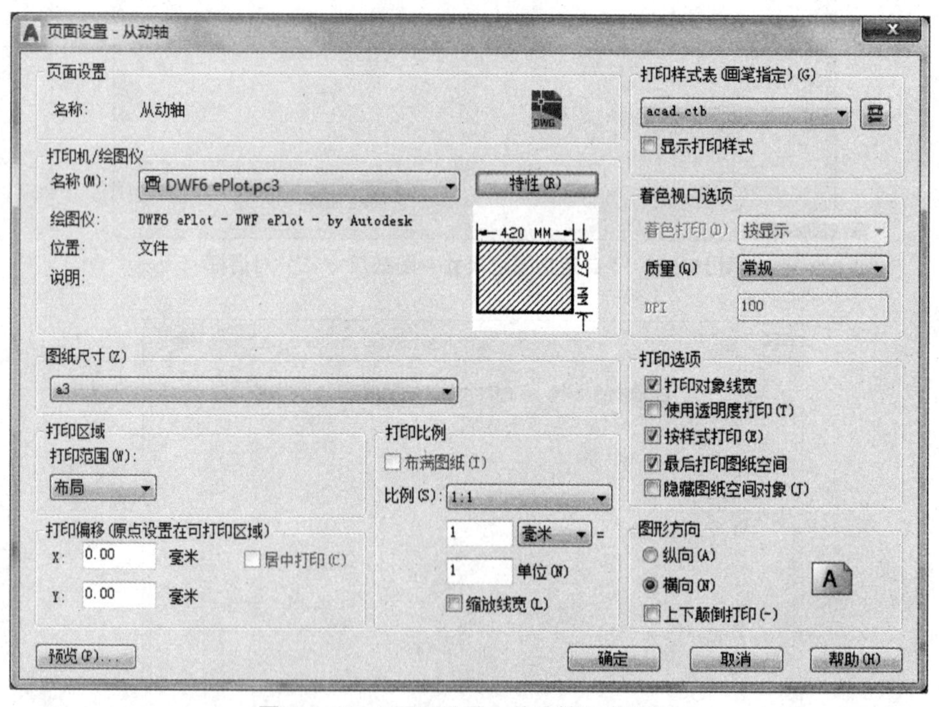

图 15－25 “页面设置－从动轴”对话框

⑨弹出“页面设置管理器”对话框，选择“从动轴”，单击“置为当前”按钮，如图 15－26 所示。

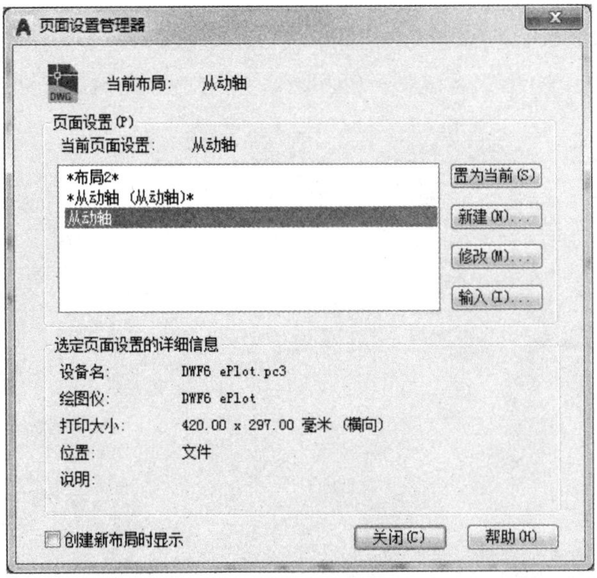

学习笔记

图 15－26 “页面设置管理器”对话框

(四) 出图样式设置管理及编辑

1. 出图样式设置管理

通常将某些属性（如颜色、线段、线条尾端、接头样式、灰度等级等）设置给实体、图层、视口、布局等，这些设置给实体、图层、视窗、布局等属性的集合就是出图样式。出图样式有两种模式：Color－Dependent（依赖颜色）和 Named（命名）。绘图样式定义在绘图样式表格中，可以把绘图样式定义与模板标签和布局相联系。在为同一图形指定绘图样式后，如果删除或断开样式与图形的联系，则绘图样式对图形不会产生影响。为同一图形指定多个绘图样式，可以创建不同的图形输出效果。

当图层处于 Color－Dependent 出图样式（系统变量 PSTYLEPOLICYHI 值 1），而不是 Named 出图样式（系统变量 PSTYLEPOLICY 值 0）时，则不能为图层设置出图样式。

出图样式设置管理可用于改变输出图形的外观，通常通过修改图形的绘图样式，定义输出时的实体、线性颜色、线宽等。

命令启动方法如下：

（1）下拉菜单：“文件”／“打印样式管理器或工具”／“选项”／“打印和发布”／“打印样式表设置按钮”／“添加或编辑打印样式表”。

（2）命令行：输入“STYLEMANAGER”。

（3）图标：在 Windows 系统中选择“开始”／“控制面板”／“硬件和声音”命令，单击“Autodesk 打印样式管理器”图标。

执行上述命令后，系统弹出“Plot Styles（出图样式）”对话框，如图 15－27 所示。

在该对话框中，双击“添加打印样式表向导”图标，此时弹出“添加打印样式表向导”对话框，通过对该对话框的操作，完成新打印样式的设置。此外，通过下拉菜

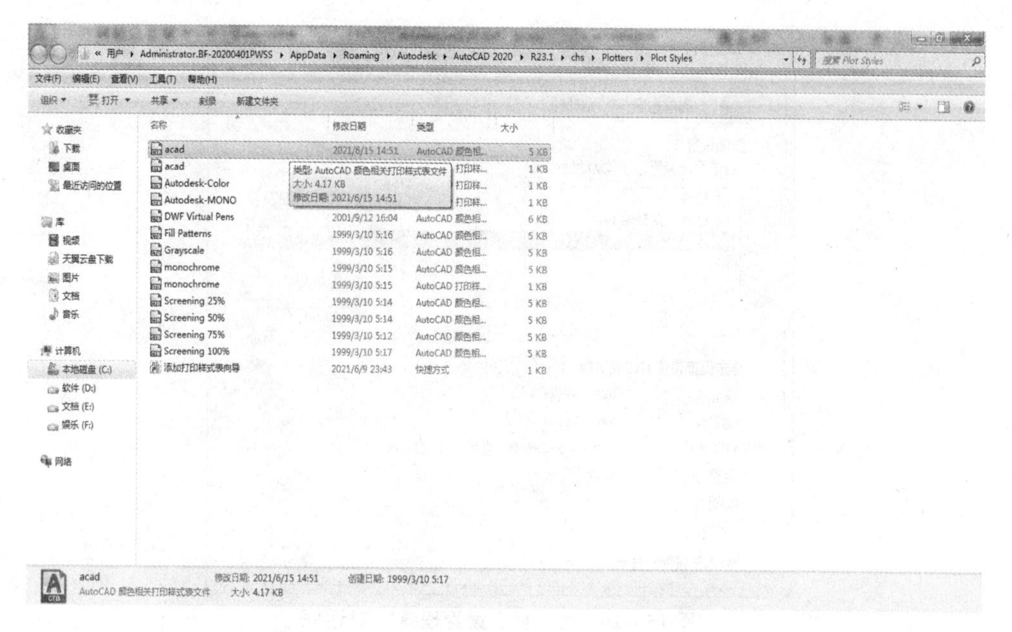

图 15－27 “Plot Styles（出图样式）”对话框

单“工具”/“向导”/“添加打印样式表...”（或添加颜色相关打印样式表...），也可进行打印样式的设置。

2. 打印样式编辑

在输出图形时，有时需要对出图样式进行编辑和修改操作。

（1）颜色相关型打印样式编辑（Color－Dependent Plot Style Table）。

在“Plot Style”对话框中，双击任一个颜色相关型打印样式图标（文件后缀为“*.ctb”），此时弹出“打印样式表编辑器”对话框，在该对话框中有三个选项卡：“常规”“表视图”和“表格视图”，如图 15－28（a）~图 15－28（c）所示，可对颜色相关型打印样式进行编辑。

（2）命名型打印样式编辑（Named Plot Style Table）。

命名型打印样式不依赖于实体的颜色，可以把这种打印样式指定给任何颜色实体，更改实体颜色特性和其他实体特性一样不受限制。命名型打印样式保存在扩展名为“*.stb”的文件中。

在“Plot Style”对话框中，双击任一命名型打印样式（Named Plot Style Table）图标（文件后缀为“*.stb”），此时弹出“打印样式表编辑器”对话框，在该对话框中有三个选项卡：“基本”“表视图”和“格式视图”，可对命名型打印样式进行编辑。

在“打印样式表编辑器”对话框中，“基本”选项卡显示打印样式的名称、描述、打印样式数目、保存路径名，在此选项卡中可以修改描述内容，指定非标准直线和填充模式的全局比例因子。“表视图”和“格式视图”选项卡提供了两种修改打印样式设置的途径，这两个选项卡形式都可以列出打印样式的设置内容，可以对线型、线宽、颜色等设置进行修改，当打印样式数目较少时，用“表视图”选项卡比较方便；当打印样式数目较多时，使用“格式视图”选项卡修改较为方便。

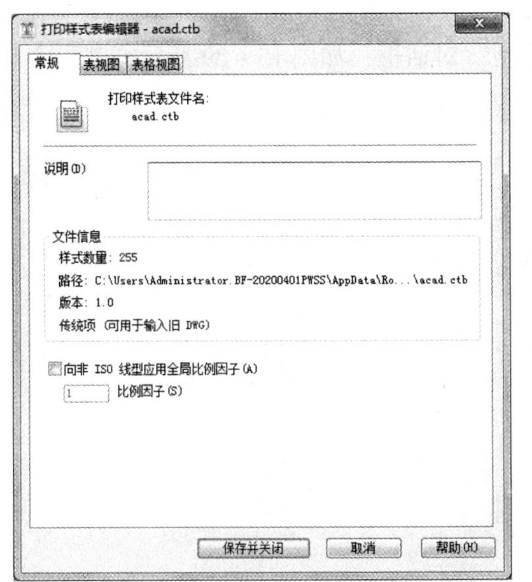

(a)

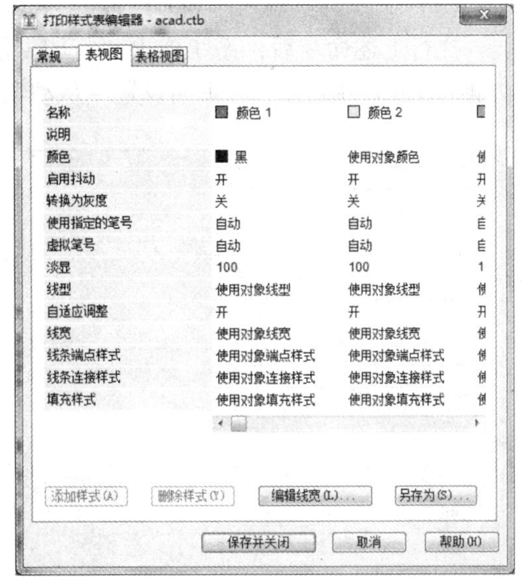

(b)

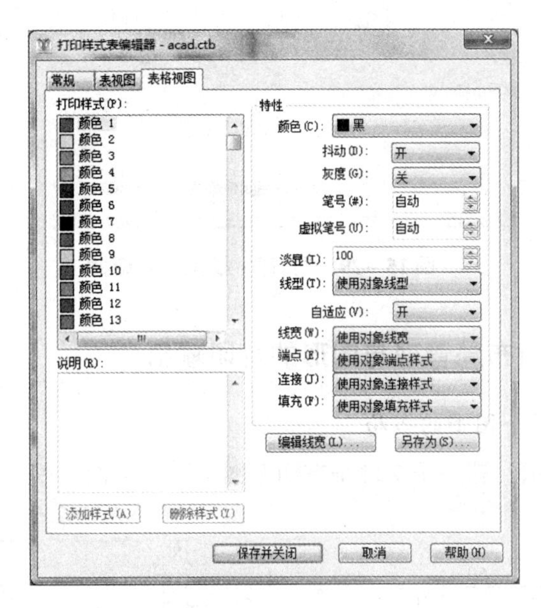

(c)

图 15-28 "打印样式表编辑器"对话框

(a)"常规"选项设置;(b)"表视图"选项设置;(c)"表格视图"选项设置

学习笔记

3. 打印图形

用于设置打印参数及控制出图设备，并用当前图形输出设备输出图形。

命令启动方法如下：

(1) 下拉菜单："文件"/"打印"。

(2) 工具栏：单击"标准"工具栏中的按钮 。

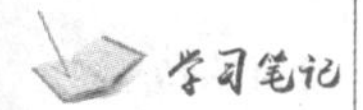

（3）命令行：输入“PLOT”或“PRINT”。

执行上述命令后，系统弹出“打印－模型”对话框，如图 15－29 所示，其内容及功能同图 15－25 所示“页面设置－从动轴”对话框。

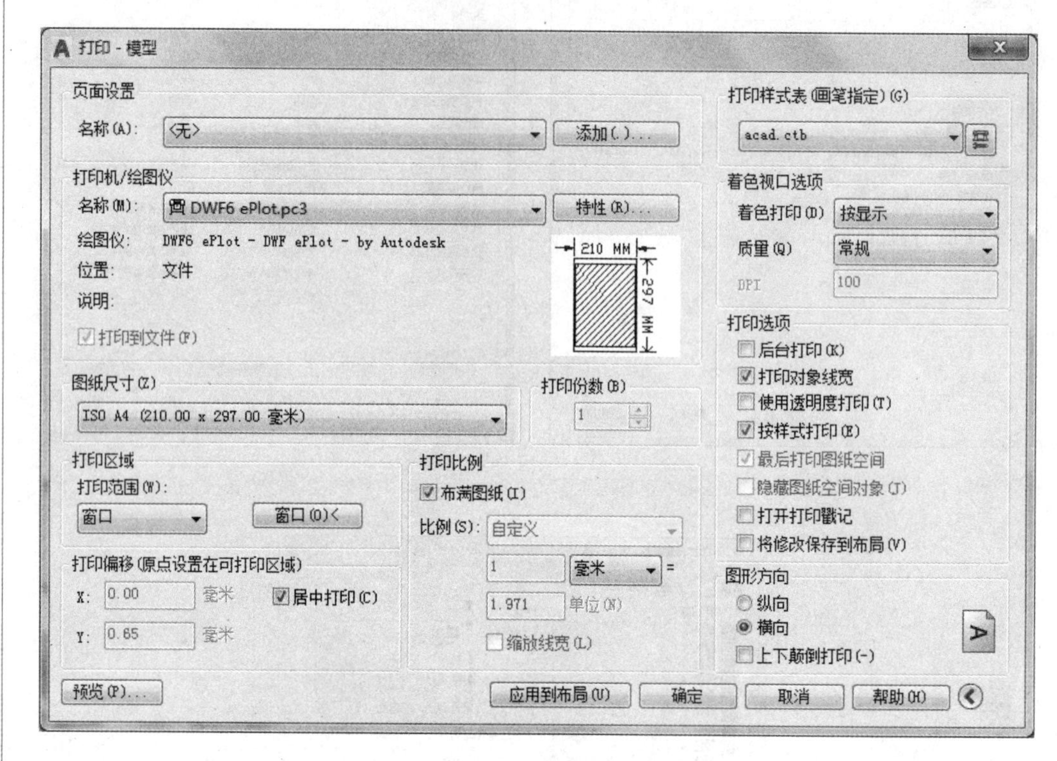

图 15－29 “打印－模型”对话框

（五）图纸空间布局管理与图形的打印输出

1. 一个文件中多个图形的布局

如图 15－30 所示，若一个文件中有两个图，则要用两个图纸空间表示。

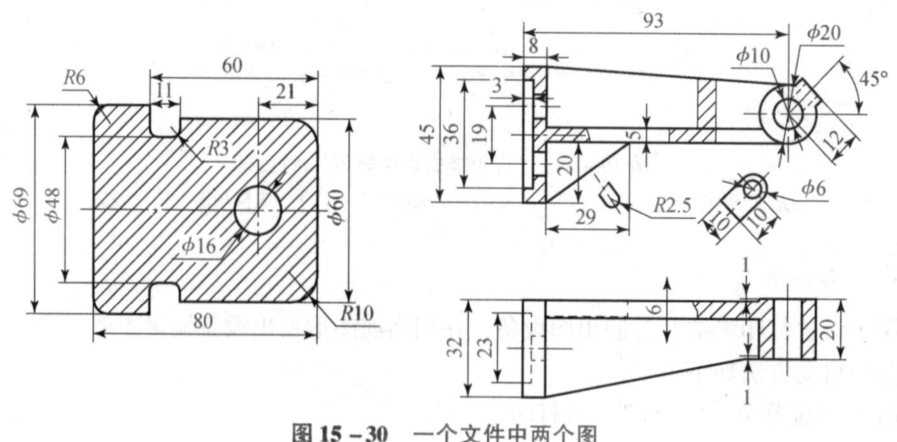

图 15－30 一个文件中两个图

学习笔记

（1）在“模型与布局”选项卡的任意一选项上单击右键，选择“来自样板”，浏览到我们前面保存的图框，选择 A4 图框，在“插入布局”对话框中选择 A4 确定。右键单击“模型与布局”选项卡的“A4”选项，从快捷菜单中选择“页面设置”/“A4 图纸”/“纵向排列”，设置完毕后确定。

（2）单击“模型与布局”选项卡的“A4”选项，创建一矩形视口，可见到图中的两个零件图均出现在视口中。

（3）在视口中双击左键，利用实时平移命令将第一个图移至视口合适位置，且将第二个零件图移至视口外，使之在视口中不显示。用同样的方法可以得到另一零件的图纸空间效果，如图 15－31 所示。

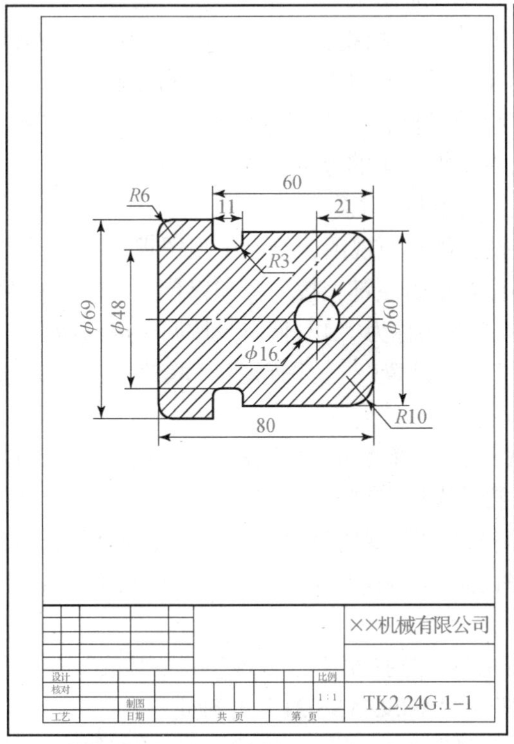

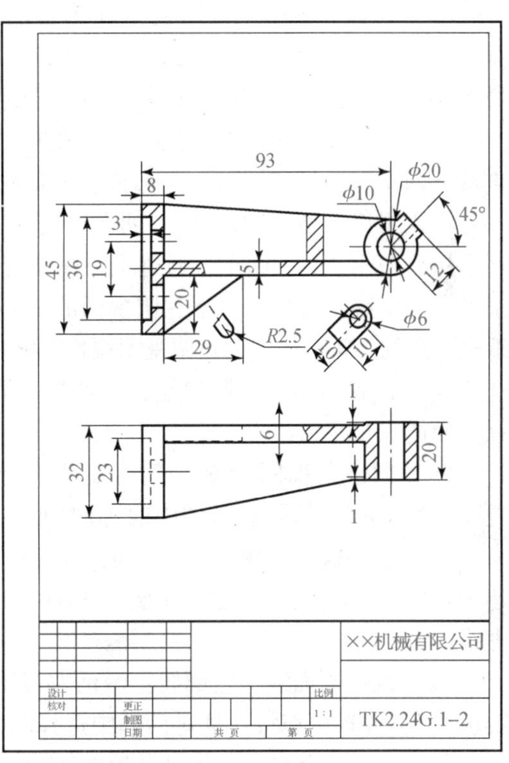

图 15－31　一个文件中多个图形的布局

2. 三视图的布局与输出

如何根据三维实体图在“AutoCAD 经典”工作空间生成三视工程图，下面以图 15－32 所示三维实体模型为例。除了运用到视口知识外，还要运用到菜单“绘图”/“建模”/“设置”的级联菜单，如图 15－33 所示。

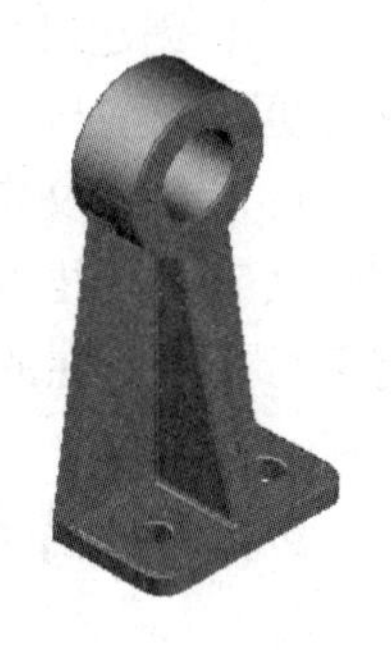

图 15－32　三维实体模型

参考步骤如下：

（1）引用模板文件（A4）。

（2）创建主视图视口：选择菜单“视图”/“视口”/“一个视口”，在屏幕打印区内左上角地方，大约 1/4 范围内创建视口。激

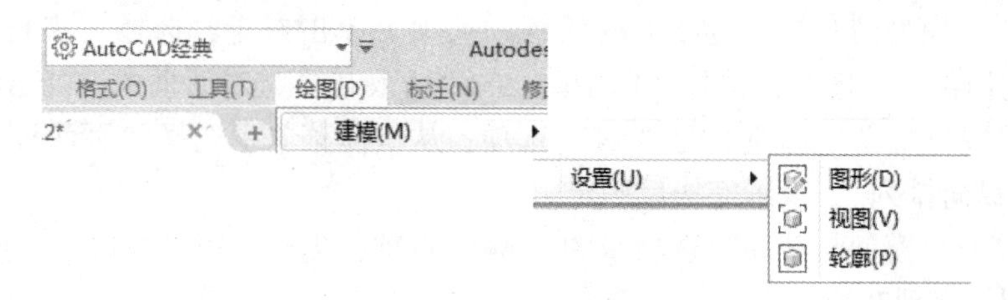

图 15－33 “建模/设置”的级联菜单

活视口，选择菜单“视图”/“三维视图”/“主视”，运用实时缩放和实时平移命令调整图形在视口中的位置。

（3）创建一剖视左视图视口和俯视图视口：选择菜单“绘图”/“建模”/“设置”/“视图”，输入“S”回车创建截面，打开对象捕捉，在第一个视口中选择实体最上端的圆柱象限点和最下边的中点，光标在图形左侧单击，以确定向右投影。

按回车键接受默认的比例值，从左向右移动光标，大概在左视图中心处单击左键，再按下回车键以指定视口，光标在右上角约占图纸 1/4 的范围内画一视口。

输入视口名称为“A－A”回车，完成左视图的视口。

接着输入“O”回车，通过主视图正交投影创建俯视图，拾取主视图视口的最上边中点，向下移动光标，大概在俯视图的中心位置单击左键，按下回车以创建视口，在图纸左下角约 1/4 范围内创建俯视图视口，输入视图名称为“A”回车。按回车退出命令。

（4）设置图形：选择“绘图”/“建模”/“设置”/“图形”级联菜单，光标选择前面的三个视口线框。

（5）创建主视图轮廓：激活主视图视口，选择菜单“绘图”/“建模”/“设置”/“轮廓”，选择主视图中的 3D 模型，按三次回车键。

（6）图层操作：单击图层管理器按钮，打开“图层管理器”对话框，隐藏用于创建 3D 模型的图层（此处是 0 层）和视口图层（Vports 层），将不可见的线条设置为虚线。

（7）编辑剖面线与轮廓线：激活左视图视口，选择菜单“修改”/“对象”/“图案填充”，选择填充线，从对话框中选择图案为“ANSI/ANSI31”并确定。

分别激活各个视口，将可见轮廓线的线宽调为 0.5，将不可见轮廓及填充线线宽调为 0.25。

（8）创建尺寸与辅助线条（如中心线）：分别激活各个视口，选择各视口所在的图层，更改线型与线宽，创建尺寸与中心线等辅助线条。

（9）创建文字：在右下角创建第四个视口，并新建一图层，激活第四个视口，用多行文字书写技术要求。文字输入完成后，将其他三个视口激活，分别在每个视口中将多行文字所在的层冻结。完成后的二维三视图布局如图 15－34 所示。

四、项目实施

运用上述介绍的有关打印方面的知识，将如图 15－1 所示四通管视图进行打印输出。

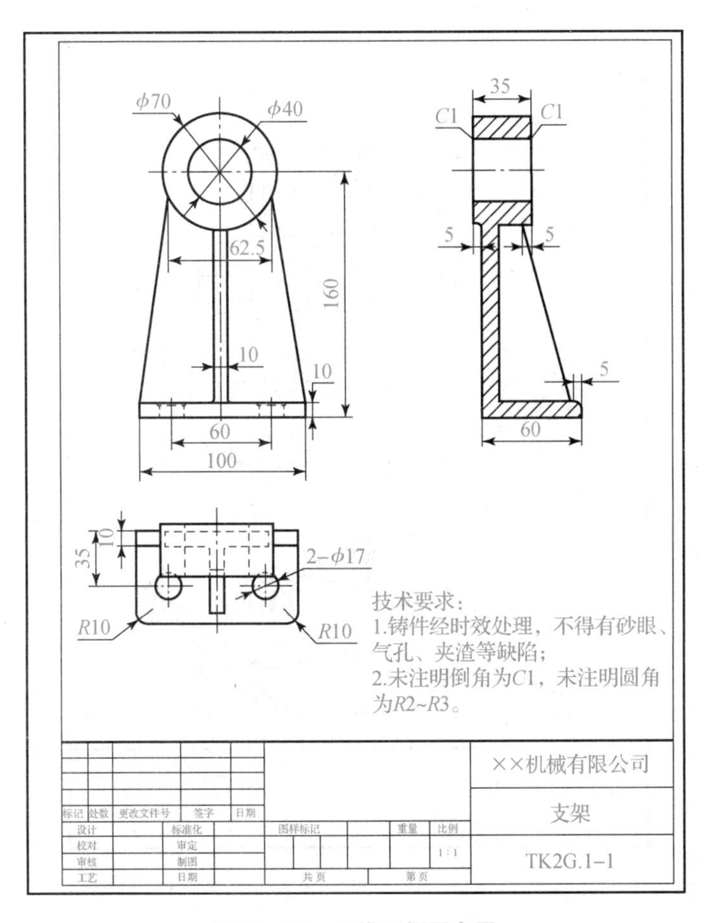

图 15－34　二维三视图布局

下面通过该实例演示打印图形的全过程，参考步骤如下：

（1）绘制如图 15－1 所示四通管图形。

（2）选择菜单“文件”/“打印”，弹出“打印－模型”对话框，如图 15－29 所示。

（3）如果想使用以前创建的页面设置，就在“页面设置”分组框的“名称”下拉列表中选择它。

（4）在“打印机”/“绘图仪”分组框的“名称”下拉列表中指定打印设备。若要修改打印机的特性，可单击下拉列表右边的［特性(R)...］按钮，打开如图 15－18 所示“绘图仪配置编辑器”对话框，通过该对话框修改打印机端口和介质类型，也可以自定义图纸大小。

（5）在“打印份数”分组框的文本框中输入需要打印的份数。

（6）在“图纸尺寸”下拉列表中选择 A4 图纸。

（7）在“打印范围”下拉列表中选择“窗口”选项，返回绘图窗口，由选择图形的两个对角点（如图 15－35 所示的 *M* 和 *N* 两个对角点）拉出一个矩形窗口，确定要打印的图形。

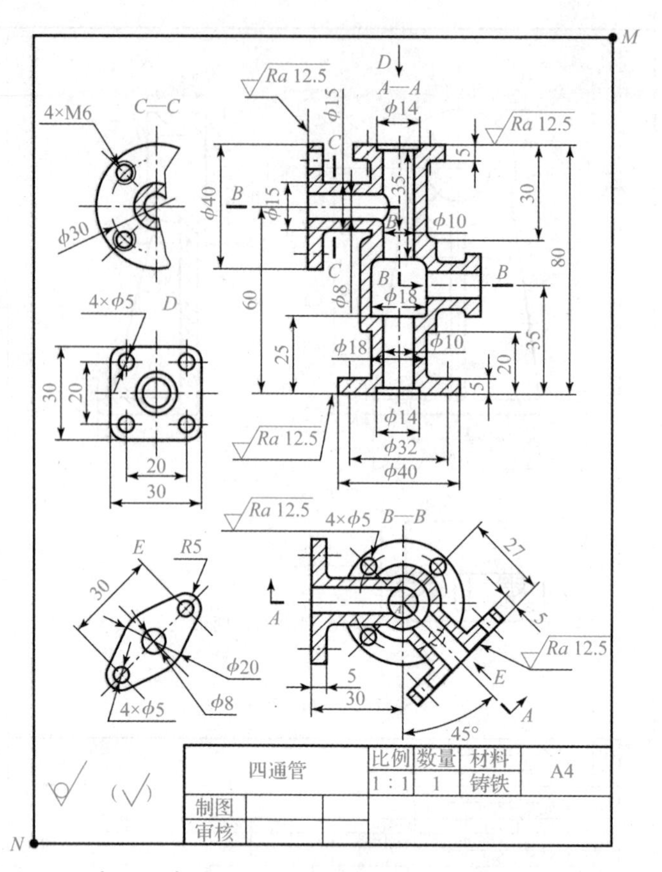

图 15－35 “窗口”选项——通过 *M* 和 *N* 两个对角点拉出一个矩形窗口

（8）设定“打印比例”为“布满图纸”；设定图形打印方向为“纵向”；在“打印偏移”分组框中指定为“居中打印”。图 15－36 所示为“打印－模型”对话框设置。

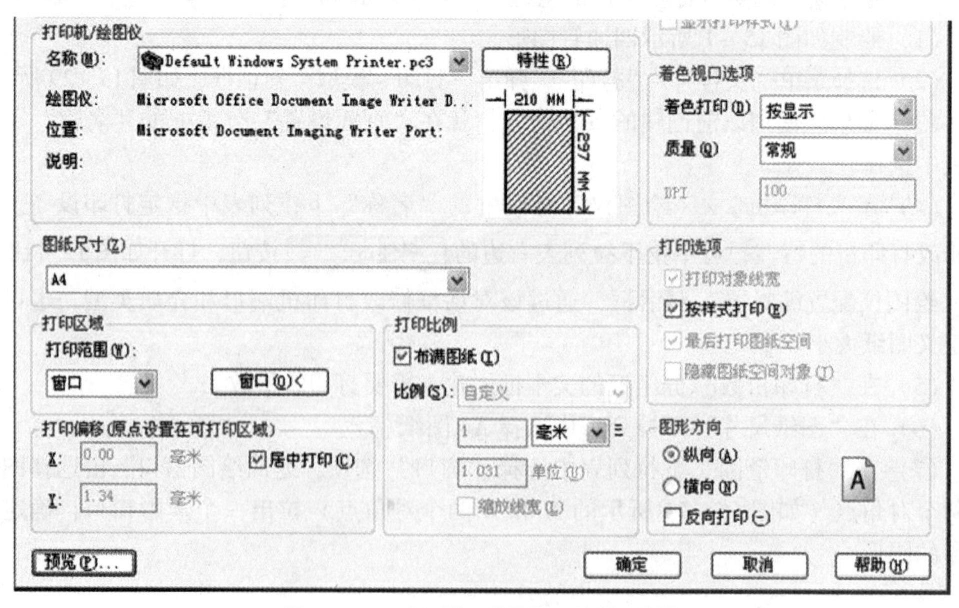

图 15－36 “打印－模型”对话框设置

学习笔记

（9）单击 预览(P)... 按钮，预览打印效果，如图 15－37 所示。若满意，则按［Esc］键返回“打印－模型”对话框，再单击 确定 按钮开始打印。

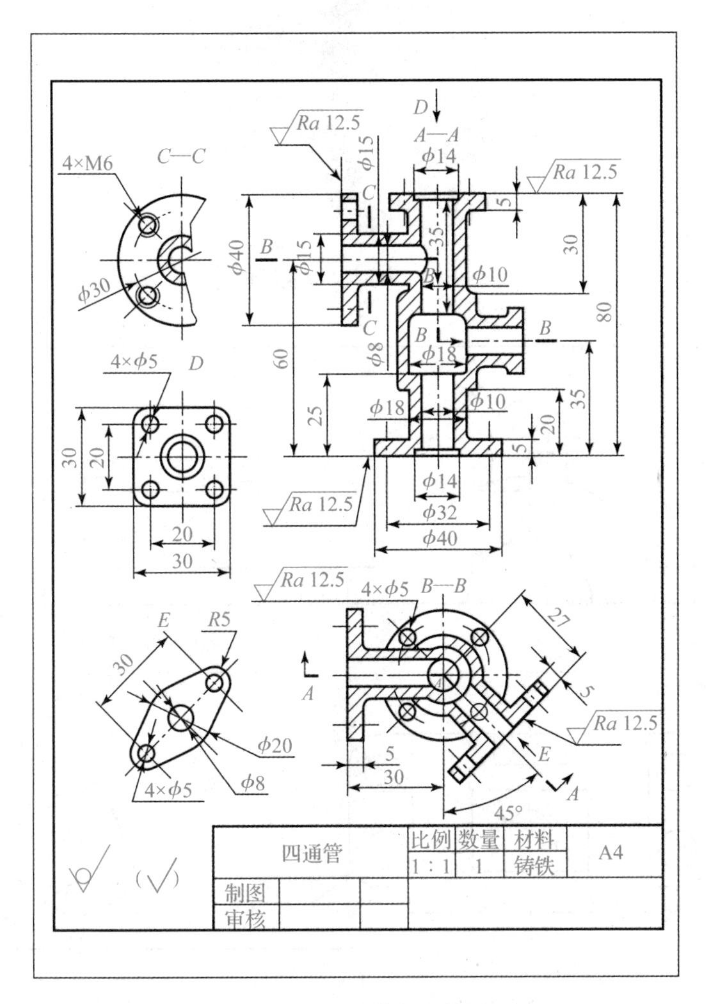

图 15－37　预览打印效果

五、生成实体工程图、剖视图以及剖视图标注参数的设置

（一）生成实体工程图

下面以轴承盖实体为例，如图 15－38 所示，详细介绍由轴承盖实体生成其工程图（见图 15－39）的操作步骤，学习“基本视图”“投影视图”“视口”等的创建方法。

生成轴承盖实体工程图的方法与步骤如下：

1. 创建实体

切换工作空间为“三维建模”空间，在“0”层创建轴承盖实体，如图 15－38 所示。

学习笔记

图 15 - 38　轴承盖实体

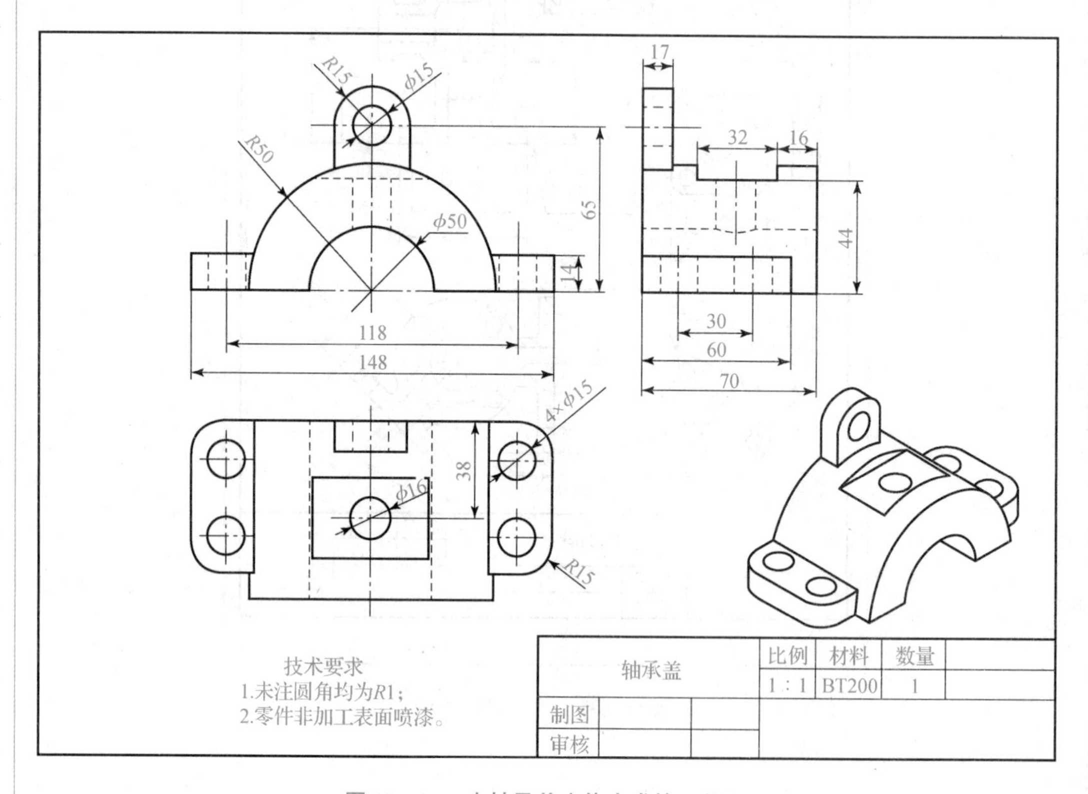

图 15 - 39　由轴承盖实体生成的工程图

2. 创建一个图纸布局

（1）单击绘图区下方的“布局 1”或“布局 2”选项卡（本操作步骤采用的是“布局 1”），弹出如图 15 - 40 所示的视口。

（2）右击“布局 1”选项卡，选择“页面设置管理器”右键菜单，弹出如图 15 - 13 所示的“页面设置管理器”对话框。

（3）单击“修改”按钮，弹出如图 15 - 15 所示的“页面设置 - 从动轴”对话框，在对话框中选择系统配置提供的虚拟电子打印机“DWF6 eplot. pc3”，图纸选择“ISO A3（420 × 297 毫米）”。

（4）将图纸边界均设置为“0”，如图 15－21 所示，以增大打印的有效区域，设置完成后效果如图 15－41 所示。

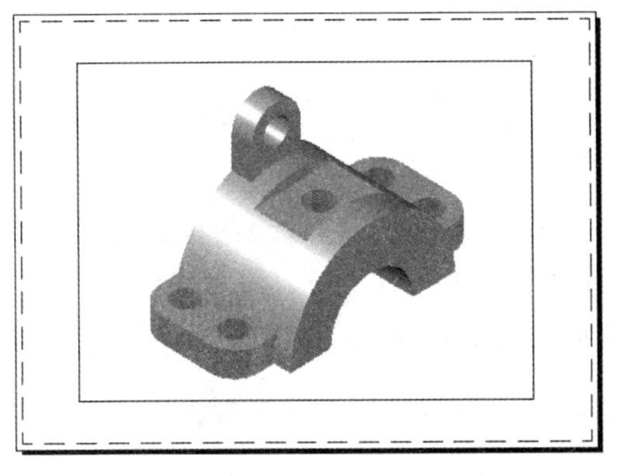

图 15－40　轴承盖实体视口

图 15－41　设置图幅和可打印区域预览效果

（5）单击已有的视口边框，边框出现四个蓝色的夹点，如图 15－42 所示，单击键盘“Del”键或“删除”工具，即可删除已有的视口，删除后的图纸如图 15－43 所示。

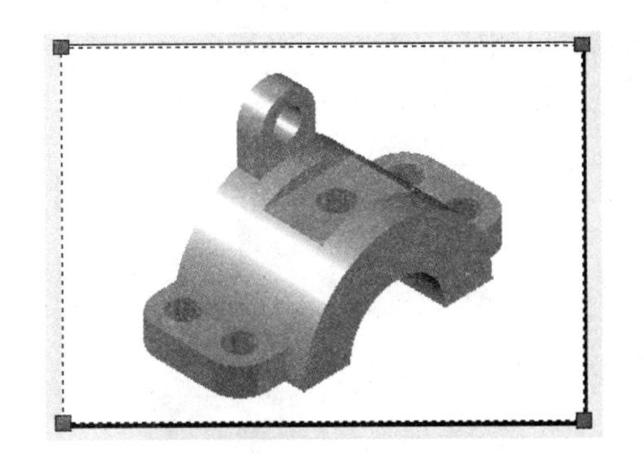

图 15－42　单击已有的视口边框

图 15－43　删除视口后的图纸

3. 创建基础视图（主视图）

（1）在“三维建模”空间的功能区单击“常用”选项卡，在“视图”功能区中单击“基点”基点按钮中的下拉图标“从模型空间”，如图 15－44 所示。

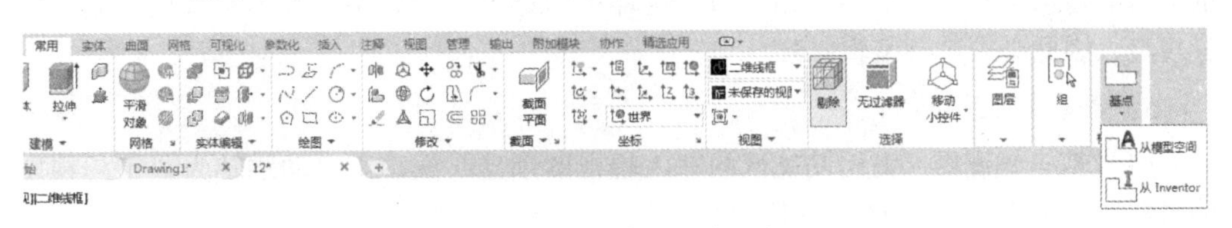

图 15－44　“常用”选项卡

（2）功能区的“常用”选项卡自动跳转为“工程视图创建”选项卡，在该选项卡的“方向”面板中选择投影方向为“前视”，即当前默认创建的基础视图为主视图；在“外观”面板中选择 可见线和隐藏线 ，即视图中的可见与不可见轮廓线均显示；在“比例”列表框中选择投影比例为“1 : 2”，如图 15－45 所示。

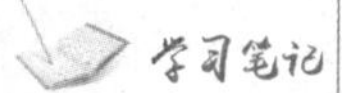

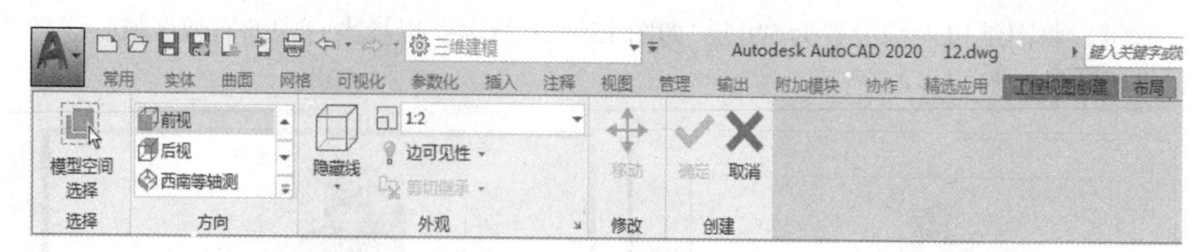

图 15－45 “工程视图创建”选项卡

（3）命令提示行提示：指定基础视图的位置，在图纸区域适当的位置处单击即指定基础视图的位置，如图 15－46 所示，当视图位置不合理时，可以单击“修改”面板上的“移动”按钮，或者单击基础视图的蓝色夹点，即可移动和调整视图位置。单击“创建”面板上的“确定”按钮，确定主视图的位置，即完成创建主视图。

4. 投影生成俯视图、左视图和轴测图

（1）主视图位置确定后，系统自动进入投影视图模式，此时，命令提示行提示：指定投影视图的位置，光标竖直向下移动至适当位置并单击，即可确定俯视图的位置；光标水平向右移动至适当位置并单击，即可确定左视图的位置；光标向主视图右下方移动适当位置并单击，即可确定轴测图的位置，如图 15－47 所示。

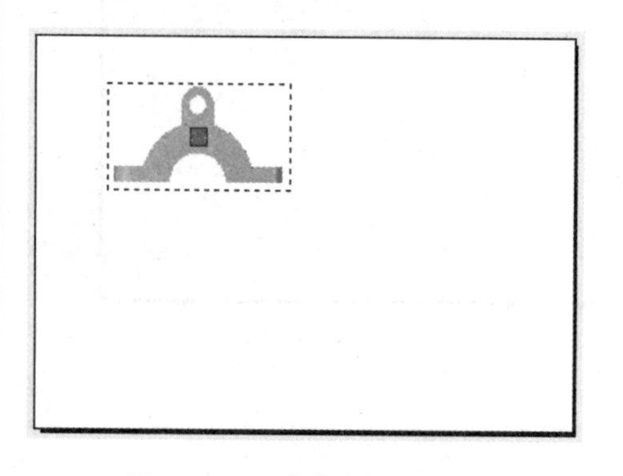

图 15－46 确定主视图位置

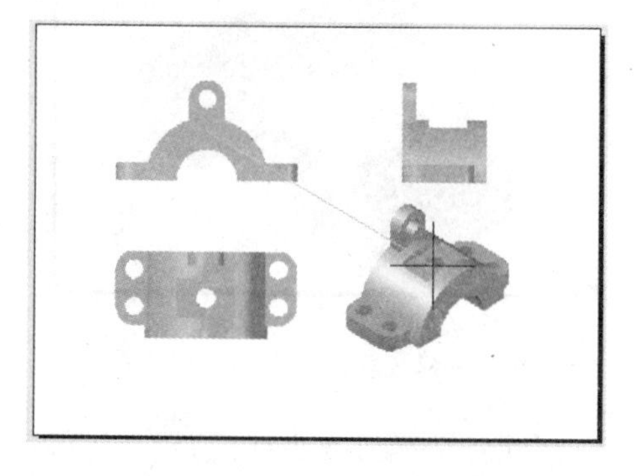

图 15－47 移动光标并单击确定其余视图位置

（2）回车，即确定在指定位置创建的各个投影视图，如图 15－48 所示。在该图中的轴测图显示了不可见轮廓和相切边，这样不但影响看图效果，且不符合机械制图国标规定，因此必须进行编辑修改。

5. 编辑轴测图

（1）双击轴测图，此时功能区的“工程视图创建”选项卡自动跳转为“工程视图编辑器”选项卡，如图 15－49 所示。

（2）在“外观”面板中的“隐藏线”的下拉列表中选择 可见线，即视图中的只显示可见轮廓线；在“边可见性”的下拉列表中选择 相切边，即不勾选“相切边”，表示在轴测图中不显示由曲面相切相交而形成的平滑边线，如图 15－49 所示。

学习笔记

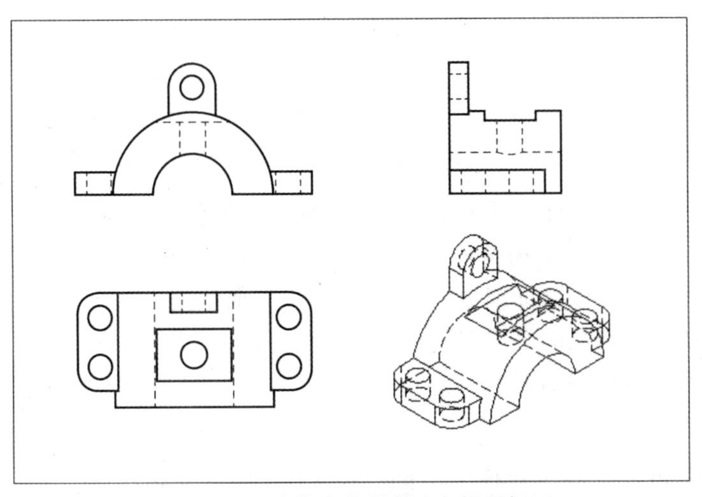

图 15－48　在指定位置创建各投影视图

图 15－49　“工程视图编辑器”选项卡

(3) 单击“编辑”面板上的“确定”按钮 ，即确定轴测图的编辑，结果如图 15－50 所示。

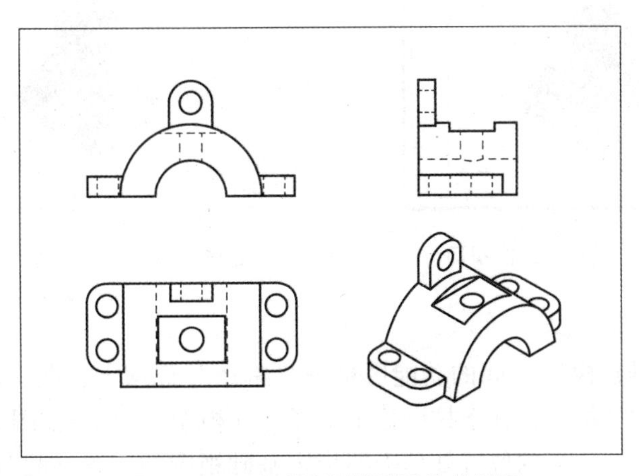

图 15－50　完成编辑轴测图的效果图

6. 图层创建及尺寸标注

创建“细点画线”“尺寸线”和“文字”图层，绘制中心线、标注尺寸和书写文字技术要求等，操作过程略。

7. 绘制图框和标题栏

以带基点复制或插入块的方式，复制 A3 图框和标题栏，完成轴承盖工程图，结果如图 15－39 所示。

8. 保存

保存图形文件。

(二）剖视图的生成及其标注参数的设置方法

为了画图、读图和标注尺寸方便，我们常常会把零件的内腔结构用剖视图来表达，绘制剖视图时，需要标注剖切符号、大写字母及在相应剖视图上方注写名称“X－X”，下面详细介绍一下 CAD 中如何快速生成剖视图以及剖视图标注参数的设置方法，以如图 15－51 所示组合体为例，其操作方法与步骤如下。

图 15－51　组合体实体

1. 创建实体

切换工作空间为“三维建模”空间，在“0”层创建轴承盖实体，如图 15－51 所示。

2. 创建一个图纸布局

（1）单击绘图区下方的“布局 1”或“布局 2”选项卡（本操作步骤采用的是“布局 1”)，弹出如图 15－52 所示的视口。

（2）单击已有的视口边框，边框出现四个蓝色的夹点，如图 15－53 所示，按键盘［Del］键或右击，找到“删除”右键菜单选项，即可删除已有的视口。

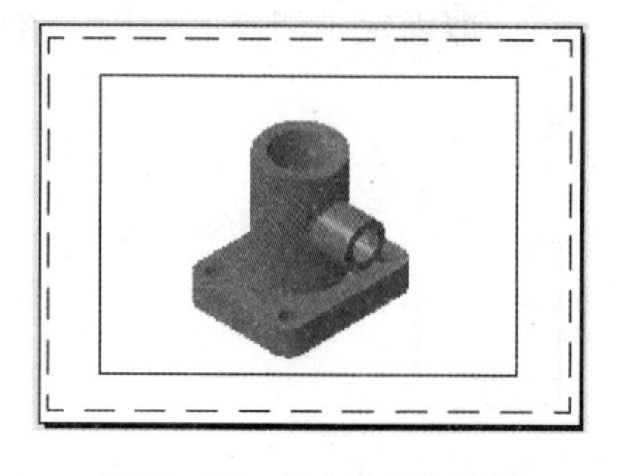

图 15－52　组合体实体视口

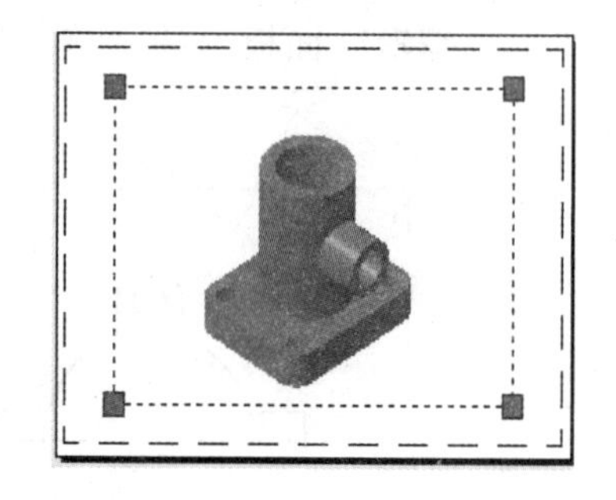

图 15－53　单击已有的视口边框

3. 创建基础视图（主视图)

（1）在“三维建模”空间的功能区单击“常用”选项卡，在功能区选择“视图”选项，单击“基点”按钮，在下拉图标中选择“从模型空间”，如图 15－44 所示。

（2）在图纸区域适当的位置处单击即指定基础视图的位置，此时默认“前视”为基础视图，如图 15－54 所示。当视图位置不合理时，可以单击图示蓝色夹点，移动调整视图位置，单击“创建”面板上的“确定”按钮 ✔，确定主视图的位置即完成创建基础视图主视图。

4. 投影生成俯视图和轴测图

（1）主视图位置确定后，系统自动进入投影视图模式，光标竖直向下移动至适当位置并单击，即可确定俯视图的位置；光标向主视图右下方移动适当位置并单击，即可确定轴测图的位置，而且三个图均在“外观”面板中选择设置为“可见线”。

（2）回车，即确定在指定位置创建的各个投影视图，结果如图 15－55 所示。

学习笔记

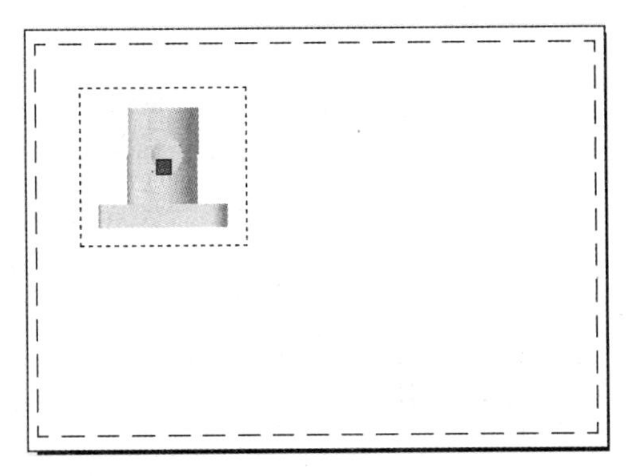
图 15－54　确定基础视图（主视图）位置

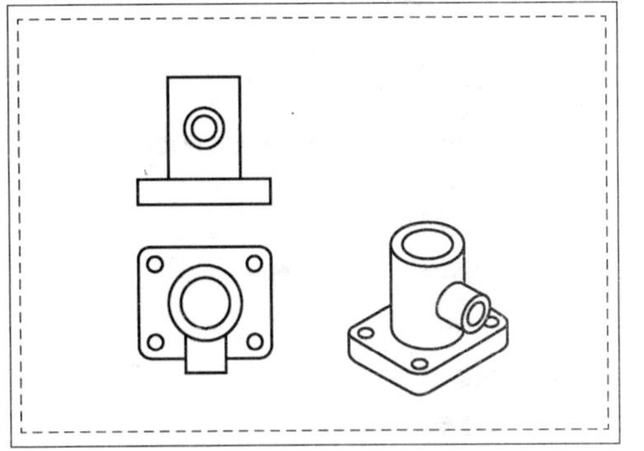
图 15－55　在指定位置创建各投影视图

5. 生成全剖左视图

（1）剖视图标注参数的设置。

在“三维建模”空间的功能区单击“常用”选项卡，在功能区中选择“视图”选项，在下拉列表中单击“截面视图样式”图标按钮“”，如图 15－56 所示，弹出“截面视图样式管理器”对话框，如图 15－57 所示。

图 15－56　“样式和标准”上下文选项卡

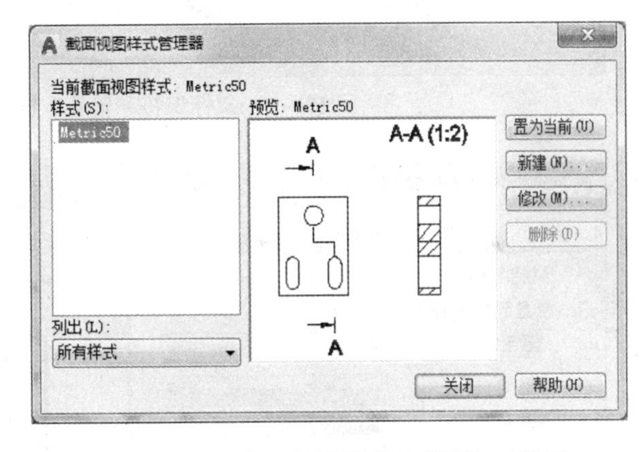

图 15－57　“截面视图样式管理器”对话框

单击“新建”按钮，弹出“新建截面视图样式”对话框，在“新样式名称”栏输入“剖视图标注”，如图 15－58 所示。单击“继续（O）...”按钮，弹出“新的截面视图样式：剖视图标注”对话框。对话框中“标识符和箭头”“剪切平面”“视图标签”和“图案填充”四个选项卡的参数设置如图 15－59～图 15－62 所示，其中“标识符”是指确定剖切位置时，在

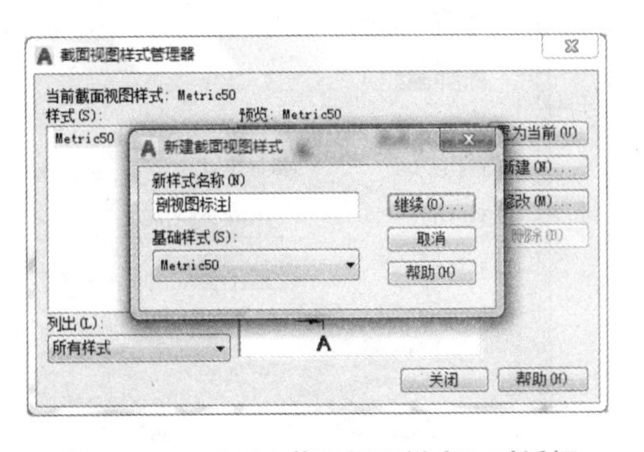

图 15－58　“新建截面视图样式”对话框

学习笔记

剖切面的起、止和转折处画出的字母符号；“视图标签”是指在相应的剖视图上方注写的“X－X”剖视图名称。

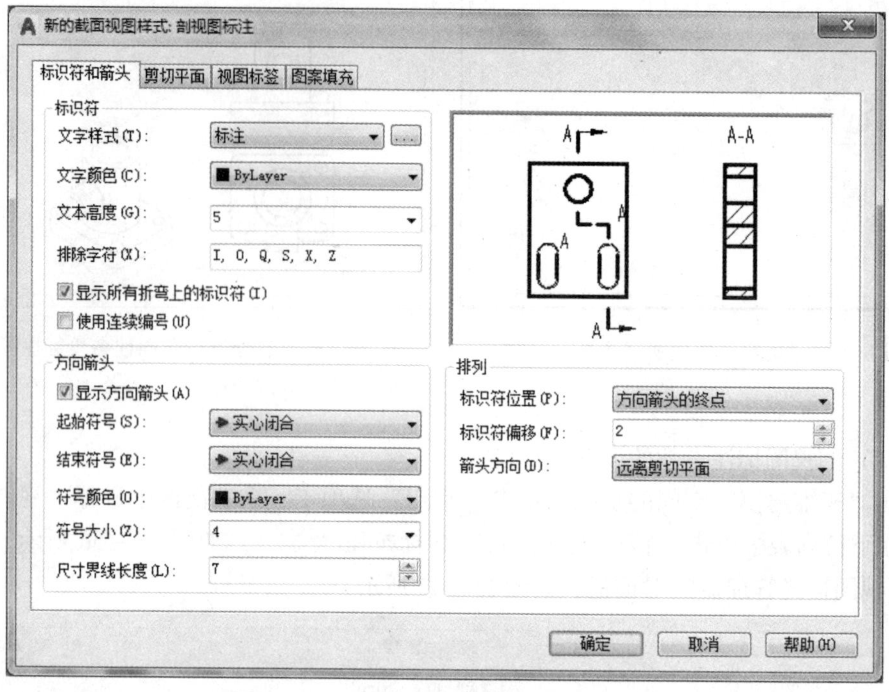

图 15－59 “标识符和箭头”选项卡设置

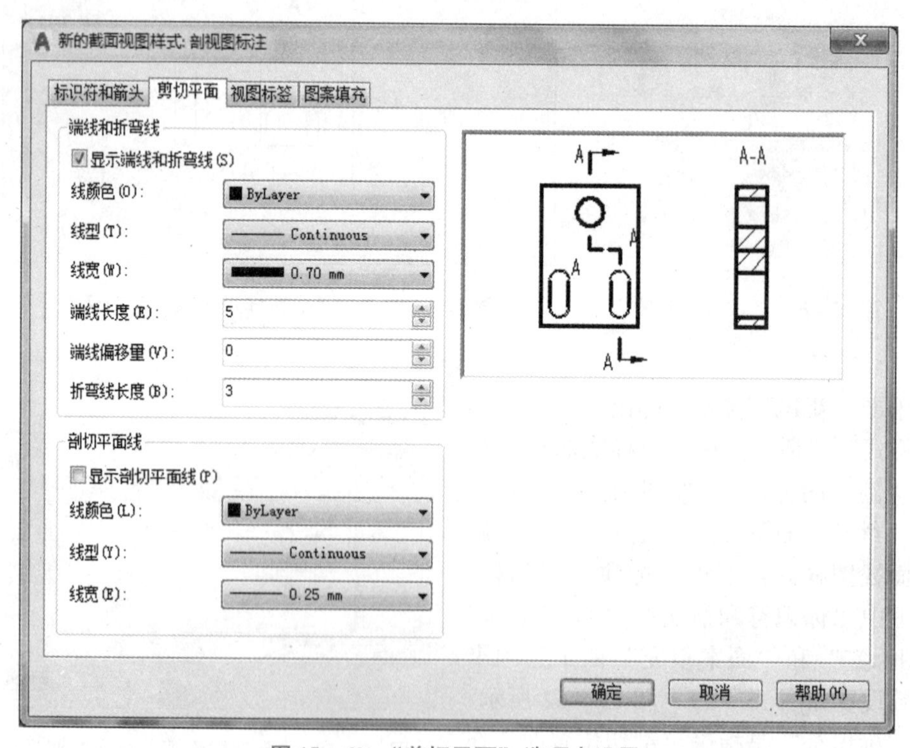

图 15－60 “剪切平面”选项卡设置

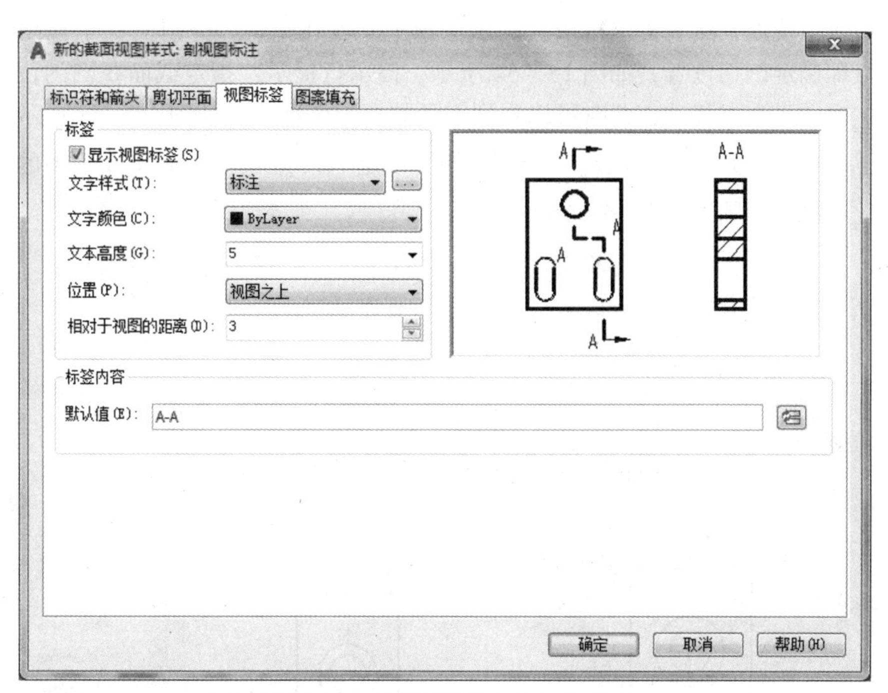

图 15－61 “视图标签”选项卡设置

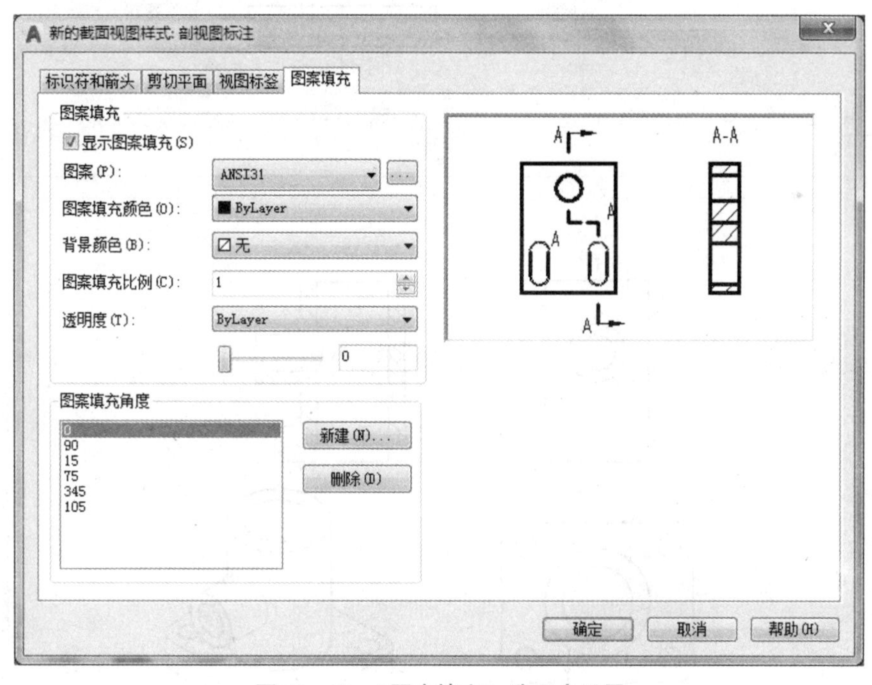

图 15－62 “图案填充”选项卡设置

(2) 生成全剖左视图。

在“三维建模”空间的功能区单击“布局”选项卡，在“创建视图”功能区中单击“截面”按钮 截面 中的下拉图标 全剖，如图 15－63 所示。提示行提示：选择父

学习笔记

视图，单击主视图；接着提示行依次提示：指定起点和端点，分别捕捉主视图上下边线的中点即确定剖切位置，如图 15－64 所示。提示行提示：指定截面视图的位置，将光标往主视图正右方移动，此时可以看到剖开的左视图结构，如图 15－65 所示；在屏幕适当位置单击，并单击“创建”面板上的“确定”按钮 ✔，确定左视图的位置即完成创建全剖左视图。如图 15－66 所示。

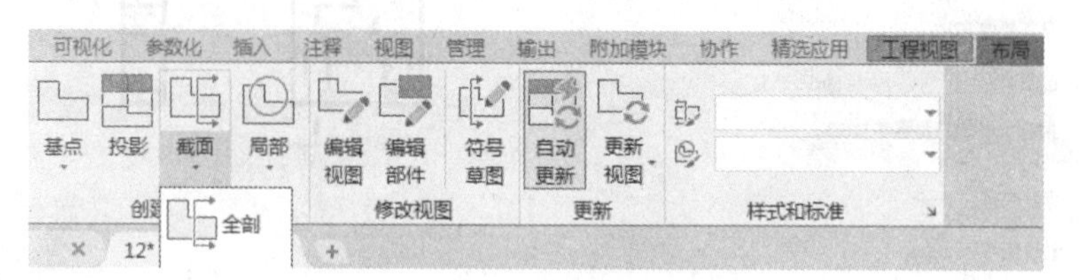

图 15－63 “创建视图”选项卡

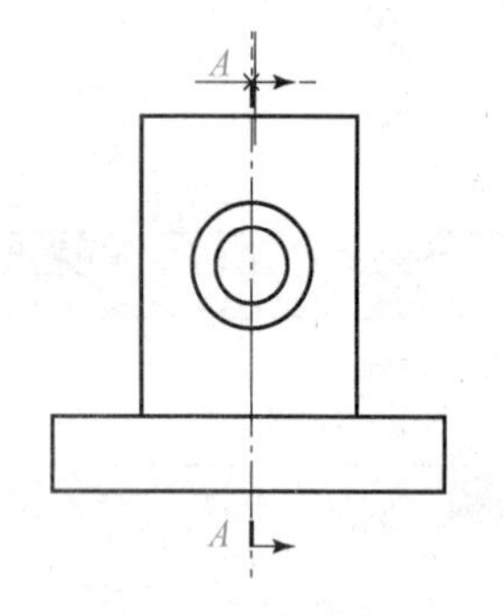

图 15－64 指定剖切位置

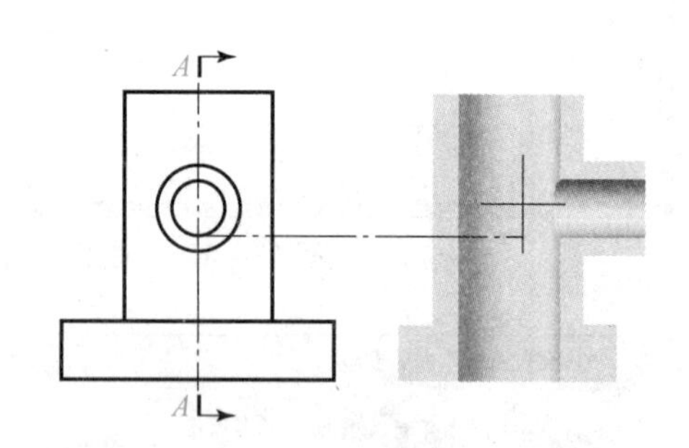

图 15－65 指定截面视图位置

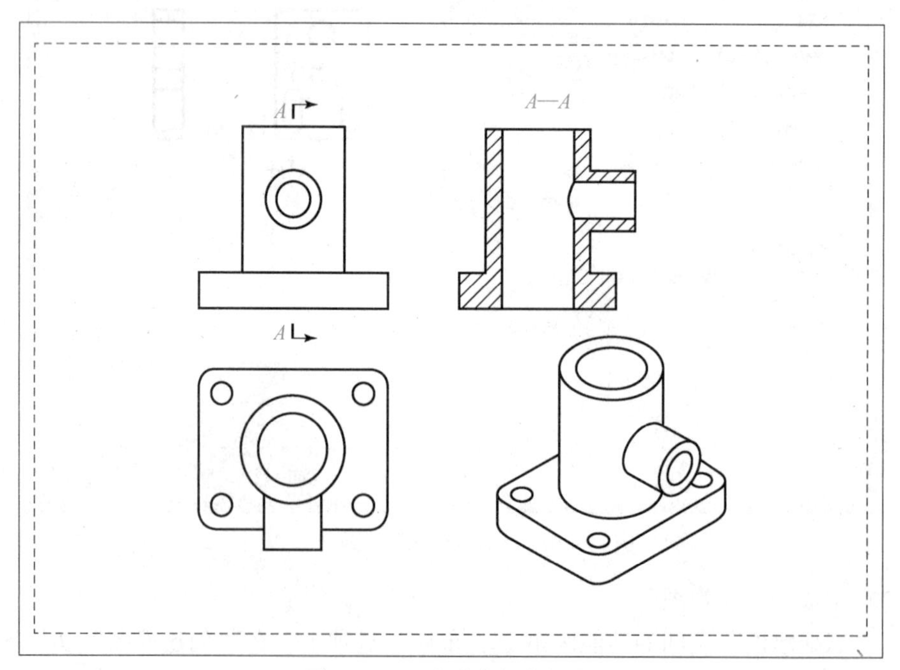

图 15－66 生成全剖左视图

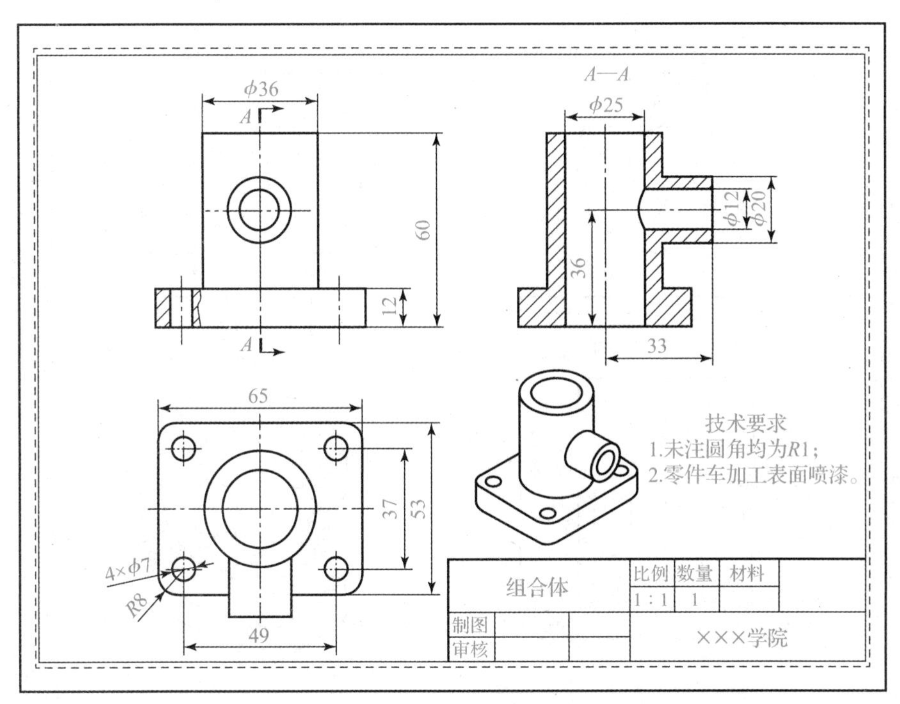

图 15－67　补画中心线等、填写标题栏

6. 图层创建及尺寸标注

创建“细点画线”“尺寸线”和“文字”图层，绘制中心线、标注尺寸和书写文字技术要求等，操作过程略。

7. 完成视图

“以带基点复制”的方式或插入块的方式，复制 A3 图框和标题栏，填写标题栏等，完成组合体主视图、俯视图和全剖左视图。如图 15－67 所示。

8. 保存

保存图形文件。

通过对上述两个典型案例的详细介绍，用户可以准确、快速地将实体生成工程图和剖视图，轻松地掌握剖视图标注参数的设置方法，避免了生成工程图的烦琐过程，有利于提高大家的作图效率和作图的准确性。

六、课后练习

将图 15－68（a）与图 15－68（b）所示图形进行打印预览。

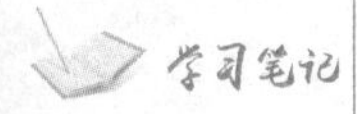

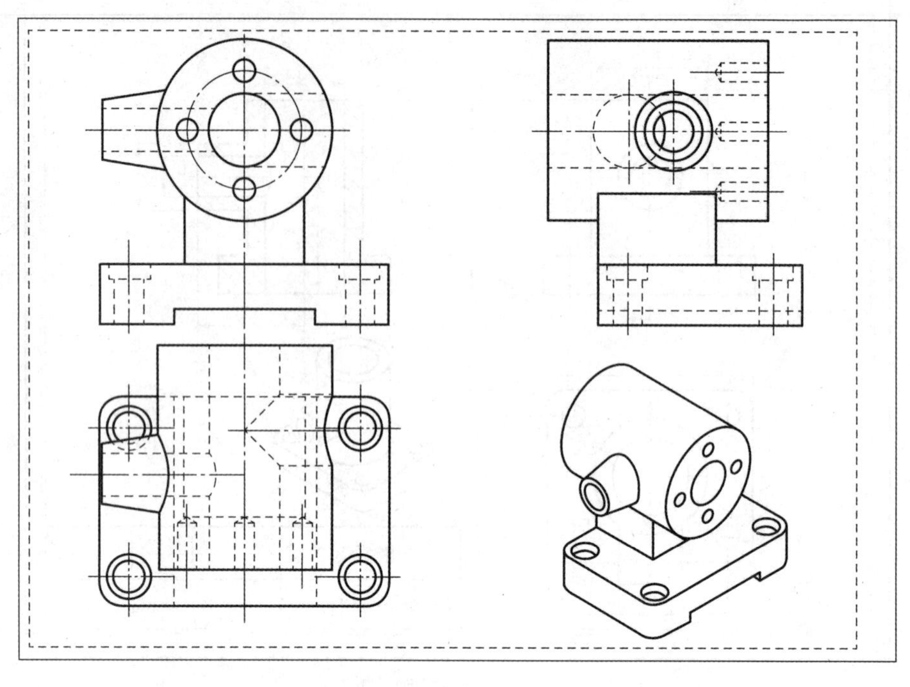

（a）

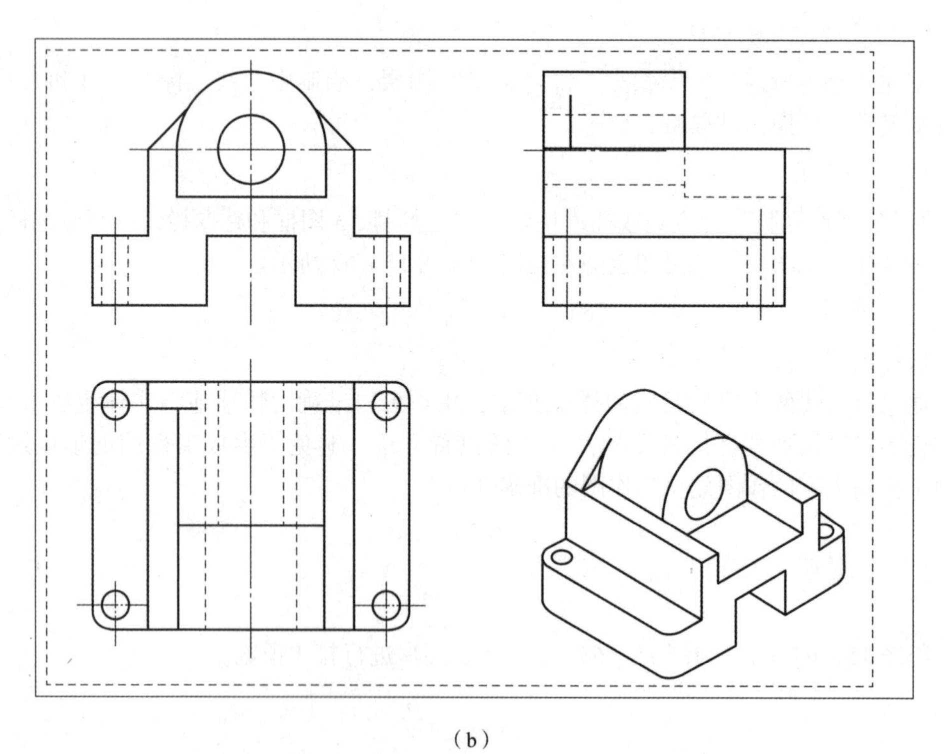

（b）

图 15－68　练习图